空间机器人动力学与运动控制

贾世元　贾英宏　著

北京航空航天大学出版社

内容简介

本书基于编者多年来在多体系统动力学与控制、航天器动力学与控制、柔性空间结构主动振动抑制等方向所做基础研究的工作成果，对空间机器人动力学、控制及振动抑制的相关基本理论和方法进行了系统深入的论述：首先，回顾了空间机器人发展现状及涉及的关键技术；然后，介绍了空间机械臂系统在开环和闭环形式的建模方法，并在此基础上对陀螺驱动空间机械臂系统的轨迹规划与控制进行了详细介绍；继而，介绍了空间机械臂系统有限时间轨迹跟踪控制、遥操作时滞控制及神经网络控制技术；最后，对柔性空间机械臂系统的姿态、关节与振动一体化控制进行了阐述。

本书既可作为从事空间机器人技术研究及应用的科技工作者的参考书，也可作为高等院校相关专业高年级本科生和研究生的教材。

图书在版编目(CIP)数据

空间机器人动力学与运动控制 / 贾世元，贾英宏著. -- 北京：北京航空航天大学出版社，2024.5
ISBN 978-7-5124-4405-8

Ⅰ. ①空… Ⅱ. ①贾… ②贾… Ⅲ. ①空间机器人—机械动力学②空间机器人—机器人控制 Ⅳ. ①TP242.4

中国国家版本馆 CIP 数据核字(2024)第 095660 号

空间机器人动力学与运动控制
贾世元 贾英宏 著
策划编辑 李 慧 责任编辑 周世婷
*
北京航空航天大学出版社出版发行
北京市海淀区学院路 37 号(邮编 100191) http://www.buaapress.com.cn
发行部电话：(010)82317024 传真：(010)82328026
读者信箱：goodtextbook@126.com 邮购电话：(010)82316936
北京凌奇印刷有限责任公司印装 各地书店经销
*
开本：710×1 000 1/16 印张：16.75 字数：328 千字
2024 年 5 月第 1 版 2024 年 5 月第 1 次印刷 印数：500 册
ISBN 978-7-5124-4405-8 定价：89.00 元

若本书有倒页、脱页、缺页等印装质量问题，请与本社发行部联系调换。联系电话：(010)82317024

前言

空间机器人作为空间探索的重要技术手段之一，在航天器在轨维护、在轨建造、在轨燃料加注、星球探测等空间探索任务中起着关键作用。空间机器人技术以其独特的价值和潜力，逐渐成为科学前沿的研究热点。本书紧跟空间机器人前沿技术，力求为读者提供一幅空间机器人技术的全景图，涵盖从基础背景到关键技术的广泛知识构架。本书以空间机器人动力学与运动控制为主要内容，并结合课题组近年来的科学研究成果编撰而成。

本书结构框架遵循由宏观研究背景到关键技术概述，再到具体技术细节的思路；研究内容力求遵循由浅入深、由易到难、由简到繁、循序渐进的规律，较为系统地介绍了空间机器人技术的发展及其动力学与运动控制领域的前沿技术。第 1 章空间机器人发展现状与关键技术，介绍了空间机器人的国内外发展现状与关键技术的研究现状；第 2 章空间机械臂开环系统动力学模型，研究了基于凯恩法的空间机械臂开环系统建模技术；第 3 章具有闭环约束的双臂空间机器人动力学与自适应控制，聚焦于双臂空间机器人闭环约束动力学建模与系统惯量不确定的自适应控制技术研究；第 4 章基于控制力矩陀螺驱动的空间机器人轨迹规划，介绍了陀螺驱动空间机械臂系统的几种轨迹规划算法；第 5 章陀螺驱动空间机器人分散自适应滑模控制，提出了陀螺驱动空间机械臂系统在集成不确定下的分散自适应滑模控制策略；第 6 章基于陀螺驱动的双臂空间机器人鲁棒轨迹跟踪控制，介绍了闭环约束和系统不确定下的双臂空间机器人鲁棒控制技术；第 7 章空间机械臂系统有限时间轨迹跟踪控制，介绍了几种解决执行机构饱和及不确定问题的有限时间轨迹跟踪控制策略；第 8 章欧拉-拉格朗日系统模型的空间机械臂系统轨迹跟踪控制，研究了空间机械臂系统时滞控制与智能控制技术；第 9 章变速控制力矩陀螺柔性空间机械臂系统机动控制与振动抑制，提出了基于控制力矩陀螺的空间机械臂系统姿态-关节-振动一体化控制策略；第10章柔性空间机械臂系统无速度轨迹跟踪与主动振动控制，给出了无速度测量的混合执行机构柔性空间机械臂系统运动控制策略。

本书是编者及所在的团队，在历年科学技术研究积淀的基础上，结合国内外相关文献，对空间机器人技术相关工作的总结。主要编写人员有贾世元、贾英宏。书中的主要内容已在国内外航空航天期刊中发表，书中与算法相关的文档材料及数据资料均由贾世元和贾英宏提供。在材料收集、论文翻译、公式编写和格式校对等方面，课题组成员岳博晨、张书魁、张引博、宗俊熠等做了大量的工作，对此表示由衷的感谢；对文中引用的参考文献作者一并表示衷心地感谢；同时感谢国家自然科学基金委员会对本书的资助(项目号:12302054)。

空间机器人技术是一个新兴而充满潜力的研究领域。本书是面向空间机器人技术研究与应用的专业性教材，旨在为航空航天、力学、控制工程等领域的专业学习提供全面而深入的指导，尤其适用于高年级本科生和研究生。

受限于编者能力，本书难免在内容取材和结构编排上有不妥之处，希望读者不吝赐教，提出宝贵的意见和建议。

最后，希望本书能成为读者探索和理解空间机器人技术的宝贵指南，激发在这一领域的研究热情和创新思维。

编　者

2024 年 1 月

目　录

第 1 章 空间机器人发展现状与关键技术

1.1 空间机器人概述

本节主要介绍了空间机器人的研究背景、研究意义及关键技术。以空间机器人在轨服务为主要研究背景,将空间机器人整体技术拆分为若干个关键技术,包括运动学技术、动力学技术、轨迹规划技术、系统控制技术、末端执行器技术、柔性振动抑制技术和地面试验验证技术等,并分别进行简单概述。

1.1.1 空间机器人研究背景

随着科学技术和认知的不断发展,人类探索宇宙的渴望与决心日益增强。截至 2024 年,距第一颗人造卫星发射已过去 60 余年。在这数十年中,航天飞机、人造卫星、载人飞船等各类航天器不断涌现。全球年度发射次数、航天器入轨数逐年稳步提升,2022 年世界航天器研制发射总数已经达到 2 505 个,如图 1-1 所示。

机器人操作器非常适合执行高度重复的任务。如果这些任务由航天员执行,则将过于耗时、冒险和昂贵。空间机器人在轨服务可以起到众多作用,如在轨捕获、组装、维修等。截至 2024 年,人类已向太空发射了近 7 000 颗卫星,其中约有 10%未能正确入轨或在初始阶段失败[1],而发射成功的卫星一旦寿命到期,或出现故障、失效,将会成为名副其实的太空垃圾,不仅浪费大量物资,也会阻碍其他航天器正常运行,此时,空间机器人的在轨捕获、维修功能就起到了关键作用。此外,在国际空间站和我国空间站上,智能机器人系统也发挥了不可或缺的作用:在空间站周围移动设备、维修仪器和附加在空间站上的其他有效载荷(如电池和电子元件)等。

(1) 舱外活动支持。哈勃太空望远镜的 4 次维修任务均由航天员配合空间机械臂系统完成。在漫长而细致的维修过程中,当航天员更换太阳能电池阵列,固定航天器的姿态控制系统和主计算机时,可用一只机械臂来固定望远镜[2]。我国空

国家/地区	运载火箭发射情况					航天器研制发射情况							
	LEO	MEO/HEO/GTO	非地球轨道	发射次数/次	载荷质量/t	载人航天器	空间探测器	导航卫星	通信卫星	遥感卫星	科学和技术试验卫星	总数量/个	总质量/t
美国	68	15	4	87	734.45	9	9	—	1 904	73	72	2 067	716.44
中国	59	5	—	64	197.21	6	—	—	27	105	50	188	197.21
俄罗斯	16	6	—	22	69.68	5	—	3	6	8	29	51	64.68
欧洲	1	4	—	5	28.90	—	—	—	14	29	53	96	50.28
印度	5	—	—	5	8.87	—	—	—	1	4	8	13	7.24
日本	1	—	—	1	0.33	—	3	—	—	4	15	22	1.58
其他	2	—	—	2	1.73	—	1	—	4	21	42	68	3.73
合计	152	30	4	186	1 041.17	20	13	3	1 956	244	269	2 505	1 041.16

图 1－1　2022 年世界航天发射情况

间站建设随着时间的推移，也必须着手于组装、维护任务，而航天员的出舱必须有空间机器人的配合。

(2) 航天器部署、释放和回收。近 30 年来，机械臂用于部署、释放和回收各种大小的航天器。机械臂不仅可以回收卫星，而且还可以协助航天器到空间站的停泊/分离，这在和平号轨道复合体的模块再对接中已经实现[3]。

(3) 检查。加拿大航天局(Canadian Space Agency，CSA)开发了航天飞机机械臂的延伸部分，用于对航天飞机的热保护系统进行在轨检查，称为检查臂组件，其主要作用是检查航天飞机遥控机械臂系统(shuttle remote manipulator system，SRMS)自身无法到达的航天飞机机身区域周围的热保护装置。一旦进入轨道，SRMS 将拿起检查臂组件并将其移动到必要位置，以便对航天飞机隔热瓦片和其他关键表面进行全面检查，确保安全返回地球[4-5]。

因此，面对恶劣的空间环境，空间机器人的出现，对于在轨服务、维修等工作，展现出极大的便利性与安全性。

1.1.2　空间机器人研究的意义

空间机器人是实现空间操控自动化和智能化的使能手段之一，在空间探索活动中至关重要。由于空间环境的恶劣性、航天员出舱作业的危险性，以及日趋复杂的空间探索任务，因此，空间机器人应用的必要性及优越性日益显著。空间机器人的应用对于降低航天员出舱作业的风险、提高航天器的使用寿命、实现行星探测的自主化与智能化具有重要意义。

在在轨服务中，空间机器人可以代替航天员进行检测、维修等复杂任务。在恶劣的空间环境下，即使采用高可靠性的设计，仍然有很多卫星出现故障，而且大多是高价值的高轨道卫星，难以维护。未来，随着空间资源利用的深入发展，大口径天线、大口径光学器件、大型太阳能电站等大型空间结构是空间利用与开发的重要目标。1993 年，为了解决哈勃太空望远镜工作故障，发射奋进号航天飞机在太空与其进行对接。如图 1-2(a)所示，在航天飞机遥控机械臂系统(shuttle remote manipwtator system，SRMS)等辅助工具的帮助下，航天员组装了哈勃太空望远镜的部分部件，并成功将其修复了[6]。

(a) 哈勃太空望远镜修复工作　(b) Canadarm2协助搭建桁架

(c) “祝融”号火星车探索火星　(d) 空间机器人在轨目标捕获技术

图 1-2　空间机器人

空间机器人可以进行大负载搬运，协助航天员完成搭建等任务。“亚特兰蒂斯”号航天飞机在 2002 年 4 月的 8A-STS-110 任务中向国际空间站运送了50 个桁架部件。在空间机械臂系统 Canadarm2 的帮助下，两名航天员通过多次舱外活动完成了 S-Zero (S0) 集成桁架结构的组装(见图 1-2(b))[6]。

空间机器人在行星探索中发挥重要作用，可以在人类无法接触的星球表面进行巡视，了解宇宙生命科学，帮助人类拓宽对宇宙的认知。我国“祝融”号火星车搭载“天问一号”探测器在火星表面平稳着陆(见图 1-2(c)),开展对火星地形、地貌和土壤力学性能等的探索[7],为人类寻找宇宙生命和下一个可居住星球做出了重要贡献。

在未来可能的空间作战中,还可以利用空间机器人的在轨目标捕获技术,对敌航天器进行抓捕,此举具有重要的战略意义,如图 1-2(d)所示。

空间机器人有巨大的应用潜力,是重大工程和空间科学应用得以实现的使能技术和手段,是未来航天发展的重点内容,也是不可或缺的大国重器,但其理论较为复杂,目前尚未完善。空间机器人的研究,是实现未来空间探索的重要基础。

1.1.3 空间机器人关键技术概述

1. 运动学技术

运动学研究物体运动的几何性质,如运动方程、运动轨迹、速度和加速度等,不考虑引起物体运动的原因。空间机器人运动学是研究空间机器人轨迹规划和控制的关键。空间机器人运动学建模主要采用两种不同的空间,即笛卡儿空间和四元数空间。两个笛卡儿坐标系之间的变换可以分解为旋转和平移。有许多表示旋转的方法,包括欧拉角、吉布斯矢量、凯利-克莱因参数、泡利自旋矩阵、轴和角、标准正交矩阵和汉密尔顿四元数。在这些表示中,基于 4×4 实矩阵(标准正交矩阵)的齐次变换在机器人技术中最为常用[8]。Denavit 和 Hartenberg[9] 提出两个关节之间的一般变换需要 4 个参数,称为 D-H 参数,这已经成为目前描述机器人运动学的标准。在实际应用中,空间机器人逆运动学更具有价值和意义,求解运动学逆问题的两种主要方法是解析法和数值法。解析法是指根据给定的构形数据解析求解关节变量;数值法是指利用数值方法求得联合变量。

Longman[10] 所写的《The hinetics and workspace of a sateuite-mounted robot》,是分析空间机械臂系统运动学的开创性著作之一,证明了机器人关节角是给定时间函数的响应,最终关节角度可以像在标准固定基座机械臂问题中那样使用,以获得机器人末端执行器相对于基座航天器的位置;然后,利用角动量守恒原理,可以得到卫星的惯性位置及其方位。Umetani 等[11] 通过定义广义雅可比矩阵开发了一种逆运动学解,该矩阵不仅是关节角的函数,也是惯性参数的函数。Papadopoulos 等[12] 证明了广义雅可比矩阵在机械臂关节空间某些构型上的不满秩,即存在奇异构型。因此,可利用空间机械臂系统的冗余自由度,采用广义雅可比矩阵 Moore-Penrose 伪逆来克服动态奇异性问题[13]。

2. 动力学技术

动力学研究物体受力与物体运动之间的关系。空间机器人是复杂的多体系统,而空间特殊的微重力环境又导致基座和机械臂之间存在动力学耦合特性[14]。

动力学建模方法主要有拉格朗日法[15]、牛顿-欧拉法[16]、凯恩法[17]、基于空间算子迭代法[18]等。此外,机械臂柔性是不可忽视的问题,为了建立更加精确的动力学模型,需要考虑柔性空间机械臂系统的弹性变形,常用方法包括假设模态法[19]、有限元法[20]、欧拉-伯努利梁理论[21]等。

前期,国内外学者将空间机械臂系统视为刚性多体系统,并进行了在轨实验验证[22-23]。Moosavian 和 Papadopoulos 使用拉格朗日公式开发了这种复杂系统的显式动力学模型[24]。该模型在本质上是二阶微分方程,可以完整地反映系统的动力学特性,但建模和求解的计算量都很大。梁斌等提出了动力学等价机械臂的概念[25],并从动力学等效的角度论述了动力学等价机械臂与空间机械臂系统的对应关系。

3. 轨迹规划技术

轨迹规划的目的是使空间机器人规避环境干扰、碰撞干涉、机械臂操作对基座的反作用力、力矩限制和末端执行器轨迹限制等问题,通过合理的路径规划,保证空间机器人系统任务的安全和可靠,同时还可以减少非必要操作及能源损耗等。

为修复航天器的热保护系统,国际空间站与航天器进行对接,并实施了一系列 SRMS 与空间站的姿态规划与控制(见图 1-3)。其中,SRMS 轨迹由 13 个航路点组成,以避免碰撞,并达到臂关节极限或奇点条件[26]。

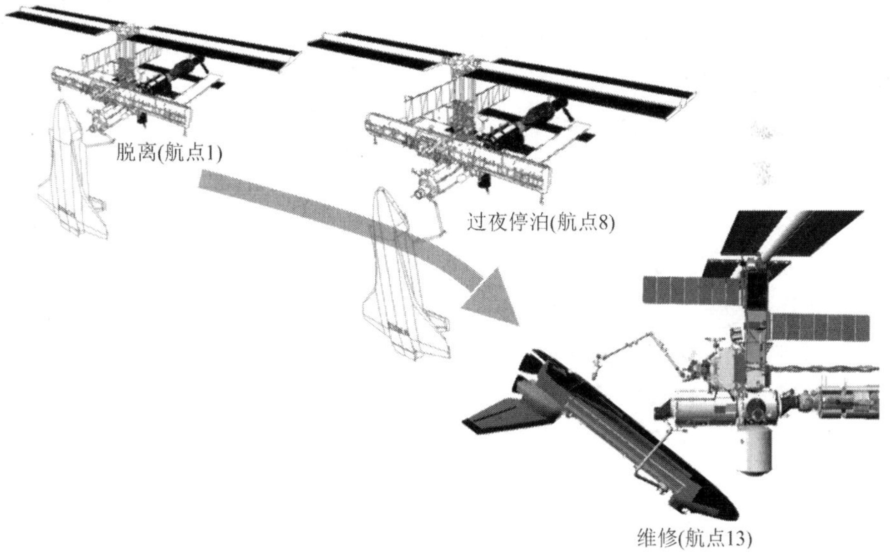

图 1-3　SRMS 路径规划

我国空间站舱外设备众多、空间紧凑、操作范围及资源受限。为解决这一问题,开展了自主避障规划、最短路径规划、容错规划等路径规划设计与优化工作。

针对运动路径高安全性需求，将舱体与机械臂通过递归算法进行层次结构遍历和模型包络点阵化处理，并采用大范围转移运动与短距精准运动相结合的形式，实现了机械臂路径规划从工程样机阶段的盲操作离线规划，到具备实时状态干涉检查的在线规划[27]。

4. 系统控制技术

系统控制技术主要包括空间机器人的位置控制、柔顺控制、力控制等研究内容。当空间机器人在轨运动，以及搬运物体时，需要精确的位置控制；当末端执行器与环境交互，发生碰撞时，需要柔顺控制以保证接触安全，并顺利完成操作；还有部分特殊情况，如无法规划合适轨迹，或对接触力要求苛刻，需要力控制进行实现。

为开展空间机器人实验，日本 ETS－Ⅶ工程试验卫星使用了一种针对通信时延引起的遥操作误差的机载局部补偿算法[28]，德国 ROKVISS 机械臂开展了一系列关于阻抗控制的研究，提出了一种快速、可靠的关节模型参数（关节刚度、阻尼和摩擦）识别方法，已形成一套可工程化应用的理论体系[29-30]。我国空间站机械臂采用三级分布式控制体系，包括命令与调度层、整臂运动规划层、部件执行控制层，整个控制系统主要由机械臂操作台、中央控制器、关节控制器、末端控制器、视觉相机和以太网交换机等组成[27]。

5. 末端执行器技术

末端执行器是机械臂系统的关键部位，是实现抓取、装配、搬运等工作的基本部位。根据操作对象的不同，末端执行器可分为通用末端执行器和专用末端执行器。通常在设计末端执行器时，需要具备以下一种或多种特点：大操作容差、柔性化设计、高操作精度、大负载能力、高连接刚度、智能性、自主性、高可靠性、长寿命。

SRMS 末端执行器的捕获机构具有较大的捕获包络空间，且具有良好的软捕获和硬对接能力，因此，末端执行器不仅可以捕获固定有效载荷，还可以捕获自由漂浮或自由飞行的有效载荷。空间站遥控机器手系统（space station remote manipulator system，SSRMS）末端执行器是 SRMS 末端执行器的升级版。由于有效载荷和由 SSRMS 操纵的空间飞行器的大质量和惯性，因此，其末端执行器增加了一个闭锁组件。闭锁组件由 4 个沿圆周分布在末端执行器壳体外的闭锁单元组成。每个闭锁单元由 2 个闭锁离合器和 1 个带电气连接器的脐带连接单元组成。因此，闭锁单元不仅具有可以完成高刚性和精度机械连接的闭锁功能，而且在此基础上，还具有电气和通信连接功能[31]。欧洲机械臂（ERA）末端执行器是由欧洲航天局和俄罗斯航天局共同设计开发的一种捕获装置，其捕获和纠偏过程中的高性能控制算法，使末端执行器具有精确的端尖位置，并可根据载荷的质量和惯性参数确定可靠的接触力，在抓捕过程中利用力和视觉传感器辅助调整端尖位置和高度，将接触力控制在期望范围内，防止载荷从包络捕获空间反弹[32-33]。美国国家航空航天局(National Aeronautis and Space Administration,NASA)研制的第二代灵巧手,有 12 自由度,其中手腕有 2 自由度。前臂的 16 个手指驱动器和 2 个手腕驱动器控制 14 自由度。手指完全伸展时,其指尖力可达 2.25 kg,指尖速度可达 200 mm/s 以上,形状接近人类的手(见图 1-4)[34]。

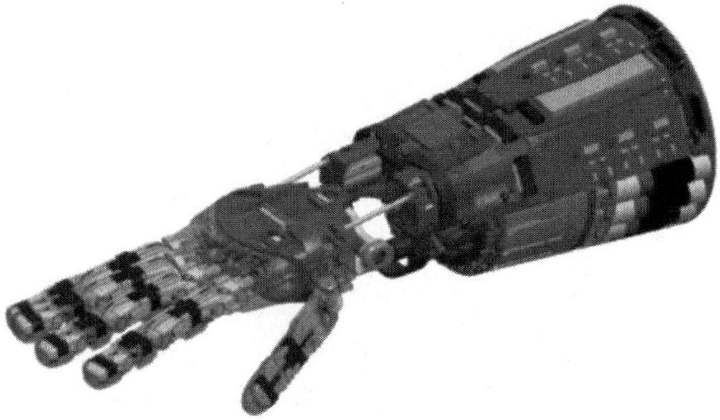

图 1-4　NASA 第二代灵巧手

6. 柔性与振动抑制技术

随着对空间机械臂系统的轻量化和在可接受的执行时间内精确执行自主操作任务的要求越来越高,连杆和关节的柔性效应成为影响轨迹跟踪性能的主要因素。因此,对于柔性与振动抑制的研究变得尤为重要。

建立柔性系统动力学模型,主要基于拉格朗日法、哈密顿原理和牛顿-欧拉方程等。对于柔性的振动抑制问题,Torres 等[35]提出利用耦合图(coupling map)规划弹性约束空间机械臂系统的运动,以降低对空间机器人支撑弹性基座的振动。Kulakov[36]在大型柔性空间结构的动力学和控制的研究中展示了使用 LQG/LTR 和 H1 控制器的方法。Senda 等[37]引入了虚拟刚性机械臂的概念,设计了具有柔性连杆的空间机器人的反馈位置控制器。Wu 等[38]提出了具有减振能力的柔性双臂空间机器人的最优轨迹规划,采用粒子群优化算法,以控制点为优化参数,利用四阶 B 样条曲线描述运动轨迹,此外,为了减少振动,将连杆柔性引起的振动纳入性能指标。Sabatini 等[39]对机械臂的连杆和关节的柔性产生的振动进行了建模,并设计了主动阻尼策略和装置,这些策略和装置可以有效抑制机械臂因柔性产生的振动,从而降低机械臂的固有振动。Ulrich 等针对关节弹性振动的空间机器人末端跟踪轨迹问题,提出了一种直接自适应控制器[40]和一种模糊逻辑自适应控制器[41],以保持足够的性能。

7. 地面试验验证技术

由于受到关节输出力矩的限制,空间机器人在地面重力环境下实现三维空间内自由运动非常困难。通常情况采用全物理、半物理和全数字相结合的方式，实现所有在轨任务中空间机器人地面试验验证工作。

空间机器人微重力模拟试验系统包括平面气浮式试验系统、水浮式试验系统、吊丝配重试验系统等[42]。SRMS采用平面气浮式试验系统，主要用于验证数学模型的正确性[43]。航天员操作训练一般利用水浮式试验系统[44]。对于航天器交会对接地面验证，我国采用局部模拟与整体模拟相结合、单一环境与综合环境相结合、试验与仿真相结合等方法开展了系统级验证试验[45]。对于载人航天地面试验验证，我国进行了空间自然环境和诱导环境试验，有害气体等载人环境试验，大型力、热试验，回收试验，天地差异性试验，可靠性/安全性、寿命试验，目标特性试验，以及拉偏/破坏试验等的设计与实践[46]。对于空间机械臂系统，较为流行的是采用半物理验证方法，即机械臂接触捕获环节采用物理实物产品，其他机械臂运动特性采用数字仿真，这样利用计算机实现机械臂三维运动学、动力学验证的同时，较难仿真的接触动力学采用物理产品真实验证，最大程度地综合了物理验证和数学验证的优点[47]。目前，国际空间站特殊用途灵巧操作臂就是采用半物理方法开展地面试验进行验证的[48]，这也是未来机械臂地面试验验证技术的发展趋势。

1.2 空间机器人国内外发展现状

本节对空间机器人国内外应用的现状，进行了较为详细的调研，对已投入使用的典型空间机器人，包括国内外空间站机械臂、人形空间机器人、行星探测器、自由飞行空间机器人等，做出了详细的阐述。

1.2.1 国外典型空间机器人研究现状

1. 国际空间站机械臂

加拿大Canadarm2机械臂于2001年4月发射。该机械臂是7自由度的对称结构，长为17.6 m，最大有效载荷为1.16×10^5 kg(见图1-5(a))，支持航天员舱外活动、组装国际空间站、捕获货运飞船等多项任务[49]。之后，一个具有15自由度的双臂机器人于2008年3月发射[50]，安装于Canadarm2臂末端。该机器人有两个7自由度机械手和1个身体旋转关节，长约3.5 m，最大有效载荷为600 kg，其末端执行器可更换各种操作工具，完成航天器模块更换或机器人加油任务等精细操作[51]。

日本JEMRMS机械臂于2008年6月发射，安装在国际空间站日本实验舱外[52]。该机械臂由6自由度主臂和6自由度小巧臂串联组成，臂杆采用碳纤维加

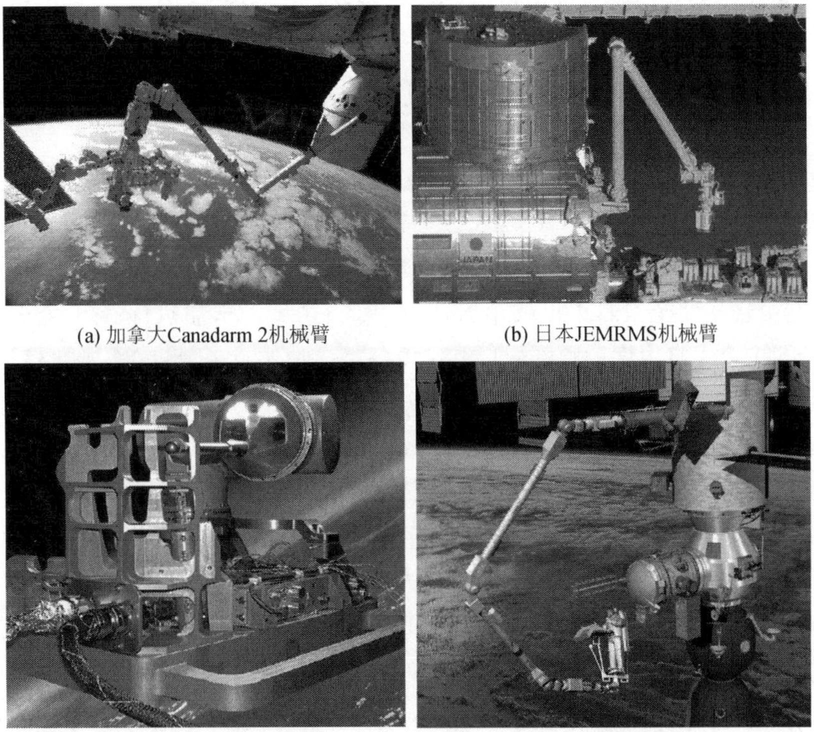

(a) 加拿大Canadarm 2机械臂　(b) 日本JEMRMS机械臂

(c) 德国ROKVISS机械臂　(d) 欧洲ERA机械臂

图 1-5　国际空间站机械臂

强材料，肘部及腕部配置视觉相机。主臂长约 10 m，最大有效载荷为 7 000 kg，能操作、定位和处理大型有效载荷。小巧臂长约 2 m，最大载荷为 300 kg，其末端定位精度为 10 mm，相对于主臂可执行更灵巧的操作，适用于精细作业任务(见图 1-5(b))。JEMRMS 机械臂的主要功能是维护舱室外暴露的有效载荷[53]。

德国 ROKVISS 机械臂于 2004 年发射，并于 2005 年初安装在国际空间站俄罗斯实验舱外平台上(见图 1-5(c))。虽然其关节数量很少，但已进行了具有挑战性的远端临场实验，即地面操作员使用地面上的力反射操纵杆和船上的关节力矩控制系统，根据立体视觉图像和双侧高精度力反馈进行机械臂操作[54-55]。

欧洲 ERA 机械臂于 2021 年 7 月发射，是一个 7 自由度，长为 11.3 m 的机械臂，最大有效载荷为 8 000 kg(见图 1-5(d))，支持航天员舱外活动、处理外部有效载荷、在轨服务等任务，其主要由 3 个部分组成，即摄像与照明单元(camera lighting unit，CLU)摄相机系统、人机接口和避撞系统。其中 CLU 摄相机系统由 4 部摄像机组成，主要任务是为航天员提供图像，并为 ERA 机械臂控制计算指示目标方位；人机接口通过主控制平台与 ERA 机械臂总控制计算机本体相连，主要用于航天员在舱外活动时对机械臂进行有效控制，其主要部件包括控制中枢显示设备和接口系统；避撞系统可以通过三维几何模型实时估计计算碰撞风险系数，确保国际太空站的安全运行。ERA 机械臂用于为国际空间站的建造和维护提供服务[56]。

2. 人形空间机器人

2011 年美国航空航天局(NASA)与美国通用汽车公司(GM 公司)联合研制的第二代机器人航天员(Robonaut2)进入国际空间站。Robonaut2 具有 42 自由度的上肢，其中包括 2 个 7 自由度的手臂，2 个 12 自由度的末端执行器，1 个 3 自由度的脖子和 1 个 1 自由度的腰部(见图 1-6(a))。此外，它还集成了视觉相机、红外相机、六维腕力传感器、接触力传感器、角度及位移传感器等约 300 个传感器，是典型的多传感器集成的复杂系统。Robonaut2 在在轨测试期间实现了人机交互，控制机器人完成空间漂浮物抓取等任务[56-57]。

由俄罗斯联邦航天局设计的人形太空机器人 Skybot F-850(见图 1-6(b))于 2019 年 8 月发射，它不仅可以自主实现人机交互，而且可以由操作员使用可穿戴设备进行远程操作。该机器人可在发射期间检测和报告飞行器飞行状态，也可在在轨服务期间模仿航天员作业，如开启舱门、传递工具、模拟舱外活动等[56,58]。

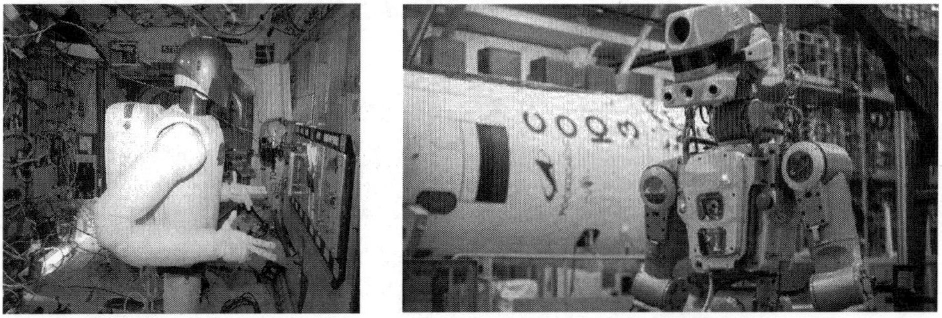

(a) 第二代机器人宇航员(Robonaut 2)　　(b) 人形太空机器人Skybot F-850

图 1-6 人形空间机器人

3. 行星探测器

NASA 于 2003 年发射了“火星探测漫游者”任务，其中包括两个相同的移动机器人：“勇气”号和“机遇”号(见图 1-7(a))。它们于 2004 年 1 月 4 日和 1 月 25 日分别降落在火星赤道上相隔很远的地方。机器人质量为 185 kg，高为 1.5 m，宽为 2.3 m，长为 1.6 m，并搭载长约 1 m，最大有效载荷为 2 kg 的 5 自由度轻型机械臂[59]。此外，机器人还配有 6 个轮子，每个轮子都有自己的电机，安装在摇臂转向架悬挂系统上。其中，前轮和后轮分别具有独立的转向电机，使机器人能够在原地进行完整的旋转、转向和弧形转弯。

(a) “勇气”号和“机遇”号

(b) “凤凰”号着陆器

图 1-7 行星探测器

NASA 发射的“凤凰”号着陆器(见图 1-7(b)),于 2008 年 5 月降落在火星的极地地区,其任务目标是研究火星上水的地质历史,以及评估火星潜在的可居住性。该着陆器是一个静态机器人,长约 5.5 m,质量为 350 kg,其电力来自两个总面积为 3.1 m^2 的砷化镓太阳能电池阵列和一个镍氢电池。此外,该着陆器配备了一个铰接的 4 自由度机械臂,该机械臂可以延伸 2.35 m,并通过旋转的锉刀工具深入到地表以下 0.5 m。“凤凰”号着陆器由任务科学家通过火星侦察轨道器的超高频无线电系统控制[60]。

4. 自由飞行空间机器人

日本于 1997 年发射工程试验卫星系统 ETS-Ⅶ,用于演示自主交会对接和空间机器人技术[61](见图 1-8(a)),从而成为首个在轨验证自由飞行空间机器人的国家。该系统由两颗卫星组成,分别为 Chaser 和 Target。发射后两颗卫星分离,进行了 3 次交会对接实验,在实验过程中追踪星 Chaser 始终处于自主和远程操控状态。

(a) 工程试验卫星系统ETS-Ⅶ

(b) “轨道快车”计划

图 1-8 自由飞行空间机器人

美国于 1999 年公布“轨道快车”计划,并于 2007 年发射“宇宙神-5”火箭,用于执行 NEXTSat 卫星的维护和捕获任务(见图 1-8(b))。该计划需要达到姿态机动到分离所要求的状态,具备释放和分离能力;需要完成交会、靠近操作机动,以及最终逼近、位置保持、捕获和对接程序等操作。此外，还包括燃料和轨道更换单元输送等任务[62]，为在轨对接、捕获的研究和发展提供了大量经验。

1.2.2 我国空间机器人研究现状概述

1. 我国空间站机械臂

我国空间站机械臂分为核心舱机械臂和实验舱机械臂，如图 1-9、图 1-10 所示。核心舱机械臂全长为 10.37 m，负载能力强，最大有效载荷为 25 t，可以完成大中小型负载搬运、大范围转移等类型任务；实验舱机械臂全长为 5.6 m，灵活小巧，最大有效载荷为 3 t，主要用于完成中小型载荷精细操作类型任务。两种机械臂既可以独立工作又可以在轨组合使用。两种机械臂除全长、负载能力、精度等指标有较大差异之外，在方案设计，如系统功能、配置、构型、自由度数量等方面基本一致。

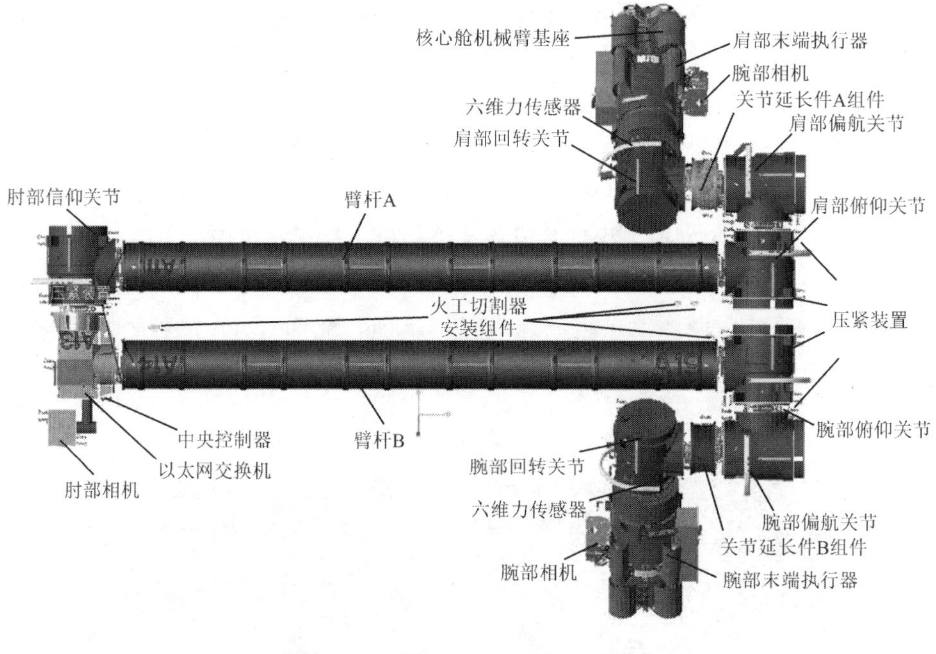

图 1-9 "天和"核心舱机械臂

"天和"核心舱机械臂为典型的大型 7 自由度冗余可重构系统，其本体由 7 个关节、2 个末端执行器、2 根臂杆、1 个中央控制器、1 套视觉监视与测量设备，以及 1 套压紧装置组成，如图 1-9 所示。其中，其关节采用"肩 3+肘 1+腕 3"偏置配置方案，从机械臂肩部、肘部到腕部依次布置了肩部回转关节、肩部偏航关节、肩部俯仰关节、肘部俯仰关节、腕部俯仰关节、腕部偏航关节和腕部回转关节。中央控制器作为机械臂控制核心，通过系统集成设计布置在肘部壳体内部，以提高空

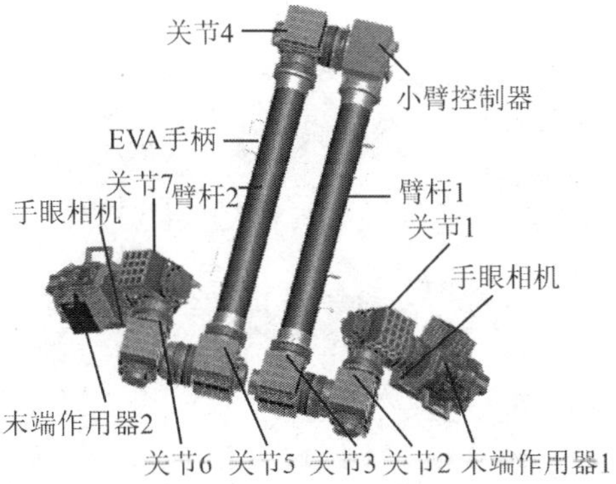

图 1-10 实验舱机械臂

间机械臂系统抵抗空间复杂环境干扰的能力[63]。

2. 玉兔号月球车

玉兔号月球车搭载嫦娥三号着陆器，于 2019 年 1 月在月球表面着陆。玉兔号月球车长为 1.5 m，宽为 1 m，高为 1.1 m，呈盒状（见图 1-11）。其质量为 136 kg，配有 6 个轮子，2 个可折叠太阳能帆板，1 个远程通信天线，多个导航和避开障碍物的摄像头。除此之外，玉兔号月球车还装有一个 3 自由度机械臂，在地面的精确控制下，该机械臂可以帮助完成对月球土壤的科学探测[64]。

图 1-11 玉兔号月球车

3. 嫦娥五号探测器

2020 年 11 月 24 日，嫦娥五号探测器成功发射升空（见图 1-12），其主要任务是突破与采样返回相关的一些关键技术，实现地外天体的自动采样返回，进一步完善探月工程体系。嫦娥五号探测器通过采样钻头深入月球内部，以及通过机械臂在月球表面采样两种方法，先把样品转移到上升器，再由上升器与轨道器对接，最终把样品转移到返回器[65]。

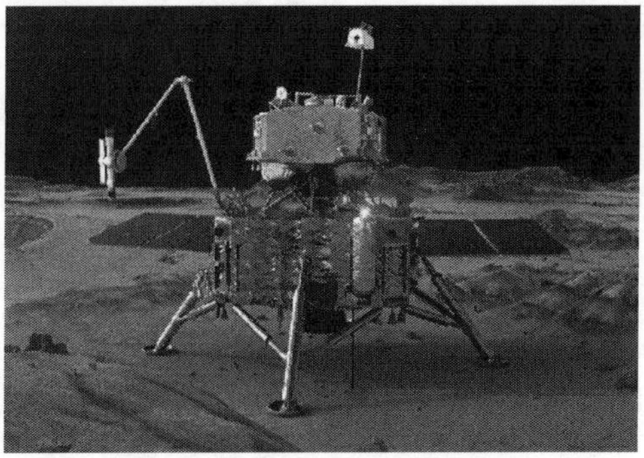

图 1-12 嫦娥五号探测器

4. 天宫二号空间机器人

天宫二号(TG-2)空间机器人在 TG-2 空间实验室内进行了多项关键技术验证。TG-2 空间机器人主要由哈尔滨工业大学开发(见图 1-13),并于 2016 年 9 月发射。该机器人由 1 个 6 自由度轻量化机械臂和 1 个五指人形灵巧手组成。其中,6 自由度轻量化机械臂有 6 个旋转关节,采用球形手腕的 RRR 三转动副几何结构,在其末端装有手眼摄像头[66]。航天员与 TG-2 空间机器人协同进行动态参数识别、抓取漂浮物、握手、在轨维护、在轨遥操作等在轨试验。在模拟维护中,TG-2 空间机器人完成了撕开多层保护层、使用电动工具松开螺栓、旋入电连接器等任务[56]。

图 1-13 天宫二号空间机器人

1.3 空间机械臂系统动力学、控制与振动抑制技术研究现状

本节介绍空间机械臂系统动力学、控制与振动抑制技术的研究现状。在动力学技术方面，简单阐述最常用的动力学建模方法，并针对国内外动力学研究进行详细介绍；在系统控制技术方面，介绍空间机械臂系统轨迹跟踪控制、柔顺控制、力控制、遥操作控制，阐述空间机械臂系统不同控制策略的研究现状；在柔性振动抑制技术方面，分别介绍被动抑制和主动抑制两种研究方法。

1.3.1 空间机械臂系统动力学技术研究现状

空间机械臂系统是典型的多输入系统，具有高度非线性、强耦合等特点。为了更好地研究空间机械臂系统动力学特性，设计有效的控制器，动力学建模显得格外重要。传统的动力学建模方法包括拉格朗日法、牛顿-欧拉法、凯恩法等。

拉格朗日法从功和能量角度入手，引入广义坐标的概念，用数学分析的方法重新表述了牛顿力学。它不依赖空间坐标系，不需要分析系统内部的约束力。对于任何机械系统，其拉格朗日函数 L 都可定义为系统的动能 T 和势能 U 之差，即

$$L = T - U \tag{1-1}$$

系统动力学方程(第二类拉格朗日方程)[67]为

$$\tau_i = \frac{\mathrm{d}}{\mathrm{d}t}\frac{\partial L}{\partial \dot{q}_i} - \frac{\partial L}{\partial q_i} \quad (i = 1,2,\cdots,n) \tag{1-2}$$

其中，q_i 为系统的广义坐标；$\dot{q}_i$ 为相应的广义速度；τ_i 为广义力。

由于势能 U 中不显含 $\dot{q}_i$，所以动力学方程可改写为

$$\tau_i = \frac{\mathrm{d}}{\mathrm{d}t}\frac{\partial T}{\partial \dot{q}_i} - \frac{\partial T}{\partial q_i} + \frac{\partial U}{\partial q_i} \quad (i = 1,2,\cdots,n) \tag{1-3}$$

对于牛顿-欧拉法，牛顿方程描述了平移刚体所受的外力、质量和质心加速度之间的关系，而欧拉方程描述了旋转刚体所受外力矩、角加速度、角速度和惯性张量之间的关系，因此，可以使用牛顿-欧拉方程描述刚体的力、惯量和加速度之间的关系，建立刚体的动力学方程。连杆 i 的牛顿力平衡方程[68]为

$${}^{i}\boldsymbol{f}_{ci} = \frac{\mathrm{d}(m_i\, {}^{i}\boldsymbol{v}_{ci})}{\mathrm{d}t} = m_i\, {}^{i}\dot{\boldsymbol{v}}_{ci} + {}^{i}\boldsymbol{\omega}_i \times (m_i\, {}^{i}\boldsymbol{v}_{ci}) \tag{1-4}$$

欧拉力矩平衡方程[68]为

$${}^{i}\boldsymbol{\tau}_{ci} = {}^{Ci}\boldsymbol{I}_i\, {}^{i}\dot{\boldsymbol{\omega}}_i + {}^{i}\boldsymbol{\omega}_i \times ({}^{Ci}\boldsymbol{I}_i\, {}^{i}\boldsymbol{\omega}_i) \tag{1-5}$$

其中，m_i 为连杆的质量；${}^{i}\boldsymbol{v}_{ci}$，${}^{i}\dot{\boldsymbol{v}}_{ci}$，${}^{i}\boldsymbol{\omega}_i$，${}^{i}\dot{\boldsymbol{\omega}}_i$ 分别为连杆 i 在坐标系 $\{i\}$ 中的质心线速度、线加速度、角速度、角加速度；${}^{i}\boldsymbol{f}_{ci}$ 为合外力矢量；${}^{i}\boldsymbol{\tau}_{ci}$ 为合外力矩矢量；${}^{Ci}\boldsymbol{I}_i{}^{i}$ 为刚体转动惯量。

凯恩方程建立在分析力学的基础上，受拉格朗日原理的启发，以广义速度为自变量，引入了偏速度、偏角速度、广义主动力和广义惯性力的定义，建立了代数方程形式的动力学方程。将凯恩方程[69]写为

$$\boldsymbol{F}_k^{\mathrm{I}} + \boldsymbol{F}_k^{\mathrm{A}} + \boldsymbol{F}_k^{\mathrm{E}} = \boldsymbol{0} \quad (k = 1, 2, \cdots, n) \tag{1-6}$$

其中，$\boldsymbol{F}_k^{\mathrm{I}}$，$\boldsymbol{F}_k^{\mathrm{A}}$，$\boldsymbol{F}_k^{\mathrm{E}}$ 分别为系统第 k 阶广义速度对应的广义惯性力、广义主动力和广义弹性力；n 为系统所有广义速率写成分量列阵形式时，分量列阵的个数。

国内外学者针对空间机械臂系统动力学建模问题做了大量的研究工作。国外学者 Talebi 等[70]针对连杆柔性引起的挠度问题提出了一种基于人工神经网络的柔性连杆机械臂动力学建模方法。Spong 等[71]将机械臂中的柔性关节简化为线性扭簧，并进行动力学建模。Dawson 等[72]在线性扭簧的基础上引入线性阻尼器，建立了刚性连杆柔性关节机械臂的动力学模型。Feathrestone[73]在牛顿-欧拉方程的基础上使用 6D 空间矢量进行动力学建模，使铰接体上的求解复杂度达到了线性程度，并随后扩展到通用拓扑结构，提高了整体动力学的解算效率。基于分段常曲率假设，Rone 等[74]提出了一种新的多节杆驱动连续体机器人力学建模方法。该方法采用高保真集成参数模型，该模型可以捕捉机器人的曲率变化，同时由一组离散变量定义，并利用虚拟动力原理将连续体机器人的静力学和动力学表述为静态模型的一组代数方程和动态模型的一组耦合常微分方程。Vakil 等[75]将假定模态振型法与拉格朗日方程相结合，提出了一种求解平面柔性连杆柔性关节机械臂有限维闭合动力学模型的有效方法。Zarafshan 等[76]针对柔性元件引起的严重欠驱动状态和固有的不均匀非线性动力学特性，将拉格朗日法与牛顿-欧拉法相结合，提出了刚柔相互作用动力学建模方法，该方法将刚柔构件的运动方程分别以显式封闭形式导出，然后考虑相互作用和约束作用，在每个时间步长同时对这些方程进行组合和求解。

国内学者邱雪等[77]针对空间机械臂系统建模复杂、无法实时解算的问题，提出了利用空间矢量的牛顿-欧拉逆向动力学方程，结合动量守恒定理，建立基于铰接体混合动力学理论的自由漂浮空间机械臂系统的逆向动力学方程。尹旺等[78]为了满足空间站宏-微机械臂级联的运动任务需求，提出了利用雅可比矩阵将柔性关节宏机械臂等效为柔性基座，根据柔性基座、刚性微机械臂，以及两者之间的耦合作用推导出柔性空间机械臂系统动力学模型。Ju 等[79]对机械臂关节进行抽象表示，进一步引出了轴不变量的概念，从而建立了以轴系为参考、以有向 Span 树为拓扑结构的轴链系统，并以此为基础通过拉格朗日方程推导出居-凯恩 Ju - Kane

显式动力学方程,再依据速度所具有的前向递推特性进行化简得到居-凯恩 Ju-Kane 规范型方程,该方程可以解决树链、闭链及变拓扑结构等类型的动力学问题。Feng 等[80]针对变速控制力矩陀螺,提出了柔性多体系统动力学的通用全局矩阵公式。

空间机械臂系统精细动力学将是未来高精度控制的重点研究内容,也是动力学研究的难题之一。因此,空间机械臂系统动力学研究是必不可少的。

1.3.2 空间机械臂系统控制技术研究现状

近年来,控制理论不断发展,很多新型的伺服控制器都采用了多种新算法。传统 PID 算法得到了不断改进,出现了专家 PID 控制、模糊 PID 控制、神经网络 PID 控制、遗传算法 PID 控制等。目前比较常用的算法除 PID 外,还有前馈控制、模型规范型自适应控制、重复控制、模型预测控制、模型跟踪控制、鲁棒控制等。通过采用这些功能算法,伺服控制器的响应速度、稳定性、准确性和可操作性都达到了较高水平。

空间机械臂系统的强耦合特性,加上外界环境的复杂扰动,对控制器的设计而言是很大的挑战。最传统的控制策略是 PID 控制,但其对于复杂非线性空间机械臂系统而言,控制效果通常不佳,系统的鲁棒性、抗干扰能力及控制精度较非线性控制而言大打折扣。另外,空间机械臂系统针对不同的控制任务,存在不同的控制算法,其控制策略与地面机器人的控制方法具有相似之处。

在轨迹跟踪控制研究中,Arisoy 等[81]设计了一种用于控制带载荷的单自由度柔性连杆空间机械臂系统的高阶滑模控制器。利用该控制器的鲁棒性,可通过减小抖振效应来提高精度。Shen 等[82]针对空间机械臂系统的轨迹跟踪问题,提出了一种递推分散有限时间控制。首先,根据系统的递推动力学模型,建立各子系统的跟踪误差方程;然后,设计分散式非奇异终端滑模控制律,使跟踪误差在有限时间内收敛到原点的任意小邻域。张建宇等[83]针对载体位姿不受控的漂浮基刚性空间机器人系统,提出了一种基于自适应时延估计的连续非奇异终端滑模控制方法。利用自适应时延估计方法根据系统状态对该估计值进行调整,引入改进的连续非奇异快速终端滑模补偿自适应时延估计技术带来的误差。Dou 等[84]针对系统的不确定性和扰动,提出了一种基于扰动观测器的分数阶滑模控制方案,以及一种能在有限时间内估计扰动的快速分数阶扰动观测器,该观测器可减轻扰动的影响。Yao 等[85]将障碍李雅普诺夫函数(barrier lyapunov function,BLF)与神经网络(neural network,NN)相结合,提出了一种新的定时神经自适应容错控制方法。

在柔顺控制研究中,Yu 等[86]结合主动柔顺和被动柔顺两种方式,针对具有柔性驱动关节的机械臂设计了自适应神经网络阻抗控制器,以提升机械臂在物理交互过程中的动态性能。Wu 等[87]实现了对高速翻滚目标飞行器的识别捕捉。首先建立能描述常规 3D 接触物体的摩擦接触力模型，然后在此基础上建立更为复杂的几何接触动力学模型，其中用到了分解运动阻抗控制方法。Rastegari 等[88]提出了多阻抗控制以实现机械臂捕获目标物体的方法。Stolfi 等[89]将阻抗控制和基座 PD 控制两者进行组合，可有效实现机械臂对目标物体的捕获。Yang 等[90]研究了柔性双连杆的空间机器人在捕获目标对象时，机械臂末端与物体之间的碰撞模型，以及如何实现对其精准控制。Hamedani 等[91]提出了一种自适应阻抗方法，即通过跟踪机械臂末端的期望接触力来调整阻抗参数以适应变化的环境。

在力控制研究中，Shi 等[92]针对空间机器人与旋转目标在相互作用时的不同接触几何形状，开发了用于空间机械臂系统多维接触模型的运动与力混合控制器。Gangapersaud 等[93]提出了一种不需要事先预知目标惯性参数的去翻滚策略。在不使用目标的惯性参数的情况下，通过控制空间机器人用于使目标坠落的参考力/力矩，来实现目标的坠落，同时保证末端执行器的力/力矩限制。Luo 等[94]为了提高超冗余空间机械臂系统与环境接触时的控制性能，提出了一种分段式超冗余空间机械臂系统运动-力混合控制策略。

在遥操作控制研究中，美国于 1967 年将 Surveyor3 探测器送上月球，成为最早应用在太空探索的遥操作控制系统[95]。NASA 在 1994 年设计了一款针对空间机器人遥操作的 6 自由度主端手控器[96]。2001 年加拿大公司为国际空间站针对太空任务开发了 SSRMS[97]。我国的遥操作控制研究起步较晚，但也已取得相当多的成果。华中科技大学针对空间机械臂系统遥操作控制技术，设计了空间机械臂系统遥操作控制原型[98]，开发了地面端控制系统与在轨端控制系统，实现了在轨端与地面端模拟通信，并已完成各模块功能测试。Zhang 等[99]提出了一种带有力反馈功能的工作空间映射遥操作控制策略。我国玉兔号月球车搭载嫦娥三号探测器成功登陆月球，利用遥操作控制技术，地面人员可以操控玉兔号月球车上搭建的机械臂完成对月球土壤的勘探任务[100]。

此外，目前已实现应用各种角动量装置，如控制力矩陀螺（control moment gyroslope，CMG）等，来维持或执行空间机械臂精确的姿态机动或能量储存。有大量学者对此进行研究。Hu 等[101]采用变速控制力矩陀螺（variable speed control moment gyroscope，VSCMG）作为柔性空间机械臂系统的减振执行机构，并设计了两种轨迹跟踪和振动抑制控制器：逆动力学控制器和基于奇异摄动方法的控制器。Jia 等[102]通过采用控制力矩陀螺，提出了存在系统不确定性和闭链约束的空间机器人的鲁棒控制律。其控制目标是使操纵变量跟踪期望的轨迹，同时降低控制力矩陀螺饱和的可能性。

随着控制技术的逐步发展和深度学习等人工智能的出现，空间机械臂系统的复杂控制性能将会得到有效提升。因此，各种控制技术的发展研究是航天器的研究核心之一。

1.3.3 柔性空间机械臂系统振动抑制技术研究现状

空间机械臂系统的运动和外部干扰会引起空间机器人中柔性附件的振动。解决柔性结构的振动是必不可少的研究内容。这些振动难以自行衰减，且会严重影响操作精度，因此，需要对其进行抑制。描述柔性结构的常用方法有假设模态法、有限元法、绝对节点坐标法等[103]。假设模态法是一种广义坐标近似法，它用有限个假设模态振动的线性和来近似描述弹性体振动。有限元法是一种求解偏微分方程边值问题近似解的数值技术。该方法在求解时对整个问题区域进行分解，每个子区域都是一个简单的部分，即有限元。绝对节点坐标法是一种基于节点坐标的结构分析法。该方法在结构中选取一定数量的节点作为基本节点，通过计算这些基本节点的位移来描述结构的变形。

在针对柔性空间机械臂系统振动抑制技术研究中，Zhang 等[104]设计了基于力矩的柔性补偿器和基于力矩差反馈的控制器来抑制弹性振动。郭闯强等[105]基于力矩传感器反馈信息和关节计算名义输出力矩，提出了一种振动力矩反馈控制器。Zhang 等[106]将空间机械臂系统的柔性关节简化为弹簧-阻尼系统，利用 Coulomb 摩擦模型描述关节摩擦，利用计算力矩法设计了带有摩擦补偿的轨迹跟踪控制器，实现了振动抑制和关节跟踪控制。Zhang 等[107]将柔性关节机械臂系统建模为带耗散的欠驱动端口控制哈密顿系统进行分析，采用基于互连和阻尼分配的无源控制方法，将弹性关节控制器与摩擦补偿集成在一起，形成一个带耗散的驱动端口控制哈密顿闭环系统，可有效抑制柔性关节振动。胡雅博等[108]提出了一种基于优化策略的姿态控制及振动抑制方法，即将振动抑制问题转化为控制器参数的确定问题，通过极小化各执行机构安装节点处振动状态的指标函数，进而实现振动抑制。

许多学者研究了基于压电材料、控制力矩陀螺等执行机构的主动振动抑制策略。Meyer 等[109]给出了正位置反馈控制和线性二次高斯控制在压电陶瓷柔性结构振动抑制中的应用结果，并在一个由刚性中心体和柔性附件组成的柔性航天器模拟器上进行了试验，对比了两者的优势。Sabatini 等[39]提出了一种基于压电器件的优化自适应振动控制方法，并对最优布局与机动类型、总体惯性和几何特性等有关问题提出了解决办法，以在减少弹性振动和功耗方面获得最大的性能。Marco 等利用压电陶瓷技术开展了双杆机械臂振动抑制问题的研究。在使用陀螺柔性体操控角动量实现振动抑制的研究中，Guo 等[110]提出了一种基于模态力补偿器的新型控制策略，该补偿器可利用产生的模态力抵消弹性动力学的扰动输入，从而避免激振。此后，Guo 等[111]在弹性结构上安装一套单框架控制力矩陀螺仪作为执行机构，产生净控制力矩和模态力，提出了一种基于李雅普诺夫函数和伪逆操纵律的简单控制器奇异鲁棒转向律的简单控制器，并在操纵律中加入适当的零运动，以抑制振动和消除模态力对弹性动力学可能产生的不良影响。Hu 等[112]研究了挠性空间结构上控制力矩陀螺的奇异性，通过控制力矩陀螺可以对结构施加力矩和模态力的特点，提出了一种允许输出误差的奇异鲁棒伪逆操纵律，并将其应用于具有分布式控制力矩陀螺的柔性板的振动抑制中。

未来超大型航天器的出现、高难度的太空运动动作、快速的控制响应，对于振动抑制技术的要求会越来越高，振动抑制技术的研究将是未来研究的重要方向之一。

1.4 小 结

本章系统阐述了空间机器人的研究背景及研究意义，总结了包括动力学技术、运动学技术、轨迹规划技术等在内的关键技术，并归纳了国内外典型空间机器人的研究现状。针对空间机械臂系统，综合考虑了空间机械臂系统的特性，介绍了动力学技术、控制技术和振动抑制技术的关键技术的发展现状，并简单总结了各技术未来发展的前景，为后文研究内容的展开做了铺垫。

参考文献

[1] JIANG Z, CAO X, HUANG X, et al. Progress and development trend of space intelligent robot technology[J]. Space: Science & Technology, 2022(1):1-11.

[2] PUTZ P. Space robotics in Europe: A survey[J]. Robotics and Autonomous Systems, 1998, 23(1-2): 3-16.

[3] SYROMIATNIKOV V S. Manipulator system for module re docking on the Mir Orbital Complex[C]//Proceedings 1992 IEEE International Conference on Robotics and Automation. IEEE Computer Society, 1992: 913-918.

[4] GILLETT R, KERR A, SALLABERGER C, et al. A hybrid range imaging system solution for in-flight space shuttle inspection[C]//Canadian Conference on Electrical and Computer Engineering 2004 (IEEE Cat. No. 04CH37513). IEEE, 2004, 4: 2147-2150.

[5] SALABERGER C, FULFORD P, OWER C, et al. Robotic technologies for space exploration at MDA[C]//International symposium on artificial intelligence, robotics and automation in space, Munich, Germany. 2005.

[6] LI D, ZHONG L, ZHU W, et al. A survey of space robotic technologies for on-orbit assembly[J]. Space: Science & Technology, 2022(1):325-337.

[7] DING L, ZHOU R, YU T, et al. Surface characteristics of the Zhurong Mars rover traverse at Utopia Planitia[J]. Nature Geoscience, 2022, 15(3): 171-176.

[8] KUCUK S, BINGUL Z. Robot kinematics: Forward and inverse kinematics[M]. London: INTECH Open Access Publisher, 2006.

[9] CORKE P I. A simple and systematic approach to assigning Denavit-Hartenberg parameters [J]. IEEE Transactions On Robotics, 2007, 23(3): 590-594.

[10] LONGMAN R W. The kinetics and workspace of a satellite-mounted robot[M]//Space Robotics: Dynamics and Control. Boston: Springer US, 1993: 27-44.

[11] UMETANI Y, YOSHIDA K. Continuous path control of space manipulators mounted on OMV[J]. Acta Astronautica, 1987, 15(12): 981-986.

[12] PAPADOPOULOS E, DUBOWSKY S. Dynamic singularities in free-floating space manipulators[J]. Journal of Dynamic Systems, Measurement and Control,1993,115(1):44-52.

[13] NENCHEV D, UMETANI Y, YOSHIDA K. Analysis of a redundant free-flying spacecraft/manipulator system[J]. IEEE Transactions on Robotics and Automation, 1992, 8 (1): 1-6.

[14] MOOSAVIAN S A A, PAPADOPOULOS E. Free-flying robots in space: an overview of dynamics modeling, planning and control[J]. Robotica, 2007, 25(5): 537-547.

[15] ANTONELLO A, VALVERDE A, TSIOTRAS P. Dynamics and control of spacecraft manipulators with thrusters and momentum exchange devices [J]. Journal of Guidance, Control and Dynamics, 2019, 42(1): 15-29.

[16] 李大明. 空间机器人在轨自主装配动力学与控制[D]. 哈尔滨:哈尔滨工业大学, 2012.

[17] JIA Y, XU S. Decentralized adaptive sliding mode control of a space robot actuated by control moment gyroscopes [J]. Chinese Journal of Aeronautics, 2016, 29(3): 688-703.

[18] RODRIGUEZ G, JAIN A, KREUTZ-DELGADO K. A spatial operator algebra for manipulator modeling and control[J]. The International Journal of Robotics Research, 1991, 10 (4): 371-381.

[19] KARKOUB M, TAMMA K. Modelling and μ-synthesis control of flexible manipulators [J]. Computers & Structures, 2001, 79(5): 543-551.

[20] AL-BEDOOR B O, ALMUSALLAM A A. Dynamics of flexible-link and flexible-joint manipulator carrying a payload with rotary inertia [J]. Mechanism and Machine Theory, 2000, 35(6): 785-820.

[21] YANG H, LIU J. Distributed piezoelectric vibration control for a flexible-link manipulator based on an observer in the form of partial differential equations [J]. Journal of Sound and Vibration, 2016, 363: 77-96.

[22] YOSHIDA K. ETS-Ⅶ flight experiments for space robot dynamics and control: Theories

on laboratory test beds ten years ago, Now in orbit[M]//Experimental Robotics Ⅶ. Berlin, Heidelberg: Springer Berlin Heidelberg, 2002: 209-218.

[23] ODA M. Space robot experiments on NASDA's ETS－Ⅶ satellite-preliminary overview of the experiment results[C]//Proceedings 1999 IEEE International Conference on Robotics and Automation (Cat. No. 99CH36288C). IEEE, 1999, 2: 1390-1395.

[24] MOOSAVIAN S A A, PAPADOPOULOS E. Explicit dynamics of space free-flyers withmultiple manipulators via SPACEMAPLE[J]. Advanced Robotics, 2004, 18(2): 223-244.

[25] LIANG B, XU Y, BERGERMAN M. Mapping a space manipulator to a dynamically equivalent manipulator[J]. Journal of Dynamic Systems, Measurement and Control, 1998, 120(1):1-7.

[26] BENNETT G, SEBELIUS K, BARTH A, et al. ISS Russian segment motion control system operating strategy during the orbiter repair maneuver[C]//AIAA Guidance, Navigation, and Control Conference and Exhibit. 2005: 5855.

[27] 王友渔,胡成威,唐自新,等.我国空间站机械臂系统关键技术发展[J].航天器工程,2022,31(6):147-155.

[28] ODA M, INABA N, TAKANO Y, et al. Onboard local compensation on ETS-W space robot teleoperation[C]//1999 IEEE/ASME International Conference on Advanced Intelligent Mechatronics (Cat. No. 99TH8399). IEEE, 1999: 701-706.

[29] HIRZINGER G, LANDZETTEL K, REINTSEMA D, et al. Rokviss-robotics component verification on ISS[C]//Proc. 8th Int. Symp. Artif. Intell. Robot. Autom. Space (iSAIRAS)(Munich 2005) p. Session2B. 2005: 132.

[30] ALBU－SCHAFFER A, BERTLEFF W, REBELE B, et al. ROKVISS-robotics component verification on ISS current experimental results on parameter identification[C]//Proceedings 2006 IEEE International Conference on Robotics and Automation, 2006. ICRA 2006. IEEE, 2006: 3879-3885.

[31] FENG F, TANG L N, XU J F, et al. A review of the end-effector of large space manipulator with capabilities of misalignment tolerance and soft capture[J]. Science China Technological Sciences, 2016, 59: 1621-1638.

[32] STOTT R, SCHOONEJANS P, DIDOT F, et al. Current status of the European robotic arm (ERA), its launch on the Russian multi-purpose laboratory module (MLM) and its operation on the ISS[C]//Proceedings of the 9th ESA Workshop on Advanced Space Technologies for Robotics and Automation ASTRA 2006 ESTEC. 2006: 28-30.

[33] UEDA S, KASAI T, UEMATSU H. HTV guidance, navigation and control system design for safe robotics capture[C]//AIAA/AAS Astrodynamics Specialist Conference and Exhibit. 2008: 6767.

[34] BRIDGWATER L B, IHRKE C A, DIFTLER M A, et al. The robonaut 2 hand-designed to do work with tools[C]//2012 IEEE International Conference on Robotics and Automa-

tion. IEEE, 2012: 3425-3430.

[35] TORRES M A, DUBOWSKY S. Path-planning for elastically constrained space manipulator systems[C]//1993 Proceedings IEEE International Conference on Robotics and Automation. IEEE, 1993: 812-817.

[36] KULAKOV F M. Russian Research on Robotics[C]//Intelligent Autonomous Systems. 1995: 53-62.

[37] SENDA K, MUROTSU Y. Methodology for control of a space robot with flexible links [J]. IEE Proceedings-Control Theory and Applications, 2000, 147(6): 562-568.

[38] WU H, SUN F, SUN Z, et al. Optimal trajectory planning of a flexible dual-arm space robot with vibration reduction[J]. Journal of Intelligent and Robotic Systems, 2004, 40: 147-163.

[39] SABATINI M, GASBARRI P, MONTI R, et al. Vibration control of a flexible space manipulator during on orbit operations[J]. Acta astronautica, 2012, 73: 109-121.

[40] ULRICH S, SASIADEK J Z, BARKANA I. Modeling and direct adaptive control of a flexible-joint manipulator[J]. Journal of Guidance, Control and Dynamics, 2012, 35(1): 25-39.

[41] ULRICH S, SASIADEK J Z. Direct fuzzy adaptive control of a manipulator with elastic joints[J]. Journal of Guidance, Control and Dynamics, 2013, 36(1): 311-319.

[42] 徐文福,梁斌,李成,等.空间机器人微重力模拟实验系统研究综述[J].机器人,2009,31(1):88-96.

[43] JORGENSEN G, BAINS E. SRMS history, evolution and lessons learned[C]//AIAA SPACE 2011 Conference & Exposition. 2011: 7277.

[44] CARIGNAN C R, AKIN D L. The reaction stabilization of on-orbit robots[J]. IEEE Control Systems Magazine, 2000, 20(6): 19-33.

[45] 苏令,石泳,张振华,等.航天器交会对接地面综合验证技术研究进展[J].航天器环境工程,2014,31(3):277-282.

[46] 苟仲秋,闫鑫,张柏楠,等.载人航天器地面试验验证体系研究[J].航天器环境工程,2018,35(6):528-534.

[47] AGRAWAL S K, HIRZINGER G, LANDZETTEL K, et al. A new laboratory simulator for studyof motion of free-floating robots relative to space targets[J]. IEEE transactions on robotics and automation, 1996, 12(4): 627-633.

[48] MA O, WANG J, MISRA S, et al. On the validation of SPDM task verification facility [J]. Journal of Robotic Systems, 2004, 21(5): 219-235.

[49] 孟光,韩亮亮,张崇峰.空间机器人研究进展及技术挑战[J].航空学报,2021,42(1):8-32.

[50] PIEDBOEUF J C, DE CARUFEL J, AGHILI F, et al. Task verification facility for the Canadian special purpose dextrous manipulator[C]//Proceedings 1999 IEEE International Conference on Robotics and Automation (Cat. No. 99CH36288C). IEEE, 1999, 2:

1077-1083.

[51] COLESHILL E, OSHINOWO L, REMBALA R, et al. Dextre: Improving maintenance operations on the international space station[J]. Acta Astronautica, 2009, 64(9-10): 869-874.

[52] MATSUEDA T, KURAOKA K, GOMA K, et al. JEMRMS system design and development status[C]//NTC'91-National Telesystems Conference Proceedings. IEEE, 1991: 391-395.

[53] SATO N, WAKABAYASHI Y. Jemrms design features and topics from testing[C]//6th International symposium on artificial intelligence, robotics and automation in space (iSAIRAS), Quebec. 2001, 214: 8.

[54] PREUSCHE C, REINTSEMA D, LANDZETTEL K, et al. Robotics component verification on ISS ROKVISS-preliminary results for telepresence[C]//2006 IEEE/RSJ International Conference on Intelligent Robots and Systems. IEEE, 2006: 4595-4601.

[55] 倪得晶. 面向空间机器人遥操作的环境建模与人机交互技术研究[D]. 南京:东南大学,2018.

[56] MA B, JIANG Z, LIU Y, et al. Advances in space robots for on-orbit servicing: A comprehensive review[J]. Advanced Intelligent Systems, 2023,5(8): 2200397.

[57] AHLSTROM T, CURTIS A, DIFTLER M, et al. Robonaut 2 on the international space station: Status update and preparations for IVA mobility[C]//Aiaa Space 2013 Conference and Exposition. 2013: 5340.

[58] ZHANG Q, ZHAO C, FAN L, et al. Taikobot: A full-size and free-flying humanoid robot for intravehicular astronaut assistance and spacecraft housekeeping[J]. Machines, 2022, 10(10): 933.

[59] TREBI-OLLENNU A, BAUMGARTNER E T, LEGER P C, et al. Robotic arm in-situ operationsfor the mars exploration rovers surface mission[C]//2005 IEEE International Conference on Systems, Man and Cybernetics. IEEE, 2005, 2: 1799-1806.

[60] BOGUE R. Robots for space exploration[J]. Industrial Robot: An International Journal, 2012, 39(4): 323-328.

[61] YOSHIDA K. Engineering test satellite Ⅶ flight experiments for space robot dynamics and control: theories on laboratory test beds ten years ago, now in orbit[J]. The International Journal of Robotics Research, 2003, 22(5): 321-335.

[62] 林来兴. 美国"轨道快车"计划中的自主空间交会对接技术[J]. 国际太空,2005(2):23-27.

[63] 胡成威,高升,熊明华,等. 空间站核心舱机械臂关键技术[J]. 中国科学:技术科学,2022,52(9):1299-1331.

[64] LIU H. An overview of the space robotics progress in China[J]. System (ConeXpress ORS), 2014, 14: 15.

[65] ZHANG T, PANG Y, ZENG T, et al. Robotic drilling for the Chinese Chang'E 5 lunar

sample-return mission[J]. The International Journal of Robotics Research, 2023, 42(8): 586-613.

[66] LIU Y, CUI S, LIU H, et al. Robotic hand-arm system for on-orbit servicing missions in Tiangong-2 Space Laboratory[J]. Assembly Automation, 2019, 39(5): 999-1012.

[67] ZEFRAN M, BULLO F. Lagrangian dynamics[J]. Robotics and Automation Handbook, 2005: 5-1.

[68] ARDEMA M D. Newton-Euler dynamics[M]. New York: Springer, 2004.

[69] KANE T R, LEVINSON D A. The use of Kane's dynamical equations in robotics[J]. The International Journal of Robotics Research, 1983, 2(3): 3-21.

[70] TALEBI H A, PATEL R V, ASMER H. Neural network based dynamic modeling of flexible-link manipulators with application to the SSRMS [J]. Journal of Robotic Systems, 2000, 17(7): 385-401.

[71] SPONG M W. Modeling and control of elastic joint robots [J]. Journal of Dynamic Systems, Measurement and Control, 1987, 109(4): 310-319.

[72] DAWSON D M, QU Z, BRIDGES M M. Hybrid adaptive control for tracking of rigid-linkflexible-joint robots [J]. IEE Proceedings. part. D. Control Theory and Applications, 1993, 140(3): 155-159.

[73] FEATHERSTONE R. Rigid body dynamics algorithms[M]. New York: Springer New York, 2014.

[74] RONE W S, BEN-TZVI P. Mechanics modeling of multisegment rod-driven continuum robots[J]. Journal of Mechanisms and Robotics, 2014, 6(4): 041006.

[75] VAKIL M, FOTOUHI R, NIKIFORUK P N. A new method for dynamic modeling of flexible-link flexible-joint manipulators[J]. Jourmal of Vibration and Acoustics, 2012, 134(1):014503.

[76] ZARAFSHAN P, MOOSAVIAN S A A. Dynamics modelling and hybrid suppression control of space robots performing cooperative object manipulation[J]. Communications in Nonlinear Science and Numerical Simulation, 2013, 18(10): 2807-2824.

[77] 邱雪,钟超,侯月阳,等.空间七自由度机械臂动力学建模与仿真[J].机械设计与制造工程,2022,51(8):7-13.

[78] 尹旺,王翔,王为,等.空间站宏微机械臂动力学建模与零反作用控制[J].航天器工程,2023,32(1):59-66.

[79] JU H H, SHI B Q, LENG S, et al. Hand book of Space Robotics: Axis-Invariant based MAS modeling, planning and control[M]. New York: Springer Press, 2018.

[80] FENG X, JIA Y, XU S. Dynamics of flexible multibody systems with variable-speed control moment gyroscopes[J]. Aerospace Science and Technology, 2018, 79: 554-569.

[81] ARISOY A, BAYRAKCEKEN M K, BASTURK S, et al. High order sliding mode control of a space robot manipulator[C]//Proceedings of 5th International Conference on Re-

cent Advances in Space Technologies-RAST2011. IEEE, 2011: 833-838.
[82] SHEN D, TANG L, HU Q, et al. Space manipulator trajectory tracking based on recursive decentralized finite-time control [J]. Aerospace Science and Technology, 2020, 102: 105870.
[83] 张建宇,高天宇,于潇雁,等.基于自适应时延估计的空间机械臂连续非奇异终端滑模控制[J].机械工程学报,2021,57(11):177-183.
[84] DOU B, YUE X. Disturbance observer-based fractional-order sliding mode control for free-floating space manipulator with disturbance[J]. Aerospace Science and Technology, 2023, 132: 108061.
[85] YAO Q. Fixed-time neural adaptive fault-tolerant control for space manipulator under output constraints[J]. Acta Astronautica, 2023, 203: 483-494.
[86] YU X, HE W, LI Y, et al. Adaptive NN impedance control for an SEA-driven robot[J]. Science China Information Sciences, 2020, 63(5): 159207.
[87] WU S, MOU F, LIU Q, et al. Contact dynamics and control of a space robot capturing a tumbling object[J]. Acta Astronautica, 2018, 151:532-542.
[88] RASTEGARI R, MOOSAVIAN S A A. Multiple impedance control of space free-flying robots via virtual linkages[J]. Acta Astronautica, 2010, 66(5-6): 748-759.
[89] STOLFI A, GASBARRI P, SABATINI M. A combined impedance-PD approach for controlling a dual-arm space manipulator in the capture of a non-cooperative target [J]. Acta Astronautica, 2017, 139: 243-253.
[90] YANG X, GE S S, HE W. Dynamic modelling and adaptive robust tracking control of a space robot with two-link flexible manipulators under unknown disturbances[J]. International Journal of Control, 2018, 91(4): 969-988.
[91] HAMEDANI M H, SADEGHIAN H, ZEKRI M, et al. Intelligent impedance control using wavelet neural network for dynamic contact force tracking in unknown varying environments[J]. Control Engineering Practice, 2021, 113: 104840.
[92] SHI L, XIAO X, SHAN M, et al. Force control of a space robot in on-orbit servicing operations[J]. Acta Astronautica, 2022, 193: 469-482.
[93] GANGAPERSAUD R A, LIU G, DE RUITER A H J. Detumbling of a non-cooperative target with unknown inertial parameters using a space robot[J]. Advances in Space Research, 2019, 63(12): 3900-3915.
[94] LUO Q, HU Q, ZHANG Y, et al. Segmented hybrid motion-force control for a hyper-redundant space manipulator[J]. Aerospace Science and Technology, 2022, 131: 107981.
[95] 庞之浩. 飞向太空的机器人[J]. 自然与科技, 2014, 2(2):18-18.
[96] BEJCZY A. Toward advanced teleoperation in space[J]. Teleoperation & Robotics in Space, 1994.
[97] GIBBS G , SACHDEV S . Canada and the international space station program: Overview

and status[J]. Acta Astronautica，2002,51(1-9):591-600.

[98] 罗敏. 空间机械臂遥操作虚拟仿真与作业规划技术研究[D]. 武汉:华中科技大学,2014.

[99] JU Z，YANG C，LI Z，et al. Teleoperation of humanoid baxter robot using haptic feedback [C]//2014 International Conference on Multisensor Fusion and Information Integration for Intelligent Systems (MFI). IEEE，2014：1-6.

[100] 吴伟仁,周建亮,王保丰. 嫦娥三号"玉兔"号巡视器遥操作中的关键技术[J]. 中国科学:信息科学,2014,44(4):425-440.

[101] HU Q，ZHANG J. Maneuver and vibration control of flexible manipulators using variable-speed control moment gyros[J]. Acta Astronautica，2015，113：105-119.

[102] JIA Y，MISRA A K. Robust trajectory tracking control of a dual-arm space robot actuated by control moment gyroscopes[J]. Acta Astronautica，2017，137：287-301.

[103] DWIVEDY S K，EBERHARD P. Dynamic analysis of flexible manipulators，a literature review[J]. Mechanism and Machine Theory，2006，41(7)：749-777.

[104] ZHANG W，SHEN J，YE X，et al. Error model-oriented vibration suppression control of free-floating space robot with flexible joints based on adaptive neural network[J]. Engineering Applications of Artificial Intelligence，2022，114：105028.

[105] 郭闯强,倪风雷,孙敬颋,等. 具有力矩传感器的柔性关节的振动抑制[J]. 机器人,2011,33(4)：449-454.

[106] ZHANG Q，LIU X，CAI G. Dynamics and control of a flexible-link flexible-joint space robot with joint friction[J]. International Journal of Aeronautical and Space Sciences，2021，22：415-432.

[107] ZHANG Q，LIU G. Precise control of elastic joint robot using an interconnection and damping assignment passivity-based approach[J]. IEEE/ASME Transactions on Mechatronics，2016，21(6)：2728-2736.

[108] 胡雅博,耿云海,刘伟星. 一种航天器姿态控制与振动抑制的优化设计方法[J]. 宇航学报,2023,44(3):422-430.

[109] MEYER J，HARRINGTON W，Agrawal B，et al. Application of piezoceramics to vibration suppression of a spacecraft flexible appendage[C]//Guidance，Navigation，and Control Conference. 1996：3761.

[110] GUO J，GENG Y，WU B，et al. Vibration suppression of flexible spacecraft during attitude maneuver using CMGs[J]. Aerospace Science and Technology，2018，72：183-192.

[111] GUO J，DAMAREN C J，GENG Y. Space structure vibration suppression using control moment gyroscope null motion[J]. Journal of Guidance，Control，and Dynamics，2019，42(10)：2272-2278.

[112] HU Q，GUO C，ZHANG J. Singularity and steering logic for control moment gyros on flexible space structures[J]. Acta Astronautica，2017，137：261-273.

第 2 章

空间机械臂开环系统动力学模型

2.1 基于凯恩法的多体系统动力学

空间机械臂系统动力学建模属于多体系统动力学范畴。多体系统是指由多个体和铰组成,且每个铰上都只连接两个体的系统。本节将刚性空间机械臂系统看成多刚体系统,将柔性空间机械臂系统看成多柔体系统,利用凯恩法,推导出开环树形多刚体系统动力学模型及多柔体系统动力学模型。

2.1.1 多体系统描述

若一个多体系统中没有闭环结构,则称为树形系统。若一个多体系统中有闭环结构,则需引入最小数量的切开点,使系统退化为树形系统,然后根据树形系统的结构,对多体系统进行描述。

为了方便描述多体系统,对每个体进行编号。在组成多体系统的各个体中,有一个体称为根体,如图 2-1 所示,将编号为 1 的体视为根体,体 2 和体 3 通过铰链连接于根体 1。因为体 2 和体 3 远离根体,所以将两者称为根体 1 的外接体,而根体 1 为两者的内接体。同时,对铰链进行编号,其原则是每个铰链的编号 h_j,($j=1,2,3,\cdots$)与其相连的外接体一致。例如,连接根体 1 和体 2 的铰链编号为 h_2,连接体 3 和体 4 的铰链编号为 h_4。同时定义根体 1 与惯性坐标系之间存在 6 自由度的虚铰链,编号为 h_1。因此,任意多体系统可以视为是 N 个柔体(或刚体)加 N 个铰链搭接而成。各个铰链 h_j 的自由度为 1～6。

凯恩方程选取广义速率描述系统的运动,而不是广义坐标。因此,为了描述任意多体系统的运动,选取每个铰链允许的相对平动速度 u_{tj}、相对转动角速度 u_{rj} 为广义速率。假设铰链 h_j 允许的平动自由度数为 T_j,转动自由度数为 R_j,则多刚体系统的自由度数为

$$n=\sum_{j=1}^{N}(T_j+R_j) \tag{2-1}$$

其中，N 为系统中体的数目。

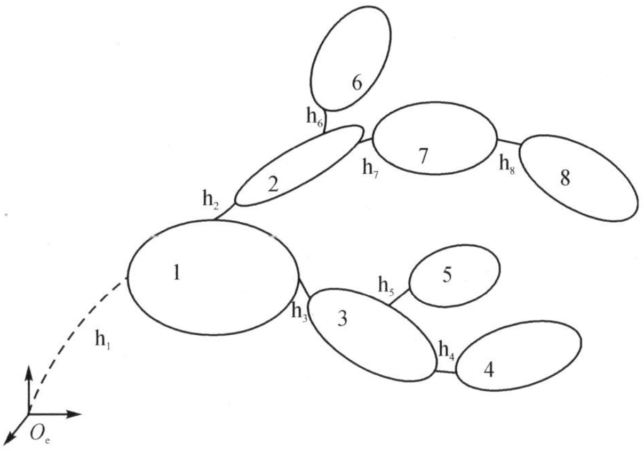

图 2-1 任意多刚体系统

本节采用广义惯性力自动组集算法对开环树形多体系统进行动力学建模。该算法适用于任意树形构型的多体系统，系统中可以有柔性体和刚性体，体之间通过铰链连接，铰链的自由度为 1～6。该算法能够完成刚性机械臂和柔性机械臂连接组合体的准确动力学建模任务。

广义惯性力自动组集算法的理论基础是凯恩方程。算法的推导由以下 3 部分组成。

(1) 求出单体广义惯性力对系统广义惯性力的贡献，进一步得到单柔体或单刚体对系统质量矩阵和广义惯性力非线性项的贡献。

(2) 推导基于广义惯性力自动组集算法的运动学递推关系。

(3) 推导系统的广义主动力和广义内力。

为便于建模，将凯恩方程写为

$$\boldsymbol{F}_k^{\mathrm{I}}+\boldsymbol{F}_k^{\mathrm{A}}+\boldsymbol{F}_k^{\mathrm{E}}=\boldsymbol{0}\quad(k=1,2,\cdots,n) \tag{2-2}$$

其中，$\boldsymbol{F}_k^{\mathrm{I}}$，$\boldsymbol{F}_k^{A}$，$\boldsymbol{F}_k^{\mathrm{E}}$ 分别为系统第 k 阶广义速率对应的广义惯性力、广义主动力和广义弹性力；n 为系统所有广义速率写成分量列阵形式时，分量列阵的个数。对于多刚体系统而言，分量列阵的个数即为多刚体系统的自由度数。多体系统的第 k 阶广义速率对应的广义惯性力为

$$\boldsymbol{F}_k^{\mathrm{I}}=-\sum_{j=1}^{N}\int_{\mathrm{B}_j}{}_{k}^{\mathrm{p}}\boldsymbol{v}_{mj}\cdot\dot{\boldsymbol{v}}_{mj}\,\mathrm{d}m\quad(k=1,2,\cdots,n) \tag{2-3}$$

其中，${}_{k}^{\mathrm{p}}\boldsymbol{v}_{mj}$ 和 $\dot{\boldsymbol{v}}_{mj}$ 分别为第 j 个体上质量微元的第 k 阶偏速度和加速度；积分区域

为体 B_j，即体编号为 j 的体。

2.1.2 开环树形多刚体系统动力学建模

本节以单刚体为例，详细介绍其对系统广义惯性力的贡献，从而得到单刚体对系统质量矩阵和广义惯性力非线性项的贡献。继而利用广义惯性力自动组集算法推导开环树形多刚体系统的动力学模型。

1. 偏速度矩阵和偏角速度矩阵

如图 2-2 所示，研究开环树形多刚体系统中任意两个相邻的刚体，设定体 j 为刚体，其上质量微元为 dm^j，刚体 j 的内接体 $c(j)$ 为刚体。$\boldsymbol{R}_{c(j)}$，$\boldsymbol{R}_j$ 分别为惯性系原点到内接体 $c(j)$ 的体坐标系原点 $O_{c(j)}$、体 j 的体坐标系原点 O_j 的矢径，$\boldsymbol{R}_{mj}$ 为惯性系原点到刚体 j 上任意质量微元 dm^j 的矢径。$Q_{c(j)}$、Q_j 分别代表建立在体 $c(j)$、体 j 上与其外接体铰链重合的点上的坐标系。

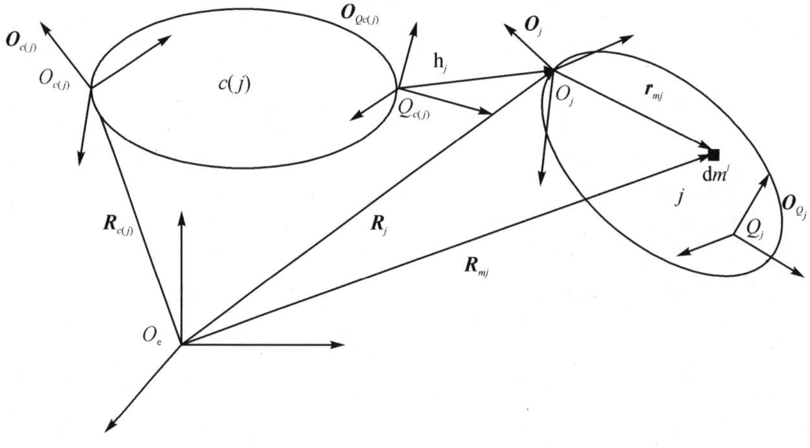

图 2-2 刚体 j 及其内接体 $c(j)$，以及刚体 j 上的质量微元

质量微元 dm^j 相对于惯性坐标系 O_e 的惯性速度 $\boldsymbol{v}_{mj}$ 表示为

$$\boldsymbol{v}_{mj} = \boldsymbol{v}_j + \boldsymbol{\omega}_j \times \boldsymbol{r}_{mj} \tag{2-4}$$

其中 $\boldsymbol{v}_j$——坐标系 O_j 相对于惯性坐标系 O_e 的速度，在惯性坐标系 O_e 中描述；

$\boldsymbol{\omega}_j$——坐标系 O_j 相对于惯性坐标系 O_e 的角速度，在坐标系 O_j 中描述；

$\boldsymbol{r}_{mj}$——质量微元 dm^j 在本体系 O_j 中的矢径，在坐标系 O_j 中描述。

质量微元 dm^j 相对于惯性坐标系 O_e 的惯性速度 $\boldsymbol{v}_{mj}$ 可表示为广义速率的线性组合形式

$$\boldsymbol{v}_{mj} = \sum_{k=1}^{n} {}_k^{\mathrm{p}}\boldsymbol{v}_{mj} \boldsymbol{u}_k + \boldsymbol{v}_{mj\mathrm{t}} \tag{2-5}$$

其中，${}_k^{\mathrm{p}}\boldsymbol{v}_{mj}$ 为 dm^j 的第 k 阶偏速度；$\boldsymbol{u}_k$ 为系统的第 k 阶广义速率；$\boldsymbol{v}_{mj\mathrm{t}}$ 为不能表示

为 $\boldsymbol{u}_k$ 线性组合的非线性部分，是广义坐标和时间的函数。

坐标系 O_j 相对于惯性坐标系 O_e 的速度、角速度也可表示为广义速率的线性组合

$$\boldsymbol{v}_j = \sum_{k=1}^{n} {}_k^{\mathrm{p}}\boldsymbol{v}_j u_k + \boldsymbol{v}_{j\mathrm{t}} \tag{2-6}$$

$$\boldsymbol{\omega}_j = \sum_{k=1}^{n} {}_k^{\mathrm{p}}\boldsymbol{\omega}_j u_k + \boldsymbol{\omega}_{j\mathrm{t}} \tag{2-7}$$

其中，${}_k^{\mathrm{p}}\boldsymbol{v}_j$ 为 O_j 的第 k 阶偏速度；${}_k^{\mathrm{p}}\boldsymbol{\omega}_j$ 为 O_j 的第 k 阶偏角速度；$\boldsymbol{v}_{j\mathrm{t}}$ 和 $\boldsymbol{\omega}_{j\mathrm{t}}$ 分别为 $\boldsymbol{v}_j$ 和 $\boldsymbol{\omega}_j$ 的不能表示为 $\boldsymbol{v}_k$ 线性组合的非线性项。

为了推导方便，引入 3 个概念：偏速度矩阵、偏角速度矩阵和模态选择矩阵。

定义质量微元 $\mathrm{d}m^j$ 的偏速度矩阵 ${}^{\mathrm{p}}\boldsymbol{v}_{mj}$ 和偏角速度矩阵 ${}_k^{\mathrm{p}}\boldsymbol{\omega}_{mj}$ 为

$$\begin{cases} {}^{\mathrm{p}}\boldsymbol{v}_{mj} = [{}_1^{\mathrm{p}}\boldsymbol{v}_{mj} \quad {}_2^{\mathrm{p}}\boldsymbol{v}_{mj} \quad \cdots \quad {}_n^{\mathrm{p}}\boldsymbol{v}_{mj}] \\ {}^{\mathrm{p}}\boldsymbol{\omega}_{mj} = [{}_1^{\mathrm{p}}\boldsymbol{\omega}_{mj} \quad {}_2^{\mathrm{p}}\boldsymbol{\omega}_{mj} \quad \cdots \quad {}_n^{\mathrm{p}}\boldsymbol{\omega}_{mj}] \end{cases} \tag{2-8}$$

则质量微元 $\mathrm{d}m^j$ 相对于惯性坐标系 O_e 的速度可写为

$$\boldsymbol{v}_{mj} = {}^{\mathrm{p}}\boldsymbol{v}_{mj}\boldsymbol{u} + \boldsymbol{v}_{mj\mathrm{t}} \tag{2-9}$$

其中，$\boldsymbol{u}$ 为系统广义速度依次排列组成的列阵，即

$$\boldsymbol{u} = [u_1^{\mathrm{T}} \quad u_2^{\mathrm{T}} \quad \cdots \quad u_n^{\mathrm{T}}]^{\mathrm{T}} \tag{2-10}$$

同理，定义坐标系 O_j 的偏速度矩阵和偏角速度矩阵为

$$\begin{cases} {}^{\mathrm{p}}\boldsymbol{v}_j = [{}_1^{\mathrm{p}}\boldsymbol{v}_j \quad {}_2^{\mathrm{p}}\boldsymbol{v}_j \quad \cdots \quad {}_n^{\mathrm{p}}\boldsymbol{v}_j] \\ {}^{\mathrm{p}}\boldsymbol{\omega}_j = [{}_1^{\mathrm{p}}\boldsymbol{\omega}_j \quad {}_2^{\mathrm{p}}\boldsymbol{\omega}_j \quad \cdots \quad {}_n^{\mathrm{p}}\boldsymbol{\omega}_j] \end{cases} \tag{2-11}$$

则坐标系 O_j 相对于惯性坐标系 O_e 的速度、角速度可写为

$$\begin{cases} \boldsymbol{v}_j = {}^{\mathrm{p}}\boldsymbol{v}_j\boldsymbol{u} + \boldsymbol{v}_{j\mathrm{t}} \\ \boldsymbol{\omega}_j = {}^{\mathrm{p}}\boldsymbol{\omega}_j\boldsymbol{u} + \boldsymbol{\omega}_{j\mathrm{t}} \end{cases} \tag{2-12}$$

使用以上引入的概念，质量微元 $\mathrm{d}m^j$ 对于惯性坐标系 O_e 速度 $\boldsymbol{v}_{mj}$ 可写为

$$\begin{aligned} \boldsymbol{v}_{mj} &= {}^{\mathrm{p}}\boldsymbol{v}_j\boldsymbol{u} + \boldsymbol{v}_{j\mathrm{t}} + ({}^{\mathrm{p}}\boldsymbol{\omega}_j\boldsymbol{u} + \boldsymbol{\omega}_{j\mathrm{t}}) \times \boldsymbol{r}_{mj} \\ &= {}^{\mathrm{p}}\boldsymbol{v}_j\boldsymbol{u} + {}^{\mathrm{p}}\boldsymbol{\omega}_j\boldsymbol{u} \times \boldsymbol{r}_{mj} + \boldsymbol{v}_{j\mathrm{t}} + \boldsymbol{\omega}_{j\mathrm{t}} \times \boldsymbol{r}_{mj} \\ &= ({}^{\mathrm{p}}\boldsymbol{v}_j + {}^{\mathrm{p}}\boldsymbol{\omega}_j \times \boldsymbol{r}_{mj})\boldsymbol{u} + (\boldsymbol{v}_{j\mathrm{t}} + \boldsymbol{\omega}_{j\mathrm{t}} \times \boldsymbol{r}_{mj}) \end{aligned} \tag{2-13}$$

对比式(2-9)和式(2-13)，可得到偏速度矩阵的重要关系，即

$${}^{\mathrm{p}}\boldsymbol{v}_{mj} = {}^{\mathrm{p}}\boldsymbol{v}_j + {}^{\mathrm{p}}\boldsymbol{\omega}_j \times \boldsymbol{r}_{mj} \tag{2-14}$$

式(2-14)是广义惯性力自动组集算法的核心，只有式(2-14)的成立，才能够完成式(2-3)中的积分操作。

对式(2-4)进行求导，可得质量微元 $\mathrm{d}m^j$ 的加速度为

$$\dot{\boldsymbol{v}}_{mj} = \dot{\boldsymbol{v}}_j + \dot{\boldsymbol{\omega}}_j \times \dot{\boldsymbol{r}}_{mj} + \boldsymbol{\omega}_j \times \boldsymbol{\omega}_j \times \boldsymbol{r}_{mj} \tag{2-15}$$

2. 单刚体对系统广义惯性力的贡献

根据式(2-3)，定义刚体 j 对系统广义惯性力的贡献为

$$\boldsymbol{F}_j^{\mathrm{I}}=-\int_{\mathrm{B}_j}{}^{\mathrm{P}}\boldsymbol{v}_{mj}\cdot\dot{\boldsymbol{v}}_{mj}\,\mathrm{d}m \tag{2-16}$$

其中，${}^{\mathrm{P}}\boldsymbol{v}_{mj}$ 为质量微元 $\mathrm{d}m^j$ 的偏速度矩阵；$\dot{\boldsymbol{v}}_{mj}$ 为其加速度。将式(2-14)和式(2-15)代入式(2-16)，可得

$$\begin{aligned}\boldsymbol{F}_j^{\mathrm{I}}&=-\int_{\mathrm{B}_j}{}^{\mathrm{P}}\boldsymbol{v}_{mj}\cdot\dot{\boldsymbol{v}}_{mj}\,\mathrm{d}m^j\\&=-\int_{\mathrm{B}_j}[{}^{\mathrm{P}}\boldsymbol{v}_j+{}^{\mathrm{P}}\boldsymbol{\omega}_j\times\boldsymbol{r}_{mj}]\cdot[\dot{\boldsymbol{v}}_j+\dot{\boldsymbol{\omega}}_j\times\boldsymbol{r}_{mj}+\boldsymbol{\omega}_j\times(\boldsymbol{\omega}_j\times\boldsymbol{r}_{mj})]\mathrm{d}m^j\\&=-{}^{\mathrm{P}}\boldsymbol{v}_j\cdot[m_j\dot{\boldsymbol{v}}_j-\boldsymbol{S}_j\times\dot{\boldsymbol{\omega}}_j+\boldsymbol{\omega}_j\times\boldsymbol{\omega}_j\times\boldsymbol{S}_j]-\\&\quad{}^{\mathrm{P}}\boldsymbol{\omega}_j\cdot[\boldsymbol{S}_j\times\dot{\boldsymbol{v}}_j+\boldsymbol{J}_j\dot{\boldsymbol{\omega}}_j+\boldsymbol{\omega}_j\times\boldsymbol{J}\cdot\boldsymbol{\omega}_j]\end{aligned} \tag{2-17}$$

其中，$\boldsymbol{S}_j$ 为刚体 j 相对于本体系的静矩，$\boldsymbol{S}_j=\int_{\mathrm{B}_j}\boldsymbol{r}_{mj}\,\mathrm{d}m^j$；$\boldsymbol{J}_j$ 为刚体 j 相对于本体系的惯性张量，$\boldsymbol{J}_j=\int_{\mathrm{B}_j}[\boldsymbol{r}_{mj}\cdot\boldsymbol{r}_{mj}\boldsymbol{I}_3-\boldsymbol{r}_{mj}\boldsymbol{r}_{mj}]\mathrm{d}m^j$。

将式(2-12)对时间求导，可得

$$\begin{cases}\dot{\boldsymbol{v}}_j={}^{\mathrm{P}}\boldsymbol{v}_j\dot{\boldsymbol{u}}+\dot{\boldsymbol{v}}_{j\mathrm{t}}\\\dot{\boldsymbol{\omega}}_j={}^{\mathrm{P}}\dot{\boldsymbol{\omega}}_j\dot{\boldsymbol{u}}+\dot{\boldsymbol{\omega}}_{j\mathrm{t}}\end{cases} \tag{2-18}$$

其中，包含一步更新

$$\begin{cases}\dot{\boldsymbol{v}}_{j\mathrm{t}}\leftarrow{}^{\mathrm{P}}\dot{\boldsymbol{v}}_j\boldsymbol{u}+\dot{\boldsymbol{v}}_{j\mathrm{t}}\\\dot{\boldsymbol{\omega}}_{j\mathrm{t}}\leftarrow{}^{\mathrm{P}}\dot{\boldsymbol{\omega}}_j\boldsymbol{u}+\dot{\boldsymbol{\omega}}_{j\mathrm{t}}\end{cases} \tag{2-19}$$

将式(2-18)代入式(2-17)，可以得到刚体 j 对系统广义惯性力的贡献，并将其表示为广义速率的函数。将 $\boldsymbol{F}_j^{\mathrm{I}}$ 分为两部分，带有角标 0 的是广义速率一阶导数的线性项，带有角标 t 的是非线性项，即

$$\boldsymbol{F}_j^{\mathrm{I}}=-\boldsymbol{F}_{j0}^{\mathrm{I}}-\boldsymbol{F}_{j\mathrm{t}}^{\mathrm{I}} \tag{2-20}$$

其中，线性部分可以写为

$$\boldsymbol{F}_{j0}^{\mathrm{I}}=\boldsymbol{M}_j\dot{\boldsymbol{u}} \tag{2-21}$$

变量 $\boldsymbol{M}_j$ 为刚体 j 对系统质量矩阵的贡献，其表达式为

$$\boldsymbol{M}_j={}^{\mathrm{P}}\boldsymbol{v}_j\cdot[m_j{}^{\mathrm{P}}\boldsymbol{v}_j-\boldsymbol{S}_j\times{}^{\mathrm{P}}\boldsymbol{\omega}_j]+{}^{\mathrm{P}}\boldsymbol{\omega}_j\cdot[\boldsymbol{S}_j\times{}^{\mathrm{P}}\boldsymbol{v}_j+\boldsymbol{J}_j{}^{\mathrm{P}}\boldsymbol{\omega}_j] \tag{2-22}$$

非线性部分 $\boldsymbol{F}_{j\mathrm{t}}^{\mathrm{I}}$ 为刚体 j 对系统广义惯性力非线性项的贡献，其表达式为

$$\begin{aligned}\boldsymbol{F}_{j\mathrm{t}}^{\mathrm{I}}&={}^{\mathrm{P}}\boldsymbol{v}_j\cdot[m_j\dot{\boldsymbol{v}}_{j\mathrm{t}}-\boldsymbol{S}_j\times\dot{\boldsymbol{\omega}}_{j\mathrm{t}}+\boldsymbol{\omega}_j\times\boldsymbol{\omega}_j\times\boldsymbol{S}_j]+\\&\quad{}^{\mathrm{P}}\boldsymbol{\omega}_j\cdot[\boldsymbol{S}_j\times\dot{\boldsymbol{v}}_{j\mathrm{t}}+\boldsymbol{J}_j\dot{\boldsymbol{\omega}}_{j\mathrm{t}}+\boldsymbol{\omega}_j\times\boldsymbol{J}\cdot\boldsymbol{\omega}_j]\end{aligned} \tag{2-23}$$

3. 开环树形多刚体系统方程组集

因为系统总的广义惯性力为各个体对系统广义惯性力之和，即

$$\boldsymbol{F}^{\mathrm{I}} = \sum_{j=1}^{N} \boldsymbol{F}_j^{\mathrm{I}} \tag{2-24}$$

所以系统总体的质量矩阵和广义惯性力的非线性项分别为

$$\boldsymbol{M} = \sum_{j=1}^{N} \boldsymbol{M}_j, \quad \boldsymbol{F}_{\mathrm{t}}^{\mathrm{I}} = \sum_{j=1}^{N} \boldsymbol{F}_{j\mathrm{t}}^{\mathrm{I}} \tag{2-25}$$

则系统动力学方程的最终形式为

$$\boldsymbol{M}\dot{\boldsymbol{u}} = \boldsymbol{F} \tag{2-26}$$

其中，$\boldsymbol{F}$ 中包含广义主动力、广义弹性力和广义惯性力非线性项。广义主动力和广义弹性力的计算将在后续部分介绍。

4. 开环树形多刚体系统广义主动力计算

假设系统受到 S 个外力和 T 个外力矩，则系统广义主动力的表达形式为

$$\boldsymbol{F}^{\mathrm{A}} = [\boldsymbol{F}_1^{\mathrm{AT}} \quad \cdots \quad \boldsymbol{F}_i^{\mathrm{AT}} \quad \cdots \quad \boldsymbol{F}_n^{\mathrm{AT}}]^{\mathrm{T}}$$

$$\boldsymbol{F}_k^{\mathrm{A}} = \sum_{s=1}^{S} {}_k^{\mathrm{p}}\boldsymbol{v}_s \boldsymbol{F}_s + \sum_{t=1}^{T} {}_k^{\mathrm{p}}\boldsymbol{\omega}_t \boldsymbol{T}_t \quad (k=1,2,\cdots,n) \tag{2-27}$$

式(2-27)的物理意义是分别求得作用在系统上每个外力、外力矩的对应于各阶广义速率的广义主动力，然后再依次堆叠成系统广义主动力。式(2-27)的形式虽然复杂，但是经过推导，可以得到一些形式简单的结论。下面以单个空间机械臂为例，不加推导地给出一些常用的结论。

选取如下广义速率描述在轨操作空间机器人的运动

$$\boldsymbol{u} = [\boldsymbol{v}_1^{\mathrm{T}}, \boldsymbol{\omega}_1^{\mathrm{T}}, \dot{q}_1, \dot{q}_2, \cdots, \dot{q}_m]^{\mathrm{T}} \tag{2-28}$$

其中，$\boldsymbol{v}_1$ 和 $\boldsymbol{\omega}_1$ 分别为核心舱速度和角速度在本体系中的分量；$\dot{q}_i\,(i=1,2,\cdots,m)$ 是第 i 个铰链相对于其内接体关节转角的一阶导数，即相对转动速率。系统中共有 $2+m$ 个广义速率。

作用在中心体的力 $\boldsymbol{F}_1$ 的广义主动力为

$$\boldsymbol{F}^{\mathrm{A}} = [\boldsymbol{F}_1^{\mathrm{T}} \quad (\tilde{\boldsymbol{r}}\boldsymbol{F}_1)^{\mathrm{T}} \quad \underbrace{\boldsymbol{0}^{\mathrm{T}} \quad \cdots \quad \boldsymbol{0}^{\mathrm{T}}}_{m}]^{\mathrm{T}} \tag{2-29}$$

其中，$\boldsymbol{F}_1$ 为中心体作用力在中心体本体系中的分量列阵；$\tilde{\boldsymbol{r}}$ 为向量 $\boldsymbol{r}$ 的斜方阵，向量 $\boldsymbol{r}$ 为 $\boldsymbol{F}_1$ 作用点在中心体本体系中的矢径；$\boldsymbol{0}$ 矩阵具有其对应的广义速率相容的维数；m 表示有 m 个 $\boldsymbol{0}$ 矩阵，以下表达式中作同样的定义。

作用在中心体本体的力矩 $\boldsymbol{T}_1$ 的广义主动力为

$$\boldsymbol{F}^{\mathrm{A}} = [\boldsymbol{0}^{\mathrm{T}} \quad \boldsymbol{T}_1^{\mathrm{T}} \quad \underbrace{\boldsymbol{0}^{\mathrm{T}} \quad \cdots \quad \boldsymbol{0}^{\mathrm{T}}}_{m}]^{\mathrm{T}} \tag{2-30}$$

其中，$\boldsymbol{T}_1$ 为作用在中心体上的力矩在中心体本体系中的分量列阵。

第 i 个关节施加的控制力矩 $\boldsymbol{T}_i$ 的广义主动力为

$$\boldsymbol{F}^{\mathrm{A}}=[\boldsymbol{0}^{\mathrm{T}}\quad \boldsymbol{0}^{\mathrm{T}}\quad \underbrace{\boldsymbol{0}^{\mathrm{T}}\quad \cdots\quad \boldsymbol{0}^{\mathrm{T}}}_{i-1}\quad \boldsymbol{T}_i^{\mathrm{T}}\quad \underbrace{\boldsymbol{0}^{\mathrm{T}}\quad \cdots\quad \boldsymbol{0}^{\mathrm{T}}}_{m-i}]^{\mathrm{T}} \tag{2-31}$$

其中，$\boldsymbol{T}_i$ 为第 i 个连杆体的关节控制力矩在其体坐标系中的分量列阵。

2.1.3 多柔体系统动力学建模

本节推导多柔体系统的广义惯性力自动组集算法，该算法的核心理论依然是凯恩方程，通过利用多体系统的一些特点，实现系统动力学方程的广义惯性力自动组集。应用该算法的多柔体系统动力学建模流程与多刚体系统类似。

在多刚体系统中介绍的凯恩方程式(2-2)及广义惯性力的计算公式(2-3)同样适用于多柔体系统，此处不再详细介绍，本部分重点介绍多柔体系统中广义惯性力的计算。

1. 偏速度矩阵和偏角速度矩阵

如图 2-3 所示，研究多柔体系统中任意两个相邻的柔体，设定体 j 为柔体，其上质量微元为 $\mathrm{d}m^j$，柔体 j 的内接体 $c(j)$ 为刚体或柔体。$\boldsymbol{R}_{c(j)}$、$\boldsymbol{R}_j$、$\boldsymbol{R}_{mj}$、$Q_{c(j)}$ 和 Q_j 的定义与图 2-2 中对应参数的定义相同。

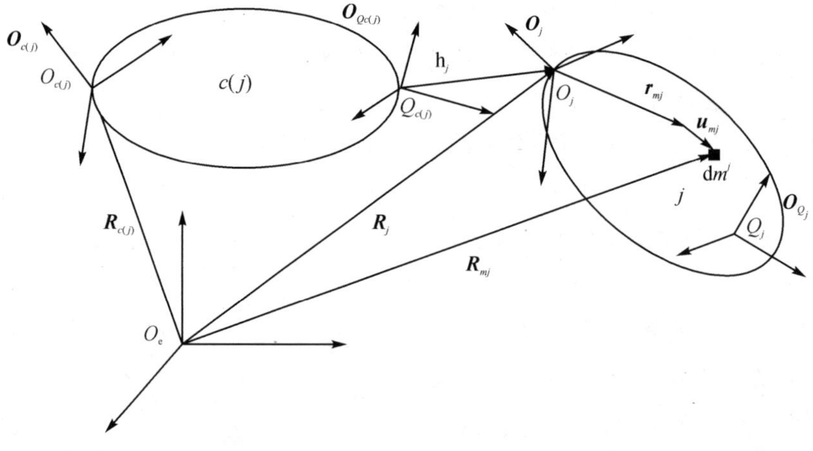

图 2-3 柔体 j 和其内接体 $c(j)$，以及柔体 j 上的质量微元

质量微元 $\mathrm{d}m^j$ 相对于惯性坐标系 O_{e} 速度为

$$\boldsymbol{v}_{mj}=\boldsymbol{v}_j+\boldsymbol{\omega}_j\times(\boldsymbol{r}_{mj}+\boldsymbol{u}_{mj})+\dot{\boldsymbol{u}}_{mj} \tag{2-32}$$

其中，$\boldsymbol{u}_{mj}$ 为质量微元处的弹性位移。质量微元 $\mathrm{d}m^j$ 相对惯性坐标系 O_{e} 的速度和角速度可以写为系统广义速率的线性组合形式，即

$$\boldsymbol{v}_{mj}=\sum_{k=1}^{n}{}_k^{\mathrm{p}}\boldsymbol{v}_{mj}u_k+\boldsymbol{v}_{mj\mathrm{t}},\quad \boldsymbol{\omega}_{mj}=\sum_{k=1}^{n}{}_k^{\mathrm{p}}\boldsymbol{\omega}_{mj}u_k+\boldsymbol{\omega}_{mj\mathrm{t}} \tag{2-33}$$

其中，${}_k^{\mathrm{p}}\boldsymbol{v}_{mj}$ 为 $\mathrm{d}m^j$ 的第 k 阶偏速度；u_k 为系统的的第 k 阶广义速率；$\boldsymbol{v}_{mj\mathrm{t}}$ 为不能表

示为 u_k 线性组合的非线性部分，是广义坐标和时间的函数。

定义质量微元 $\mathrm{d}m^j$ 的偏速度矩阵 ${}^{\mathrm{p}}\boldsymbol{v}_{mj}$ 和偏角速度矩阵 ${}^{\mathrm{p}}\boldsymbol{\omega}_{mj}$ 为

$$\begin{cases} {}^{\mathrm{p}}\boldsymbol{v}_{mj} = [{}^{\mathrm{p}}_{1}\boldsymbol{v}_{mj} \quad {}^{\mathrm{p}}_{2}\boldsymbol{v}_{mj} \quad \cdots \quad {}^{\mathrm{p}}_{n}\boldsymbol{v}_{mj}] \\ {}^{\mathrm{p}}\boldsymbol{\omega}_{mj} = [{}^{\mathrm{p}}_{1}\boldsymbol{\omega}_{mj} \quad {}^{\mathrm{p}}_{2}\boldsymbol{\omega}_{mj} \quad \cdots \quad {}^{\mathrm{p}}_{n}\boldsymbol{\omega}_{mj}] \end{cases} \tag{2-34}$$

则 $\boldsymbol{v}_{mj}$ 和 $\boldsymbol{\omega}_{mj}$ 可重新写为

$$\boldsymbol{v}_{mj} = {}^{\mathrm{p}}\boldsymbol{v}_{mj}\boldsymbol{u} + \boldsymbol{v}_{mj\mathrm{t}}, \quad \boldsymbol{\omega}_{mj} = {}^{\mathrm{p}}\boldsymbol{\omega}_{mj}\boldsymbol{u} + \boldsymbol{\omega}_{mj\mathrm{t}} \tag{2-35}$$

其中，$\boldsymbol{u}$ 为系统广义速率依次排列组成的列阵，$\boldsymbol{u} = [\boldsymbol{u}_1^{\mathrm{T}} \quad \boldsymbol{u}_2^{\mathrm{T}} \quad \cdots \quad \boldsymbol{u}_n^{\mathrm{T}}]^{\mathrm{T}}$。

同理，定义坐标系 O_j 的偏速度矩阵和偏角速度矩阵为

$$\begin{cases} {}^{\mathrm{p}}\boldsymbol{v}_{j} = [{}^{\mathrm{p}}_{1}\boldsymbol{v}_{j} \quad {}^{\mathrm{p}}_{2}\boldsymbol{v}_{j} \quad \cdots \quad {}^{\mathrm{p}}_{n}\boldsymbol{v}_{j}] \\ {}^{\mathrm{p}}\boldsymbol{\omega}_{j} = [{}^{\mathrm{p}}_{1}\boldsymbol{\omega}_{j} \quad {}^{\mathrm{p}}_{2}\boldsymbol{\omega}_{j} \quad \cdots \quad {}^{\mathrm{p}}_{n}\boldsymbol{\omega}_{j}] \end{cases} \tag{2-36}$$

则 O_j 相对惯性坐标系 O_{e} 的速度、角速度可写为

$$\begin{cases} \boldsymbol{v}_{j} = {}^{\mathrm{p}}\boldsymbol{v}_{j}\boldsymbol{u} + \boldsymbol{v}_{j\mathrm{t}} \\ \boldsymbol{\omega}_{j} = {}^{\mathrm{p}}\boldsymbol{\omega}_{j}\boldsymbol{u} + \boldsymbol{\omega}_{j\mathrm{t}} \end{cases} \tag{2-37}$$

进一步，定义柔体 j 的模态选择矩阵 $\boldsymbol{\Delta}_j$。如果柔体 j 的模态速度 $\dot{\boldsymbol{\tau}}_j$ 是多体系统的第 k 个广义速率，则定义模态选择矩阵为

$$\boldsymbol{\Delta}_j = [\underbrace{\boldsymbol{0} \quad \cdots \quad \boldsymbol{0}}_{1\sim(k-1)} \quad \underbrace{\boldsymbol{I}_{n_j \times n_j}}_{k} \quad \underbrace{\boldsymbol{0} \quad \cdots \quad \boldsymbol{0}}_{(k+1)\sim n}] \tag{2-38}$$

其中，$\boldsymbol{I}_{n_j \times n_j}$ 为 n_j 维单位阵，n_j 为描述柔体 j 弹性变形的模态的阶数；$\boldsymbol{0}$ 矩阵具有与其对应的广义速率相容的维数，则有

$$\dot{\boldsymbol{\tau}}_j = \boldsymbol{\Delta}_j\boldsymbol{u} \tag{2-39}$$

使用新引入的偏速度矩阵概念，$\boldsymbol{v}_{mj}$ 可以重新写为

$$\boldsymbol{v}_{mj} = ({}^{\mathrm{p}}\boldsymbol{v}_j + {}^{\mathrm{p}}\boldsymbol{\omega}_j \times (\boldsymbol{r}_{mj} + \boldsymbol{u}_{mj}) + \boldsymbol{T}_{mj}\boldsymbol{\Delta}_j)\boldsymbol{u} + (\boldsymbol{v}_{j\mathrm{t}} + \boldsymbol{\omega}_{j\mathrm{t}} \times (\boldsymbol{r}_{mj} + \boldsymbol{u}_{mj})) \tag{2-40}$$

其中，$\boldsymbol{T}_{mj}$ 为柔性体上质量微元 $\mathrm{d}m^j$ 处的模态平动阵。对比式(2-35)和式(2-40)，可得偏速度矩阵的重要关系，即

$${}^{\mathrm{p}}\boldsymbol{v}_{mj} = {}^{\mathrm{p}}\boldsymbol{v}_j + {}^{\mathrm{p}}\boldsymbol{\omega}_j \times (\boldsymbol{r}_{mj} + \boldsymbol{u}_{mj}) + \boldsymbol{T}_{mj}\boldsymbol{\Delta}_j \tag{2-41}$$

将式(2-32)在惯性坐标系内对时间求导，可得 $\mathrm{d}m^j$ 的加速度为

$$\dot{\boldsymbol{v}}_{mj} = \dot{\boldsymbol{v}}_j + \dot{\boldsymbol{\omega}}_j \times (\boldsymbol{r} + \boldsymbol{u}_{mj}) + \boldsymbol{T}_{mj}\ddot{\boldsymbol{\tau}}_j + 2\boldsymbol{\omega}_j \times \dot{\boldsymbol{u}}_{mj} + \boldsymbol{\omega}_j \times (\dot{\boldsymbol{\omega}}_j \times (\dot{\boldsymbol{r}} + \boldsymbol{u}_{mj})) \tag{2-42}$$

2. 单柔体对系统广义惯性力的贡献

根据式(2.2)和式(2.3)，定义柔体 j 对系统广义惯性力的贡献为

$$\boldsymbol{F}_j^{\mathrm{I}} = -\int_{\mathrm{B}_j} {}^{\mathrm{p}}\boldsymbol{v}_{mj} \cdot \dot{\boldsymbol{v}}_{mj}\,\mathrm{d}m \tag{2-43}$$

其中，$\boldsymbol{v}_{mj}$ 为质量微元 $\mathrm{d}m^j$ 的偏速度矩阵；$\dot{\boldsymbol{v}}_{mj}$ 为其加速度。将式(2-41)和式(2-42)代入式(2-43)，并在柔体 j 上积分，可得

$$\begin{aligned}\boldsymbol{F}_j^{\mathrm{I}}=&-{}^{\mathrm{P}}\boldsymbol{v}_j\cdot[m_j\dot{\boldsymbol{v}}_j-\boldsymbol{S}_j\times\dot{\boldsymbol{\omega}}_j+\boldsymbol{P}_j\ddot{\tau}_j+2\boldsymbol{\omega}_j\times\boldsymbol{P}_j\dot{\tau}_j+\boldsymbol{\omega}_j\times\boldsymbol{\omega}_j\times\boldsymbol{S}_j]-\\&{}^{\mathrm{P}}\boldsymbol{\omega}_j\cdot[\boldsymbol{S}_j\times\dot{\boldsymbol{v}}_j+\boldsymbol{J}_j\dot{\boldsymbol{\omega}}_j+\boldsymbol{H}_j\ddot{\tau}_j+2\boldsymbol{H}_{\omega j}\dot{\tau}_j+\boldsymbol{\omega}_j\times\boldsymbol{J}\cdot\boldsymbol{\omega}_j]-\\&\boldsymbol{\Delta}_j^{\mathrm{T}}[\boldsymbol{P}_j\cdot\dot{\boldsymbol{v}}_j+\boldsymbol{H}_j\cdot\dot{\boldsymbol{\omega}}_j+\boldsymbol{E}_j\ddot{\tau}_j+2\boldsymbol{F}_{\omega j}\dot{\tau}_j+\boldsymbol{F}_{\omega\omega j}]\end{aligned}\tag{2-44}$$

其中，$\boldsymbol{S}_j$ 和 $\boldsymbol{J}_j$ 分别为柔体 j 的静矩和惯量；$\boldsymbol{P}_j$ 和 $\boldsymbol{H}_j$ 分别为柔体 j 的模态动量系数和角动量系数；$\boldsymbol{E}_j$ 为柔体 j 的模态质量系数；$\boldsymbol{H}_{\omega j}$、$\boldsymbol{F}_{\omega j}$ 和 $\boldsymbol{F}_{\omega\omega j}$ 是非线性积分项。以上积分项中都包含时变的弹性变形 $\boldsymbol{u}_{mj}$，需要实时更新，带来较大的计算量，因此，忽略弹性变形带来的影响，以上系数可通下式计算

$$\begin{gathered}\boldsymbol{S}_j=\int_{\mathrm{B}_j}\boldsymbol{r}_{mj}\mathrm{d}m^j,\ \boldsymbol{P}_j=\int_{\mathrm{B}_j}\boldsymbol{T}_{mj}\mathrm{d}m^j,\ \boldsymbol{J}_j=\int_{\mathrm{B}_j}[\boldsymbol{r}_{mj}\cdot\boldsymbol{r}_{mj}\boldsymbol{I}_3-\boldsymbol{r}_{mj}\boldsymbol{r}_{mj}]\mathrm{d}m^j\\\boldsymbol{H}_j=\int_{\mathrm{B}_j}\boldsymbol{r}_{mj}\times\boldsymbol{T}_{mj}\mathrm{d}m^j,\boldsymbol{E}_j=\int_{\mathrm{B}_j}\boldsymbol{T}_{mj}\cdot\boldsymbol{T}_{mj}\mathrm{d}m^j,\ \boldsymbol{H}_{\omega j}=\int_{\mathrm{B}_j}\boldsymbol{r}_{mj}\times(\boldsymbol{\omega}_j\times\boldsymbol{T}_{mj})\mathrm{d}m^j\\\boldsymbol{F}_{\omega j}=\int_{\mathrm{B}_j}\boldsymbol{T}_{mj}\cdot(\boldsymbol{\omega}_j\times\boldsymbol{T}_{mj})\mathrm{d}m^j,\ \boldsymbol{F}_{\omega\omega j}=\int_{\mathrm{B}_j}\boldsymbol{T}_{mj}\cdot(\boldsymbol{\omega}_j\times(\boldsymbol{\omega}_j\times(\boldsymbol{r}_{mj}+\boldsymbol{u}_{mj})))\mathrm{d}m^j\end{gathered}\tag{2-45}$$

将式(2-37)对时间求导，可得

$$\dot{\boldsymbol{v}}_j={}^{\mathrm{P}}\boldsymbol{v}_j\dot{\boldsymbol{u}}+\dot{\boldsymbol{v}}_{j\mathrm{t}},\quad\dot{\boldsymbol{\omega}}_j={}^{\mathrm{P}}\boldsymbol{\omega}_j\dot{\boldsymbol{u}}+\dot{\boldsymbol{\omega}}_{j\mathrm{t}}\tag{2-46}$$

其中，$\dot{\boldsymbol{v}}_{j\mathrm{t}}\leftarrow{}^{\mathrm{P}}\dot{\boldsymbol{v}}_j\boldsymbol{u}+\dot{\boldsymbol{v}}_{j\mathrm{t}}$；$\dot{\boldsymbol{\omega}}_{j\mathrm{t}}\leftarrow{}^{\mathrm{P}}\dot{\boldsymbol{\omega}}_j\boldsymbol{u}+\dot{\boldsymbol{\omega}}_{j\mathrm{t}}$。将式(2-46)代入式(2-44)，便把柔体 j 对系统广义惯性力的贡献表示为广义速率的函数。将 $\boldsymbol{F}_j^{\mathrm{I}}$ 分为两部分，带有角标 0 的是广义速率一阶导数的线性项，带有角标 t 的是非线性项，即

$$\boldsymbol{F}_j^{\mathrm{I}}=-\boldsymbol{F}_{j0}^{\mathrm{I}}-\boldsymbol{F}_{j\mathrm{t}}^{\mathrm{I}}\tag{2-47}$$

其中，线性部分可以写为

$$\boldsymbol{F}_{j0}^{\mathrm{I}}=\boldsymbol{M}_j\dot{\boldsymbol{u}}\tag{2-48}$$

$\boldsymbol{M}_j$ 为柔体 j 对系统质量矩阵的贡献，其表达式为

$$\begin{aligned}\boldsymbol{M}_j=&{}^{\mathrm{P}}\boldsymbol{v}_j\cdot[m_j{}^{\mathrm{P}}\boldsymbol{v}_j-\boldsymbol{S}_j\times{}^{\mathrm{P}}\boldsymbol{\omega}_j+\boldsymbol{P}_j\boldsymbol{\Delta}_j]+\\&{}^{\mathrm{P}}\boldsymbol{\omega}_j\cdot[\boldsymbol{S}_j\times{}^{\mathrm{P}}\boldsymbol{v}_j+\boldsymbol{J}_j{}^{\mathrm{P}}\boldsymbol{\omega}_j+\boldsymbol{H}_j\boldsymbol{\Delta}_j]+\\&\boldsymbol{\Delta}_j^{\mathrm{T}}[\boldsymbol{P}_j\cdot{}^{\mathrm{P}}\boldsymbol{v}_j+\boldsymbol{H}_j\cdot{}^{\mathrm{P}}\boldsymbol{\omega}_j+\boldsymbol{E}_j\boldsymbol{\Delta}_j]\end{aligned}\tag{2-49}$$

非线性部分 $\boldsymbol{F}_{j\mathrm{t}}^{\mathrm{I}}$ 为柔体 j 对系统广义惯性力非线性项的贡献，其表达式为

$$\begin{aligned}\boldsymbol{F}_{j\mathrm{t}}^{\mathrm{I}}=&{}^{\mathrm{P}}\boldsymbol{v}_j\cdot[m_j\dot{\boldsymbol{v}}_{j\mathrm{t}}-\boldsymbol{S}_j\times\dot{\boldsymbol{\omega}}_{j\mathrm{t}}+2\boldsymbol{\omega}_j\times\boldsymbol{P}_j\dot{\boldsymbol{\tau}}_j+\boldsymbol{\omega}_j\times\boldsymbol{\omega}_j\times\boldsymbol{S}_j]+\\&{}^{\mathrm{P}}\boldsymbol{\omega}_j\cdot[\boldsymbol{S}_j\times\dot{\boldsymbol{v}}_{j\mathrm{t}}+\boldsymbol{J}_j\dot{\boldsymbol{\omega}}_{j\mathrm{t}}+2\boldsymbol{H}_{\omega j}\dot{\boldsymbol{\tau}}_j+\boldsymbol{\omega}_j\times\boldsymbol{J}\cdot\boldsymbol{\omega}_j]+\\&\boldsymbol{\Delta}_j^{\mathrm{T}}[\boldsymbol{P}_j\cdot\dot{\boldsymbol{v}}_{j\mathrm{t}}+\boldsymbol{H}_j\cdot\dot{\boldsymbol{\omega}}_{j\mathrm{t}}+2\boldsymbol{F}_{\omega j}\dot{\boldsymbol{\tau}}_j+\boldsymbol{F}_{\omega\omega j}]\end{aligned}\tag{2-50}$$

3. 多柔体系统方程组集

因为系统总的广义惯性力为 $\boldsymbol{F}^{\mathrm{I}}=-\sum_{j=1}^{N}\boldsymbol{F}_j^{\mathrm{I}}$，所以系统总体的质量矩阵和广义

惯性力的非线性项分别为

$$\boldsymbol{M}=\sum_{j=1}^{N}\boldsymbol{M}_j,\quad \boldsymbol{F}_{\mathrm{t}}^{\mathrm{I}}=\sum_{j=1}^{N}\boldsymbol{F}_{j\mathrm{t}}^{\mathrm{I}} \tag{2-51}$$

则系统动力学方程的最终形式为

$$\boldsymbol{M}\dot{\boldsymbol{u}}=\boldsymbol{F} \tag{2-52}$$

其中,$\boldsymbol{F}$ 中包含广义主动力、广义内力和广义惯性力非线性项。

4. 多柔体系统广义主动力及广义弹性力计算

假设系统受到 S 个外力和 T 个外力矩,则系统广义主动力的表达形式为

$$\boldsymbol{F}^{\mathrm{A}}=\lfloor\boldsymbol{F}_1^{\mathrm{AT}}\quad\cdots\quad\boldsymbol{F}_i^{\mathrm{AT}}\quad\cdots\quad\boldsymbol{F}_n^{\mathrm{AT}}\rfloor^{\mathrm{T}} \tag{2-53}$$

$$\boldsymbol{F}_k^{\mathrm{A}}=\sum_{s=1}^{S}{}_{k}^{\mathrm{p}}\boldsymbol{v}_s\boldsymbol{F}_s+\sum_{t=1}^{T}{}_{k}^{\mathrm{p}}\boldsymbol{\omega}_t\boldsymbol{T}_t\quad(k=1,2,\cdots,n)$$

式(2-53)的物理意义是分别求得作用在系统上每个外力、外力矩对应于各阶广义速率的广义主动力,然后再依次堆叠成系统广义主动力。式(2-53)的形式虽然复杂,但是经过推导,可以得到一些形式简单的结论。下面以单个空间机械臂为例,不加推导地给出一些常用的结论。

在考虑空间机械臂系统臂杆柔性的情况下,选取如下广义速率描述在轨操作空间机器人的运动

$$\boldsymbol{u}=[\boldsymbol{v}_1^{\mathrm{T}}\ \ \boldsymbol{\omega}_1^{\mathrm{T}}\ \ \dot{q}_1\ \ \dot{q}_2\ \ \cdots\ \ \dot{q}_m\ \ \boldsymbol{u}_{k-m-2}^{\mathrm{T}}\ \ \cdots\ \ \boldsymbol{u}_k^{\mathrm{T}}]^{\mathrm{T}} \tag{2-54}$$

其中,$\boldsymbol{v}_1$ 和 $\boldsymbol{\omega}_1$ 分别为核心舱速度和角速度在本体系中的分量;$\dot{q}_i(i=1,2,\cdots,m)$ 是第 i 个铰链相对于其内接体关节转角的一阶导数,即相对转动速率。系统中共有 k 个广义速率。

作用在中心体的力 $\boldsymbol{F}_1$ 的广义主动力为

$$\boldsymbol{F}^{\mathrm{A}}=[\boldsymbol{F}_1^{\mathrm{T}}\quad(\tilde{\boldsymbol{r}}\boldsymbol{F}_1)^{\mathrm{T}}\quad\underbrace{\boldsymbol{0}^{\mathrm{T}}\quad\cdots\quad\boldsymbol{0}^{\mathrm{T}}}_{k-2}]^{\mathrm{T}} \tag{2-55}$$

其中,$\boldsymbol{F}_1$ 和 $\tilde{\boldsymbol{r}}$ 的定义与公式(2-29)中对应参数的定义相同,$\boldsymbol{0}$ 矩阵具有其对应的广义速率相容的维数;$k-2$ 表示有 $k-2$ 个 $\boldsymbol{0}$ 矩阵,以下表达式中作同样的定义。

作用在中心体本体的力矩 $\boldsymbol{T}_1$ 的广义主动力为

$$\boldsymbol{F}^{\mathrm{A}}=[\boldsymbol{0}^{\mathrm{T}}\quad\boldsymbol{T}_1^{\mathrm{T}}\quad\underbrace{\boldsymbol{0}^{\mathrm{T}}\quad\cdots\quad\boldsymbol{0}^{\mathrm{T}}}_{k-2}]^{\mathrm{T}} \tag{2-56}$$

其中,$\boldsymbol{T}_1$ 为作用在中心体上的力矩在中心体本体系中的分量列阵。

第 i 个关节施加的控制力矩 $\boldsymbol{T}_i$ 的广义主动力为

$$\boldsymbol{F}^{\mathrm{A}}=[\boldsymbol{0}^{\mathrm{T}}\quad\boldsymbol{0}^{\mathrm{T}}\quad\underbrace{\boldsymbol{0}^{\mathrm{T}}\quad\cdots\quad\boldsymbol{0}^{\mathrm{T}}}_{i-1}\quad\boldsymbol{T}_i^{\mathrm{T}}\quad\underbrace{\boldsymbol{0}^{\mathrm{T}}\quad\cdots\quad\boldsymbol{0}^{\mathrm{T}}}_{k-i-2}]^{\mathrm{T}} \tag{2-57}$$

其中,$\boldsymbol{T}_i$ 为第 i 个连杆体的关节控制力矩在其体坐标系中的分量列阵。

由于在轨操作机械臂考虑了臂杆柔性,因此,广义弹性力中包括机械臂柔性的

广义弹性力，即系统广义弹性力可写为

$$F^{\mathrm{E}}=\left[\underbrace{\mathbf{0}^{\mathrm{T}} \quad \cdots \quad \mathbf{0}^{\mathrm{T}}}_{m+2} \quad -(\boldsymbol{\Lambda}_1\boldsymbol{u}_{m+2+1})^{\mathrm{T}},\ \cdots,\ -(\boldsymbol{\Lambda}_j\boldsymbol{u}_k)^{\mathrm{T}}\right]^{\mathrm{T}} \tag{2-58}$$

其中，$\boldsymbol{\Lambda}_j$ 为第 j 个柔性体上圆频率平方的对角阵。

2.2 开环递推陀螺柔性多体系统动力学

为了研究陀螺执行机构对柔性多体系统的影响，以及提高复杂多柔体系统的动力学模型的计算效率，本节重点介绍开环陀螺柔性多体系统的动力学建模过程。陀螺柔性多体系统是指包含陀螺柔性体的多体系统，其中陀螺柔性体是指安装有控制力矩陀螺的柔体。首先将开环陀螺柔性多体系统描述为树形多柔体系统，然后推导出单陀螺柔性体的动力学模型，在此基础上，最后推导出递推形式的陀螺柔性多体系统动力学模型。

2.2.1 开环陀螺柔性多体系统描述

通过引入关节切开点[1]，可以将闭环多体系统简化为开环多体系统。如图 2-4 所示，本节主要研究树形拓扑构型的多体系统。该多体系统中包含多个陀螺柔性体，因此，该多体系统可以看作是一个开环陀螺柔性多体系统。基座记作 B_1，每个铰链 h_j 连接两个体。在铰链靠近基座一侧的体称为内接体，远离基座的体称为外接体。外接体与铰链 h_j 有相同的编号，因此，铰链 h_j 的外接体记为 B_j。基座通过一个 6 自由度的虚铰链 h_1 与惯性坐标系 O_e 相连接。铰链 h_j 的自由度

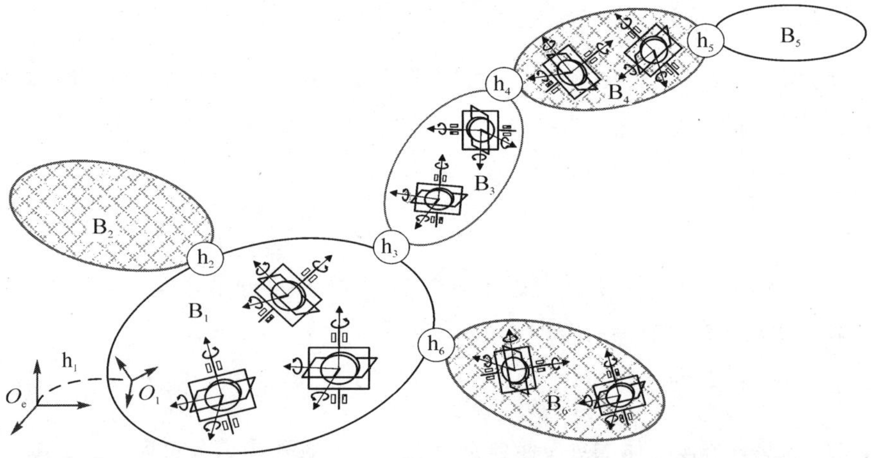

图 2-4 开环陀螺柔性多体系统

为 1～6。参考系 O_j 固定在体 B_j 上。

2.2.2 单陀螺柔性体运动学描述

单陀螺柔性体如图 2-5(a)所示，双框架变速控制力矩陀螺(DGV)如图 2-5(b)所示，其中 $X_jY_jZ_j$ 是体 B_j 的体固定坐标系，点 O_j 是 $X_jY_jZ_j$ 的原点。$X_{ggi}^jY_{ggi}^jZ_{ggi}^j$，$X_{gi}^jY_{gi}^jZ_{gi}^j$ 和 $X_{ri}^jY_{ri}^jZ_{ri}^j$ 分别为外框架固定坐标系、内框架固定坐标系和转子固定坐标系，分别记作 O_{ggi}^j，O_{gi}^j 和 O_{ri}^j，它们都位于整个双框架变速控制力矩陀螺的质心，记作 C_{gi}^j。坐标系 O_{ggi}^j，O_{gi}^j 和 O_{ri}^j 的组成向量如图 2-5(b)所示，其中，$\boldsymbol{X}_{ggi}^j$ 为沿外框架转速方向的单位矢量，$\boldsymbol{Y}_{ggi}^j$ 为沿内框架转速方向的单位矢量，$\boldsymbol{Z}_{ggi}^j=\boldsymbol{X}_{ggi}^j\times\boldsymbol{Y}_{ggi}^j$，$\boldsymbol{Y}_{gi}^j$ 为沿内框架转速方向的单位矢量，$\boldsymbol{Z}_{gi}^j$ 为沿着转子自转轴方向的单位矢量，$\boldsymbol{X}_{gi}^j=\boldsymbol{Y}_{gi}^j\times\boldsymbol{Z}_{gi}^j$，$\boldsymbol{Z}_{ri}^j$ 方向与 $\boldsymbol{Z}_{gi}^j$ 方向相同。在 $\boldsymbol{Z}_{ri}^j=\boldsymbol{X}_{ri}^j\times\boldsymbol{Y}_{ri}^j$ 和 $\boldsymbol{X}_{ri}^j\cdot\boldsymbol{Y}_{ri}^j=\boldsymbol{0}$ 的条件下，$\boldsymbol{X}_{ri}^j$ 和 $\boldsymbol{Y}_{ri}^j$ 的方向是任意的。框架固定坐标的定义与参考文献[2]中的定义类似。

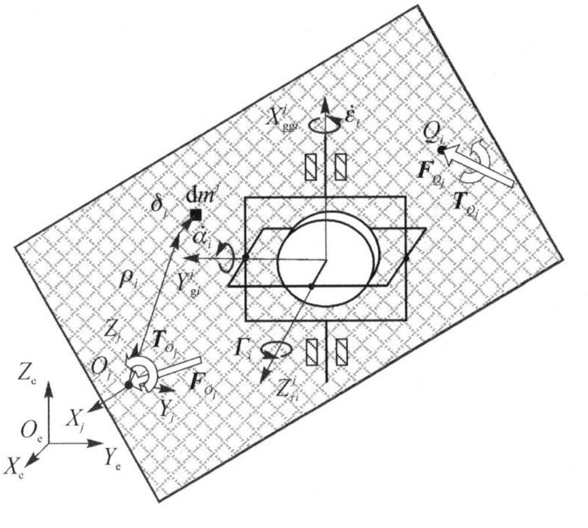

(a) 带有第i个双框架变速力矩陀螺的陀螺柔性体

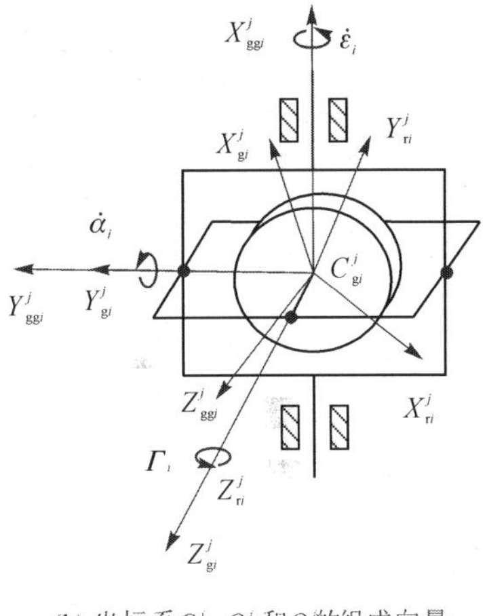

(b) 坐标系O_{ggi}^j,O_{gi}^j和O_{ri}^j的组成向量

图 2-5 单陀螺柔性体及陀螺坐标系

为了得到双框架变速控制力矩陀螺与柔性结构之间的相互作用，可以将单陀螺柔性体视为一个由 1 个柔体和 $3d_j$ 个刚体组成的多体系统(见图 2-6)。在柔性结构上的双框架变速控制力矩陀螺的每个框架或转子都可以看作是一个刚体。因此，单陀螺柔性体可视为由 $3d_j+1$ 个体相互连接组成。其中柔性结构与外框架、外框架和内框架、内框架与转子的连接均可视为铰链连接；具有 $3d_j+1$ 个相互连接体的单陀螺柔性体与其相邻体的连接通过平面转动关节连接。由一组相互连接体组成的物理或机械系统可视为多体系统[3]，因此，单陀螺柔性体系统可以建模为多体系统。假设柔性结构在弯曲时可表示为梁或板模型，且柔性结构的弹性变形较小，那么，可采用假设模态法将弹性位移离散化，即

$$\boldsymbol{\delta}_j=\boldsymbol{\Phi}_j\boldsymbol{\xi}_j \tag{2-59}$$

其中，$\boldsymbol{\Phi}_j$ 为柔体中元素质量 $\mathrm{d}m^j$ 的假设模态振型向量；$\boldsymbol{\xi}_j=(\xi_1^j,\xi_2^j,\cdots,\xi_{n_j}^j)$ 为广义模态坐标向量；变量 n_j 为体 B_j 的选择模态数目。选择模态振型的准则见参考文献[4—5]。质量微元 $\mathrm{d}m^j$，$\mathrm{d}m^{\mathrm{gg}i}$，$\mathrm{d}m^{\mathrm{g}i}$，$\mathrm{d}m^{\mathrm{r}i}$ 的速度矢量由参考文献[5]给出，即

$$\boldsymbol{v}_{m,j}=\boldsymbol{O}_j^{\mathrm{T}}\boldsymbol{V}_j-\boldsymbol{O}_j^{\mathrm{T}}(\tilde{\boldsymbol{\rho}}_j+\tilde{\boldsymbol{\delta}}_j)\boldsymbol{\Omega}_j+\boldsymbol{O}_j^{\mathrm{T}}\boldsymbol{\Phi}_j\dot{\boldsymbol{\xi}}_j \tag{2-60}$$

$$\begin{aligned}\boldsymbol{v}_{m,\mathrm{gg}i}=&\boldsymbol{O}_j^{\mathrm{T}}\boldsymbol{V}_j-\boldsymbol{O}_j^{\mathrm{T}}(\tilde{\boldsymbol{l}}_{\mathrm{g}i}^j+\tilde{\boldsymbol{\delta}}_{\mathrm{g}i}^j+\boldsymbol{R}_{j,\mathrm{gg}i}\tilde{\boldsymbol{\rho}}_{\mathrm{gg}i}^j\boldsymbol{R}_{\mathrm{gg}i,j})\boldsymbol{\Omega}_j\boldsymbol{\Omega}_j+\\&\boldsymbol{O}_j^{\mathrm{T}}(\boldsymbol{\Phi}_{\mathrm{g}i}^j-\boldsymbol{R}_{j,\mathrm{gg}i}\tilde{\boldsymbol{\rho}}_{\mathrm{gg}i}^j\boldsymbol{R}_{\mathrm{gg}i,j}\boldsymbol{\Psi}_{\mathrm{g}i}^j)\dot{\boldsymbol{\xi}}_j-\boldsymbol{O}_{\mathrm{gg}i}^{j\mathrm{T}}\tilde{\boldsymbol{\rho}}_{\mathrm{gg}i}^j\boldsymbol{U}_x\dot{\varepsilon}_i\end{aligned} \tag{2-61}$$

$$\begin{aligned}\boldsymbol{v}_{m,\mathrm{g}i}=&\boldsymbol{O}_j^{\mathrm{T}}\boldsymbol{V}_j-\boldsymbol{O}_j^{\mathrm{T}}(\tilde{\boldsymbol{l}}_{\mathrm{g}i}^j+\boldsymbol{\delta}_{\mathrm{g}i}^j+\boldsymbol{R}_{j,\mathrm{g}i}\tilde{\boldsymbol{\rho}}_{\mathrm{g}i}^j\boldsymbol{R}_{\mathrm{g}i,j})\boldsymbol{\Omega}_j+\\&\boldsymbol{O}_j^{\mathrm{T}}(\boldsymbol{\Phi}_{\mathrm{g}i}^j-\boldsymbol{R}_{j,\mathrm{g}i}\tilde{\boldsymbol{\rho}}_{\mathrm{g}i}^j\boldsymbol{R}_{\mathrm{g}i,j}\boldsymbol{\Psi}_{\mathrm{g}i}^j)\dot{\boldsymbol{\xi}}_j-\boldsymbol{O}_{\mathrm{gg}i}^{j\mathrm{T}}\boldsymbol{R}_{\mathrm{gg}i,\mathrm{g}i}\tilde{\boldsymbol{\rho}}_{\mathrm{g}i}^j\boldsymbol{R}_{\mathrm{g}i,\mathrm{gg}i}\boldsymbol{U}_x\dot{\varepsilon}_i-\boldsymbol{O}_{\mathrm{g}i}^{j\mathrm{T}}\tilde{\boldsymbol{\rho}}_{\mathrm{g}i}^j\boldsymbol{U}_y\dot{\alpha}_i\end{aligned} \tag{2-62}$$

$$\begin{aligned}\boldsymbol{v}_{m,\mathrm{r}i}=&\boldsymbol{O}_j^{\mathrm{T}}\boldsymbol{V}_j-\boldsymbol{O}_j^{\mathrm{T}}(\tilde{\boldsymbol{l}}_{\mathrm{g}i}^j+\tilde{\boldsymbol{\delta}}_{\mathrm{g}i}^j+\boldsymbol{R}_{j,\mathrm{r}i}\tilde{\boldsymbol{\rho}}_{\mathrm{r}i}^j\boldsymbol{R}_{\mathrm{r}i,j})\boldsymbol{\Omega}_j+\boldsymbol{O}_j^{\mathrm{T}}(\boldsymbol{\Phi}_{\mathrm{g}i}^j-\boldsymbol{R}_{j,\mathrm{r}i}\tilde{\boldsymbol{\rho}}_{\mathrm{r}i}^j\boldsymbol{R}_{\mathrm{r}i,j}\boldsymbol{\Psi}_{\mathrm{g}i}^j)\dot{\boldsymbol{\xi}}_j-\\&\boldsymbol{O}_{\mathrm{gg}i}^{j\mathrm{T}}\boldsymbol{R}_{\mathrm{gg}i,\mathrm{r}i}\tilde{\boldsymbol{\rho}}_{\mathrm{r}i}^j\boldsymbol{R}_{\mathrm{r}i,\mathrm{gg}i}\boldsymbol{U}_x\dot{\boldsymbol{\varepsilon}}_i-\boldsymbol{O}_{\mathrm{g}i}^{j\mathrm{T}}\boldsymbol{R}_{\mathrm{g}i,\mathrm{r}i}\tilde{\boldsymbol{\rho}}_{\mathrm{r}i}^j\boldsymbol{R}_{\mathrm{r}i,\mathrm{g}i}\boldsymbol{U}_y\dot{\alpha}_i-\boldsymbol{O}_{\mathrm{r}i}^{j\mathrm{T}}\tilde{\boldsymbol{\rho}}_{\mathrm{r}i}^j\boldsymbol{U}_z\Gamma_i\end{aligned} \tag{2-63}$$

其中，～为表示叉乘矩阵常用的波浪算子；$\boldsymbol{V}_j$ 和 $\boldsymbol{\Omega}_j$ 分别为坐标系 O_j 相对于惯性坐标系 O_{e} 的速度和角速度；$\boldsymbol{\rho}_j$ 为柔体变形前质量微元 $\mathrm{d}m^j$ 与点 O_j 之间的距离；$\boldsymbol{\delta}_j$ 为质量微元 $\mathrm{d}m^j$ 的小弹性位移；$\boldsymbol{l}_{\mathrm{g}i}^j$ 为从点 O_j 到第 i 个双框架变速控制力矩陀螺质心的位置矢量；$\boldsymbol{\delta}_{\mathrm{g}i}^j$ 为点 $C_{\mathrm{g}i}^j$ 的弹性变形；$\boldsymbol{\rho}_{\mathrm{gg}i}^j$，$\boldsymbol{\rho}_{\mathrm{g}i}^j$ 和 $\boldsymbol{\rho}_{\mathrm{r}i}^j$ 分别为 $\mathrm{d}m^{\mathrm{gg}i}$，$\mathrm{d}m^{\mathrm{g}i}$ 和 $\mathrm{d}m^{\mathrm{r}i}$ 相对于点 $C_{\mathrm{g}i}^j$ 的位置向量；$\boldsymbol{\Phi}_{\mathrm{g}i}^j$ 和 $\boldsymbol{\Psi}_{\mathrm{g}i}^j$ 分别为点 $C_{\mathrm{g}i}^j$ 的平动模态向量和转动模态向量；$\dot{\boldsymbol{\varepsilon}}_i$ 为外框架角速率；$\dot{\alpha}_i$ 为内框架相对于外框架的角速率；Γ_i 为转子相对于内框架的旋转角速率；$\boldsymbol{R}_{p,q}$ 为从坐标系 $O_q^j(q=j,\mathrm{gg}i,\mathrm{g}i,\mathrm{r}i)$ 到 $O_p^j(p=j,\mathrm{gg}i,\mathrm{g}i,\mathrm{r}i)$ 的旋转变换矩阵；$\boldsymbol{U}_x$，$\boldsymbol{U}_y$ 和 $\boldsymbol{U}_z$ 为 $\boldsymbol{U}_x=[1\quad 0\quad 0]^{\mathrm{T}}$，$\boldsymbol{U}_y=[0\quad 1\quad 0]^{\mathrm{T}}$，$\boldsymbol{U}_z=[0\quad 0\quad 1]^{\mathrm{T}}$。

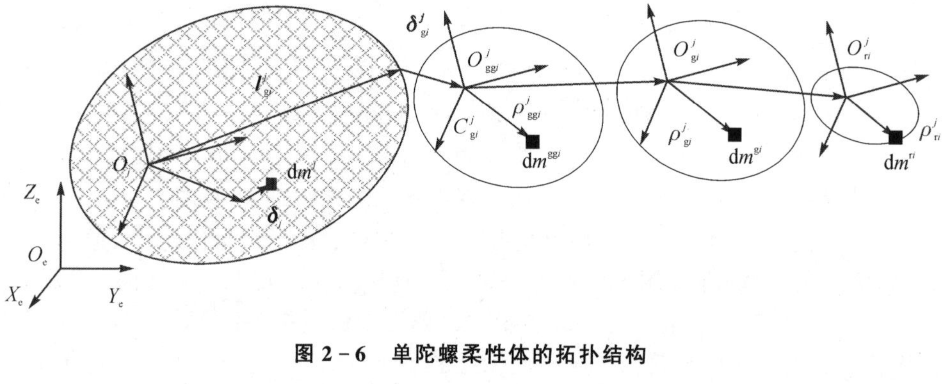

图 2-6　单陀螺柔性体的拓扑结构

2.2.3 单陀螺柔性体动力学建模

为了导出单陀螺柔性体的运动方程,选取该陀螺柔性体的广义速度[6]为

$$\boldsymbol{u}_1=\boldsymbol{V}_j,\ \boldsymbol{u}_2=\boldsymbol{\Omega}_j,\ \boldsymbol{u}_3=\dot{\boldsymbol{\xi}}_j,\ \boldsymbol{u}_{3i+1}=\dot{\varepsilon}_i,\ \boldsymbol{u}_{3i+2}=\dot{\alpha}_i,\ \boldsymbol{u}_{3i+3}=\Gamma_i\ (i=1,\cdots,d_j)$$

凯恩方程的一般形式为

$$\boldsymbol{f}_{\mathrm{I}k}+\boldsymbol{f}_{\mathrm{A}k}+\boldsymbol{f}_{\mathrm{N}k}=0\quad(k=1,\cdots,3d_j+3)\tag{2-64}$$

其中,$\boldsymbol{f}_{\mathrm{I}k}$,$\boldsymbol{f}_{\mathrm{A}k}$ 和 $\boldsymbol{f}_{\mathrm{N}k}$ 分别为第 k 个广义惯性力、广义主动力、广义弹性力,且

$$\boldsymbol{f}_{\mathrm{I}k}=\boldsymbol{f}_{\mathrm{I}k,j}+\sum_{i=1}^{d_j}(\boldsymbol{f}_{\mathrm{I}k,\mathrm{gg}i}+\boldsymbol{f}_{\mathrm{I}k,\mathrm{g}i}+\boldsymbol{f}_{\mathrm{I}k,\mathrm{r}i})\quad(k=1,\cdots,3d_j+3)\tag{2-65}$$

其中

$$\begin{aligned}&\boldsymbol{f}_{\mathrm{I}k,j}=-\int_j\boldsymbol{a}_{m,j}\cdot\boldsymbol{G}_{k,j}\,\mathrm{d}m,\ \boldsymbol{f}_{\mathrm{I}k,\mathrm{gg}i}=-\int_{\mathrm{gg}i}\boldsymbol{a}_{m,\mathrm{gg}i}\cdot\boldsymbol{G}_{k,\mathrm{gg}i}\,\mathrm{d}m\\&\boldsymbol{f}_{\mathrm{I}k,\mathrm{g}i}=-\int_{\mathrm{g}i}\boldsymbol{a}_{m,\mathrm{g}i}\cdot\boldsymbol{G}_{k,\mathrm{g}i}\,\mathrm{d}m,\ \boldsymbol{f}_{\mathrm{I}k,\mathrm{r}i}=-\int_{\mathrm{r}i}\boldsymbol{a}_{m,\mathrm{r}i}\cdot\boldsymbol{G}_{k,\mathrm{r}i}\,\mathrm{d}m\end{aligned}\tag{2-66}$$

其中,$\boldsymbol{a}_{m,x}=\mathrm{d}\boldsymbol{v}_{m,x}/\mathrm{d}t\ (x=j,\mathrm{gg}i,\mathrm{g}i,\mathrm{r}i)$ 为质量微元 $\mathrm{d}m^x$ 的加速度;$\boldsymbol{G}_{k,x}=\partial\boldsymbol{v}_{m,x}/\partial\boldsymbol{u}_k\ (x=j,\mathrm{gg}i,\mathrm{g}i,\mathrm{r}i)$ 为对应于广义速度 $\boldsymbol{u}_k$ 的偏速度。

将式(2-60)~式(2-63)代入式(2-66),然后将再将式(2-66)代入式(2-65)中得

$$\boldsymbol{f}_{\mathrm{I}1}=-(m_t^j\dot{\boldsymbol{V}}_j-\tilde{\boldsymbol{S}}_t^j\dot{\boldsymbol{\Omega}}_j+\boldsymbol{P}_t^j\ddot{\boldsymbol{\xi}}_j+\boldsymbol{N}_{\mathrm{non}}^{\boldsymbol{V}})\tag{2-67}$$

$$\boldsymbol{f}_{\mathrm{I}2}=-(\tilde{\boldsymbol{S}}_t^j\dot{\boldsymbol{V}}_j+\boldsymbol{I}_t^j\dot{\boldsymbol{\Omega}}_j+\boldsymbol{H}_t^j\ddot{\boldsymbol{\xi}}_j+\boldsymbol{N}_{\mathrm{non}}^{\boldsymbol{\Omega}}+\boldsymbol{T}_{\mathrm{gyros}}^{\boldsymbol{\Omega}})\tag{2-68}$$

$$\boldsymbol{f}_{\mathrm{I}3}=-(\boldsymbol{P}_{\mathrm{t}}^{j\mathrm{T}}\boldsymbol{V}_j+\boldsymbol{H}_{\mathrm{t}}^{j\mathrm{T}}\dot{\boldsymbol{\Omega}}_j+\boldsymbol{E}_t^j\ddot{\boldsymbol{\xi}}_j+\boldsymbol{N}_{\mathrm{non}}^{\dot{\xi}}+\boldsymbol{T}_{\mathrm{gyros}}^{\dot{\xi}})\tag{2-69}$$

其中

$$m_t^j=m_j+\sum_{i=1}^{d_j}m_t^{\mathrm{gg}i},\ m_t^{\mathrm{gg}i}=m_{\mathrm{gg}i}+m_{\mathrm{g}i}+m_{\mathrm{r}i}\tag{2-70}$$

$$\boldsymbol{S}_t^j=\boldsymbol{S}_j+\sum_{i=1}^{d_j}m_t^{\mathrm{gg}i}(\boldsymbol{l}_{\mathrm{g}i}^j+\boldsymbol{\delta}_{\mathrm{g}i}^j),\ \boldsymbol{S}_j=\int_j(\boldsymbol{\rho}_j+\boldsymbol{\delta}_j)\mathrm{d}m\tag{2-71}$$

$$\boldsymbol{P}_t^j=\boldsymbol{P}_j+\sum_{i=1}^{d_j}m_t^{\mathrm{gg}i}\boldsymbol{\Phi}_{\mathrm{g}i}^j,\ \boldsymbol{P}_j=\int_j\boldsymbol{\Phi}_j\,\mathrm{d}m\tag{2-72}$$

$$\begin{cases}\boldsymbol{I}_t^j=\boldsymbol{I}_j+\sum_{i=1}^{d_j}[m_t^{\mathrm{gg}i}(\tilde{\boldsymbol{l}}_{\mathrm{g}i}^{j\mathrm{T}}+\tilde{\boldsymbol{\delta}}_{\mathrm{g}i}^{j\mathrm{T}})(\boldsymbol{l}_{\mathrm{g}i}^j+\boldsymbol{\delta}_{\mathrm{g}i}^j)+\hat{\boldsymbol{I}}_t^{\mathrm{gg}i}]\\ \boldsymbol{I}_j=\int_j(\tilde{\boldsymbol{\rho}}_j^{\mathrm{T}}+\tilde{\boldsymbol{\delta}}_j^{\mathrm{T}})(\boldsymbol{\rho}_j+\boldsymbol{\delta}_j)\mathrm{d}m\\ \hat{\boldsymbol{I}}_t^{\mathrm{gg}i}=\boldsymbol{R}_{j,\mathrm{gg}i}\boldsymbol{I}_t^{\mathrm{gg}i}\boldsymbol{R}_{\mathrm{gg}i,j}\\ \boldsymbol{I}_t^{\mathrm{gg}i}=\boldsymbol{I}_{\mathrm{gg}i}+\boldsymbol{R}_{\mathrm{gg}i,\mathrm{g}i}\boldsymbol{I}_{\mathrm{g}i}\boldsymbol{R}_{\mathrm{g}i,\mathrm{gg}i}+\boldsymbol{R}_{\mathrm{gg}i,\mathrm{r}i}\boldsymbol{I}_{\mathrm{r}i}\boldsymbol{R}_{\mathrm{r}i,\mathrm{gg}i}\end{cases}\tag{2-73}$$

$$\boldsymbol{H}_t^j=\boldsymbol{H}_j-\sum_{i=1}^{d_j}[m_t^{ggi}(\tilde{\boldsymbol{l}}_{gi}^{jT}+\tilde{\boldsymbol{\delta}}_{gi}^{jT})\boldsymbol{\Phi}_{gi}^j-\hat{\boldsymbol{I}}_t^{ggi}\boldsymbol{\Psi}_{gi}^j]$$

$$\boldsymbol{H}_j=\int_j(\boldsymbol{\rho}_j+\boldsymbol{\delta}_j)\boldsymbol{\Phi}_j\,\mathrm{d}m \tag{2-74}$$

$$\boldsymbol{E}_t^j=\boldsymbol{E}_j+\sum_{i=1}^{d_j}m_t^{ggi}\boldsymbol{\Phi}_{gi}^{jT}\boldsymbol{\Phi}_{gi}^j+\boldsymbol{\Psi}_{gi}^{jT}\hat{\boldsymbol{I}}_t^{ggi}\boldsymbol{\Psi}_{gi}^j,\ \boldsymbol{E}_j=\int_j\boldsymbol{\Phi}_j^{\mathrm{T}}\boldsymbol{\Phi}_j\,\mathrm{d}m \tag{2-75}$$

其中，变量 m_t^j，$\boldsymbol{S}_t^j$，$\boldsymbol{I}_t^j$，$\boldsymbol{P}_t^j$，$\boldsymbol{H}_t^j$ 和 $\boldsymbol{E}_t^j$ 包含双框架变速控制力矩陀螺的影响。从式(2-70)、式(2-73)、式(2-74)可以看出双框架变速控制力矩陀螺对单陀螺柔性体的静矩 $\boldsymbol{S}_t^j$、转动惯量 $\boldsymbol{I}_t^j$ 和模态角动量系数 $\boldsymbol{H}_t^j$ 的影响与其质量和安装位置有关。由于双框架变速控制力矩陀螺的安装位置随弹性变形而变化，因此，$\boldsymbol{S}_t^j$，$\boldsymbol{I}_t^j$ 和 $\boldsymbol{H}_t^j$ 均为时变变量。由于柔性结构采用小变形假设，相对于位置向量 $\boldsymbol{l}_{gi}^j$ 而言，弹性变形 $\boldsymbol{\delta}_{gi}^j$ 可以看作小量，因此，忽略与 $\boldsymbol{\delta}_{gi}^j$ 相关的项，双框架变速控制力矩陀螺对单陀螺柔性体的 $\boldsymbol{S}_t^j$，$\boldsymbol{I}_t^j$ 和 $\boldsymbol{H}_t^j$ 的影响不随时间变化。此外，式(2-70)、式(2-73)、式(2-74)中的积分项 $\boldsymbol{S}_j$，$\boldsymbol{I}_j$ 和 $\boldsymbol{H}_j$ 的弹性变形也随着时间变化而变化。当陀螺柔性系统高速旋转时，这些积分会产生错误的结果[7]。在后续仿真中，需考虑线性化的 $\boldsymbol{S}_j=\int_j\boldsymbol{\rho}_j\,\mathrm{d}m$、$\boldsymbol{I}_j=\int_j\tilde{\boldsymbol{\rho}}_j^{\mathrm{T}}\boldsymbol{\rho}_j\,\mathrm{d}m$ 和 $\boldsymbol{H}_j=\int_j\boldsymbol{\rho}_j\boldsymbol{\Phi}_j\,\mathrm{d}m$，因此，单陀螺柔性体的静矩 $\boldsymbol{S}_t^j$、模态动量系数 $\boldsymbol{P}_t^j$、惯性矩 $\boldsymbol{I}_t^j$、模态角动量系数 $\boldsymbol{H}_t^j$ 和模态质量矩阵 $\boldsymbol{E}_t^j$ 是定常的，这些参数由考虑双框架变速控制力矩陀螺影响后的 $\boldsymbol{S}_j$，$\boldsymbol{P}_j$，$\boldsymbol{I}_j$，$\boldsymbol{H}_j$ 和 $\boldsymbol{E}_j$ 进行更新。$\boldsymbol{N}_{\mathrm{non}}^{\boldsymbol{V}}$，$\boldsymbol{N}_{\mathrm{non}}^{\boldsymbol{\Omega}}$ 和 $\boldsymbol{N}_{\mathrm{non}}^{\dot{\boldsymbol{\xi}}}$ 包含广义惯性力的非线性部分，反映了双框架变速控制力矩陀螺与柔性结构之间的相互影响，有

$$\boldsymbol{N}_{\mathrm{non}}^{\boldsymbol{V}}=m_t^j\tilde{\boldsymbol{\Omega}}_jV_j-\tilde{\boldsymbol{\Omega}}_j\tilde{\boldsymbol{S}}_t^j\boldsymbol{\Omega}_j+2\tilde{\boldsymbol{\Omega}}_j\boldsymbol{P}_t^j\dot{\boldsymbol{\xi}}_j$$

$$\begin{aligned}\boldsymbol{N}_{\mathrm{non}}^{\boldsymbol{\Omega}}=&\tilde{\boldsymbol{S}}_t^j\tilde{\boldsymbol{\Omega}}_j\boldsymbol{V}_j\tilde{+}\tilde{\boldsymbol{\Omega}}_j\boldsymbol{I}_t^j\boldsymbol{\Omega}_j+2\boldsymbol{H}_t^{\boldsymbol{\Omega}j}\dot{\xi}_j+\\&\sum_{i=1}^{d_j}(\tilde{\boldsymbol{\Omega}}_j\hat{\boldsymbol{I}}_t^{ggi}\dot{\boldsymbol{\beta}}_{gi}^j+\tilde{\dot{\boldsymbol{\beta}}}_{gi}^j\hat{\boldsymbol{I}}_t^{ggi}\boldsymbol{\Omega}_j+\tilde{\dot{\boldsymbol{\beta}}}_{gi}^j\hat{\boldsymbol{I}}_t^{ggi}\dot{\boldsymbol{\beta}}_{gi}^j+\hat{\boldsymbol{I}}_t^{ggi}\tilde{\boldsymbol{\Omega}}_j\dot{\boldsymbol{\beta}}_{gi}^j)\end{aligned}$$

$$\begin{aligned}\boldsymbol{N}_{\mathrm{non}}^{\dot{\xi}}=&\boldsymbol{P}_t^{jT}\tilde{\boldsymbol{\Omega}}_j\boldsymbol{V}_j-\boldsymbol{H}_t^{\boldsymbol{\Omega}jT}\boldsymbol{\Omega}_j+2\boldsymbol{F}_t^{\boldsymbol{\Omega}j}\dot{\boldsymbol{\xi}}_j+\\&\sum_{i=1}^{n_j}\boldsymbol{\Psi}_{gi}^{jT}(\tilde{\boldsymbol{\Omega}}_j\hat{\boldsymbol{I}}_t^{ggi}\boldsymbol{\Omega}_j+\tilde{\boldsymbol{\Omega}}_j\hat{\boldsymbol{I}}_t^{ggi}\dot{\boldsymbol{\beta}}_{gi}^j+\tilde{\dot{\boldsymbol{\beta}}}_{gi}^j\hat{\boldsymbol{I}}_t^{ggi}\boldsymbol{\Omega}_j+\tilde{\dot{\boldsymbol{\beta}}}_{gi}^j\hat{\boldsymbol{I}}_t^{ggi}\dot{\boldsymbol{\beta}}_{gi}^j+\hat{\boldsymbol{I}}_t^{ggi}\tilde{\boldsymbol{\Omega}}_j\dot{\boldsymbol{\beta}}_{gi}^j)\end{aligned}$$

其中，$\dot{\boldsymbol{\beta}}_{gi}^j$ 为柔体在点 C_{gi}^j 的弹性角速度。$\boldsymbol{H}_t^{\boldsymbol{\Omega}j}$ 和 $\boldsymbol{F}_t^{\boldsymbol{\Omega}j}$ 的表达式为

$$\boldsymbol{H}_t^{\boldsymbol{\Omega}j}=\boldsymbol{H}_{\boldsymbol{\Omega}j}-\sum_{i=1}^{d_j}[m_t^{ggi}(\tilde{\boldsymbol{l}}_{gi}^{jT}+\tilde{\boldsymbol{\delta}}_{gi}^{jT})\tilde{\boldsymbol{\Omega}}_j\boldsymbol{\Phi}_{gi}^j]\},\ \boldsymbol{H}_{\boldsymbol{\Omega}j}=\int_j(\tilde{\boldsymbol{\rho}}_j+\boldsymbol{\delta}_j)\tilde{\boldsymbol{\Omega}}_j\boldsymbol{\Phi}_j\,\mathrm{d}m$$

$$\boldsymbol{F}_t^{\boldsymbol{\Omega}j}=\boldsymbol{F}_{\boldsymbol{\Omega}j}+\sum_{i=1}^{d_j}m_t^{ggi}\boldsymbol{\Phi}_{gi}^{jT}\tilde{\boldsymbol{\Omega}}_j\boldsymbol{\Phi}_{gi}^j,\ \boldsymbol{F}_{\boldsymbol{\Omega}j}=\int_j\boldsymbol{\Phi}_j^{\mathrm{T}}\tilde{\boldsymbol{\Omega}}_j\boldsymbol{\Phi}_j\,\mathrm{d}m$$

其中，$\boldsymbol{T}_{\text{gyros}}^{\boldsymbol{\Omega}}$ 和 $\boldsymbol{T}_{\text{gyros}}^{\dot{\xi}}$ 包含双框架变速控制力矩陀螺和柔体 B_j 之间的相互作用力

$$\boldsymbol{T}_{\text{gyros}}^{\boldsymbol{\Omega}} = \sum_{i=1}^{d_j}(\boldsymbol{T}_{\text{i,gyros}}^{r} + \boldsymbol{T}_{i,\text{gyros}}^{f}),\ \boldsymbol{T}_{\text{gyros}}^{\dot{\xi}} = \sum_{i=1}^{d_j}\boldsymbol{\Phi}_{\text{gi}}^{j\text{T}}(\boldsymbol{T}_{i,\text{gyros}}^{r} + \boldsymbol{T}_{i,\text{gyros}}^{f})$$

$$\begin{aligned}
\boldsymbol{T}_{i,\text{gyros}}^{r} = &\boldsymbol{R}_{j,\text{gg}i}\boldsymbol{I}_t^{\text{gg}i}\boldsymbol{U}_x\ddot{\varepsilon}_i + \boldsymbol{R}_{j,\text{g}i}\boldsymbol{I}_t^{\text{g}i}\boldsymbol{U}_y\ddot{\alpha} + \boldsymbol{R}_{j,\text{r}i}\boldsymbol{I}_{\text{r}i}\boldsymbol{U}_z\dot{\Gamma}_i + \\
&\tilde{\boldsymbol{\Omega}}_j\boldsymbol{R}_{j,\text{gg}i}\boldsymbol{I}_t^{\text{gg}i}\boldsymbol{U}_x\dot{\varepsilon}_i + \tilde{\boldsymbol{\Omega}}_j\boldsymbol{R}_{j,\text{g}i}\boldsymbol{I}_t^{\text{g}i}\boldsymbol{U}_y\dot{\alpha}_i + \tilde{\boldsymbol{\Omega}}_j\boldsymbol{R}_{j,\text{r}i}\boldsymbol{I}_{\text{r}i}\boldsymbol{U}_z\Gamma_i + \\
&\boldsymbol{R}_{j,\text{gg}i}\tilde{\boldsymbol{U}}_x\boldsymbol{I}_t^{\text{gg}i}\boldsymbol{R}_{\text{gg}i,j}\boldsymbol{\Omega}_j\dot{\varepsilon}_i + \boldsymbol{R}_{j,\text{g}i}\tilde{\boldsymbol{U}}_y\boldsymbol{I}_t^{\text{g}i}\boldsymbol{R}_{\text{g}i,j}\boldsymbol{\Omega}_j\dot{\alpha}_i + \boldsymbol{R}_{j,\text{gg}i}\tilde{\boldsymbol{U}}_x\boldsymbol{I}_t^{\text{gg}i}\boldsymbol{U}_x\dot{\varepsilon}_i^2 + \\
&\boldsymbol{R}_{j,\text{gg}i}\tilde{\boldsymbol{U}}_x\boldsymbol{R}_{\text{gg}i,\text{g}i}\boldsymbol{I}_t^{\text{g}i}\boldsymbol{U}_y\dot{\varepsilon}_i\dot{\alpha}_i + \boldsymbol{R}_{j,\text{gg}i}\tilde{\boldsymbol{U}}_x\boldsymbol{R}_{\text{gg}i,\text{r}i}\boldsymbol{I}_{\text{r}i}\boldsymbol{U}_z\dot{\varepsilon}_i\Gamma_i + \\
&\boldsymbol{R}_{j,\text{g}i}\tilde{\boldsymbol{U}}_y\boldsymbol{I}_t^{\text{g}i}\boldsymbol{R}_{\text{g}i,\text{gg}i}\boldsymbol{U}_x\dot{\varepsilon}_i\dot{\alpha}_i + \boldsymbol{R}_{j,\text{g}i}\tilde{\boldsymbol{U}}_y\boldsymbol{R}_{\text{g}i,\text{r}i}\boldsymbol{I}_{\text{r}i}\boldsymbol{U}_z\dot{\alpha}_i\Gamma_i + \\
&\hat{\boldsymbol{I}}_t^{\text{gg}i}\tilde{\boldsymbol{\Omega}}_j\boldsymbol{R}_{j,\text{gg}i}\boldsymbol{U}_x\dot{\varepsilon}_i + \hat{\boldsymbol{I}}_t^{\text{g}i}\tilde{\boldsymbol{\Omega}}_j\boldsymbol{R}_{j,\text{g}i}\boldsymbol{U}_y\dot{\alpha}_i - \boldsymbol{R}_{j,\text{g}i}\boldsymbol{I}_t^{\text{g}i}\tilde{\boldsymbol{U}}_y\boldsymbol{R}_{\text{g}i,\text{gg}i}\boldsymbol{U}_x\dot{\varepsilon}_i\dot{\alpha}_i
\end{aligned}$$

$$\begin{aligned}
\boldsymbol{T}_{i,\text{gyros}}^{f} = &\tilde{\dot{\boldsymbol{\beta}}}_{\text{g}i}^{j}\boldsymbol{R}_{j,\text{gg}i}\boldsymbol{I}_t^{\text{gg}i}\boldsymbol{U}_x\dot{\varepsilon}_i + \tilde{\dot{\boldsymbol{\beta}}}_{\text{g}i}^{j}\boldsymbol{R}_{j,\text{g}i}\boldsymbol{I}_t^{\text{g}i}\boldsymbol{U}_y\dot{\alpha}_i + \tilde{\dot{\boldsymbol{\beta}}}_{\text{g}i}^{j}\boldsymbol{R}_{j,\text{r}i}\boldsymbol{I}_{\text{r}i}\boldsymbol{U}_z\Gamma_i + \\
&\boldsymbol{R}_{j,\text{gg}i}\tilde{\boldsymbol{U}}_x\boldsymbol{I}_t^{\text{gg}i}\boldsymbol{R}_{\text{gg}i,j}\dot{\boldsymbol{\beta}}_{\text{g}i}^{j}\dot{\varepsilon}_i + \boldsymbol{R}_{j,\text{g}i}\tilde{\boldsymbol{U}}_y\boldsymbol{I}_t^{\text{g}i}\boldsymbol{R}_{\text{g}i,j}\dot{\boldsymbol{\beta}}_{\text{g}i}^{j}\dot{\alpha}_i + \\
&\hat{\boldsymbol{I}}_t^{\text{gg}i}\tilde{\dot{\boldsymbol{\beta}}}_{\text{g}i}^{j}\boldsymbol{R}_{j,\text{gg}i}\boldsymbol{U}_x\dot{\varepsilon}_i + \hat{\boldsymbol{I}}_t^{\text{g}i}\tilde{\dot{\boldsymbol{\beta}}}_{\text{g}i}^{j}\boldsymbol{R}_{j,\text{g}i}\boldsymbol{U}_y\dot{\alpha}_i
\end{aligned}$$

其中

$$\hat{\boldsymbol{I}}_t^{\text{g}i} = \boldsymbol{R}_{j,\text{g}i}\boldsymbol{I}_t^{\text{g}i}\boldsymbol{R}_{\text{g}i,j},\ \boldsymbol{I}_t^{\text{g}i} = \boldsymbol{I}_{\text{g}i} + \boldsymbol{I}_{\text{r}i}$$

广义主动力可以根据式(2-76)进行推导

$$\begin{aligned}
\boldsymbol{f}_{\text{A}k} = &\frac{\partial \boldsymbol{V}_{O_j}}{\partial \boldsymbol{u}_k}\cdot \boldsymbol{F}_{O_j} + \frac{\partial \boldsymbol{\Omega}_{O_j}}{\partial \boldsymbol{u}_k}\cdot \boldsymbol{T}_{O_j} + \\
&\frac{\partial \boldsymbol{V}_{Q_j}}{\partial \boldsymbol{u}_k}\cdot \boldsymbol{F}_{Q_j} + \frac{\partial \boldsymbol{\Omega}_{Q_j}}{\partial \boldsymbol{u}_k}\cdot \boldsymbol{T}_{Q_j}\quad (k=1,\cdots,3d_j+3)
\end{aligned}\tag{2-76}$$

其中，$\boldsymbol{F}_{O_j}$，$\boldsymbol{F}_{Q_j}$，$\boldsymbol{T}_{O_j}$ 和 $\boldsymbol{T}_{Q_j}$ 分别为在点 O_j 和点 Q_j 的主动力和主动力矩；点 O_j 和点 Q_j 的第 k 阶广义速度的偏角速度[6]分别表示为$\partial\boldsymbol{\Omega}_{O_j}/\partial\boldsymbol{u}_k$ 和$\partial\boldsymbol{\Omega}_{Q_j}/\partial\boldsymbol{u}_k$。在求解偏角速度和偏速度之前，分别求得点 O_j 和点 Q_j 的速度和角速度为

$$\boldsymbol{v}_{O_j} = \boldsymbol{O}_j^{\text{T}}\boldsymbol{V}_j \tag{2-77}$$

$$\boldsymbol{\Omega}_{O_j} = \boldsymbol{O}_j^{\text{T}}\boldsymbol{\Omega}_j \tag{2-78}$$

$$\boldsymbol{v}_{Q_j} = \boldsymbol{O}_j^{\text{T}}\boldsymbol{V}_j - \boldsymbol{O}_j^{\text{T}}(\tilde{\boldsymbol{l}}_{Q_j} + \tilde{\boldsymbol{\delta}}_{Q_j})\boldsymbol{\Omega}_j + \boldsymbol{O}_j^{\text{T}}\boldsymbol{\Phi}_{Q_j}\dot{\boldsymbol{\xi}}_j \tag{2-79}$$

$$\boldsymbol{\Omega}_{Q_j} = \boldsymbol{O}_j^{\text{T}}\boldsymbol{\Omega}_j + \boldsymbol{O}_j^{\text{T}}\boldsymbol{\Psi}_{Q_j}\dot{\boldsymbol{\xi}}_j \tag{2-80}$$

其中，$\boldsymbol{\Phi}_{Q_j}$ 和 $\boldsymbol{\Psi}_{Q_j}$ 分别为 Q_j 的平动模态矩阵和转动模态矩阵；$\boldsymbol{l}_{Q_j}$ 是从 O_j 到 Q_j 的位置向量；$\boldsymbol{\delta}_{Q_j}$ 为 Q_j 处的弹性位移。

将式(2-77)～式(2-80)代入到式(2-76)，可得

$$\boldsymbol{f}_{\text{A}1} = \boldsymbol{F}_{O_j} + \boldsymbol{F}_{Q_j},\ \boldsymbol{f}_{\text{A}2} = \boldsymbol{T}_{O_j} + (\tilde{\boldsymbol{l}}_{Q_j} + \tilde{\boldsymbol{\delta}}_{Q_j})\boldsymbol{F}_{Q_j} + \boldsymbol{T}_{Q_j},\ \boldsymbol{f}_{\text{A}3} = \boldsymbol{\Phi}_{Q_j}\boldsymbol{F}_{Q_j} + \boldsymbol{\Psi}_{Q_j}\boldsymbol{T}_{Q_j}$$

广义速度 $\boldsymbol{u}_3=\dot{\boldsymbol{\xi}}_j$ 对应的广义弹性力为

$$\boldsymbol{f}_{\mathrm{N3}}=-\frac{\partial U}{\partial \boldsymbol{\xi}_j} \tag{2-81}$$

其中，U 为弹性势能，$U=\frac{1}{2}\boldsymbol{\xi}_j^{\mathrm{T}}\boldsymbol{K}_j\boldsymbol{\xi}_j$，$\boldsymbol{K}_j$ 为柔体 B_j 的圆频率平方对角阵，$\boldsymbol{K}_j=\mathrm{diag}(\omega_1^2,\ \cdots,\ \omega_{n_j}^2)$，$\omega_i$ 为柔性结构的第 i 个圆频率。由于广义速度 $\boldsymbol{u}_1$ 和 $\boldsymbol{u}_2$ 反映了单陀螺柔性体的刚体运动，所以广义速度 $\boldsymbol{u}_1$ 和 $\boldsymbol{u}_2$ 对应的广义弹性力为

$$\boldsymbol{f}_{\mathrm{N1}}=0,\ \boldsymbol{f}_{\mathrm{N2}}=0$$

根据上述 $\boldsymbol{f}_{\mathrm{I}k}$，$\boldsymbol{f}_{\mathrm{A}k}$ 和 $\boldsymbol{f}_{\mathrm{N}k}$ 的推导，包含双框架变速控制力矩陀螺影响的单陀螺柔性体的详细运动方程为

$$\boldsymbol{M}_f^j\boldsymbol{Y}_f^j+\boldsymbol{N}_{\mathrm{non}}^j+\boldsymbol{T}_{\mathrm{gyros}}^j=\boldsymbol{Z}_{O_j}^f\boldsymbol{F}_{O_j}^t+\boldsymbol{Z}_{Q_j}^f\boldsymbol{F}_{Q_j}^t \tag{2-82}$$

其中，$\boldsymbol{M}_f^j$ 为柔体 B_j 广义质量矩阵；$\boldsymbol{Y}_f^j=\begin{bmatrix}\boldsymbol{V}_j^{\mathrm{T}} & \boldsymbol{\Omega}_j^{\mathrm{T}} & \dot{\boldsymbol{\xi}}_j^{\mathrm{T}}\end{bmatrix}^{\mathrm{T}}$ 为柔体 B_j 速度状态向量。$\boldsymbol{M}_f^j$ 的表达式为

$$\boldsymbol{M}_f^j=\begin{bmatrix} m_t^j\boldsymbol{I}_3 & -\widetilde{\boldsymbol{S}}_t^j & \boldsymbol{P}_t^j \\ \widetilde{\boldsymbol{S}}_t^j & \boldsymbol{I}_t^j & \boldsymbol{H}_t^j \\ \boldsymbol{P}_t^{j\mathrm{T}} & \boldsymbol{H}_t^{j\mathrm{T}} & \boldsymbol{E}_t^j \end{bmatrix}$$

$$\boldsymbol{N}_{\mathrm{non}}^j=\begin{bmatrix}\boldsymbol{N}_{\mathrm{non}}^{V\mathrm{T}} & \boldsymbol{N}_{\mathrm{non}}^{\Omega\mathrm{T}} & \boldsymbol{N}_{\mathrm{non},N}^{\dot{\xi}\mathrm{T}}\end{bmatrix}^{\mathrm{T}},\ \boldsymbol{T}_{\mathrm{gyros}}^j=\begin{bmatrix}\boldsymbol{0}_{3\times1}^{\mathrm{T}} & \boldsymbol{T}_{\mathrm{gyros}}^{\Omega\mathrm{T}} & \boldsymbol{T}_{\mathrm{gyros}}^{\dot{\xi}\mathrm{T}}\end{bmatrix}^{\mathrm{T}}$$

$$\boldsymbol{N}_{\mathrm{non},N}^{\dot{\xi}}=\boldsymbol{N}_{\mathrm{non}}^{\dot{\xi}\mathrm{T}}+\boldsymbol{f}_{\mathrm{N3}}+\boldsymbol{C}_j\dot{\boldsymbol{\xi}}_j$$

$$\boldsymbol{Z}_{O_j}^f=\begin{bmatrix}\boldsymbol{I}_6 \\ \boldsymbol{0}_{n_j\times6}\end{bmatrix},\ \boldsymbol{Z}_{Q_j}^f=\begin{bmatrix}\boldsymbol{I}_3 & \boldsymbol{0}_{3\times3} \\ \widetilde{\boldsymbol{l}}_{Q_j}+\widetilde{\boldsymbol{\delta}}_{Q_j} & \boldsymbol{I}_3 \\ \boldsymbol{\Phi}_{Q_j}^{\mathrm{T}} & \boldsymbol{\Psi}_{Q_j}^{\mathrm{T}}\end{bmatrix}$$

$$\boldsymbol{F}_{O_j}^t=\begin{bmatrix}\boldsymbol{F}_{O_j}^{\mathrm{T}} & \boldsymbol{T}_{O_j}^{\mathrm{T}}\end{bmatrix}^{\mathrm{T}},\ \boldsymbol{F}_{Q_j}^t=\begin{bmatrix}\boldsymbol{F}_{Q_j}^{\mathrm{T}} & \boldsymbol{T}_{Q_j}^{\mathrm{T}}\end{bmatrix}^{\mathrm{T}}$$

其中，$\boldsymbol{C}_j$ 为陀螺弹性系统的阻尼矩阵，$\boldsymbol{C}_j=\mathrm{diag}(2\gamma\omega_1,\cdots,2\gamma\omega_{n_j})$，$\gamma$ 为柔体 B_j 的阻尼系数。

2.2.4 多体系统递推运动学关系

本小节在单陀螺柔性体运动方程的基础上，建立开环陀螺柔性体多体系统的递推公式。首先给出多体系统的递推运动关系，并利用变换矩阵确定不同连接的运动关系，然后根据运动学递推关系得到一般的动力学递推方法。

如图 2-7 所示，两个陀螺柔性体，其体固定坐标系 $X_jY_jZ_j$ 和 $X_{Q_{c(j)}}\ Y_{Q_{c(j)}}\ Z_{Q_{c(j)}}$，通过铰链 h_j 连接。坐标系为 $O_{c(j)}$ 的是内接体，在点 $Q_{c(j)}$ 处通过铰链 h_j 连

接。坐标系 O_j 和 $O_{c(j)}$ 之间的角速度关系可写为

$$\boldsymbol{\Omega}_j=\boldsymbol{\Omega}_{c(j)}+\boldsymbol{\Omega}_{fQ_{c(j)}}+\boldsymbol{\Omega}_{hj} \tag{2-83}$$

其中，$\boldsymbol{\Omega}_{c(j)}$ 为坐标系 $O_{c(j)}$ 的角速度在坐标系 $O_{c(j)}$ 中的描述；$\boldsymbol{\Omega}_{fQ_{c(j)}}$ 是弹性转动角速度；$\boldsymbol{\Omega}_{hj}$ 是坐标系 O_j 相对于坐标系 $Q_{c(j)}$ 的角速度在 O_j 中的描述。式(2-83)的矩阵形式为

$$\boldsymbol{\Omega}_j=\boldsymbol{R}_{j,c(j)}\boldsymbol{\Omega}_{c(j)}+\boldsymbol{R}_{j,c(j)}\boldsymbol{\Psi}_{Q_{c(j)}}\dot{\boldsymbol{\xi}}_{c(j)}+\boldsymbol{\Omega}_{hj} \tag{2-84}$$

其中，$\boldsymbol{\Psi}_{Q_{c(j)}}$ 是 $Q_{c(j)}$ 的转动模态矩阵，$\boldsymbol{\xi}_{c(j)}$ 是内接体 $c(j)$ 的广义模态坐标向量。

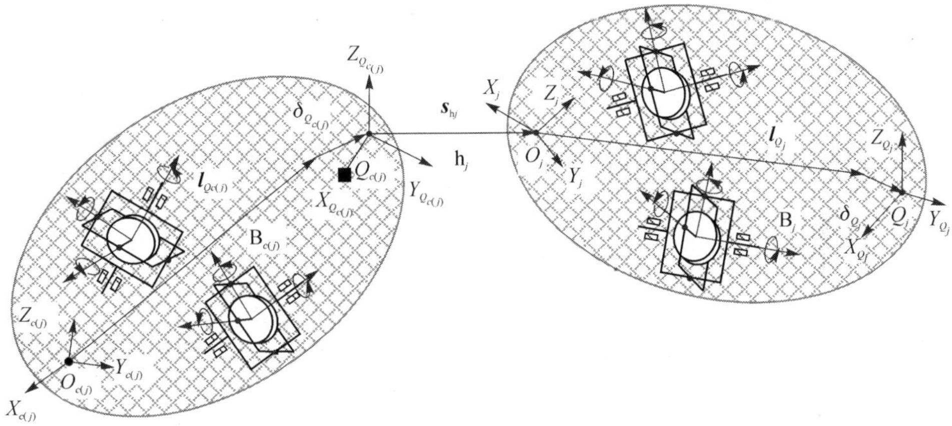

图 2-7　两个陀螺柔性体通过 $\mathbf{h}_j$ 连接

坐标系 O_j 和 $O_{c(j)}$ 之间的速度关系为

$$\boldsymbol{V}_j=\boldsymbol{V}_{c(j)}-(\boldsymbol{l}_{Q_{c(j)}}+\boldsymbol{\delta}_{Q_{c(j)}})\times\boldsymbol{\Omega}_{c(j)}+\dot{\boldsymbol{\delta}}_{Q_{c(j)}}+\boldsymbol{V}_{\mathrm{hj}}-\boldsymbol{s}_{\mathrm{hj}}\times(\boldsymbol{\Omega}_{c(j)}+\boldsymbol{\Omega}_{fQ_{c(j)}}) \tag{2-85}$$

其中，$\boldsymbol{V}_{c(j)}$ 是坐标系 $O_{c(j)}$ 相对于惯性坐标系 O_{e} 的速度矢量；$\boldsymbol{l}_{Q_{c(j)}}$ 为从点 $O_{c(j)}$ 到点 $Q_{c(j)}$ 的位置矢量；$\boldsymbol{\delta}_{Q_{c(j)}}$ 是点 $Q_{c(j)}$ 的弹性变形；$\boldsymbol{V}_{\mathrm{hj}}$ 是坐标系 O_j 相对于坐标系 $Q_{c(j)}$ 的速度矢量；$\boldsymbol{s}_{\mathrm{hj}}$ 是点 $Q_{c(j)}$ 到点 O_j 的位置矢量。式(2-85)的矩阵形式为

$$\begin{aligned}\boldsymbol{V}_j=\boldsymbol{R}_{j,c(j)}[\boldsymbol{V}_{c(j)}-(\tilde{\boldsymbol{l}}_{Q_{c(j)}}+\tilde{\boldsymbol{\delta}}_{Q_{c(j)}}+\boldsymbol{R}_{c(j),Q_{c(j)}}\tilde{\boldsymbol{s}}_{\mathrm{hj}}\boldsymbol{R}_{Q_{c(j)},c(j)})\boldsymbol{\Omega}_{c(j)}+\\(\boldsymbol{\Phi}_{Q_{c(j)}}-\boldsymbol{R}_{c(j),Q_{c(j)}}\tilde{\boldsymbol{s}}_{\mathrm{hj}}\boldsymbol{R}_{Q_{c(j)},c(j)}\boldsymbol{\Psi}_{Q_{c(j)}})\dot{\boldsymbol{\xi}}_{c(j)}]+\boldsymbol{R}_{j,Q_{c(j)}}\boldsymbol{V}_{\mathrm{hj}}\end{aligned} \tag{2-86}$$

根据式(2-84)和式(2-86)，得到了具有柔性-柔性(f—f)连接的多体系统的递推运动关系。f—f 连接表示体 j 和体 $c(j)$ 均为柔体。

$$\boldsymbol{Y}_{\mathrm{f}}^{j}=\boldsymbol{T}_{\mathrm{f}}^{*j}\boldsymbol{Y}_{\mathrm{f}}^{c(j)}+\boldsymbol{P}_{\mathrm{hj}}^{*\mathrm{f}}\boldsymbol{u}_{\mathrm{f}}^{j}$$

其中，$\boldsymbol{T}_{\mathrm{f}}^{*j}$ 为相邻柔体的运动转换矩阵

$$\boldsymbol{T}_{\mathrm{f}}^{*j}=\begin{bmatrix}\boldsymbol{T}_{\mathrm{f}}^{j} & \boldsymbol{D}_{\mathrm{f}}^{j}\\ \boldsymbol{0}_{n_j\times 6} & \boldsymbol{0}_{n_j\times n_j}\end{bmatrix}$$

$$\boldsymbol{T}_{\mathrm{f}}^{j}=\begin{bmatrix}\boldsymbol{R}_{j,c(j)} & -\boldsymbol{R}_{j,c(j)}(\tilde{\boldsymbol{l}}_{Q_{c(j)}}+\tilde{\boldsymbol{\delta}}_{Q_{c(j)}}+\boldsymbol{R}_{c(j),Q_{c(j)}}\tilde{\boldsymbol{s}}_{\mathrm{h}j}\boldsymbol{R}_{Q_{c(j)},c(j)}) \\ \boldsymbol{0} & \boldsymbol{R}_{j,c(j)}\end{bmatrix}$$

$$\boldsymbol{D}_{\mathrm{f}}^{j}=\begin{bmatrix}\boldsymbol{R}_{j,c(j)}[\boldsymbol{\Phi}_{Q_{c(j)}}-\boldsymbol{R}_{c(j),Q_{c(j)}}\tilde{\boldsymbol{s}}_{\mathrm{h}j}\boldsymbol{R}_{Q_{c(j)},c(j)}\boldsymbol{\Psi}_{Q_{c(j)}}] \\ \boldsymbol{R}_{j,c(j)}\boldsymbol{\Psi}_{Q_{c(j)}}\end{bmatrix}$$

$\boldsymbol{P}_{\mathrm{h}j}^{*\mathrm{f}}$ 为包含弹性振动影响的铰链 h_j 的投影矩阵，其表达式为

$$\boldsymbol{P}_{\mathrm{h}j}^{*\mathrm{f}}=\begin{bmatrix}\boldsymbol{P}_{\mathrm{h}j}^{r} & \boldsymbol{0} \\ \boldsymbol{0} & \boldsymbol{I}_{n_j}\end{bmatrix}$$

其中，$\boldsymbol{P}_{\mathrm{h}j}^{r}$ 从 $[\boldsymbol{V}_{\mathrm{h}j}^{\mathrm{T}} \quad \boldsymbol{\Omega}_{\mathrm{h}j}^{\mathrm{T}}]^{\mathrm{T}}=\boldsymbol{P}_{\mathrm{h}j}^{r}\boldsymbol{u}_{r}^{j}$ 得到，$\boldsymbol{u}_{\mathrm{r}}^{j}$ 是与 r—r 连接有关的广义速度，r—r 连接表示体 j 和体 $c(j)$ 均为刚体；与 f—f 连接对应的广义速度定义为

$$\boldsymbol{u}_{\mathrm{f}}^{j}=[\boldsymbol{u}_{\mathrm{r}}^{j\mathrm{T}} \quad \dot{\boldsymbol{\xi}}_{j}^{\mathrm{T}}]^{\mathrm{T}}$$

定义变换矩阵为

$$\boldsymbol{R}_{re}=[\boldsymbol{I}_{6} \quad \boldsymbol{0}_{6\times n_j}],\ \boldsymbol{R}_{er}=\boldsymbol{R}_{re}^{\mathrm{T}}$$

则相邻两体在不同连接方式下的运动学递推关系可重新写为

$$\boldsymbol{Y}^{j*}=\boldsymbol{T}^{j*}\boldsymbol{Y}^{c(j)*}+\boldsymbol{P}_{\mathrm{h}j}^{*}\boldsymbol{u}^{j*} \tag{2-87}$$

其中

$$\boldsymbol{Y}^{j*}=\begin{cases}\boldsymbol{Y}_{\mathrm{f}}^{j}, & \text{若体 } \mathrm{B}_j \text{ 是柔性体} \\ \boldsymbol{R}_{re}Y_{\mathrm{f}}^{j}, & \text{若 } \mathrm{B}_j \text{ 为刚体}\end{cases}$$

$$\boldsymbol{P}_{\mathrm{h}j}^{*}=\begin{cases}\boldsymbol{P}_{\mathrm{h}j}^{*\mathrm{f}}, & \text{若体 } \mathrm{B}_j \text{ 是柔性体} \\ \boldsymbol{R}_{re}\boldsymbol{P}_{\mathrm{h}j}^{*\mathrm{f}}\boldsymbol{R}_{er}, & \text{若 } \mathrm{B}_j \text{ 为刚体}\end{cases}$$

$$\boldsymbol{u}^{j*}=\begin{cases}\boldsymbol{u}_{\mathrm{f}}^{j}, & \text{若体 } \mathrm{B}_j \text{ 是柔性体} \\ \boldsymbol{R}_{re}\boldsymbol{u}_{\mathrm{f}}^{j}, & \text{若 } \mathrm{B}_j \text{ 为刚体}\end{cases}$$

$$\boldsymbol{T}^{j*}=\begin{cases}\boldsymbol{T}_{\mathrm{f}}^{*j}, & \text{f—f 连接} \\ \boldsymbol{R}_{re}\boldsymbol{T}_{\mathrm{f}}^{*j}, & \text{f—r 连接} \\ \boldsymbol{T}_{\mathrm{f}}^{*j}\boldsymbol{R}_{er},\ \boldsymbol{\Phi}_{Q_{c(j)}}=\boldsymbol{0},\ \boldsymbol{\Psi}_{Q_{c(j)}}=\boldsymbol{0}, & \text{r—f 连接} \\ \boldsymbol{R}_{re}\boldsymbol{T}_{\mathrm{f}}^{*j}\boldsymbol{R}_{er},\ \boldsymbol{\Phi}_{Q_{c(j)}}=\boldsymbol{0},\ \boldsymbol{\Psi}_{Q_{c(j)}}=\boldsymbol{0}, & \text{r—r 连接}\end{cases}$$

$\boldsymbol{T}^{j*}$ 中的 f—r 连接表明体 $\mathrm{B}_{c(j)}$ 为柔体，体 B_j 为刚体。r—f 连接表示体 $\mathrm{B}_{c(j)}$ 为刚体，体 B_j 为柔体。

对式(2-87)求导，可以得到体 B_j 通过任意连接与其内接体相连的加速度和角加速度为

$$\dot{\boldsymbol{Y}}^{j*}=\dot{\boldsymbol{Y}}_{\mathrm{L}}^{j*}+\dot{\boldsymbol{Y}}_{\mathrm{N}}^{j*} \tag{2-88}$$

其中，$\dot{\boldsymbol{Y}}_{\mathrm{L}}^{j*}$ 和 $\dot{\boldsymbol{Y}}_{\mathrm{N}}^{j*}$ 为 $\dot{\boldsymbol{Y}}^{j*}$ 线性部分和非线性部分，线性部分包含了所有广义速率导数的显式项，非线性部分为广义速度导数的隐式项。线性部分存在递推关系，其表达式为

$$\dot{\boldsymbol{Y}}_{\mathrm{L}}^{j*}=\dot{\boldsymbol{Y}}_{\mathrm{L0}}^{j*}+\boldsymbol{P}_{\mathrm{h}j}^{*}\dot{\boldsymbol{u}}^{j*} \tag{2-89}$$

其中

$$\dot{\boldsymbol{Y}}_{\mathrm{L0}}^{j*}=\boldsymbol{T}^{j*}\dot{\boldsymbol{Y}}_{\mathrm{L}}^{c(j)*}$$

非线性项 $\dot{\boldsymbol{Y}}_{\mathrm{N}}^{j*}$ 也可以写为递推形式，即

$$\dot{\boldsymbol{Y}}_{\mathrm{N}}^{j*}=\boldsymbol{T}^{j*}\dot{\boldsymbol{Y}}_{\mathrm{N}}^{c(j)*}+\dot{\boldsymbol{Y}}_{\mathrm{N1}}^{j*}$$

其中

$$\dot{\boldsymbol{Y}}_{\mathrm{N1}}^{j*}=\boldsymbol{T}^{j*}\dot{\boldsymbol{Y}}^{c(j)*}+\dot{\boldsymbol{P}}_{\mathrm{h}j}^{*}\boldsymbol{u}^{j*}$$

2.2.5 陀螺柔性多体系统递推动力学建模

基于多体系统的递推运动学关系和单陀螺柔性体的运动方程，给出了具有不同连接方式的陀螺柔性体系统的递推动力学关系。

设体 B_j 是终端体，则体 B_j 的运动方程为

$$\boldsymbol{M}_{1}^{j*}\dot{\boldsymbol{Y}}_{\mathrm{L}}^{j*}+\boldsymbol{N}_{\mathrm{non1}}^{j*}=\boldsymbol{Z}_{O_j}^{*}\boldsymbol{F}_{O_j}^{t} \tag{2-90}$$

其中

$$\boldsymbol{M}_{1}^{j*}=\begin{cases}\boldsymbol{M}_{\mathrm{f}}^{j}, & \text{若体 } \mathrm{B}_j \text{ 是柔性体}\\ \boldsymbol{R}_{re}\boldsymbol{M}_{\mathrm{f}}^{j}\boldsymbol{R}_{er},\ \boldsymbol{\Phi}_{gi}^{j}=\boldsymbol{0}, & \text{若 } \mathrm{B}_j \text{ 是刚体}\end{cases}$$

$$\boldsymbol{Z}_{O_j}^{*}=\begin{cases}\boldsymbol{Z}_{O_j}^{f}, & \text{若体 } \mathrm{B}_j \text{ 是柔性体}\\ \boldsymbol{R}_{re}\boldsymbol{Z}_{O_j}^{f},\ \boldsymbol{\Phi}_{gi}^{j}=\boldsymbol{0},\ \boldsymbol{\Psi}_{gi}^{j}=\boldsymbol{0}, & \text{若 } \mathrm{B}_j \text{ 是刚体}\end{cases}$$

$$\boldsymbol{N}_{\mathrm{non1}}^{j*}=\boldsymbol{M}_{1}^{j*}\dot{\boldsymbol{Y}}_{\mathrm{N}}^{j*}+\boldsymbol{N}_{\mathrm{non}}^{j*}+\boldsymbol{T}_{\mathrm{gyros}}^{j*}-\boldsymbol{Z}_{Q_j}^{*}\boldsymbol{F}_{Q_j}^{t}$$

且

$$\boldsymbol{N}_{\mathrm{non}}^{j*}=\begin{cases}\boldsymbol{N}_{\mathrm{non}}^{j}, & \text{若体 } \mathrm{B}_j \text{ 是柔性体}\\ \boldsymbol{R}_{re}\boldsymbol{N}_{\mathrm{non}}^{j},\ \boldsymbol{\Phi}_{gi}^{j}=\boldsymbol{0},\ \boldsymbol{\Psi}_{gi}^{j}=\boldsymbol{0}, & \text{若 } \mathrm{B}_j \text{ 是刚体}\end{cases}$$

$$\boldsymbol{T}_{\mathrm{gyros}}^{j*}=\begin{cases}\boldsymbol{T}_{\mathrm{gyros}}^{j}, & \text{若体 } \mathrm{B}_j \text{ 是柔性体}\\ \boldsymbol{R}_{re}\boldsymbol{T}_{\mathrm{gyros}}^{j},\ \boldsymbol{\Phi}_{gi}^{j}=\boldsymbol{0},\ \boldsymbol{\Psi}_{gi}^{j}=\boldsymbol{0}, & \text{若 } \mathrm{B}_j \text{ 是刚体}\end{cases}$$

$$\boldsymbol{Z}_{Q_j}^{*}=\begin{cases}\boldsymbol{Z}_{Q_j}^{f}, & \text{若体 } \mathrm{B}_j \text{ 是柔性体}\\ \boldsymbol{R}_{re}\boldsymbol{Z}_{Q_j}^{f},\ \boldsymbol{\Phi}_{gi}^{j}=\boldsymbol{0},\ \boldsymbol{\Psi}_{gi}^{j}=\boldsymbol{0}, & \text{若 } \mathrm{B}_j \text{ 是刚体}\end{cases}$$

将式(2-89)代入式(2-90)得

$$\boldsymbol{M}_1^{j*}\dot{\boldsymbol{Y}}_{L0}^{j*}+\boldsymbol{M}_1^{j*}\boldsymbol{P}_{hj}^{*}\dot{\boldsymbol{u}}^{j*}+\boldsymbol{N}_{non1}^{j*}=\boldsymbol{Z}_{O_j}^{*}\boldsymbol{F}_{O_j}^{t} \tag{2-91}$$

将式(2-91)左乘投影矩阵 $\boldsymbol{P}_{hj}^{*}$ 得

$$\dot{\boldsymbol{u}}^{j*}=\lambda_j^{-1}\boldsymbol{Z}_{O,j}^{*}\boldsymbol{\tau}_{O_j}^{t}-\lambda_j^{-1}\boldsymbol{P}_{hj}^{*\mathrm{T}}(\boldsymbol{M}_1^{j*}\dot{\boldsymbol{Y}}_{L0}^{j*}+\boldsymbol{N}_{non1}^{j*}) \tag{2-92}$$

其中

$$\lambda_j=\boldsymbol{P}_{hj}^{*\mathrm{T}}\boldsymbol{M}_1^{j*}\boldsymbol{P}_{hj}^{*},\ \boldsymbol{\tau}_{O_j}^{t}=\boldsymbol{Z}_{O_j}^{*\mathrm{T}}\boldsymbol{P}_{hj}^{*\mathrm{T}}\boldsymbol{Z}_{O_j}^{*}\boldsymbol{F}_{O_j}^{t} \tag{2-93}$$

其中，$\boldsymbol{\tau}_{O_j}^{t}$ 为 h_j 处主动控制力和力矩。

将式(2-92)代入式(2-90)，可得体 B_j 的内接铰的力矩和力为

$$\boldsymbol{F}_{O_j}^{t}=\boldsymbol{M}_2^{j*}\dot{\boldsymbol{Y}}_{L0}^{j*}+\boldsymbol{N}_{non2}^{j*} \tag{2-94}$$

其中

$$\boldsymbol{M}_2^{j*}=\boldsymbol{Z}_{O_j}^{*\mathrm{T}}(\boldsymbol{I}-\boldsymbol{M}_1^{j*}\boldsymbol{P}_{hj}^{*}\lambda_j^{-1}\boldsymbol{P}_{hj}^{*\mathrm{T}})\boldsymbol{M}_1^{j*}$$

$$\boldsymbol{N}_{non2}^{j*}=\boldsymbol{Z}_{O_j}^{*\mathrm{T}}(\boldsymbol{I}-\boldsymbol{M}_1^{j*}\boldsymbol{P}_{hj}^{*}\lambda_j^{-1}\boldsymbol{P}_{hj}^{*\mathrm{T}})\boldsymbol{N}_{non1}^{j*}+\boldsymbol{Z}_{O_j}^{*\mathrm{T}}\boldsymbol{M}_1^{j*}\boldsymbol{P}_{hj}^{*}\lambda_j^{-1}\boldsymbol{Z}_{O_j}^{*}\boldsymbol{\tau}_{O_j}^{t}$$

假设体 $\mathrm{B}_{c(j)}$ 有 S 个外接体，则体 $\mathrm{B}_{c(j)}$ 的动力学受其外接体铰运动的影响，其动力学可由式(2-82)和式(2-88)得到，即

$$\boldsymbol{M}_1^{c(j)}\dot{\boldsymbol{Y}}_{L}^{c(j)*}+\boldsymbol{N}_{non1}^{c(j)*}=\boldsymbol{Z}_{O_{c(j)}}^{*}\boldsymbol{F}_{O_{c(j)}}^{t}+\sum_{s=1}^{S}\boldsymbol{Z}_{Q_{c(j)}}^{*s}\boldsymbol{F}_{Q_{c(j)}}^{t,s} \tag{2-95}$$

其中，$\boldsymbol{F}_{Q_{c(j)}}^{t,s}$ 为 $\boldsymbol{F}_{O_j}^{t,s}$ 的铰链载荷，可由式(2-94)获得，它通过第 S 个外接体作用于体 $\mathrm{B}_{c(j)}$。将表达式 $\boldsymbol{F}_{Q_{c(j)}}^{t,s}$ 代入式(2-95)，基于式(2-90)，则 $\mathrm{B}_{c(j)}$ 的运动方程可写为

$$\boldsymbol{M}_1^{c(j)*}\dot{\boldsymbol{Y}}_{L}^{c(j)*}+\boldsymbol{N}_{non1}^{c(j)*}=\boldsymbol{Z}_{O_{c(j)}}^{*}\boldsymbol{F}_{O_{c(j)}}^{t} \tag{2-96}$$

需要注意的是，式(2-96)中元素的替换顺序生成如下

$$\boldsymbol{M}_1^{c(j)*}\leftarrow\boldsymbol{M}_1^{c(j)*}+\sum_{s=1}^{S}\boldsymbol{T}^{j\#,s\mathrm{T}}\boldsymbol{M}_2^{j*,s}\boldsymbol{T}^{j*,s} \tag{2-97}$$

$$\boldsymbol{N}_{non1}^{c(j)*}\leftarrow\boldsymbol{N}_{non1}^{c(j)*}+\sum_{s=1}^{S}\boldsymbol{T}^{j\#,s\mathrm{T}}\boldsymbol{N}_{non2}^{j*,s} \tag{2-98}$$

其中

$$\boldsymbol{T}^{j\#}=\begin{cases}\boldsymbol{T}_{f}^{*j}, & \text{若体 } \mathrm{B}_{c(j)} \text{ 是柔性体}\\ \boldsymbol{R}_{re}\boldsymbol{T}_{f}^{*j}\boldsymbol{R}_{er},\ \boldsymbol{\Phi}_{Q_{c(j)}}=\boldsymbol{0},\ \boldsymbol{\Psi}_{Q_{c(j)}}=\boldsymbol{0}, & \text{若 } \mathrm{B}_{c(j)} \text{ 是刚体}\end{cases}$$

为求解各陀螺柔性体的运动方程，式(2-90)～式(2-98)应该重复计算直至基体。如果基体 B_1 的内接体具有指定运动，则基体广义速度可由式(2-92)直接求得。

2.3 陀螺柔性空间机械臂系统递推动力学仿真

为了验证 2.2 节中所建立的陀螺柔性多体系统递推动力学模型的准确性和有效性，本节以陀螺驱动的空间机械臂系统模型为仿真对象，将所提递推算法分别与自动组集算法及商业软件算法作对比，并对仿真结果进行分析总结，仿真结果验证了递推算法的准确性与有效性。

2.3.1 空间机械臂系统构型及仿真参数

本节通过图 2-8 所示的空间机构验证所提出的开环陀螺柔性多体系统递推公式。该机构由 2 个柔性机械臂和安装在卫星本体上的两块太阳能帆板组成。每条机械臂由 4 个臂杆组成：1 个刚性臂杆，2 个柔性臂杆和 1 个刚性末端执行器。除了末端执行器外，所有的体都通过转动关节相互连接，末端执行器通过球关节与其内接体连接。伺服电机和双框架变速控制力矩陀螺都可视为基座和连杆的执行机构。卫星基座和太阳能帆板由第 1、第 31 和第 41 编号体表示。第一条机械臂上从卫星体到末端作用器方向的臂杆体表示为体 11～14。第二机械臂的连杆定义与第一机械臂相同。从图 2-8 中可以看出，机械臂系统的各个体的编号是根据其体固定坐标系给定的。

陀螺柔性多体系统参数如表 2-1～表 2-3 所示。卫星基座上双框架变速控制力矩陀螺的质量和转动惯量与刚性连杆上陀螺的参数相同。考虑卫星基座上双框架变速控制力矩陀螺的安装构型为金字塔构型，安装位置向量为[0.5, 0, −0.5]，[0, 0.5, −0.5]，[−0.5, 0, −0.5]，[0, −0.5, −0.5]。施加在陀螺柔性多体系统上的控制力矩如表 2-4 所列。本节主要关注递推算法，用于提高计算效率，因此，本节未考虑陀螺柔性多体系统的控制策略。

表 2-1 质量和惯性参数

名称	质量/kg	静矩/(kg·m)	惯性矩/(kg·m^2)
卫星基座	2000.00	$[0, 0, 0]^T$	diag(1.33e4, 5.33e3, 1.33e4)
连杆 11/21	40.00	$[0, 20, 0]^T$	diag(14.23, 1.8, 14.23)
连杆 12/13/22/23	30.54	$[0, 137.43, 0]^T$	diag(824.56, 0.25, 824.56)
太阳帆板 31/41	83.55	$[0, 104.44, 0]^T$	diag(174.06, 27.85, 201.91)
末端执行器	50.00	$[0, 25, 0]^T$	diag(16.95, 0.56, 16.95)

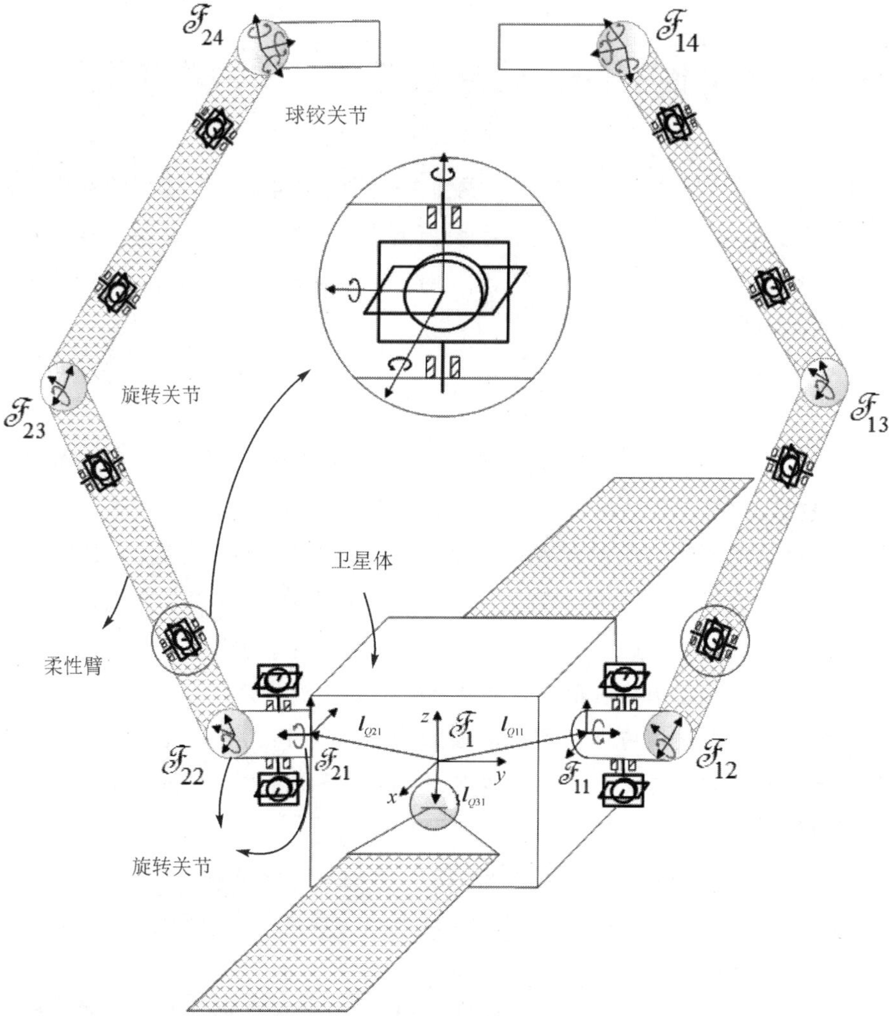

图 2-8 以双框架变速控制力矩陀螺为驱动器的柔性空间机械臂系统

表 2-2 双框架变速控制力矩陀螺

名称	刚性连杆上的陀螺	柔性连杆上的陀螺
框架质量/kg	5	2
转子质量/kg	10	3
转子角动量/(N·m·s)	$15+7.5\sin(t/100)$	$6+3\sin(t/100)$
外框架惯量/($kg\cdot m^2$)	diag(0.05, 0.05,0.06)	diag(0.02, 0.02,0.03)
内框架惯量/($kg\cdot m^2$)	diag(0.06, 0.05, 0.05)	diag(0.03, 0.02, 0.02)
转子惯量/($kg\cdot m^2$)	diag(0.06, 0.06,0.15)	diag(0.03, 0.03,0.06)
位置矢量	$[\pm0.6,\ \ 0.5\ \ 0]^T$	$[0, 3.15, 0]^T$, $[0, 6.3, 0]^T$

表 2-3 几何参数

名称	l_j	l_{Q_j}
连杆 11/21	$[0, 1, 0]^T$	$l_{Q_1}=[0, 3, 2]^T$
连杆 12/22	$[0, 9, 0]^T$	$l_{Q_2}=[0, -3, 2]^T$
连杆 13/23	$[0, 9, 0]^T$	$l_{Q_3}=[2, 0, 0]^T$
连杆 14/24	$[0, 1, 0]^T$	$l_{Q_4}=[-2, 0, 0]^T$

表 2-4 控制力矩

体 B_j 的控制力矩/(N·m)	l_{Q_j}
卫星基座	$[1, 1, 1]^T$
连杆 11～13,21～23	$[0.1, 0.25, -0.25]^T$
连杆 14,24	$[0.04, 0.02, 0.04]^T$
帆板 21	0.1
帆板 31	0.2

2.3.2 仿真算例结果与结论

采用递推算法对空间机构进行数值仿真,并与 Hu[7]等提出的非递推算法进行比较。卫星基座速度、角速度,以及两种算法计算结果的对比误差如图 2-9 和图 2-10 所示。第一个机械臂的刚性广义速度及其误差如图 2-11 和图 2-12 所示。图 2-13 和图 2-14 给出了基于两种算法的连杆 12 和连杆 13 的第一阶模态速率及其误差。从图 2-9～图 2-14 可以看出,两种算法的响应总体上相当一致。因此,2.2 节中所提出的陀螺柔性多体系统递推公式可以在考虑双框架变速控制力矩陀螺影响的情况下获得相对精确的结果。

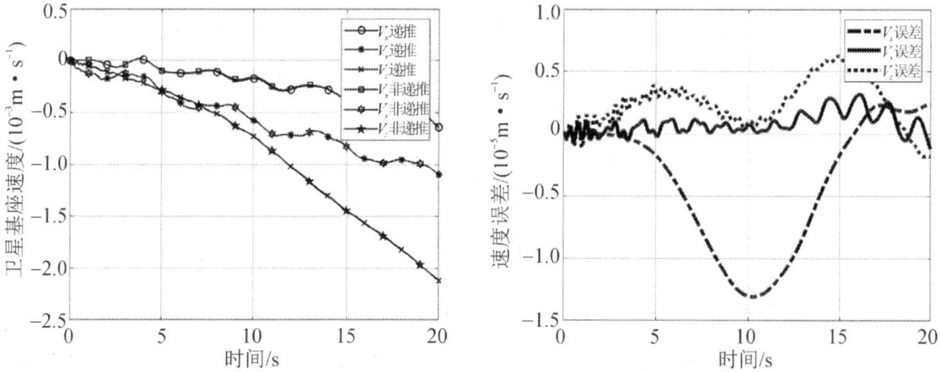

图 2-9 两种算法计算的卫星基座速度和速度误差

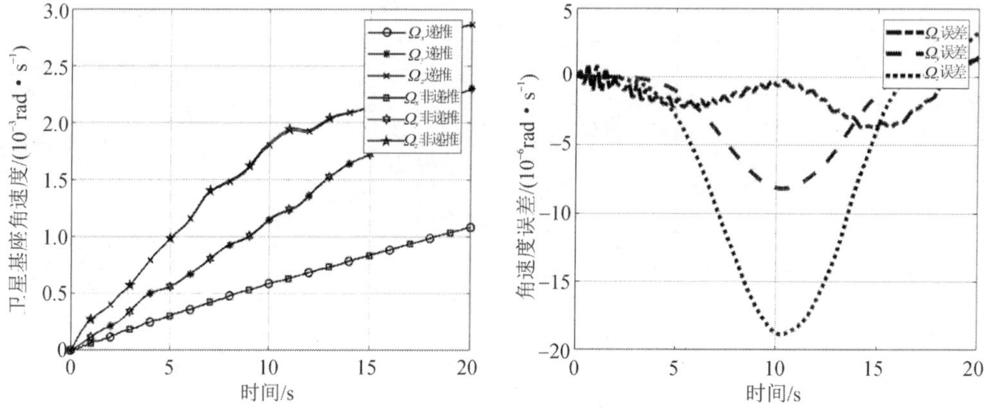

图 2-10 两种算法计算的卫星基座角速度和角速度误差

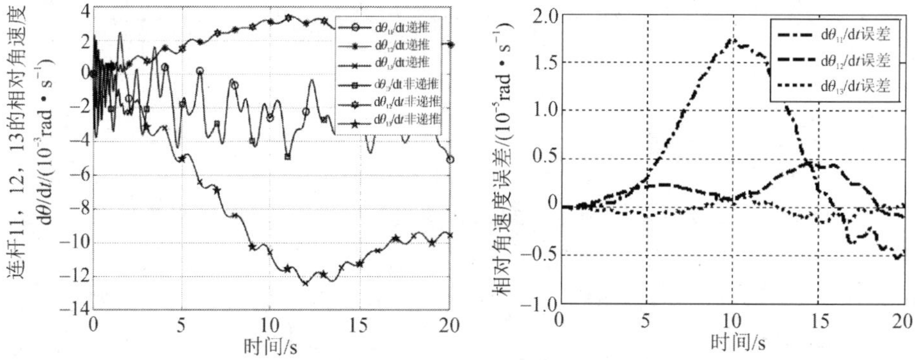

图 2-11 两种算法计算的连杆 11,12,13 的相对角速度和相对角速度误差

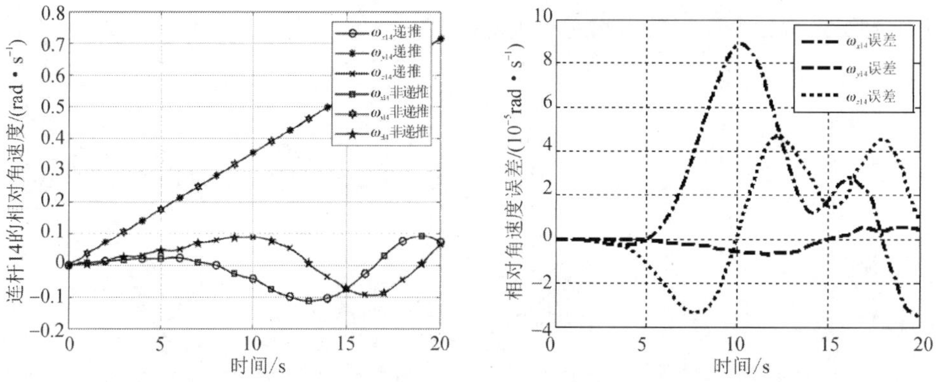

图 2-12 两种算法计算的连杆 14 的相对角速度和相对角速度误差

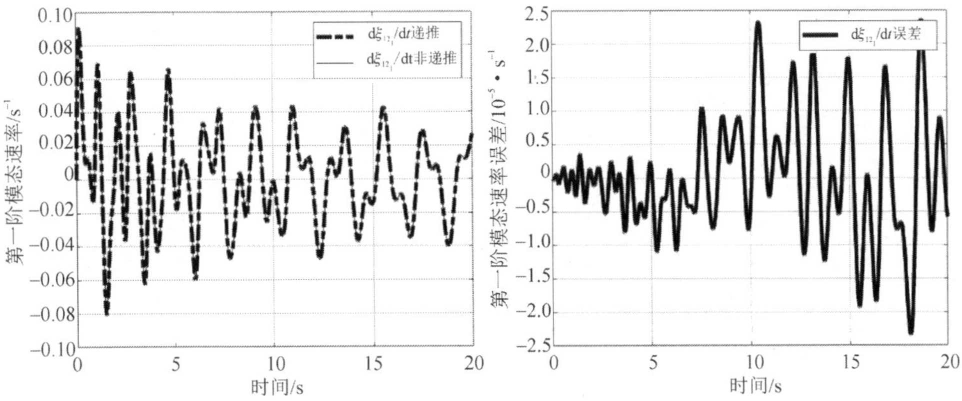

图 2-13 两种算法计算的连杆 12 的第一阶模态速率及其误差

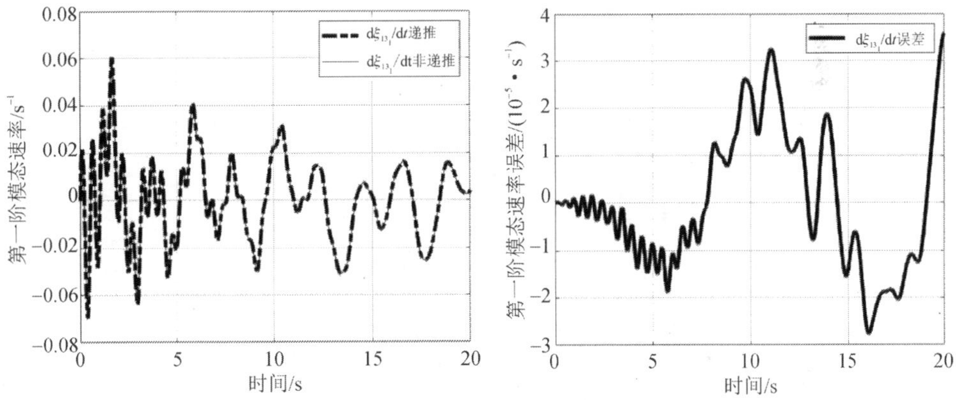

图 2-14 两种算法计算的连杆 13 的第一阶模态速率及其误差

考虑和不考虑陀螺对柔性结构影响的空间柔性机构动态响应分别如图 2-15 和图 2-16 所示。图 2-15 所示为两种情况下连杆 11,12,13 的相对角速度。图 2-16 所示为两种情况下连杆 12 的第一阶模态速率。由图 2-15 和图 2-16 可以看出,双框架变速控制力矩陀螺与柔性结构的相互作用对空间机构的动态响应有明显的影响。因此,后续仿真中,递推公式均考虑了双框架变速控制力矩陀螺的详细动力学。

考虑双框架变速控制力矩陀螺的影响,进一步采用 Adams 模型(见图 2-17)验证所提递推算法的准确性。在 Adams 模型中,由于考虑到柔体具有小刚性运动特性,因此,采用刚体来近似柔性连杆 12, 13, 42, 43 和柔性板 21,31。考虑每个体的小刚性运动的原因在于柔体的振动不会被激发到很大的量级,所以可以采用刚性 Adams 模型来近似柔性空间机械臂系统的模型。卫星基座、机械臂和太阳能帆板的力矩矢量设置为[0.4, 0.2, 0, 0.02, 0.04, −0.03, 0, 0, 0, 0.02, 0.04, −0.03,

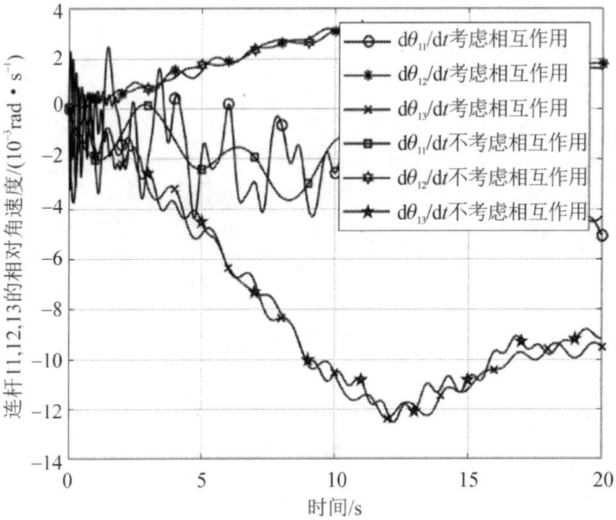

图 2-15 考虑和不考虑陀螺与柔性结构相互作用的连杆 11,12,13 的相对角速度

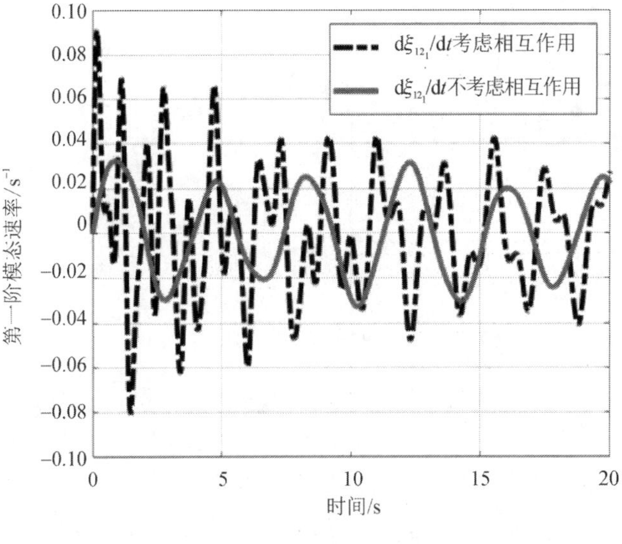

图 2-16 考虑和不考虑陀螺与柔性结构相互作用的连杆 12 的第一阶模态速率

0, 0, 0, 0.01, 0.01$]^T$ N·m。双框架变速控制力矩陀螺各框架速率满足 0.01 sin(0.2πt) rad/s 的速度约束。转子的旋转速率设为 0.01sin(0.02πt)+0.01 rad/s。姿态和关节角的响应如图 2-18 和图 2-19 所示。从图 2-18 和图 2-19 可以看出,递推算法得到的姿态角和关节角的响应曲线与 Adams 仿真结果一致。与 Adams 仿真方法相比,该算法仍然存在较小的姿态角和关节角的响应偏差,但这种现象是合理的,因为柔体的运动会激发柔性结构的弹性振动,继而造成姿态角和关节角的响应偏差。

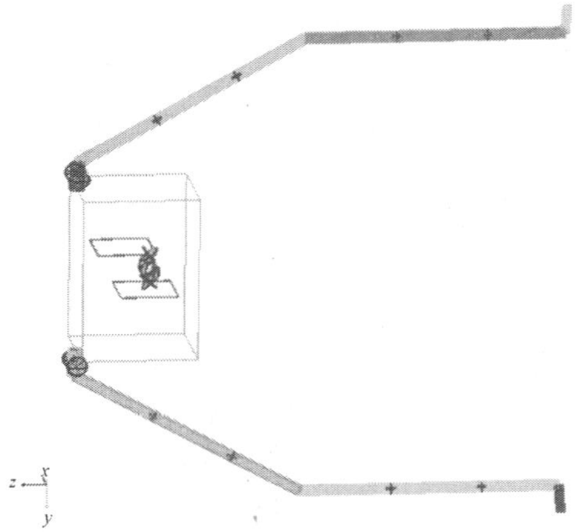

图 2－17　柔性空间机械臂系统的 Adams 模型

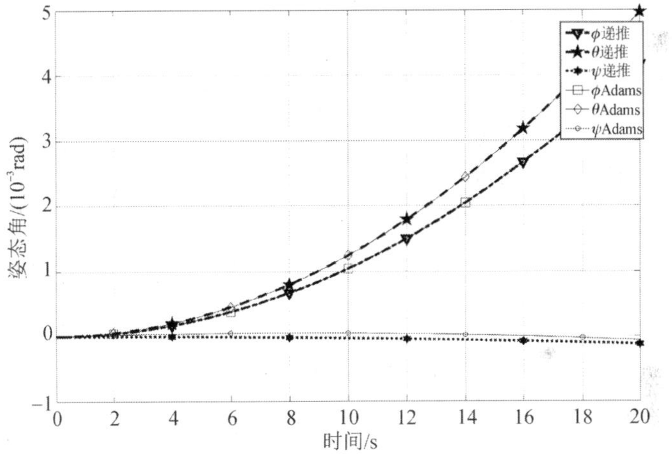

图 2－18　姿态角的响应

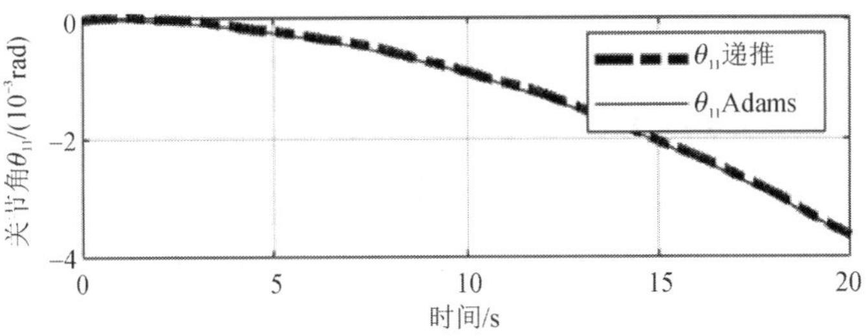

(a) 递推算法和Adams方法关节角θ_{11}的响应

图 2－19　关节角的响应

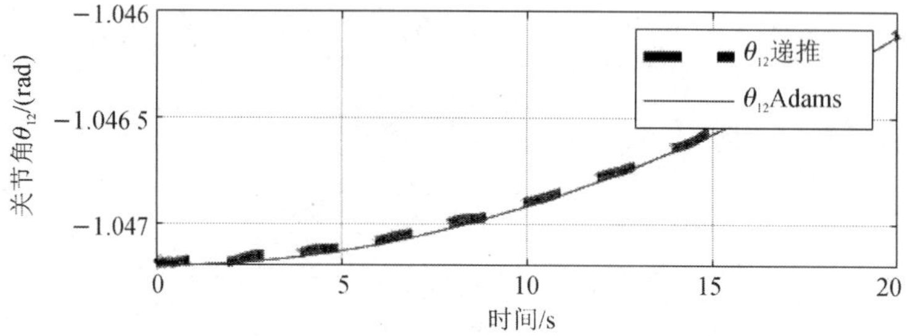

(b) 递推算法和Adams方法关节角θ_{12}的响应

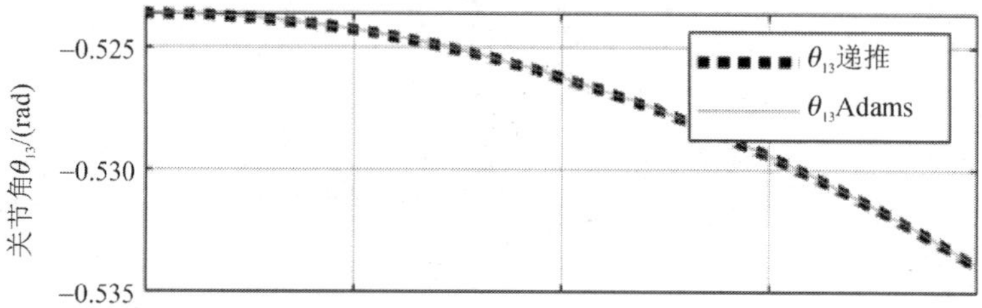

(c) 递推算法和Adams方法关节角θ_{13}的响应

图 2-19 关节角的响应(续)

为了验证数值递推算法的有效性,表 2-5 给出了使用不同模态阶数对太阳能帆板和柔性连杆进行 20 s 仿真的几个案例。由表 2-5 可知，对于陀螺柔性多体系统而言，随着每个柔体模态阶数的增加，递推算法的计算性能将明显优于非递推算法。

表 2-5 CPU 对空间机械手两种方法的比较

广义速度数	模态数		20 s 仿真的 CPU 运行时间	
	柔性连杆	太阳帆板	递推算法/s	非递推算法/s
36	2	4	410.95	478.51
60	4	12	442.09	638.80
84	6	20	473.20	942.69

2.4 小 结

本章首先基于凯恩法详细推导了开环多刚体系统动力学模型;然后,采用基于小变形假设描述柔性结构的弹性变形,进一步推导了开环多柔体系统动力学模型;继而,考虑控制力矩陀螺作为柔性多体系统的执行器,定义具有双框架变速控制力矩陀螺的柔体为陀螺柔性体，而包含陀螺柔性体的多体系统可视为陀螺柔性多体系统，并基于凯恩方程，分别建立了单陀螺柔性体动力学模型和陀螺柔性多体系统递推动力学模型；最后，采用 Adams 模型对所推导的陀螺柔性多体系统的动力学模型进行验证。本章所建立的多体系统动力学模型和陀螺柔性多体系统动力学模型将为后续控制提供模型基础。

参考文献

[1] BANERJEE A K，LEMAK M E. Recursive algorithm with efficient variables for flexible multibody dynamics with multiloop constraints[J]. Journal of Guidance，Control and Dynamics，2007，30(3)：780-790.

[2] JIA S Y，SHAN J J. Flexible structure vibration control using double-gimbal variable-speed control moment gyros[J]. Journal of Guidance，Control and Dynamics，2021，44(5)：954-966.

[3] SHABANA A A. Dynamics of multibody systems[M]. Cambridge：Cambridge University Press，2020.

[4] HUGHES P C，SKELTON R E. Modal truncation for flexible spacecraft[J]. Journal of Guidance and Control，1981，4(3)：291-297.

[5] WALLRAPP O，WIEDEMANN S. Comparison of results in flexible multibody dynamics using various approaches[J]. Nonlinear Dynamics，2003，34：189-206.

[6] KANE T R，LEVINSON D A. Dynamics，theory and application[M]. New York：McGraw Hill，1985.

[7] HU Q，JIA Y，XU S. Anew computer-oriented approach with efficient variables for multibody dynamics with motion constraints[J]. Acta Astronautic，2012，81：380-389.

第 3 章 具有闭环约束的双臂空间机器人动力学与自适应控制

空间机器人在在轨服务中发挥着越来越重要的作用。在典型的操作中，如模块更换或在轨加油，通常需要精确的轨迹跟踪控制用以沿期望的轨迹重新定位和重新定向有效载荷。众所周知，由于机械臂与活动基座之间存在动力学耦合，因此，空间机器人的轨迹控制比地面机器人系统更为复杂，当系统的某些惯性参数未知时，传统控制器的控制性能会大大降低。当空间机械臂系统采用双臂对目标进行捕获时，整个系统形成一个闭环约束系统，其动力耦合特性也会变得更加复杂。如何实现双臂机器人不确定目标捕获的轨迹跟踪控制，提高系统的控制性能是本章内容的重点。

3.1 系统运动方程

3.1.1 系统构型描述与坐标系定义

空间平面机器人由一个刚性基体和两个刚性机械臂组成。其中，每个机械臂由三个连杆组成，每个连杆通过一个有单旋转自由度的旋转关节连接到其内接体（靠近基座的体）。两个机械臂利用末端执行器抓住一个共同的有效载荷，从而形成闭环构型，并且，假设两个末端执行器抓住有效载荷后无相对滑动和转动，因此，它们可以被视为一个体。本节中，在有效载荷和机械臂 2 的末端执行器连接处施加切开点，使其形成树形系统，进而建立系统运动学方程，施加切开点后的系统如图 3 - 1 所示。

在图 3 - 1 中 B_i^j（$i=1,2,3,j=1,2$）表示臂 j 的第 i 个关节（关节从基座向外编号），B_0 表示基座。由于有效载荷和机械臂 1 的末端执行器固定在一起，因此它们被视为机械臂 1 的一个部分，表示为 B_3^1。

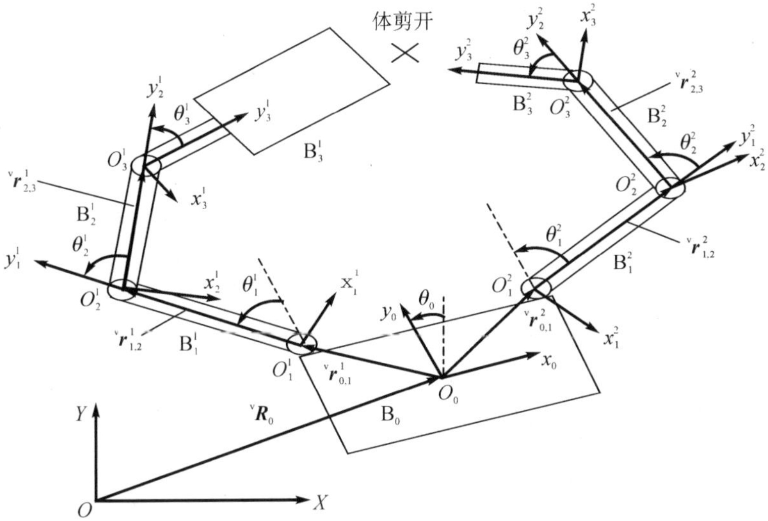

图 3-1　虚拟无约束系统和坐标系及构型

为了描述系统的运动，下面介绍一些坐标系。$F_{\mathrm{I}}(OXY)$表示原点 O 位于惯性空间中任意点的惯性坐标，$F_0(O_0x_0y_0)$表示体 B_0 的体固定坐标系，其原点 O_0 位于体 B_0 上的任意点，$F_i^j(O_i^jx_i^jy_i^j)$表示体 B_i^j 的体坐标系，其原点 O_i^j 位于连接体 B_i^j 及其内接体的关节中心。基座姿态 θ_0 是相对于坐标系 F_{I} 定义的，体 B_i^j 的关节角 θ_i^j 是相对于体 B_i^j 内接体的坐标系定义的。

F_{I} 的单位基向量以列阵的形式表示[4]，定义为 $\boldsymbol{e}_{\mathrm{I}}=[{}^{\mathrm{v}}\boldsymbol{e}_{\mathrm{IX}}\quad {}^{\mathrm{v}}\boldsymbol{e}_{\mathrm{IY}}]^{\mathrm{T}}$，其中${}^{\mathrm{v}}\boldsymbol{e}_{\mathrm{IX}}$和${}^{\mathrm{v}}\boldsymbol{e}_{\mathrm{IY}}$分别是坐标系 F_{I} 的 X 轴和 Y 轴的单位向量。类似地，定义坐标系 F_0 的单位基向量为 $\boldsymbol{e}_0=[{}^{\mathrm{v}}\boldsymbol{e}_{0x}\quad {}^{\mathrm{v}}\boldsymbol{e}_{0y}]^{\mathrm{T}}$，坐标系 F_i^j 的单位基向量为 $\boldsymbol{e}_i^j=[{}^{\mathrm{v}}\boldsymbol{e}_{ix}^j\quad {}^{\mathrm{v}}\boldsymbol{e}_{iy}^j]^{\mathrm{T}}$。根据分量列阵的定义，位置向量${}^{v}\boldsymbol{x}$ 可以用矩阵形式表示为${}^{\mathrm{v}}\boldsymbol{x}=\boldsymbol{e}_*^{\mathrm{T}}\boldsymbol{x}$，其中 $\boldsymbol{x}\in\mathbf{R}^{2\times1}$ 是${}^{\mathrm{v}}\boldsymbol{x}$ 在坐标系 F_* 中的分量列矩阵。在推导运动方程之前，需要明确系统中的一些基本位置矢量：(见图 3-1)

(1) ${}^{\mathrm{v}}\boldsymbol{R}_0=\boldsymbol{e}_{\mathrm{I}}^{\mathrm{T}}\boldsymbol{R}_0$，表示从原点 O 到原点 O_0 的位置向量。

(2) ${}^{\mathrm{v}}\boldsymbol{r}_{0,1}^j=\boldsymbol{e}_0^{\mathrm{T}}\boldsymbol{r}_{0,1}^j\ (j=1,2)$，表示从原点 O_0 到原点 O_i^j 的位置向量。

(3) ${}^{\mathrm{v}}\boldsymbol{r}_{i,i+1}^j=(\boldsymbol{e}_i^j)^{\mathrm{T}}\boldsymbol{r}_{i,i+1}^j\ (i=1,2,j=1,2)$，表示从原点 O_i^j 到原点 O_{i+1}^j 的位置向量。

(4) ${}^{\mathrm{v}}\boldsymbol{r}_0=\boldsymbol{e}_0^{\mathrm{T}}\boldsymbol{r}_0$，表示从原点 O_0 到体 B_0 中任意点的位置向量。

(5) ${}^{\mathrm{v}}\boldsymbol{r}_i^j=(\boldsymbol{e}_i^j)^{\mathrm{T}}\boldsymbol{r}_i^j\ (i=1,2,3,j=1,2)$，表示从原点 O_i^j 到体 B_i^j 上任意点的位置向量。

这些参数还可用于表示坐标系的旋转矩阵。定义 $\boldsymbol{A}_{*\#}\in\mathbf{R}^{2\times2}$ 表示从 $F_\#$ 到

F_* 的旋转矩阵，则有

$$\boldsymbol{A}_{*\#}=\boldsymbol{e}_*\boldsymbol{e}_{\#}^{\mathrm{T}} \tag{3-1}$$

坐标系的旋转关系和相应的旋转矩阵如图 3－2 所示。所有使用式(3－1)计算的旋转矩阵都是 θ_0 或 θ_i^j 的函数，这里省略了详细的表达式。

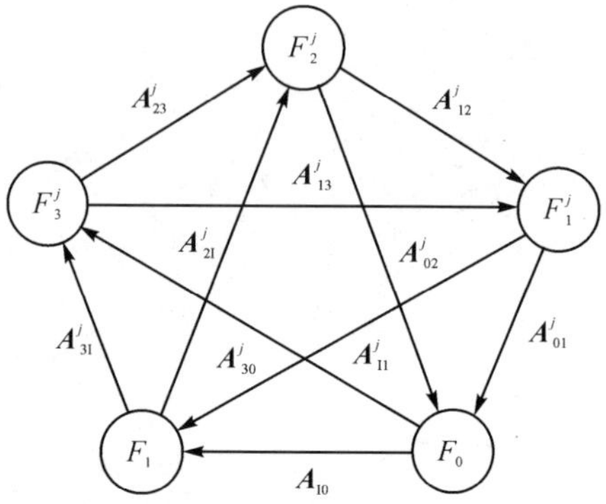

图 3－2 坐标系的旋转关系和相应的旋转矩阵

3.1.2 无约束系统的运动方程

本节定义广义速度，通过凯恩方程推导运动方程。针对所考虑的系统，引入广义速度矩阵 $\boldsymbol{u}\in\mathbf{R}^{9\times1}$ 为

$$\boldsymbol{u}=\begin{bmatrix}\dot{\boldsymbol{R}}_0^{\mathrm{T}} & \dot{\theta}_0 & \dot{\theta}_1^1 & \dot{\theta}_2^1 & \dot{\theta}_3^1 & \dot{\theta}_1^2 & \dot{\theta}_2^2 & \dot{\theta}_3^2\end{bmatrix}^{\mathrm{T}} \tag{3-2}$$

同时，定义广义坐标的矩阵为

$$\boldsymbol{q}=\begin{bmatrix}\boldsymbol{R}_0^{\mathrm{T}} & \theta_0 & \theta_1^1 & \theta_2^1 & \theta_3^1 & \theta_1^2 & \theta_2^2 & \theta_3^2\end{bmatrix}^{\mathrm{T}} \tag{3-3}$$

并通过微分方程与广义速度 $\boldsymbol{u}$ 建立联系，即

$$\dot{\boldsymbol{q}}=\boldsymbol{u} \tag{3-4}$$

根据式(3－2)的定义，体 B_0 中任意点的速度向量可写为

$$^{\mathrm{v}}\boldsymbol{V}_0=\boldsymbol{e}_0^{\mathrm{T}}\boldsymbol{G}_0\boldsymbol{u} \tag{3-5}$$

对于体 B_i^j $(i=1,2,3,j=1,2)$上的任意点，则有

$$^{\mathrm{v}}\boldsymbol{V}_i^j=\boldsymbol{e}_0^{\mathrm{T}}\boldsymbol{G}_i^j\boldsymbol{u}\quad(i=1,2,3,j=1,2) \tag{3-6}$$

在式(3－5)中，通常将 $\boldsymbol{G}_0\in\mathbf{R}^{2\times9}$ 和 $\boldsymbol{G}_i^j\in\mathbf{R}^{2\times9}$ 称为偏速度矩阵，其表达式为

$$
\begin{cases}
\boldsymbol{G}_0 = [\boldsymbol{A}_{0I} \quad -\tilde{\boldsymbol{r}}_0 \quad \boldsymbol{0}_{2\times 6}] \\
\boldsymbol{G}_1^1 = [\boldsymbol{A}_{0I} \quad -(\tilde{\boldsymbol{r}}_{0,1}^1 + \boldsymbol{A}_{01}^1\tilde{\boldsymbol{r}}_1^1) \quad -\boldsymbol{A}_{01}^1\tilde{\boldsymbol{r}}_1^1 \quad \boldsymbol{0}_{2\times 5}] \\
\boldsymbol{G}_2^1 = [\boldsymbol{A}_{0I} \quad -(\tilde{\boldsymbol{r}}_{0,2}^1 + \boldsymbol{A}_{02}^1\tilde{\boldsymbol{r}}_2^1) \quad -\boldsymbol{A}_{01}^1(\tilde{\boldsymbol{r}}_{1,2}^1 + \boldsymbol{A}_{12}^1\tilde{\boldsymbol{r}}_2^1) \quad -\boldsymbol{A}_{02}^1\tilde{\boldsymbol{r}}_2^1 \quad \boldsymbol{0}_{2\times 4}] \\
\boldsymbol{G}_3^1 = [\boldsymbol{A}_{0I} \quad -(\tilde{\boldsymbol{r}}_{0,3}^1 + \boldsymbol{A}_{03}^1\tilde{\boldsymbol{r}}_3^1) \quad -\boldsymbol{A}_{01}^1(\tilde{\boldsymbol{r}}_{1,3}^1 + \boldsymbol{A}_{13}^1\tilde{\boldsymbol{r}}_3^1) \quad -\boldsymbol{A}_{02}^1(\tilde{\boldsymbol{r}}_{2,3}^1 + \boldsymbol{A}_{23}^1\tilde{\boldsymbol{r}}_3^1) \quad -\boldsymbol{A}_{03}^1\tilde{\boldsymbol{r}}_3^1 \quad \boldsymbol{0}_{2\times 3}] \\
\boldsymbol{G}_1^2 = [\boldsymbol{A}_{0I} \quad (\tilde{\boldsymbol{r}}_{0,1}^2 + \boldsymbol{A}_{01}^2\tilde{\boldsymbol{r}}_1^2) \quad \boldsymbol{0}_{2\times 3} \quad -\boldsymbol{A}_{01}^2\tilde{\boldsymbol{r}}_1^2 \quad \boldsymbol{0}_{2\times 2}] \\
\boldsymbol{G}_2^2 = [\boldsymbol{A}_{0I} \quad -(\tilde{\boldsymbol{r}}_{0,2}^2 + \boldsymbol{A}_{02}^2\tilde{\boldsymbol{r}}_2^2) \quad \boldsymbol{0}_{2\times 3} \quad -\boldsymbol{A}_{01}^2(\tilde{\boldsymbol{r}}_{12}^2 + \boldsymbol{A}_{12}^2\tilde{\boldsymbol{r}}_2^2) \quad -\boldsymbol{A}_{02}^2\tilde{\boldsymbol{r}}_2^2 \quad \boldsymbol{0}_{2\times 1}] \\
\boldsymbol{G}_3^2 = [\boldsymbol{A}_{0I} \quad -(\tilde{\boldsymbol{r}}_{0,3}^2 + \boldsymbol{A}_{03}^2\tilde{\boldsymbol{r}}_3^2) \quad \boldsymbol{0}_{2\times 3} \quad -\boldsymbol{A}_{01}^2(\tilde{\boldsymbol{r}}_{13}^2 + \boldsymbol{A}_{13}^2\tilde{\boldsymbol{r}}_3^2) \quad -\boldsymbol{A}_{02}^2(\tilde{\boldsymbol{r}}_{2,3}^2 + \boldsymbol{A}_{23}^2\tilde{\boldsymbol{r}}_3^2) \quad -\boldsymbol{A}_{03}^2\tilde{\boldsymbol{r}}_3^2]
\end{cases}
\tag{3-7}
$$

其中，$\boldsymbol{0}_{n\times m}\in\mathbf{R}^{n\times m}$ 表示零矩阵。$\boldsymbol{r}_{0,2}^j$，$\boldsymbol{r}_{0,3}^j$ 和 $\boldsymbol{r}_{1,3}^j$ 定义为

$$
\begin{cases}
\boldsymbol{r}_{0,2}^j = \boldsymbol{r}_{0,1}^j + \boldsymbol{A}_{01}^j\boldsymbol{r}_{1,2}^j \\
\boldsymbol{r}_{0,3}^j = \boldsymbol{r}_{0,2}^j + \boldsymbol{A}_{02}^j\boldsymbol{r}_{2,3}^j \\
\boldsymbol{r}_{1,3}^j = \boldsymbol{r}_{1,2}^j + \boldsymbol{A}_{12}^j\boldsymbol{r}_{2,3}^j
\end{cases}
\tag{3-8}
$$

上标~是一个运算符，对于任何 $\boldsymbol{a}=[a_x \quad a_y]^{\mathrm{T}}\in\mathbf{R}^{2\times 1}$，有 $\tilde{\boldsymbol{a}}=[a_y \quad -a_x]^{\mathrm{T}}\in\mathbf{R}^{2\times 1}$。

体 B_0 和体 $\mathrm{B}_i^j(i=1,2,3,j=1,2)$ 相对于坐标系 F_{I} 的角速度可以写为

$$
\begin{aligned}
&\boldsymbol{\Omega}_0 = \dot{\theta}_0 = \boldsymbol{W}_0\boldsymbol{u} \\
&\boldsymbol{\Omega}_i^j = \dot{\theta}_0 + \sum_{k=1}^{i}\dot{\theta}_k^j = \boldsymbol{W}_i^j\boldsymbol{u} \quad (i=1,2,3,j=1,2)
\end{aligned}
\tag{3-9}
$$

其中，$\boldsymbol{W}_0\in\mathbf{R}^{1\times 9}$ 和 $\boldsymbol{W}_i^j\in\mathbf{R}^{1\times 9}$ 分别为体 B_0 和体 B_i^j 的偏角速度矩阵。偏角速度矩阵是元素为 1 和 0 的常量矩阵，不再提供详细的表达式。

通过对式(3-5)和式(3-6)求导，体 B_0 和体 B_i^j 中任意点的加速度可写为

$$
\begin{aligned}
&{}^{\mathrm{v}}\boldsymbol{a}_0 = \boldsymbol{e}_0^{\mathrm{T}}(\boldsymbol{G}_0\dot{\boldsymbol{u}} + \boldsymbol{\Omega}_0^{\times}\boldsymbol{G}_0\boldsymbol{u} + \dot{\boldsymbol{G}}_0\boldsymbol{u}) \\
&{}^{\mathrm{v}}\boldsymbol{a}_i^j = \boldsymbol{e}_0^{\mathrm{T}}(\boldsymbol{G}_i^j\dot{\boldsymbol{u}} + \boldsymbol{\Omega}_0^{\times}\boldsymbol{G}_i^j\boldsymbol{u} + \dot{\boldsymbol{G}}_i^j\boldsymbol{u}) \quad (i=1,2,3,j=1,2)
\end{aligned}
\tag{3-10}
$$

其中，$\boldsymbol{\Omega}_0^{\times}$ 为基座角速度 $\boldsymbol{\Omega}_0$ 的斜对称矩阵，表示为

$$
\boldsymbol{\Omega}_0^{\times} = \begin{bmatrix} 0 & -\dot{\theta}_0 \\ \dot{\theta}_0 & 0 \end{bmatrix}
\tag{3-11}
$$

基于上述表达式，可以使用矩阵形式的凯恩方程[5]，获得无约束系统的运动方程为

$$
\boldsymbol{M}(\boldsymbol{q})\ddot{\boldsymbol{q}} + \boldsymbol{C}(\boldsymbol{q},\dot{\boldsymbol{q}})\dot{\boldsymbol{q}} = \boldsymbol{F}
\tag{3-12}
$$

其中

$$
\boldsymbol{M}(\boldsymbol{q}) = \int_{\mathrm{B}_0}\boldsymbol{G}_0^{\mathrm{T}}\boldsymbol{G}_0\,\mathrm{d}m + \sum_{i=1}^{3}\sum_{j=1}^{2}\int_{\mathrm{B}_i^j}(\boldsymbol{G}_i^j)^{\mathrm{T}}\boldsymbol{G}_i^j\,\mathrm{d}m
\tag{3-13}
$$

为对称质量矩阵，并且

$$
\boldsymbol{C}(\boldsymbol{q},\dot{\boldsymbol{q}}) = \int_{\mathrm{B}_0}\boldsymbol{G}_0^{\mathrm{T}}(\boldsymbol{\Omega}_0^{\times}\boldsymbol{G}_0 + \dot{\boldsymbol{G}}_0)\mathrm{d}m + \sum_{i=1}^{3}\sum_{j=1}^{2}\int_{\mathrm{B}_i^j}(\boldsymbol{G}_i^j)^{\mathrm{T}}(\boldsymbol{\Omega}_0^{\times}\boldsymbol{G}_i^j + \dot{\boldsymbol{G}}_i^j)\mathrm{d}m
\tag{3-14}
$$

$\boldsymbol{F}$ 为主动力的矩阵

$$\begin{aligned}\boldsymbol{F} &= (G_0^{O_0})^{\mathrm{T}}\boldsymbol{F}_0 + \boldsymbol{W}_0^{\mathrm{T}}(T_0 - T_1^1 - T_1^2) + \\ &\quad \sum_{j=1}^{2}\left[(\boldsymbol{W}_1^j)^{\mathrm{T}}(T_1^j - T_2^j) + (\boldsymbol{W}_2^j)^{\mathrm{T}}(T_2^j - T_3^j) + (\boldsymbol{W}_3^j)^{\mathrm{T}}T_3^j\right] \\ &= \left[\boldsymbol{F}_0^{\mathrm{T}} \quad T_0 \quad T_1^1 \quad T_2^1 \quad T_3^1 \quad T_1^2 \quad T_2^2 \quad T_3^2\right]^{\mathrm{T}}\end{aligned} \tag{3-15}$$

其中，$\boldsymbol{G}_0^{O_0} = [\boldsymbol{A}_{0\mathrm{I}} \quad \boldsymbol{0}_{2\times 7}] \in \mathbf{R}^{2\times 9}$ 为原点 O_0 的偏速度矩阵；$F_0 = [F_{X0} \quad F_{Y0}]^{\mathrm{T}} \in \mathbf{R}^{2\times 1}$ 为作用在体 B_0 上力的矩阵，在坐标系 F_{I} 中描述；$\boldsymbol{T}_0$ 为作用在体 B_0 上的力矩；$\boldsymbol{T}_i^j$ $(i=1,2,3,j=1,2)$ 为作用在原点 O_i^j 上的关节力矩；$\boldsymbol{M}$ 和 $\boldsymbol{C}$ 的详细表述见附录 A。

同斜对称矩阵 $(\boldsymbol{\Omega}_0^{\times})^{\mathrm{T}} = -\boldsymbol{\Omega}_0^{\times}$ 一样，通过式(3.13)和式(3.14)，可证明 $\dot{\boldsymbol{M}}(\boldsymbol{q}) - 2\boldsymbol{C}(\boldsymbol{q},\dot{\boldsymbol{q}})$ 也是斜对称矩阵。在正确选择 $\boldsymbol{C}$ 矩阵的条件下，使用拉格朗日法，Slotine 等证实 $\dot{\boldsymbol{M}}(\boldsymbol{q}) - 2\boldsymbol{C}(\boldsymbol{q},\dot{\boldsymbol{q}})$ 的斜对称特性[1]。斜对称矩阵在机器人系统的自适应控制中一直有着重要作用。然而，在本章中，由于双臂机器人系统是闭环构型，因此，其运动方程通常与式(3-12)有很大不同。在下一节中，通过合适的方式推导闭环约束系统的运动方程，可以获得类似的性质。

3.1.3 约束系统的运动方程

在本节中，闭环系统的降阶运动方程将按照参考文献[6—8]中的方法建立。降阶运动方程是通过将加速度的约束方程合并到无约束系统的方程中得出的，因此，首先必须确定约束方程。在切开表面上的体 B_3^1 和体 B_3^2 分别选择一个运动参考点，如图 3-3 所示。其中，${}^{\mathrm{v}}\boldsymbol{r}_{3\mathrm{r}}^1 = (\boldsymbol{e}_3^1)^{\mathrm{T}}\boldsymbol{r}_{3\mathrm{r}}^1$ 表示从原点 O_3^1 到运动参考点 B_3^1 的位置矢量；${}^{\mathrm{v}}\boldsymbol{r}_{3\mathrm{r}}^2 = (\boldsymbol{e}_3^2)^{\mathrm{T}}\boldsymbol{r}_{3\mathrm{r}}^2$ 表示从原点 O_3^2 到运动参考点 B_3^2 的位置矢量。

鉴于闭环系统中的两个运动参考点 B_3^1 和 B_3^2 实际上是一点，它们应该具有相同的速度，这可以通过

$$-\boldsymbol{A}_{01}^1\tilde{\boldsymbol{r}}_{1\mathrm{r}}^1\dot{\theta}_1^1 - \boldsymbol{A}_{02}^1\tilde{\boldsymbol{r}}_{2\mathrm{r}}^1\dot{\theta}_2^1 - \boldsymbol{A}_{03}^1\tilde{\boldsymbol{r}}_{3\mathrm{r}}^1\dot{\theta}_3^1 = -\boldsymbol{A}_{01}^2\tilde{\boldsymbol{r}}_{1\mathrm{r}}^2\dot{\theta}_1^2 - \boldsymbol{A}_{02}^2\tilde{\boldsymbol{r}}_{2\mathrm{r}}^2\dot{\theta}_2^2 - \boldsymbol{A}_{03}^2\tilde{\boldsymbol{r}}_{3\mathrm{r}}^2\dot{\theta}_3^2 \tag{3-16}$$

来保证，其中

$$\begin{cases}\boldsymbol{r}_{1\mathrm{r}}^j = \boldsymbol{r}_{1,2}^j + \boldsymbol{A}_{1,2}^j\boldsymbol{r}_{2,3}^j + \boldsymbol{A}_{1,3}^j\boldsymbol{r}_{3\mathrm{r}}^j \\ \boldsymbol{r}_{2\mathrm{r}}^j = \boldsymbol{r}_{2,3}^j + \boldsymbol{A}_{2,3}^j\boldsymbol{r}_{3\mathrm{r}}^j\end{cases} \quad (j=1,2) \tag{3-17}$$

式(3-16)的左侧是点 B_3^1 相对于坐标系 F_0 的速度，右侧是点 B_3^2 相对于坐标系 F_0 的速度，均在 F_0 中描述。此外，点 B_3^1 和点 B_3^2 应该具有相同的角速度，因为两者实际上是闭环系统中的一个点，因此有

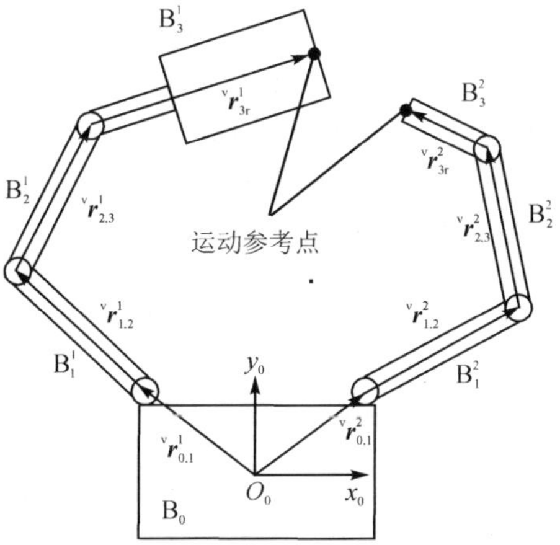

图 3－3　运动参考点和位置矢量

$$\dot{\theta}_1^1+\dot{\theta}_2^1+\dot{\theta}_3^1=\dot{\theta}_1^2+\dot{\theta}_2^2+\dot{\theta}_3^2 \tag{3-18}$$

式(3－18)的左侧是点 B_3^1 相对于 F_0 的角速度，右侧是点 B_3^2 的角速度。速度约束方程(3－16)和角速度方程(3－18)可以合并为一个矩阵方程，其表达式为

$$\boldsymbol{G}_1\dot{\boldsymbol{\theta}}^1=\boldsymbol{G}_2\dot{\boldsymbol{\theta}}^2 \tag{3-19}$$

其中

$$\dot{\boldsymbol{\theta}}^1=\begin{bmatrix}\dot{\theta}_1^1 & \dot{\theta}_2^1 & \dot{\theta}_3^1\end{bmatrix}^{\mathrm{T}},\ \dot{\boldsymbol{\theta}}^2=\begin{bmatrix}\dot{\theta}_1^2 & \dot{\theta}_2^2 & \dot{\theta}_3^2\end{bmatrix}^{\mathrm{T}}$$

$$\boldsymbol{G}_1=\begin{bmatrix}-\boldsymbol{A}_{01}^1\tilde{\boldsymbol{r}}_{1r}^1 & -\boldsymbol{A}_{02}^1\tilde{\boldsymbol{r}}_{2r}^1 & -\boldsymbol{A}_{03}^1\tilde{\boldsymbol{r}}_{3r}^1\\ 1 & 1 & 1\end{bmatrix},\boldsymbol{G}_2=\begin{bmatrix}-\boldsymbol{A}_{01}^2\tilde{\boldsymbol{r}}_{1r}^2 & -\boldsymbol{A}_{02}^2\tilde{\boldsymbol{r}}_{2r}^2 & -\boldsymbol{A}_{03}^2\tilde{\boldsymbol{r}}_{3r}^2\\ 1 & 1 & 1\end{bmatrix}$$

运动约束方程(3－19)包含 3 个标量方程，这意味着约束系统只有 6 自由度，而无约束系统有 9 自由度。将等式(3－4)重写为

$$\boldsymbol{u}=\dot{\boldsymbol{q}}=\begin{bmatrix}\boldsymbol{u}_{\mathrm{I}}\\ \boldsymbol{u}_{\mathrm{D}}\end{bmatrix} \tag{3-20}$$

其中

$$\boldsymbol{u}_{\mathrm{I}}=\dot{\boldsymbol{q}}_{\mathrm{I}}=\begin{bmatrix}\dot{\boldsymbol{R}}_0^{\mathrm{T}} & \dot{\theta}_0 & (\dot{\boldsymbol{\theta}}^1)^{\mathrm{T}}\end{bmatrix}^{\mathrm{T}} \tag{3-21}$$

是 6×1 独立广义速度的矩阵，并且

$$\boldsymbol{u}_{\mathrm{D}}=\dot{\boldsymbol{q}}_{\mathrm{D}}=\dot{\boldsymbol{\theta}}^2 \tag{3-22}$$

是 3×1 相关广义速度的矩阵。根据式(3－20)～式(3－22)的定义，式(3－19)可写为

$$\dot{\boldsymbol{q}}=\boldsymbol{A}_2^{\mathrm{T}}\dot{\boldsymbol{q}}_{\mathrm{I}} \tag{3-23}$$

其中

$$\boldsymbol{A}_2 = \begin{bmatrix} \boldsymbol{E}_6 & \boldsymbol{A}^{\mathrm{T}} \end{bmatrix}, \boldsymbol{A} = \begin{bmatrix} \boldsymbol{0}_{3\times 3} & \boldsymbol{G}_2^{-1}\boldsymbol{G}_1 \end{bmatrix} \tag{3-24}$$

其中，$\boldsymbol{E}_n$ 为一个 $n \times n$ 单位矩阵；$\boldsymbol{A}_2$ 为 Bajodah 提出的约束系统的正交分量矩阵[6]。

将式(3.23)对时间求导可得加速度方面的约束方程，即

$$\ddot{\boldsymbol{q}} = \boldsymbol{A}_2^{\mathrm{T}}\ddot{\boldsymbol{q}}_{\mathrm{I}} + \dot{\boldsymbol{A}}_2^{\mathrm{T}}\dot{\boldsymbol{q}}_{\mathrm{I}} \tag{3-25}$$

通过使用凯恩的约束系统方程[6-8]，约束系统的降阶运动方程可写为

$$\bar{\boldsymbol{M}}(\boldsymbol{q})\ddot{\boldsymbol{q}}_{\mathrm{I}} + \bar{\boldsymbol{C}}(\boldsymbol{q},\dot{\boldsymbol{q}})\dot{\boldsymbol{q}}_{\mathrm{I}} = \bar{\boldsymbol{F}} \tag{3-26}$$

其中

$$\bar{\boldsymbol{M}}(\boldsymbol{q}) = \boldsymbol{A}_2\boldsymbol{M}(\boldsymbol{q})\boldsymbol{A}_2^{\mathrm{T}} \tag{3-27}$$

$$\bar{\boldsymbol{C}}(\boldsymbol{q},\dot{\boldsymbol{q}}) = \boldsymbol{A}_2\left[\boldsymbol{C}(\boldsymbol{q},\dot{\boldsymbol{q}})\boldsymbol{A}_2^{\mathrm{T}} + \boldsymbol{M}(\boldsymbol{q})\dot{\boldsymbol{A}}_2^{\mathrm{T}}\right] \tag{3-28}$$

$$\bar{\boldsymbol{F}} = \boldsymbol{A}_2\boldsymbol{F} \tag{3-29}$$

式(3-26)即为闭环约束系统的运动方程。现在将证明$\dot{\bar{\boldsymbol{M}}}(\boldsymbol{q}) - 2\bar{\boldsymbol{C}}(\boldsymbol{q},\dot{\boldsymbol{q}})$为斜对称矩阵(为了简洁起见，在下文中将 $\bar{\boldsymbol{M}}(\boldsymbol{q})$和 $\bar{\boldsymbol{C}}(\boldsymbol{q},\dot{\boldsymbol{q}})$缩写为 $\bar{\boldsymbol{M}}$ 和$\bar{\boldsymbol{C}}$)。

$$\begin{aligned}
\dot{\bar{\boldsymbol{M}}} - 2\bar{\boldsymbol{C}} &= \boldsymbol{A}_2\dot{\boldsymbol{M}}\boldsymbol{A}_2^{\mathrm{T}} + \dot{\boldsymbol{A}}_2\boldsymbol{M}\boldsymbol{A}_2^{\mathrm{T}} + \boldsymbol{A}_2\boldsymbol{M}\dot{\boldsymbol{A}}_2^{\mathrm{T}} - 2\boldsymbol{A}_2\boldsymbol{C}\boldsymbol{A}_2^{\mathrm{T}} - 2\boldsymbol{A}_2\boldsymbol{M}\dot{\boldsymbol{A}}_2^{\mathrm{T}} \\
&= \boldsymbol{A}_2(\dot{\boldsymbol{M}} - 2\boldsymbol{C})\boldsymbol{A}_2^{\mathrm{T}} + \dot{\boldsymbol{A}}_2\boldsymbol{M}\boldsymbol{A}_2^{\mathrm{T}} - \boldsymbol{A}_2\boldsymbol{M}\dot{\boldsymbol{A}}_2^{\mathrm{T}} \\
&= -\boldsymbol{A}_2(\dot{\boldsymbol{M}} - 2\boldsymbol{C})^{\mathrm{T}}\boldsymbol{A}_2^{\mathrm{T}} - \boldsymbol{A}_2\boldsymbol{M}^{\mathrm{T}}\dot{\boldsymbol{A}}_2^{\mathrm{T}} + \dot{\boldsymbol{A}}_2\boldsymbol{M}^{\mathrm{T}}\boldsymbol{A}_2^{\mathrm{T}} \\
&= -\left[\boldsymbol{A}_2(\dot{\boldsymbol{M}} - 2\boldsymbol{C})^{\mathrm{T}}\boldsymbol{A}_2^{\mathrm{T}} + \boldsymbol{A}_2\boldsymbol{M}^{\mathrm{T}}\dot{\boldsymbol{A}}_2^{\mathrm{T}} - \dot{\boldsymbol{A}}_2\boldsymbol{M}^{\mathrm{T}}\boldsymbol{A}_2^{\mathrm{T}}\right] \\
&= -(\dot{\bar{\boldsymbol{M}}} - 2\bar{\boldsymbol{C}})^{\mathrm{T}}
\end{aligned} \tag{3-30}$$

$\dot{\boldsymbol{M}} - 2\boldsymbol{C} = -(\dot{\boldsymbol{M}} - 2\boldsymbol{C})^{\mathrm{T}}$ 和 $\boldsymbol{M} = \boldsymbol{M}^{\mathrm{T}}$ 的性质可用来推导式(3-30)中的性质，该性质在 3.2 节也会用到，用于证明提出的自适应控制器的渐近稳定性。

3.2 惯量参数不确定下的自适应控制

3.2.1 系统不确定参数线性化

假定未知惯性参数为体 B_3^1 的质量 m_3^1、静矩 $\boldsymbol{S}_3^1 = [S_{3x}^1 \quad S_{3y}^1]^{\mathrm{T}}$ 和惯性矩参数 I_3^1。$\boldsymbol{S}_3^1$ 和 I_3^1 两者均基于体坐标系 F_3^1 定义(请参阅附录 A)，则未知参数的矩阵形式可引入为

$$\boldsymbol{\alpha} = \begin{bmatrix} \alpha_1 & \alpha_2 & \alpha_3 & \alpha_4 \end{bmatrix}^{\mathrm{T}} = \begin{bmatrix} m_3^1 & S_{3x}^1 & S_{3y}^1 & I_3^1 \end{bmatrix}^{\mathrm{T}} \tag{3-31}$$

则式(3-26)的左侧可以相对于 $\boldsymbol{\alpha}$ 进行线性化

$$\bar{\boldsymbol{M}}\ddot{\boldsymbol{q}}_{\mathrm{I}}+\bar{\boldsymbol{C}}\dot{\boldsymbol{q}}_{\mathrm{I}}=\boldsymbol{Y}(\boldsymbol{q},\dot{\boldsymbol{q}},\dot{\boldsymbol{q}},\ddot{\boldsymbol{q}})\boldsymbol{\alpha}+\boldsymbol{H} \tag{3-32}$$

其中，$\boldsymbol{H}$ 是 $\bar{\boldsymbol{M}}\ddot{\boldsymbol{q}}_{\mathrm{I}}+\bar{\boldsymbol{C}}\dot{\boldsymbol{q}}_{\mathrm{I}}$ 的已知部分；$\boldsymbol{Y}(\boldsymbol{q},\dot{\boldsymbol{q}},\dot{\boldsymbol{q}},\ddot{\boldsymbol{q}})\boldsymbol{\alpha}$ 是未知部分，$\boldsymbol{Y}(\boldsymbol{q},\dot{\boldsymbol{q}},\dot{\boldsymbol{q}},\ddot{\boldsymbol{q}})$ 称为回归矩阵。如文献[2—3]所示，$\boldsymbol{Y}$ 中的第一个 $\dot{\boldsymbol{q}}$ 在 $\bar{\boldsymbol{C}}$ 中，第二个 $\dot{\boldsymbol{q}}$ 在左乘 $\bar{\boldsymbol{C}}$ 中。应该注意的是，回归矩阵 $\boldsymbol{Y}(\boldsymbol{q},\dot{\boldsymbol{q}},\dot{\boldsymbol{q}},\ddot{\boldsymbol{q}})$ 只与独立位移 $\boldsymbol{q}_{\mathrm{I}}$、速度 $\dot{\boldsymbol{q}}_{\mathrm{I}}$ 和加速度 $\ddot{\boldsymbol{q}}_{\mathrm{I}}$ 有关；而且，该回归矩阵等于具有参数不确定载荷的无约束单臂系统的回归量。可以通过以下分析得出该结论。

使用式(3-24)、式(3-27)和式(3-28)、式(3-26)的左侧可写为分块矩阵形式，即

$$\begin{aligned}\bar{\boldsymbol{M}}\ddot{\boldsymbol{q}}_{\mathrm{I}}+\bar{\boldsymbol{C}}\dot{\boldsymbol{q}}_{\mathrm{I}}&=\boldsymbol{A}_2\boldsymbol{M}\boldsymbol{A}_2^{\mathrm{T}}\ddot{\boldsymbol{q}}_{\mathrm{I}}+\boldsymbol{A}_2(\boldsymbol{C}\boldsymbol{A}_2^{\mathrm{T}}+\boldsymbol{M}\dot{\boldsymbol{A}}_2^{\mathrm{T}})\dot{\boldsymbol{q}}_{\mathrm{I}}\\&=\begin{bmatrix}\boldsymbol{E}_6 & \boldsymbol{A}^{\mathrm{T}}\end{bmatrix}\begin{bmatrix}\boldsymbol{M}_{11} & \boldsymbol{M}_{12}\\ \boldsymbol{M}_{21} & \boldsymbol{M}_{22}\end{bmatrix}\begin{bmatrix}\boldsymbol{E}_6\\ \boldsymbol{A}\end{bmatrix}\ddot{\boldsymbol{q}}_{\mathrm{I}}+\\&\quad\begin{bmatrix}\boldsymbol{E}_6 & \boldsymbol{A}^{\mathrm{T}}\end{bmatrix}\begin{bmatrix}\boldsymbol{C}_{11} & \boldsymbol{C}_{12}\\ \boldsymbol{C}_{21} & \boldsymbol{C}_{22}\end{bmatrix}\begin{bmatrix}\boldsymbol{E}_6\\ \boldsymbol{A}\end{bmatrix}\dot{\boldsymbol{q}}_{\mathrm{I}}+\\&\quad\begin{bmatrix}\boldsymbol{E}_6 & \boldsymbol{A}^{\mathrm{T}}\end{bmatrix}\begin{bmatrix}\boldsymbol{M}_{11} & \boldsymbol{M}_{12}\\ \boldsymbol{M}_{21} & \boldsymbol{M}_{22}\end{bmatrix}\begin{bmatrix}\boldsymbol{0}_{6\times 6}\\ \dot{\boldsymbol{A}}\end{bmatrix}\dot{\boldsymbol{q}}_{\mathrm{I}}\\&=\boldsymbol{M}_{11}\ddot{\boldsymbol{q}}_{\mathrm{I}}+\boldsymbol{M}_{12}\boldsymbol{A}\ddot{\boldsymbol{q}}_{\mathrm{I}}+\boldsymbol{A}^{\mathrm{T}}\boldsymbol{M}_{21}\ddot{\boldsymbol{q}}_{\mathrm{I}}+\boldsymbol{A}^{\mathrm{T}}\boldsymbol{M}_{22}\boldsymbol{A}\ddot{\boldsymbol{q}}_{\mathrm{I}}+\\&\quad\boldsymbol{C}_{11}\dot{\boldsymbol{q}}_{\mathrm{I}}+\boldsymbol{C}_{12}\boldsymbol{A}\dot{\boldsymbol{q}}_{I}+\boldsymbol{A}^{\mathrm{T}}\boldsymbol{C}_{21}\dot{\boldsymbol{q}}_{\mathrm{I}}+\boldsymbol{A}^{\mathrm{T}}\boldsymbol{C}_{22}\boldsymbol{A}\dot{\boldsymbol{q}}_{\mathrm{I}}+\\&\quad\boldsymbol{M}_{12}\dot{\boldsymbol{A}}\dot{\boldsymbol{q}}_{\mathrm{I}}+\boldsymbol{A}^{\mathrm{T}}\boldsymbol{M}_{22}\dot{\boldsymbol{A}}\dot{\boldsymbol{q}}_{\mathrm{I}}\end{aligned} \tag{3-33}$$

由于有效载荷被认为是无约束系统中机械臂 1 的一部分，因此，未知参数 $\boldsymbol{\alpha}$ 仅包含在 $\boldsymbol{M}_{11}$ 和 $\boldsymbol{C}_{11}$ 中(见附录 A)。未知部分 $\bar{\boldsymbol{M}}\ddot{\boldsymbol{q}}_{\mathrm{I}}+\bar{\boldsymbol{C}}\dot{\boldsymbol{q}}_{\mathrm{I}}$ 等于 $\boldsymbol{M}_{11}\ddot{\boldsymbol{q}}_{\mathrm{I}}+\boldsymbol{C}_{11}\dot{\boldsymbol{q}}_{\mathrm{I}}$。因为 $\boldsymbol{M}_{11}$ 仅仅与 $\boldsymbol{q}_{\mathrm{I}}$ 相关，且 $\boldsymbol{C}_{11}$ 仅与 $\boldsymbol{q}_{\mathrm{I}}$，$\dot{\boldsymbol{q}}_{\mathrm{I}}$ 相关(见附录 A)，因此，$\boldsymbol{Y}(\boldsymbol{q},\dot{\boldsymbol{q}},\dot{\boldsymbol{q}},\ddot{\boldsymbol{q}})$ 仅与 $\boldsymbol{q}_{\mathrm{I}}$，$\dot{\boldsymbol{q}}_{\mathrm{I}}$，$\ddot{\boldsymbol{q}}_{\mathrm{I}}$ 相关，并且应写为 $\boldsymbol{Y}(\boldsymbol{q}_{\mathrm{I}},\dot{\boldsymbol{q}}_{\mathrm{I}},\dot{\boldsymbol{q}}_{\mathrm{I}},\ddot{\boldsymbol{q}}_{\mathrm{I}})$。此外，式(3-33)中的 $\boldsymbol{M}_{11}\ddot{\boldsymbol{q}}_{\mathrm{I}}+\boldsymbol{C}_{11}\dot{\boldsymbol{q}}_{\mathrm{I}}$ 实际上是无约束系统的负惯性力矩阵，其中无约束系统仅包含基座和处理负载的机械臂 1，因此，回归矩阵 $\boldsymbol{Y}(\boldsymbol{q}_{\mathrm{I}},\dot{\boldsymbol{q}}_{\mathrm{I}},\dot{\boldsymbol{q}}_{\mathrm{I}},\ddot{\boldsymbol{q}}_{\mathrm{I}})$ 与无约束单臂系统的回归矩阵形式相同。这种性质简化了自适应控制方法在约束系统中的应用。

定义 $\hat{\boldsymbol{\alpha}}$ 为 $\boldsymbol{\alpha}$ 的估计值，则有

$$\Delta\boldsymbol{\alpha}=\hat{\boldsymbol{\alpha}}-\boldsymbol{\alpha} \tag{3-34}$$

作为 $\boldsymbol{\alpha}$ 的估计误差，由式(3-32)可得

$$\tilde{\bar{\boldsymbol{M}}}\ddot{\boldsymbol{q}}_{\mathrm{I}}+\tilde{\bar{\boldsymbol{C}}}\dot{\boldsymbol{q}}_{\mathrm{I}}=\boldsymbol{Y}(\boldsymbol{q}_{\mathrm{I}},\dot{\boldsymbol{q}}_{\mathrm{I}},\dot{\boldsymbol{q}}_{I},\ddot{\boldsymbol{q}}_{\mathrm{I}})\Delta\boldsymbol{\alpha} \tag{3-35}$$

其中，$\tilde{\bar{\boldsymbol{M}}}=\hat{\bar{\boldsymbol{M}}}-\bar{\boldsymbol{M}}$，$\tilde{\bar{\boldsymbol{C}}}=\hat{\bar{\boldsymbol{C}}}-\bar{\boldsymbol{C}}$，$\hat{\bar{\boldsymbol{M}}}$ 和 $\hat{\bar{\boldsymbol{C}}}$ 的值是通过 $\hat{\boldsymbol{\alpha}}$ 计算出的 $\bar{\boldsymbol{M}}$ 和 $\bar{\boldsymbol{C}}$ 的值。在此，

假设未知参数是常数，则有 $\dot{\boldsymbol{\alpha}}=\mathbf{0}$，因此，$\Delta\dot{\boldsymbol{\alpha}}=\dot{\hat{\boldsymbol{\alpha}}}$。

3.2.2 自适应跟踪控制器设计

本节设计基座和有效载荷的位置及姿态控制器，使系统变量可以跟踪期望的轨迹。此处定义一个 6×1 的系统输出矩阵为

$$\boldsymbol{X}=[\boldsymbol{R}_0^{\mathrm{T}} \quad \theta_0 \quad \boldsymbol{R}_{\mathrm{r}}^{\mathrm{T}} \quad \theta_{\mathrm{r}}]^{\mathrm{T}} \tag{3-36}$$

其中，$\boldsymbol{R}_{\mathrm{r}}$ 和 θ_{r} 分别为有效载荷的位置和姿态，可以根据不同的坐标系 F_{I} 或 F_0 进行定义。对式(3-36)求导可得

$$\dot{\boldsymbol{X}}=\boldsymbol{J}(\boldsymbol{q}_{\mathrm{I}})\dot{\boldsymbol{q}}_{\mathrm{I}} \tag{3-37}$$

其中，$\boldsymbol{J}(\boldsymbol{q}_{\mathrm{I}})\in\mathbf{R}^{6\times 6}$ 是雅可比矩阵。当 $\boldsymbol{R}_{\mathrm{r}}$ 和 θ_{r} 是相对坐标系 F_{I} 进行定义时，$\boldsymbol{J}(\boldsymbol{q}_{\mathrm{I}})$的表达式为

$$\boldsymbol{J}(\boldsymbol{q}_{\mathrm{I}})=\begin{bmatrix}\boldsymbol{E}_2 & \mathbf{0}_{2\times 1} & \mathbf{0}_{2\times 1} & \mathbf{0}_{2\times 1} & \mathbf{0}_{2\times 1}\\ \mathbf{0}_{1\times 2} & 1 & 0 & 0 & 0\\ \boldsymbol{E}_2 & -\boldsymbol{A}_{\mathrm{I}0}\tilde{\boldsymbol{r}}_{0\mathrm{p}}^1 & -\boldsymbol{A}_{\mathrm{I}1}^1\tilde{\boldsymbol{r}}_{1\mathrm{p}}^1 & -\boldsymbol{A}_{\mathrm{I}2}^1\tilde{\boldsymbol{r}}_{2\mathrm{p}}^1 & -\boldsymbol{A}_{\mathrm{I}3}^1\tilde{\boldsymbol{r}}_{3\mathrm{p}}^1\\ \mathbf{0}_{1\times 2} & 1 & 1 & 1 & 1\end{bmatrix} \tag{3-38}$$

当 $\boldsymbol{R}_{\mathrm{r}}$ 和 θ_{r} 是相对坐标系 F_0 进行定义时，$\boldsymbol{J}(\boldsymbol{q}_{\mathrm{I}})$的表达式为

$$\boldsymbol{J}(\boldsymbol{q}_{\mathrm{I}})=\begin{bmatrix}\boldsymbol{E}_2 & \mathbf{0}_{2\times 1} & \mathbf{0}_{2\times 1} & \mathbf{0}_{2\times 1} & \mathbf{0}_{2\times 1}\\ \mathbf{0}_{1\times 2} & 1 & 0 & 0 & 0\\ \mathbf{0}_{2\times 2} & \mathbf{0}_{2\times 1} & -\boldsymbol{A}_{01}^1\tilde{\boldsymbol{r}}_{1\mathrm{p}}^1 & -\boldsymbol{A}_{02}^1\tilde{\boldsymbol{r}}_{2\mathrm{p}}^1 & -\boldsymbol{A}_{03}^1\tilde{\boldsymbol{r}}_{3\mathrm{p}}^1\\ \mathbf{0}_{1\times 2} & 0 & 1 & 1 & 1\end{bmatrix} \tag{3-39}$$

在式(3-38)和式(3-39)中，$\boldsymbol{r}_{3\mathrm{p}}^1$ 是 $\boldsymbol{F}_3^1$ 中有效载荷位置参考点的位置，且

$$\begin{cases}\boldsymbol{r}_{0\mathrm{p}}^1=\boldsymbol{r}_{0,1}^1+\boldsymbol{A}_{01}^1\boldsymbol{r}_{1,2}^1+\boldsymbol{A}_{02}^1\boldsymbol{r}_{2,3}^1+\boldsymbol{A}_{03}^1\boldsymbol{r}_{3\mathrm{p}}^1\\ \boldsymbol{r}_{1\mathrm{p}}^1=\boldsymbol{r}_{1,2}^1+\boldsymbol{A}_{12}^1\boldsymbol{r}_{2,3}^1+\boldsymbol{A}_{13}^1\boldsymbol{r}_{3\mathrm{p}}^1\\ \boldsymbol{r}_{2\mathrm{p}}^1=\boldsymbol{r}_{2,3}^1+\boldsymbol{A}_{23}^1\boldsymbol{r}_{3\mathrm{p}}^1\end{cases} \tag{3-40}$$

控制目标是驱动 $\boldsymbol{X}$ 跟踪期望的系统输出轨迹 $\boldsymbol{X}_{\mathrm{d}}=[\boldsymbol{R}_{\mathrm{d}}^{\mathrm{T}} \quad \theta_{0\mathrm{d}} \quad \boldsymbol{R}_{\mathrm{rd}}^{\mathrm{T}} \quad \theta_{\mathrm{rd}}]^{\mathrm{T}}$，该轨迹通常是二阶可导的。$\boldsymbol{X}_{\mathrm{e}}=\boldsymbol{X}-\boldsymbol{X}_{\mathrm{d}}$ 为系统输出误差，那么对于典型的跟踪控制，控制目标可描述为当 $t\to\infty$时，使 $\boldsymbol{X}_{\mathrm{e}}\to 0$ 和 $\dot{\boldsymbol{X}}_{\mathrm{e}}\to 0$。

为实现跟踪控制目标，间接自适应控制律和典型形式的参数自适应律分别为

$$\bar{\boldsymbol{F}}=\hat{\bar{\boldsymbol{M}}}\ddot{\boldsymbol{q}}_{\mathrm{Ir}}+\hat{\bar{\boldsymbol{C}}}\dot{\boldsymbol{q}}_{\mathrm{Ir}}-\boldsymbol{K}_{\mathrm{D}}\boldsymbol{s} \tag{3-41}$$

$$\dot{\hat{\boldsymbol{\alpha}}}=-\boldsymbol{\Gamma}^{-1}\boldsymbol{Y}^{\mathrm{T}}(\boldsymbol{q}_{\mathrm{I}},\dot{\boldsymbol{q}}_{\mathrm{I}},\dot{\boldsymbol{q}}_{\mathrm{Ir}},\ddot{\boldsymbol{q}}_{\mathrm{Ir}})\boldsymbol{s} \tag{3-42}$$

其中，$\boldsymbol{K}_{\mathrm{D}}$ 和 $\boldsymbol{\Gamma}$ 都是正定矩阵，并且

$$s = \dot{q}_{\mathrm{I}} - \dot{q}_{\mathrm{Ir}} \tag{3-43}$$

在式(3-43)中，$\dot{q}_{\mathrm{Ir}}$ 是 $\dot{q}_{\mathrm{I}}$ 的参考速度轨迹，即

$$\dot{q}_{\mathrm{Ir}} = J^{-1}(\dot{X}_{\mathrm{d}} - \Lambda X_{\mathrm{e}}) \tag{3-44}$$

因此

$$\ddot{q}_{\mathrm{Ir}} = J^{-1}(\ddot{X}_{\mathrm{d}} - \Lambda \dot{X}_{\mathrm{e}} - \dot{J}\dot{q}_{\mathrm{Ir}}) \tag{3-45}$$

其中，Λ 为一个正定矩阵。

为了验证系统的稳定性，将正定无界李雅普诺夫函数定义为

$$V = \frac{1}{2}(s^{\mathrm{T}}\bar{M}s + \Delta\alpha^{\mathrm{T}}\Gamma\Delta\tilde{\alpha}) \tag{3-46}$$

将式(3-46)对时间求导可得

$$\begin{aligned}
\dot{V} &= s^{\mathrm{T}}\left[\bar{M}(\ddot{q}_{\mathrm{I}} - \ddot{q}_{\mathrm{Ir}}) + \frac{1}{2}\dot{\bar{M}}s\right] + \Delta\alpha^{\mathrm{T}}\Gamma\Delta\dot{\alpha} \\
&= s^{\mathrm{T}}\left(\bar{F} - \bar{C}\dot{q}_{\mathrm{I}} - \bar{M}\ddot{q}_{\mathrm{Ir}} + \frac{1}{2}\dot{\bar{M}}s\right) + \Delta\alpha^{\mathrm{T}}\Gamma\Delta\dot{\alpha} \\
&= s^{\mathrm{T}}\left(\tilde{\bar{M}}\ddot{q}_{\mathrm{Ir}} + \tilde{\bar{C}}\dot{q}_{\mathrm{Ir}} - K_{\mathrm{D}}s - \bar{C}s + \frac{1}{2}\dot{\bar{M}}s\right) + \Delta\alpha^{\mathrm{T}}\Gamma\Delta\dot{\alpha} \\
&= s^{\mathrm{T}}(\tilde{\bar{M}}\ddot{q}_{\mathrm{Ir}} + \tilde{\bar{C}}\dot{q}_{\mathrm{Ir}} - K_{\mathrm{D}}s) + \Delta\alpha^{\mathrm{T}}\Gamma\Delta\dot{\alpha} \\
&= s^{\mathrm{T}}(Y(q_{\mathrm{I}}, \dot{q}_{\mathrm{I}}, \dot{q}_{\mathrm{I}}, \ddot{q}_{\mathrm{I}})\Delta\alpha - K_{\mathrm{D}}s) - \Delta\alpha^{\mathrm{T}}Y^{\mathrm{T}}(q_{\mathrm{I}}, \dot{q}_{\mathrm{I}}, \dot{q}_{\mathrm{I}}, \ddot{q}_{\mathrm{I}})s \\
&= s^{\mathrm{T}}K_{\mathrm{D}}s \leqslant 0
\end{aligned} \tag{3-47}$$

在式(3-47)的推导中，利用了斜对称性 $\dot{\bar{M}} - 2\bar{C}$ 和 $\Delta\dot{\alpha} = \dot{\hat{\alpha}}$。在式(3-47)中，当 $t \to \infty, s \to 0$ 时，由式(3-38)、式(3-43)和式(3-44)可得，$\dot{X}_{\mathrm{e}} + \Lambda X_{\mathrm{e}} = Js$。因此，当 $t \to \infty$ 时，$\dot{X}_{\mathrm{e}} + \Lambda X_{\mathrm{e}} \to 0$。因为 Λ 是正定矩阵，所以有 $X_{\mathrm{e}} \to 0$ 和 $\dot{X}_{\mathrm{e}} \to 0$，这表示系统全局渐近稳定。

当 X 中的部分系统输出(通常是基座的位置或姿态)不被控制时，可以使用参考文献[2—3]中提出的类似方法修改控制律。

对于无约束的单臂系统，可由式(3-41)、式(3-42)和稳定性证明确保得到控制器的完整设计；而对于本章中的约束双臂系统，控制器设计并未结束。应该注意的是，自适应控制器的结果控制输入 $\bar{F} \in \mathbf{R}^{6\times1}$ 是降阶的。然而，式(3-15)中给出的实际控制力/力矩 $F \in \mathbf{R}^{9\times1}$ 是更高阶的，这意味着执行器存在冗余。要获得实际的控制力/力矩，必须求解式(3-29)中 F，即完成控制力分配。为此，将 $\bar{F}$ 和 F 用分块矩阵形式写为 $\bar{F} = [\bar{F}_1^{\mathrm{T}} \quad \bar{F}_2^{\mathrm{T}}]^{\mathrm{T}}$ 和 $F = [U_0^{\mathrm{T}} \quad (T^1)^{\mathrm{T}} \quad (T^2)^{\mathrm{T}}]^{\mathrm{T}}$，其中，$\bar{F}_1 \in$

$\mathbf{R}^{3\times1}$，$\bar{\boldsymbol{F}}_2\in\mathbf{R}^{3\times1}$；$\boldsymbol{U}_0=[\boldsymbol{F}_0^{\mathrm{T}}\quad T_0]^{\mathrm{T}}\in\mathbf{R}^{3\times1}$ 为作用在基座上的控制力和力矩阵；$\boldsymbol{T}^1=[T_1^1\quad T_2^1\quad T_3^1]^{\mathrm{T}}\in\mathbf{R}^{3\times1}$ 为机械臂 1 的关节力矩矩阵；$\boldsymbol{T}^2=[T_1^2\quad T_2^2\quad T_3^2]^{\mathrm{T}}\in\mathbf{R}^{3\times1}$ 为机械臂 2 的关节力矩矩阵。将式(3－24)代入式(3－29)，可以得到两个等式，即

$$\boldsymbol{U}_0=\bar{\boldsymbol{F}}_1$$

$$\boldsymbol{Q}\begin{bmatrix}\boldsymbol{T}^1\\\boldsymbol{T}^2\end{bmatrix}=\bar{\boldsymbol{F}}_2 \tag{3-48}$$

其中，$\boldsymbol{Q}=[\boldsymbol{E}_3\quad \boldsymbol{G}_1^{\mathrm{T}}(\boldsymbol{G}_2^{-1})^{\mathrm{T}}]\in\mathbf{R}^{3\times6}$。式(3－48)意味着 $\boldsymbol{U}_0$ 可以完全由 $\bar{\boldsymbol{F}}$ 确定，然而，由于关节力矩的冗余，$\boldsymbol{T}^1$ 和 $\boldsymbol{T}^2$ 有无穷多的解。这里，采用加权最小范数解，即有

$$\begin{bmatrix}\boldsymbol{T}^1\\\boldsymbol{T}^2\end{bmatrix}=\boldsymbol{W}\boldsymbol{Q}^{\mathrm{T}}(\boldsymbol{Q}\boldsymbol{W}\boldsymbol{Q}^{\mathrm{T}})^{-1}\bar{\boldsymbol{F}} \tag{3-49}$$

其中，$\boldsymbol{W}\in\mathbf{R}^{6\times6}$ 为一个权重对角阵，其元素可以是常数或时变的，以此确定每个关节参与操作的程度。

3.3 空间机器人双臂捕获仿真算例

3.3.1 系统参数与初始条件

对于仿真算例中的空间机器人，每个臂由两个长度为 1.5 m 的长连杆和一个长度为 0.5 m 短末端连杆组成。基体参数为 2 m(长)×1.4 m(宽)，有效载荷参数为 1 m(长)×0.5 m(宽)。$\boldsymbol{F}_0$ 的原点设置在基体的几何中心上。运动方程中使用的质量参数和几何参数分别列于表 3－1 和表 3－2 中。在表 3－2 中，所有静矩和惯性矩都是在相应的体坐标下定义的。

表 3－1 系统质量参数

体编号	质量/kg	静矩/(kg·m)	转动惯量/(kg·m²)
B_0	1525	$[0\ 0]^{\mathrm{T}}$	635.42
B_1^1,B_1^2,B_2^1,B_2^2	25	$[0\ 18.75]^{\mathrm{T}}$	18.75
B_3^1(包括有效载荷)	510	$[-100\quad 502.50]^{\mathrm{T}}$	552.92
B_3^2	10	$[0\ 2.5]^{\mathrm{T}}$	0.83

表 3-2　系统几何参数

参　数	值/m
$\boldsymbol{r}_{0,1}^{1}$	$[-1\quad 0.7]^{\mathrm{T}}$
$\boldsymbol{r}_{0,1}^{2}$	$[1\quad 0.7]^{\mathrm{T}}$
$\boldsymbol{r}_{1,2}^{1},\boldsymbol{r}_{1,2}^{2},\boldsymbol{r}_{2,3}^{1},\boldsymbol{r}_{2,3}^{2}$	$[0\quad 1.5]^{\mathrm{T}}$
$\boldsymbol{r}_{3r}^{1}$	$[0\quad 1.5]^{\mathrm{T}}$
$\boldsymbol{r}_{3r}^{2}$	$[0\quad 0.5]^{\mathrm{T}}$

假设所有初始速度为零，即在初始时间，系统处于静止状态。该系统初始位移如表 3-3 所列。选择有效载荷的位置参考点作为有效载荷的几何中心，即 $\boldsymbol{r}_{3\mathrm{p}}^{1}=[0\quad 1]^{\mathrm{T}}$ m。由初始位移确定系统的初始位置/构型如图 3-4 所示（图中实线位置）。在给定的初始位移下，系统为闭环构型；两个末端连杆的 y 轴，y_3^1 和 y_3^2 是反共线的。

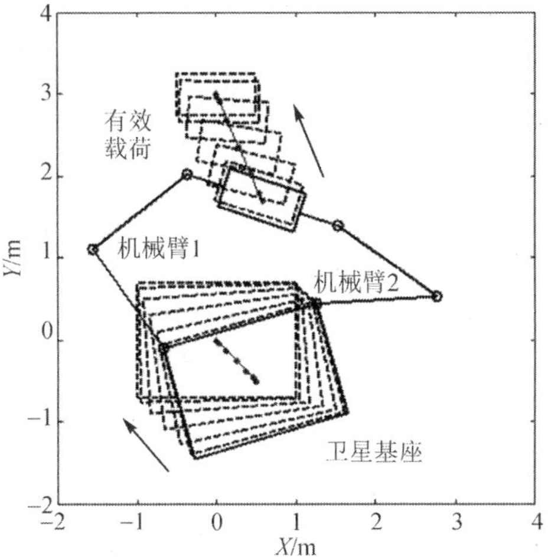

图 3-4　系统的初始位置/构型，以及基座和有效载荷的期望位置/姿态轨迹

表 3-3　系统初始位移

符　号	初始值	符　号	初始值
R/m	$[0.5\ -0.5]^{\mathrm{T}}$	θ_3^1/(°)	−56.69
θ_0/(°)	16.01	θ_1^2/(°)	−102.53
θ_1^1/(°)	20.55	θ_2^2/(°)	142.07
θ_2^1/(°)	−88.50	θ_3^2/(°)	15.82

3.3.2 仿真结果与结论

控制任务为控制基体及有效载荷相对于惯性坐标 $\boldsymbol{F}_I$ 的位置/姿态。根据初始构型可以计算得到系统的初始输出矩阵为 $\boldsymbol{X}_0=[0.5\ \mathrm{m}\quad -0.5\ \mathrm{m}\quad 16.01\ \mathrm{deg}\quad 0.5809\ \mathrm{m}\quad 1.7072\ \mathrm{m}\quad -108.63\ \mathrm{deg}]^{\mathrm{T}}$，系统输出的最终期望值选择为 $\boldsymbol{X}_{\mathrm{f}}=[0\ \mathrm{m}\quad 0\ \mathrm{m}\quad 0\ \mathrm{deg}\quad 0\ \mathrm{m}\quad 3\ \mathrm{m}\quad -90\ \mathrm{deg}]^{\mathrm{T}}$，系统输出的期望轨迹 $\boldsymbol{X}_{\mathrm{d}}$ 是通过带有时间自变量 t 的 7 次多项式规划得到的，其满足

$$
\begin{cases}
\boldsymbol{X}_{\mathrm{d}}(t_0)=\boldsymbol{X}_0,\boldsymbol{X}_{\mathrm{d}}(t_{\mathrm{f}})=\boldsymbol{X}_{\mathrm{f}} \\
\dot{\boldsymbol{X}}_{\mathrm{d}}(t_0)=\boldsymbol{0},\dot{X}_{\mathrm{d}}(t_{\mathrm{f}})=\boldsymbol{0} \\
\ddot{\boldsymbol{X}}_{d}(t_0)=\boldsymbol{0},\ddot{\boldsymbol{X}}_{\mathrm{d}}(t_{\mathrm{f}})=\boldsymbol{0} \\
\dddot{\boldsymbol{X}}_{\mathrm{d}}(t_0)=\boldsymbol{0},\dddot{\boldsymbol{X}}_{\mathrm{d}}(t_{\mathrm{f}})=\boldsymbol{0}
\end{cases}
$$

其中，t_0 是初始时间；t_{f} 是操作期望的完成时间。在仿真中，t_0 和 t_{f} 分别选择 $t_0=0\ \mathrm{s}$ 和 $t_{\mathrm{f}}=40\ \mathrm{s}$。基座和有效载荷的期望位置/姿态轨迹如图 3-4 所示（图中虚线位置）。

控制参数选择为

$$\boldsymbol{\Gamma}=\mathrm{diag}[2\quad 2\quad 1\quad 1]\times 10^{-7},\ \boldsymbol{K}_{\mathrm{D}}=\mathrm{diag}[1.6\quad 1.6\quad 1.6\quad 2\quad 3\quad 2.5]\times 10^{3}$$

$$\boldsymbol{\Lambda}=\mathrm{diag}[4.8\quad 4.8\quad 4.8\quad 4.8\quad 4.8\quad 4.8]$$

$$\boldsymbol{W}=\mathrm{diag}[1\quad 0.5\quad 0.2\quad 1\quad 0.5\quad 0.2]$$

质量特性参数的初始估计值 $\hat{\boldsymbol{\alpha}}$ 和真实值 α 在表 3-4 中给出，其中的真实值即表 3-1 中体 B_3^1 的质量特性参数。

表 3-4　未知参数的真实值和初始估计值

参　数	真实值 α	初始估计值 $\hat{\alpha}$
α_1/kg	510	100
α_2/(kg·m)	−100	0
α_3/(kg·m)	502.5	40.0
α_4/(kg·m^2)	552.92	50.00

系统位置跟踪误差 $\boldsymbol{X}_{\mathrm{e}}=[\boldsymbol{R}_{0\mathrm{e}}^{\mathrm{T}}\quad \theta_{0\mathrm{e}}\quad \boldsymbol{R}_{\mathrm{re}}^{\mathrm{T}}\quad \theta_{\mathrm{re}}]^{\mathrm{T}}$ 和速度跟踪误差 $\dot{\boldsymbol{X}}_{\mathrm{e}}=[\dot{\boldsymbol{R}}_{0\mathrm{e}}^{\mathrm{T}}\quad \dot{\theta}_{0\mathrm{e}}\quad \dot{\boldsymbol{R}}_{\mathrm{re}}^{\mathrm{T}}\quad \dot{\theta}_{\mathrm{re}}]^{\mathrm{T}}$ 分别如图 3-5 和图 3-6 所示。位置跟踪误差和速度跟踪误差在跟踪过程中变化范围很小，且在有限时间内收敛到零，表明基座和有效载荷可以准确跟踪期望轨迹，且控制器是稳定的。

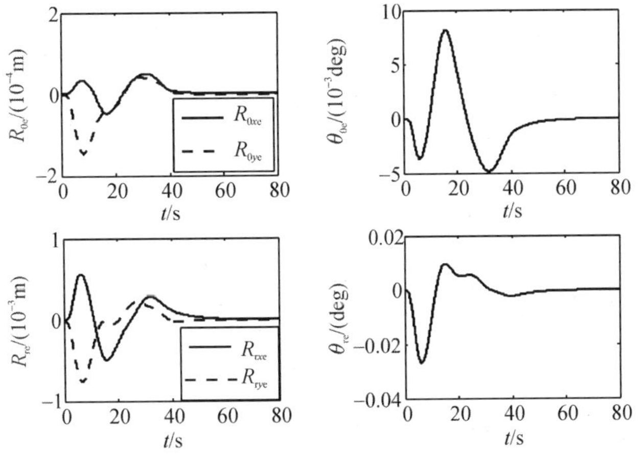

图 3－5　系统位置跟踪误差

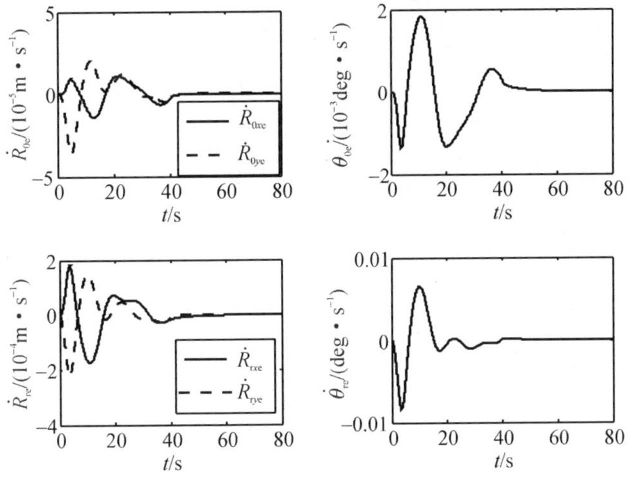

图 3－6　系统速度跟踪误差

图 3－7 所示为未知参数估计比（$\alpha_i^r=\hat{\alpha}_i/\alpha_i$，$i=1,2,3,4$）。由于期望的轨迹不是持续的，因此，未知参数的初始估计值在操作过程中不会收敛到相应的真实值；但是，它对跟踪控制器的稳定性没有任何影响。

图 3－8 所示为系统的控制力和力矩。所有控制力和力矩在给定的平滑期望轨迹下都是平滑的。不同值的权重矩阵 $\boldsymbol{W}$ 会产生不同的关节力矩，但它们对系统响应没有任何影响。

图 3－9 所示为控制过程中不同时刻的系统位置/构型图片，其中两条点画线分别表示基体和有效载荷的期望位置轨迹。正如预期的那样，基体和有效载荷沿

着期望的轨迹同时从初始位置/姿态驱动到期望的位置/姿态，并且系统始终保持闭环构型。

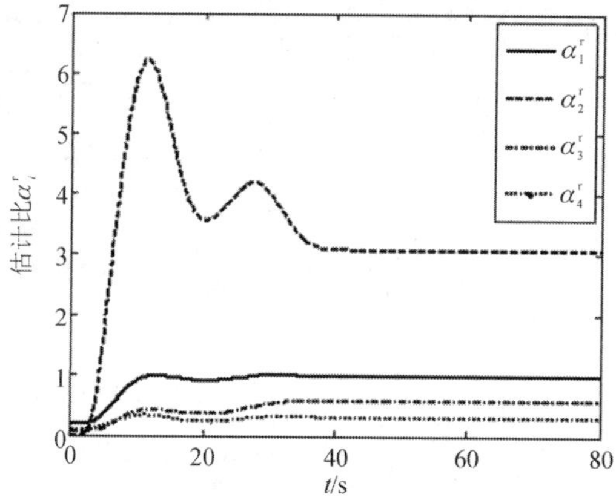

图 3－7　未知参数估计比 $\boldsymbol{\alpha}_i^r$

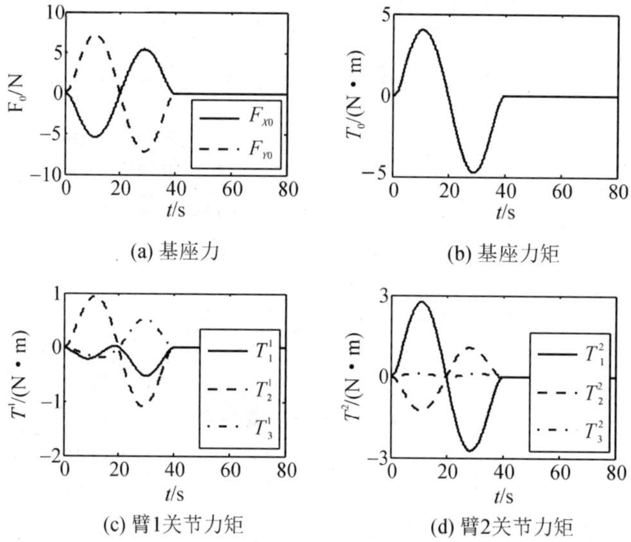

图 3－8　系统的控制力和力矩

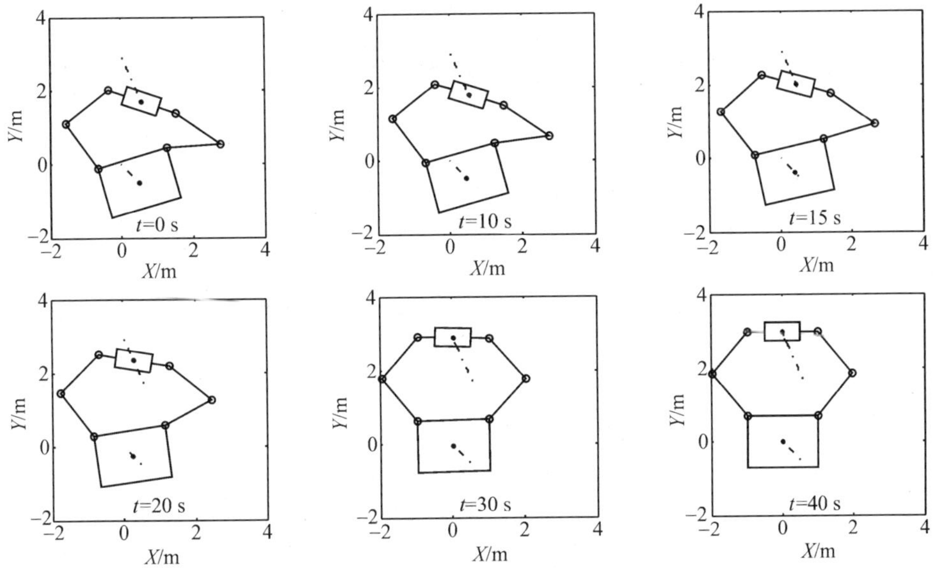

图 3-9　控制过程中不同时刻的系统位置/构型图片

3.4 小　结

本章提出了一种具有全局渐近稳定性的间接自适应控制器,用于闭环约束和有效载荷参数不确定的双臂空间机器人的跟踪控制。该控制器可以驱动基座和有效载荷的位置和姿态,跟踪期望的轨迹,并在线估计不确定的参数,通过使用加权最小范数解,将得到的降阶控制输入分配给高阶实际控制力。该控制器是基于凯恩方程推导出的降阶运动方程设计的,降阶运动方程允许将传统的间接自适应控制算法直接应用于约束系统。此外,用于参数估计的回归矩阵与无约束单臂系统的回归矩阵完全相同。该模型(降阶运动方程)可为包括本章提出的自适应控制的多种控制方法提供有利的模型基础。

通过简单地引入重力主动力项的方式,本章所用建模方法也可以用于地面机器人系统建模。但是,自适应控制算法不能直接应用于地面系统,因为未知惯性参数和未知的主动力之间的影响机理不同。

参考文献

[1] SLOTINE J J E, LI W. On the adaptive control of robot manipulators[J]. The International Journal of Robotics Research, 1987,6(3):49-59.

[2] SENDA K, NAGAOKA H, MUROTSU Y. Adaptive control of free-flying space robot with position/attitude control system[C]//AIAA Guidance, Navigation, and Control Conference, 1997: 536-542.

[3] SENDA K, NAGAOKA H MUROSTU Y. Adaptive control of free-flying space robot with position/attitude control system[J]. Journal of Guidance, Control and Dynamics, 1999,22(3): 488-490.

[4] HUGHES P C, Spacecraft attitude dynamics[M]. New York: John Wiley & Sons, Inc, 1986.

[5] BANERJEE A K, KANE T R. Large Motion dynamics of a spacecraft with a closed loop, articulated, flexible appendage[M]//25th Structures, Structural Dynamics and Materials Confernece, 1984: 105.

[6] BAJODAH A H, HODGES D H, CHEN Y H. New form of Kane's equations of motion for constrained systems[J]. Journal of Guidance, Control and Dynamics, 2003, 26(1): 79-88.

[7] JIA Y H, XU S, J HU Q. Dynamics of a rigid multibody system with loop constraints using only independent motion variables[C]//Rroceedings of the 62nd International Astronautical Congress, Cape Town, South Africa, 2011: 5009-5020.

[8] JIA Y H, XU S J, HU Q. Dynamics of a spacecraft with large flexible appendage constrained by multi-strut passive damper[J]. Acta Mechanica Sinaca, 2013, 29(2): 294-308.

第 4 章 基于控制力矩陀螺驱动的空间机器人轨迹规划

轨迹规划技术是空间机器人执行任务的关键技术之一，可以使机器人避开障碍物、规避危险区域，同时高效到达目标位置。本章将控制力矩陀螺用作空间机器人关节驱动执行机构，研究基于 CMG 的空间机器人轨迹规划问题。CMG 作为无关节反作用力执行机构可以降低机器人系统动力学耦合特性，但当其提供较大力矩输出时容易造成自身饱和。因此，本章通过研究空间机器人轨迹规划算法，使其操作变量能够跟踪期望的轨迹，同时降低 CMG 饱和的可能性。

4.1 控制力矩陀螺驱动的空间机器人系统运动学与动力学

如图 4－1 所示，空间机器人包含 n 个复合体，复合体之间通过 $n-1$ 个自由的球关节连接。在每个复合体上安装一簇控制力矩陀螺作为空间机器人系统的执行机构，用于驱动机器人各个体的运动，其中每个陀螺簇至少包含 3 个控制力矩陀螺。复合体采用符号 $\mathrm{B}_1,\mathrm{B}_2,\cdots,\mathrm{B}_n$ 表示，其中，B_1 表示空间机器人基体，B_n 表示机器人操纵臂的末端执行器。连接体 $\mathrm{B}_j\,(j=2,3,\cdots,n)$ 和其内接体的关节中心用 O_j 表示，采用 n_i 表示体 $\mathrm{B}_i\,(i=1,2,\cdots,n)$ 上所有控制力矩陀螺的数目，并将该体上 n_i 个控制力矩陀螺组成的陀螺群称为第 i 簇控制力矩陀螺。在后续研究中，符号 B_i 表示包含有第 i 簇控制力矩陀螺的复合体。

以上空间机器人系统满足如下假设。

假设 1： 每一个控制力矩陀螺的质心位置不会随着框架的转动而改变，因此，在任意体 B_i 的固定坐标系中，其静矩为常数。

假设 2： 控制力力矩陀螺旋转引起的体 B_i 惯性矩变化较小，可以忽略不计，因此，体 B_i 惯性矩在其任意体固定坐标系中均为常数。

假设 3： 第 i 簇控制力矩陀螺中的 n_i 个陀螺具有相同的转子角动量常值，表示为 h_i。

假设 4： 系统无外部干扰力和力矩，且关节处无摩擦。

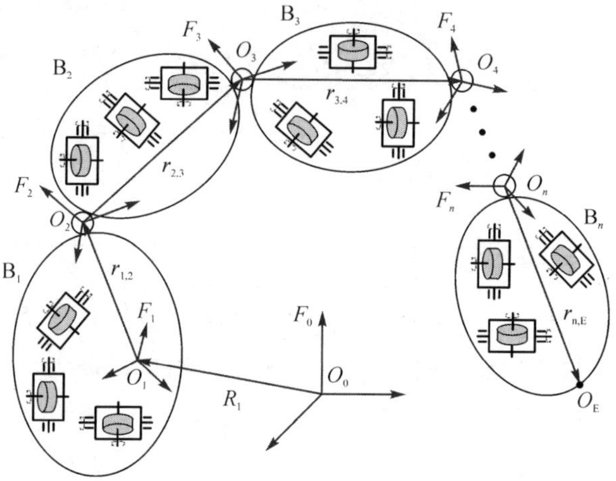

图 4-1 由 n 个 3 自由度关节连接的控制力矩陀螺驱动的空间机器人构型

为了描述系统的运动，引入如下参考坐标系：F_0 为惯性坐标系；$F_i(i=1,2,\cdots,n)$ 为 B_i 的体固定坐标系，且固定于体 B_1 上的任意一点 O_1；$F_j(j=1,2,\cdots,n)$ 位于点 O_j 处。点 O_E 为末端执行器 B_n 位置参考点。由于机械臂之间通过球关节连接，因此，可采用罗德里格斯参数来描述体的角位移。定义 $\boldsymbol{\sigma}_i=[\sigma_{i1},\ \ \sigma_{i2},\ \ \sigma_{i3}]^{\mathrm{T}}$ 为 F_i 相对于 F_0 的罗德里格斯参数，$\boldsymbol{\omega}_i$ 为 F_i 中描述的 F_i 相对于 F_0 的角速度，于是 F_i 的旋转运动学方程[2]可以写为

$$\dot{\boldsymbol{\sigma}}_i=\boldsymbol{H}_i(\boldsymbol{\sigma}_i)\boldsymbol{\omega}_i \quad (i=1,2,\cdots,n) \tag{4-1}$$

其中，$\boldsymbol{H}_i(\boldsymbol{\sigma}_i)=\dfrac{1}{2}[\boldsymbol{I}_3+\tilde{\boldsymbol{\sigma}}_i+\boldsymbol{\sigma}_i\boldsymbol{\sigma}_i^{\mathrm{T}}-\dfrac{1}{2}(1+\boldsymbol{\sigma}_i^{\mathrm{T}}\boldsymbol{\sigma}_i)\boldsymbol{I}_3]$；符号～表示 3×1 列矩阵对应的叉乘矩阵；$\boldsymbol{I}_N$ 表示 $N\times N$ 的单位阵。系统的广义速度矩阵 $\boldsymbol{v}$ 和广义位移矩阵 $\boldsymbol{q}$ 定义的表达式分别为

$$\boldsymbol{v}=[\dot{\boldsymbol{R}}_1^{\mathrm{T}},\ \ \boldsymbol{\omega}_1^{\mathrm{T}},\ \ \boldsymbol{\omega}_2^{\mathrm{T}},\ \ \cdots,\ \ \boldsymbol{\omega}_n^{\mathrm{T}}]^{\mathrm{T}} \tag{4-2}$$

$$\boldsymbol{q}=[\boldsymbol{R}_1^{\mathrm{T}},\ \ \boldsymbol{\sigma}_1^{\mathrm{T}},\ \ \boldsymbol{\sigma}_2^{\mathrm{T}},\ \ \cdots,\ \ \boldsymbol{\sigma}_n^{\mathrm{T}}]^{\mathrm{T}} \tag{4-3}$$

其中，$\boldsymbol{R}_1$ 为 F_0 中描述的点 o_1 的位置。根据式(4-1)，系统运动学方程可以写为

$$\dot{\boldsymbol{q}}=\boldsymbol{H}(\boldsymbol{q})\boldsymbol{v} \tag{4-4}$$

其中，$\boldsymbol{H}(\boldsymbol{q})=\mathrm{blockdiag}[\boldsymbol{I}_3,\ \ \boldsymbol{H}_1(\boldsymbol{\sigma}_1),\ \ \boldsymbol{H}_2(\boldsymbol{\sigma}_2),\ \ \cdots,\ \ \boldsymbol{H}_n(\boldsymbol{\sigma}_n)]$。

根据广义速度的定义和假设 1、2 和 4，利用凯恩方程推导得到的系统动力学的

矩阵形式[1]为

$$\boldsymbol{M}(\boldsymbol{q})\dot{\boldsymbol{v}}+\boldsymbol{Q}'(\boldsymbol{q},\boldsymbol{v})=\boldsymbol{F}_{\mathrm{c}}+\boldsymbol{F}_{\mathrm{h}} \tag{4-5}$$

其中，$\boldsymbol{M}(\boldsymbol{q})$为对称质量阵；$\boldsymbol{Q}'(\boldsymbol{q},\boldsymbol{v})$为非线性惯性力向量，包含科氏力和离心力；$\boldsymbol{M}(\boldsymbol{q})$和$\boldsymbol{Q}'(\boldsymbol{q},\boldsymbol{v})$的具体表达式见参考文献[1]。$\boldsymbol{F}_{\mathrm{c}}=[\boldsymbol{F}_1^{\mathrm{T}},\ \boldsymbol{T}_{\mathrm{c}1}^{\mathrm{T}},\ \boldsymbol{T}_{\mathrm{c}2}^{\mathrm{T}},\ \cdots,\ \boldsymbol{T}_{\mathrm{c}n}^{\mathrm{T}}]^{\mathrm{T}}$为控制力向量；$\boldsymbol{F}_{\mathrm{h}}=[\boldsymbol{0}^{\mathrm{T}},\ \boldsymbol{T}_{\mathrm{h}1}^{\mathrm{T}},\ \boldsymbol{T}_{\mathrm{h}2}^{\mathrm{T}},\ \cdots,\ \boldsymbol{T}_{\mathrm{h}n}^{\mathrm{T}}]^{\mathrm{T}}$为复合体的角速度与其对应的控制力矩陀螺的角动量耦合产生的广义力向量。控制力向量中的$\boldsymbol{F}_1$为作用在体B_1上的控制力，其作用线过点o_1；$\boldsymbol{T}_{\mathrm{c}i}$为第$i$簇陀螺群可控输出力矩，$\boldsymbol{T}_{\mathrm{h}i}$为体$\mathrm{B}_i$角速度与第$i$簇控制力矩陀螺角动量的耦合力矩。$\boldsymbol{T}_{\mathrm{c}i}(i=1,2,\cdots,n)$和$\boldsymbol{T}_{\mathrm{h}i}$均表示在$F_i$坐标系中，其表达式为

$$\boldsymbol{T}_{\mathrm{c}i}=-h_i\boldsymbol{A}_{\mathrm{t}i}\dot{\gamma}_i\quad(i=1,2,\cdots,n) \tag{4-6}$$

$$\boldsymbol{T}_{\mathrm{h}i}=-\tilde{\boldsymbol{\omega}}_i\boldsymbol{A}_{\mathrm{s}i}\boldsymbol{h}_i \tag{4-7}$$

在式(4-6)和式(4-7)中，$\boldsymbol{\gamma}_i=[\gamma_{i1},\ \gamma_{i2},\ \cdots,\ \gamma_{in_i}]^{\mathrm{T}}$为第$i$簇陀螺的框架角向量。$\boldsymbol{h}_i=\underbrace{[h_i,\ h_i,\ \cdots,\ h_i]}_{n_i}^{\mathrm{T}}$，$\boldsymbol{A}_{\mathrm{s}i}=[\boldsymbol{c}_{\mathrm{s}i1},\ \boldsymbol{c}_{\mathrm{s}i2},\ \cdots,\ \boldsymbol{c}_{\mathrm{s}in_i}]$和$\boldsymbol{A}_{\mathrm{t}i}=[\boldsymbol{c}_{\mathrm{t}i1},\ \boldsymbol{c}_{\mathrm{t}i2},\ \cdots,\ \boldsymbol{c}_{\mathrm{t}in_i}]$均为$3\times n_i$的矩阵，其列元素$\boldsymbol{c}_{\mathrm{s}ij}$和$\boldsymbol{c}_{\mathrm{t}ij}(j=1,\ 2,\ \cdots,\ n_i)$分别为第$i$簇陀螺群中第$j$个陀螺沿转子动量轴和沿横轴的单位列向量。$\boldsymbol{A}_{\mathrm{s}i}$和$\boldsymbol{A}_{\mathrm{t}i}$的定义分别与文献[3]中的$\boldsymbol{A}_{\mathrm{s}i}$和$\boldsymbol{A}_{\mathrm{t}i}$相同。

方程(4-7)中的$\boldsymbol{A}_{\mathrm{s}i}\boldsymbol{h}_i$项为$\boldsymbol{F}_i$中描述的第$i$簇陀螺的总角动量，具体表达式为

$$\boldsymbol{h}_{\mathrm{cmg}i}=\boldsymbol{A}_{\mathrm{s}i}\boldsymbol{h}_i\quad(i=1,2,\cdots,n) \tag{4-8}$$

参考文献[3]结果表明$\dot{\boldsymbol{A}}_{\mathrm{s}i}=\boldsymbol{A}_{\mathrm{t}i}[\dot{\boldsymbol{\gamma}}_i]^{\mathrm{d}}$，其中，算子$[\boldsymbol{x}]^{\mathrm{d}}$为一个方阵，该方阵的主对角元素为列向量$\boldsymbol{x}$的分量值。基于该算子方程和式(4-8)、式(4-6)和式(4-7)中的$\boldsymbol{T}_{\mathrm{c}i}$和$\boldsymbol{T}_{\mathrm{h}i}$可以由$\dot{\boldsymbol{h}}_{\mathrm{cmg}i}$和$\boldsymbol{h}_{\mathrm{cmg}i}$表示为

$$\boldsymbol{T}_{\mathrm{c}i}=-\dot{\boldsymbol{h}}_{\mathrm{cmg}i}\quad(i=1,2,\cdots,n) \tag{4-9}$$

$$\boldsymbol{T}_{\mathrm{h}i}=-\tilde{\boldsymbol{\omega}}_i\boldsymbol{h}_{\mathrm{cmg}i}\quad(i=1,2,\cdots,n) \tag{4-10}$$

为方便后续分析，将动力学方程式(4-5)写为

$$\boldsymbol{M}(\boldsymbol{q})\dot{\boldsymbol{v}}+\boldsymbol{Q}(\boldsymbol{q},\boldsymbol{v})=\boldsymbol{F}_{\mathrm{c}} \tag{4-11}$$

其中，$\boldsymbol{Q}(\boldsymbol{q},\boldsymbol{v})=\boldsymbol{Q}'(\boldsymbol{q},\boldsymbol{v})-\boldsymbol{F}_{\mathrm{h}}$。

运动学方程式(4-4)和动力学方程式(4-11)构成了系统的运动控制方程。在本章节中假设基体的运动是无控运动，即$\boldsymbol{F}_1=\boldsymbol{0}$，在该情形下，机器人的工作模式为姿态受控模式或自由漂浮模式，由于没有外力作用在机械臂基体上，机械臂的可达工作空间是有界的。该章节同时假设机械臂末端执行器的期望轨迹在可达工

作空间区域内。

4.2 空间机器人姿态受控情形下的轨迹规划

4.2.1 基体平动运动模型解耦

在后续研究中将 $\boldsymbol{M}(\boldsymbol{q})$,$\boldsymbol{Q}(\boldsymbol{q},\boldsymbol{v})$和 $\boldsymbol{H}_i(\boldsymbol{\sigma}_i)$分别表示为 $\boldsymbol{M}$,$\boldsymbol{Q}$ 和 $\boldsymbol{H}_i$。基于 $\boldsymbol{F}_1=\boldsymbol{0}$ 的假设,空间机器人系统动力学方程式(4-11)可写为

$$\begin{bmatrix}\boldsymbol{M}_{\mathrm{T}} & \boldsymbol{M}_{\mathrm{TR}}\\ \boldsymbol{M}_{\mathrm{TR}}^{\mathrm{T}} & \boldsymbol{M}_{\mathrm{R}}\end{bmatrix}\begin{bmatrix}\ddot{\boldsymbol{R}}_1\\ \dot{\boldsymbol{\omega}}\end{bmatrix}+\begin{bmatrix}\boldsymbol{Q}_{\mathrm{T}}\\ \boldsymbol{Q}_{\mathrm{R}}\end{bmatrix}=\begin{bmatrix}\boldsymbol{0}\\ \boldsymbol{T}_{\mathrm{c}}\end{bmatrix} \tag{4-12}$$

其中,$\boldsymbol{\omega}=[\boldsymbol{\omega}_1^{\mathrm{T}},\ \boldsymbol{\omega}_2^{\mathrm{T}},\ \cdots,\ \boldsymbol{\omega}_n^{\mathrm{T}}]^{\mathrm{T}}$;$\boldsymbol{T}_{\mathrm{c}}=[\boldsymbol{T}_{\mathrm{c1}}^{\mathrm{T}},\ \boldsymbol{T}_{\mathrm{c2}}^{\mathrm{T}},\ \cdots,\ \boldsymbol{T}_{\mathrm{c}n}^{\mathrm{T}}]^{\mathrm{T}}$;$\boldsymbol{M}_{\mathrm{T}}$,$\boldsymbol{M}_{\mathrm{TR}}$ 和 $\boldsymbol{M}_{\mathrm{R}}$ 是矩阵 $\boldsymbol{M}$ 对应的分块矩阵;$\boldsymbol{Q}_{\mathrm{T}}$ 和 $\boldsymbol{Q}_{\mathrm{R}}$ 是矩阵 $\boldsymbol{Q}$ 对应的分块矩阵。利用式(4-12),$\ddot{\boldsymbol{R}}_1$ 可表示为

$$\ddot{\boldsymbol{R}}_1=-\boldsymbol{M}_{\mathrm{T}}^{-1}(\boldsymbol{M}_{\mathrm{TR}}\dot{\boldsymbol{\omega}}+\boldsymbol{Q}_{\mathrm{T}}) \tag{4-13}$$

根据式(4-13),对应于 $\boldsymbol{\omega}$ 的系统动力学方程可写为低阶形式,即

$$\bar{\boldsymbol{M}}\dot{\boldsymbol{\omega}}+\bar{\boldsymbol{Q}}=\boldsymbol{T}_{\mathrm{c}} \tag{4-14}$$

其中,$\bar{\boldsymbol{M}}=\boldsymbol{M}_{\mathrm{R}}-\boldsymbol{M}_{\mathrm{TR}}^{\mathrm{T}}\boldsymbol{M}_{\mathrm{T}}^{-1}\boldsymbol{M}_{\mathrm{TR}}$;$\bar{\boldsymbol{Q}}=\boldsymbol{Q}_{\mathrm{R}}-\boldsymbol{M}_{\mathrm{TR}}^{\mathrm{T}}\boldsymbol{M}_{\mathrm{T}}^{-1}\boldsymbol{Q}_{\mathrm{T}}$。相应的系统运动学方程可以写为

$$\dot{\boldsymbol{\sigma}}=\boldsymbol{H}_{\sigma}\boldsymbol{\omega} \tag{4-15}$$

其中,$\boldsymbol{\sigma}=[\boldsymbol{\sigma}_1^{\mathrm{T}},\ \boldsymbol{\sigma}_2^{\mathrm{T}},\ \cdots,\ \boldsymbol{\sigma}_n^{\mathrm{T}}]^{\mathrm{T}}$,$\boldsymbol{H}_{\sigma}=\mathrm{blockdiag}[\boldsymbol{H}_1,\ \boldsymbol{H}_2,\ \cdots,\ \boldsymbol{H}_n]$。

4.2.2 基于投影矩阵的轨迹规划

在姿态受控情形下,基体姿态和末端执行器位置在机械臂操作过程中均需要控制,因此,操作变量 $\boldsymbol{X}_{\mathrm{E}}$ 可定义为

$$\boldsymbol{X}_{\mathrm{E}}=[\boldsymbol{\sigma}_1^{\mathrm{T}},\ \boldsymbol{R}_{\mathrm{E}}^{\mathrm{T}}]^{\mathrm{T}} \tag{4-16}$$

其中,$\boldsymbol{R}_{\mathrm{E}}$ 为参考系 $\boldsymbol{F}_0$ 中描述的参考点 o_E 的位置。轨迹规划的目标是驱动 $\boldsymbol{X}_{\mathrm{E}}$ 跟踪二阶可微参考轨迹 $\boldsymbol{X}_{\mathrm{Er}}=[\boldsymbol{\sigma}_{1r}^{\mathrm{T}},\ \boldsymbol{R}_{\mathrm{Er}}^{\mathrm{T}}]^{\mathrm{T}}$。为实现轨迹跟踪的目标,$\boldsymbol{X}_{\mathrm{E}}$ 的期望加速度设计为

$$\ddot{\boldsymbol{X}}_{\mathrm{Ed}}=\ddot{\boldsymbol{X}}_{\mathrm{Er}}+\boldsymbol{K}_{\mathrm{d}X}\dot{\boldsymbol{e}}+\boldsymbol{K}_{\mathrm{p}X}\boldsymbol{e} \tag{4-17}$$

其中,$\boldsymbol{K}_{\mathrm{d}X}$ 和 $\boldsymbol{K}_{\mathrm{p}X}$ 为正定对称矩阵;$\boldsymbol{e}=\boldsymbol{X}_{\mathrm{Er}}-\boldsymbol{X}_{\mathrm{E}}$ 为操作变量误差 。如果 $\ddot{\boldsymbol{X}}_{\mathrm{E}}=\ddot{\boldsymbol{X}}_{\mathrm{Ed}}$,

则操作变量误差 $\boldsymbol{e}$ 将指数收敛到零。为了确保 $\ddot{\boldsymbol{X}}_{\mathrm{E}}=\ddot{\boldsymbol{X}}_{\mathrm{Ed}}$，且降低控制力矩陀螺同时饱和的概率，提出了后续轨迹规划算法。

$\boldsymbol{X}_{\mathrm{E}}$ 的导数与广义速度 $\boldsymbol{v}$ 的关系通过雅克比矩阵 $\boldsymbol{J}$ 表示为

$$\dot{\boldsymbol{X}}_{\mathrm{E}}=\boldsymbol{J}\boldsymbol{v} \tag{4-18}$$

其中

$$\boldsymbol{J}=\begin{bmatrix} \boldsymbol{0}_{3\times3} & \boldsymbol{H}_1 & \boldsymbol{0}_{3\times3} & \cdots & \boldsymbol{0}_{3\times3} \\ \boldsymbol{I}_3 & -\boldsymbol{A}_{0,1}\widetilde{\boldsymbol{r}}_{1,2} & -\boldsymbol{A}_{0,2}\widetilde{\boldsymbol{r}}_{2,3} & \cdots & -\boldsymbol{A}_{0,n}\widetilde{\boldsymbol{r}}_{n,E} \end{bmatrix} \tag{4-19}$$

其中，$\boldsymbol{r}_{i,j}$ 为从点 o_i 到点 o_j 的位置向量，在坐标系 F_i 中描述；$\boldsymbol{A}_{i,j}$ 为从坐标系 F_j 到 F_i 的坐标变换矩阵；$\boldsymbol{0}_{N\times M}$ 为一个 $N\times M$ 的零矩阵。对式(4-18)求微分可得

$$\ddot{\boldsymbol{X}}_{\mathrm{E}}=\boldsymbol{J}\dot{\boldsymbol{v}}+\dot{\boldsymbol{J}}\boldsymbol{v} \tag{4-20}$$

在式(4-20)中，$\boldsymbol{J}\dot{\boldsymbol{v}}$ 可写为分块矩阵的形式，即

$$\boldsymbol{J}\dot{\boldsymbol{v}}=[\boldsymbol{J}_{\mathrm{R}},\quad \boldsymbol{J}_{\omega}]\begin{bmatrix}\ddot{\boldsymbol{R}}_1\\ \dot{\boldsymbol{\omega}}\end{bmatrix} \tag{4-21}$$

其中，$\boldsymbol{J}_{\mathrm{R}}$ 和 $\boldsymbol{J}_{\omega}$ 为 $\boldsymbol{J}$ 的具有兼容维数的分块矩阵。根据式(4-13)和式(4-21)，式(4-20)可以写为

$$\ddot{\boldsymbol{X}}_{\mathrm{E}}=\boldsymbol{J}_{\mathrm{W}}\dot{\boldsymbol{\omega}}+(\dot{\boldsymbol{J}}\boldsymbol{v}-\boldsymbol{J}_{\mathrm{R}}\boldsymbol{M}_{\mathrm{T}}^{-1}\boldsymbol{Q}_{\mathrm{T}}) \tag{4-22}$$

其中，$\boldsymbol{J}_{\mathrm{W}}=\boldsymbol{J}_{\omega}-\boldsymbol{J}_{\mathrm{R}}\boldsymbol{M}_{\mathrm{T}}^{-1}\boldsymbol{M}_{\mathrm{TR}}$。为确保 $\ddot{\boldsymbol{X}}_{\mathrm{E}}=\ddot{\boldsymbol{X}}_{\mathrm{Ed}}$，根据式(4-22)可以得到冗余机械臂系统期望加速度 $\dot{\boldsymbol{\omega}}_{\mathrm{d}}$ 的广义解为

$$\dot{\boldsymbol{\omega}}_{\mathrm{d}}=\boldsymbol{J}_{\mathrm{W}}^{\mathrm{T}}(\boldsymbol{J}_{\mathrm{W}}\boldsymbol{J}_{\mathrm{W}}^{\mathrm{T}})^{-1}(\ddot{\boldsymbol{X}}_{\mathrm{Ed}}+\boldsymbol{J}_{\mathrm{R}}\boldsymbol{M}_{\mathrm{T}}^{-1}\boldsymbol{Q}_{\mathrm{T}}-\dot{\boldsymbol{J}}\boldsymbol{v})+\boldsymbol{\Psi}\boldsymbol{u} \tag{4-23}$$

其中，$\boldsymbol{\Psi}=\boldsymbol{I}_{3n}-\boldsymbol{J}_{\mathrm{W}}^{\mathrm{T}}(\boldsymbol{J}_{\mathrm{W}}\boldsymbol{J}_{\mathrm{W}}^{\mathrm{T}})^{-1}\boldsymbol{J}_{\mathrm{W}}$；$\boldsymbol{u}$ 为任意 $3n$ 维向量；$\boldsymbol{\Psi}$ 实际上为 $\boldsymbol{J}_{\mathrm{W}}$ 零空间的投影矩阵。可以验证得到，无论 $\boldsymbol{u}$ 为何值均存在 $\boldsymbol{J}_{\mathrm{W}}\boldsymbol{\Psi}\boldsymbol{u}=\boldsymbol{0}$，因此，$\boldsymbol{\Psi}\boldsymbol{u}$ 项称为零运动项。由于 $\boldsymbol{u}$ 可以任意选择，因而零运动项可用于降低控制力矩陀螺饱和的可能性，为此，需要定义一个饱和指标函数来表征控制力矩陀螺接近饱和的程度。对于具有三维力矩输出能力的控制力矩陀螺簇，由于不同方向角动量性能不同，因此，难以精确描述接近饱和的程度。然而，控制力矩陀螺通常安装成一定的构型，能够使动量包络接近于球形（如典型的金字塔构型[4]），这意味着最小和最大角动量在包络面上的幅值差距不会太大。基于陀螺群的构型特性，将第 i 簇陀螺群的饱和指标函数定义为

$$\eta_i=\frac{\|\boldsymbol{h}_{\mathrm{cmg}i}\|_2^2}{(\kappa_i h_i)^2}\quad(i=1,2,\cdots,n) \tag{4-24}$$

其中，κ_i 为一个给定控制力矩陀螺构型下的常数，使得常数 $\kappa_i h_i$ 为第 i 簇陀螺群动

量包络面上的角动量最小幅值。κ_i 值可以通过控制力矩陀螺构型计算得到。当 η_i 到达 1 时，尽管第 i 簇陀螺群仍然具有角动量的能力，但其可认为是饱和的，这种判断可能会造成角动量能力的浪费，但由于动量的包络接近于球形，因此，由此带来的角动量损失比较小。由于 η_i 的保守定义，所以 $\eta_i>1$ 的概率仍然存在，但这不会对文中的算法产生任何影响。该算法用于降低控制力矩陀螺饱和的可能性是基于以下关系，即 η_i 越大，第 i 簇陀螺群越趋近于饱和状态。

如果具有最大饱和指标函数值的陀螺簇没有达到饱和，则其他陀螺簇将确定为未饱和状态。因此，不需要同时抑制所有的饱和指标函数值，只需要降低最大饱和指标函数值即可（在操作过程中具有最大饱和指标函数值的陀螺簇编号可能是变化的）。基于该事实，用于表征所有陀螺簇陀螺饱和概率的标量指标定义为

$$\chi=\max(\eta_i)\quad(i=1,2,\cdots,n) \tag{4-25}$$

式（4-25）表明 χ 的值越小意味着陀螺饱和的概率越小。

定义向量 $\boldsymbol{h}_{\mathrm{c}}=[\boldsymbol{h}_{\mathrm{cmg1}}^{\mathrm{T}},\ \boldsymbol{h}_{\mathrm{cmg2}}^{\mathrm{T}},\ \cdots,\ \boldsymbol{h}_{\mathrm{cmg}n}^{\mathrm{T}}]^{\mathrm{T}}$，继而存在

$$\dot{\boldsymbol{h}}_{\mathrm{c}}=-\boldsymbol{T}_c \tag{4-26}$$

根据式（4-26），χ 的时间导数可以表示为

$$\dot{\chi}=\left[\frac{\partial\chi}{\partial\boldsymbol{h}_{\mathrm{c}}}\right]^{\mathrm{T}},\quad \dot{\boldsymbol{h}}_{\mathrm{c}}=-\left[\frac{\partial\chi}{\partial\boldsymbol{h}_{\mathrm{c}}}\right]^{\mathrm{T}}\boldsymbol{T}_{\mathrm{c}} \tag{4-27}$$

利用式（4-14）和式（4-23），$\dot{\chi}$ 可进一步写为

$$\dot{\chi}=-\left[\frac{\partial\chi}{\partial\boldsymbol{h}_{\mathrm{c}}}\right]^{\mathrm{T}}\{\bar{\boldsymbol{M}}[\boldsymbol{J}_{\mathrm{W}}^{\mathrm{T}}(\boldsymbol{J}_{\mathrm{W}}\boldsymbol{J}_{\mathrm{W}}^{\mathrm{T}})^{-1}(\ddot{\boldsymbol{X}}_{\mathrm{Ed}}+\boldsymbol{J}_{\mathrm{R}}\boldsymbol{M}_{\mathrm{T}}^{-1}\boldsymbol{Q}_{\mathrm{T}}-\dot{\boldsymbol{J}}\boldsymbol{v})+\boldsymbol{\Psi u}]+\bar{\boldsymbol{Q}}\} \tag{4-28}$$

零运动项 $\boldsymbol{\Psi u}$ 只能影响 $\dot{\chi}$ 的部分项，将该部分从式（4-28）中提出，并表示为

$$\dot{\chi}_u=-\left[\frac{\partial\chi}{\partial\boldsymbol{h}_{\mathrm{c}}}\right]^{\mathrm{T}}\bar{\boldsymbol{M}}\boldsymbol{\Psi u} \tag{4-29}$$

为降低 χ 的值，$\dot{\chi}_u$ 应该为非正数。因此，将向量 $\boldsymbol{u}$ 设计为

$$\boldsymbol{u}=\alpha_{\mathrm{p}}\boldsymbol{\Psi}^{\mathrm{T}}\bar{\boldsymbol{M}}^{\mathrm{T}}\frac{\partial\chi}{\partial\boldsymbol{h}_{\mathrm{c}}} \tag{4-30}$$

其中，α_{p} 为正标量；$\partial\chi/\partial\boldsymbol{h}_{\mathrm{c}}$ 可以通过后续给定的表达式计算。

定义 $\eta_k=\chi$，继而 $\partial\chi/\partial\boldsymbol{h}_{\mathrm{c}}$ 可表示为

$$\frac{\partial\chi}{\partial\boldsymbol{h}_{\mathrm{c}}}=\left[\left(\frac{\partial\eta_k}{\partial\boldsymbol{h}_{\mathrm{cmg1}}}\right)^{\mathrm{T}},\ \left(\frac{\partial\eta_k}{\partial\boldsymbol{h}_{\mathrm{cmg2}}}\right)^{\mathrm{T}},\ \cdots,\ \left(\frac{\partial\eta_k}{\partial\boldsymbol{h}_{\mathrm{cmg}n}}\right)^{\mathrm{T}}\right]^{\mathrm{T}} \tag{4-31}$$

利用式（4-24），式（4-31）右侧的子矩阵可以通下式计算得到，即

$$\frac{\partial\eta_k}{\partial\boldsymbol{h}_{\mathrm{cmg}i}}=\begin{cases}\dfrac{2\boldsymbol{h}_{\mathrm{cmg}i}}{(\kappa_i h_i)^2}, & k=i\\ \boldsymbol{0}_{3\times1}, & k\neq i\end{cases}\quad(i=1,2,\cdots,n) \tag{4-32}$$

公式(4-31)和式(4-32)可以完整确定$\partial\chi/\partial \boldsymbol{h}_c$的计算形式，继而$\dot{\boldsymbol{\omega}}_d$可以通过式(4-23)计算得到。后续对应的期望加速度$\boldsymbol{\omega}_d$和期望位移$\boldsymbol{\sigma}_d$可以通过对时间积分及运动学方程式(4-15)得到。

4.2.3 基于奇异值分解的轨迹规划

本节给出一种基于奇异值分解的轨迹规划算法。利用奇异值分解，式(4-22)中的矩阵$\boldsymbol{J}_W$可分解为

$$\boldsymbol{J}_W=\boldsymbol{U}_W\boldsymbol{S}_W\boldsymbol{V}_W^T \tag{4-33}$$

其中，$\boldsymbol{U}_W$和$\boldsymbol{V}_W$分别为6×6和$3n\times3n$的正交矩阵；$\boldsymbol{S}_W$是$6\times3n$的矩阵，其表达式为

$$\boldsymbol{S}_W=[\boldsymbol{S}_{W1},\quad \boldsymbol{0}_{6\times(3n-6)}] \tag{4-34}$$

其中，$\boldsymbol{S}_{W1}=\mathrm{diag}[\delta_1,\quad \delta_2,\quad \cdots,\quad \delta_6]$；$\delta_1\sim\delta_6$为$\boldsymbol{J}_W$的奇异值。矩阵$\boldsymbol{V}_W$可写为分块矩阵的形式，即

$$\boldsymbol{V}_W=[\boldsymbol{V}_{W1},\quad \boldsymbol{V}_{W2}] \tag{4-35}$$

其中，$\boldsymbol{V}_{W1}$为$3n\times6$的矩阵；$\boldsymbol{V}_{W2}$为$3n\times(3n-6)$的矩阵。根据式(4-35)，有

$$\dot{\boldsymbol{\omega}}_{W1}=\boldsymbol{V}_{W1}^T\dot{\boldsymbol{\omega}},\quad \dot{\boldsymbol{\omega}}_{W2}=\boldsymbol{V}_{W2}^T\dot{\boldsymbol{\omega}} \tag{4-36}$$

利用$\boldsymbol{V}_W$的正交性，$\dot{\boldsymbol{\omega}}$可表示为

$$\dot{\boldsymbol{\omega}}=\boldsymbol{V}_{W1}\dot{\boldsymbol{\omega}}_{W1}+\boldsymbol{V}_{W2}\dot{\boldsymbol{\omega}}_{W2} \tag{4-37}$$

将式(4-33)～式(4-36)代入式(4-22)中可得

$$\ddot{\boldsymbol{X}}_E=\boldsymbol{U}_W\boldsymbol{S}_{W1}\dot{\boldsymbol{\omega}}_{W1}+(\dot{\boldsymbol{J}}\boldsymbol{v}-\boldsymbol{J}_R\boldsymbol{M}_T^{-1}\boldsymbol{Q}_T) \tag{4-38}$$

方程(4-38)表明$\ddot{\boldsymbol{X}}_E$不依赖于$\dot{\boldsymbol{\omega}}_{W2}$。为了产生期望的操作轨迹$\ddot{\boldsymbol{X}}_{Ed}$，$\dot{\boldsymbol{\omega}}_{W1}$的期望值具有唯一解$\dot{\boldsymbol{\omega}}_{W1d}=(\boldsymbol{U}_W\boldsymbol{S}_{W1})^{-1}(\ddot{\boldsymbol{X}}_{Ed}+\boldsymbol{J}_R\boldsymbol{M}_T^{-1}\boldsymbol{Q}_T-\dot{\boldsymbol{J}}\boldsymbol{v})$。根据该解并结合式(4-37)，可得到期望加速度$\dot{\boldsymbol{\omega}}_d$为

$$\dot{\boldsymbol{\omega}}_d=\boldsymbol{V}_{W1}(\boldsymbol{U}_W\boldsymbol{S}_{W1})^{-1}(\ddot{\boldsymbol{X}}_{Ed}+\boldsymbol{J}_R\boldsymbol{M}_T^{-1}\boldsymbol{Q}_T-\dot{\boldsymbol{J}}\boldsymbol{v})+\boldsymbol{V}_{W2}\dot{\boldsymbol{\omega}}_{W2} \tag{4-39}$$

式(4-39)中的$\boldsymbol{V}_{W2}\dot{\boldsymbol{\omega}}_{W2}$项与式(4-23)中的$\boldsymbol{\Psi u}$项具有类似的作用，可视为零运动并可用于降低控制力矩陀螺饱和的概率。根据式(4-39)，χ的时间导数可表示为

$$\dot{\chi}=-\left[\frac{\partial\chi}{\partial\boldsymbol{h}_c}\right]^T\{\bar{\boldsymbol{M}}[\boldsymbol{V}_{W1}(\boldsymbol{U}_W\boldsymbol{S}_{W1})^{-1}(\ddot{\boldsymbol{X}}_{Ed}+\boldsymbol{J}_R\boldsymbol{M}_T^{-1}\boldsymbol{Q}_T-\dot{\boldsymbol{J}}\boldsymbol{v})+\boldsymbol{V}_{W2}\dot{\boldsymbol{\omega}}_{W2}]+\bar{\boldsymbol{Q}}\} \tag{4-40}$$

利用4.2.2节类似的分析，$\dot{\boldsymbol{\omega}}_{W2}$可以通过式(4-41)表达式来降低$\chi$的值

$$\dot{\boldsymbol{\omega}}_{W2}=\alpha_s\boldsymbol{V}_{W2}^T\bar{\boldsymbol{M}}^T\frac{\partial\chi}{\partial\boldsymbol{h}_c} \tag{4-41}$$

其中，α_s为正标量。

在4.2.2节和4.2.3节中提出的算法利用相似的梯度法来衰减χ。需要注意的是，该方法不能确保χ的单调递减，因为零运动只能部分影响$\dot{\chi}$，零运动的主要功能是用于避免不必要的控制力矩陀螺饱和，从而充分利用其角动量包络能力。

4.3 空间机器人自由漂浮情形下的轨迹规划

尽管在4.2节中提出的算法是为姿态受控系统设计的，但该算法也适用于自由漂浮系统($\boldsymbol{F}_1=\boldsymbol{T}_{c1}=\boldsymbol{0}$)，具体应用过程可以通过如下流程表示。

(1) 从系统动力学方程式(4-11)中解耦基体运动加速度$\ddot{\boldsymbol{R}}_1$和$\dot{\boldsymbol{\omega}}_1$。

(2) 定义操作变量$\boldsymbol{X}_E=\boldsymbol{R}_E$，用类似于式(4-17)的表达式设计期望加速度$\ddot{\boldsymbol{X}}_{Ed}$。

(3) 采用类似于式(4-22)的表达式，建立操作变量加速度$\ddot{\boldsymbol{X}}_E$与链接角加速度向量$\dot{\boldsymbol{\omega}}_L=[\dot{\boldsymbol{\omega}}_2^T,\ \dot{\boldsymbol{\omega}}_3^T,\ \cdots,\ \dot{\boldsymbol{\omega}}_n^T]^T$之间的关系式。

(4) 分别定义控制力矩陀螺饱和指标函数$\eta_j\,(j=2,3,\cdots,n)$，以及标量指标χ。

(5) 根据4.2.2节或4.2.3节中的流程，求解期望轨迹$\dot{\boldsymbol{\omega}}_{Ld}$。

对于姿态受控情形和自由漂浮情形下的研究，机械臂连接均有$(3n-6)$冗余自由度来执行给定的操作任务(对于姿态受控情形，尽管期望的系统加速度向量包含基底的角加速度，但期望的基体角加速度是通过$\ddot{\boldsymbol{X}}_{Ed}$唯一确定的，因此，所有的冗余自由度都是针对机械臂的)。这些冗余自由度可以基于不同的算法来构建系统零运动，但这并不意味着只有$n-2$个机械臂臂杆参与到零运动中；通常零运动会对所有臂杆产生的额外运动用于避免陀螺饱和，在后续章节中将会通过仿真来展现这一结果。

4.4 仿真算例

4.4.1 系统参数

本节仿真算例为一种包含立方形基体和三连杆的空间机器人构型，如图4-2(a)所示。机器人安装位置参数选为$\boldsymbol{r}_{1,2}=[0,\ \ -0.75,\ \ 0.75]^T$ m，$\boldsymbol{r}_{2,3}=\boldsymbol{r}_{3,4}=[0,\ \ 0,\ \ 1.5]^T$ m和$\boldsymbol{r}_{4,E}=[0,\ \ 0,\ \ 1]^T$ m。一簇陀螺以典型的金字塔构型安装在基体和每节机械臂连杆上，如图4-2(b)所示。在该金字塔构型中，每个陀螺框架轴与金字塔中心轴存在一个$\beta=53.1°$的斜角。根据金字塔构型可计算得到

$\kappa_i = 2.56 (i = 1,2,3,4)$。陀螺转子角动量大小设为 $h_1 = h_2 = 50$ N·m·s，$h_3 = 45$ N·m·s，和 $h_4 = 15$ N·m·s。对于自由漂浮情况，安装在基体上的控制力矩陀螺的框架和转子被锁定，因此，基体上的陀螺不会产生力矩和角动量。表 4-1 给出了系统惯量参数，其中，一阶矩和惯性矩是在其对应的体坐标系 $F_i (i = 1,2,3,4)$ 中计算得到。

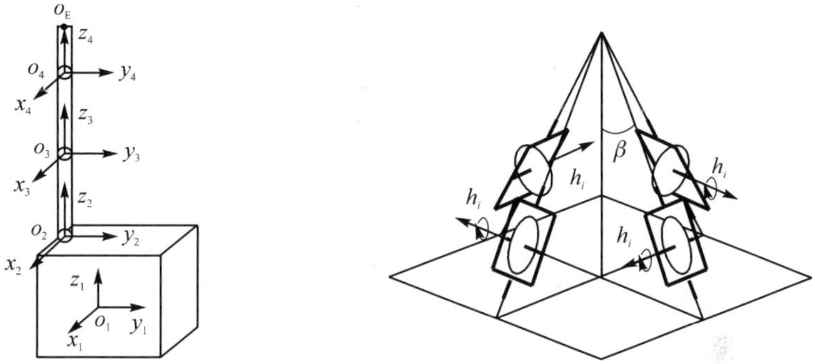

(a) 包含立方形基体和三连杆的空间机器人构型　　(b) 金字塔构型的CMG

图 4-2　仿真算例中的系统构型

表 4-1　系统惯性参数

体编号	质量/kg	一阶矩/(kg·m)	惯性矩阵/(kg·m²)
B_1	3 000	$[0,\ 0,\ 0]^T$	$\begin{bmatrix} 1\,500 & -37 & -26.5 \\ -37 & 1\,120 & -15 \\ -26.5 & -15 & 1\,300 \end{bmatrix}$
B_2	60	$[0,\ 0,\ 45]^T$	diag[45, 45, 5.5]
B_3	60	$[0,\ 0,\ 45]^T$	diag[45, 45, 5.5]
B_4	300	$[0,\ 0,\ 150]^T$	diag[100, 100, 25.5]

系统初始广义速度均选为 0，即系统初始时刻处于静止状态。系统初始广义位移选为

$$\boldsymbol{R}_1 |_0 = [0.2,\ \ -0.3,\ \ 0.3]^T \text{ m},$$

$$\boldsymbol{\sigma}_1 |_0 = [-0.032\,7,\ \ -0.018\,9,\ \ -0.021\,8]^T,$$

$$\boldsymbol{\sigma}_2 |_0 = [0.152\,7,\ \ 0.088\,2,\ \ 0]^T,$$

$$\boldsymbol{\sigma}_3 |_0 = [-0.084\,6,\ \ -0.157\,1,\ \ 0.029\,6]^T,$$

$$\boldsymbol{\sigma}_4 |_0 = [-0.5,\ \ -0.288\,7,\ \ 0]^T$$

每个陀螺簇的初始角动量均选为 0，即 $\boldsymbol{h}_{\text{cmg}i} |_0 = \boldsymbol{0} (i = 1,2,3,4)$。式(4-17)中

的增益矩阵 $\boldsymbol{K}_{dX}$ 和 $\boldsymbol{K}_{pX}$ 分别选为 $\boldsymbol{K}_{dX}=\boldsymbol{I}_6$ 和 $\boldsymbol{K}_{pX}=0.2\boldsymbol{I}_6$。对于姿态受控的情形，系统参考轨迹和操纵变量分别为 $\boldsymbol{X}_{Er}=[\boldsymbol{\sigma}_{1r}^{T},\ \ \boldsymbol{R}_{Er}^{T}]^{T}$ 和 $\boldsymbol{e}=[\Delta\boldsymbol{\sigma}_1^{T},\ \ \Delta\boldsymbol{R}_E^{T}]^{T}$；对于自由漂浮情形，系统参考轨迹和操纵变量分别为 $\boldsymbol{X}_{Er}=\boldsymbol{R}_{Er}$ 及 $\boldsymbol{e}=\Delta\boldsymbol{R}_E$。参考轨迹 $\boldsymbol{\sigma}_1$ 和 $\boldsymbol{R}_E$ 分别选为 $\boldsymbol{\sigma}_{1r}=[0,\ \ 0,\ \ 0]^{T}$ 和

$$\boldsymbol{R}_{Er}=\begin{bmatrix} r\cos(\omega_r t+\theta_r)+x_0 \\ r\sin(\omega_r t+\theta_r)\cos\alpha_r+y_0 \\ r\sin(\omega_r t+\theta_r)\sin\alpha_r+z_0 \end{bmatrix}$$

其中，$r=1.3$ m；$\omega_r=\pi/30$ rad/s；$\theta_r=-\pi/3$ rad；$\alpha_r=0$；$x_0=0.2$ m；$y_0=-0.5$ m；$z_0=3.0$ m。轨迹 $\boldsymbol{R}_{Er}$ 实际为一个惯性空间中的圆，其半径为 $\boldsymbol{r}$，圆心位置为 $[x_0,\ \ y_0,\ \ z_0]^{T}$。

4.4.2 姿态受控情形下的仿真结果

图 4-3 给出了操作变量误差 $\Delta\boldsymbol{\sigma}_1$ 和 $\Delta\boldsymbol{R}_E$ 的响应图示。应该注意，零运动项 $\boldsymbol{\Psi u}$ 或 $\boldsymbol{V}_{W2}\dot{\boldsymbol{\omega}}_{W2}$ 对操纵变量没有任何影响。在所提出的算法的作用下，$\Delta\boldsymbol{\sigma}_1$ 和 $\Delta\boldsymbol{R}_E$ 渐近收敛到 0。

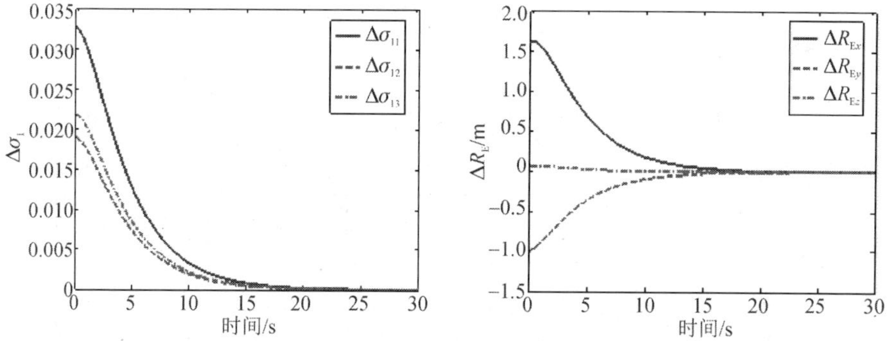

图 4-3 操纵变量误差

仿真结果同样显示，式(4-23)中基于投影矩阵得到的轨迹规划算法和式(4-39)中基于奇异值分解得到的轨迹规划算法，在 $\alpha_p=\alpha_s$ 时产生了相同的轨迹，这表明两种算法在本质上是相同的。

图 4-4(a)和图 4-4(b)所示为期望连杆角位移，分别为 $\boldsymbol{\sigma}_{2d}$，$\boldsymbol{\sigma}_{3d}$ 和 $\boldsymbol{\sigma}_{4d}$ 在 $\alpha_p=\alpha_s=0$（无零运动）和 $\alpha_p=\alpha_s=0.03$（有零运动）条件下的角位移响应。图 4-5 通过展示不同时刻的系统构型直观地显示了结果。虽然零运动不会改变操作变量，但它为所有连杆产生额外运动，以避免 CMG 饱和，从而导致了不同的系统构型。

图 4-6 分别给出有零运动和无零运动时的指标函数 $\chi=\eta_k=\max(\eta_i)(i=1,2,3,4)$，以及具有最大饱和指标函数值的 CMG 簇编号 k 的仿真结果。有零运动

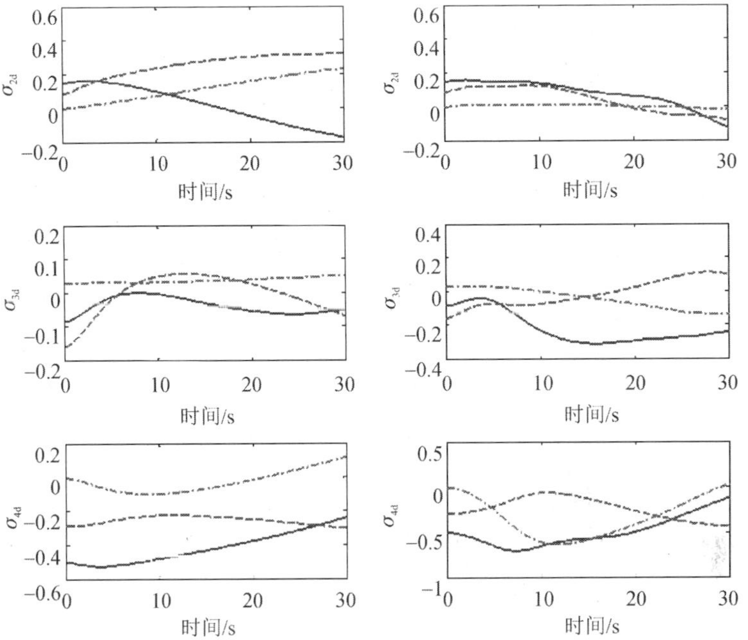

(a) 无零运动　　(b) 有零运动

图 4-4　期望连杆角位移（实线、虚线和点画线分别表示 $\boldsymbol{\sigma}_{jd1}$，$\boldsymbol{\sigma}_{jd2}$ 和 $\boldsymbol{\sigma}_{jd3}$ $(j=2,3,4)$）

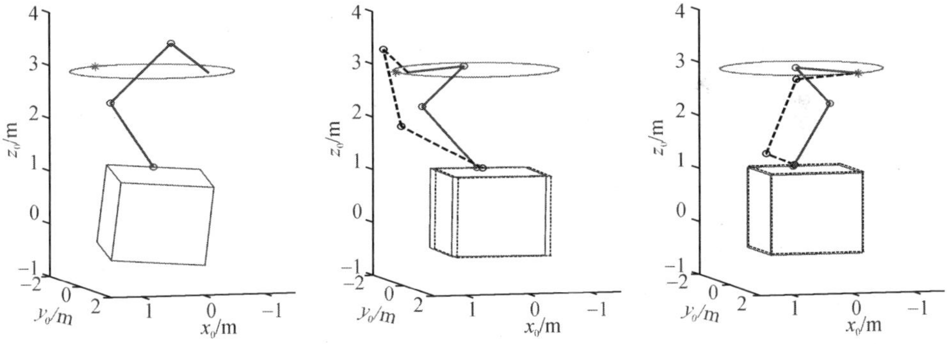

(a) t=0 s　　(b) t=10 s　　(c) t=30 s

图 4-5　不同时刻的系统构型

（虚线表示无零运动时的构型，实线表示有零运动时的构型，* 表示末端执行器的期望位置）

时的指标函数 χ 明显小于无零运动时的指标函数，表明零运动有效降低了饱和可能性（见图 4-6(a)）。有零运动时的 CMG 簇编号 k 比无零运动时的 CMG 簇编号 k 变化更加频繁，这是由于零运动的作用总是降低最大饱和指标函数，因此会导致 CMG 簇编号 k 的频繁变化（见图 4-6(b)）。

对 η_i $(i=1,2,3,4)$ 进一步研究表明，零运动可降低每个 CMG 簇的饱和指标函数最大值（见图 4-7）。无零运动时，对所有 CMG 簇都有 $\eta_i>1$ $(i=1,2,3,4)$ 的

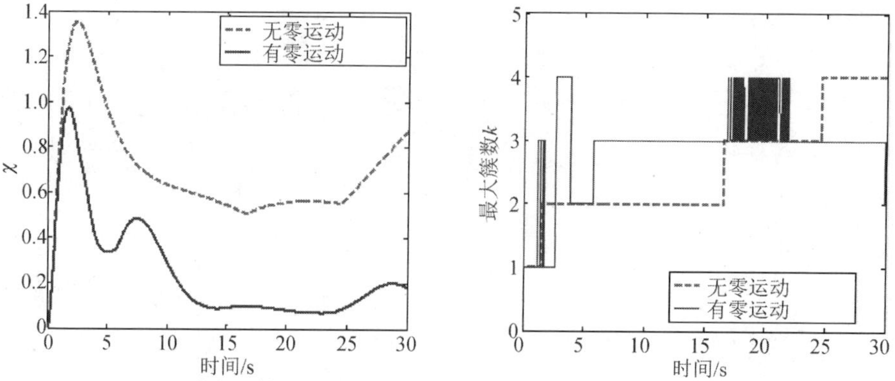

(a) 指标函数χ　　(b) CMG簇编号k

图 4-6 指标函数 χ 和具有最大饱和指标函数值的 CMG 簇编号 k

情况发生,因此所有 CMG 簇都将饱和;而有零运动时,对所有 CMG 簇始终有 $\eta_i<1(i=1,2,3,4)$,因此饱和可以完全避免。仿真结果验证了所提算法对姿态受控空间机器人的有效性。

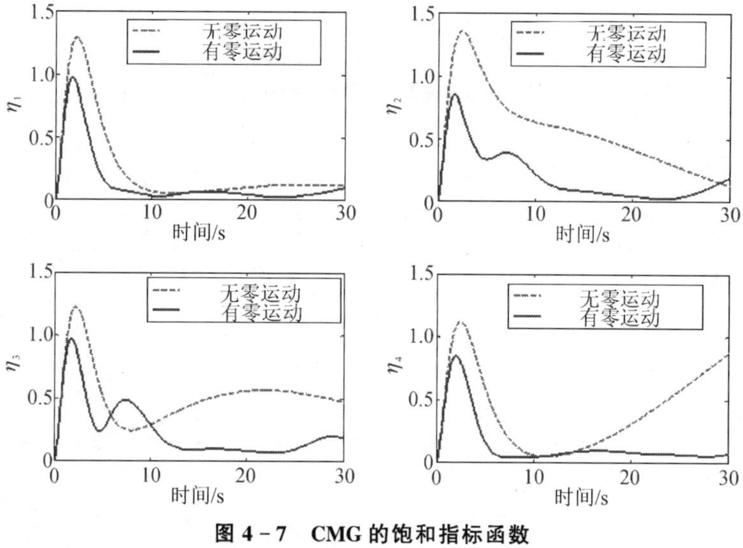

图 4-7 CMG 的饱和指标函数

4.4.3 自由漂浮情形下的仿真结果

与图 4-3 类似,自由浮动系统的操纵变量误差 $\Delta \boldsymbol{R}_{\mathrm{E}}$ 也收敛于零,因此,不再单独给出。与姿态受控情形下不同,零运动($\alpha_{\mathrm{p}}=\alpha_{\mathrm{s}}=0.03$)不仅会产生额外的连杆运动,还会产生不同的基体姿态(见图 4-8)。这是因为基体姿态运动没有规划,在自由浮动情形下,完全由连杆运动决定。自由浮动情形有效降低了 CMG 饱和的可能性,同时也减少了饱和指标函数最大 CMG 簇编号 k 频繁变化的现象(见图

4－9)。对于所有的 CMG 簇,都完全避免了角动量饱和(见图 4－10)。试验结果验证了所提算法对自由漂浮空间机器人的有效性。

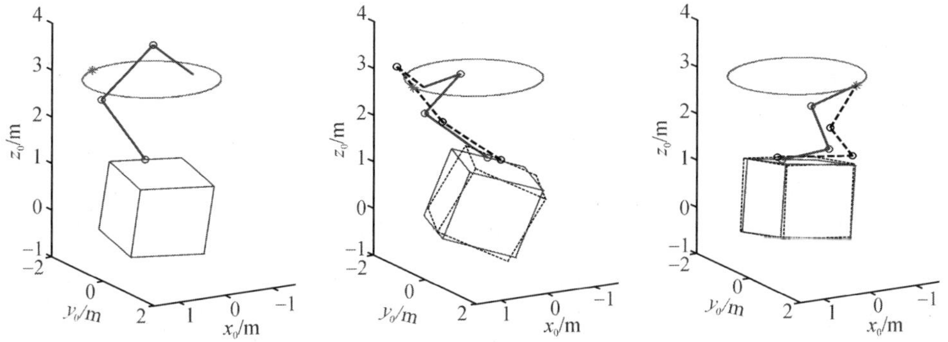

图 4－8　不同时刻的系统构型

(虚线表示无零运动时的构型,实线表示有零运动时的构型,* 表示末端执行器的期望位置)

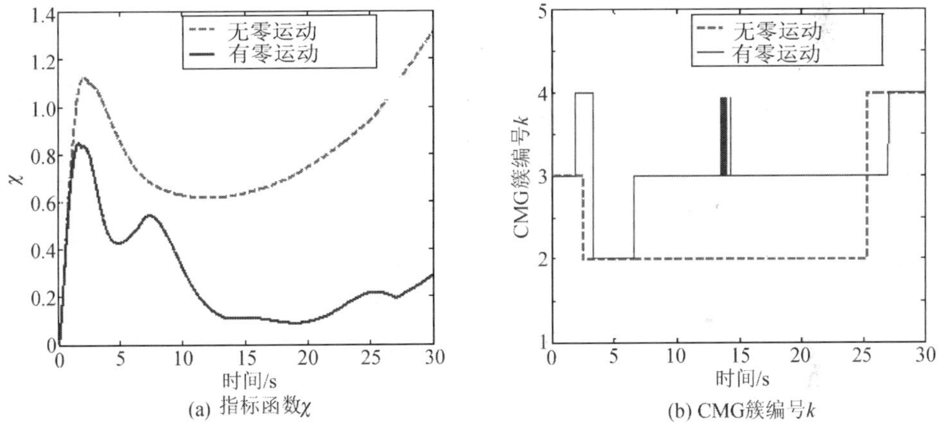

图 4－9　指标函数 χ 和具有最大饱和指标函数值的 CMG 簇编号 *k*

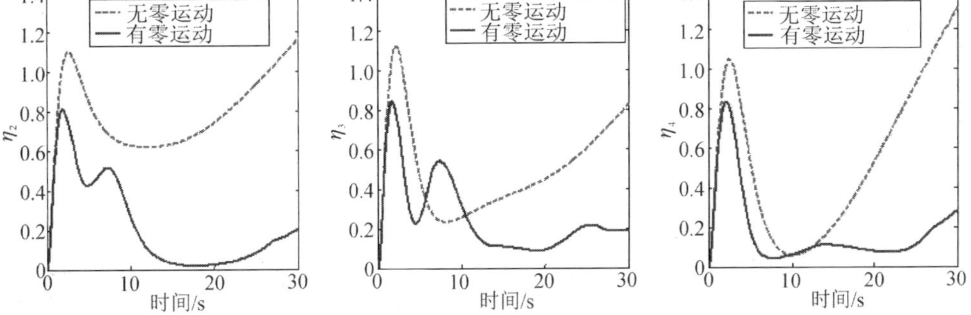

图 4－10　CMG 的饱和指标函数

仿真结果表明,与基于奇异值分解的算法相比,基于投影矩阵的算法可节省约10%的计算时间。因此,在大多数情况下,应首选基于投影矩阵的算法。

4.5 小　结

对于冗余空间机器人系统,采用控制力矩陀螺作为系统执行机构,通过适当的轨迹规划算法即可有效降低饱和的可能性。本章定义了一个标量度量来表征陀螺饱和可能性,并提出了两种基于加速度的规划算法,用于同时实现操作变量的跟踪和不必要的饱和避免。在每种算法中,利用系统冗余构造零运动,以减少 CMG 饱和的可能性,同时不影响操作变量。该算法既适用于姿态受控情形,也适用于自由漂浮情形。两种算法在相同的零运动增益下产生相同的轨迹,但基于投影矩阵的算法具有更好的计算效率。

参考文献

[1] JIA Y, XU S. Decentralized adaptive sliding mode control of a space robot actuated by control moment gyroscopes[J]. Chinese Journal of Aeronautics, 2016, 29(3):688-703.

[2] SCHAUB H, JUNKINS L. Stereographic orientation parameters for attitude dynamics: A generalization of the rodrigues parameters[J]. Journal of the Astronautical Sciences, 1996, 44(1):1-19.

[3] YOON H, TSIOTRAS P. Spacecraft adaptive attitude and power tracking with variable speed control moment gyroscopes[J]. Journal of Guidance, Control and Dynamics, 2002, 25(6):1081-1090.

[4] WIE B, BAILEY D. HEIBERG C. Singularity robust steering logic for redundant single-gimbal control moment gyros[J]. Journal of Guidance, Control and Dynamics, 2001, 24(5):865-872.

第 5 章

陀螺驱动空间机器人分散自适应滑模控制

第 4 章已经建立了空间机器人的轨迹规划算法，本章进一步探讨自适应滑模控制(adaptive sliding made control，ASMC)在轨迹跟踪上的应用。自适应滑模控制用于实现机器人系统在模型不确定和存在外部扰动的情况下的稳定控制，并期望实现空间机器人轨迹跟踪的高精度控制。空间机器人的分散自适应滑模控制对于推动空间机器人技术的发展有重要意义，可以帮助空间机器人更好地适应复杂的空间环境和任务需求。

5.1 系统描述

图 5－1 给出了本章研究的空间机器人系统。该系统由 n 个刚体(一个基体和 $n-1$ 个臂杆)组成，这些刚体由 $n-1$ 个自由球铰连接。每个关节有三个旋转自由度。每个主体上安装一个 CMG 簇(不少于 3 个)以驱动系统。B_1 表示基体，B_2，B_3，…，B_n 表示各臂杆(臂杆从基体向外编号)。连接 B_i 及其内接体的关节编号为关节 i。用 n_i 表示安装在连接 B_i 上的 CMG 数量，并将臂杆 B_i 上的 n_i 个 CMG 称

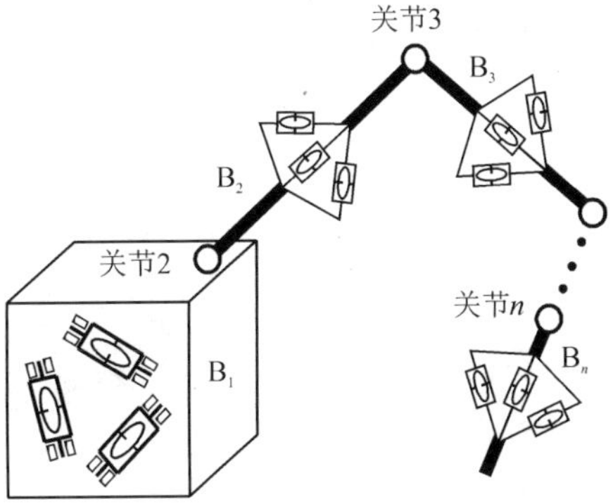

图 5－1　由 CMG 驱动的空间机器人

为第 i 个 CMG 簇。

上述系统满足第 4 章中给出的假设 1 和假设 2，并分别将其作为本章的假设 1 和假设 2。从机器人系统层面看，该系统可以看作是由 n 个运动体（基体和臂杆）组成的多体系统，每个 CMG 簇可以看作是相应运动体的一部分。在下文中，除非另有说明，B_i 是指运动体加上第 i 个 CMG 簇。

5.2 系统运动方程

5.2.1 系统坐标和基本向量

本节使用凯恩方程建立系统的运动方程。为了描述系统的运动，引入几个坐标系和位置矢量，如图 5-2 所示。

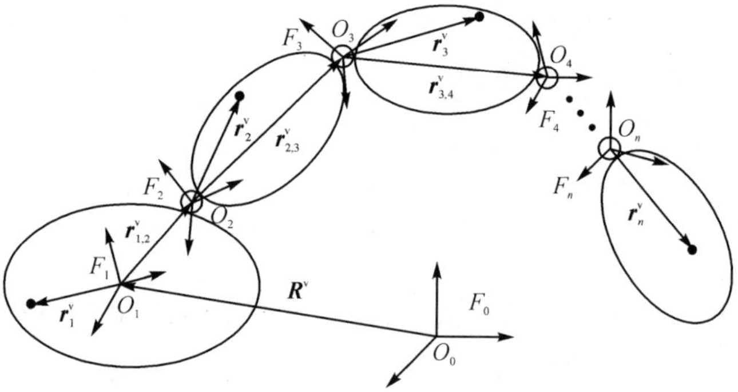

图 5-2 坐标系和位置矢量

惯性坐标系 $F_0(O_0-x_0y_0z_0)$，其原点 O_0 位于惯性空间中的任意点，x_0，y_0 和 z_0 轴固定在惯性空间中。

基体体固定坐标系 $F_1(O_1-x_1y_1z_1)$，其原点 O_1 位于基体 B_1 的任意点，x_1，y_1 和 z_1 轴固定在基体上。

连杆 B_i 的体固定坐标系（$i=2,3,\cdots,n$），记为 $F_i(O_i-x_iy_iz_i)$。原点 O_i 位于关节 i 的中心，x_i，y_i 和 z_i 轴固定在 B_i 中。

在上述坐标系的基础上，用 $\boldsymbol{e}_i=[\boldsymbol{e}_{ix}^v,\quad \boldsymbol{e}_{iy}^v,\quad \boldsymbol{e}_{iz}^v]^T$（$i=0,1,\cdots,n$）表示 F_i 的矢阵[3]，其中 $\boldsymbol{e}_{ix}^v$，$\boldsymbol{e}_{iy}^v$ 和 $\boldsymbol{e}_{iz}^v$ 分别为 F_i 的 x_i，y_i 和 z_i 轴的方向单位向量。根据矢阵的定义，任意三维向量 $\boldsymbol{x}^v$ 可以表示为 $\boldsymbol{x}^v=\boldsymbol{e}_i^T\boldsymbol{x}$，其中，$\boldsymbol{x}\in\mathbf{R}^3$ 是 $\boldsymbol{x}^v$ 在 F_i 的分量列阵。根据上述定义，定义下列向量（见图 5-2）：

(1) $\boldsymbol{R}^v=\boldsymbol{e}_0^T\boldsymbol{R}$ 表示从 O_0 到 O_1 的位置向量；其中，$\boldsymbol{R}\in\mathbf{R}^3$；$\boldsymbol{R}^v$ 在 F_0 中的分量

列阵。

(2) $\boldsymbol{r}_i^{\mathrm{v}}=\boldsymbol{e}_i^{\mathrm{T}}\boldsymbol{r}_i(i=1,2,\cdots,n)$表示从 O_i 到 B_i 中的任意参考点的位置向量；其中，$\boldsymbol{r}_i\in\mathbf{R}^3$；为 $\boldsymbol{r}_i^{\mathrm{v}}$ 在 F_i 中的分量列阵。

(3) $\boldsymbol{r}_{i,i+1}^{\mathrm{v}}=\boldsymbol{e}_i^{\mathrm{T}}\boldsymbol{r}_{i,i+1}(i=1,2,\cdots,n)$表示从 O_i 到 O_{i+1} 的位置向量；其中，$\boldsymbol{r}_{i,i+1}\in\mathbf{R}^3$；$\boldsymbol{r}_{i,i+1}^{\mathrm{v}}$ 在 F_i 中的分量列阵。

(4) $\boldsymbol{\omega}_i^{\mathrm{v}}=\boldsymbol{e}_i^{\mathrm{T}}\boldsymbol{\omega}_i(i=1,2,\cdots,n)$表示 F_i 相对于 F_0 的角速度矢量；其中，$\boldsymbol{\omega}_i\in\mathbf{R}^3$；$\boldsymbol{\omega}_i^{\mathrm{v}}$ 在 F_i 中的分量列阵。

5.2.2　系统运动学与动力学

由于臂杆通过球铰关节连接，本节使用修正罗德里格斯参数(modified Rodrigues parameters，MRP)而不是传统的关节角度来描述各个体的角位移。定义 $\boldsymbol{\sigma}_i=[\sigma_{i1},\quad\sigma_{i2},\quad\sigma_{i3}]^{\mathrm{T}}(i=1,2,\cdots,n)$为 F_i 相对于 F_0 的 MRP，则有[4-6]

$$\dot{\boldsymbol{\sigma}}_i=\boldsymbol{H}_i(\boldsymbol{\sigma}_i)\boldsymbol{\omega}_i \tag{5-1}$$

其中

$$\boldsymbol{H}_i(\boldsymbol{\sigma}_i)=\frac{1}{2}\left[\boldsymbol{I}+\boldsymbol{\sigma}_i^{\times}+\boldsymbol{\sigma}_i\boldsymbol{\sigma}_i^{\mathrm{T}}-\frac{1}{2}(1+\boldsymbol{\sigma}_i^{\mathrm{T}}\boldsymbol{\sigma}_i)I\right] \tag{5-2}$$

上标×表示一个 3×1 列矩阵的斜对称叉乘矩阵。

选择广义速度矩阵为

$$\boldsymbol{v}=\begin{bmatrix}\dot{\boldsymbol{R}}^{\mathrm{T}} & \boldsymbol{\omega}_1^{\mathrm{T}} & \boldsymbol{\omega}_2^{\mathrm{T}} & \cdots & \boldsymbol{\omega}_n^{\mathrm{T}}\end{bmatrix}^{\mathrm{T}} \tag{5-3}$$

广义位移矩阵为

$$\boldsymbol{q}=\begin{bmatrix}\boldsymbol{R}^{\mathrm{T}} & \boldsymbol{\sigma}_1^{\mathrm{T}} & \boldsymbol{\sigma}_2^{\mathrm{T}} & \cdots & \boldsymbol{\sigma}_n^{\mathrm{T}}\end{bmatrix}^{\mathrm{T}} \tag{5-4}$$

可以得到系统的运动学方程为

$$\dot{\boldsymbol{q}}=\boldsymbol{H}(\boldsymbol{q})\boldsymbol{v} \tag{5-5}$$

其中

$$\boldsymbol{H}(\boldsymbol{q})=\begin{bmatrix}\boldsymbol{I} & \boldsymbol{0}_{3\times3} & \cdots & \boldsymbol{0}_{3\times3}\\ \boldsymbol{0}_{3\times3} & \boldsymbol{H}_1 & \cdots & \boldsymbol{0}_{3\times3}\\ \vdots & \vdots & \ddots & \vdots\\ \boldsymbol{0}_{3\times3} & \boldsymbol{0}_{3\times3} & \cdots & \boldsymbol{H}_n\end{bmatrix} \tag{5-6}$$

体 B_i 中任意点的速度$(i=1,2,\cdots,n)$可写为

$$\boldsymbol{v}_i^{\mathrm{v}}=\boldsymbol{e}_i^{\mathrm{T}}\boldsymbol{G}_i\boldsymbol{v} \tag{5-7}$$

其中，$\boldsymbol{G}_i\in\mathbf{R}^{3\times(3n+3)}$ 为体 B_i 中任意点的偏速度矩阵，由式(5-8)的递推表达式给出，即

$$\begin{cases} \boldsymbol{G}_1 = [\boldsymbol{A}_{1,0}, -\boldsymbol{r}_1^{\times}, \boldsymbol{0}_{3\times(3n-3)}] \\ \boldsymbol{G}_2 = [\boldsymbol{A}_{1,0}, -\boldsymbol{r}_{1,2}^{\times}, -\boldsymbol{A}_{1,2}\boldsymbol{r}_2^{\times}, \boldsymbol{0}_{3\times(3n-6)}] \\ \qquad\vdots \\ \boldsymbol{G}_i = [\boldsymbol{A}_{1,0}, -\boldsymbol{r}_{1,2}^{\times}, -\boldsymbol{A}_{1,2}\boldsymbol{r}_{2,3}^{\times}, -\boldsymbol{A}_{1,3}\boldsymbol{r}_{3,4}^{\times}, \cdots, -\boldsymbol{A}_{1,i}\boldsymbol{r}_i^{\times}, \boldsymbol{0}_{3\times(3n-3i)}] \\ \qquad\vdots \\ \boldsymbol{G}_n = [\boldsymbol{A}_{1,0}, -\boldsymbol{r}_{1,2}^{\times}, -\boldsymbol{A}_{1,2}\boldsymbol{r}_{2,3}^{\times}, -\boldsymbol{A}_{1,3}\boldsymbol{r}_{3,4}^{\times}, \cdots, -\boldsymbol{A}_{1,(n-1)}\boldsymbol{r}_{n-1,n}^{\times}, -\boldsymbol{A}_{1,n}\boldsymbol{r}_n^{\times}] \end{cases} \tag{5-8}$$

其中，$\boldsymbol{A}_{i,j} \in \mathbf{R}^{3\times3}$ 表示从 F_j 到 F_i 的变换矩阵。体 B_i 的角速度（$i=1,2,\cdots,n$）也可写为与式(5-7)类似的形式，即

$$\boldsymbol{\omega}_i^{\mathrm{v}} = \boldsymbol{e}_1^{\mathrm{T}}\boldsymbol{W}_i\boldsymbol{v} \tag{5-9}$$

其中，$\boldsymbol{W}_i \in \mathbf{R}^{3\times(3n+3)}$ 为体 B_i 的偏角速度矩阵，由式(5-10)给出

$$\begin{cases} \boldsymbol{W}_1 = [\boldsymbol{0}_{3\times3}, \boldsymbol{I}, \boldsymbol{0}_{3\times(3n-3)}] \\ \boldsymbol{W}_2 = [\boldsymbol{0}_{3\times6}, \boldsymbol{A}_{1,2}, \boldsymbol{0}_{3\times(3n-6)}] \\ \qquad\vdots \\ \boldsymbol{W}_i = [\boldsymbol{0}_{3\times3i}, \boldsymbol{A}_{1,i}, \boldsymbol{0}_{3\times(3n-3i)}] \\ \qquad\vdots \\ \boldsymbol{W}_n = [\boldsymbol{0}_{3\times3n}, \boldsymbol{A}_{1,n}] \end{cases} \tag{5-10}$$

体 B_i 中任意点的加速度矢量可以通过对式(5-7)求导得到，即

$$\boldsymbol{a}_i^{\mathrm{v}} = \boldsymbol{e}_1^{\mathrm{T}}\boldsymbol{G}_i\dot{\boldsymbol{v}} + \boldsymbol{e}_1^{\mathrm{T}}\dot{\boldsymbol{G}}_i\boldsymbol{v} + \boldsymbol{e}_1^{\mathrm{T}}\boldsymbol{\omega}_1^{\times}\boldsymbol{G}_i\boldsymbol{v} \tag{5-11}$$

根据矩阵形式的凯恩方程[7]，系统的广义惯性力为

$$\boldsymbol{F}_{\mathrm{I}}^{*} = -\sum_{i=1}^{n}\int_{\mathrm{B}_i}\boldsymbol{G}_i^{\mathrm{T}}\boldsymbol{a}_i^{1}\,\mathrm{d}m = -\boldsymbol{M}(\boldsymbol{q})\dot{\boldsymbol{v}} - \boldsymbol{Q}(\boldsymbol{q},\boldsymbol{v}) \tag{5-12}$$

其中，$\boldsymbol{a}_i^{1}$ 是 $\boldsymbol{a}_i^{\mathrm{v}}$ 在 F_i 中的分量矩阵

$$\boldsymbol{M}(\boldsymbol{q}) = \sum_{i=1}^{n}\int_{\mathrm{B}_i}\boldsymbol{G}_i^{\mathrm{T}}\boldsymbol{G}_i\,\mathrm{d}m \tag{5-13}$$

是系统的正定质量矩阵，而

$$\boldsymbol{Q}(\boldsymbol{q},\boldsymbol{v}) = \sum_{i=1}^{n}\int_{\mathrm{B}_i}\boldsymbol{G}_i^{\mathrm{T}}(\boldsymbol{\omega}_1^{\times}\boldsymbol{G}_i\boldsymbol{v} + \dot{\boldsymbol{G}}_i\boldsymbol{v})\,\mathrm{d}m \tag{5-14}$$

是非线性惯性力矩阵。$\boldsymbol{M}(\boldsymbol{q})$ 的具体表达式为

$$\boldsymbol{M}(\boldsymbol{q}) = \begin{bmatrix} m\boldsymbol{E}_3 & -\boldsymbol{A}_{0,1}(\boldsymbol{s}_1^{*})^{\times} & -\boldsymbol{A}_{0,2}(\boldsymbol{s}_2^{*})^{\times} & -\boldsymbol{A}_{0,3}(\boldsymbol{s}_3^{*})^{\times} & -\boldsymbol{A}_{0,4}(\boldsymbol{s}_4^{*})^{\times} & \cdots & -\boldsymbol{A}_{0,n}(\boldsymbol{s}_n^{*})^{\times} \\ * & \boldsymbol{I}_1^{*} & -\boldsymbol{r}_{1,2}^{\times}\boldsymbol{A}_{1,2}(\boldsymbol{s}_2^{*})^{\times} & -\boldsymbol{r}_{1,2}^{\times}\boldsymbol{A}_{1,3}(\boldsymbol{s}_3^{*})^{\times} & -\boldsymbol{r}_{1,2}^{\times}\boldsymbol{A}_{1,4}(\boldsymbol{s}_4^{*})^{\times} & \cdots & -\boldsymbol{r}_{1,2}^{\times}\boldsymbol{A}_{1,n}(\boldsymbol{s}_n^{*})^{\times} \\ * & * & \boldsymbol{I}_2^{*} & -\boldsymbol{r}_{2,3}^{\times}\boldsymbol{A}_{2,3}(\boldsymbol{s}_3^{*})^{\times} & -\boldsymbol{r}_{2,3}^{\times}\boldsymbol{A}_{2,4}(\boldsymbol{s}_4^{*})^{\times} & \cdots & -\boldsymbol{r}_{2,3}^{\times}\boldsymbol{A}_{2,n}(\boldsymbol{s}_n^{*})^{\times} \\ * & * & * & \boldsymbol{I}_3^{*} & -\boldsymbol{r}_{3,4}^{\times}\boldsymbol{A}_{3,4}(\boldsymbol{s}_4^{*})^{\times} & \cdots & -\boldsymbol{r}_{3,4}^{\times}\boldsymbol{A}_{3,n}(\boldsymbol{s}_n^{*})^{\times} \\ * & * & * & * & \boldsymbol{I}_4^{*} & \cdots & -\boldsymbol{r}_{4,5}^{\times}\boldsymbol{A}_{4,n}(\boldsymbol{s}_n^{*})^{\times} \\ * & * & * & * & * & \ddots & * \\ * & * & * & * & * & * & \boldsymbol{I}_n^{*} \end{bmatrix}$$

其中，m 是系统的总质量，且

$$\begin{cases} \boldsymbol{s}_i^* = \boldsymbol{s}_i + \sum_{j=i+1}^{n} m_j \boldsymbol{r}_{i,i+1} \\ \boldsymbol{I}_i^* = \boldsymbol{I}_i + \sum_{j=i+1}^{n} m_j (\boldsymbol{r}_{i,i+1}^{\times})^{\mathrm{T}} \boldsymbol{r}_{i,i+1}^{\times} \end{cases}$$

其中，m_j 是体 B_j 的质量，$\boldsymbol{s}_i = \int_{\mathrm{B}_i} \boldsymbol{r}_i \mathrm{d}m$ 是体 B_i 在 F_i 中的静矩，$\boldsymbol{I}_i = \int_{\mathrm{B}_i} (\boldsymbol{r}_i^{\times})^{\mathrm{T}} \boldsymbol{r}_i^{\times} \mathrm{d}m$ 是体 B_i 在 F_i 中的惯性矩。$\boldsymbol{Q}(\boldsymbol{q},\boldsymbol{v})$ 的具体表达式为

$$\boldsymbol{Q}(\boldsymbol{q},\boldsymbol{v}) = [\boldsymbol{Q}_0^{\mathrm{T}}(\boldsymbol{q},\boldsymbol{v}),\quad \boldsymbol{Q}_1^{\mathrm{T}}(\boldsymbol{q},\boldsymbol{v}),\quad \cdots,\quad \boldsymbol{Q}_n^{\mathrm{T}}(\boldsymbol{q},\boldsymbol{v})]^{\mathrm{T}}$$

其中

$$\boldsymbol{Q}_0(\boldsymbol{q},\boldsymbol{v}) = -\sum_{j=1}^{n} \boldsymbol{A}_{0,j} \boldsymbol{\omega}_j^{\times} (\boldsymbol{s}_j^*)^{\times} \boldsymbol{\omega}_j$$

$$\boldsymbol{Q}_1(\boldsymbol{q},\boldsymbol{v}) = \boldsymbol{\omega}_1^{\times} \boldsymbol{I}_1^* \boldsymbol{\omega}_1 - \boldsymbol{r}_{1,2}^{\times} \sum_{j=2}^{n} \boldsymbol{A}_{1,j} \boldsymbol{\omega}_j^{\times} (\boldsymbol{s}_j^*)^{\times} \boldsymbol{\omega}_j$$

$$\boldsymbol{Q}_i(\boldsymbol{q},\boldsymbol{v}) = -\sum_{j=1}^{i-1} (\boldsymbol{s}_i^*)^{\times} \boldsymbol{A}_{i,j} \boldsymbol{\omega}_j^{\times} \boldsymbol{r}_{j,j+1}^{\times} \boldsymbol{\omega}_j + \boldsymbol{\omega}_i^{\times} \boldsymbol{I}_i^* \boldsymbol{\omega}_i - \boldsymbol{r}_{i,i+1}^{\times} \sum_{j=i+1}^{n} \boldsymbol{A}_{i,j} \boldsymbol{\omega}_j^{\times} (\boldsymbol{s}_j^*)^{\times} \boldsymbol{\omega}_j \quad (i = 2,3,\cdots,n)$$

系统中所考虑的主动力包括以下部分：(1)作用在基体上的控制力，记为 $\boldsymbol{F}_1^{\mathrm{v}} = \boldsymbol{e}_1^{\mathrm{T}} \boldsymbol{F}_1^1$（$\boldsymbol{F}_1^1$ 是 $\boldsymbol{F}_1^{\mathrm{v}}$ 在 F_1 中的分量列矩阵）；(2)作用于体 B_i 的第 i 个 CMG 簇的输出力矩（$i=1,2,\cdots,n$），表示为 $\boldsymbol{T}_{gi}^{\mathrm{v}} = \boldsymbol{e}_1^{\mathrm{T}} \boldsymbol{T}_{gi}^1$（$\boldsymbol{T}_{gi}^1$ 是 $\boldsymbol{T}_{gi}^{\mathrm{v}}$ 在 F_1 中的分量列矩阵）；(3)作用在体 B_i（$i=1,2,\cdots,n$）上的扰动转矩表示为 $\boldsymbol{T}_{\mathrm{d}i}^{\mathrm{v}} = \boldsymbol{e}_1^{\mathrm{T}} \boldsymbol{T}_{\mathrm{d}i}^1$，（$\boldsymbol{T}_{\mathrm{d}i}^1$ 是 $\boldsymbol{T}_{\mathrm{d}i}^{\mathrm{v}}$ 在 F_1 中的分量列矩阵）。假设 $\boldsymbol{F}_1^{\mathrm{v}}$ 作用线通过点 O_1，则主动力矩阵可以计算为

$$\boldsymbol{F}_{\mathrm{A}}^* = (\boldsymbol{G}_1^{O_1})^{\mathrm{T}} \boldsymbol{F}_1^1 + \sum_{i=1}^{n} \boldsymbol{W}_i^{\mathrm{T}} \boldsymbol{T}_{gi}^1 + \sum_{i=1}^{n} \boldsymbol{W}_i^{\mathrm{T}} \boldsymbol{T}_{\mathrm{d}i}^1 \tag{5-15}$$

其中，$\boldsymbol{G}_1^{O_1}$ 是 O_1 的偏速度矩阵，其表达式为

$$\boldsymbol{G}_1^{O_1} = [\boldsymbol{A}_{1,0},\ \boldsymbol{0}_{3\times 3n}] \tag{5-16}$$

将式(5-10)和式(5-16)代入式(5-15)得到

$$\boldsymbol{F}_{\mathrm{A}}^* = [\boldsymbol{F}_1^{\mathrm{T}}, \boldsymbol{T}_{\mathrm{g}1}^{\mathrm{T}} + \boldsymbol{T}_{\mathrm{d}1}^{\mathrm{T}}, \boldsymbol{T}_{\mathrm{g}2}^{\mathrm{T}} + \boldsymbol{T}_{\mathrm{d}2}^{\mathrm{T}}, \cdots, \boldsymbol{T}_{gn}^{\mathrm{T}} + \boldsymbol{T}_{\mathrm{d}n}^{\mathrm{T}}]^{\mathrm{T}} \tag{5-17}$$

其中，$\boldsymbol{F}_1 = \boldsymbol{A}_{0,1} \boldsymbol{F}_1^1$ 是 $\boldsymbol{F}_1^{\mathrm{v}}$ 在 F_0 中的分量列矩阵；$\boldsymbol{T}_{gi} = \boldsymbol{A}_{i,1} \boldsymbol{T}_{gi}^1$ 和 $\boldsymbol{T}_{\mathrm{d}i} = \boldsymbol{A}_{i,1} \boldsymbol{T}_{\mathrm{d}i}^1$ 分别是 $\boldsymbol{T}_{gi}^{\mathrm{v}}$ 和 $\boldsymbol{T}_{\mathrm{d}i}^{\mathrm{v}}$ 在 F_i 中的分量列矩阵（$1 \leqslant i \leqslant n$）。

对于一组变速控制力矩陀螺（VSCMG），$\boldsymbol{T}_{gi}$ 可表示为[8]

$$\boldsymbol{T}_{gi} = -\boldsymbol{A}_{gi} \boldsymbol{I}_{cgi} \ddot{\gamma}_i - \boldsymbol{A}_{ti} \boldsymbol{I}_{wsi} [\boldsymbol{\Omega}_i]^{\mathrm{d}} \dot{\gamma}_i - \boldsymbol{A}_{si} \boldsymbol{I}_{wsi} \dot{\boldsymbol{\Omega}}_i - \boldsymbol{\omega}_i^{\times} (\boldsymbol{A}_{gi} \boldsymbol{I}_{cgi} \dot{\gamma}_i + \boldsymbol{A}_{si} \boldsymbol{I}_{wsi} \boldsymbol{\Omega}_i) \tag{5-18}$$

其中，$\boldsymbol{\gamma}_i=[\gamma_{i1},\gamma_{i2},\cdots,\gamma_{in_i}]^{\mathrm{T}}\in\mathbf{R}^{n_i}$ 和 $\boldsymbol{\Omega}_i=[\Omega_{i1},\Omega_{i2},\cdots,\Omega_{in_i}]^{\mathrm{T}}\in\mathbf{R}^{n_i}$ 分别为第 i 个 CMG 簇的框架角向量和转子转速向量；$\boldsymbol{A}_{gi}$，$\boldsymbol{A}_{si}$ 和 $\boldsymbol{A}_{ti}$ 是 $3\times n_i$ 矩阵，其列向量分别是 CMG 框架轴、转子自旋轴和 CMG 横向轴单位向量在 F_i 中的分量列阵；$\boldsymbol{I}_{cgi}\in\mathbf{R}^{n_i\times n_i}$ 是一个对角矩阵，其元素是整个 CMG(框架加转子)围绕陀螺轴的惯性矩；$\boldsymbol{I}_{wsi}\in\mathbf{R}^{n_i\times n_i}$ 是一个对角矩阵，其元素是转子绕自转轴的惯性矩；$[\boldsymbol{\Omega}_i]^{\mathrm{d}}\in\mathbf{R}^{n_i\times n_i}$ 是对角矩阵，即

$$[\boldsymbol{\Omega}_i]^{\mathrm{d}}=\mathrm{diag}(\Omega_{i1},\Omega_{i2},\cdots,\Omega_{in_i}) \tag{5-19}$$

在本章中，只考虑使用恒速 CMG，因此，可以消除式(5-18)中的 $\boldsymbol{A}_{si}\boldsymbol{I}_{wsi}\dot{\boldsymbol{\Omega}}_i$ 项。通常，框架加速项 $\boldsymbol{A}_{gi}\boldsymbol{I}_{cgi}\ddot{\boldsymbol{\gamma}}_i$ 足够小，也可以忽略[9]；而且，框架速度项的角动量 $\boldsymbol{A}_{gi}\boldsymbol{I}_{cgi}\dot{\boldsymbol{\gamma}}_i$ 项与 $\boldsymbol{A}_{si}\boldsymbol{I}_{wsi}\boldsymbol{\Omega}_i$ 相比很小，所以也可以忽略不计[10]。因此，$\boldsymbol{T}_{gi}$ 可以简化为

$$\boldsymbol{T}_{gi}=-\boldsymbol{A}_{ti}\boldsymbol{I}_{wsi}[\boldsymbol{\Omega}_i]^{\mathrm{d}}\dot{\boldsymbol{\gamma}}_i-\boldsymbol{\omega}_i^{\times}\boldsymbol{A}_{si}\boldsymbol{I}_{wsi}\boldsymbol{\Omega}_i \tag{5-20}$$

合理地假设第 i 簇中 CMG 的转子具有相同的角动量大小，表示为 h_i。因此，式(5-20)可以写为

$$\boldsymbol{T}_{gi}=-h_i\boldsymbol{A}_{ti}\dot{\boldsymbol{\gamma}}_i-\boldsymbol{\omega}_i^{\times}\boldsymbol{A}_{si}\boldsymbol{h}_i \tag{5-21}$$

其中

$$\boldsymbol{h}_i=\boldsymbol{I}_{wsi}\boldsymbol{\Omega}_i=\underbrace{[h_i,h_i,\cdots,h_i]}_{n_i}{}^{\mathrm{T}} \tag{5-22}$$

根据矩阵形式的凯恩方程[7]，系统的动力学方程可写为

$$\boldsymbol{F}_{\mathrm{I}}^{*}+\boldsymbol{F}_{\mathrm{A}}^{*}=\mathbf{0} \tag{5-23}$$

将式(5-12)和式(5-17)代入式(5-23)中，可将动力学方程改写为

$$\boldsymbol{M}(\boldsymbol{q})\dot{\boldsymbol{v}}+\boldsymbol{Q}(\boldsymbol{q},\boldsymbol{v})=\boldsymbol{F}_{\mathrm{c}}+\boldsymbol{F}_{\mathrm{d}} \tag{5-24}$$

其中

$$\boldsymbol{F}_{\mathrm{c}}=[\boldsymbol{F}_1^{\mathrm{T}},\boldsymbol{T}_{g1}^{\mathrm{T}},\boldsymbol{T}_{g2}^{\mathrm{T}},\cdots,\boldsymbol{T}_{gn}^{\mathrm{T}}]^{\mathrm{T}} \tag{5-25}$$

$$\boldsymbol{F}_{\mathrm{d}}=[\mathbf{0}_{3\times1}^{\mathrm{T}},\boldsymbol{T}_{d1}^{\mathrm{T}},\boldsymbol{T}_{d2}^{\mathrm{T}},\cdots,\boldsymbol{T}_{dn}^{\mathrm{T}}]^{\mathrm{T}} \tag{5-26}$$

动力学方程式(5-24)和运动学方程式(5-5)共同构成了系统的运动方程，它可用于动力学仿真，是系统控制器设计的基础。

5.3 分散自适应滑模控制器设计

5.3.1 控制问题描述

通常，空间机器人的控制目标是驱动操作变量跟踪期望的轨迹。一般情况下

操作变量可定义为

$$\boldsymbol{\Psi}=[\boldsymbol{R}^{\mathrm{T}},\quad \boldsymbol{\sigma}_1^{\mathrm{T}},\quad \boldsymbol{R}_n^{\mathrm{T}},\quad \boldsymbol{\sigma}_n^{\mathrm{T}}]^{\mathrm{T}} \tag{5-27}$$

其中，$\boldsymbol{R}_n$ 为末端执行器/有效载荷（多体系统的末端主体）的位置；$\boldsymbol{\Psi}$ 与系统位移 $\boldsymbol{q}$ 相关，两者之间的关系通过雅可比矩阵 $\boldsymbol{J}(\boldsymbol{q})$ 建立，即

$$\dot{\boldsymbol{\Psi}}=\boldsymbol{J}(\boldsymbol{q})\dot{\boldsymbol{q}} \tag{5-28}$$

$\boldsymbol{\Psi}_{\mathrm{d}}(t)$ 表示操作变量 $\boldsymbol{\Psi}$ 的期望轨迹，$\boldsymbol{q}_{\mathrm{d}}=[\boldsymbol{R}_{\mathrm{d}}^{\mathrm{T}},\boldsymbol{\sigma}_{1\mathrm{d}}^{\mathrm{T}},\boldsymbol{\sigma}_{2\mathrm{d}}^{\mathrm{T}},\cdots,\boldsymbol{\sigma}_{n\mathrm{d}}^{\mathrm{T}}]^{\mathrm{T}}$ 表示 $\boldsymbol{q}$ 的期望值，则 $\dot{\boldsymbol{q}}_{\mathrm{d}}$ 和 $\ddot{\boldsymbol{q}}_{\mathrm{d}}$ 可推导为

$$\dot{\boldsymbol{q}}_{\mathrm{d}}=\boldsymbol{J}^{+}(\boldsymbol{q}_{\mathrm{d}})\dot{\boldsymbol{\Psi}}_{\mathrm{d}}(t) \tag{5-29}$$

$$\ddot{\boldsymbol{q}}_{\mathrm{d}}=\boldsymbol{J}^{+}(\boldsymbol{q}_{\mathrm{d}})\ddot{\boldsymbol{\Psi}}_{\mathrm{d}}(t)+\dot{\boldsymbol{J}}^{+}(\boldsymbol{q}_{\mathrm{d}})\dot{\boldsymbol{\Psi}}_{\mathrm{d}}(t) \tag{5-30}$$

其中，$\boldsymbol{J}^{+}(\boldsymbol{q}_{\mathrm{d}})=\boldsymbol{J}^{\mathrm{T}}(\boldsymbol{q}_{\mathrm{d}})(\boldsymbol{J}(\boldsymbol{q}_{\mathrm{d}})\boldsymbol{J}^{\mathrm{T}}(\boldsymbol{q}_{\mathrm{d}}))^{-1}$ 为 $\boldsymbol{J}(\boldsymbol{q}_{\mathrm{d}})$ 的伪逆；给定 $\dot{\boldsymbol{q}}_{\mathrm{d}}$，$\boldsymbol{q}_{\mathrm{d}}$ 可通过对 $\dot{\boldsymbol{q}}_{\mathrm{d}}$ 的时间积分获得。$\boldsymbol{\Psi}_{\mathrm{d}}(t)$ 与 $\boldsymbol{q}_{\mathrm{d}}$ 均是 t 的函数，因此，可写为 $\boldsymbol{q}_{\mathrm{d}}(t)$。

从实际应用来看，本节中的基体位置 $\boldsymbol{R}$ 在机械手操作过程中不做控制，为此，将当前的运动变量 $\boldsymbol{R}$，$\dot{\boldsymbol{R}}$ 和 $\ddot{\boldsymbol{R}}$ 分别作为期望运动变量 $\boldsymbol{R}_{\mathrm{d}}(t)$，$\dot{\boldsymbol{R}}_{\mathrm{d}}(t)$ 和 $\ddot{\boldsymbol{R}}_{\mathrm{d}}(t)$，并且将控制力 $\boldsymbol{F}_1$ 设置为零。Senda 等[12]也使用这种方法来解决类似的问题。控制目标是驱动 $\boldsymbol{\sigma}_i(i=1,2,\cdots,n)$ 跟踪其期望的轨迹 $\boldsymbol{\sigma}_{i\mathrm{d}}(t)$。本节中提出的分散式方法设计控制系统，其中 $\boldsymbol{\sigma}_i$ 的控制器与 $\boldsymbol{\sigma}_j(j\neq i)$ 的控制器应分开设计。因此，有必要单独研究体 B_i 的转动动力学方程，该方程可以从式（5-24）中提取并写为

$$\boldsymbol{M}_i\dot{\boldsymbol{\omega}}_i+\boldsymbol{F}_{\boldsymbol{M}_i}(\cdot)+\boldsymbol{Q}_i(\boldsymbol{q},\boldsymbol{v})=\boldsymbol{T}_{\mathrm{g}i}+\boldsymbol{T}_{\mathrm{d}i} \tag{5-31}$$

其中，$\boldsymbol{M}_i\in\mathbf{R}^{3\times3}$ 为 $\boldsymbol{M}(\boldsymbol{q})$ 对应的对角分块矩阵，是一个常数矩阵；$\boldsymbol{Q}_i(\boldsymbol{q},\boldsymbol{v})$ 为 $\boldsymbol{Q}(\boldsymbol{q},\boldsymbol{v})$ 对应的分块列阵；$\boldsymbol{F}_{\boldsymbol{M}_i}(\cdot)$ 的表达式为

$$\boldsymbol{F}_{\boldsymbol{M}_i}(\cdot)=\boldsymbol{M}_{i0}(\boldsymbol{q})\ddot{\boldsymbol{R}}+\sum_{j=1}^{i-1}\boldsymbol{M}_{ij}(\boldsymbol{q})\dot{\boldsymbol{\omega}}_j+\sum_{j=i+1}^{n}\boldsymbol{M}_{ij}(\boldsymbol{q})\dot{\boldsymbol{\omega}}_j \tag{5-32}$$

其中，$\boldsymbol{M}_{ij}(\boldsymbol{q})(j=0,1,\cdots,i-1,i+1,\cdots,n)$ 为 $\boldsymbol{M}(\boldsymbol{q})$ 的相应非对角分块矩阵。$\boldsymbol{F}_{\boldsymbol{M}_i}(\cdot)$ 明确表示为作用在体 B_i 上的其他体的直接扰动力矩。

由式（5-1）可知

$$\begin{cases}\boldsymbol{\omega}_i=\boldsymbol{H}_i^{-1}(\boldsymbol{\sigma}_i)\dot{\boldsymbol{\sigma}}_i\\ \dot{\boldsymbol{\omega}}_i=\boldsymbol{H}_i^{-1}(\boldsymbol{\sigma}_i)\ddot{\boldsymbol{\sigma}}_i+\dot{\boldsymbol{H}}_i^{-1}(\boldsymbol{\sigma}_i)\dot{\boldsymbol{\sigma}}_i\end{cases} \tag{5-33}$$

将式（5-33）代入式（5-31）并左乘 $\boldsymbol{H}_i^{-\mathrm{T}}(\boldsymbol{\sigma}_i)$，得到

$$\boldsymbol{M}_i^*(\boldsymbol{\sigma}_i)\ddot{\boldsymbol{\sigma}}_i=\boldsymbol{H}_i^{-\mathrm{T}}(\boldsymbol{\sigma}_i)\boldsymbol{T}_{\mathrm{g}i}+\boldsymbol{H}_i^{-\mathrm{T}}(\boldsymbol{\sigma}_i)\boldsymbol{T}_{\mathrm{D}i}(\boldsymbol{\sigma}_i,\dot{\boldsymbol{\sigma}}_i) \tag{5-34}$$

其中，$\boldsymbol{M}_i^*(\boldsymbol{\sigma}_i)=\boldsymbol{H}_i^{-\mathrm{T}}(\boldsymbol{\sigma}_i)\boldsymbol{M}_i\boldsymbol{H}_i^{-1}(\boldsymbol{\sigma}_i)$ 为对称的修正质量矩阵，且

$$\boldsymbol{T}_{\mathrm{D}i}(\boldsymbol{\sigma}_i,\dot{\boldsymbol{\sigma}}_i)=\boldsymbol{T}_{\mathrm{d}i}-\boldsymbol{M}_i\dot{\boldsymbol{H}}^{-1}(\boldsymbol{\sigma}_i)_i\dot{\boldsymbol{\sigma}}_i-\boldsymbol{F}_{\boldsymbol{M}_i}(\cdot)-\boldsymbol{Q}_i(\boldsymbol{q},\boldsymbol{v}) \tag{5-35}$$

考虑到惯性参数的不确定性，质量矩阵 $\boldsymbol{M}_i^*(\boldsymbol{\sigma}_i)$ 可以分为两部分，即 $\boldsymbol{M}_i^*(\boldsymbol{\sigma}_i)=$

$\boldsymbol{M}_{i0}^*(\boldsymbol{\sigma}_i)+\Delta\boldsymbol{M}_i^*(\boldsymbol{\sigma}_i)$，其中，第一部分 $\boldsymbol{M}_{i0}^*(\boldsymbol{\sigma}_i)$ 使用标称惯性参数进行计算；第二部分 $\Delta\boldsymbol{M}_i^*(\boldsymbol{\sigma}_i)$ 是不确定部分。鉴于此，式(5－34)可以按式(5－36)的形式写为

$$\ddot{\boldsymbol{\sigma}}_i=\bar{\boldsymbol{u}}_i+\bar{\boldsymbol{d}}_i(\boldsymbol{\sigma}_i,\dot{\boldsymbol{\sigma}}_i) \tag{5-36}$$

其中

$$\bar{\boldsymbol{u}}_i=[\boldsymbol{M}_{i0}^*(\boldsymbol{\sigma}_i)]^{-1}\boldsymbol{H}_i^{-\mathrm{T}}(\boldsymbol{\sigma}_i)\boldsymbol{T}_{gi} \tag{5-37}$$

$$\bar{\boldsymbol{d}}_i(\boldsymbol{\sigma}_i,\dot{\boldsymbol{\sigma}}_i)=[\boldsymbol{M}_i^*(\boldsymbol{\sigma}_i)]^{-1}\boldsymbol{H}_i^{-\mathrm{T}}(\boldsymbol{\sigma}_i)\boldsymbol{T}_{\mathrm{D}i}(\boldsymbol{\sigma}_i,\dot{\boldsymbol{\sigma}}_i)+([\boldsymbol{M}_i^*(\boldsymbol{\sigma}_i)]^{-1}\boldsymbol{M}_{i0}^*(\boldsymbol{\sigma}_i)-\boldsymbol{I})\bar{\boldsymbol{u}}_i \tag{5-38}$$

定义

$$\Delta\boldsymbol{\sigma}_i=\boldsymbol{\sigma}_i-\boldsymbol{\sigma}_{i\mathrm{d}}(t) \tag{5-39}$$

作为 $\boldsymbol{\sigma}_i$ 的跟踪误差，有

$$\boldsymbol{x}_i=\begin{bmatrix}\Delta\boldsymbol{\sigma}_i\\ \Delta\dot{\boldsymbol{\sigma}}_i\end{bmatrix} \tag{5-40}$$

作为系统状态，式(5－36)可写为系统方程形式，即

$$\dot{\boldsymbol{x}}_i=\boldsymbol{A}_i\boldsymbol{x}_i+\boldsymbol{B}_i(\boldsymbol{u}_i+\boldsymbol{d}_i(\boldsymbol{x}_i,t)) \tag{5-41}$$

其中，$\boldsymbol{A}_i=\begin{bmatrix}\boldsymbol{0}_{3\times3} & \boldsymbol{I}\\ \boldsymbol{0}_{3\times3} & \boldsymbol{0}_{3\times3}\end{bmatrix}$ 和 $\boldsymbol{B}_i=\begin{bmatrix}\boldsymbol{0}_{3\times3}\\ \boldsymbol{I}\end{bmatrix}$ 是常量。

$$\boldsymbol{u}_i=\bar{\boldsymbol{u}}_i-\ddot{\boldsymbol{\sigma}}_{i\mathrm{d}}(t) \tag{5-42}$$

为系统控制输入，且

$$\boldsymbol{d}_i(\boldsymbol{x}_i,t)=\bar{\boldsymbol{d}}_i(\boldsymbol{\sigma}_i,\dot{\boldsymbol{\sigma}}_i) \tag{5-43}$$

是聚合扰动，即包括惯性参数、系统非线性和未知干扰的不确定性。严格来说，尽管初始参数不确定，但部分 $\boldsymbol{d}_i(\boldsymbol{x}_i,t)$（如系统非线性项的一部分）可以使用 $\boldsymbol{\sigma}_i$ 和 $\boldsymbol{\omega}_i$ 的测量值精确评估，因此，在控制器设计中可以将精确评估的部分视为已知量。但是，为了简化控制器算法，同时减少控制器设计对系统动力学模型的依赖性，整项 $\boldsymbol{d}_i(\boldsymbol{x}_i,t)$ 仍视为不确定项。

经过如上处理和分析，系统的分散式控制问题可描述为：为系统方程式(5－41)寻找合适的控制输入 $\boldsymbol{u}_i$，使系统在聚合扰动 $\boldsymbol{d}_i(\boldsymbol{x}_i,t)$ 的作用下实现 $\boldsymbol{x}_i\to\boldsymbol{0}$。

5.3.2 控制律设计

为完成对系统状态方程式(5－41)的描述，做以下假设。为方便起见，本节省略了下标 i。

假设 1：矩阵 $(\boldsymbol{A},\boldsymbol{B})$ 是完全可控的。

假设 2：不确定性 $\boldsymbol{d}(\boldsymbol{x},t)$ 在其参数上是连续的。

假设 1 对系统(5－41)而言是严格成立的。但是如果聚合扰动 $\boldsymbol{d}(x,t)$ 中包含

关节摩擦力矩，则假设 2 可能不成立，因为在某些模型中，摩擦力是非连续的。但是在考虑许多因素的精确摩擦模型中，如黏滞、黏滑、斯特里贝克等因素，摩擦力确实是连续的[13]，因此，假设 2 在理论上也适用于系统方程式(5-41)。需要注意的是，有时(特别是当摩擦力方向改变时)摩擦力表现为非连续力会降低系统性能。

由于本节使用滑模控制(sliding mode control，SMC)方法设计控制器，因此，先在初始阶段构造滑模面，继而限制系统轨迹在滑模面上，以产生期望的性能[11]。构造得到的滑模面的表达式为

$$\boldsymbol{\Theta}=\{\boldsymbol{x}:\boldsymbol{S}(\boldsymbol{x})=\boldsymbol{C}\boldsymbol{x}=\boldsymbol{0}\} \tag{5-44}$$

其中，$\boldsymbol{C}\in\mathbf{R}^{3\times 6}$ 为一个常量矩阵，其元素是根据期望的性能所选择的。在这里，假设 $\boldsymbol{C}$ 是满秩矩阵，矩阵 $\boldsymbol{CB}$ 是非奇异矩阵。

在选择滑模面之后，下一阶段是设计控制律，以便满足条件 $\boldsymbol{S}^{\mathrm{T}}\dot{\boldsymbol{S}}<\boldsymbol{0}$。该条件保证系统轨迹到达滑模面上。聚合扰动 $\boldsymbol{d}(x,t)$ 的特性对控制律的设计具有突出影响。如果能找到一个连续的正标量值函数 $\rho(\boldsymbol{x},t)$，使得所有 $\|\boldsymbol{d}(x,t)\|\leqslant\rho(\boldsymbol{x},t)$，且 $(\boldsymbol{x},t)\in\mathbf{R}^6\times\boldsymbol{R}$，则可以使用参考文献[11]中的结果来设计一个 SMC 控制律以保证 $\boldsymbol{S}^{\mathrm{T}}\dot{\boldsymbol{S}}<\boldsymbol{0}$。然而，对于本章研究的系统来说，这样的函数 $\rho(\boldsymbol{x},t)$ 并不容易得到，即范数 $\|\boldsymbol{d}(\boldsymbol{x},t)\|$ 的上界是不确定的。为了解决这个问题，Yoo 和 Chung[1] 提出了能够估计范数 $\|\boldsymbol{d}(\boldsymbol{x},t)\|$ 上界的自适应律，并使用估计上界设计了 SMC 控制律。参考文献[1]中的控制方案就是基于以下假设设计的。

假设 3：存在正常数 c_0 和 c_1，对于任意 $(\boldsymbol{x},t)\in\mathbf{R}^6\times\mathbf{R}$，使得 $\|\boldsymbol{d}(\boldsymbol{x},t)\|\leqslant c_0+c_1\|\boldsymbol{x}\|=\rho(\boldsymbol{x},t)$ 成立。

Yoo 和 Chung[1] 提出的控制律为

$$\boldsymbol{u}=-(\boldsymbol{CB})^{-1}\boldsymbol{K}_{\mathrm{D}}\boldsymbol{S}+\boldsymbol{u}_{\mathrm{eq_{nom}}}+\boldsymbol{u}_{\mathrm{N}} \tag{5-45}$$

其中，$\boldsymbol{K}_{\mathrm{D}}\in\mathbf{R}^{3\times 3}$ 为正定矩阵；假设聚合扰动项 $\boldsymbol{d}(x,t)$ 为 0，则 $\boldsymbol{u}_{\mathrm{eq_{nom}}}$ 为式(5-41)的名义系统的等效控制，其表达式为

$$\boldsymbol{u}_{\mathrm{eq_{nom}}}=-(\boldsymbol{CB})^{-1}\boldsymbol{CAx} \tag{5-46}$$

控制律 $\boldsymbol{u}_{\mathrm{N}}$ 项是用于抑制不确定性影响的非线性反馈控制，定义为

$$\boldsymbol{u}_{\mathrm{N}}=\begin{cases}-\dfrac{\boldsymbol{B}^{\mathrm{T}}\boldsymbol{C}^{\mathrm{T}}\boldsymbol{S}}{\|\boldsymbol{B}^{\mathrm{T}}\boldsymbol{C}^{\mathrm{T}}\boldsymbol{S}\|}\bar{\rho}(\boldsymbol{x},t), & \boldsymbol{S}\neq\boldsymbol{0}\\ \boldsymbol{0}, & \boldsymbol{S}=\boldsymbol{0}\end{cases} \tag{5-47}$$

其中，$\bar{\rho}(\boldsymbol{x},t)$ 为 $\|\boldsymbol{d}(\boldsymbol{x},t)\|$ 的自适应上界，可通过式(5-48)计算得到，即

$$\bar{\rho}(\boldsymbol{x},t)=\bar{c}_0+\bar{c}_1\|\boldsymbol{x}\| \tag{5-48}$$

其中，$\bar{c}_0$ 和 $\bar{c}_1$ 分别为 c_0 和 c_1 的估计值。式(5-49)给出了其自适应律，即

$$\begin{cases}\dot{\bar{c}}_0 = q_0 \|\boldsymbol{B}^{\mathrm{T}}\boldsymbol{C}^{\mathrm{T}}\boldsymbol{S}\| \\ \dot{\bar{c}}_1 = q_1 \|\boldsymbol{B}^{\mathrm{T}}\boldsymbol{C}^{\mathrm{T}}\boldsymbol{S}\| \|\boldsymbol{x}\|\end{cases} \tag{5-49}$$

其中，q_0 和 q_1 是具有正值的自适应增益。Yoo 和 Chung 已经证明，对于系统方程式(5－41)，如果假设 1～假设 3 成立，则可通过采用控制律式(5－45)和式(5－47)给出的 $\boldsymbol{u}_{\mathrm{N}}$，使 $\boldsymbol{S}=\boldsymbol{0}$ 渐近稳定。通过分析 $\boldsymbol{u}_{\mathrm{N}}$ 的结构，Yoo 和 Chung 还指出，由于 $\boldsymbol{u}_{\mathrm{N}}$ 的不连续性，可能会在 $\boldsymbol{S}=\boldsymbol{0}$ 处出现不希望的颤振现象，因此，他们采取了进一步举措来修改 $\boldsymbol{u}_{\mathrm{N}}$[1]，即

$$\boldsymbol{u}_{\mathrm{N}} = \begin{cases} -\dfrac{\boldsymbol{B}^{\mathrm{T}}\boldsymbol{C}^{\mathrm{T}}\boldsymbol{S}}{\|\boldsymbol{B}^{\mathrm{T}}\boldsymbol{C}^{\mathrm{T}}\boldsymbol{S}\|}\bar{\rho}(\boldsymbol{x},t), & \|\boldsymbol{B}^{\mathrm{T}}\boldsymbol{C}^{\mathrm{T}}\boldsymbol{S}\| > \varepsilon \\ -\dfrac{\boldsymbol{B}^{\mathrm{T}}\boldsymbol{C}^{\mathrm{T}}\boldsymbol{S}}{\varepsilon}\bar{\rho}(\boldsymbol{x},t), & \|\boldsymbol{B}^{\mathrm{T}}\boldsymbol{C}^{\mathrm{T}}\boldsymbol{S}\| \leqslant \varepsilon \end{cases} \tag{5-50}$$

其中，$\bar{\rho}(\boldsymbol{x},t)$和自适应律仍然由式(5－48)和式(5－49)给出；ε 为边界层参数，通常选择较小的正值。虽然式(5－50)中给出的控制律 $\boldsymbol{u}_{\mathrm{N}}$ 不具备渐近稳定性，但其性能可以任意逼近式(5－47)给出的原始控制律 $\boldsymbol{u}_{\mathrm{N}}$。

之后，Wheeler 等[2] 发现，对于带有式(5－50)中给出 $\boldsymbol{u}_{\mathrm{N}}$ 的控制律方程式(5－45)，式(5－49)确定的估计增益 $\bar{c}_0$，$\bar{c}_1$ 可能在边界层中变得无界，这是因为保持对滑模面的精确限制并不现实。为了消除该缺陷，他们修正了 $\boldsymbol{u}_{\mathrm{N}}$ 和自适应律，即

$$\boldsymbol{u}_{\mathrm{N}} = \begin{cases} -\dfrac{\boldsymbol{B}^{\mathrm{T}}\boldsymbol{C}^{\mathrm{T}}\boldsymbol{S}}{\|\boldsymbol{B}^{\mathrm{T}}\boldsymbol{C}^{\mathrm{T}}\boldsymbol{S}\|}\bar{\rho}(\boldsymbol{x},t), & \bar{\rho}(\boldsymbol{x},t)\|\boldsymbol{B}^{\mathrm{T}}\boldsymbol{C}^{\mathrm{T}}S\| > \varepsilon \\ -\dfrac{\boldsymbol{B}^{\mathrm{T}}\boldsymbol{C}^{\mathrm{T}}\boldsymbol{S}}{\varepsilon}\bar{\rho}^2(\boldsymbol{x},t), & \bar{\rho}(\boldsymbol{x},t)\|\boldsymbol{B}^{\mathrm{T}}\boldsymbol{C}^{\mathrm{T}}\boldsymbol{S}\| \leqslant \varepsilon \end{cases} \tag{5-51}$$

$$\bar{\rho}(\boldsymbol{x},t) = \bar{c}_0 + \bar{c}_1 \|\boldsymbol{x}\| \tag{5-52}$$

$$\begin{cases}\dot{\bar{c}}_0 = q_0(-\psi_0\bar{c}_0 + \|\boldsymbol{B}^{\mathrm{T}}\boldsymbol{C}^{\mathrm{T}}\boldsymbol{S}\|) \\ \dot{\bar{c}}_1 = q_1(-\psi_1\bar{c}_1 + \|\boldsymbol{B}^{\mathrm{T}}\boldsymbol{C}^{\mathrm{T}}\boldsymbol{S}\| \|\boldsymbol{x}\|)\end{cases} \tag{5-53}$$

其中，ψ_0 和 ψ_1 为设计者选择的常量。Wheeler 等[2]已经证明，如果假设 1～假设 3 有效，则基于式(5－51)中 $\boldsymbol{u}_{\mathrm{N}}$ 的控制律(5－45)是连续的；并且在闭环系统中，$\boldsymbol{S}(\boldsymbol{x})$和所有信号最终一致有界。然而，将 Wheeler 控制律直接应用于本章所研究的系统可能会引起两个问题。第一个问题是关于假设 3 的。由于聚合扰动 $\boldsymbol{d}(x,t)$所包含的复杂非线性，假设 3 可能不再成立。第二个问题是关于控制律的。虽然系统被证明最终一致有界，但没有足够的证据证明 $\bar{c}_0 \geqslant c_0$ 和 $\bar{c}_1 \geqslant c_1$ 对所有$(\boldsymbol{x},t)$成立，这意味着存在 $\bar{\rho}(\boldsymbol{x},t) \leqslant \rho(\boldsymbol{x},t)$的可能性。当 $\bar{\rho}(\boldsymbol{x},t) \leqslant \rho(\boldsymbol{x},t)$时，控制误差可

能会增加。而当 $\|\boldsymbol{S}\|\to 0$ 时，$\bar{\rho}(\boldsymbol{x},t)\leqslant\rho(\boldsymbol{x},t)$ 成立的可能性会增加，因为 $\dot{\bar{c}}_0$ 和 $\dot{\bar{c}}_1$ 可能是负数，因此，$\bar{\rho}(\boldsymbol{x},t)$ 在这个点可能会下降。所以当 $\|\boldsymbol{S}\|$ 进入 0 的邻域时，可增大 $\bar{\rho}(\boldsymbol{x},t)$，以减小 $\bar{\rho}(\boldsymbol{x},t)\leqslant\rho(\boldsymbol{x},t)$ 的可能性，从而减小控制误差。针对上述两个问题，首先将假设 3 扩展到假设 4。

假设 4：存在正常数 $c_0,c_1,\cdots,c_N$，其中，N 是给定的正整数，对于任意 $(\boldsymbol{x},t)\in\mathbf{R}^6\times\mathbf{R}$，使得 $\|\boldsymbol{d}(\boldsymbol{x},t)\|\leqslant c_0+c_1\|\boldsymbol{x}\|+\cdots+c_N\|\boldsymbol{x}\|^N=\rho(\boldsymbol{x},t)$ 成立。

基于假设 4，可修改 $\boldsymbol{u}_{\mathrm{N}}$ 为

$$\boldsymbol{u}_{\mathrm{N}}=\begin{cases}-\dfrac{\boldsymbol{B}^{\mathrm{T}}\boldsymbol{C}^{\mathrm{T}}\boldsymbol{S}}{\|\boldsymbol{B}^{\mathrm{T}}\boldsymbol{C}^{\mathrm{T}}\boldsymbol{S}\|^2}P(\|\boldsymbol{B}^{\mathrm{T}}\boldsymbol{C}^{\mathrm{T}}\boldsymbol{S}\|)\bar{\rho}, & \bar{\rho}\|\boldsymbol{B}^{\mathrm{T}}\boldsymbol{C}^{\mathrm{T}}\boldsymbol{S}\|^2>\varepsilon P(\|\boldsymbol{B}^{\mathrm{T}}\boldsymbol{C}^{\mathrm{T}}\boldsymbol{S}\|)\\ -\dfrac{\boldsymbol{B}^{\mathrm{T}}\boldsymbol{C}^{\mathrm{T}}\boldsymbol{S}}{\varepsilon}\bar{\rho}^2, & \bar{\rho}\|\boldsymbol{B}^{\mathrm{T}}\boldsymbol{C}^{\mathrm{T}}\boldsymbol{S}\|^2\leqslant\varepsilon P(\|\boldsymbol{B}^{\mathrm{T}}\boldsymbol{C}^{\mathrm{T}}\boldsymbol{S}\|)\end{cases}\tag{5-54}$$

其中，$P(\cdot)$ 为标量函数。对于任何 $x\geqslant 0$，式(5-54)中的 $P(x)$ 函数可定义为

$$P(x)=\begin{cases}g(x), & x\leqslant\delta\\ x, & x>\delta\end{cases}\tag{5-55}$$

其中，$\delta>0$ 为一个常数；$g(x)$ 是设计者选择的满足以下条件的标量连续函数：

(1) $g(0)=0$，$g(\delta)=\delta$。该条件保证了 $\boldsymbol{u}_{\mathrm{N}}$ 的连续性。

(2) 对于 $x\in(0,\delta)$，$g(x)>x$。该条件保证了 $P(x)\geqslant x$ 对所有 $x\geqslant 0$ 成立，因此，降低了控制误差。

(3) 存在一个正常数 κ，使得 $\kappa=\max\left(\dfrac{g(x)}{x}\right)$。该条件保证了闭环系统的稳定性(见附录 B)。

在式(5-54)中，$\bar{\rho}(\boldsymbol{x},t)$ 由下式给出

$$\bar{\rho}(\boldsymbol{x},t)=\bar{c}_0+\bar{c}_1\|\boldsymbol{x}\|+\cdots+\bar{c}_N\|\boldsymbol{x}\|^N\tag{5-56}$$

其中，$c_0,c_1\cdots,c_N$ 的估计值 $\bar{c}_0,\bar{c}_1,\cdots,\bar{c}_N$ 分别由式(5.57)的自适应律进行计算

$$\begin{cases}\dot{\bar{c}}_0=q_0[-\psi_0\bar{c}_0+P(\|\boldsymbol{B}^{\mathrm{T}}\boldsymbol{C}^{\mathrm{T}}\boldsymbol{S}\|)]\\ \dot{\bar{c}}_1=q_1[-\psi_1\bar{c}_1+P(\|\boldsymbol{B}^{\mathrm{T}}\boldsymbol{C}^{\mathrm{T}}\boldsymbol{S}\|)\|\boldsymbol{x}\|]\\ \quad\vdots\\ \dot{\bar{c}}_N=q_N[-\psi_N\bar{c}_N+P(\|\boldsymbol{B}^{\mathrm{T}}\boldsymbol{C}^{\mathrm{T}}\boldsymbol{S}\|)\|\boldsymbol{x}\|^N]\end{cases}\tag{5-57}$$

可以证明，如果假设 1、假设 2 和假设 4 成立，则用基于式(5-54)中 $\boldsymbol{u}_{\mathrm{N}}$ 的自适应控制律式(5-45)构建的闭环系统最终一致有界。证明过程见附录 B。

注 1　由于非线性项都可视为系统不确定性，因此，可能无法非常精确地选择正整数 N。保守起见，N 可以选择较大的整数，因为如果实际系统匹配的整数(记

作 N_r)小于所选整数 N,则令 $c_k=0(k=N_r+1,N_r+2,\cdots,N)$,假设 4 仍然成立,但是,如果 $N_r>N$,则假设 4 不再成立。

注 2 引入 $P(x)$的目的是在预先设计的 $\|\boldsymbol{B}^{\mathrm{T}}\boldsymbol{C}^{\mathrm{T}}\boldsymbol{S}\|\in(0,\ \delta)$的区间内放大 $\bar{\rho}(\boldsymbol{x},t)$的估计值,从而降低控制误差。通常,应选择 c 作为较小的正值,否则,当 $\|\boldsymbol{B}^{\mathrm{T}}\boldsymbol{C}^{\mathrm{T}}\boldsymbol{S}\|$ 远离零时,控制器可能会产生过大的控制输入,从而超出执行机构的能力。在 Wheeler 的控制律和自适应律中,可以通过增加 q_0,q_1 和减少 ψ_0,ψ_0 来降低控制误差,但可能产生与上述相同的问题。总之,本节的研究目标是只增加较小的控制输入就可以降低控制误差。

5.3.3 控制力矩陀螺操纵律

一旦通过控制律获得控制输入 $\boldsymbol{u}_i$,就可以使用式(5-37)和式(5-42)确定唯一期望的 CMG 力矩 $\boldsymbol{T}_{gi}$ 值,记作 $\boldsymbol{T}_{dgi}$,即

$$\boldsymbol{T}_{dgi}=\boldsymbol{H}^{\mathrm{T}}(\boldsymbol{\sigma}_i)\boldsymbol{M}_{i0}^{*}(\boldsymbol{\sigma}_i)(\boldsymbol{u}_i+\ddot{\boldsymbol{\sigma}}_{di}(t)) \tag{5-58}$$

基于式(5-20)可知,想要得到期望的力矩 $\boldsymbol{T}_{dgi}$,第 i 个 CMG 簇的框架角速度 $\dot{\boldsymbol{\gamma}}_i$ 必须满足

$$\boldsymbol{T}_{dgi}=-\boldsymbol{A}_{ti}\boldsymbol{I}_{wsi}[\boldsymbol{\Omega}_i]^{d}\dot{\boldsymbol{\gamma}}_i-\boldsymbol{\omega}_i^{\times}\boldsymbol{A}_{si}\boldsymbol{I}_{wsi}\boldsymbol{\Omega}_i \tag{5-59}$$

在这里假设 $n_i\geqslant 4(i=1,2,\cdots,n)$。由于 CMG 的冗余,因此,有无穷多的 $\dot{\boldsymbol{\gamma}}_i$ 满足式(5-59)。为了避免构型奇异,采用带有零运动的操纵律,即

$$\dot{\boldsymbol{\gamma}}_i=\dot{\boldsymbol{\gamma}}_{Ti}+\dot{\boldsymbol{\gamma}}_{Ni} \tag{5-60}$$

其中

$$\dot{\boldsymbol{\gamma}}_{Ti}=-\frac{1}{h_i}\boldsymbol{A}_{ti}^{\mathrm{T}}(\boldsymbol{A}_{ti}\boldsymbol{A}_{ti}^{\mathrm{T}})^{-1}(\boldsymbol{T}_{dgi}+\boldsymbol{\omega}_i^{\times}\boldsymbol{A}_{si}\boldsymbol{I}_{wsi}\boldsymbol{\Omega}_i) \tag{5-61}$$

用于提供期望的控制力矩,以及

$$\dot{\boldsymbol{\gamma}}_{Ni}=\alpha_i[\boldsymbol{I}-\boldsymbol{A}_{ti}^{\mathrm{T}}(\boldsymbol{A}_{ti}\boldsymbol{A}_{ti}^{\mathrm{T}})^{-1}\boldsymbol{A}_{ti}]\frac{\partial\eta_i}{\partial\boldsymbol{\gamma}_i} \tag{5-62}$$

用于避免构型奇异的零运动。其中,α_i 为待设计正标量参数;$\eta_i=\det(\boldsymbol{A}_{ti}\boldsymbol{A}_{ti}^{\mathrm{T}})$为构型奇异度量。

5.4 仿真算例

5.4.1 系统构型与参数

本节仿真对象由一个立方体基体和一部三关节机械臂构成。基体边长为 1.5 m,

臂杆 B_2 和 B_3 的长度为 1.5 m，臂杆 B_4（末端执行器/有效载荷）的长度为 0.6 m。F_1 的原点位于基体的几何中心，F_1 的轴平行于立方体的边线。当 F_1 的轴平行于臂杆的体固定坐标系相应轴时，系统构型如图 5－3(a)所示。可以采用不同的 CMG 构型来提供控制力矩，前提是 $n_i \geqslant 4(i=1,2,\cdots,n)$；由于金字塔构型接近球形的角动量包络，因此，选择金字塔构型，即在基体和每个臂杆上安装一簇以金字塔构型排列的 CMG。金字塔的中心轴沿 F_i 的 z_i 轴方向，每个 CMG 的框架轴与中心轴具有相同的夹角 $\beta=53.1°$（见图 5－3(b)）。其中，$\dot{\boldsymbol{\gamma}}_{ij}^{\vee}(j=1,2,3,4)$ 和 $\boldsymbol{h}_{ij}^{\vee}(j=1,2,3,4)$ 分别表示第 i 簇中第 j 个 CMG 的框架角速度和转子角动量。表 5－1 所列为系统惯性参数。惯性矩和静矩根据相应的固连本体坐标进行计算。由于控制器设计中未使用静矩的值，因此只需要给出其实际值。

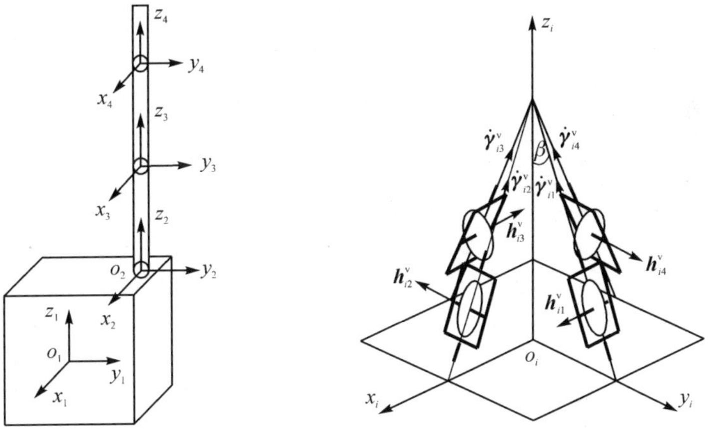

(a) 基体和臂杆构型　　(b) 金字塔构型的CMG

图 5－3　数值仿真中的系统构型

表 5－1　系统惯性参数

体编号	质量/kg		静矩/(kg·m)	转动惯量/(kg·m²)	
	实际值	名义值	实际值	实际值	名义值
B_1	3 000	2 400	$[0,15,0]^T$	$\begin{bmatrix}1\,500 & -37 & -26.5\\ -37 & 1\,800 & -15\\ -26.5 & -15 & 2\,000\end{bmatrix}$	$\begin{bmatrix}1\,200 & -29.6 & -21.2\\ -29.6 & 1\,440 & -12\\ -21.2 & -12 & 1\,600\end{bmatrix}$
B_2	60	90	$[0,0,45]^T$	diag(45,45,5.5)	diag(67.5,67.5,8.25)
B_3	60	42	$[0,0,45]^T$	diag(45,45,5.5)	diag(31.5,31.5,3.85)
B_4	300	150	$[0,0,90]^T$	diag(36,36,7.5)	diag(18,18,3.75)

系统几何参数为

$$\begin{cases}\boldsymbol{r}_{1,2}=[0,\quad 0.75,\quad 0.75]^{\mathrm{T}}\ \mathrm{m}\\ \boldsymbol{r}_{2,3}=\boldsymbol{r}_{3,4}=[0,\quad 0,\quad 1.5]^{\mathrm{T}}\ \mathrm{m}\end{cases}$$

CMG 的角动量的幅值 $h_i(i=1,2,3,4)$选为

$$\begin{cases}h_1=100\ \mathrm{N\cdot m\cdot s},\ h_2=50\ \mathrm{N\cdot m\cdot s}\\ h_3=40\ \mathrm{N\cdot m\cdot s},\ h_4=30\ \mathrm{N\cdot m\cdot s}\end{cases}$$

CMG 的初始框架角度选为

$$\boldsymbol{\gamma}_{i0}=[0,\quad 0,\quad 0,\quad 0]^{\mathrm{T}}(°)\quad (i=1,2,3,4)$$

当 $\boldsymbol{\gamma}_{i0}=[0,\quad 0,\quad 0,\quad 0]^{\mathrm{T}}(°)$,第 i 个簇中每个 CMG 的角动量矢量将平行于金字塔的基底平面(见图 5-3(b))。初始系统速度 $\boldsymbol{v}_0=\boldsymbol{0}$ 和初始系统位移 $\boldsymbol{q}_0=[\boldsymbol{R}_0^{\mathrm{T}},\boldsymbol{\sigma}_{10}^{\mathrm{T}},\boldsymbol{\sigma}_{20}^{\mathrm{T}},\boldsymbol{\sigma}_{30}^{\mathrm{T}},\boldsymbol{\sigma}_{40}^{T}]^{\mathrm{T}}$ 设为

$$\begin{cases}\boldsymbol{R}_0=[0.2,\quad -0.3,\quad 0.3]^{\mathrm{T}}\ \mathrm{m}\\ \boldsymbol{\sigma}_{10}=[0.010\,9,\quad -0.018\,9,\quad 0.037\,8]^{\mathrm{T}}\\ \boldsymbol{\sigma}_{20}=[0.267\,9,\quad 0,\quad 0]^{\mathrm{T}}\\ \boldsymbol{\sigma}_{30}=[-0.267\,9,\quad 0,\quad 0]^{\mathrm{T}}\\ \boldsymbol{\sigma}_{40}=[0.258\,8,\quad 0.069\,4,\quad 0]^{\mathrm{T}}\end{cases}$$

5.4.2 控制目标

控制目标在于驱动操纵变量 $\boldsymbol{\Psi}=[\boldsymbol{R}^{\mathrm{T}},\boldsymbol{\sigma}_1^{\mathrm{T}},\boldsymbol{R}_4^{\mathrm{T}},\boldsymbol{\sigma}_4^{\mathrm{T}}]^{\mathrm{T}}$ 跟踪期望轨迹 $\boldsymbol{\Psi}_{\mathrm{d}}(t)=[\boldsymbol{R}_{\mathrm{d}}^{\mathrm{T}}(t),\boldsymbol{\sigma}_{1\mathrm{d}}^{\mathrm{T}}(t),\boldsymbol{R}_{4\mathrm{d}}^{\mathrm{T}}(t),\boldsymbol{\sigma}_{4\mathrm{d}}^{\mathrm{T}}(t)]^{\mathrm{T}}$。此处将臂杆 B_4 的末端点看作末端执行器/有效载荷位置 $\boldsymbol{R}_4$ 的参考点,$\boldsymbol{R}_4$ 表示为

$$\boldsymbol{R}_4=\boldsymbol{R}+\boldsymbol{A}_{0,1}\boldsymbol{r}_{1,2}+\boldsymbol{A}_{0,2}\boldsymbol{r}_{2,3}+\boldsymbol{A}_{0,3}\boldsymbol{r}_{3,4}+\boldsymbol{A}_{0,4}\boldsymbol{r}_{4\mathrm{t}}\tag{5-63}$$

其中,$\boldsymbol{r}_{4\mathrm{t}}=[0,\quad 0,\quad 0.6]^{\mathrm{T}}\ \mathrm{m}$,是臂杆 B_4 末端在 F_4 中的位置。因为 $\boldsymbol{R}$ 不受控制,所以分别使用实际值 $\boldsymbol{R}$,$\dot{\boldsymbol{R}}$ 和 $\ddot{\boldsymbol{R}}$ 作为 $\boldsymbol{R}_{\mathrm{d}}(t)$,$\dot{\boldsymbol{R}}_{\mathrm{d}}(t)$和 $\ddot{\boldsymbol{R}}_{\mathrm{d}}(t)$的期望值。$\boldsymbol{\sigma}_{1\mathrm{d}}(t)$,$\boldsymbol{R}_{4\mathrm{d}}(t)$和 $\boldsymbol{\sigma}_{4\mathrm{d}}(t)$的初始值由期望系统位移 $\boldsymbol{q}_{\mathrm{d}0}$ 的初始值确定,其中,将 $\boldsymbol{q}_{\mathrm{d}0}=[\boldsymbol{R}_{\mathrm{d}0}^{\mathrm{T}},\boldsymbol{\sigma}_{1\mathrm{d}0}^{\mathrm{T}},\boldsymbol{\sigma}_{2\mathrm{d}0}^{\mathrm{T}},\boldsymbol{\sigma}_{3\mathrm{d}0}^{\mathrm{T}},\boldsymbol{\sigma}_{4\mathrm{d}0}^{\mathrm{T}}]^{\mathrm{T}}$ 设为

$$\begin{cases}\boldsymbol{R}_{\mathrm{d}0}=[0.2,\quad -0.3,\quad 0.3]^{\mathrm{T}}\ \mathrm{m}\\ \boldsymbol{\sigma}_{1\mathrm{d}0}=[0.016\,4,\quad -0.028\,4,\quad 0.045\,8]^{\mathrm{T}}\\ \boldsymbol{\sigma}_{2\mathrm{d}0}=[0.198\,9,\quad 0,\quad 0]^{\mathrm{T}}\\ \boldsymbol{\sigma}_{3\mathrm{d}0}=[-0.339\,5,\quad 0,\quad 0]^{\mathrm{T}}\\ \boldsymbol{\sigma}_{4\mathrm{d}0}=[0.192\,1,\quad 0.051\,5,\quad 0]^{\mathrm{T}}\end{cases}$$

通过式(5-63),则有 $\boldsymbol{\sigma}_{1\mathrm{d}}(t)$,$\boldsymbol{R}_{4\mathrm{d}}(t)$,$\boldsymbol{\sigma}_{4\mathrm{d}}(t)$对应的初始值为

$$\begin{cases}\boldsymbol{\sigma}_{1d0}=[0.0604,\ -0.0284,\ 0.0568]^{T}\\ \boldsymbol{R}_{4d0}=[0.0604,\ 0.3495,\ 2.9557]^{T}\ \mathrm{m}\\ \boldsymbol{\sigma}_{4d0}=[0.1921,\ 0.0515,\ 0]^{T}\end{cases}$$

$\boldsymbol{\sigma}_{1d}(t)$和$\boldsymbol{\sigma}_{4d}(t)$由五次多项式确定，其期望的初始值为$\boldsymbol{\sigma}_{1d0}$和$\boldsymbol{\sigma}_{4d0}$，期望的最终值为$\boldsymbol{\sigma}_{1df}=[0,\ 0,\ 0]^{T}$和$\boldsymbol{\sigma}_{4df}=[0,\ 0,\ 0]^{T}$，则$\boldsymbol{\sigma}_{id}(t)$为

$$\boldsymbol{\sigma}_{id}(t)=\begin{cases}\boldsymbol{\Phi}_{\sigma i}T+\boldsymbol{\sigma}_{id0}, & t_0\leqslant t\leqslant t_f\\ \boldsymbol{\sigma}_{idf}, & t>t_f\end{cases}\quad(i=1,4)$$

其中，$t_0=0$；$t_f=30$ s；$\boldsymbol{T}=[t^5,\ t^4,\ t^3]^{T}$；$\boldsymbol{\Phi}_{\sigma i}$的表达式为

$$\begin{cases}\boldsymbol{\Phi}_{\sigma 1}=\begin{bmatrix}-4.0459\times10^{-9} & 3.0344\times10^{-7} & 6.0688\times10^{-6}\\ 7.0077\times10^{-9} & -5.2558\times10^{-7} & 1.0512\times10^{-5}\\ -1.4015\times10^{-8} & 1.0512\times10^{-6} & -2.1023\times10^{-5}\end{bmatrix}\\ \boldsymbol{\Phi}_{\sigma 4}=\begin{bmatrix}-4.7441\times10^{-8} & 3.5580\times10^{-6} & -7.1161\times10^{-5}\\ -1.2712\times10^{-8} & 9.5338\times10^{-7} & -1.9068\times10^{-5}\\ 0 & 0 & 0\end{bmatrix}\end{cases}$$

可验证$\boldsymbol{\sigma}_{id}(t)(i=1,4)$满足如下约束，即

$$\begin{cases}\boldsymbol{\sigma}_{id}(t_0)=\boldsymbol{\sigma}_{id0},\boldsymbol{\sigma}_{id}(t_f)=\boldsymbol{\sigma}_{idf}\\ \dot{\boldsymbol{\sigma}}_{id}(t_0)=\ddot{\boldsymbol{\sigma}}_{id}(t_0)=0\\ \dot{\boldsymbol{\sigma}}_{id}(t_f)=\ddot{\boldsymbol{\sigma}}_{id}(t_f)=0\end{cases}$$

由于$\boldsymbol{\sigma}_{1df}$和$\boldsymbol{\sigma}_{4df}$是常值0，因此，基体和末端执行器/有效载荷的姿态应该沿期望轨迹保持稳定的控制。

当$t_0\leqslant t\leqslant t_f$时，$\boldsymbol{R}_{4d}(t)$也由五次多项式确定，其期望的初始值为$\boldsymbol{R}_{4d0}$，$\boldsymbol{R}_{4d}(t)$在$t=t_f$时的期望值为$\boldsymbol{R}_{4d}(t_f)=[-0.4330,\ -0.1250,\ 3.3835]^{T}$ m。此时，$\boldsymbol{R}_{4d}(t)$是预先设计的连续轨迹，而不是常量。$\boldsymbol{R}_{4d}(t)$的表达式为

$$\boldsymbol{R}_{4d}(t)=\begin{cases}\boldsymbol{\Phi}_{R}\boldsymbol{T}+\boldsymbol{R}_{4d}(t_f), & t_0\leqslant t\leqslant t_f\\ \boldsymbol{R}_{4df}(t), & t>t_f\end{cases}$$

其中

$$\begin{cases}\boldsymbol{\Phi}_{R}=\begin{bmatrix}-6.9423\times10^{-8} & 7.4473\times10^{-6} & -1.7921\times10^{-4}\\ 6.5902\times10^{-8} & -3.4562\times10^{-6} & 2.6797\times10^{-5}\\ 4.2272\times10^{-7} & -2.9129\times10^{-5} & 5.0927\times10^{-4}\end{bmatrix}\\ \boldsymbol{R}_{4df}(t)=\begin{bmatrix}r\cos(\omega_c t+\theta_1)+X_0\\ r\sin(\omega_c t+\theta_1)\cos\theta_2+Y_0\\ r\sin(\omega_c t+\theta_1)\sin\theta_2+Z_0\end{bmatrix}\end{cases}$$

其中，$r=0.5\ \mathrm{m}$；$\boldsymbol{\omega}_c=\pi/20\ \mathrm{rad/s}$；$\theta_1=-\pi/3\ \mathrm{rad}$；$\theta_2=\pi/3\ \mathrm{rad}$；$X_0=Y_0=\mathbf{0}$；$Z_0=3.6\ \mathrm{m}$。$\boldsymbol{R}_{4\mathrm{df}}(t)$实际上是惯性空间中的周期性圆轨迹，$\boldsymbol{\Phi}_{\boldsymbol{R}}\boldsymbol{T}+\boldsymbol{R}_{4\mathrm{d}}(t_\mathrm{f})$是从$\boldsymbol{R}_{4\mathrm{d0}}$到$\boldsymbol{R}_{4\mathrm{df}}(t)$的平滑轨迹。上述参数确保了$\boldsymbol{R}_{4\mathrm{d}}(t)$是二阶可导的。图 5-4 所示为系统初始构型和末端执行器/有效载荷的期望位置轨迹。

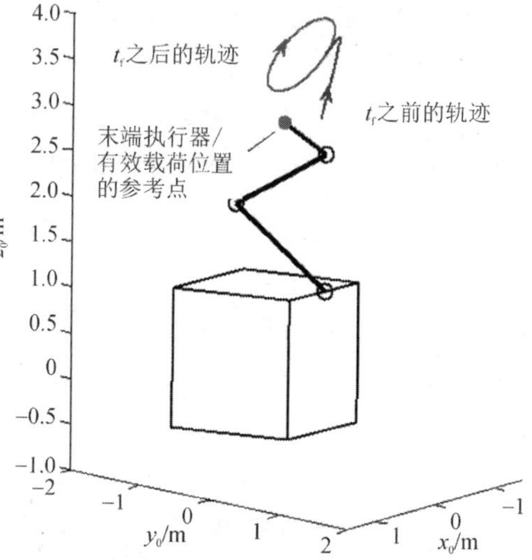

图 5-4 系统初始构型和末端执行器/有效载荷的期望位置轨迹

状态变量 $\boldsymbol{q}$ 与系统位移 $\boldsymbol{\Psi}$ 相关联的雅可比矩阵 $\boldsymbol{J}(\boldsymbol{q})$ 为

$$\boldsymbol{J}(\boldsymbol{q})=\begin{bmatrix}\boldsymbol{I} & \mathbf{0}_{3\times3} & \mathbf{0}_{3\times3} & \mathbf{0}_{3\times3} & \mathbf{0}_{3\times3}\\ \mathbf{0}_{3\times3} & \boldsymbol{I} & \mathbf{0}_{3\times3} & \mathbf{0}_{3\times3} & \mathbf{0}_{3\times3}\\ \boldsymbol{I} & -\boldsymbol{A}_{0,1}\boldsymbol{r}_{1,2}^{\times}\boldsymbol{H}_1^{-1}(\boldsymbol{\sigma}_1) & -\boldsymbol{A}_{0,2}\boldsymbol{r}_{2,3}^{\times}\boldsymbol{H}_2^{-1}(\boldsymbol{\sigma}_2) & -\boldsymbol{A}_{0,3}\boldsymbol{r}_{3,4}^{\times}\boldsymbol{H}_3^{-1}(\boldsymbol{\sigma}_3) & -\boldsymbol{A}_{0,4}\boldsymbol{r}_{4\mathrm{t}}^{\times}\boldsymbol{H}_4^{-1}(\boldsymbol{\sigma}_4)\\ \mathbf{0}_{3\times3} & \mathbf{0}_{3\times3} & \mathbf{0}_{3\times3} & \mathbf{0}_{3\times3} & I\end{bmatrix}$$

基于上述给出的 $\boldsymbol{\Psi}_\mathrm{d}(t)$，期望位移 $\boldsymbol{q}_\mathrm{d}$，以及其一阶导数 $\dot{\boldsymbol{q}}_\mathrm{d}$ 和二阶导数 $\ddot{\boldsymbol{q}}_\mathrm{d}$ 可以由 5.3.1 节中提出的轨迹规划算法和上面给出的雅可比矩阵 $\boldsymbol{J}(\boldsymbol{q})$ 计算得到，然后控制目标是驱动 $\boldsymbol{\sigma}_i(i=1,2,3,4)$ 跟踪 $\boldsymbol{\sigma}_{i\mathrm{d}}$ 期望的轨迹 $\boldsymbol{q}_\mathrm{d}$。

5.4.3 干扰力矩

干扰力矩主要考虑两部分：关节摩擦力矩和其他可能的扰动力矩。球形关节摩擦力矩的精确建模相当复杂，在仿真中，采用以下模型近似模拟作用于体 B_i 关节 i 的摩擦力矩($i=2,3,4$)。

$$\begin{cases}\boldsymbol{T}_{\mathrm{h}i}=-\lambda_{\mathrm{c}i}\,\mathrm{sat}(\boldsymbol{\omega}_i-\boldsymbol{A}_{i,i-1}\boldsymbol{\omega}_{i-1},\boldsymbol{\zeta}_i)\\ \qquad\quad-\lambda_{\mathrm{t}i}(\boldsymbol{\omega}_i-\boldsymbol{A}_{i,i-1}\boldsymbol{\omega}_{i-1})\\ i=2,3,4\end{cases}$$

其中，对于任何 $\boldsymbol{x}=[x_1,\ \ x_2,\ \ x_3]^{\mathrm{T}}\in\mathbf{R}^3$ 和 $\zeta=[\zeta_1,\ \ \zeta_2,\ \ \zeta_3]^{\mathrm{T}}\in\mathbf{R}^3$，有 $\mathrm{sat}(x,\zeta)=[\mathrm{sat}(x_1,\zeta_1),\mathrm{sat}(x_2,\zeta_2),\mathrm{sat}(x_3,\zeta_3)]^{\mathrm{T}}$，其中，$\mathrm{sat}(x_j,\zeta_j)(j=1,2,3)$是一个饱和函数，定义为

$$\mathrm{sat}(x_j,\zeta_j)=\begin{cases}\mathrm{sign}(x_j), & |x_j|\geqslant\zeta_j\\ x_j/\zeta_j, & |x_j|<\zeta_j\end{cases}\quad(j=1,2,3)$$

作用在体 $\mathrm{B}_i(i=1,2,3,4)$上的其他可能的干扰力矩认为是恒定力矩，以及以时间 t 为参数的周期力矩之和，其形式为

$$\boldsymbol{T}_{\mathrm{p}i}=\boldsymbol{T}_{\mathrm{p}i0}+\boldsymbol{T}_{\mathrm{p}i\mathrm{p}}\sin(\omega_{\mathrm{p}i}t)\quad(i=1,2,3,4)$$

需要注意的是，当关节 i 的摩擦力矩作用在体 B_i 上时，其反作用力矩也会作用在体 B_{i-1} 上，继而仿真中的干扰力矩 $\boldsymbol{F}_{\mathrm{d}}$(见式(5.24))为

$$\begin{cases}\boldsymbol{T}_{\mathrm{d1}}=\boldsymbol{T}_{\mathrm{p1}}-\boldsymbol{A}_{1,2}\boldsymbol{T}_{\mathrm{h2}}\\ \boldsymbol{T}_{\mathrm{d2}}=\boldsymbol{T}_{\mathrm{p2}}+\boldsymbol{T}_{\mathrm{h2}}-\boldsymbol{A}_{2,3}\boldsymbol{T}_{\mathrm{h3}}\\ \boldsymbol{T}_{\mathrm{d3}}=\boldsymbol{T}_{\mathrm{p3}}+\boldsymbol{T}_{\mathrm{h3}}-\boldsymbol{A}_{3,4}\boldsymbol{T}_{\mathrm{h4}}\\ \boldsymbol{T}_{\mathrm{d4}}=\boldsymbol{T}_{\mathrm{p4}}+\boldsymbol{T}_{\mathrm{h4}}\end{cases}$$

相关的常量参数选择为

$$\begin{cases}\lambda_{\mathrm{c2}}=0.15\ \mathrm{N\cdot m},\ \lambda_{\mathrm{c3}}=\lambda_{\mathrm{c4}}=0.1\ \mathrm{N\cdot m}\\ \lambda_{\mathrm{t2}}=0.07\ \mathrm{N\cdot m\cdot s/rad}\\ \lambda_{\mathrm{t3}}=\lambda_{\mathrm{t4}}=0.05\ \mathrm{N\cdot m\cdot s/rad}\\ \zeta_2=\zeta_3=\zeta_4=[2,\ \ 2,\ \ 2]^{\mathrm{T}}(10^{-3}\,\mathrm{rad/s})\end{cases},$$

$$\begin{cases}\boldsymbol{T}_{\mathrm{p10}}=[0.15,\ \ 0.15,\ \ 0.15]^{\mathrm{T}}\,\mathrm{N\cdot m}\\ \boldsymbol{T}_{\mathrm{p20}}=[0.1,\ \ 0.1,\ \ 0.1]^{\mathrm{T}}\,\mathrm{N\cdot m}\\ \boldsymbol{T}_{\mathrm{p30}}=\boldsymbol{T}_{\mathrm{p40}}=[0.08,\ \ 0.08,\ \ 0.08]^{\mathrm{T}}\,\mathrm{N\cdot m}\\ \boldsymbol{T}_{\mathrm{p1p}}=[0.15,\ \ -0.2,\ \ -0.15]^{\mathrm{T}}\,\mathrm{N\cdot m}\\ \boldsymbol{T}_{\mathrm{p2p}}=[0.1,\ \ -0.15,\ \ -0.1]^{\mathrm{T}}\,\mathrm{N\cdot m}\\ \boldsymbol{T}_{\mathrm{p3p}}=\boldsymbol{T}_{\mathrm{p4p}}=[0.08,\ \ -0.12,\ \ -0.08]^{\mathrm{T}}\,\mathrm{N\cdot m}\end{cases},$$

$$\omega_{\mathrm{p1}}=0.3\ \mathrm{rad/s},\ \omega_{\mathrm{p2}}=\omega_{\mathrm{p3}}=\omega_{\mathrm{p4}}=0.5\ \mathrm{rad/s}$$

5.4.4　控制参数

对于体 $\mathrm{B}_i(i=1,2,3,4)$的控制器，将式(5-55)中的函数 $P(x)$表示为 $P_i(x)$，并设计为

$$P_i(x)=\begin{cases}a_i\tanh(b_ix), & x\leqslant\delta_i\\ x, & x>\delta_i\end{cases}\quad(i=1,2,3,4)$$

其中，a_i，b_i 和 δ_i 确保条件 1 成立，并和其他控制参数一起列于表 5-2 中。

表 5-2 系统控制参数

控制器	N	q_0	q_2	q_3	q_4	ψ_0	ψ_1	ψ_2	ψ_3	a	b	δ	ε	C	K_D
B_1	3	5	5	5	5	0.010	0.010	0.010	0.010	0.004	3750	0.004	0.02	$[0.3I \quad I]$	$0.3I$
B_2	3	5	5	5	5	0.005	0.005	0.005	0.005	0.010	1500	0.010	0.01	$[0.5I \quad I]$	$0.5I$
B_3	3	5	5	5	5	0.005	0.005	0.005	0.005	0.010	1500	0.010	0.01	$[0.5I \quad I]$	$0.5I$
B_4	3	5	5	5	5	0.005	0.005	0.005	0.005	0.010	1500	0.010	0.01	$[0.5I \quad I]$	$0.5I$

对于每个 CMG 簇，零运动系数选择为相同的值，即 $\alpha_i=0.5(i=1,2,3,4)$。

5.4.5 仿真结果与分析

图 5-5 所示为 $\boldsymbol{\sigma}_i(i=1,2,3,4)$的期望轨迹 $\boldsymbol{\sigma}_{id}=[\sigma_{id1}, \quad \sigma_{id2}, \quad \sigma_{id3}]^T$，该期望轨迹是基于期望操作变量 $\boldsymbol{\Psi}_d(t)$，并采用 5.3 节中提出的轨迹规划算法求解得到的。图 5-6 所示为 $\boldsymbol{\sigma}_i(i=1,2,3,4)$的控制误差，该误差定义为 $\Delta\sigma_i=\|\boldsymbol{\sigma}_i-\boldsymbol{\sigma}_{id}\|_2$。图 5-7 所示为在 $\boldsymbol{\sigma}_i$ 直接控制下的末端执行器/有效载荷位置误差，该误差定义为 $\Delta\boldsymbol{R}_4=\|\boldsymbol{R}_4-\boldsymbol{R}_{4d}(t)\|_2$。为了进行比较，使用带有式(5-54)(本文中提出的控制律)中 $\boldsymbol{u}_N$ 的控制律式(5-45)和使用等式(5-51)中 $\boldsymbol{u}_N$ 的控制律式(5-45)的结果均在图 5-6 和图 5-7 中给出。这两个控制定律使用 5.4.4 节中给出的相同的控制参数来获得比较的结果。从中可以看出，式(5-54)中给出的控制律 $\boldsymbol{u}_N$ 的控制

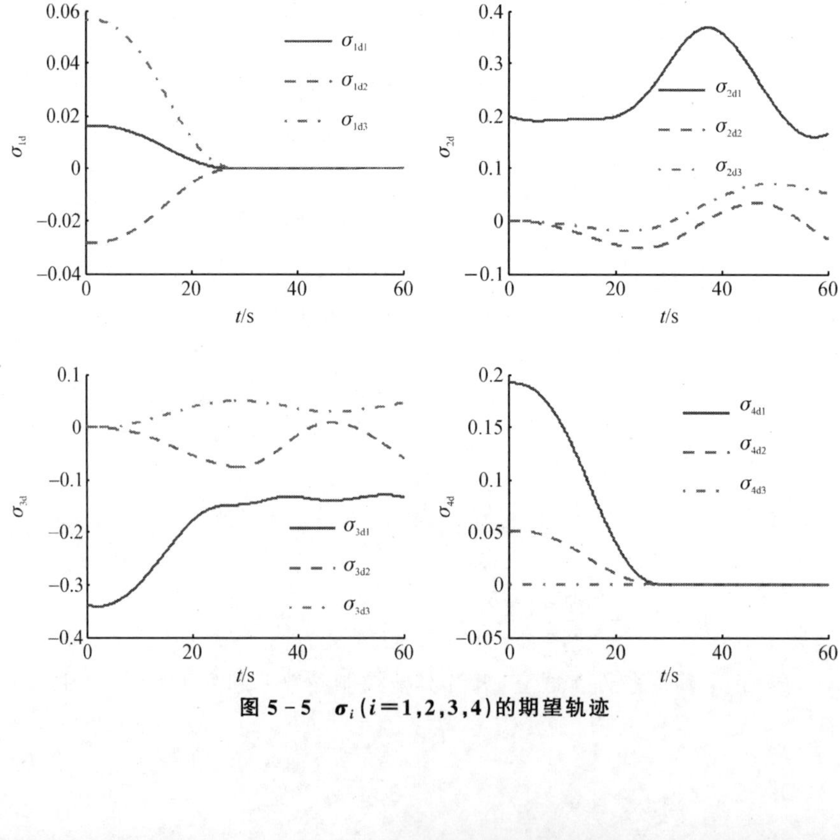

图 5-5 $\boldsymbol{\sigma}_i(i=1,2,3,4)$的期望轨迹

误差明显小于方程(5－51)中给出的控制律 $\boldsymbol{u}_{\mathrm{N}}$ 的控制误差，验证了所提出的控制律和自适应律的有效性。

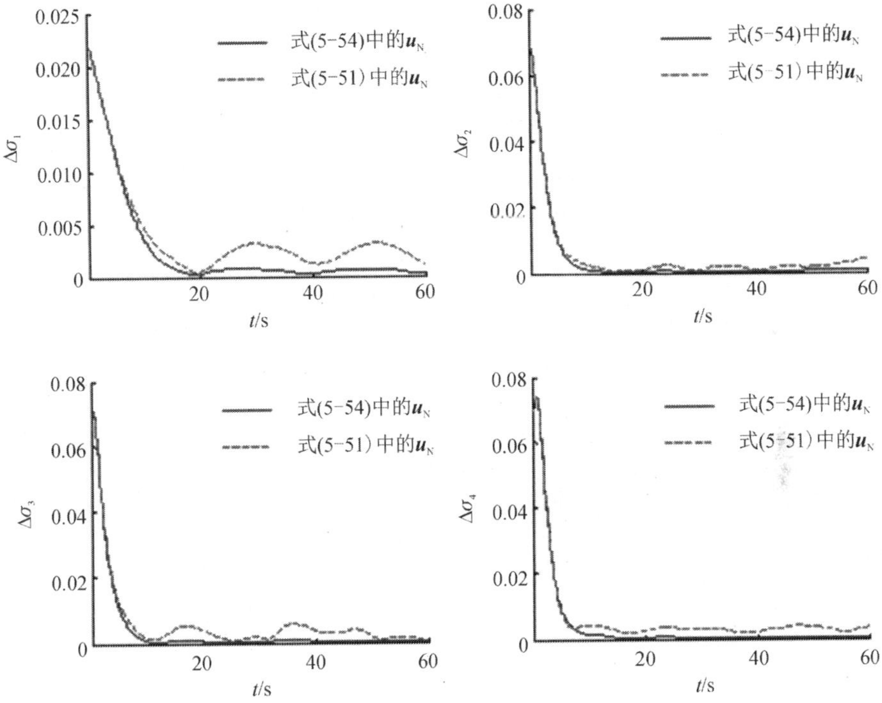

图 5－6　$\boldsymbol{\sigma}_i\ (i=1,2,3,4)$ 的控制误差

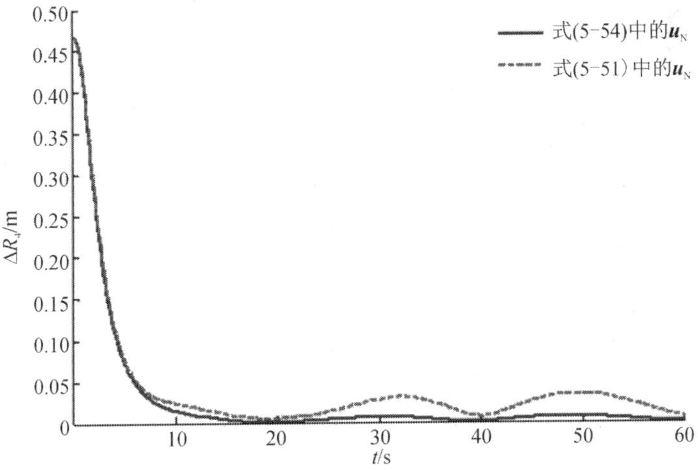

图 5－7　末端执行器/有效载荷的位置误差

图 5－8 所示为 $\boldsymbol{T}_{gi}\ (i=1,2,3,4)$ 的幅值，其中 $T_{gi}=\|\boldsymbol{T}_{gi}\|_2\ (i=1,2,3,4)$。通过比较式(5－54)中 $\boldsymbol{u}_{\mathrm{N}}$ 产生的 T_{gi} 与式(5－51)中 $\boldsymbol{u}_{\mathrm{N}}$ 产生的 T_{gi} 可以看出，虽

然基于式(5－54)中给出的控制律 $\boldsymbol{u}_{\mathrm{N}}$ 相较于式(5－51)中的控制律 $\boldsymbol{u}_{\mathrm{N}}$ 提高了控制精度,但并未显著增加控制力矩。此外,由于两个控制器在控制输入中的连续性,在仿真中均未发生抖振现象。进一步的仿真结果表明,如果扩展自适应律中的放大区域,可能实现更好的控制精度,但其代价是可能增加控制力矩的幅值。

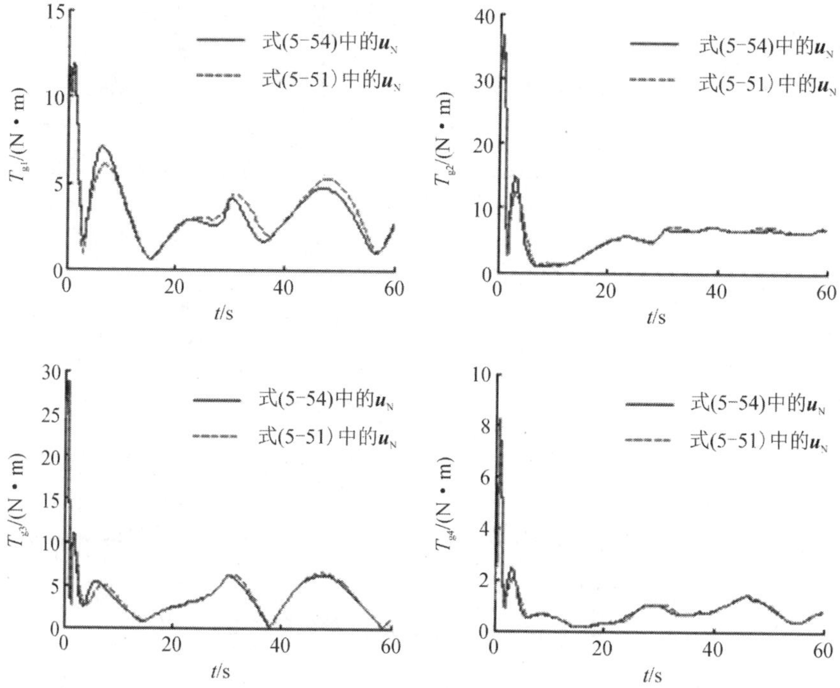

图 5－8 T_{gi} ($i=1,2,3,4$)的幅值

在仿真过程中,CMG 的零运动操纵律运行良好。图 5－9 所示为 CMG 的构型奇异性度量(图 5－9 中的结果是通过式(5－54)中给出的控制律 $\boldsymbol{u}_{\mathrm{N}}$ 实现的),包括零运动和无零运动的情形。即使是无零运动的情形,CMG 簇也未遇到奇异,但在大多数情况下,具有零运动的度量值比无零运动的度量值大得多,这表明了零运动对奇异规避的有效性。

图 5－10 所示为控制过程中不同时刻的系统构型。其中,带有实线轴的坐标系表示 F_4,带有虚线轴的坐标表示期望的 F_4 的方向。F_4 的原点位于末端执行器/有效载荷的位置参考点,期望坐标的原点位于末端执行器/有效载荷的期望位置。在初始时刻,末端执行器/有效载荷的位置和方向都与期望的位置和方向有明显偏差,并且基体姿态也与期望姿态$[0,0,0]^{\mathrm{T}}$ 有明显的偏差。在所提出的控制律的控制下,偏差逐渐减小,最终收敛于一个小范围内。

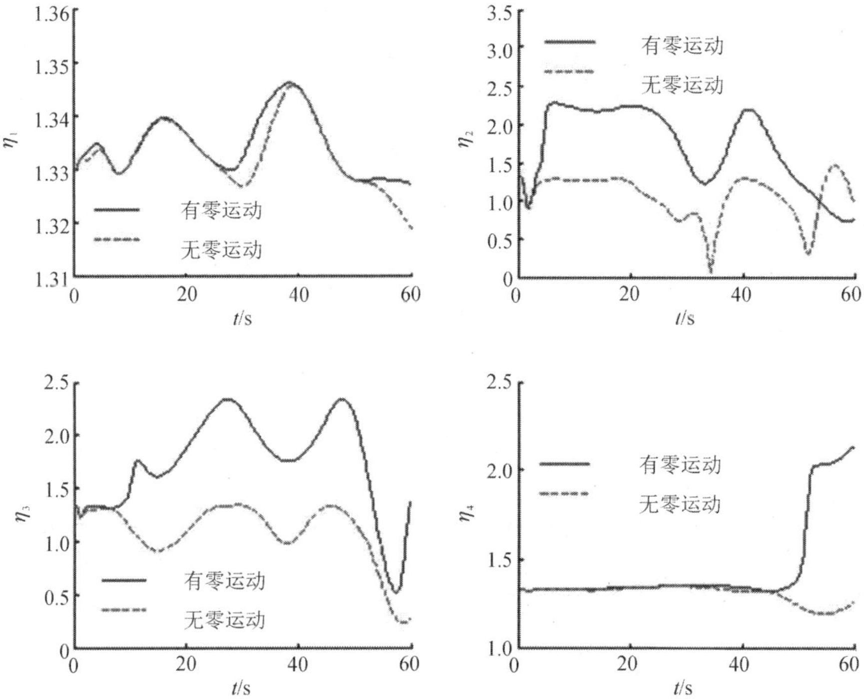

图5-9 CMG的构型奇异性度量

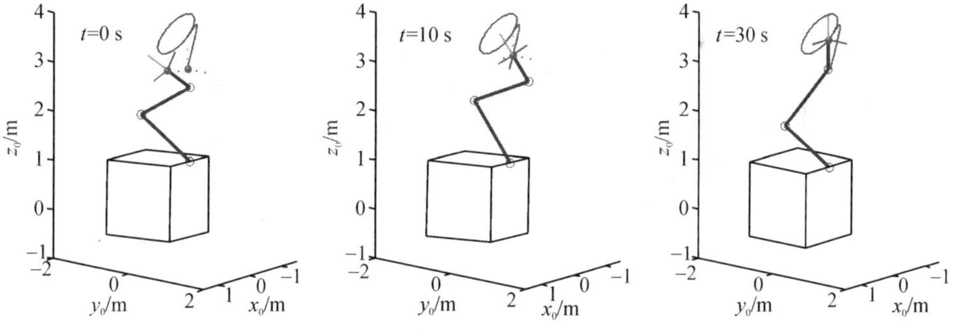

图5-10 控制过程中不同时刻的系统构型

5.5 小 结

空间机器人系统轨迹跟踪的分散控制器设计面临系统不确定性程度大、上限未知的挑战。本章提出了一种改进自适应滑模控制器,可实现闭环系统的最终一致有界。在自适应律中引入放大函数,只要选择适当的放大范围,可以在不显著增加控制输入幅值的情况下,有效减小控制误差,并且控制律具有连续性,不存在抖振问题。本章所提出的控制器设计可应用于具有不同构型的机器人系统,这是因为每个臂杆的控制器都是作为一个独立的系统而单独设计的。此外,带有零运动的 CMG 操纵律在一定程度上实现了 CMG 的奇异构型规避,有利于进一步提升系统的性能。

参考文献

[1] HUGHES P C. Spacecraft attitude dynamics[M]. New York: John Wiley & Sons, Inc, 1986.

[2] SCHAUB H, JUNKINS J L. Stereographic orientation parameters for attitude dynamics: a generalization of the Rodrigues parameters[J]. Journal of the Astronautical Sciences, 1996, 44(1): 1-19.

[3] JIN Y Q, LIU X D, QIU W, et al. Time-varying sliding mode controls in rigid spacecraft attitude tracking[J]. Chinese Journal of Aeronautics, 2008, 21(4): 352-360.

[4] CONG B L, LIU X D, CHEN Z. Exponential time-varying sliding mode control for large angle attitude eigenaxis maneuver of rigid spacecraft[J]. Chinese Journal of Aeronautics, 2010, 23(4): 447-453.

[5] BANERJEE A K, KANE T R. Large motion dynamics of a spacecraft with a closed loop, articulated, flexible appendage[C]//25th AIAA Structures. Structural Dynamics and Materials Conference, 1984: 1015.

[6] YOON H, TSIOTRAS P. Spacecraft adaptive attitude and power tracking with variable speed control moment gyroscopes[J]. Journal of Guidance, Control and Dynamics, 2002, 25(6): 1081-1090.

[7] SCHAUB H, VADALI S R, JUNKINS J L. Feedback control law for variable speed control moment gyroscopes[J]. Journal of the Astronautical Sciences, 1998, 46(3): 307-328.

[8] YOON H, TSIOTRAS P. Adaptive spacecraft attitude tracking control with actuator uncertainties[C]//AIAA Guidance. Navigation and Control Conference and Exhibit, 2005: 5311-5322.

[9] WALCOTT B L, ZAK S H. Combined observer-controller synthesis for uncertain dynamical systems with applications[J]. IEEE Transactions on Systems, Man, and Cybernetics, 1988, 18(1): 367-371.

[10] SENDA K, NAGAOKA H. Adaptive control of free-flying space robot with position/attitude control system[J]. Journal of Guidance, Control and Dynamics, 1999, 22 (3):

488-490.

[11] DE WIT C C, OLSSON H, ÅSTRöM K J, et al. A new model for control of systems with friction[J]. IEEE Transactions on Automatic Control, 1995, 40(3): 419-425.

[12] CORLESS M J, LEITMANN G. Continuous state feedback guaranteeing uniform ultimate boundedness for uncertain dynamic systems[J]. IEEE Transactions on Automatic Control, 1981, 26(5): 1139-1144.

[13] YOO D S, CHUNG M J. A variable structure control with simple adaptation laws for upper bounds on the norm of the uncertainties[J]. IEEE Transactions on Automatic Control, 1992,37(6):159-165.

[14] WHEELER G, SU C Y, STEPANENKO Y. A sliding mode controller with improved adaptation laws for the upper bounds on the norm of uncertainties[J]. Automatica,1998,34(12):1657-1661.

第 6 章

基于陀螺驱动的双臂空间机器人鲁棒轨迹跟踪控制

在现代空间任务中，双臂空间机器人因其高度的灵活性和复杂的动力学特性，已成为关键技术的研究焦点。本章主要研究陀螺驱动的双臂空间机器人在复杂空间环境中的鲁棒轨迹跟踪控制问题。这一问题在实现精确的空间操作和有效的任务执行方面至关重要。

本章首先介绍双臂空间机器人的系统描述与基本假设，包括其结构、动力学特性及操作环境。接着，详细阐述系统的运动方程，这为理解和分析双臂空间机器人的动力学行为提供了基础。在此基础上，提出了一种鲁棒控制器设计方法，旨在提高双臂空间机器人在面对模型不确定性和外部干扰时的性能稳定性。

针对陀螺驱动机制，本章还特别讨论其力矩分析与操纵律设计。通过精确的力矩分析，能够确保双臂空间机器人在复杂任务中保持高效和准确的操作。此外，还通过仿真案例，验证所设计控制器的有效性和鲁棒性，展示其在实际空间任务中的应用潜力。

总体而言，本章的研究不仅为理解和实现陀螺驱动的双臂空间机器人的高效控制提供了理论基础，也为未来空间机器人的设计和应用提供了重要的技术参考。

6.1 系统描述与基本假设

本章的研究对象是 1 个由 2 条机械臂和 1 个基体组成的自由飞行空间机器人，其每条机械臂由 3 个连杆组成，复合体（基体和连杆）通过自由球铰连接。2 个机械臂用其末端执行器（手臂的末端连杆）抓住 1 个共同的有效载荷，从而形成闭链拓扑。末端执行器与有效载荷采用刚性连接，因此可视为 1 个刚体。每个复合体上安装一簇 CMG（每组不少于 3 个 CMG）来驱动系统。

为了便于系统动力学建模，通过施加体切割方式将机械臂 2 的末端执行器与有效载荷分离，构建了虚拟的开链拓扑结构，如图 6-1 所示。复合体用 B 表示：B_1 是基体，B_2，B_3 和 B_4 表示机械臂 1 的连杆，B_5，B_6 和 B_7 表示臂 2 的连杆。需要注意的是，B_4 是指机械臂 1 的末端执行器和有效载荷的组合体，因为两者为刚性连接，因此可视为 1 个刚体。B_4 上的切点用 O_{4r} 表示，B_7 上的切点用 O_{7r} 表示。连接体 B_j $(j=2,3,\cdots,7)$ 的关节的中心用 O_j 表示。n_i 表示安装在 B_i $(i=1,2,\cdots,7)$ 上的 CMG 总数，并且 n_i 个 CMG 被称为第 i 个 CMG 簇。在下文中，除非另有说明，B_i 是指第 i 个复合体加上第 i 个 CMG 簇。

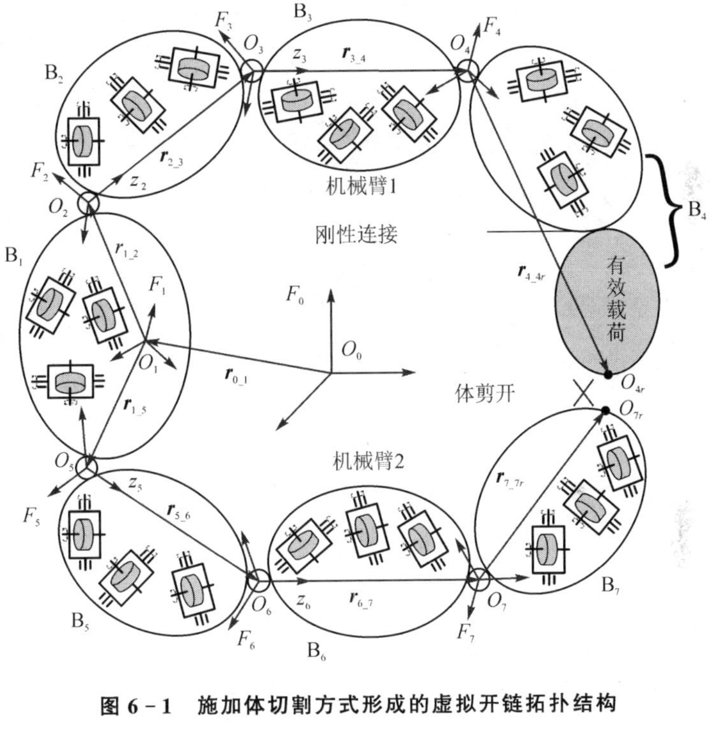

图 6-1　施加体切割方式形成的虚拟开链拓扑结构

上述系统，满足第 4 章中的假设 1～假设 3。从机器人系统层面来看，该系统可以看作是由 7 个复合体（B_1 至 B_7）组成的多体系统，每个 CMG 簇可视为相应复合体的一部分。

6.2　系统运动方程

本节深入探讨双臂空间机器人系统运动方程，包括开链系统和闭链系统的动力学分析。我们首先介绍开链系统的运动方程，使用修正罗德里格斯参数来描述复合体的角位移，构建开链系统的动力学模型。继而通过对闭链系统施加切开点，并添加约束，将闭链系统转化为开链系统，推导出闭链系统的动力学模型。模型构建为后续控制器设计提供重要的理论基础。

6.2.1 开链系统运动方程

为了描述系统的运动，引入如下参考系：F_0 是惯性参考系；$F_i(i=1,2,\cdots,7)$ 是体 B_i 的体固定参考系；F_1 位于体 B_1 上的任意点 O_1，$F_j(i=2,3,\cdots,7)$ 位于点 O_j。为了便于后续分析，将 F_2，F_3，F_5 和 F_6 的 z 轴分别设置为指向 O_3，O_4，O_6 和 O_7（图 6－1）。$\boldsymbol{r}_{x\_y}$ 定义为 F_x 中从点 O_x 到点 O_y 的位置向量（图 6－1）。

由于连杆是通过球形关节连接的，因此，采用修正罗德里格斯参数代替传统的关节角度来描述复合体的角位移。分别将 $\boldsymbol{\sigma}_i=[\sigma_{i1},\ \sigma_{i2},\ \sigma_{i3}]^{\mathrm{T}}$ 和 $\boldsymbol{\omega}_i=[\omega_{i1},\ \omega_{i2},\ \omega_{i3}]^{\mathrm{T}}$ 表示为 F_i 相对于 F_0 的 MRP 和角速度，则有[1]

$$\dot{\boldsymbol{\sigma}}_i=\boldsymbol{H}_i(\boldsymbol{\sigma}_i)\boldsymbol{\omega}_i,\quad i=1,2,\cdots,7 \tag{6-1}$$

其中

$$\boldsymbol{H}_i(\boldsymbol{\sigma}_i)=\frac{1}{2}\left[\boldsymbol{I}_3+\tilde{\boldsymbol{\sigma}}_i+\boldsymbol{\sigma}_i\boldsymbol{\sigma}_i^{\mathrm{T}}-\frac{1}{2}(1+\boldsymbol{\sigma}_i^{T}\boldsymbol{\sigma}_i)\boldsymbol{I}_3\right] \tag{6-2}$$

其中，符号～表示与 3×1 矩阵相关的叉乘矩阵；$\boldsymbol{I}_n$ 表示 $n\times n$ 单位矩阵。引入广义速度矢量 $\boldsymbol{v}\in\mathbf{R}^{24}$ 和广义位移矢量 $\boldsymbol{q}\in\mathbf{R}^{24}$ 为

$$\boldsymbol{v}=[\dot{\boldsymbol{r}}_{0\_1}^{\mathrm{T}},\ \boldsymbol{\omega}_1^{\mathrm{T}},\ \boldsymbol{\omega}_2^{\mathrm{T}},\ \cdots,\ \boldsymbol{\omega}_7^{\mathrm{T}}]^{\mathrm{T}} \tag{6-3}$$

$$\boldsymbol{q}=[\boldsymbol{r}_{0\_1}^{\mathrm{T}},\ \boldsymbol{\sigma}_1^{\mathrm{T}},\ \boldsymbol{\sigma}_2^{\mathrm{T}},\ \cdots,\ \boldsymbol{\sigma}_7^{\mathrm{T}}]^{\mathrm{T}} \tag{6-4}$$

则很容易得到系统的运动学方程为

$$\dot{\boldsymbol{q}}=\boldsymbol{H}(\boldsymbol{q})\boldsymbol{v} \tag{6-5}$$

其中，$\boldsymbol{H}(\boldsymbol{q})=\mathrm{blockdiag}[\boldsymbol{I}_3,\ \boldsymbol{H}_1(\boldsymbol{\sigma}_1),\ \boldsymbol{H}_2(\boldsymbol{\sigma}_2),\ \cdots,\ \boldsymbol{H}_7(\boldsymbol{\sigma}_7)]\in\mathbf{R}^{24\times 24}$。基于广义速度 $\boldsymbol{v}$ 的定义，可以使用矩阵形式的凯恩方程导出无约束开链系统的动力学方程为[2]

$$\boldsymbol{M}(\boldsymbol{q})\dot{\boldsymbol{v}}+\boldsymbol{Q}'(\boldsymbol{q},\boldsymbol{v})=\boldsymbol{F}_{\mathrm{c}}+\boldsymbol{F}_{\mathrm{d}}+\boldsymbol{F}_{\mathrm{h}} \tag{6-6}$$

其中，$\boldsymbol{M}(\boldsymbol{q})\in\mathbf{R}^{24\times 24}$ 为对称质量矩阵；$\boldsymbol{Q}'(\boldsymbol{q},\boldsymbol{v})\in\mathbf{R}^{24}$ 为包括科里奥利力和离心力的非线性惯性力矢量；$\boldsymbol{M}(\boldsymbol{q})$ 和 $\boldsymbol{Q}'(\boldsymbol{q},\boldsymbol{v})$ 的详细表达式参见参考文献[2]；$\boldsymbol{F}_{\mathrm{c}}=[\boldsymbol{F}_{\mathrm{c1}}^{\mathrm{T}},\ \boldsymbol{T}_{\mathrm{c1}}^{\mathrm{T}},\ \boldsymbol{T}_{\mathrm{c2}}^{\mathrm{T}},\ \cdots,\ \boldsymbol{T}_{\mathrm{c7}}^{\mathrm{T}}]^{\mathrm{T}}$ 为控制力矢量；$\boldsymbol{F}_{\mathrm{d}}=[\boldsymbol{F}_{\mathrm{d1}}^{\mathrm{T}},\ \boldsymbol{T}_{\mathrm{d1}}^{\mathrm{T}},\ \boldsymbol{T}_{\mathrm{d2}}^{\mathrm{T}},\ \cdots,\ \boldsymbol{T}_{\mathrm{d7}}^{\mathrm{T}}]^{\mathrm{T}}$ 和 $\boldsymbol{F}_{\mathrm{h}}=[\boldsymbol{0}_{3\times 1},\ \boldsymbol{T}_{\mathrm{h1}}^{\mathrm{T}},\ \boldsymbol{T}_{\mathrm{h2}}^{\mathrm{T}},\ \cdots,\ \boldsymbol{T}_{\mathrm{h7}}^{\mathrm{T}}]^{\mathrm{T}}$ 为干扰力矢量。其中，$\boldsymbol{0}_{n\times m}$ 表示 $n\times m$ 的零矩阵；$\boldsymbol{F}_{\mathrm{c1}}$ 和 $\boldsymbol{F}_{\mathrm{d1}}$ 分别为作用在体 B_1 上的控制力和干扰力，均在坐标系 F_0 中表示；$\boldsymbol{T}_{\mathrm{d}i}$ 是作用于体 B_i 的扰动力矩，在坐标系 F_i 中表示。$\boldsymbol{T}_{\mathrm{c}i}$ 为第 i 簇 CMG 作用于体 B_i 的控制力矩；$\boldsymbol{T}_{\mathrm{h}i}$ 为体 B_i 角速度与第 i 簇 CMG 角动量之间的耦

合力矩。$\boldsymbol{T}_{ci}$ 和 $\boldsymbol{T}_{hi}$ 的表达式为

$$\boldsymbol{T}_{ci}=-h_i\boldsymbol{A}_{ti}\dot{\boldsymbol{\gamma}}_i \quad (i=1,2,\cdots,7) \tag{6-7}$$

$$\boldsymbol{T}_{hi}=-\tilde{\boldsymbol{\omega}}_i\boldsymbol{A}_{si}\boldsymbol{h}_i \quad (i=1,2,\cdots,7) \tag{6-8}$$

其中，$\boldsymbol{\gamma}_i=[\gamma_{i1},\ \gamma_{i2},\ \cdots,\ \gamma_{in_i}]^{\mathrm{T}}$ 为第 i 个 CMG 簇的框架角向量；$\boldsymbol{A}_{si}=[\boldsymbol{c}_{si1},\ \boldsymbol{c}_{si2},\ \cdots,\ \boldsymbol{c}_{sin_i}]$和 $\boldsymbol{A}_{ti}=[\boldsymbol{c}_{ti1},\ \boldsymbol{c}_{ti2},\ \cdots,\ \boldsymbol{c}_{tin_i}]$为 $3\times n_i$ 矩阵，其列向量 $\boldsymbol{c}_{sij}$ 和 $\boldsymbol{c}_{tij}$ $(j=1,2,\cdots,n_i)$分别为第 i 个 CMG 簇中第 j 个陀螺沿转子动量轴和沿横轴的单位列向量（见图 6-2）；$\boldsymbol{h}_i=[\underbrace{h_i,\ h_i,\ \cdots,\ h_i}_{n_i}]^{\mathrm{T}}$。式(6-8)中的 $\boldsymbol{A}_{si}\boldsymbol{h}_i$ 项实际上是 F_i 中第 i 个 CMG 簇的总角动量。将 $\boldsymbol{A}_{si}\boldsymbol{h}_i$ 表示为 $\boldsymbol{h}_{\mathrm{cmg}i}$，即

$$\boldsymbol{h}_{\mathrm{cmg}i}=\boldsymbol{A}_{si}\boldsymbol{h}_i \tag{6-9}$$

将 $\boldsymbol{h}_{\mathrm{cmg}i}$ 对时间求导可得

$$\dot{\boldsymbol{h}}_{\mathrm{cmg}i}=\dot{\boldsymbol{A}}_{si}\boldsymbol{h}_i \tag{6-10}$$

文献[3]中的结果显示为

$$\dot{\boldsymbol{A}}_{si}=\boldsymbol{A}_{ti}[\dot{\boldsymbol{\gamma}}_i]^{\mathrm{d}} \tag{6-11}$$

其中，运算符$[\boldsymbol{x}]^{\mathrm{d}}$ 为一个方阵，列向量 $\boldsymbol{x}$ 的元素位于方阵的主对角线上。将式(6-11)代入式(6-10)，并注意到$[\dot{\boldsymbol{\gamma}}_i]^{\mathrm{d}}\boldsymbol{h}_i=h_i\dot{\boldsymbol{\gamma}}_i$，可得

$$\dot{\boldsymbol{h}}_{\mathrm{cmg}i}=-\boldsymbol{T}_{ci} \tag{6-12}$$

后续分析中将使用式(6-12)。动力学方程式(6-6)也可以整理为

$$\boldsymbol{M}(\boldsymbol{q})\dot{\boldsymbol{v}}+\boldsymbol{Q}(\boldsymbol{q},\boldsymbol{v})=\boldsymbol{F}_{\mathrm{c}}+\boldsymbol{F}_{\mathrm{d}} \tag{6-13}$$

其中，$\boldsymbol{Q}(\boldsymbol{q},\boldsymbol{v})=\boldsymbol{Q}'(\boldsymbol{q},\boldsymbol{v})-\boldsymbol{F}_{\mathrm{h}}$。动力学方程式(6-13)和运动学方程式(6-5)构成了开链系统的运动方程。

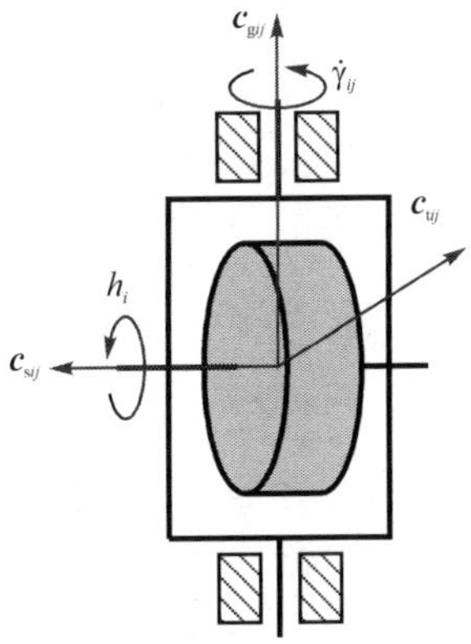

图 6-2　控制力矩陀螺示意图

6.2.2 闭链系统运动方程

本节首先给出运动约束方程，然后将约束方程引入无约束开链系统的动力学方程，从而推导出闭链系统的动力学方程。约束方程基于以下两个事实给出：(1) 切割开点 O_{4r} 和 O_{7r}（图 6-1）具有相同的速度，因为它们实际上是闭链系统中的一个点；(2) 体 B_4 和体 B_7 具有相同的角速度，因为它们实际上是一个刚体。上述两个事实是由两个表示在 F_0 中的方程确保的，即

$$\begin{aligned}\boldsymbol{A}_{0,1}\tilde{\boldsymbol{r}}_{1\_2}\boldsymbol{\omega}_1+\boldsymbol{A}_{0,2}\tilde{\boldsymbol{r}}_{2\_3}\boldsymbol{\omega}_2+\boldsymbol{A}_{0,3}\tilde{\boldsymbol{r}}_{3\_4}\boldsymbol{\omega}_3+\boldsymbol{A}_{0,4}\tilde{\boldsymbol{r}}_{4\_4r}\boldsymbol{\omega}_4=\boldsymbol{A}_{0,1}\tilde{\boldsymbol{r}}_{1\_5}\boldsymbol{\omega}_1+\\ \boldsymbol{A}_{0,5}\tilde{\boldsymbol{r}}_{5\_6}\boldsymbol{\omega}_5+\boldsymbol{A}_{0,6}\tilde{\boldsymbol{r}}_{6\_7}\boldsymbol{\omega}_6+\boldsymbol{A}_{0,7}\tilde{\boldsymbol{r}}_{7\_7r}\boldsymbol{\omega}_7\end{aligned} \tag{6-14}$$

$$\boldsymbol{A}_{0,4}\boldsymbol{\omega}_4=\boldsymbol{A}_{0,7}\boldsymbol{\omega}_7 \tag{6-15}$$

其中，$\boldsymbol{A}_{x,y}$ 为从 F_y 到 F_x 的旋转变换矩阵。式(6-14)和式(6-15)可以合并为一个方程，即

$$\boldsymbol{G}_{\mathrm{I}}\boldsymbol{v}_{\mathrm{I}}=\boldsymbol{G}_{\mathrm{D}}\boldsymbol{v}_{\mathrm{D}} \tag{6-16}$$

其中，$\boldsymbol{v}_{\mathrm{I}}\in\mathbf{R}^{18}$ 和 $\boldsymbol{v}_{\mathrm{D}}\in\mathbf{R}^{6}$ 分别称为独立广义速度和非独立广义速度，其表达式为

$$\boldsymbol{v}_{\mathrm{I}}=[\dot{\boldsymbol{r}}_{0,1}^{\mathrm{T}},\quad \boldsymbol{\omega}_1^{\mathrm{T}},\quad \boldsymbol{\omega}_2^{\mathrm{T}},\quad \boldsymbol{\omega}_3^{\mathrm{T}},\quad \boldsymbol{\omega}_4^{\mathrm{T}},\quad \omega_{5z},\quad \omega_{6y},\quad \omega_{6z}]^{\mathrm{T}} \tag{6-17}$$

$$\boldsymbol{v}_{\mathrm{D}}=[\omega_{5x},\quad \omega_{5y},\quad \omega_{6x},\quad \boldsymbol{\omega}_7^{\mathrm{T}}]^{\mathrm{T}} \tag{6-18}$$

矩阵 $\boldsymbol{G}_{\mathrm{I}}\in\mathbf{R}^{6\times18}$ 和 $\boldsymbol{G}_{\mathrm{D}}\in\mathbf{R}^{6\times6}$ 的表达式为

$$\boldsymbol{G}_{\mathrm{I}}=\begin{bmatrix}\mathbf{0}_{3\times3}, & \boldsymbol{A}_{0,1}(\tilde{\boldsymbol{r}}_{1\_2}-\tilde{\boldsymbol{r}}_{1\_5}), & \boldsymbol{A}_{0,2}\tilde{\boldsymbol{r}}_{2\_3}, & \boldsymbol{A}_{0,3}\tilde{\boldsymbol{r}}_{3\_4}, & \boldsymbol{A}_{0,4}\tilde{\boldsymbol{r}}_{4\_4r}, & \mathbf{0}_{3\times1}, & -\boldsymbol{A}_{0,6}\tilde{\boldsymbol{r}}_{6\_7}\boldsymbol{E}_2\\ \mathbf{0}_{3\times3}, & \mathbf{0}_{3\times3}, & \mathbf{0}_{3\times3}, & \mathbf{0}_{3\times3}, & \boldsymbol{A}_{0,4}, & \mathbf{0}_{3\times1}, & \mathbf{0}_{3\times2}\end{bmatrix} \tag{6-19}$$

$$\boldsymbol{G}_{\mathrm{D}}=\begin{bmatrix}\boldsymbol{A}_{0,5}\tilde{\boldsymbol{r}}_{5\_6}\boldsymbol{E}_2, & \boldsymbol{A}_{0,6}\tilde{\boldsymbol{r}}_{6\_7}\boldsymbol{E}_1, & \boldsymbol{A}_{0,7}\tilde{\boldsymbol{r}}_{7\_7r}\\ \mathbf{0}_{3\times2}, & \mathbf{0}_{3\times1}, & \boldsymbol{A}_{0\_7}\end{bmatrix} \tag{6-20}$$

其中，$\boldsymbol{E}_1=[1,\quad 0,\quad 0]^{\mathrm{T}}$；$\boldsymbol{E}_2=\begin{bmatrix}1, & 0, & 0\\ 0, & 1, & 0\end{bmatrix}^{\mathrm{T}}$。式(6-16)实际上是速度方面的运动约束方程，也可以写为

$$\boldsymbol{v}_{\mathrm{D}}=\boldsymbol{C}\boldsymbol{v}_{\mathrm{I}} \tag{6-21}$$

其中

$$\boldsymbol{C}=\boldsymbol{G}_{\mathrm{D}}^{-1}\boldsymbol{G}_{\mathrm{I}} \tag{6-22}$$

有了 $\boldsymbol{v}_{\mathrm{I}}$ 和 $\boldsymbol{v}_{\mathrm{D}}$，新的广义速度 $\boldsymbol{v}_{\mathrm{N}}\in\mathbf{R}^{24}$ 可以定义为

$$\boldsymbol{v}_{\mathrm{N}}=[\boldsymbol{v}_{\mathrm{I}}^{\mathrm{T}},\quad \boldsymbol{v}_{\mathrm{D}}^{\mathrm{T}}]^{\mathrm{T}}=\boldsymbol{R}_A v \tag{6-23}$$

其中，$\boldsymbol{R}_A\in\mathbf{R}^{24\times24}$ 为一个常数矩阵，它改变 v 中元素的排列顺序，由 $\boldsymbol{R}_A=\mathrm{blockdiag}[\boldsymbol{I}_{15},\quad \boldsymbol{R}_{A22}]$给出。其中，$\boldsymbol{R}_{A22}\in\mathbf{R}^{9\times9}$ 是一个元素为 0 和 1 的常数矩阵，其表达式很容易得到，这里不再赘述。显然，$\boldsymbol{v}_{\mathrm{N}}$ 包含与 $\boldsymbol{v}$ 相同的元素，但排列顺序不同。根

据 $\boldsymbol{v}_{\mathrm{N}}$ 的定义，系统动力学方程(6-13)可改写为

$$\boldsymbol{M}_{\mathrm{N}}(\boldsymbol{q})\dot{\boldsymbol{v}}_{\mathrm{N}}+\boldsymbol{Q}_{\mathrm{N}}(\boldsymbol{q},\boldsymbol{v})=\boldsymbol{F}_{\mathrm{cN}}+\boldsymbol{F}_{\mathrm{dN}} \tag{6-24}$$

其中

$$\begin{cases}\boldsymbol{M}_{\mathrm{N}}(\boldsymbol{q})=\boldsymbol{R}_{A}\boldsymbol{M}(\boldsymbol{q})\boldsymbol{R}_{A}^{-1}\\ \boldsymbol{Q}_{\mathrm{N}}(\boldsymbol{q},\boldsymbol{v})=\boldsymbol{R}_{A}\boldsymbol{Q}(\boldsymbol{q},\boldsymbol{v})\\ \boldsymbol{F}_{\mathrm{cN}}=\boldsymbol{R}_{A}\boldsymbol{F}_{\mathrm{c}}\\ \boldsymbol{F}_{\mathrm{dN}}=\boldsymbol{R}_{A}\boldsymbol{F}_{\mathrm{d}}\end{cases} \tag{6-25}$$

式(6-23)和式(6-21)也可写为

$$\boldsymbol{v}_{\mathrm{N}}=\boldsymbol{C}_{2}^{\mathrm{T}}\boldsymbol{v}_{\mathrm{I}} \tag{6-26}$$

其中

$$\boldsymbol{C}_{2}=[\boldsymbol{I}_{18},\quad \boldsymbol{C}^{\mathrm{T}}] \tag{6-27}$$

将式(6-26)对时间 t 求导可得到加速度形式的运动约束方程，即

$$\dot{\boldsymbol{v}}_{\mathrm{N}}=\boldsymbol{C}_{2}^{\mathrm{T}}\dot{\boldsymbol{v}}_{\mathrm{I}}+\dot{\boldsymbol{C}}_{2}^{\mathrm{T}}\boldsymbol{v}_{\mathrm{I}} \tag{6-28}$$

其中，$\dot{\boldsymbol{C}}_{2}=[\boldsymbol{0}_{18\times18},\quad \dot{\boldsymbol{C}}^{\mathrm{T}}]$，$\dot{\boldsymbol{C}}=\dot{\boldsymbol{G}}_{\mathrm{D}}^{-1}\boldsymbol{G}_{\mathrm{I}}+\boldsymbol{G}_{\mathrm{D}}^{-1}\dot{\boldsymbol{G}}_{\mathrm{I}}$。式(6-28)两端同时乘以 $\boldsymbol{C}_{1}=[-\boldsymbol{C}\quad \boldsymbol{I}_{6}]$可得

$$\boldsymbol{C}_{1}\dot{\boldsymbol{v}}_{\mathrm{N}}=\dot{\boldsymbol{C}}\boldsymbol{v}_{\mathrm{I}} \tag{6-29}$$

由式(6-29)和 $\boldsymbol{C}_{2}$ 的定义，闭链系统的动力学方程可写为全阶形式[1]，即

$$\begin{cases}\boldsymbol{C}_{2}\boldsymbol{M}_{\mathrm{N}}(q)\dot{\boldsymbol{v}}_{\mathrm{N}}+\boldsymbol{C}_{2}\boldsymbol{Q}_{\mathrm{N}}(\boldsymbol{q},\boldsymbol{v})=\boldsymbol{C}_{2}\boldsymbol{F}_{\mathrm{cN}}+\boldsymbol{C}_{2}\boldsymbol{F}_{\mathrm{dN}}\\ \boldsymbol{C}_{1}\dot{\boldsymbol{v}}_{\mathrm{N}}=C\boldsymbol{v}_{\mathrm{I}}\end{cases} \tag{6-30}$$

全阶动力学方程式(6-30)与运动学方程式(6-5)一起构成了闭链系统的运动方程。

注： 虽然开链系统有 24 自由度，但闭链系统由于运动限制只有 18 自由度。$\boldsymbol{v}_{\mathrm{I}}$ 和 $\boldsymbol{v}_{\mathrm{D}}$ 的定义并不唯一，但必须符合以下原则，即 $\omega_{kz}(k=2,3,5,6)$不能选为 $\boldsymbol{v}_{\mathrm{D}}$ 的元素。这是因为 ω_{kz} 与末端执行器的切割点的速度和角速度无关。因此如果 $\boldsymbol{v}_{\mathrm{D}}$ 包含 ω_{kz}，则矩阵 $\boldsymbol{G}_{\mathrm{D}}$ 确定是奇异的。由于机械臂可能存在运动学奇异，该原则虽然并不能保证 $\boldsymbol{G}_{\mathrm{D}}$ 绝对可逆，但它避免了由于 $\boldsymbol{v}_{\mathrm{D}}$ 不合适的定义而导致的 $\boldsymbol{G}_{\mathrm{D}}$ 不必要的奇异。

6.3　系统控制器设计

本节将专注于双臂空间机器人系统的控制器设计。控制器的设计对于确保双臂空间机器人在执行复杂空间任务时的稳定性和准确性至关重要。本节首先基于

6.1 节和 6.2 节运动学与动力学模型构造控制问题的基本形式，然后基于控制问题设计有效的控制策略，以应对模型的不确定性和可能的外部干扰。

在本节中，为清楚起见，将忽略系统矩阵中的自变量，即 $\boldsymbol{M}_{\mathrm{N}}(\boldsymbol{q})$，$\boldsymbol{Q}_{\mathrm{N}}(\boldsymbol{q},\boldsymbol{v})$，$\boldsymbol{H}_i(\boldsymbol{\sigma}_i)$和 $\boldsymbol{H}(\boldsymbol{\sigma})$将分别由 $\boldsymbol{M}_{\mathrm{N}}$，$\boldsymbol{Q}_{\mathrm{N}}$，$\boldsymbol{H}_i$ 和 $\boldsymbol{H}$ 表示。

6.3.1 问题描述

对于所提出的自由飞行空间机器人系统，控制目标是驱动操作变量跟踪期望的轨迹。将操作变量定义为

$$\boldsymbol{\Psi}=[\boldsymbol{R}_1^{\mathrm{T}},\quad \boldsymbol{\sigma}_1^{\mathrm{T}},\quad \boldsymbol{R}_{\mathrm{p}}^{\mathrm{T}},\quad \boldsymbol{\sigma}_{\mathrm{p}}^{\mathrm{T}}]^{\mathrm{T}} \tag{6-31}$$

式中，$\boldsymbol{R}_1=\boldsymbol{r}_{0\_1}$；$\boldsymbol{\sigma}_{\mathrm{p}}=\boldsymbol{\sigma}_4$；$\boldsymbol{R}_{\mathrm{p}}$ 为末端执行器/有效载荷上参考点的位置。由式(6－31)定义的操纵变量包含基体及末端执行器/有效载荷的位置和姿态。控制目标是驱动 $\boldsymbol{\Psi}\to\boldsymbol{\Psi}_{\mathrm{d}}$，其中，$\boldsymbol{\Psi}_{\mathrm{d}}=[\boldsymbol{R}_{1\mathrm{d}}^{\mathrm{T}},\quad \boldsymbol{\sigma}_{1\mathrm{d}}^{\mathrm{T}},\quad \boldsymbol{R}_{\mathrm{pd}}^{\mathrm{T}},\quad \boldsymbol{\sigma}_{\mathrm{pd}}^{\mathrm{T}}]^{\mathrm{T}}$ 是 $\boldsymbol{\Psi}$ 的期望轨迹，通常由一组二重可微函数描述。

为了便于控制器设计，将动力学方程写为降阶形式。使用参考文献[1]中提出的类似方法，系统降阶动力学方程可写为

$$\boldsymbol{M}_{\mathrm{I}}\dot{\boldsymbol{v}}_{\mathrm{I}}+\boldsymbol{Q}_{\mathrm{I}}=\boldsymbol{F}_{\mathrm{cI}}+\boldsymbol{F}_{\mathrm{dI}} \tag{6-32}$$

其中

$$\begin{cases}\boldsymbol{M}_{\mathrm{I}}=\boldsymbol{C}_2\boldsymbol{M}_{\mathrm{N}}\boldsymbol{C}_2^{\mathrm{T}}\\ \boldsymbol{Q}_{\mathrm{I}}=\boldsymbol{C}_2\boldsymbol{M}_{\mathrm{N}}\dot{\boldsymbol{C}}_2^{\mathrm{T}}\boldsymbol{v}_{\mathrm{I}}+\boldsymbol{C}_2\boldsymbol{Q}_{\mathrm{N}}\\ \boldsymbol{F}_{\mathrm{cI}}=\boldsymbol{C}_2\boldsymbol{F}_{\mathrm{cN}}\\ \boldsymbol{F}_{\mathrm{dI}}=\boldsymbol{C}_2\boldsymbol{F}_{\mathrm{dN}}\end{cases} \tag{6-33}$$

下一步是找到合适的期望轨迹 $\boldsymbol{v}_{\mathrm{Id}}$，使得当 $\boldsymbol{v}_{\mathrm{I}}\to\boldsymbol{v}_{\mathrm{Id}}$ 时，$\boldsymbol{\Psi}\to\boldsymbol{\Psi}_{\mathrm{d}}$。为此，我们将 $\boldsymbol{v}_{\mathrm{I}}$ 写为两部分，即

$$\boldsymbol{v}_{\mathrm{I}}=\begin{bmatrix}\boldsymbol{v}_{\mathrm{I1}}\\ \boldsymbol{v}_{\mathrm{I2}}\end{bmatrix} \tag{6-34}$$

其中，$\boldsymbol{v}_{\mathrm{I1}}=[\dot{\boldsymbol{r}}_{0\_1}^{\mathrm{T}},\quad \boldsymbol{\omega}_1^{\mathrm{T}},\quad \boldsymbol{\omega}_2^{\mathrm{T}},\quad \boldsymbol{\omega}_3^{\mathrm{T}},\quad \boldsymbol{\omega}_4^{\mathrm{T}}]^{\mathrm{T}}\in\mathbf{R}^{15}$；$\boldsymbol{v}_{\mathrm{I2}}=[\omega_{5z},\quad \omega_{6y},\quad \omega_{6z}]^{\mathrm{T}}\in\mathbf{R}^3$。显然，$\boldsymbol{v}_{\mathrm{I1}}$ 仅包含基体和机械臂 1 的运动变量。回顾操纵变量 $\boldsymbol{\Psi}$ 的定义，并以点 O_{4r} 作为末端执行器/有效载荷的参考点，很容易建立 $\boldsymbol{\Psi}$ 和 $\boldsymbol{v}_{\mathrm{I1}}$ 之间的运动学关系，即

$$\dot{\boldsymbol{\Psi}}=\boldsymbol{J}_{\mathrm{I1}}\boldsymbol{v}_{\mathrm{I1}} \tag{6-35}$$

其中，$\boldsymbol{J}_{\mathrm{I1}}$ 为雅可比矩阵，其表达式为

$$J_{I1}=\begin{bmatrix}I_3, & 0_{3\times3}, & 0_{3\times3}, & 0_{3\times3}, & 0_{3\times3}\\ 0_{3\times3}, & H_1, & 0_{3\times3}, & 0_{3\times3}, & 0_{3\times3}\\ I_3, & -A_{0,1}\tilde{r}_{1\_2}, & -A_{0,2}\tilde{r}_{2\_3}, & -A_{0,3}\tilde{r}_{3\_4}, & -A_{0,4}\tilde{r}_{4\_4r}\\ 0_{3\times3}, & 0_{3\times3}, & 0_{3\times3}, & 0_{3\times3}, & H_4\end{bmatrix}$$

期望轨迹 v_{I1d} 设计为

$$v_{I1d}=J_{I1}^{+}[\dot{\Psi}_d-\Lambda(\Psi-\Psi_d)] \tag{6-36}$$

其中，Λ 是正定矩阵，且 $J_{I1}^{+}=J_{I1}^{T}(J_{I1}J_{I1}^{T})^{-1}$。当 $\Delta v_{I1}=v_{I1}-v_{I1d}\to 0$ 时，将会有 $J_{I1}\Delta v_{I1}=J_{I1}v_{I1}-J_{I1}v_{I1d}=(\dot{\Psi}-\dot{\Psi}_d)+\Lambda(\Psi-\Psi_d)\to 0$，这意味着 $\Psi\to\Psi_d$。

理论上，只要 $v_{I1}\to v_{I1d}$，无论 v_{I2} 的值如何，控制任务 $\Psi\to\Psi_d$ 就完成了。换句话说，v_{I2} 的期望值 v_{I2d} 可以任意选择。尽管如此，v_{I2d} 仍然将通过以下算法进行设计。

约束方程式(6－16)可写为分块矩阵形式，即

$$[G_{I1},\quad G_{I2}]\begin{bmatrix}v_{I1}\\ v_{I2}\end{bmatrix}=G_D v_D \tag{6-37}$$

其中，$G_{I1}\in\mathbf{R}^{6\times15}$ 和 $G_{I2}\in\mathbf{R}^{6\times3}$ 为 G_I 的分块矩阵。式(6－37)可重新编排为

$$G_{I1}v_{I1}=G_{ID}\begin{bmatrix}v_{I2}\\ v_D\end{bmatrix} \tag{6-38}$$

其中，$G_{ID}=-[G_{I2},\quad G_D]\in\mathbf{R}^{6\times9}$。给定 v_{I1d}，可以通过采用式(6－38)的最小范数解来获得$[v_{I2}^{T},\quad v_D^{T}]^{T}$ 的期望轨迹。

$$\begin{bmatrix}v_{I2d}\\ v_{Dd}\end{bmatrix}=G_{ID}^{+}G_{I1}v_{I1d} \tag{6-39}$$

其中，$G_{ID}^{+}=G_{ID}^{T}(G_{ID}G_{ID}^{T})^{-1}$。至此，$v_{I1d}$ 和 v_{I2d} 都已确定，从而可得到 v_{Id}。注意到$[v_{I2}^{T},\quad v_D^{T}]^{T}$ 实际上是机械臂 2 的运动变量向量，所以对 v_{I2d} 的设计可以理解为确保机械臂 2 的运动变量满足闭链约束的最小范数解。

考虑到系统参数的不确定性(如负载惯性参数未知)，系统动力学方程式(6－32)可改写为

$$M_{I0}\dot{v}_I+Q_{I0}=F_{cI}+F_{dI}-\Delta M_I\dot{v}_I-\Delta Q_I \tag{6-40}$$

其中，M_{I0} 和 Q_{I0} 为 M_I 和 Q_I 的标称部分；ΔM_I 和 ΔQ_I 为不确定部分。式(6－40)乘以 M_{I0}^{-1} 可得

$$\dot{v}_I+f_{I0}=u+d \tag{6-41}$$

其中，$f_{I0}=M_{I0}^{-1}Q_{I0}$ 为已知非线性力矢量；$u=M_{I0}^{-1}F_{cI}$ 为控制输入；$d=M_{I0}^{-1}(F_{dI}-\Delta M_I\dot{v}_I-\Delta Q_I)$称为系统的聚合扰动。聚合扰动对控制律设计具有显著影响。一般

情况下，并不容易获得 $\boldsymbol{d}$ 的准确上界，因此，对聚合扰动做出了不同的假设。例如，模型不确定性受状态范数的常数[5-7]、线性函数[2-3]或多项式函数[2]限制。考虑到 $\boldsymbol{d}$ 包含 $\boldsymbol{v}_{\mathrm{I}}$ 的非线性项，且在空间环境中重力可以忽略不计，因此，我们对 $\boldsymbol{d}=[d_1,\ d_2,\ \cdots,\ d_{18}]^{\mathrm{T}}$ 做出如下假设。

假设 1： 存在正常数 c_{i1} 和 c_{i2}，使得

$$|d_i| \leqslant c_{i1}+c_{i2}\|\boldsymbol{v}_{\mathrm{I}}\|^2=\eta_i \quad (i=1,2,\cdots,18) \tag{6-42}$$

至此，具体的控制目标已经明确：在没有 c_{i1} 和 c_{i2} 的先验知识的情况下，为系统式(6-41)设计一个控制律，使得 $\boldsymbol{v}_{\mathrm{I}}$ 能够在系统聚合扰动 $\boldsymbol{d}$ 的情况下跟踪 $\boldsymbol{v}_{\mathrm{Id}}$。由于滑模控制具有较好的鲁棒性，这里采用自适应滑模控制(adaptive sliding mode control，ASMC)来完成控制器设计。

6.3.2 控制器设计

ASMC 设计的第一阶段是定义滑模面函数，以便受限于滑模面的系统能够产生期望的动态。对于系统式(6-41)，滑模面函数定义为

$$\boldsymbol{S}=\boldsymbol{C}_{\mathrm{S}}\Delta\boldsymbol{v}_{\mathrm{I}}=[S_1,\ S_2,\ \cdots,\ S_{18}]^{\mathrm{T}} \tag{6-43}$$

其中，$\boldsymbol{C}_{\mathrm{S}}\in\mathbf{R}^{18\times18}$ 为非奇异矩阵；$\Delta\boldsymbol{v}_{\mathrm{I}}=\boldsymbol{v}_{\mathrm{I}}-\boldsymbol{v}_{\mathrm{Id}}$ 为速度跟踪误差。严格来说，$\boldsymbol{S}$ 不是一个“滑动”变量，因为当 $\boldsymbol{S}=\boldsymbol{0}$ 时，$\Delta\boldsymbol{v}_{\mathrm{I}}$ 的解为 $\Delta\boldsymbol{v}_{\mathrm{I}}=\boldsymbol{0}$，因此，滑动阶段似乎不存在。换句话说，滑动阶段和到达阶段可以认为是同时发生的。第二阶段是设计控制律以满足条件 $\boldsymbol{S}^{\mathrm{T}}\dot{\boldsymbol{S}}<0$。基于等效控制概念，可以实施以下 ASMC 律，即

$$\boldsymbol{u}=-\boldsymbol{K}_{\mathrm{D}}\boldsymbol{S}+\boldsymbol{u}_{\mathrm{eq}}+\boldsymbol{u}_{\mathrm{N}} \tag{6-44}$$

其中，$\boldsymbol{K}_{\mathrm{D}}\in\mathbf{R}^{18\times18}$ 为正定矩阵；$\boldsymbol{u}_{\mathrm{eq}}$ 为标称系统式(6-41)的等效控制，通过假设聚合扰动 $\boldsymbol{d}$ 为零得到，其计算公式为

$$\boldsymbol{u}_{\mathrm{eq}}=\boldsymbol{f}_{\mathrm{I0}}+\dot{\boldsymbol{v}}_{\mathrm{Id}} \tag{6-45}$$

$\boldsymbol{u}_{\mathrm{N}}$ 项是为抑制聚合扰动 $\boldsymbol{d}$ 的影响而提出的非线性控制，其表达式为

$$\boldsymbol{u}_{\mathrm{N}}=-\hat{\boldsymbol{\eta}}\,\mathrm{sign}(\boldsymbol{S}) \tag{6-46}$$

其中，$\mathrm{sign}(\boldsymbol{S})=[\mathrm{sign}(S_1),\ \mathrm{sign}(S_2),\ \cdots,\ \mathrm{sign}(S_{18})]^{\mathrm{T}}$；$\hat{\boldsymbol{\eta}}=\mathrm{diag}[\hat{\eta}_1,\ \hat{\eta}_2,\ \cdots,\ \hat{\eta}_{18}]$。其中，$\hat{\eta}_i\ (i=1,2,\cdots,18)$是 η_i 的估计值，按以下自适应律计算，即

$$\hat{\eta}_i=\hat{c}_{i1}+\hat{c}_{i2}\|\boldsymbol{v}_{\mathrm{I}}\|^2 \quad (i=1,2,\cdots,18) \tag{6-47}$$

其中

$$\begin{cases}\dot{\hat{c}}_{i1}=\alpha_{i1}|S_i| \\ \dot{\hat{c}}_{i2}=\alpha_{i2}|S_i|\,\|\boldsymbol{v}_{\mathrm{I}}\|^2\end{cases} \quad (i=1,2,\cdots,18) \tag{6-48}$$

其中，α_{i1} 和 α_{i2} 为正常数。如果假设 1 成立，则采用控制律(6-44)时 $\boldsymbol{S}=\boldsymbol{0}$ 是渐近稳定的。有关证明请参阅参考文献[2]，该部分的证明与参考文献[2]中的证明

类似。

尽管控制律(6-44)可保证系统的渐近稳定性，但在实际应用中存在相当大的不足。正如在参考文献[3]中指出的那样，在自适应律式(6-48)的作用下，由于计算误差、测量误差或其他可能的因素而不能总是精确地获得理想滑模面 $\boldsymbol{S}=\boldsymbol{0}$，因此，估计的增益 $\hat{c}_{ij}$ 及随后的 $\hat{\eta}_i$ 可能会继续增加，这可能会引起大的抖振，甚至使估计的增益无限。该控制方案的另一个不足之处是控制律在滑模面 $\boldsymbol{S}=\boldsymbol{0}$ 附近的不连续性可能会引起不期望的抖振现象。因此，在实际应用中，必须对控制器进行平滑处理。

为了解决这些问题，在控制律式(6-44)中提出平滑的非线性反馈控制 $\boldsymbol{u}_{\mathrm{N}}=[u_{\mathrm{N1}},\quad u_{\mathrm{N2}},\quad \cdots,\quad u_{\mathrm{N18}}]^{\mathrm{T}}$，可以使用与参考文献[3]中类似的方法，即

$$u_{\mathrm{N}i}=\begin{cases}-\hat{\eta}_i\,\mathrm{sign}(S_i), & \hat{\eta}_i\,|S_i|>\varepsilon_i\\ -\hat{\eta}_i^2 S_i/\varepsilon_i, & \hat{\eta}_i\,|S_i|\leqslant\varepsilon_i\end{cases}\quad(i=1,2,\cdots,18)\tag{6-49}$$

其中，ε_i 为一个小的正常数；$\hat{\eta}_i$ 由公式(6-47)给出，其中，$\hat{c}_{i1}$ 和 $\hat{c}_{i2}$ 由以下自适应律给出，即

$$\begin{cases}\dot{\hat{c}}_{i1}=\alpha_{i1}(-\beta_{i1}\hat{c}_{i1}+|S_i|)\\ \dot{\hat{c}}_{i2}=\alpha_{i2}(-\beta_{i2}\hat{c}_{i2}+|S_i|\,\|\boldsymbol{v}_{\mathrm{I}}\|^2)\end{cases}\quad(i=1,2,\cdots,18)\tag{6-50}$$

其中，α_{i1}，α_{i2}，β_{i1} 和 β_{i2} 为正常数。由于 $\boldsymbol{u}_{\mathrm{N}}$ 的连续性是通过使用边界层技术获得的，因此抖振现象可以通过利用式(6.49)给出的 $\boldsymbol{u}_{\mathrm{N}}$ 来消除；此外，由自适应律式(6-50)估计的 $\hat{c}_{ij}$ 不会无限增益，因为当 $|S_i|$ 变得足够小或 $\hat{c}_{ij}$ 变得足够大时，$\dot{\hat{c}}_{ij}$ 会减小。在假设 1 下，采用控制律式(6-44)、自适应律式(6-47)和式(6-50)，以及式(6-49)中给出 $\boldsymbol{u}_{\mathrm{N}}$ 构成的闭环系统最终一致有界。有关证明，请参阅参考文献[3]，两者的证明是相似的。

注： 在自适应律式(6—50)中引入的 $-\beta_{ij}\hat{c}_{ij}$ $(j=1,2)$ 使得 $\hat{c}_{ij}$ 和 $|S_i|$ 之间保持了一种动态平衡，这种动态平衡保证了 $\hat{c}_{ij}$ 是非负且有界的；然而，$-\beta_{ij}\hat{c}_{ij}$ 的引入也同时带来了减慢控制增益增长率的副效应。这种副效应可能会减慢跟踪误差的收敛速度并降低控制精度。由于 $-\beta_{ij}\hat{c}_{ij}$ 与 $\hat{c}_{ij}$ 呈线性关系，因此，$\hat{c}_{ij}$ 越大，副效应越大。

为了减少不良副效应，将自适应律式(6-50)修改为

$$\begin{cases}\dot{\hat{c}}_{i1}=\alpha_{i1}[-\beta_{i1}\mathrm{sat}(\hat{c}_{i1})+|S_i|]\\ \dot{\hat{c}}_{i2}=\alpha_{i2}[-\beta_{i2}\mathrm{sat}(\hat{c}_{i2})+|S_i|\,\|\boldsymbol{v}_{\mathrm{I}}\|^2]\end{cases}\quad(i=1,2,\cdots,18)\tag{6-51}$$

其中，$\mathrm{sat}(\hat{c}_{ij})$ $(j=1,2)$ 为 $\hat{c}_{ij}$ 的饱和函数，定义为

$$\text{sat}(\hat{c}_{ij})=\begin{cases}\zeta_{ij}, & \hat{c}_{ij}\geqslant\zeta_{ij}\\ \hat{c}_{ij}, & -\zeta_{ij}<\hat{c}_{ij}<\zeta_{ij}\\ -\zeta_{ij}, & \hat{c}_{ij}\leqslant-\zeta_{ij}\end{cases}\quad(i=1,2,\cdots,18,j=1,2)\tag{6-52}$$

其中，ζ_{ij} 为设计者选择的正常数。很容易看出，只要将 $\hat{c}_{ij}$ 的初始值选择为非负值，不仅保证 $\hat{c}_{ij}$ 为非负值，而且也可以保证 $\hat{c}_{ij}$ 有界。通过引入饱和函数，当 $\hat{c}_{ij}\geqslant\zeta_{ij}$ 时，可以提高控制增益的增长率。可以证明，采用控制律式(6-44)、自适应律式(6-47)和式(6-51)，以及式(6-49)给出的 $\boldsymbol{u}_{\text{N}}$ 组成的闭环系统最终一致有界，相关证明见参考文献[2]。

6.4 陀螺力矩分析与操纵律设计

本节将深入探讨陀螺力矩的分析及操纵律的设计，这是确保双臂空间机器人有效运作的关键组成部分。本节将详细介绍如何进行陀螺力矩的精确分析，并基于这些分析设计出适应双臂空间机器人的操纵律。这些操纵律不仅需要考虑系统的动力学约束和操作效率，还要确保在各种环境条件下的稳定性和可靠性。本节内容对于理解陀螺力矩在空间机器人控制中的作用和影响至关重要，并且对于设计更加高效和精确的空间机器人系统力矩分配策略具有指导意义。

6.4.1 控制力矩分配

一旦控制输入 $\boldsymbol{u}$ 由控制律式(6-44)确定，则式(6-32)中的 $\boldsymbol{F}_{\text{cI}}$ 就可以唯一计算为

$$\boldsymbol{F}_{\text{cI}}=\boldsymbol{M}_{\text{I0}}\boldsymbol{u}\tag{6-53}$$

其中，$\boldsymbol{F}_{\text{cI}}$ 为式(6-53)给出的低维空间独立运动变量。然而，实际控制力 $\boldsymbol{F}_{\text{c}}=[\boldsymbol{F}_{\text{c1}}^{\text{T}},\ \boldsymbol{T}_{\text{c1}}^{\text{T}},\ \boldsymbol{T}_{\text{c2}}^{\text{T}},\ \cdots,\ \boldsymbol{T}_{\text{c7}}^{\text{T}}]^{\text{T}}$ 位于整个运动变量的高维空间中。因此，需要根据 $\boldsymbol{F}_{\text{cI}}$ 计算实际控制力 $\boldsymbol{F}_{\text{c}}$，即完成控制力矩分配。运用式(6-25)和式(6-33)可得到 $\boldsymbol{F}_{\text{c}}$ 和 $\boldsymbol{F}_{\text{cI}}$ 之间的关系，即

$$\boldsymbol{F}_{\text{cI}}=\boldsymbol{C}_2\boldsymbol{R}_A\boldsymbol{F}_{\text{c}}\tag{6-54}$$

由于 $\boldsymbol{C}_2\boldsymbol{R}_A\in\mathbf{R}^{18\times24}$，因此，$\boldsymbol{F}_{\text{c}}$ 存在无数个解。换句话说，$\boldsymbol{F}_{\text{c}}$ 存在冗余。在本节中，可利用该冗余来降低 CMG 角动量饱和的可能性。

由于 $\boldsymbol{G}_{\text{I}}$ 的前三列都是零(见式(6-19))，因此，$\boldsymbol{G}_{\text{I}}$ 可写为分块矩阵形式，即

$$\boldsymbol{G}_{\text{I}}=[\boldsymbol{0}_{6\times3},\quad \boldsymbol{G}_{\text{IT}}]\tag{6-55}$$

根据式(6-55)，式(6-22)中的矩阵 $\boldsymbol{C}$ 也可写为

$$\boldsymbol{C}=[\boldsymbol{0}_{6\times 3},\quad \boldsymbol{G}_{\mathrm{D}}^{-1}\boldsymbol{G}_{\mathrm{IT}}] \tag{6-56}$$

则式(6-27)中的矩阵 $\boldsymbol{C}_2$ 也可写为

$$\boldsymbol{C}_2=\begin{bmatrix}\boldsymbol{I}_3, & \boldsymbol{0}_{3\times 21}\\ \boldsymbol{0}_{15\times 3}, & \boldsymbol{C}_{2T}\end{bmatrix} \tag{6-57}$$

其中，$\boldsymbol{C}_{2T}=[\boldsymbol{I}_{15},\quad \boldsymbol{G}_{\mathrm{IT}}^{\mathrm{T}}\boldsymbol{G}_{\mathrm{D}}^{-\mathrm{T}}]\in\mathbf{R}^{15\times 21}$。此外，$\boldsymbol{R}_A$、$\boldsymbol{F}_{\mathrm{cI}}$ 和 $\boldsymbol{F}_{\mathrm{c}}$ 还可写为分块矩阵形式，即

$$\boldsymbol{R}_A=\begin{bmatrix}\boldsymbol{I}_3, & \boldsymbol{0}_{3\times 21}\\ \boldsymbol{0}_{21\times 3}, & \boldsymbol{R}_{AT}\end{bmatrix} \tag{6-58}$$

$$\boldsymbol{F}_{\mathrm{cI}}=[\boldsymbol{F}_{\mathrm{cI1}}^{\mathrm{T}},\quad \boldsymbol{F}_{\mathrm{cI2}}^{\mathrm{T}}]^{\mathrm{T}} \tag{6-59}$$

$$\boldsymbol{F}_{\mathrm{c}}=[\boldsymbol{F}_{\mathrm{c1}}^{\mathrm{T}},\quad \boldsymbol{T}_{\mathrm{c}}^{\mathrm{T}}]^{\mathrm{T}} \tag{6-60}$$

其中，$\boldsymbol{F}_{\mathrm{c1}}\in\mathbf{R}^3$ 为作用在基体上的控制力；$\boldsymbol{R}_{AT}=\mathrm{blockdiag}[\boldsymbol{I}_{12},\quad \boldsymbol{R}_{A22}]\in\mathbf{R}^{21\times 21}$；$\boldsymbol{F}_{\mathrm{cI1}}\in\mathbf{R}^3$；$\boldsymbol{F}_{\mathrm{cI2}}\in\mathbf{R}^{15}$，以及

$$\boldsymbol{T}_{\mathrm{c}}=[\boldsymbol{T}_{\mathrm{c1}}^{\mathrm{T}},\quad \boldsymbol{T}_{\mathrm{c2}}^{\mathrm{T}},\quad \cdots,\quad \boldsymbol{T}_{\mathrm{c7}}^{\mathrm{T}}]^{\mathrm{T}} \tag{6-61}$$

其中，$\boldsymbol{T}_{\mathrm{c}i}(i=1,2,\cdots,7)$ 为第 i 组 CMG 作用于体 B_i 的控制力矩，如式(6-1)所示。

将式(6-57)～式(6-60)代入式(6-54)可得

$$\begin{bmatrix}\boldsymbol{F}_{\mathrm{cI1}}\\ \boldsymbol{F}_{\mathrm{cI2}}\end{bmatrix}=\begin{bmatrix}\boldsymbol{I}_3, & \boldsymbol{0}_{3\times 21}\\ \boldsymbol{0}_{15\times 3}, & \boldsymbol{C}_{2T}\boldsymbol{R}_{AT}\end{bmatrix}\begin{bmatrix}\boldsymbol{F}_{\mathrm{c1}}\\ \boldsymbol{T}_{\mathrm{c}}\end{bmatrix} \tag{6-62}$$

控制力 $\boldsymbol{F}_{\mathrm{c1}}$ 可由式(6-62)唯一求得，即

$$\boldsymbol{F}_{\mathrm{c1}}=\boldsymbol{F}_{\mathrm{cI1}} \tag{6-63}$$

然而，$\boldsymbol{T}_{\mathrm{c}}$ 不能唯一确定。$\boldsymbol{T}_{\mathrm{c}}$ 通解的表达式为

$$\boldsymbol{T}_{\mathrm{c}}=\boldsymbol{C}_R^{\mathrm{T}}(\boldsymbol{C}_R\boldsymbol{C}_R^{\mathrm{T}})^{-1}\boldsymbol{F}_{\mathrm{cI2}}+\boldsymbol{S}_R\boldsymbol{v}_R \tag{6-64}$$

其中，$\boldsymbol{C}_R=\boldsymbol{C}_{2T}\boldsymbol{R}_{AT}\in\mathbf{R}^{15\times 21}$；$\boldsymbol{S}_R=\boldsymbol{I}_{21}-\boldsymbol{C}_R^{\mathrm{T}}(\boldsymbol{C}_R\boldsymbol{C}_R^{\mathrm{T}})^{-1}\boldsymbol{C}_R\in\mathbf{R}^{21\times 21}$ 和 $\boldsymbol{v}_R\in\mathbf{R}^{21}$ 为待确定的列向量。实际上，$\boldsymbol{S}_R$ 是一个将 $\boldsymbol{v}_R$ 投影到 $\boldsymbol{C}_R$ 的零空间的投影矩阵，因此，对任意的 $\boldsymbol{v}_R$，都有 $\boldsymbol{C}_R\boldsymbol{S}_R\boldsymbol{v}_R=0$；因此，$\boldsymbol{S}_R\boldsymbol{v}_R$ 项称为零力矩项。值得注意的是，$\boldsymbol{S}_R$ 是幂等对称的，即 $\boldsymbol{S}_R^2=\boldsymbol{S}_R$，$\boldsymbol{S}_R^{\mathrm{T}}=\boldsymbol{S}_R$。由于 $\boldsymbol{v}_R$ 可以任意选择，因此，可通过选择适当的 $\boldsymbol{v}_R$ 来减少 CMG 饱和的可能性。为此，有必要定义一个饱和度量来表征 CMG 接近饱和的程度。能够产生三轴力矩的 CMG 簇通常布置成动量包络近似为球形的构型，这意味着包络表面上的最小角动量和最大角动量的大小差别不大。基于这样的构型特性，可以将第 i 簇 CMG 的饱和度量定义为

$$\rho_i=\frac{\|\boldsymbol{h}_{\mathrm{cmg}i}\|_2^2}{(\kappa_i h_i)^2}\quad (i=1,2,\cdots,7) \tag{6-65}$$

其中，$\boldsymbol{h}_{\mathrm{cmg}i}$ 为 F_1 中第 i 个 CMG 簇的角动量，并且已在式(6-9)中定义。对于给定的 CMG 构型，κ_i 是一个正常数。κ_i 值的选择使得 $\kappa_i h_i$ 为动量包络面上角动量

的最小幅值。例如,对于金字塔 CMG 构型 $\kappa_i = 2.56$,ρ_i 通常满足 $0 \leqslant \rho_i \leqslant 1$;然而,也存在 $\rho_i > 1$ 的可能性,因为 $\kappa_i h_i$ 是包络面上角动量的最小值,而不是最大值。在实际使用中,当 $\|\boldsymbol{h}_{\mathrm{cmg}i}\|_2$ 达到 $\kappa_i h_i$ 时,第 i 个 CMG 簇即认为是饱和的。$\rho_i > 1$ 的可能性对本节中给出的算法没有任何影响,因为该算法不需要 $\rho_i \leqslant 1$。ρ_i 的定义意味着 ρ_i 越大,第 i 个 CMG 簇越接近饱和。因此,ρ_i 应尽可能小。基于以上分析,定义一个表征 CMG 饱和可能性的标量指标函数,即

$$\chi = \frac{1}{7}\sum_{i=1}^{7}\rho_i^2 \tag{6-66}$$

χ 体现了不同 ρ_i 的综合大小。χ 越小,CMG 饱和的可能性越小。那么 $\boldsymbol{v}_R$ 的设计目标就是使 χ 尽可能小。为此,引入列向量 $\boldsymbol{h}_{\mathrm{c}} \in \mathbf{R}^{21}$,有

$$\boldsymbol{h}_{\mathrm{c}} = [\boldsymbol{h}_{\mathrm{cmg1}}^{\mathrm{T}}, \quad \boldsymbol{h}_{\mathrm{cmg2}}^{\mathrm{T}}, \quad \cdots, \quad \boldsymbol{h}_{\mathrm{cmg7}}^{\mathrm{T}}]^{\mathrm{T}} \tag{6-67}$$

回顾式(6-12)和式(6-61),则可写出

$$\dot{\boldsymbol{h}}_{\mathrm{c}} = -\boldsymbol{T}_{\mathrm{c}} \tag{6-68}$$

利用式(6-68),则 χ 的时间导数可写为

$$\dot{\chi} = \left[\frac{\partial \chi}{\partial \boldsymbol{h}_{\mathrm{c}}}\right]^{\mathrm{T}} \dot{\boldsymbol{h}}_{\mathrm{c}} = -\left[\frac{\partial \chi}{\partial \boldsymbol{h}_{\mathrm{c}}}\right]^{\mathrm{T}} \boldsymbol{T}_{\mathrm{c}} \tag{6-69}$$

将式(6-64)代入式(6-69)可得

$$\dot{\chi} = -\left[\frac{\partial \chi}{\partial \boldsymbol{h}_{\mathrm{c}}}\right]^{\mathrm{T}} [\boldsymbol{C}_R^{\mathrm{T}}(\boldsymbol{C}_R\boldsymbol{C}_R^{\mathrm{T}})^{-1}\boldsymbol{F}_{\mathrm{cI2}} + \boldsymbol{S}_R\boldsymbol{v}_R] \tag{6-70}$$

式(6-70)右侧的项 $\boldsymbol{C}_R^{\mathrm{T}}(\boldsymbol{C}_R\boldsymbol{C}_R^{\mathrm{T}})^{-1}\boldsymbol{F}_{\mathrm{cI2}}$ 用来跟踪期望的轨迹,则仅可以使用零力矩 $\boldsymbol{S}_R\boldsymbol{v}_R$ 来使 χ 减小。$\dot{\chi}$ 中零力矩影响的部分为

$$\dot{\chi}_{\mathrm{null}} = -\left[\frac{\partial \chi}{\partial \boldsymbol{h}_{\mathrm{c}}}\right]^{\mathrm{T}} \boldsymbol{S}_R\boldsymbol{v}_R \tag{6-71}$$

为了使 χ 尽可能小,$\dot{\chi}_{\mathrm{null}}$ 应为非正数,因此,$\boldsymbol{v}_R$ 可以选择为

$$\boldsymbol{v}_R = \tau_R \boldsymbol{S}_R^{\mathrm{T}} \frac{\partial \chi}{\partial \boldsymbol{h}_{\mathrm{c}}} \tag{6-72}$$

其中,τ_R 为设计者选择的正常数。$\partial \chi / \partial \boldsymbol{h}_{\mathrm{c}}$ 具体的表达式为

$$\frac{\partial \chi}{\partial \boldsymbol{h}_{\mathrm{c}}} = \frac{2}{7}\sum_{i=1}^{7}\rho_i \frac{\partial \rho_i}{\partial \boldsymbol{h}_{\mathrm{c}}} \tag{6-73}$$

其中

$$\frac{\partial \rho_i}{\partial \boldsymbol{h}_{\mathrm{c}}} = \left[\left(\frac{\partial \rho_i}{\partial \boldsymbol{h}_{\mathrm{cmg1}}}\right)^{\mathrm{T}}, \quad \left(\frac{\partial \rho_i}{\partial \boldsymbol{h}_{\mathrm{cmg2}}}\right)^{\mathrm{T}}, \quad \cdots, \quad \left(\frac{\partial \rho_i}{\partial \boldsymbol{h}_{\mathrm{cmg7}}}\right)^{\mathrm{T}}\right]^{\mathrm{T}} \tag{6-74}$$

定义 $\boldsymbol{h}_{\mathrm{cmg}i}$ 的分量形式为 $\boldsymbol{h}_{\mathrm{cmg}i} = [h_{\mathrm{cmg}ix}, \quad h_{\mathrm{cmg}iy}, \quad h_{\mathrm{cmg}iz}]^{\mathrm{T}}$,可以得到式(6-74)右侧的子矩阵为

$$\frac{\partial \rho_i}{\partial \boldsymbol{h}_{\mathrm{cmg}i}}=\begin{cases}2\boldsymbol{h}_{\mathrm{cmg}i}/(\kappa_i h_i)^2, & i=j\\ \boldsymbol{0}_{3\times 1}, & i\neq j\end{cases} \tag{6-75}$$

根据式(6－75)可得到$\partial\rho_i/\partial\boldsymbol{h}_{\mathrm{c}}$，继而根据式(6－73)得到$\partial\chi/\partial\boldsymbol{h}_{\mathrm{c}}$。

需要指出的是，式(6－72)虽然可以保证 $\dot{\chi}_{\mathrm{null}}$ 为非正数，但由于 $\boldsymbol{C}_R^{\mathrm{T}}(\boldsymbol{C}_R\boldsymbol{C}_R^{\mathrm{T}})^{-1}\boldsymbol{F}_{\mathrm{cl2}}$ 这一项的影响，$\dot{\chi}$ 仍然可能为正。

一旦确定了零力矩，$\boldsymbol{T}_{\mathrm{c}}$ 就可以由式(6－64)计算出来，则控制力 $\boldsymbol{F}_{\mathrm{c}}$ 可由 $\boldsymbol{T}_{\mathrm{c}}$ 和 $\boldsymbol{F}_{\mathrm{cl}}$ 完全确定。

6.4.2　控制力矩陀螺操纵律

为了提供控制力矩 $\boldsymbol{T}_{\mathrm{c}i}$，第 i 个 CMG 簇的框架角速度 $\dot{\boldsymbol{\gamma}}_i$ 必须满足

$$h_i\boldsymbol{A}_{\mathrm{t}i}\dot{\boldsymbol{\gamma}}_i=-\boldsymbol{T}_{\mathrm{c}i}\quad (i=1,2,\cdots,7) \tag{6-76}$$

由于 $n_i\geqslant 4$，因此，采用带有零运动的操纵律来避免构型奇异，即有

$$\dot{\boldsymbol{\gamma}}_i=\dot{\boldsymbol{\gamma}}_{\mathrm{T}i}+\dot{\boldsymbol{\gamma}}_{\mathrm{N}i}\quad (i=1,2,\cdots,7) \tag{6-77}$$

其中

$$\dot{\boldsymbol{\gamma}}_{\mathrm{T}i}=-\frac{1}{h_i}\boldsymbol{A}_{\mathrm{t}i}^{\mathrm{T}}(\boldsymbol{A}_{\mathrm{t}i}\boldsymbol{A}_{\mathrm{t}i}^{\mathrm{T}})^{-1}\boldsymbol{T}_{\mathrm{c}i} \tag{6-78}$$

用于提供期望控制力矩 $\boldsymbol{T}_{\mathrm{c}i}$，并且

$$\dot{\boldsymbol{\gamma}}_{Ni}=\psi_i\left[\boldsymbol{I}_{n_i}-\boldsymbol{A}_{\mathrm{t}i}^{\mathrm{T}}(\boldsymbol{A}_{\mathrm{t}i}\boldsymbol{A}_{\mathrm{t}i}^{\mathrm{T}})^{-1}\boldsymbol{A}_{\mathrm{t}i}\right]\frac{\partial\xi_i}{\partial\boldsymbol{\gamma}_i} \tag{6-79}$$

用于避免构型奇异的零运动。其中，ψ_i 为设计者选择的正标量参数；$\xi_i=\det(\boldsymbol{A}_{\mathrm{t}i}\boldsymbol{A}_{\mathrm{t}i}^{\mathrm{T}})$为构型奇异度量。

6.5　仿真算例

6.5.1　系统构型与参数

本节仿真对象为包含立方体形状基体和两条三连杆臂的系统。其中基体边长为 1.5 m，连杆 B_2，B_3，B_5，B_6 的长度为 1.5 m，连杆 B_4，B_7 的长度为 0.5 m。F_1 的原点位于基体的几何中心，F_1 的轴线与基体边缘线平行。将关节位置参数选择为：$\boldsymbol{r}_{1\_2}=[0,\ \ -0.75,\ \ 0.75]^{\mathrm{T}}$ m，$\boldsymbol{r}_{1\_5}=[0,\ \ 0.75,\ \ 0.75]^{\mathrm{T}}$ m 和 $\boldsymbol{r}_{2\_3}=\boldsymbol{r}_{3\_4}=\boldsymbol{r}_{5\_6}=\boldsymbol{r}_{6\_7}=[0,\ \ 0,\ \ 1.5]^{\mathrm{T}}$ m。当 F_1 的轴线与连杆的本体固定参考系对应的轴线平行时，连杆的纵轴线均平行于 z_1，如图 6－3(a)所示。以金字塔结构排列的

CMG簇安装在基体和每个连杆上。金字塔的中心轴为 F_i 的 z_i 轴方向，且每个CMG的框架轴与金字塔的中心轴具有相同的倾斜角 $\beta=53.1°$，如图 6-3(b)所示。

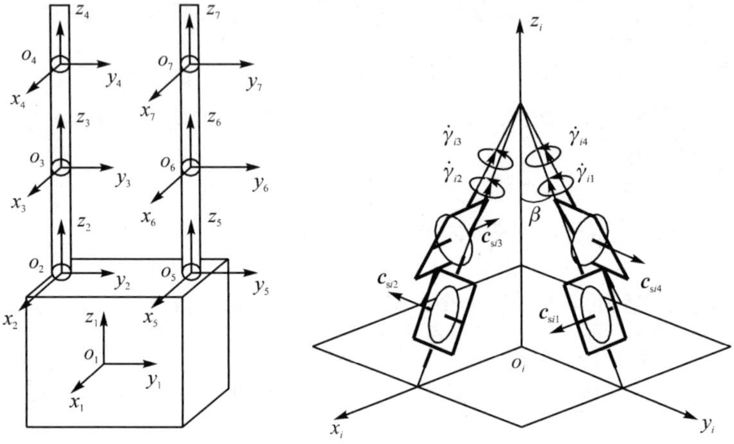

图 6-3 仿真算例中的系统 CMG 构型

将广义速度的初始值全部设置为 0，即系统在初始时刻处于静止状态。广义位移的初始值选择为

$$\boldsymbol{r}_{0\_1}\big|_0=[0.2,\quad -0.3,\quad 0.3]^{\mathrm{T}}\ \mathrm{m},$$
$$\boldsymbol{\sigma}_1\big|_0=[0.0435,\quad 0.0308,\quad 0.0213]^{\mathrm{T}},$$
$$\boldsymbol{\sigma}_2\big|_0=[0.1446,\quad 0.0730,\quad 0.0289]^{\mathrm{T}},$$
$$\boldsymbol{\sigma}_3\big|_0=[-0.0846,\quad -0.1571,\quad 0.0296]^{\mathrm{T}},$$
$$\boldsymbol{\sigma}_4\big|_0=[-0.3453,\quad 0.1332,\quad -0.0074]^{\mathrm{T}},$$
$$\boldsymbol{\sigma}_5\big|_0=[-0.0484,\quad -0.1112,\quad 0.0226]^{\mathrm{T}},$$
$$\boldsymbol{\sigma}_6\big|_0=[0.1579,\quad 0.1526,\quad 0.0591]^{\mathrm{T}},$$
$$\boldsymbol{\sigma}_7\big|_0=[0.4721,\quad -0.0081,\quad -0.1458]^{\mathrm{T}}。$$

在上述初始位移下，z_4 轴和 z_7 轴恰好反共线，且两个末端执行器尖端之间的距离为 0.5 m。反共线构型和 0.5 m 的距离是通过有效载荷进行固定的，如图 6-4 所示。由于 O_{4r} (O_{7r}) 作为末端执行器/有效载荷的位置参考点，因此，$\boldsymbol{r}_{4\_4r}=[0,\quad 0,\quad 1]^{\mathrm{T}}$ m。系统的初始构型如图 6-4 所示。

表 6-1 所示为系统惯性参数。惯性矩阵和一阶矩是根据相应的本体固连坐标系来计算的。由于考虑了体 B_4 的惯性参数不确定性（真实参数与标称参数之间的差异），因此，导致系统动力学方程式(6-40)中的 $\Delta\boldsymbol{M}_{\mathrm{I}}$ 和 $\Delta\boldsymbol{Q}_{\mathrm{I}}$ 均具有系统参数不确定性。

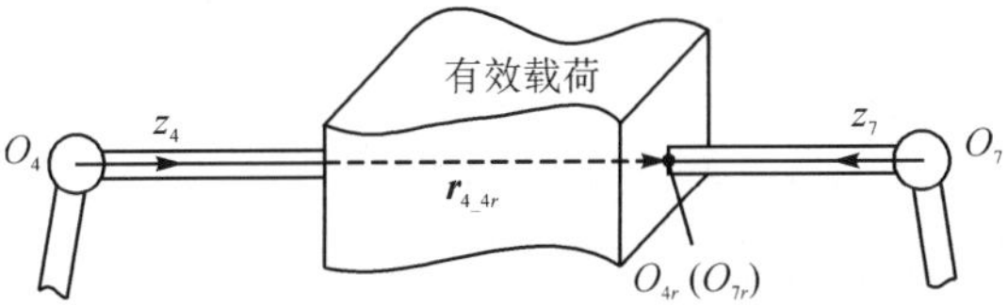

图 6-4　末端执行器和有效载荷示意图

表 6-1　系统惯性参数

体编号		质量/kg	静矩/(kg·m)	惯性矩阵/(kg·m²)
B_1		3 000	$[0,\ 150,\ 0]^T$	$\begin{bmatrix}1\,500 & -37 & -26.5\\ -37 & 1\,120 & -15\\ -26.5 & -15 & 1\,300\end{bmatrix}$
B_2		60	$[0,\ 0,\ 45]^T$	diag[45, 45, 5.5]
B_3		60	$[0,\ 0,\ 45]^T$	diag[45, 45, 5.5]
B_4	标称参数	170	$[0,\ 0,\ 117.5]^T$	diag[92.29, 92.29, 8.75]
	真实参数	320	$[0,\ 0,\ 230]^T$	diag[182.92, 182.92, 15]
B_5		60	$[0,\ 0,\ 45]^T$	diag[45, 45, 5.5]
B_6		60	$[0,\ 0,\ 45]^T$	diag[45, 45, 5.5]
B_7		20	$[0,\ 0,\ 5]^T$	diag[1.67, 1.67, 2.5]

对于每个 CMG 簇，框架的零角度位置的定义方式如下：零框架角度下的 $\boldsymbol{A}_{si}$ 和 $\boldsymbol{A}_{ti}$ 值为

$$\boldsymbol{A}_{si0}=\begin{bmatrix}1 & 0 & -1 & 0\\ 0 & -1 & 0 & 1\\ 0 & 0 & 0 & 0\end{bmatrix},$$

$$\boldsymbol{A}_{ti0}=\begin{bmatrix}0 & \cos\beta & 0 & \cos(\pi-\beta)\\ \cos\beta & 0 & \cos(\pi-\beta) & 0\\ \cos(\pi/2-\beta) & \cos(\pi/2-\beta) & \cos(\pi/2-\beta) & \cos(\pi/2-\beta)\end{bmatrix}$$

初始框架角度选择为

$$\boldsymbol{\gamma}_i|_0=[0.3,\ -0.4,\ -0.3,\ 0.4]^T\ \text{rad}\quad (i=1,2,\cdots,7)$$

CMG 转子角动量的大小选择为

$$h_1=100\ \text{N}\cdot\text{m}\cdot\text{s},\ h_2=h_3=h_5=h_6=50\ \text{N}\cdot\text{m}\cdot\text{s},\ h_4=h_7=20\ \text{N}\cdot\text{m}\cdot\text{s}$$

6.5.2　操纵变量期望轨迹

将期望的基体位置和姿态设置为常数，即

$$\boldsymbol{R}_{1d}=[0,\quad 0,\quad 0]^{T}\ \mathrm{m},\ \boldsymbol{\sigma}_{1d}=[0,\quad 0,\quad 0]^{T}$$

末端执行器/有效载荷期望姿态也是恒定的，即

$$\boldsymbol{\sigma}_{pd}=[-\tan(\pi/8),\quad 0,\quad 0]^{T}$$

末端执行器/有效载荷的期望位置设置为时间 t 的函数，由下式给出

$$\boldsymbol{R}_{pd}=\begin{bmatrix}R_{pdx}\\R_{pdy}\\R_{pdz}\end{bmatrix}=\begin{bmatrix}r\cdot\cos(\omega_c t+\theta_c)+x_0\\r\cdot\sin(\omega_c t+\theta_c)\cos\alpha_c+y_0\\r\cdot\sin(\omega_c t+\theta_c)\sin\alpha_c+z_0\end{bmatrix}$$

其中，$r=0.5$ m；$\omega_c=\pi/20$ rad/s；$\theta_c=-\pi/3$ rad；$\alpha_c=-\pi/4$ rad；$x_0=0.2$ m；$y_0=0.2$ m；$z_0=3$ m。$\boldsymbol{R}_{pd}$ 的轨迹实际上是 F_0 中的一个圆，其半径为 r，圆心位置为 $[x_0,\quad y_0,\quad z_0]^{T}$，如图 6-5 所示。

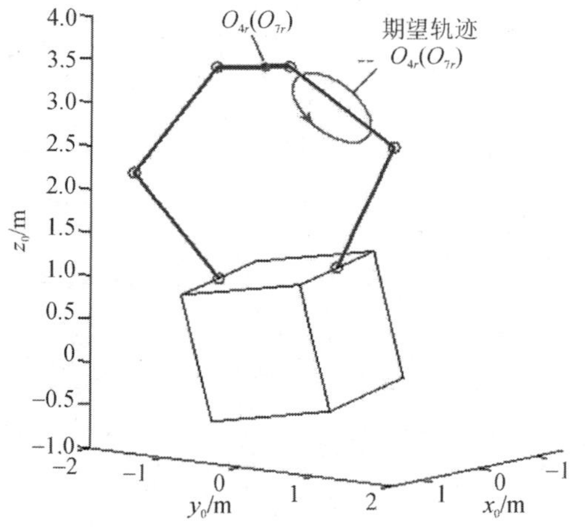

图 6-5 系统初始构型和末端执行器/有效载荷的期望位置轨迹

6.5.3 控制参数

由于系统中存在许多控制参数，因此，分析这些参数的影响有益于参数选择。自适应律中引入了饱和值为 $\zeta_{ij}(i=1,2,\cdots,18,j=1,2)$ 的饱和函数，以提高控制精度和系统动态性能，在参数选择中应选择非常小的 ζ_{ij} 值来有效实现这一目标。类似地，β_{ij} 也应选择较小的正数，以避免相应的控制增益过早减小。理论上，α_{ij} 越大，系统响应越快；但 α_{ij} 过大会导致控制增益过大，在实际中应避免此种情况。因此，α_{ij} 的选择是一种权衡，参考文献[8—9]中选择 α_{ij} 为不超过 5 的常数。边界层 ε_i 的选择也是一种权衡：较小的 ε_i 可以提高控制精度，但更可能导致不希望的抖振。因此，ε_i 应该是一个不会引起抖振的非常小的正值。由于矩阵 $\boldsymbol{C}_S$ 只要是非奇异的即可，所以对角矩阵就可以满足要求。增益矩阵 $\boldsymbol{K}_D$ 影响滑动变量 $\boldsymbol{S}$ 的

动态响应,通常设计为对角矩阵。$\boldsymbol{K}_{\mathrm{D}}$ 的元素越大,$\boldsymbol{S}$ 的动态响应越快。但是过大的 $\boldsymbol{K}_{\mathrm{D}}$ 可能会导致 $\boldsymbol{S}$ 到达切换面后不久就偏离切换面的不利现象[8]。参考文献[8—9]中将 $\boldsymbol{K}_D$ 元素的数量级选择为 0.1,可作为参数选择的参考。矩阵 $\boldsymbol{\Lambda}$ 控制着机械臂变量误差 $\Delta\boldsymbol{\Psi}=\boldsymbol{\Psi}-\boldsymbol{\Psi}_{\mathrm{d}}$ 在滑动面 $\boldsymbol{S}=\boldsymbol{0}$ 上的动态响应,即 $\Delta\dot{\boldsymbol{\Psi}}+\boldsymbol{\Lambda}\Delta\boldsymbol{\Psi}=0$,因此,可以根据 $\Delta\boldsymbol{\Psi}$ 的期望动态特性确定 $\boldsymbol{\Lambda}$。零力矩增益 R 必须选择为一个较大的常数,因为$\partial\chi/\partial\boldsymbol{h}_{\mathrm{c}}$ 项的元素通常非常小,因此,较小的 τ_R 无法产生足够的零力矩矢量来明显减小指标函数 χ。参数 κ_i 由第 i 个 CMG 簇的构型确定。根据以上分析,给出控制参数为

$$\boldsymbol{\Lambda}=0.3\cdot\boldsymbol{I}_{12},\ \boldsymbol{C}_{\mathrm{S}}=\boldsymbol{I}_{18},\ \boldsymbol{K}_{\mathrm{D}}=0.5\cdot\boldsymbol{I}_{18},\ \tau_R=1\times10^5$$

$$\alpha_{i1}=\alpha_{i2}=\begin{cases}0.5 & (i=1,2,3)\\ 1 & (i=4,5,6)\\ 2 & (i=7,8,\cdots,18)\end{cases},\ \beta_{i1}=\beta_{i2}=\begin{cases}0.1 & (i=1,2,3)\\ 0.05 & (i=4,5,\cdots,18)\end{cases}$$

$$\varepsilon_i=\begin{cases}0.1 & (i=1,2,3)\\ 0.02 & (i=4,5,6)\\ 0.01 & (i=7,8,\cdots,18)\end{cases},\ \zeta_{ij}=\begin{cases}0.05 & (i=1,2,\cdots,18,j=1)\\ 0.005 & (i=1,2,\cdots,18,j=2)\end{cases}$$

$$\psi_i=0.5,\ \kappa_i=2.56,\ i=1,2,\cdots,7$$

$\hat{c}_{ij}$ 的初始值设置为

$$\hat{c}_{i1}\big|_0=0.1,\ \hat{c}_{i2}\big|_0=0.02,\ i=1,2,\cdots,18$$

6.5.4 干扰力矩

关节摩擦力矩被视为作用在复合体上的扰动力矩。采用如下数学模型近似模拟关节 j 作用于体 B_j 的摩擦力矩[2]

$$\boldsymbol{T}_{\mathrm{dh}j}=-\lambda_{\mathrm{c}j}\tanh\left[\mu_j(\boldsymbol{\omega}_j-\boldsymbol{A}_{j,j-1}\boldsymbol{\omega}_{j-1})\right]-\lambda_{\mathrm{t}j}(\boldsymbol{\omega}_j-\boldsymbol{A}_{j,j-1}\boldsymbol{\omega}_{j-1})\quad(j=2,3,\cdots,7)$$

其中,对于任意向量 $\boldsymbol{x}=[x_1\quad x_2\quad x_3]^{\mathrm{T}}$,$\tanh(\boldsymbol{x})=[\tanh(x_1)\quad \tanh(x_2)\quad \tanh(x_3)]^{\mathrm{T}}$,并且

$$\lambda_{cj}=2.5\ \mathrm{N\cdot m},\ \lambda_{tj}=0.5\ \mathrm{N\cdot m\cdot s/rad},\ \mu_j=15\quad(j=2,3,\cdots,7)$$

当关节 j 的摩擦力矩作用在体 B_j 上时,其反作用力矩也作用在体 B_{j-1} 上,因此 $\boldsymbol{F}_{\mathrm{d}}$ 中的扰动力矩为

$$\boldsymbol{T}_{\mathrm{d1}}=-\boldsymbol{A}_{1,2}\boldsymbol{T}_{\mathrm{d}h2}-\boldsymbol{A}_{1,5}\boldsymbol{T}_{\mathrm{d}h5},\ \boldsymbol{T}_{\mathrm{d2}}=\boldsymbol{T}_{\mathrm{d}h2}-\boldsymbol{A}_{2,3}\boldsymbol{T}_{\mathrm{d}h3},$$

$$\boldsymbol{T}_{\mathrm{d3}}=\boldsymbol{T}_{\mathrm{d}h3}-\boldsymbol{A}_{3,4}\boldsymbol{T}_{\mathrm{d}h4},\ \boldsymbol{T}_{\mathrm{d4}}=\boldsymbol{T}_{\mathrm{d}h4}$$

$$\boldsymbol{T}_{\mathrm{d5}}=\boldsymbol{T}_{\mathrm{d}h5}-\boldsymbol{A}_{5,6}\boldsymbol{T}_{\mathrm{d}h6},\ \boldsymbol{T}_{\mathrm{d6}}=\boldsymbol{T}_{\mathrm{d}h6}-\boldsymbol{A}_{6,7}\boldsymbol{T}_{\mathrm{d}h7},\ \boldsymbol{T}_{\mathrm{d7}}=\boldsymbol{T}_{\mathrm{d}h7}$$

作用在基体上的扰动力被认为是恒定力和以时间 t 为参数的周期力之和,其表达式为

$$\boldsymbol{F}_{d1}=\boldsymbol{F}_{d1c}+\boldsymbol{F}_{d1p}\sin(0.1\pi t)$$

其中，$\boldsymbol{F}_{d1c}=[10,\ \ 4,\ \ -6]^{T}$ N；$\boldsymbol{F}_{d1p}=[6,\ \ 8,\ \ -10]^{T}$ N。

6.5.5 仿真结果与分析

本节仿真采用控制律式(6-44)中的 $\boldsymbol{u}_N$，其中 $\boldsymbol{u}_N$ 由式(6-49)给出。控制误差 $\boldsymbol{\Psi}-\boldsymbol{\Psi}_d=[\Delta\boldsymbol{R}_1^T,\ \ \Delta\boldsymbol{\sigma}_1^T,\ \ \Delta\boldsymbol{R}_p^T,\ \ \Delta\boldsymbol{\sigma}_p^T]^T$ 如图 6-6 和图 6-7 所示，其中，$\Delta R_*=\|\Delta\boldsymbol{R}_*\|_2$；$\Delta\sigma_*=\|\Delta\boldsymbol{\sigma}_*\|_2$（$*$ 为 1 或 p）。为了进行比较，给出了从自适应律式(6-50)和自适应律式(6-51)获得的仿真结果。两个自适应律采用 6.5.3 节中给出的相同参数来实现可比较的结果。如图 6-6 和图 6-7 所示，所有控制误差都收敛到小的有界范围，表明采用自适应律式(6-50)和自适应律式(6-51)的控制器对参数不确定性和外部干扰具有鲁棒性。此外，自适应律式(6-51)的控制误差小于自适应律式(6-50)的控制误差，这验证了所提出的自适应律改进的有效性。

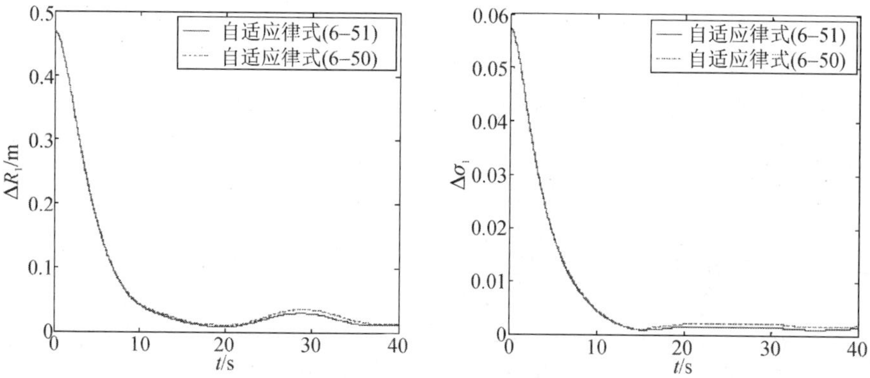

图 6-6 基体位置和姿态误差

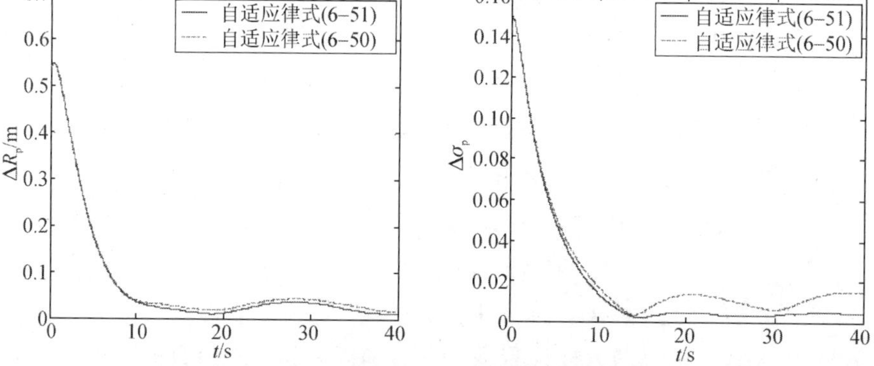

图 6-7 末端执行器/有效载荷的位置和姿态误差

图 6－8 给出了 $c_{1es}=\left(\sum_{i=1}^{18}\hat{c}_{i1}^{2}\right)^{1/2}$ 和 $c_{2es}=\left(\sum_{i=1}^{18}\hat{c}_{i2}^{2}\right)^{1/2}$，分别用于研究估计控制增益 $\hat{c}_{i1}$ 和 $\hat{c}_{i2}$ 的变化。在相同的控制参数下，自适应律式(6－51)如预期那样更快地增加增益并且更慢地减少增益。因此，自适应律式(6－51)产生更充分的非线性控制力来抑制系统的不确定性，从而获得更好的控制精度。尽管幅值较大，但自适应律式(6－51)产生的控制增益也是有界的，这表明自适应律式(6－51)更有利于实际使用。

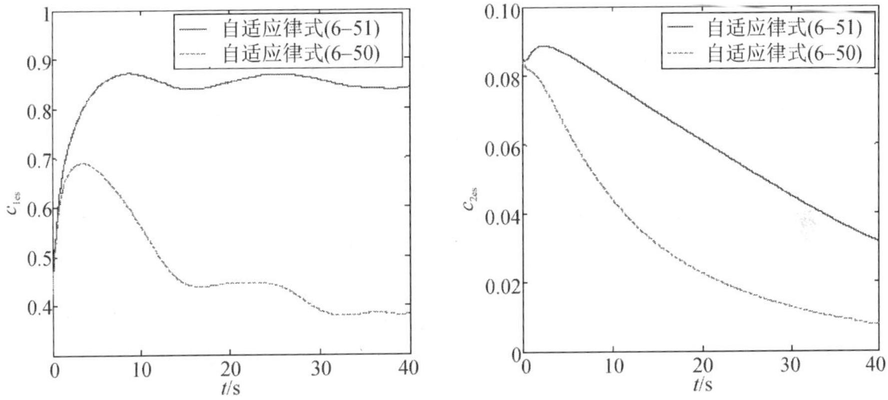

图 6－8　估计控制增益的幅度测量

为了研究控制过程中的运动约束是否得到了精确满足，定义测量值 $C_{Iv}=\|\boldsymbol{G}_I\boldsymbol{v}_I-\boldsymbol{G}_D\boldsymbol{v}_D\|_2$，该参数如图 6－9 所示。如果运动约束得到了精确满足，则 C_{Iv} 应为零。在数值模拟中，应允许 C_{Iv} 由于计算误差而存在较小的误差。从图 6－9 可以看出，控制过程中 C_{Iv} 保持相当小的值，并且没有发散的趋势，这意味着运动约束得到了很好的满足。

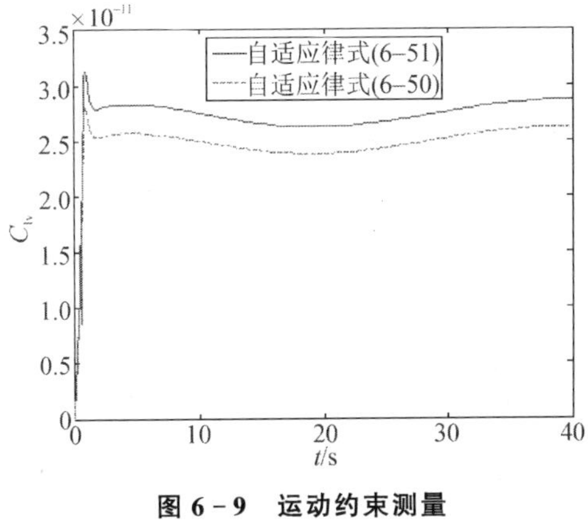

图 6－9　运动约束测量

图 6－10 给出了通过采用适应律式(6－51)，使用力矩分配算法分别在有、无零力矩 $\boldsymbol{S}_R\boldsymbol{v}_R$ 的情况下获得的指标函数 χ 的对比结果。仿真结果表明了零力矩分配算法的有效性：有零力矩时的指标函数 χ 明显小于无零力矩时的指标函数，有效减小了 CMG 饱和的可能性。此外，还可以通过检查所有 CMG 簇的饱和度量值 $\rho_i(i=1,2,\cdots,7)$ 来验证其有效性。图 6－11 和图 6－12 显示了 ρ_i 的时间历程，表 6－2 还分别总结了有、无零力矩时 ρ_i 的最大值。对于所有的 CMG 簇，最大饱和度量值都会被零力矩减小。一个 CMG 簇是否饱和取决于其饱和量的最大值，因此，在零力矩分配下，CMG 簇可有效减小饱和的可能性。

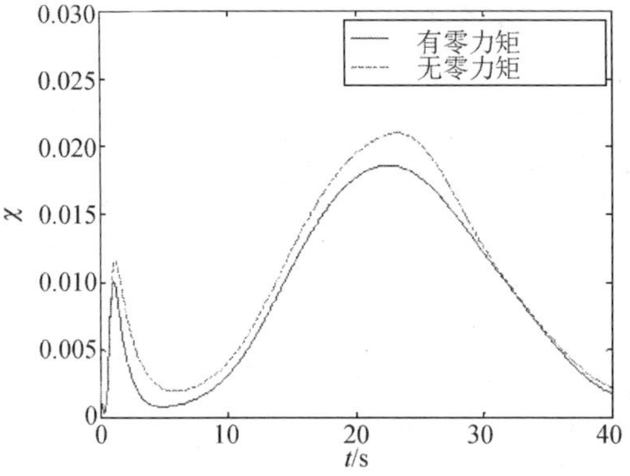

图 6－10 指标函数 χ

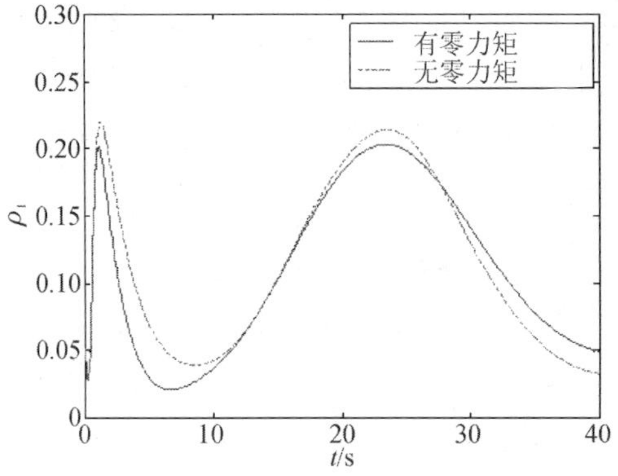

图 6－11 基体上 CMG 的饱和度量

表 6－2 饱和度量的最大值

工况	ρ_1	ρ_2	ρ_3	ρ_4	ρ_5	ρ_6	ρ_7
有零力矩	0.117 7	0.203 0	0.153 9	0.052 6	0.187 8	0.156 4	0.052 6
无零力矩	0.121 6	0.220 5	0.174 9	0.065 0	0.192 4	0.161 7	0.060 7

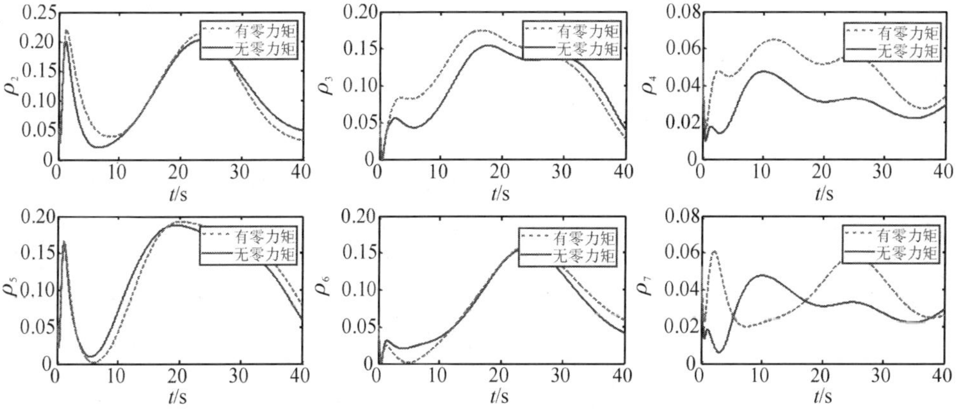

图 6-12　连杆上 CMG 的饱和度量

在式(6-77)给出的操纵律的作用下,CMG 未遇到构型奇异。对比研究表明,操纵律中的零运动 $\dot{\boldsymbol{\gamma}}_{Ni}$ 明显增大了 ξ_i 的值,从而有效降低了构型奇异的可能性。

图 6-13 所示为控制过程中不同时刻的系统构型。该系统构型是利用自适应律式(6-51)和具有零运动的力矩分配算法得到的结果。其中,圆轨迹上的符号×表示在当前时刻末端执行器/有效载荷参考点 $O_{4r}(O_{7r})$ 的期望位置。在初始力矩 $t=0$ 时,$O_{4r}(O_{7r})$ 的位置明显偏离期望位置,并且与期望姿态 $\boldsymbol{\sigma}_{1d}=[0,\ \ 0,\ \ 0]^{T}$(当 $\boldsymbol{\sigma}_1=\boldsymbol{\sigma}_{1d}$ 时,底部的 3 条正交边线应与 F_0 的对应 3 个轴平行)相比,基体的姿态具有明显误差。在所提出的控制器的作用下,偏差逐渐减小,末端执行器变量最终跟踪期望的轨迹。

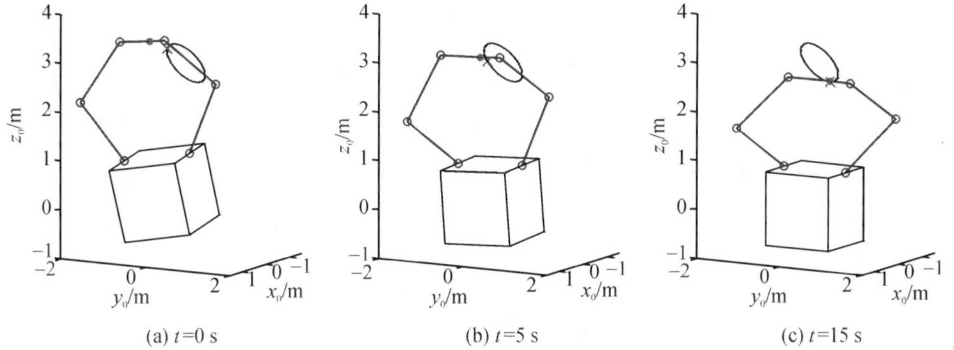

图 6-13　控制过程中不同时刻的系统构型

研究中没有具体说明用于基体位置控制的执行器。在仿真中,直接将期望控制力作为实际控制力。虽然控制力是连续的,但可以由推进器通过应用脉宽脉冲频率(pulse-width pulse-frequency,PWPF)调制技术来实现。

6.6 小 结

本章提出了用于 CMG 驱动空间机器人系统的自适应滑模控制器和力矩分配算法。降阶运动方程有利于系统控制器设计，因为它不包含非独立运动变量，也没有未确定的乘数。在自适应律中引入的非线性饱和函数加速了控制增益的增长，并减缓了增益的下降，从而提高系统的控制精度。闭环系统在惯性参数不确定性和未知扰动下最终一致有界。力矩分配算法中利用实际控制力矩矢量的冗余来降低 CMG 饱和的可能性。力矩分配算法允许惯性参数不确定和未知的外部干扰；同时，它又取决于运动约束参数。因此，如果运动约束参数也不确定，则该算法无法应用。仿真结果证明了所提出算法的有效性。

参 考 文 献

[1] SCHAUB H, JUNKINS J L. Stereographic orientation parameters for attitude dynamics: A generalization of the Rodrigues parameters[J]. Journal of the Astronautical Sciences, 1996, 44(1): 1-19.

[2] JIA Y, XU S. Decentralized adaptive sliding mode control of a space robot actuated by control moment gyroscopes[J]. Chinese Journal of Aeronautics, 2016, 29(3): 688-703.

[3] YOON H, TSIOTRAS P. Spacecraft adaptive attitude and power tracking with variable speed control moment gyroscopes[J]. Journal of Guidance, Control and Dynamics, 2002, 25(6): 1081-1090.

[4] BAJODAH A H, HODGES D H, CHEN Y H. New form of Kane's equations of motion for constrained systems[J]. Journal of Guidance, Control and Dynamics, 2003, 26 (1): 79-88.

[5] HUANG Y J, KUO T C, CHANG S H. Adaptive sliding-mode control for nonlinear systems with uncertain parameters[J]. IEEE Transactions on Systems, Man, and Cybernetics-Part B: Cybernetics, 2008, 38(2): 534-539.

[6] HUANG P, YUAN J, LIANG B. Adaptive sliding-mode control of space robot during manipulating unknown objects[C]//2007 IEEE International Conference on Control and Automation, 2007, 2907-2912.

[7] CONG B, LIU X, CHEN Z. Improved sliding mode control for a class of second-order mechanical systems[J]. Asian Journal of Control, 2013,15(6): 1862-1866.

[8] YOO D S, CHUNG M J, A variable structure control with simple adaptation laws for upper bounds on the norm of the uncertainties[J]. IEEE Transactions on Automatic Control, 1992, 37(6): 860-865.

[9] WHEELER G, SU C Y, STEPANENKO Y. A sliding mode controller with improved adaptation laws for the upper bounds on the norm of uncertainties[J]. Automatica, 1998, 34(12):1657-1661.

第 7 章 空间机械臂系统有限时间轨迹跟踪控制

本章研究了空间机械臂系统的有限时间轨迹跟踪问题，并且考虑到机械臂系统捕获未知载荷时可能存在的模型不确定性，采用径向基函数(radial basis function, RBF)神经网络对空间机械臂系统的不确定性模型进行估计。本章设计了一种辅助系统来补偿执行机构的饱和，然后提出了一种基于神经网络的自适应终端滑模控制器，同时设计了一种连续积分滑模控制器，用于空间机械臂系统的轨迹跟踪控制，利用李雅普诺夫理论分析了所提控制器的稳定性，并通过数值仿真验证了所提控制器的有效性。

7.1 执行机构饱和下的空间机械臂系统有限时间轨迹跟踪控制

本节针对空间机械臂系统模型不确定、存在外部干扰和执行机构饱和的情况，提出了一种有限时间轨迹跟踪控制器。

7.1.1 终端滑模控制器

1. 问题描述

考虑扰动的空间机械臂系统动力学可以表示为

$$\boldsymbol{M}\ddot{\boldsymbol{q}}+\boldsymbol{F}_{\text{non}}+\boldsymbol{d}=\boldsymbol{\tau} \tag{7-1}$$

其中，$\boldsymbol{q}\in\mathbf{R}^m$ 为空间机械臂系统的广义坐标，包含卫星本体的位置矢量、姿态角和机械臂的关节角。因此，对于图 7－1 所示的空间机械臂系统，m 等于 12。$\boldsymbol{d}$ 表示系统的扰动，它的边界是 $\|\boldsymbol{d}\|<d_0$，其中，d_0 为未知正常数。

定义 $\boldsymbol{x}=[\boldsymbol{x}_1^{\mathrm{T}},\boldsymbol{x}_2^{\mathrm{T}}]^{\mathrm{T}}$，$\boldsymbol{x}_1=\boldsymbol{q}$，$\boldsymbol{x}_2=\dot{\boldsymbol{q}}$，则空间机械臂系统包含不确定性的动力学可表示为

$$\begin{cases}\dot{\boldsymbol{x}}_1=\boldsymbol{x}_2\\ \dot{\boldsymbol{x}}_2=\boldsymbol{F}(\boldsymbol{x})+\boldsymbol{B}(\boldsymbol{x}_1)\boldsymbol{\tau}+\boldsymbol{d}_t\end{cases} \tag{7-2}$$

其中，$\boldsymbol{F}(\boldsymbol{x})=-\boldsymbol{M}(\boldsymbol{x}_1)^{-1}\boldsymbol{F}_{\text{non}}$；$\boldsymbol{B}(\boldsymbol{x}_1)=\boldsymbol{M}(\boldsymbol{x}_1)^{-1}$；$\boldsymbol{d}_t=-\boldsymbol{M}(\boldsymbol{x}_1)^{-1}\boldsymbol{d}$。当空间机械臂系统捕获未知载荷时，惯性矩阵 $\boldsymbol{M}(\boldsymbol{x}_1)$ 和非线性项 $\boldsymbol{F}_{\text{non}}$ 包含不确定性。因此，$\boldsymbol{B}(\boldsymbol{x}_1)$ 和 $\boldsymbol{F}(\boldsymbol{x})$ 分别为不确定矩阵和不确定函数向量。$\boldsymbol{F}(\boldsymbol{x})$ 将在接下来的部分由 RBF 神经网络进行估计。不确定矩阵 $\boldsymbol{B}(\boldsymbol{x}_1)$ 可写为

$$\boldsymbol{B}(\boldsymbol{x}_1)=\boldsymbol{B}_0(\boldsymbol{x}_1)+\Delta\boldsymbol{B}(\boldsymbol{x}_1) \tag{7-3}$$

其中，$\boldsymbol{B}_0(\boldsymbol{x}_1)$ 和 $\Delta\boldsymbol{B}(\boldsymbol{x}_1)$ 分别为 $\boldsymbol{B}(\boldsymbol{x}_1)$ 的已知部分和未知部分。

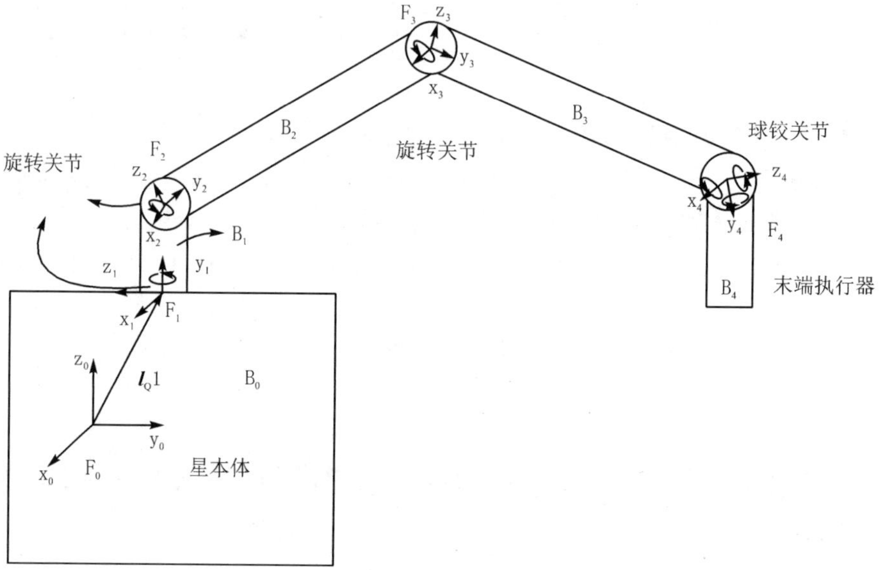

图 7-1 空间机械臂系统

假设 1：对系统质量矩阵做如下假设

$$\alpha_0<\|\boldsymbol{B}(\boldsymbol{x}_1)\|<\alpha_1,\quad \alpha_2<\|\boldsymbol{B}_0(\boldsymbol{x}_1)\|<\alpha_3 \tag{7-4}$$

其中，α_0，α_1，α_2 和 α_3 为正常数。

与空间机械臂系统实际操作相关的另一个问题是输入饱和，其可以表示为

$$\boldsymbol{\tau}=\text{sat}(\boldsymbol{u}_{\text{c}}) \tag{7-5}$$

其中，$\boldsymbol{u}_{\text{c}}$ 是期望的控制输入。饱和函数 sat(·)定义为

$$\text{sat}(u_{ci})=\text{sign}(\tau_i)\min\{\tau_{\max i},\ |\tau_i|\} \tag{7-6}$$

其中，$\tau_{\max i}$ 是已知的第 i 个输入的饱和水平。

将式(7-3)和式(7-5)代入式(7-2)，得

$$\begin{cases}\dot{\boldsymbol{x}}_1=\boldsymbol{x}_2\\ \dot{\boldsymbol{x}}_2=\boldsymbol{F}(\boldsymbol{x})+\boldsymbol{B}_0(\boldsymbol{x}_1)\text{sat}(\boldsymbol{u}_{\text{c}})+\Delta\boldsymbol{B}(\boldsymbol{x}_1)\text{sat}(\boldsymbol{u}_{\text{c}})+\boldsymbol{d}_t\end{cases} \tag{7-7}$$

RBF 神经网络因其结构简单、收敛速度快等特点，广泛应用于连续函数的逼近[1]。用于逼近紧集合 $U\subset\mathbf{R}^k$ 上的连续函数 $\boldsymbol{F}(\boldsymbol{x})$：$\mathbf{R}^k\rightarrow\mathbf{R}^m$ 的 RBF 神经网络可

以表示为[2]

$$\boldsymbol{F}(\boldsymbol{x})=\boldsymbol{W}^{*\mathrm{T}}\boldsymbol{\Phi}(\boldsymbol{x})+\varepsilon^{*}(\boldsymbol{x}),\ \|\varepsilon^{*}(\boldsymbol{x})\|\leqslant\varepsilon_{\mathrm{N}} \tag{7-8}$$

其中，$\boldsymbol{x}\in U$ 为输入向量；$\boldsymbol{W}^{*}\in\mathbf{R}^{k\times m}$ 为理想权重矩阵；$k>1$ 为神经元个数；$\varepsilon^{*}(\boldsymbol{x})\in\mathbf{R}^{m}$ 为 RBF 神经网络逼近的模型误差向量；ε_{N} 是 $\varepsilon^{*}(\boldsymbol{x})$的上界；$\boldsymbol{\Phi}(\boldsymbol{x})=[\Phi_1(\boldsymbol{x}),\Phi_2(x),\cdots,\Phi_k(\boldsymbol{x})]^{\mathrm{T}}$ 为高斯 RBF 向量，其中，$\Phi_i(\boldsymbol{x})$的形式为[2]

$$\Phi_i(x)=\exp\left(-\frac{\|\boldsymbol{x}-C_i\|^2}{2\sigma_i^2}\right) \tag{7-9}$$

其中，C_i 和 σ_i 分别为第 i 个神经元的中心和宽度。

需要注意的是，理想权重矩阵 $\boldsymbol{W}^{*}$ 是未知的，且不能用于控制器设计。因此，此处利用自适应技术对其进行估计[3]，那么用 $\boldsymbol{x}$ 表示的 $\boldsymbol{F}(\boldsymbol{x})$的估计可写为

$$\hat{\boldsymbol{F}}(\boldsymbol{x})=\hat{\boldsymbol{W}}^{\mathrm{T}}\boldsymbol{\Phi}(\boldsymbol{x}) \tag{7-10}$$

其中，$\hat{\boldsymbol{W}}$ 为 $\boldsymbol{W}^{*}$ 的估计值，由在线权重调节算法确定。

根据式(7-8)，式(7-7)可写为

$$\begin{cases}\dot{\boldsymbol{x}}_1=\boldsymbol{x}_2\\ \dot{\boldsymbol{x}}_2=\boldsymbol{W}^{*\mathrm{T}}\boldsymbol{\Phi}(\boldsymbol{x})+\boldsymbol{B}_0(\boldsymbol{x}_1)\mathrm{sat}(\boldsymbol{u}_{\mathrm{c}})+\boldsymbol{f}\end{cases} \tag{7-11}$$

其中，$\boldsymbol{f}=\varepsilon^{*}(\boldsymbol{x})+\Delta\boldsymbol{B}(\boldsymbol{x}_1)\mathrm{sat}(\boldsymbol{u}_{\mathrm{c}})+\boldsymbol{d}_t$ 包含系统的不确定性和扰动。

定义 $\Delta\boldsymbol{u}_{\mathrm{c}}=\mathrm{sat}(\boldsymbol{u}_{\mathrm{c}})-\boldsymbol{u}_{\mathrm{c}}$，则式(7-11)变为

$$\begin{cases}\dot{\boldsymbol{x}}_1=\boldsymbol{x}_2\\ \dot{\boldsymbol{x}}_2=\boldsymbol{W}^{*\mathrm{T}}\boldsymbol{\Phi}(\boldsymbol{x})+\boldsymbol{B}_0(\boldsymbol{x}_1)\boldsymbol{u}_{\mathrm{c}}+\boldsymbol{B}_0(\boldsymbol{x}_1)\Delta\boldsymbol{u}_{\mathrm{c}}+\boldsymbol{f}\end{cases} \tag{7-12}$$

假设 2： 集成不确定性 $\boldsymbol{f}$ 以一个正常数为界，即

$$\|\boldsymbol{f}\|\leqslant a_0 \tag{7-13}$$

其中，a_0 是一个正常数。

引理 1： [4]考虑系统 $\dot{\boldsymbol{x}}=\boldsymbol{f}(\boldsymbol{x})$，$\boldsymbol{f}(\mathbf{0})=\mathbf{0}$，$\boldsymbol{x}\in\mathbf{R}^n$。假设系统 $\dot{\boldsymbol{x}}=\boldsymbol{f}(\boldsymbol{x})$在所有初始条件下具有唯一的到达时间解，假设存在一个李雅谱诺夫函数 $V(\boldsymbol{x})$，正常数 $\alpha\in(0,1)$和 $\boldsymbol{\lambda}$，使得 $\dot{V}(\boldsymbol{x})\leqslant-\boldsymbol{\lambda}V(\boldsymbol{x})^{\alpha}$，则系统 $\dot{\boldsymbol{x}}=\boldsymbol{f}(\boldsymbol{x})$可以在有限时间内稳定到达原点。该稳定时间为 $T\leqslant V(\boldsymbol{x}_0)^{1-\alpha}/[\boldsymbol{\lambda}(1-\alpha)]$，其中，$\boldsymbol{x}_0$ 为系统状态 $\boldsymbol{x}$ 的初始值。

2. 控制器设计

定义非奇异终端滑模面为

$$\boldsymbol{s}=\boldsymbol{\beta}^{-1}\dot{\boldsymbol{e}}^{q/p}+\boldsymbol{e} \tag{7-14}$$

其中，$\boldsymbol{e}=\boldsymbol{x}_1-\boldsymbol{x}_{1\mathrm{d}}$ 为跟踪误差矢量；$\dot{\boldsymbol{e}}=\boldsymbol{x}_2-\boldsymbol{x}_{2\mathrm{d}}$ 为误差向量的导数；$\boldsymbol{x}_{1\mathrm{d}}$ 为空间机械臂系统的期望运动；$\boldsymbol{x}_{2\mathrm{d}}$ 为 $\boldsymbol{x}_{1\mathrm{d}}$ 的导数；$\boldsymbol{\beta}$ 为对角正定矩阵；p 和 q 为正奇数，满足

以下条件

$$1 < q/p < 2 \tag{7-15}$$

当滑模面 $\boldsymbol{s}=\boldsymbol{0}$ 时，系统动力学由如下方程确定

$$\frac{1}{\beta_i}\dot{e}_i^{q/p} + e_i = 0 \tag{7-16}$$

其中，$e_i=0$ 是系统式(7-16)的终端状态。从 $\boldsymbol{s}=\boldsymbol{0}$ 到 $e_i=0$ 的有限时间 t_s 为

$$t_s = \frac{1}{\beta_i}\int_{e_i(t_r)}^{e_i \to 0} \frac{\mathrm{d}e_i}{e_i^{p/q}} = \frac{|e_i(t_r)|^{1-\frac{p}{q}}}{\beta_i\left(1-\frac{p}{q}\right)} \tag{7-17}$$

其中，t_r 是 $t=0$ 到 $\boldsymbol{s}=\boldsymbol{0}$ 的到达时间。

利用式(7-12)对 $\boldsymbol{s}$ 求导，可得

$$\begin{aligned}\dot{\boldsymbol{s}} &= \frac{q}{p}\boldsymbol{\beta}^{-1}\mathrm{diag}(\dot{\boldsymbol{e}}^{q/p-1})(\dot{\boldsymbol{x}}_2 - \dot{\boldsymbol{x}}_{2\mathrm{d}}) + \dot{\boldsymbol{e}} \\ &= \frac{q}{p}\boldsymbol{\beta}^{-1}\mathrm{diag}(\dot{\boldsymbol{e}}^{q/p-1})[\boldsymbol{W}^{*\mathrm{T}}\boldsymbol{\Phi}(\boldsymbol{x}) + \boldsymbol{B}_0(\boldsymbol{x}_1)\boldsymbol{u}_c + \boldsymbol{B}_0(\boldsymbol{x}_1)\Delta\boldsymbol{u}_c + \boldsymbol{f} - \dot{\boldsymbol{x}}_{2\mathrm{d}}] + \dot{\boldsymbol{e}}\end{aligned} \tag{7-18}$$

控制器设计如下：

$$\boldsymbol{u}_c = \boldsymbol{u}_{\mathrm{eq}} + \boldsymbol{u}_1 + \boldsymbol{u}_2 \tag{7-19}$$

其中

$$\boldsymbol{u}_{\mathrm{eq}} = \boldsymbol{B}_0^{-1}(\boldsymbol{x}_1)[\dot{\boldsymbol{x}}_{2\mathrm{d}} - \hat{\boldsymbol{W}}^{\mathrm{T}}\boldsymbol{\Phi}(\boldsymbol{x})] - \frac{p}{q}\boldsymbol{B}_0^{-1}(\boldsymbol{x}_1)\boldsymbol{\beta}\dot{\boldsymbol{e}}^{2-p/q} \tag{7-20}$$

$$\begin{aligned}\boldsymbol{u}_1 = &-\boldsymbol{B}_0^{-1}(\boldsymbol{x}_1)\frac{\boldsymbol{\xi}^{\mathrm{T}}}{\|\boldsymbol{\xi}\|^2}\|\boldsymbol{s}\|^{2p_2/q_2}k_1 - \boldsymbol{B}_0^{-1}(\boldsymbol{x}_1)\boldsymbol{K}_2\boldsymbol{s}^{p_3/q_3} - \\ &\boldsymbol{B}_0^{-1}(\boldsymbol{x}_1)\frac{\boldsymbol{\xi}^{\mathrm{T}}}{\|\boldsymbol{\xi}\|^2}\|\boldsymbol{s}\|\chi(\hat{a}_0 + k_0)\end{aligned} \tag{7-21}$$

$$\boldsymbol{u}_2 = -\boldsymbol{B}_0^{-1}(\boldsymbol{x}_1)\boldsymbol{K}_3\boldsymbol{\xi}^{\mathrm{T}} - \boldsymbol{B}_0^{-1}(\boldsymbol{x}_1)\boldsymbol{K}_4\boldsymbol{\zeta} \tag{7-22}$$

$$\chi = \|\boldsymbol{\beta}^{-1}\mathrm{diag}(\dot{\boldsymbol{e}}^{q/p-1})\| \tag{7-23}$$

$$\boldsymbol{\xi} = \boldsymbol{s}^{\mathrm{T}}\boldsymbol{\beta}^{-1}\mathrm{diag}(\dot{\boldsymbol{e}}^{q/p-1}) \tag{7-24}$$

其中，p_2 和 q_2 为正整数，$1<q_2/p_2<2$；$p_3<q_3$；k_0 和 k_1 为正常数；$\boldsymbol{K}_2$，$\boldsymbol{K}_3$ 和 $\boldsymbol{K}_4$ 为对角正定矩阵；$\hat{a}_0$ 为 a_0 的估计。自适应更新律为

$$\dot{\hat{a}}_0 = c_0\chi\|\boldsymbol{s}\| \tag{7-25}$$

其中，c_0 为正常数。

权重自适应律设计为

$$\dot{\hat{\boldsymbol{W}}} = -\dot{\tilde{\boldsymbol{W}}} = \frac{q}{p}\boldsymbol{P}\boldsymbol{\Phi}\boldsymbol{s}^{\mathrm{T}}\boldsymbol{\beta}^{-1}\mathrm{diag}(\dot{\boldsymbol{e}}^{q/p-1}) \tag{7-26}$$

其中，$\widetilde{\boldsymbol{W}}=\boldsymbol{W}^{*}-\hat{\boldsymbol{W}}$ 为权重估计误差；$\boldsymbol{\beta}^{-1}$ 为权重自适应增益；$\boldsymbol{P}$ 为正定对称矩阵。

式(7－22)中变量 ζ 是从以下辅助系统获得的，以补偿输入饱和

$$\dot{\boldsymbol{\zeta}}=\begin{cases}0, & \|\boldsymbol{\zeta}\|\leqslant\zeta_0\\ -b_1\zeta-b_2\boldsymbol{\zeta}^{p_1/q_1}-\dfrac{\|\boldsymbol{s}^{\mathrm{T}}\beta^{-1}\mathrm{diag}(\dot{\boldsymbol{e}}^{q/p-1})\boldsymbol{B}_0(\boldsymbol{x}_1)\Delta\boldsymbol{u}_{\mathrm{c}}\|_1+0.5b_3\Delta\boldsymbol{u}_{\mathrm{c}}^{\mathrm{T}}\Delta\boldsymbol{u}_{\mathrm{c}}}{\|\boldsymbol{\zeta}\|^2}\zeta+b_3\Delta\boldsymbol{u}_{\mathrm{c}}, & \|\boldsymbol{\zeta}\|>\zeta_0\end{cases}\tag{7-27}$$

其中，b_1,b_2,b_3 和 ζ_0 为正常数；p_1 和 q_1 为正奇数，且 $1<q_1/p_1<2$。

评注 1： 包含 $b_2\boldsymbol{\zeta}^{p_1/q_1}$ 项的辅助系统结合终端滑模控制器可以实现轨迹跟踪控制的有限时间收敛；通过设计参数 b_3 可以规避执行机构饱和的过度补偿。

定理 1： 对于空间机械臂系统式(7－12)，如果控制律设计为(7－19)～式(7－22)，辅助系统采用自适应更新律式(7－25)和式(7－26)，则系统的跟踪误差 $\boldsymbol{e}$ 在有限时间内收敛于零。

评注 2： 等效控制 $\boldsymbol{u}_{\mathrm{eq}}$ 用于保持系统在滑模面上的运动；$\boldsymbol{u}_1$ 用于补偿不确定性和外部干扰并驱动系统轨迹到达滑模面；$\boldsymbol{u}_2$ 用于补偿执行机构饱和。

3. 稳定性分析

根据式(7－19)～式(7－22)，式(7－18)变为

$$\begin{aligned}\dot{\boldsymbol{s}}=\frac{q}{p}\boldsymbol{\beta}^{-1}\mathrm{diag}(\dot{\boldsymbol{e}}^{q/p-1})\Big[&\widetilde{\boldsymbol{W}}^{\mathrm{T}}\boldsymbol{\Phi}(\boldsymbol{x})-\boldsymbol{K}_2\boldsymbol{s}^{p_3/q_3}-\\ &\frac{\boldsymbol{\xi}^{\mathrm{T}}}{\|\boldsymbol{\xi}\|^2}\|\boldsymbol{s}\|^{2p_2/q_2}k_1-\frac{\boldsymbol{\xi}^{\mathrm{T}}}{\|\boldsymbol{\xi}\|^2}\|\boldsymbol{s}\|\chi(\hat{a}_0+k_0)-\\ &\boldsymbol{K}_3\boldsymbol{\xi}^{\mathrm{T}}-\boldsymbol{K}_4\boldsymbol{\zeta}+\boldsymbol{B}_0(\boldsymbol{x}_1)\Delta\boldsymbol{u}_{\mathrm{c}}+\boldsymbol{f}\Big]\end{aligned}\tag{7-28}$$

定义如下李雅谱诺夫函数，即

$$V=\frac{1}{2}\boldsymbol{s}^{\mathrm{T}}\boldsymbol{s}+\frac{1}{2}\mathrm{tr}(\widetilde{\boldsymbol{W}}^{\mathrm{T}}\boldsymbol{P}^{-1}\widetilde{\boldsymbol{W}})+\frac{q}{2p}c_0^{-1}\tilde{a}_0^2+\frac{q}{2p}\boldsymbol{\zeta}^{\mathrm{T}}\boldsymbol{\zeta}\tag{7-29}$$

其中，$\tilde{a}_0=a_0-\hat{a}_0$ 为 a_0 的估计误差。

对 V 求导，可得

$$\dot{V}=\boldsymbol{s}^{\mathrm{T}}\dot{\boldsymbol{s}}+\mathrm{tr}(\widetilde{\boldsymbol{W}}^{\mathrm{T}}\boldsymbol{P}^{-1}\dot{\widetilde{\boldsymbol{W}}})-\frac{q}{p}c_0^{-1}\tilde{a}_0\dot{\hat{a}}+\frac{q}{p}\boldsymbol{\zeta}^{\mathrm{T}}\dot{\boldsymbol{\zeta}}\tag{7-30}$$

将式(7－25)和式(7－28)代入式(7－30)得

$$\begin{aligned}\dot{V}=\boldsymbol{s}^{\mathrm{T}}\frac{q}{p}\boldsymbol{\beta}^{-1}\mathrm{diag}(\dot{\boldsymbol{e}}^{q/p-1})\Big[&\widetilde{\boldsymbol{W}}^{\mathrm{T}}\boldsymbol{\Phi}(\boldsymbol{x})-\frac{\boldsymbol{\xi}^{\mathrm{T}}}{\|\boldsymbol{\xi}\|^2}\|\boldsymbol{s}\|^{2p_2/q_2}k_1-\\ &\boldsymbol{K}_2\boldsymbol{s}^{p_3/q_3}-\frac{\boldsymbol{\xi}^{\mathrm{T}}}{\|\boldsymbol{\xi}\|^2}\|\boldsymbol{s}\|\chi(\hat{a}_0+k_0)-\\ &\boldsymbol{K}_3\boldsymbol{\xi}^{\mathrm{T}}-\boldsymbol{K}_4\zeta+\boldsymbol{B}_0(\boldsymbol{x}_1)\Delta\boldsymbol{u}_{\mathrm{c}}+\boldsymbol{f}\Big]+\mathrm{tr}(\widetilde{\boldsymbol{W}}^{\mathrm{T}}\boldsymbol{P}^{-1}\dot{\widetilde{\boldsymbol{W}}})-\frac{q}{p}\chi\|\boldsymbol{s}\|\tilde{a}_0+\frac{q}{p}\boldsymbol{\zeta}^{\mathrm{T}}\dot{\boldsymbol{\zeta}}\end{aligned}$$

$$=-\|\boldsymbol{s}\|^{2p_2/q_2}k_1-\frac{q}{p}\boldsymbol{s}^{\mathrm{T}}\boldsymbol{\beta}^{-1}\mathrm{diag}(\dot{\boldsymbol{e}}^{q/p-1})\boldsymbol{K}_2\boldsymbol{s}^{p_3/q_3}-$$
$$\frac{q}{p}\chi\|\boldsymbol{s}\|(a_0+k_0)+\frac{q}{p}\boldsymbol{\xi f}+\frac{q}{p}\boldsymbol{\xi}\widetilde{\boldsymbol{W}}^{\mathrm{T}}\boldsymbol{\Phi}(\boldsymbol{x})-\frac{q}{p}\boldsymbol{\xi K}_3\boldsymbol{\xi}^{\mathrm{T}}-\frac{q}{p}\boldsymbol{\xi K}_4\boldsymbol{\zeta}+$$
$$\frac{q}{p}\boldsymbol{\xi B}_0(\boldsymbol{x}_1)\Delta\boldsymbol{u}_c+\mathrm{tr}(\widetilde{\boldsymbol{W}}^{\mathrm{T}}\boldsymbol{P}^{-1}\dot{\widetilde{\boldsymbol{W}}})+\frac{q}{p}\boldsymbol{\zeta}^{\mathrm{T}}\dot{\boldsymbol{\zeta}} \tag{7-31}$$

将式(7-26)和式(7-27)代入式(7-31),并使用 $\boldsymbol{\xi}\widetilde{\boldsymbol{W}}^{\mathrm{T}}\boldsymbol{\Phi}=\mathrm{tr}[\widetilde{\boldsymbol{W}}^{\mathrm{T}}\boldsymbol{\Phi\xi}]$,可得

$$\dot{V}=-\|\boldsymbol{s}\|^{2p_2/q_2}k_1-\frac{q}{p}\boldsymbol{s}^{\mathrm{T}}\boldsymbol{\beta}^{-1}\mathrm{diag}(\dot{\boldsymbol{e}}^{q/p-1})\boldsymbol{K}_2\boldsymbol{s}^{p_3/q_3}-\frac{q}{p}\chi\|\boldsymbol{s}\|(a_0+k_0)+$$
$$\frac{q}{p}\boldsymbol{\xi f}-\frac{q}{p}\boldsymbol{\xi K}_3\boldsymbol{\xi}^{\mathrm{T}}-\frac{q}{p}\boldsymbol{\xi K}_4\boldsymbol{\zeta}+\frac{q}{p}\boldsymbol{\xi B}_0(\boldsymbol{x}_1)\Delta\boldsymbol{u}_c-\frac{q}{p}b_1\boldsymbol{\zeta}^{\mathrm{T}}\boldsymbol{\zeta}-$$
$$\frac{q}{p}b_2\boldsymbol{\zeta}^{\mathrm{T}}\boldsymbol{\zeta}^{p_1/q_1}-\frac{q}{p}\|\boldsymbol{\xi B}_0(\boldsymbol{x}_1)\Delta\boldsymbol{u}_c\|_1-0.5b_3\frac{q}{p}\Delta\boldsymbol{u}_c^{\mathrm{T}}\Delta\boldsymbol{u}_c+b_3\frac{q}{p}\boldsymbol{\zeta}^{\mathrm{T}}\Delta\boldsymbol{u}_c \tag{7-32}$$

根据不等式

$$\boldsymbol{\xi f}\leqslant\chi\|\boldsymbol{s}\|\|\boldsymbol{f}\| \tag{7-33}$$

$$\boldsymbol{\xi B}_0(\boldsymbol{x}_1)\Delta\boldsymbol{u}_c\leqslant\|\boldsymbol{\xi B}_0(\boldsymbol{x}_1)\Delta\boldsymbol{u}_c\|_1 \tag{7-34}$$

$$\boldsymbol{\zeta}^{\mathrm{T}}\Delta\boldsymbol{u}_c\leqslant\frac{1}{2}\boldsymbol{\zeta}^{\mathrm{T}}\boldsymbol{\zeta}+\frac{1}{2}\Delta\boldsymbol{u}_c^{\mathrm{T}}\Delta\boldsymbol{u}_c \tag{7-35}$$

$$\boldsymbol{\xi K}_4\boldsymbol{\zeta}\leqslant\frac{1}{2}\boldsymbol{\xi K}_4\boldsymbol{\xi}^{\mathrm{T}}+\frac{1}{2}\boldsymbol{\zeta}^{\mathrm{T}}\boldsymbol{K}_4\boldsymbol{\zeta}-\|\boldsymbol{s}\|^{2p_2/q_2}k_1-\frac{q}{p}\boldsymbol{s}^{\mathrm{T}}\boldsymbol{\beta}^{-1}\mathrm{diag}(\dot{\boldsymbol{e}}^{q/p-1})\boldsymbol{K}_2\boldsymbol{s}^{p_3/q_3} \tag{7-36}$$

$$-\frac{q}{p}\chi\|\boldsymbol{s}\|k_0-\frac{q}{p}b_2\boldsymbol{\zeta}^{\mathrm{T}}\boldsymbol{\zeta}^{p_1/q_1}\leqslant 0 \tag{7-37}$$

有

$$\dot{V}\leqslant-\frac{q}{p}\chi\|\boldsymbol{s}\|(a_0-\|\boldsymbol{f}\|)-\frac{q}{p}\boldsymbol{\xi}\left(\boldsymbol{K}_3-\frac{1}{2}\boldsymbol{K}_4\right)\boldsymbol{\xi}^{\mathrm{T}}-\frac{q}{p}\boldsymbol{\zeta}^{\mathrm{T}}\left(b_1\boldsymbol{I}-\frac{1}{2}\boldsymbol{K}_4-\frac{1}{2}\boldsymbol{I}\right)\boldsymbol{\zeta} \tag{7-38}$$

选择参数 $b_1,\boldsymbol{K}_3,\boldsymbol{K}_4$,使 $\boldsymbol{K}_3-\frac{1}{2}\boldsymbol{K}_4$ 和 $b_1\boldsymbol{I}-\frac{1}{2}\boldsymbol{K}_4-\frac{1}{2}\boldsymbol{I}$ 为正定矩阵,则有

$$\dot{V}\leqslant-\frac{q}{p}\chi\|\boldsymbol{s}\|(a_0-\|\boldsymbol{f}\|)\leqslant 0 \tag{7-39}$$

由式(7-39)可知,$0\leqslant V\leqslant V(0)$,表示 $\boldsymbol{s},\widetilde{\boldsymbol{W}},\tilde{a}_0$ 和 $\boldsymbol{\zeta}$ 是有界的。为了证明终端滑模面 $\boldsymbol{s}$ 能在有限时间内收敛于零,考虑如下李雅谱诺夫函数

$$V_1=\frac{1}{2}\boldsymbol{s}^{\mathrm{T}}\boldsymbol{s}+\frac{q}{2p}\boldsymbol{\zeta}^{\mathrm{T}}\boldsymbol{\zeta} \tag{7-40}$$

将式(7－40)对时间求导，利用式(7－27)和式(7－28)，得到

$$\begin{aligned}\dot{V}=&\boldsymbol{s}^{\mathrm{T}}\frac{q}{p}\boldsymbol{\beta}^{-1}\mathrm{diag}(\dot{\boldsymbol{e}}^{q/p-1})\Big[\widetilde{\boldsymbol{W}}^{\mathrm{T}}\boldsymbol{\Phi}(\boldsymbol{x})-\frac{\boldsymbol{\xi}^{\mathrm{T}}}{\|\boldsymbol{\xi}\|^{2}}\|\boldsymbol{s}\|^{2p_2/q_2}k_1-\boldsymbol{K}_2\boldsymbol{s}^{p_3/q_3}-\\&\frac{\boldsymbol{\xi}^{\mathrm{T}}}{\|\boldsymbol{\xi}\|^{2}}\|\boldsymbol{s}\|\chi(\hat{a}_0+k_0)-\boldsymbol{K}_3\boldsymbol{\xi}^{\mathrm{T}}-\boldsymbol{K}_4\boldsymbol{\zeta}+\boldsymbol{B}_0\Delta\boldsymbol{u}_{\mathrm{c}}+\boldsymbol{f}\Big]+\\&\frac{q}{p}\boldsymbol{\zeta}^{\mathrm{T}}\left(-b_1\boldsymbol{\zeta}-b_2\boldsymbol{\zeta}^{p_1/q_1}-\frac{\|\boldsymbol{\xi}\boldsymbol{B}_0(\boldsymbol{x}_1)\Delta\boldsymbol{u}_{\mathrm{c}}\|_1+0.5\Delta\boldsymbol{u}_{\mathrm{c}}^{\mathrm{T}}\Delta\boldsymbol{u}_{\mathrm{c}}}{\|\boldsymbol{\zeta}\|^{2}}\boldsymbol{\zeta}+\Delta\boldsymbol{u}_{\mathrm{c}}\right)\\=&-\|\boldsymbol{s}\|^{2p_2/q_2}k_1-\frac{q}{p}\boldsymbol{\xi}\boldsymbol{K}_2\boldsymbol{s}^{p_3/q_3}-\frac{q}{p}\chi\|\boldsymbol{s}\|(a_0+k_0)+\frac{q}{p}\boldsymbol{\xi}\boldsymbol{f}+\frac{q}{p}\boldsymbol{\xi}\widetilde{\boldsymbol{W}}^{\mathrm{T}}\boldsymbol{\Phi}(\boldsymbol{x})-\\&\frac{q}{p}\boldsymbol{\xi}\boldsymbol{K}_3\boldsymbol{\xi}^{\mathrm{T}}-\frac{q}{p}\boldsymbol{\xi}\boldsymbol{K}_4\boldsymbol{\zeta}+\frac{q}{p}\boldsymbol{\xi}\boldsymbol{B}_0(\boldsymbol{x}_1)\Delta\boldsymbol{u}_{\mathrm{c}}-\frac{q}{p}b_1\boldsymbol{\zeta}^{\mathrm{T}}\boldsymbol{\zeta}-\frac{q}{p}b_2\boldsymbol{\zeta}^{\mathrm{T}}\boldsymbol{\zeta}^{p_1/q_1}-\\&\frac{q}{p}\|\boldsymbol{\xi}\boldsymbol{B}_0(\boldsymbol{x}_1)\Delta\boldsymbol{u}_{\mathrm{c}}\|_1-0.5\frac{q}{p}\Delta\boldsymbol{u}_{\mathrm{c}}^{\mathrm{T}}\Delta\boldsymbol{u}_{\mathrm{c}}+\frac{q}{p}\boldsymbol{\zeta}^{\mathrm{T}}\Delta\boldsymbol{u}_{\mathrm{c}}\end{aligned}\tag{7-41}$$

因为 $\tilde{a}_0$，$\widetilde{\boldsymbol{W}}$ 和 $\boldsymbol{\Phi}(\boldsymbol{x})$ 有界，因此，$\tilde{a}_0+\|\widetilde{\boldsymbol{W}}^{\mathrm{T}}\boldsymbol{\Phi}(\boldsymbol{x})\|$ 同样有界。使用式(7－33)～式(7－36)，可得

$$\begin{aligned}\dot{V}_1\leqslant&-\|\boldsymbol{s}\|^{2p_2/q_2}k_1-\frac{q}{p}\|\boldsymbol{s}\|\chi(\hat{a}_0-a_0+k_0)+\\&\frac{q}{p}\boldsymbol{\xi}\widetilde{\boldsymbol{W}}^{\mathrm{T}}\boldsymbol{\Phi}(\boldsymbol{x})-\frac{q}{p}\boldsymbol{\xi}\left(\boldsymbol{K}_3-\frac{1}{2}\boldsymbol{K}_4\right)\boldsymbol{\xi}^{\mathrm{T}}-\\&\frac{q}{p}\boldsymbol{\zeta}^{\mathrm{T}}\left(b_1\boldsymbol{I}-\frac{1}{2}\boldsymbol{K}_4-\frac{1}{2}\boldsymbol{I}\right)\boldsymbol{\zeta}-\frac{q}{p}b_2\boldsymbol{\zeta}^{\mathrm{T}}\boldsymbol{\zeta}^{p_1/q_1}\\\leqslant&-\frac{q}{p}\|\boldsymbol{s}\|\chi(k_0-\tilde{a}_0-\|\widetilde{\boldsymbol{W}}^{\mathrm{T}}\boldsymbol{\Phi}(\boldsymbol{x})\|)-\|\boldsymbol{s}\|^{2p_2/q_2}k_1-\frac{q}{p}b_2\boldsymbol{\zeta}^{\mathrm{T}}\boldsymbol{\zeta}^{p_1/q_1}\\\leqslant&-2^{p_2/q_2}k_1\left[\left(\frac{\|\boldsymbol{s}\|}{\sqrt{2}}\right)^2\right]^{p_2/q_2}-2b_2\left(\frac{q}{2p}\right)^{(q_1-p_1)/2q_1}\left[\left(\frac{\sqrt{q}\,\|\boldsymbol{\zeta}\|}{\sqrt{2p}}\right)^2\right]^{(p_1+q_1)/2q_1}\\\leqslant&-\lambda V_1^{p_2/q_2}\end{aligned}\tag{7-42}$$

其中，$\lambda=\min\left(2^{p_2/q_2}k_0,\ 2b_2\left(\dfrac{q}{2p}\right)^{(q_1-p_1)/2q_1}\right)$；$p_2/q_2=(p_1+q_1)/2q_1$ 和 $k_0-\tilde{a}_0-\|\widetilde{\boldsymbol{W}}^{\mathrm{T}}\boldsymbol{\Phi}(\boldsymbol{x})\|\geqslant 0$ 可以通过选择较大的 k_0 值来保证。

根据引理 1，由式(7－42)可以得出非奇异终端滑模曲面 $\boldsymbol{s}$ 和 $\boldsymbol{\zeta}$ 将在有限时间 $t_{\mathrm{r}}\leqslant q_2V_1^{1-p_2/q_2}(0)/[\lambda(q_2-p_2)]$ 收敛为 0，其中，$V_1(0)$ 是 V_1 的初值。

式(7－21)中的不连续控制可能导致抖振问题。为了克服这种不良影响，可以对 $\boldsymbol{u}_1$ 进行替换[5]，即

$$\boldsymbol{u}_1=\begin{cases}-\boldsymbol{B}_0^{-1}(\boldsymbol{x}_1)\dfrac{\boldsymbol{\xi}^{\mathrm{T}}}{\|\boldsymbol{\xi}\|^2}[\|\boldsymbol{s}\|^{2p_2/q_2}k_1-\|\boldsymbol{s}\|\chi(\hat{a}_0+k_0)]\ \boldsymbol{B}_0^{-1}(\boldsymbol{x}_1)\boldsymbol{K}_2\boldsymbol{s}^{p_3/q_3},\ \mathrm{if}\ \|\boldsymbol{\xi}\|\geqslant\vartheta\\-\boldsymbol{B}_0^{-1}(\boldsymbol{x}_1)\dfrac{\boldsymbol{\xi}^{\mathrm{T}}}{\vartheta^2}[\|\boldsymbol{s}\|^{2p_2/q_2}k_1-\|\boldsymbol{s}\|\chi(\hat{a}_0+k_0)]\ \boldsymbol{B}_0^{-1}(\boldsymbol{x}_1)\boldsymbol{K}_2\boldsymbol{s}^{p_3/q_3},\ \mathrm{if}\ \|\boldsymbol{\xi}\|\leqslant\vartheta\end{cases}\tag{7-43}$$

其中，ϑ 是一个正常数。该控制策略在鲁棒性和控制精度之间取得了很好的平衡。

7.1.2 数值仿真

本节对图 7-1 所示的空间机械臂系统进行数值仿真，验证所提出的控制器的有效性。空间机械臂系统参数如表 7-1 所列，控制目标是稳定卫星姿态并跟踪机械臂连杆的期望轨迹。卫星姿态和机械臂关节的初始角度设置为[−5°，−4°，3°，3°，−55°，−55°，−33°，2°，2°]。本节采用五次多项式规划姿态角和关节角的期望轨迹，并且在仿真中不考虑卫星本体的平动。

表 7-1 空间机械臂系统参数

体编号	质量/kg	一阶惯性矩/(kg·m)	转动惯量/(kg·m^2)	每个体的位置
B_0	2000	$[0,0,0]^{\mathrm{T}}$	diag(13333,5333,13333)	$[0,3,2]^{\mathrm{T}}$
B_1	40	$[0,20,0]^{\mathrm{T}}$	diag(14.233, 1.80, 14.233)	$[0,1,0]^{\mathrm{T}}$
B_2,B_3	90	$[0,270,0]^{\mathrm{T}}$	diag(1500,0.3,1500)	$[0,6,0]^{\mathrm{T}}$
B_4	10	$[0,4,0]^{\mathrm{T}}$	diag(10,0.2,10)	$[0,1,0]^{\mathrm{T}}$
有效载荷	20	$[0,16,0]^{\mathrm{T}}$	diag(40,0.4,40)	

选取与广义速度相对应的空间机械臂系统扰动为

$$\boldsymbol{d}(t)=[\boldsymbol{0}\quad \boldsymbol{d}_{\omega0}^{\mathrm{T}}\quad d_{\dot{\theta}1}\quad d_{\dot{\theta}2}\quad d_{\dot{\theta}3}\quad \boldsymbol{d}_{\omega4}^{\mathrm{T}}]^{\mathrm{T}}\tag{7-44}$$

$$\boldsymbol{d}_{\omega0}=\begin{bmatrix}1\\1\\1\end{bmatrix}(0.02\sin(0.1t)+0.005\sin(0.01\pi t))\tag{7-45}$$

$$d_{\dot{\theta}1}=0.02\sin(0.1t+\pi/4)+0.005\sin(0.01\pi t+\pi/4)\tag{7-46}$$

$$d_{\dot{\theta}2}=0.02\sin(0.1t+\pi/2)+0.005\sin(0.01\pi t+\pi/2)\tag{7-47}$$

$$d_{\dot{\theta}3}=0.02\sin(0.1t+\pi/3)+0.005\sin(0.01\pi t+\pi/3)\tag{7-48}$$

$$\boldsymbol{d}_{\omega4}=\begin{bmatrix}0.005\\0.005\\0.005\end{bmatrix}(2\sin(0.1t+\pi/6)+\sin(0.01\pi t+\pi/6))\tag{7-49}$$

控制器参数如表 7-2 所列。设置权重矩阵 $\hat{\boldsymbol{W}}$ 的初始值为 $\boldsymbol{0}_{60\times12}$，$\hat{a}_0$ 的初始值

为 1×10^{-6}，第 i 个神经元的宽度 $\sigma_i(i=1,\cdots,60)$ 设定为 0.4。所有神经元的 RBF 神经网络中心有规律地分布在[0，±0.1，±0.2，⋯，±2，±3，⋯，±11，－12]的域中。体 B_0 的姿态角的响应及其跟踪误差如图 7－2 所示。体 B_1～体 B_4 的关节角度和期望轨迹如图 7－3 和图 7－4 所示。体 B_1～体 B_4 的跟踪误差如图 7－5 所示。图 7－6 给出了卫星本体和关节的控制力矩。从图 7－3 中可以看出，卫星本体可以在很小的误差范围内跟踪期望的姿态角轨迹。图 7－3 和图 7－5 表明，关节运动可以在有限时间内以 2×10^{-4} rad 的稳态精度跟踪期望的轨迹。从图 7－6 中可以看出，对于卫星本体，实际控制力矩被限制在±40 N·m 的范围内，而关节 1～关节 3 的控制力矩被限制在±30 N·m 的范围内，关节 4 的控制力矩被限制在±2 N·m 的范围内。从图 7－6 也可以看出，实际的控制力矩是连续的，无抖振。

表 7－2　控制器参数

参　数	值
辅助系统常数 b_1	0.5
辅助系统常数 b_2	1
辅助系统常数 b_3	0.02
辅助系统常数 ζ_0	0.005
跟踪误差增益 $\boldsymbol{\beta}$	$0.5\boldsymbol{I}_{12}$
正奇数 p,p_1	7
正奇数 q,q_1	9
正整数 p_2	8
正整数 q_2	9
正奇数 p_3	3
正奇数 q_3	7
控制增益 k_0,k_1	$1\times10^{-5},1\times10^{-4}$
控制增益 $\boldsymbol{K}_2$	diag([0.04ones(1, 9), 0.08, 1.8, 0.08])
控制增益 $\boldsymbol{K}_3,\boldsymbol{K}_4$	$0.0002\mathbf{I}_{12},1\times10^{-6}\boldsymbol{I}_{12}$
自适应常数 c_0	1×10^{-6}
边界层 ϑ	1×10^{-5}
权重自适应增益 $\boldsymbol{P}$	$500\boldsymbol{I}_k$
神经元个数 k	60

为了进一步验证所提出的控制器的有效性，将其与 PD 控制器和参考文献[6]中研究的自适应神经网络有限时间控制(neural network-based finite time control,NNFTC)进行比较。更快的响应通常需要更大的控制力矩,这意味着需要更多的能量消耗,因此,这些控制器的控制参数的选择都是基于一个原则,即能耗尽可能小,响应尽可能快。PD 控制器和 NNFTC 的控制参数如表 7-3 所列。

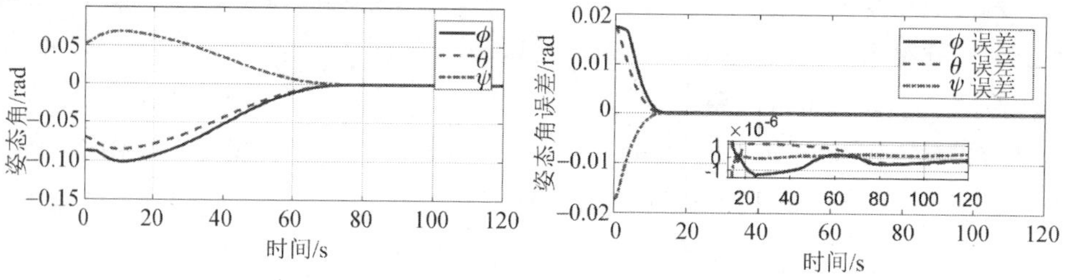

图 7-2 体 B_0 的姿态角及其跟踪误差

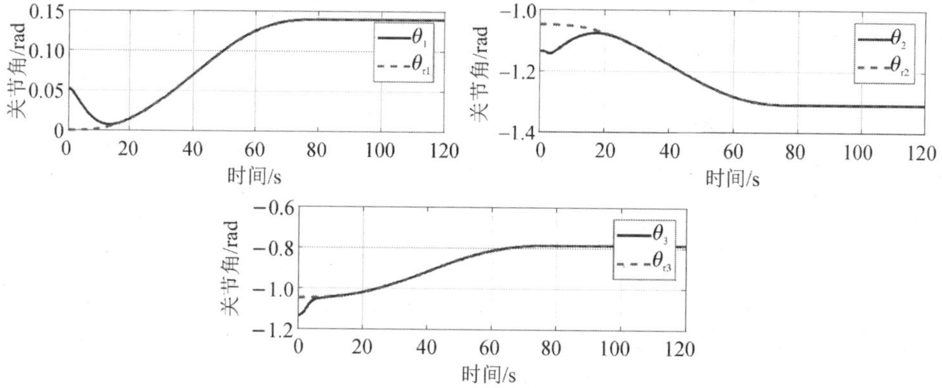

图 7-3 体 B_1～体 B_3 的关节角度和期望轨迹

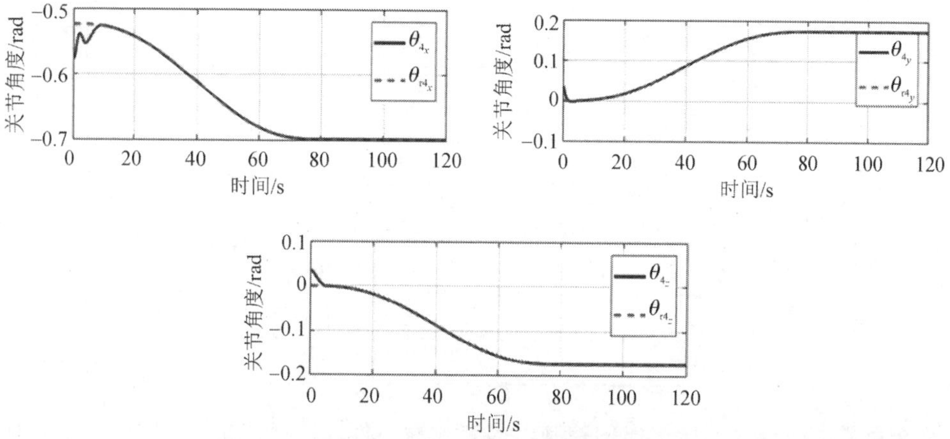

图 7-4 体 B_4 的关节角度和期望轨迹

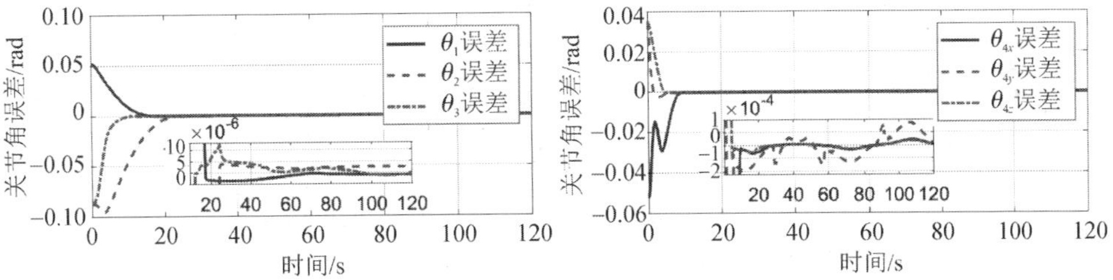

图 7-5　体 B_1～体 B_4 的关节跟踪误差

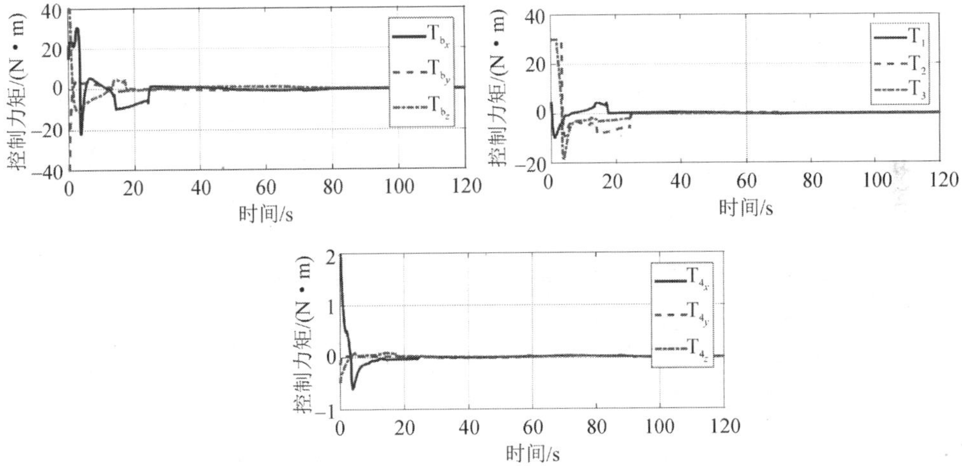

图 7-6　体 B_0～体 B_4 上的控制力矩

表 7-3　PD 控制器和 NNFTC 的控制参数

控制器	参　数
PD 控制器	$\boldsymbol{K}_p=\boldsymbol{K}_d=\mathrm{diag}([0.1\mathrm{ones}(1,3),10000,1000,2000,500,2000,1000,50,20000,40])$
NNFTC	$\boldsymbol{K}_1=4\boldsymbol{I}_{12},\alpha=0.8,\boldsymbol{K}_3=1\times10^{-4}\boldsymbol{I}_{12}$, $\boldsymbol{K}_2=\mathrm{diag}([0.04\mathrm{ones}(1,9),0.08,1.8,0.08])$

图 7-7 和图 7-8 给出了 PD 控制器和 NNFTC 下体 B_0～B_4 的角速度跟踪误差响应。另外，参考文献[6]中将能耗指标定义为 $E=\int_0^{t_f}\tau^{\mathrm{T}}\tau\,\mathrm{d}t$，其中，$t_f$ 为总运行时间。三种控制器的能耗如图 7-9 所示。从图 7-7 和图 7-9 可以看出，PD 控制器的跟踪误差收敛速度很慢，能耗大。从图 7-8 和图 7-9 可以看出，NNFTC 可以实现快速收敛，但其能耗大于 PD 控制器。由图 7-2、图 7-3、图 7-4、图 7-7、

图 7-8、图 7-9 可知，与其他两种控制器相比，本节提出的控制器收敛速度更快，稳态精度更高，能耗更低。

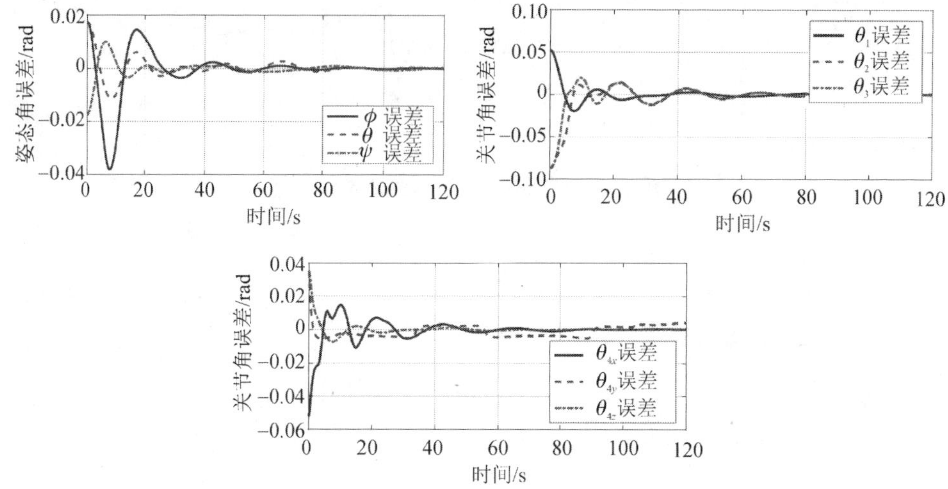

图 7-7 PD 控制器下体 B_0～体 B_4 的角度跟踪误差

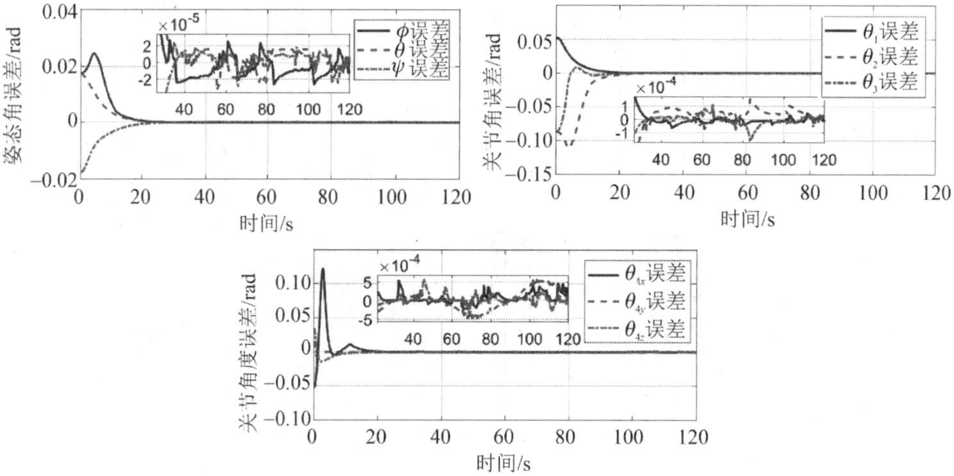

图 7-8 NNFTC 下体 B_0～体 B_4 的角度跟踪误差

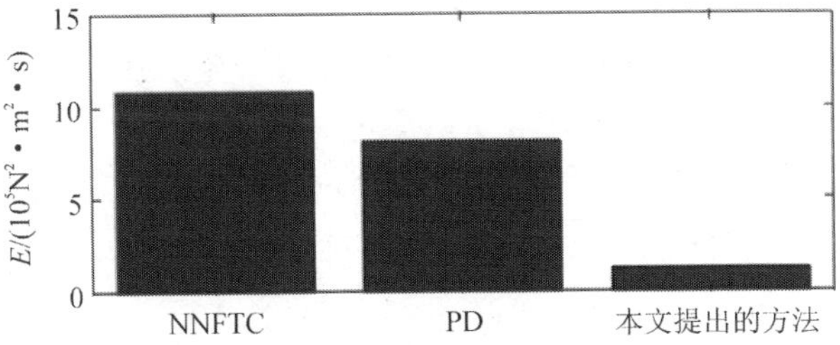

图 7-9　三种控制器的能耗

7.2　具有执行机构不确定性的空间机械臂系统的连续积分滑模控制

本节主要研究空间机械臂系统在执行机构故障、执行机构饱和和偏置控制力矩等不确定因素下的轨迹跟踪控制问题。此外，本节还考虑了参数不确定性和外部干扰。为了实现具有不确定性的空间机械臂系统的有限时间轨迹跟踪控制，本节提出了一种新的连续自适应积分滑模控制器，与传统的终端滑模控制相比，该控制器无抖振和奇异，其主要优点是利用连续无抖振控制命令实现轨迹跟踪控制。本节利用李雅普诺夫理论证明了闭环系统的稳定性，并通过数值仿真验证了所提出控制器的有效性。

7.2.1　空间机械臂系统预先知识及动力学模型

1. 符号和引理

本节将使用以下符号。符号$\mathrm{sgn}^{\lambda}(x)$表示一个连续的非光滑函数，其定义为对于任意 $x\in\mathbf{R}$ 且 $\lambda\geqslant 0$，有$\mathrm{sgn}^{\lambda}(x)=\mathrm{sign}(x)|x|^{\lambda}$，其中，$\mathrm{sign}(\cdot)$为符号函数。基于 $\mathrm{sgn}^{\lambda}(x)$，定义了一个函数向量，即对于任意 $\boldsymbol{x}\in\mathbf{R}^n$ 且 $\lambda\geqslant 0$，函数向量记为 $\mathrm{sgn}^{\lambda}(\boldsymbol{x})=[\mathrm{sgn}^{\lambda}(x_1),\cdots,\mathrm{sgn}^{\lambda}(x_n)]$，其中 $x_i(i=1,\cdots,n)$是向量 $\boldsymbol{x}$ 的第 i 个元素。

下面的引理给出了一些指数不等式，将用于本节后续的控制器稳定性证明。

引理 1：[7]如果 λ 满足 $0<\lambda<1$，则对于 $x_i\in\mathbf{R}(i=1,\cdots,n)$，有 $\left(\sum_{i=1}^{n}|x_i|\right)^{\lambda}\leqslant\sum_{i=1}^{n}|x_i|^{\lambda}\leqslant n^{1-\lambda}\left(\sum_{i=1}^{n}|x_i|\right)^{\lambda}$。

2. 动力学模型

空间机械臂系统在捕获未知载荷后总是存在模型不确定性和外部干扰，因此，在空间机械臂系统控制中需要考虑这两个问题，并通过设计控制器来将其解决。

空间机械臂系统的控制问题简图如图 7-10 所示。该控制问题基于空间机械臂系统的动力学模型构建。空间机械臂系统的一般动力学表达式为

$$\boldsymbol{M}(\boldsymbol{q})\ddot{\boldsymbol{q}}+\boldsymbol{F}_{\mathrm{N}}(\boldsymbol{q},\dot{\boldsymbol{q}})+\boldsymbol{d}(t)=\boldsymbol{u} \tag{7-50}$$

其中，$\boldsymbol{q}$ 为空间机械臂系统的广义坐标；$\boldsymbol{d}(t)$为空间机械臂系统的外部干扰；$\boldsymbol{u}$ 为控制输入；$\boldsymbol{M}(\boldsymbol{q})$为空间机械臂系统惯性矩阵；$\boldsymbol{F}_{\mathrm{N}}(\boldsymbol{q},\dot{\boldsymbol{q}})$为广义惯性力的非线性部分。

式(7-50)中的动力学模型满足以下性质[8]。

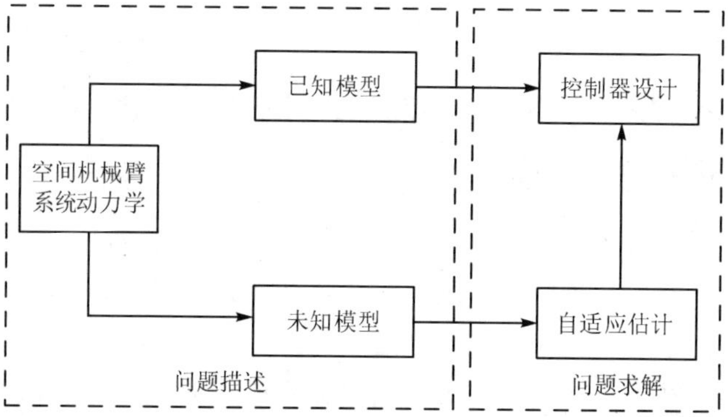

图 7-10 空间机械臂系统控制问题简图

性质 1：惯性矩阵 $\boldsymbol{M}(\boldsymbol{q})$对称且正定，满足

$$m_1\leqslant\|\boldsymbol{M}(\boldsymbol{q})\|\leqslant m_2 \tag{7-51}$$

其中，m_1,m_2 为正常数；$\|\cdot\|$ 为欧氏范数。

性质 1 是合理的，因为在不考虑具有无限质量参数的未知目标的情况下，空间机械臂系统的质量、静矩和转动惯量总是有限值。

定义 $\boldsymbol{x}=[\boldsymbol{x}_1^{\mathrm{T}},\boldsymbol{x}_2^{\mathrm{T}}]^{\mathrm{T}}$，$\boldsymbol{x}_1=\boldsymbol{q},\boldsymbol{x}_2=\dot{\boldsymbol{q}}$，上标 T 表示转置运算，则空间机械臂系统的不确定动力学可表示为

$$\begin{cases}\dot{\boldsymbol{x}}_1=\boldsymbol{x}_2\\ \dot{\boldsymbol{x}}_2=\boldsymbol{F}(\boldsymbol{x})+\boldsymbol{B}(\boldsymbol{x}_1)\boldsymbol{u}+\boldsymbol{d}_t\end{cases} \tag{7-52}$$

其中，$\boldsymbol{F}(\boldsymbol{x})=-\boldsymbol{M}(\boldsymbol{x}_1)^{-1}\boldsymbol{F}_{\mathrm{N}}$；$\boldsymbol{B}(\boldsymbol{x}_1)=\boldsymbol{M}(\boldsymbol{x}_1)^{-1}$；$\boldsymbol{d}_t=-\boldsymbol{M}(\boldsymbol{x}_1)^{-1}\boldsymbol{d}$。

不确定性矩阵 $\boldsymbol{B}(\boldsymbol{x}_1)$和未知非线性函数 $\boldsymbol{F}(\boldsymbol{x})$可写为

$$\boldsymbol{B}(\boldsymbol{x}_1)=\boldsymbol{B}_0(\boldsymbol{x}_1)+\Delta\boldsymbol{B}(\boldsymbol{x}_1),\boldsymbol{F}(\boldsymbol{x})=\boldsymbol{F}_0(\boldsymbol{x})+\Delta\boldsymbol{F}(\boldsymbol{x}) \tag{7-53}$$

其中，$\boldsymbol{B}_0(\boldsymbol{x}_1)$和 $\Delta\boldsymbol{B}(\boldsymbol{x}_1)$分别为 $\boldsymbol{B}(\boldsymbol{x}_1)$的已知部分和未知部分；$\boldsymbol{F}_0(\boldsymbol{x})$和 $\Delta\boldsymbol{F}(\boldsymbol{x})$分别是 $\boldsymbol{F}(\boldsymbol{x})$的已知部分和未知部分。

将式(7-53)代入式(7-52)，得到

$$\begin{cases}\dot{\boldsymbol{x}}_1=\boldsymbol{x}_2\\ \dot{\boldsymbol{x}}_2=\boldsymbol{F}_0(\boldsymbol{x})+\boldsymbol{B}_0(\boldsymbol{x}_1)\boldsymbol{u}+\boldsymbol{f}_{\mathrm{d}}\end{cases}\tag{7-54}$$

其中，$\boldsymbol{f}_{\mathrm{d}}=\Delta\boldsymbol{B}(\boldsymbol{x}_1)\boldsymbol{u}+\Delta\boldsymbol{F}(\boldsymbol{x})+\boldsymbol{d}_t$ 为包含系统模型不确定性和外部干扰的集成不确定性。根据性质 1，可以对系统矩阵 $\boldsymbol{B}(\boldsymbol{x}_1)$ 和 $\boldsymbol{B}_0(\boldsymbol{x}_1)$ 做如下假设。

假设 1： 对系统惯性矩阵作如下假设

$$b_1<\|\boldsymbol{B}(\boldsymbol{x}_1)\|<b_2,\quad b_3<\|\boldsymbol{B}_0(\boldsymbol{x}_1)\|<b_4\tag{7-55}$$

其中，b_1，b_2，b_3 和 b_4 是正常数。

假设 1 意味着空间机械臂系统的质量参数是有限值，因为它是由性质 1 导出的。正常数 b_1，b_2，b_3 和 b_4 是未知常数。

3. 执行机构的不确定性

除了模型的不确定性和外部干扰外，空间机械臂系统的另一个问题是可能出现执行机构故障和饱和，可以表示为

$$\boldsymbol{u}=\boldsymbol{E}\,\mathrm{sat}(\boldsymbol{u}_{\mathrm{c}})+\bar{\boldsymbol{u}}_{\mathrm{c}}\tag{7-56}$$

其中，$\boldsymbol{E}=\mathrm{diag}(\mu_1(t),\cdots,\mu_n(t))$ 为执行机构有效性矩阵，$0<\mu_i(t)\leqslant 1$ 为故障系数；$\boldsymbol{u}_{\mathrm{c}}$ 为期望控制力矩；$\bar{\boldsymbol{u}}_{\mathrm{c}}$ 为偏置力矩；饱和函数 sat(·)为控制输入约束，定义为

$$\mathrm{sat}(u_{\mathrm{c}i})=\mathrm{sign}(u_{\mathrm{c}i})\min\{u_{maxi},|u_{\mathrm{c}i}|\}\tag{7-57}$$

其中，$u_{\mathrm{c}i}$ 为控制律 $\boldsymbol{u}_{\mathrm{c}}$ 的第 i 个力矩；$u_{\mathrm{max}i}$ 为第 i 个输入的已知饱和水平。饱和函数也可写为

$$\mathrm{sat}(u_{\mathrm{c}i})=u_{\mathrm{c}i}+\Theta_i(u_{\mathrm{c}i})\tag{7-58}$$

其中，$\Theta_i(u_{\mathrm{c}i})$表示 $u_{\mathrm{c}i}$ 超过其极限的部分，其表达式为

$$\Theta_i(u_{\mathrm{c}i})=\begin{cases}u_{\mathrm{max}i}-u_{\mathrm{c}i}, & u_{\mathrm{c}i}>u_{\mathrm{max}i}\\ 0, & \|u_{\mathrm{c}i}\|\leqslant u_{\mathrm{max}i}\\ -u_{\mathrm{max}i}-u_{\mathrm{c}i}, & u_{\mathrm{c}i}<-u_{\mathrm{max}i}\end{cases}\tag{7-59}$$

在执行机构故障和饱和的情况下，控制命令可以重写为

$$\boldsymbol{u}=\boldsymbol{E}\boldsymbol{u}_{\mathrm{c}}+\boldsymbol{E}\boldsymbol{\Theta}(\boldsymbol{u}_{\mathrm{c}})+\bar{\boldsymbol{u}}_{\mathrm{c}}\tag{7-60}$$

其中，$\boldsymbol{\Theta}(\boldsymbol{u}_{\mathrm{c}})=[\Theta_1(u_{\mathrm{c}1}),\cdots,\Theta_n(u_{\mathrm{c}n})]^{\mathrm{T}}$，$\bar{\boldsymbol{u}}_{\mathrm{c}}=[\bar{u}_{\mathrm{c}1},\cdots,\bar{u}_{\mathrm{c}n}]^{\mathrm{T}}$，$\bar{u}_{\mathrm{c}i}$ 为附加故障，如空间机械臂系统偏置执行机构故障[9-10]。

假设 2： 偏置力矩向量 $\bar{\boldsymbol{u}}_{\mathrm{c}}$ 以一个正常数 α_1 为界，如 $\|\bar{\boldsymbol{u}}_{\mathrm{c}}\|\leqslant\alpha_1$。

偏置力矩主要来源于执行机构安装误差等执行机构偏置故障。对于空间机械臂系统来说，偏置执行机构故障通常较小。因此，对于给定的空间机械臂系统构型，可以假设偏置力矩矢量 $\bar{\boldsymbol{u}}_{\mathrm{c}}$ 以未知的正常数 α_1 为界。假设 2 在实际工程中是合理的。

假设 3： 存在一个未知正常数 α_2，使得 $\|\boldsymbol{E}\Theta(\boldsymbol{u}_c)\|\leqslant\alpha_2$。由于执行机构存在

物理约束，则假设执行机构故障时的额外约束饱和项的上界为正常数 α_2[11]。

将式(7-60)代入式(7-54)得到

$$\begin{cases}\dot{\boldsymbol{x}}_1=\boldsymbol{x}_2\\ \dot{\boldsymbol{x}}_2=\boldsymbol{F}_0(\boldsymbol{x})+\boldsymbol{B}_0(\boldsymbol{x}_1)\boldsymbol{E}\boldsymbol{u}_c+\boldsymbol{f}_t\end{cases} \tag{7-61}$$

其中，$\boldsymbol{f}_t=\boldsymbol{B}_0(\boldsymbol{x}_1)[\boldsymbol{E}\boldsymbol{\Theta}(\boldsymbol{u}_c)+\bar{\boldsymbol{u}}_c]+\boldsymbol{f}_d$ 为集成不确定性。在假设 1～假设 3 的基础上，给出集成不确定性 $\boldsymbol{f}_t$ 的假设如下。

假设 4：集成不确定性以速度测量的正函数为界，形式为[12]

$$\|\boldsymbol{f}_t\|<\gamma_1+\gamma_2\|\boldsymbol{x}_2\|^2 \tag{7-62}$$

其中，γ_1 和 γ_2 是正常数。

将跟踪误差定义为

$$\boldsymbol{e}=\boldsymbol{x}_1-\boldsymbol{x}_d,\quad \dot{\boldsymbol{e}}=\boldsymbol{x}_2-\dot{\boldsymbol{x}}_d \tag{7-63}$$

其中，$\boldsymbol{x}_d$ 和 $\dot{\boldsymbol{x}}_d$ 分别是期望的位置跟踪矢量和速度跟踪矢量，则误差模型可表示为

$$\begin{cases}\dot{\boldsymbol{z}}_1=\boldsymbol{z}_2\\ \dot{\boldsymbol{z}}_2=\boldsymbol{F}_0(\boldsymbol{x})+\boldsymbol{B}_0(\boldsymbol{x}_1)\boldsymbol{E}\boldsymbol{u}_c+\boldsymbol{f}_t-\ddot{\boldsymbol{x}}_d\end{cases} \tag{7-64}$$

其中，$\boldsymbol{z}_1=\boldsymbol{e}$；$\boldsymbol{z}_2=\dot{\boldsymbol{e}}$。

7.2.2 连续积分滑模控制器设计

本节的控制目标是设计一个连续自适应积分滑模控制器 $\boldsymbol{u}_c$，在存在上述不确定性的情况下，使跟踪误差 $\boldsymbol{z}=[\boldsymbol{z}_1,\boldsymbol{z}_2]^{\mathrm{T}}$ 在有限时间内收敛到 0 的邻域。

在不考虑任何不确定性和外部干扰的情况下，根据齐次理论，式(7-65)控制律可以保证跟踪误差 $\boldsymbol{z}$ 的有限时间收敛

$$\boldsymbol{u}=-\boldsymbol{B}^{-1}(\boldsymbol{x}_1)[\boldsymbol{F}(\boldsymbol{x})-\ddot{\boldsymbol{x}}_d+\boldsymbol{K}_p\mathrm{sgn}^{\lambda_1}(\boldsymbol{z}_1)+\boldsymbol{K}_d\mathrm{sgn}^{\lambda_2}(\boldsymbol{z}_2)] \tag{7-65}$$

其中，$\boldsymbol{K}_p=\mathrm{diag}(K_{p1},\cdots,K_{pn})$ 和 $\boldsymbol{K}_d=\mathrm{diag}(K_{d1},\cdots,K_{dn})$ 为正对角矩阵；λ_1 和 λ_2 为正常数，其中，$0<\lambda_1<1$，$\lambda_2=2\lambda_1/(\lambda_1+1)$。

将式(7-65)代入式(7-54)，并利用式(7-63)可得

$$\begin{cases}\dot{\boldsymbol{z}}_1=\boldsymbol{z}_2\\ \dot{\boldsymbol{z}}_2=-\boldsymbol{K}_p\mathrm{sgn}^{\lambda_1}(\boldsymbol{z}_1)-\boldsymbol{K}_d\mathrm{sgn}^{\lambda_2}(\boldsymbol{z}_2)\end{cases} \tag{7-66}$$

式(7-66)给出的闭环系统是齐次系统，可保证闭环动力学的有限时间稳定。然而，如果存在不确定性和外部干扰，则式(7-66)中的闭环系统不能保证有限时间稳定，甚至在引入较大的不确定性和外部干扰时，系统会变得不稳定。为了克服这个问题，式(7-66)中的动力学模型也可以用积分形式表示，即

$$\boldsymbol{z}_2(t)-\boldsymbol{z}_2(0)=-\boldsymbol{z}_I(t),\boldsymbol{z}_I(t)=\int_0^t[\boldsymbol{K}_p\mathrm{sgn}^{\lambda_1}(\boldsymbol{z}_1(s))+\boldsymbol{K}_d\mathrm{sgn}^{\lambda_2}(\boldsymbol{z}_2(s))]\mathrm{d}s \tag{7-67}$$

式(7－67)相当于给出了式(7－66)中动力学的积分约束。受式(7－67)和积分滑模技术的启发,提出了一种新的积分滑模面,即

$$\boldsymbol{s}(t)=\boldsymbol{z}_2(t)-\boldsymbol{z}_2(0)+\boldsymbol{z}_1(t) \tag{7-68}$$

若 $\boldsymbol{s}(t)\equiv 0$,则 $\dot{\boldsymbol{s}}(t)\equiv 0$,表示式(7－66)可以实现。因此,$(\boldsymbol{z}_1,\boldsymbol{z}_2)$可以在有限时间内收敛到原点。与传统的终端滑模曲面 $\boldsymbol{s}(t)=\boldsymbol{z}_2(t)+k_t\boldsymbol{z}_1^{\lambda_0}(t)$,$(k_t>0,0<\lambda_0<1)$相比,式(7－68)所提出的积分滑模面可以避免奇异。

对式(7－68)求导,并使用式(7－64)的误差模型,得到

$$\dot{\boldsymbol{s}}(t)=\boldsymbol{F}_1(\boldsymbol{z},\boldsymbol{x}_{\mathrm{d}},\dot{\boldsymbol{x}}_{\mathrm{d}},\ddot{\boldsymbol{x}}_{\mathrm{d}})+\boldsymbol{B}_0(\boldsymbol{x}_1)\boldsymbol{E}\boldsymbol{u}_{\mathrm{c}}+\boldsymbol{f}_t \tag{7-69}$$

其中

$$\boldsymbol{F}_1(\boldsymbol{z},\boldsymbol{x}_{\mathrm{d}},\dot{\boldsymbol{x}}_{\mathrm{d}},\ddot{\boldsymbol{x}}_{\mathrm{d}})=\boldsymbol{F}_0(\boldsymbol{x})-\ddot{\boldsymbol{x}}_{\mathrm{d}}+\boldsymbol{K}_{\mathrm{p}}\mathrm{sgn}^{\lambda_1}(\boldsymbol{z}_1)+\boldsymbol{K}_{\mathrm{d}}\mathrm{sgn}^{\lambda_2}(\boldsymbol{z}_2) \tag{7-70}$$

为了使闭环系统的状态稳定在滑模面上,提出以下自适应积分滑模控制器,即

$$\boldsymbol{u}_{\mathrm{c}}=\boldsymbol{u}_{\mathrm{n}}+\boldsymbol{u}_{\mathrm{s}}+\boldsymbol{u}_{\mathrm{a}} \tag{7-71}$$

$$\boldsymbol{u}_{\mathrm{n}}=-\boldsymbol{B}_0^{-1}(\boldsymbol{x}_1)\boldsymbol{F}_1(\boldsymbol{z},\boldsymbol{x}_{\mathrm{d}},\dot{\boldsymbol{x}}_{\mathrm{d}},\ddot{\boldsymbol{x}}_{\mathrm{d}}) \tag{7-72}$$

$$\boldsymbol{u}_{\mathrm{s}}=-\boldsymbol{K}_{\mathrm{s}}\boldsymbol{B}_0(\boldsymbol{x}_1)\left[k_1\boldsymbol{s}(t)+k_2\boldsymbol{s}_\rho(t)\right]-k_3\boldsymbol{B}_0^{-1}\mathrm{sgn}^{\rho}(\boldsymbol{s}) \tag{7-73}$$

其中,k_1,k_2 和 k_3 为正常数;$\boldsymbol{K}_{\mathrm{s}}$ 是对角正定矩阵;$\boldsymbol{u}_{\mathrm{a}}$ 是稍后推导的自适应项;$\boldsymbol{s}_\rho(t)$ 定义为

$$\boldsymbol{s}_\rho(t)=\begin{cases}\dfrac{\boldsymbol{s}(t)}{\|\boldsymbol{s}(t)\|^{1-\rho}}, & \|\boldsymbol{s}(t)\|>0\\ \boldsymbol{0}, & \|\boldsymbol{s}(t)\|<0\end{cases} \tag{7-74}$$

其中,$0<\rho<1$。将式(7－71)和式(7－72)代入式(7－69)得到

$$\dot{\boldsymbol{s}}(t)=\boldsymbol{F}_2+\boldsymbol{B}_0(\boldsymbol{x}_1)\boldsymbol{E}(\boldsymbol{u}_{\mathrm{s}}+\boldsymbol{u}_{\mathrm{a}})+\boldsymbol{f}_t \tag{7-75}$$

其中

$$\boldsymbol{F}_2=\left[\boldsymbol{I}-\boldsymbol{B}_0(\boldsymbol{x}_1)\boldsymbol{E}\boldsymbol{B}_0^{-1}(\boldsymbol{x}_1)\right]\boldsymbol{F}_1(\boldsymbol{z},\boldsymbol{x}_{\mathrm{d}},\dot{\boldsymbol{x}}_{\mathrm{d}},\ddot{\boldsymbol{x}}_{\mathrm{d}}) \tag{7-76}$$

由于 $\boldsymbol{x}_2=\boldsymbol{z}_2+\dot{\boldsymbol{x}}_{\mathrm{d}}$,则有 $\|\boldsymbol{x}_2\|\leqslant\|\boldsymbol{z}_2\|+\|\dot{\boldsymbol{x}}_{\mathrm{d}}\|\leqslant\|\boldsymbol{z}_2\|+\gamma_{\mathrm{d}}$,其中,$\gamma_{\mathrm{d}}$ 为正常数,因此,存在如下不等式

$$\|\boldsymbol{F}_0(\boldsymbol{x})\|\leqslant\gamma_0\|\boldsymbol{x}_2\|^2\leqslant\gamma_0(\|\boldsymbol{z}_2\|+\gamma_{\mathrm{d}})^2\leqslant\gamma_0\|\boldsymbol{z}_2\|^2+2\gamma_0\gamma_{\mathrm{d}}\|\boldsymbol{z}_2\|+\gamma_0\gamma_{\mathrm{d}}^2 \tag{7-77}$$

$$\|\boldsymbol{f}_t\|\leqslant\gamma_1+\gamma_2\|\boldsymbol{x}_2\|^2\leqslant\gamma_1+\gamma_2\|\boldsymbol{z}_2\|^2+2\gamma_2\gamma_{\mathrm{d}}\|\boldsymbol{z}_2\|+\gamma_2\gamma_{\mathrm{d}}^2 \tag{7-78}$$

根据引理 1,可以得到

$$\begin{aligned}\|\boldsymbol{K}_{\mathrm{p}}\mathrm{sgn}^{\lambda_1}(\boldsymbol{z}_1)\|&\leqslant\lambda_{\max}(\boldsymbol{K}_{\mathrm{p}})\sqrt{(|z_{11}|^{\lambda_1})^2+\cdots+(|z_{1n}|^{\lambda_1})^2}\leqslant\\&\lambda_{\max}(\boldsymbol{K}_{\mathrm{p}})\sqrt{n^{1-\lambda_1}(|z_{11}|^2+\cdots+|z_{1n}|^2)^{\lambda_1}}\leqslant\\&\lambda_{\max}(\boldsymbol{K}_{\mathrm{p}})n^{(1-\lambda_1)/2}\|\boldsymbol{z}_1\|^{\lambda_1}\end{aligned} \tag{7-79}$$

$$\|\boldsymbol{K}_{\mathrm{d}}\operatorname{sgn}^{\lambda_2}(\boldsymbol{z}_2)\| \leqslant \lambda_{\max}(\boldsymbol{K}_{\mathrm{d}})n^{(1-\lambda_2)/2}\|\boldsymbol{z}_2\|^{\lambda_2} \tag{7-80}$$

其中，$\lambda_{\max}(\boldsymbol{K}_{\mathrm{p}})$和$\lambda_{\max}(\boldsymbol{K}_{\mathrm{d}})$分别为$\boldsymbol{K}_{\mathrm{p}}$和$\boldsymbol{K}_{\mathrm{d}}$的最大特征值。$z_{1i}$是向量$\boldsymbol{z}_1$的第$i$个值。

由于$\boldsymbol{B}_0(\boldsymbol{x}_1)$和$\boldsymbol{E}$都有界，所以存在一个正常数$b_\Delta$，使

$$\|\boldsymbol{I}-\boldsymbol{B}_0(\boldsymbol{x}_1)\boldsymbol{E}\boldsymbol{B}_0^{-1}(\boldsymbol{x}_1)\| \leqslant b_\Delta$$

由式(7－76)～式(7－80)可得

$$\begin{aligned}
\|\boldsymbol{F}_2+\boldsymbol{f}_t\| &\leqslant \|\boldsymbol{I}-\boldsymbol{B}_0(\boldsymbol{x}_1)\boldsymbol{E}\boldsymbol{B}_0^{-1}(\boldsymbol{x}_1)\|\,\|\boldsymbol{F}_1(\boldsymbol{z},\boldsymbol{x}_{\mathrm{d}},\dot{\boldsymbol{x}}_{\mathrm{d}},\ddot{\boldsymbol{x}}_{\mathrm{d}})\|+\|\boldsymbol{f}_{\mathrm{t}}\| \\
&\leqslant b_\Delta(\gamma_0\|\boldsymbol{z}_2\|^2+2\gamma_0\gamma_{\mathrm{d}}\|\boldsymbol{z}_2\|+\gamma_0\gamma_{\mathrm{d}}^2+\gamma_{\mathrm{d}2}+ \\
&\quad \lambda_{\max}(\boldsymbol{K}_{\mathrm{p}})n^{(1-\lambda_1)/2}\|\boldsymbol{z}_1\|^{\lambda_1}+\lambda_{\max}(\boldsymbol{K}_{\mathrm{d}})n^{(1-\lambda_2)/2}\|\boldsymbol{z}_2\|^{\lambda_2})+ \\
&\quad \gamma_1+\gamma_2\|\boldsymbol{z}_2\|^2+2\gamma_2\gamma_{\mathrm{d}}\|\boldsymbol{z}_2\|+\gamma_2\gamma_{\mathrm{d}}^2 \\
&\leqslant \gamma_1+\gamma_2\gamma_{\mathrm{d}}^2+b_\Delta(\gamma_0\gamma_{\mathrm{d}}^2+\gamma_{\mathrm{d}2})+2\gamma_{\mathrm{d}}(b_\Delta\gamma_0+\gamma_2)\|\boldsymbol{z}_2\|+ \\
&\quad (b_\Delta\gamma_0+\gamma_2)\|\boldsymbol{z}_2\|^2+b_\Delta\lambda_{\max}(\boldsymbol{K}_{\mathrm{p}})\boldsymbol{n}^{(1-\lambda_1)/2}\|\boldsymbol{z}_1\|^{\lambda_1}+ \\
&\quad b_\Delta\lambda_{\max}(\boldsymbol{K}_{\mathrm{d}})n^{(1-\lambda_2)/2}\|\boldsymbol{z}_2\|^{\lambda_2}\|\boldsymbol{z}_2\|^2+2\gamma_2\gamma_{\mathrm{d}}\|\boldsymbol{z}_2\|+\gamma_2\gamma_{\mathrm{d}}^2 \\
&\leqslant \gamma\eta
\end{aligned} \tag{7-81}$$

其中

$$\begin{aligned}
\gamma=\max\{&\gamma_1+\gamma_2\gamma_{\mathrm{d}}^2+b_\Delta(\gamma_0\gamma_{\mathrm{d}}^2+\gamma_{\mathrm{d}2}),2\gamma_{\mathrm{d}}(b_\Delta\gamma_0+\gamma_2),(b_\Delta\gamma_0+\gamma_2), \\
&b_\Delta\lambda_{\max}(\boldsymbol{K}_{\mathrm{p}})n^{(1-\lambda_1)/2},b_\Delta\lambda_{\max}(\boldsymbol{K}_{\mathrm{d}})n^{(1-\lambda_2)/2}\}
\end{aligned} \tag{7-82}$$

$$\eta=1+\|\boldsymbol{z}_2\|+\|\boldsymbol{z}_2\|^2+\|\boldsymbol{z}_1\|^{\lambda_1}+\|\boldsymbol{z}_2\|^{\lambda_2} \tag{7-83}$$

由式(7－81)可知，系统的不确定性可以以$\gamma\eta$为上界。考虑到γ是未知的，设计以下自适应控制律来补偿系统的不确定性，即

$$\boldsymbol{u}_{\mathrm{a}}=\begin{cases}
\dfrac{-\hat{\gamma}\eta\boldsymbol{B}_0(\boldsymbol{x}_1)\boldsymbol{s}(t)}{\|\boldsymbol{s}(t)\|}, & \hat{\gamma}\eta\|\boldsymbol{s}(t)\|>\delta \\
\dfrac{-(\hat{\gamma}\eta)^2\boldsymbol{B}_0(\boldsymbol{x}_1)\boldsymbol{s}(t)}{\delta}, & \hat{\gamma}\eta\|\boldsymbol{s}(t)\|\leqslant\delta
\end{cases} \tag{7-84}$$

自适应律为

$$\dot{\hat{\gamma}}=-c_1\hat{\gamma}+c_2\eta\|\boldsymbol{s}(t)\| \tag{7-85}$$

其中，δ为边界常数；c_1和c_2为设计的正常数。

评注1：由式(7－71)～式(7－73)和式(7－84)给出的控制器包含三部分，其中第一部分用于补偿已知的非线性部分，第二部分用于将滑模面稳定到零。为保证控制器的鲁棒性，考虑采用自适应律$\boldsymbol{u}_{\mathrm{a}}$补偿系统的各种不确定性和外部干扰。

定理1：对于式(7－64)和式(7－68)描述的跟踪误差系统，可通过控制律

式(7－86)保证系统状态在有限时间内保持最终一致有界和滑动面 $\boldsymbol{s}(t)$ 收敛到零的邻域。

$$\boldsymbol{u}_{\mathrm{c}}=\begin{cases}-\boldsymbol{B}_0^{-1}(\boldsymbol{x}_1)\boldsymbol{F}_1(\boldsymbol{z},\boldsymbol{x}_{\mathrm{d}},\dot{\boldsymbol{x}}_{\mathrm{d}},\ddot{\boldsymbol{x}}_{\mathrm{d}})-\boldsymbol{K}_{\mathrm{s}}\boldsymbol{B}_0(\boldsymbol{x}_1)\left[k_1\boldsymbol{s}(t)+k_2\boldsymbol{s}_\rho(t)\right] & \\ -k_3\boldsymbol{B}_0^{-1}\mathrm{sgn}^\rho(\boldsymbol{s})-\dfrac{\hat{\gamma}\eta\boldsymbol{B}_0(\boldsymbol{x}_1)\boldsymbol{s}(t)}{\|\boldsymbol{s}(t)\|} & \hat{\gamma}\eta\|\boldsymbol{s}(t)\|>\delta \\ -\boldsymbol{B}_0^{-1}(\boldsymbol{x}_1)\boldsymbol{F}_1(\boldsymbol{z},\boldsymbol{x}_{\mathrm{d}},\dot{\boldsymbol{x}}_{\mathrm{d}},\ddot{\boldsymbol{x}}_{\mathrm{d}})-\boldsymbol{K}_{\mathrm{s}}\boldsymbol{B}_0(\boldsymbol{x}_1)\left[k_1\boldsymbol{s}(t)+k_2\boldsymbol{s}_\rho(t)\right] & \\ -k_3\boldsymbol{B}_0^{-1}\mathrm{sgn}^\rho(\boldsymbol{s})-\dfrac{(\hat{\gamma}\eta)^2\boldsymbol{B}_0(\boldsymbol{x}_1)\boldsymbol{s}(t)}{\delta} & \hat{\gamma}\eta\|\boldsymbol{s}(t)\|\leqslant\delta\end{cases}\tag{7-86}$$

其中，$\hat{\gamma}$ 的更新律由式(7－85)给出；参数 $\boldsymbol{K}_{\mathrm{s}}$，$k_1$，$k_2$ 和 k_3 定义在式(7－73)中；η 定义在式(7－83)中；δ 定义在式(7－84)在中。

为了证明闭环系统的稳定性，考虑如下李雅谱诺夫函数，即

$$V_1=\frac{1}{2}\boldsymbol{s}^{\mathrm{T}}\boldsymbol{s}+\frac{1}{2c_2\beta}\tilde{\gamma}^2\tag{7-87}$$

其中，$\tilde{\gamma}=\gamma-\beta\hat{\gamma}$；$\beta$ 为正常数，满足 $\beta\leqslant\lambda_{\min}\left[\boldsymbol{B}_0(\boldsymbol{x}_1)\boldsymbol{E}\boldsymbol{B}_0(\boldsymbol{x}_1)\right]$。利用式(7－75)和式(7－85)将式(7－87)对时间求导，可得

$$\begin{aligned}\dot{V}_1&=\boldsymbol{s}^{\mathrm{T}}\dot{\boldsymbol{s}}-c_2^{-1}\tilde{\gamma}\dot{\hat{\gamma}}\\&=\boldsymbol{s}^{\mathrm{T}}\{[\boldsymbol{I}-\boldsymbol{B}_0(\boldsymbol{x}_1)\boldsymbol{E}\boldsymbol{B}_0^{-1}(\boldsymbol{x}_1)]\boldsymbol{F}_1(\boldsymbol{z},\boldsymbol{x}_{\mathrm{d}},\dot{\boldsymbol{x}}_{\mathrm{d}},\ddot{\boldsymbol{x}}_{\mathrm{d}})+\boldsymbol{B}_0(\boldsymbol{x}_1)\boldsymbol{E}(\boldsymbol{u}_3+\boldsymbol{u}_0)+\boldsymbol{f}_{\mathrm{t}}\}-\\&\quad c_2^{-1}\tilde{\gamma}(-c_1\hat{\gamma}+c_2\eta\|\boldsymbol{s}\|)\\&\leqslant\boldsymbol{s}^{\mathrm{T}}\boldsymbol{B}_0(\boldsymbol{x}_1)\boldsymbol{E}(\boldsymbol{u}_{\mathrm{s}}+\boldsymbol{u}_{\mathrm{a}})+\gamma\eta\|\boldsymbol{s}\|-c_2^{-1}\tilde{\gamma}(-c_1\hat{\gamma}+c_2\eta\|\boldsymbol{s}\|)\\&\leqslant\boldsymbol{s}^{\mathrm{T}}\boldsymbol{B}_0(\boldsymbol{x}_1)\boldsymbol{E}(\boldsymbol{u}_{\mathrm{s}}+\boldsymbol{u}_{\mathrm{a}})+(\tilde{\gamma}+\beta\hat{\gamma})\eta\|\boldsymbol{s}\|-c_2^{-1}\tilde{\gamma}(-c_1\hat{\gamma}+c_2\eta\|\boldsymbol{s}\|)\\&\leqslant\boldsymbol{s}^{\mathrm{T}}\boldsymbol{B}_0(\boldsymbol{x}_1)\boldsymbol{E}(\boldsymbol{u}_{\mathrm{s}}+\boldsymbol{u}_{\mathrm{a}})+\beta\hat{\gamma}\eta\|\boldsymbol{s}\|+c_2^{-1}c_1\tilde{\gamma}\hat{\gamma}\end{aligned}\tag{7-88}$$

如果 $\hat{\gamma}\eta\|\boldsymbol{s}(t)\|>\delta$，则将式(7－73)和式(7－84)代入式(7－88)，可得

$$\begin{aligned}\dot{V}_1&\leqslant\boldsymbol{s}^{\mathrm{T}}\boldsymbol{B}_0(\boldsymbol{x}_1)\boldsymbol{E}(\boldsymbol{u}_{\mathrm{s}}+\boldsymbol{u}_{\mathrm{a}})+\beta\hat{\gamma}\eta\|\boldsymbol{s}\|+c_2^{-1}c_1\tilde{\gamma}\hat{\gamma}\\&\leqslant\boldsymbol{s}^{\mathrm{T}}\boldsymbol{B}_0(\boldsymbol{x}_1)\boldsymbol{E}\Bigg[-K_{\mathrm{s}}\boldsymbol{B}_0(\boldsymbol{x}_1)(k_1s+k_2s_\rho)-k_3\boldsymbol{B}_0^{-1}(\boldsymbol{x}_1)\mathrm{sgn}^\rho(\boldsymbol{s})+\\&\quad\frac{-\hat{\gamma}\eta\boldsymbol{B}_0(\boldsymbol{x}_1)\boldsymbol{s}}{\|\boldsymbol{s}\|}\Bigg]+\beta\hat{\gamma}\eta\|\boldsymbol{s}\|+c_2^{-1}c_1\tilde{\gamma}\hat{\gamma}\\&\leqslant-k_1\boldsymbol{s}^{\mathrm{T}}\boldsymbol{B}_0(\boldsymbol{x}_1)\boldsymbol{E}\boldsymbol{K}_{\mathrm{s}}\boldsymbol{B}_0(\boldsymbol{x}_1)\boldsymbol{s}-k_2\boldsymbol{s}^{\mathrm{T}}\boldsymbol{B}_0(\boldsymbol{x}_1)\boldsymbol{E}\boldsymbol{K}_{\mathrm{s}}\boldsymbol{B}_0(\boldsymbol{x}_1)\boldsymbol{s}_\rho-\\&\quad k_3\boldsymbol{s}^{\mathrm{T}}\boldsymbol{B}_0(\boldsymbol{x}_1)\boldsymbol{E}\boldsymbol{B}_0^{-1}(\boldsymbol{x}_1)\mathrm{sgn}^\rho(\boldsymbol{s})-\\&\quad\hat{\gamma}\eta\boldsymbol{s}^{\mathrm{T}}\boldsymbol{B}_0(\boldsymbol{x}_1)\boldsymbol{E}\,\frac{\boldsymbol{B}_0(\boldsymbol{x}_1)\boldsymbol{s}}{\|\boldsymbol{s}\|}+\beta\hat{\gamma}\eta\|\boldsymbol{s}\|+c_2^{-1}c_1\tilde{\gamma}\hat{\gamma}\end{aligned}$$

$$\leqslant -k_1\lambda_{\min}(\boldsymbol{K}_s)\beta\|\boldsymbol{s}\|^2 - k\|\boldsymbol{s}\|^{1+\rho} + c_2^{-1}c_1\beta^{-1}\tilde{\gamma}(\gamma-\hat{\gamma}) \tag{7-89}$$

其中

$$k = k_2\lambda_{\min}(\boldsymbol{K}_s)\beta - k_3\|\boldsymbol{B}_0(\boldsymbol{x}_1)\boldsymbol{E}\boldsymbol{B}_0^{-1}(\boldsymbol{x}_1)\| \tag{7-90}$$

由于 $\boldsymbol{B}_0(\boldsymbol{x}_1)$,$\boldsymbol{E}$ 和 $\boldsymbol{B}_0^{-1}(\boldsymbol{x}_1)$都有界,因此,总可以选择 k_2 和 $\boldsymbol{K}_s$ 的一组控制参数,以确保 k 是一个正常数。

根据杨氏不等式,有

$$\begin{aligned}\dot{V}_1 &\leqslant -k_1\beta\|\boldsymbol{s}\|^2 - \frac{c_1}{2c_2\beta}\tilde{\gamma}^2 - k\|\boldsymbol{s}\|^{1+\rho} + \frac{c_1}{2c_2\beta}\gamma^2 \\ &\leqslant -\vartheta V_1 - k\|\boldsymbol{s}\|^{1+\rho} + \frac{c_1}{2c_2\beta}\gamma^2\end{aligned} \tag{7-91}$$

其中

$$\vartheta = \min(2k_1\beta, c_1) \tag{7-92}$$

如果 $\hat{\gamma}\eta\|\boldsymbol{s}(t)\|\leqslant\delta$,则有

$$\begin{aligned}\dot{V}_1 &\leqslant \boldsymbol{s}^{\mathrm{T}}\boldsymbol{B}_0(\boldsymbol{x}_1)\boldsymbol{E}\Big[-\boldsymbol{K}_s\boldsymbol{B}_0(\boldsymbol{x}_1)(k_1\boldsymbol{s}+k_2\boldsymbol{s}_\rho) - k_3\boldsymbol{B}_0^{-1}(\boldsymbol{x}_1)\mathrm{sgn}^\rho(\boldsymbol{s}) + \\ &\quad \frac{-(\hat{\gamma}\eta)^2\boldsymbol{B}_0(\boldsymbol{x}_1)\boldsymbol{s}}{\delta}\Big] + \beta\hat{\gamma}\eta\|\boldsymbol{s}\| + c_2^{-1}c_1\tilde{\gamma}\hat{\gamma} \\ &\leqslant -k_1\lambda_{\min}(\boldsymbol{K}_s)\beta\|\boldsymbol{s}\|^2 - k\|\boldsymbol{s}\|^{1+\rho} - \\ &\quad \frac{\beta(\hat{\gamma}\eta)^2\|\boldsymbol{s}\|^2}{\delta} + \beta\hat{\gamma}\eta\|\boldsymbol{s}\| + c_2^{-1}c_1\beta^{-1}\tilde{\gamma}(\gamma-\hat{\gamma}) \\ &\leqslant -k_1\beta\|\boldsymbol{s}\|^2 - \frac{c_1}{2c_2\beta}\tilde{\gamma}^2 - k\|\boldsymbol{s}\|^{1+\rho} - \\ &\quad \frac{\beta(\hat{\gamma}\eta)^2\|\boldsymbol{s}\|^2}{\delta} + \beta\hat{\gamma}\eta\|\boldsymbol{s}\| + \frac{c_1}{2c_2\beta}\gamma^2 \\ &\leqslant -\vartheta V_1 - k\|\boldsymbol{s}\|^{1+\rho} - \frac{\beta(\hat{\gamma}\eta)^2\|\boldsymbol{s}\|^2}{\delta} + \beta\hat{\gamma}\eta\|\boldsymbol{s}\| + \frac{c_1}{2c_2\beta}\gamma^2\end{aligned} \tag{7-93}$$

根据极值定理,在 $\hat{\gamma}\eta\|\boldsymbol{s}(t)\|\leqslant\delta$ 的条件下,$-\frac{\beta(\hat{\gamma}\eta)^2\|\boldsymbol{s}\|^2}{\delta}+\beta\hat{\gamma}\eta\|\boldsymbol{s}\|$ 存在最大值,且当 $\hat{\gamma}\eta\|\boldsymbol{s}(t)\|=\delta/2$ 时,最大值为 $\beta\delta/4$。从式(7-91)和式(7-93)中可得

$$\dot{V}_1 \leqslant -\vartheta V_1 - k\|\boldsymbol{s}\|^{1+\rho} + \varepsilon \tag{7-94}$$

其中

$$\varepsilon = \begin{cases} c_1\gamma^2/(2c_2\beta), & \hat{\gamma}\eta\|\boldsymbol{s}(t)\| > \delta \\ c_1\gamma^2/(2c_2\beta) + \beta\delta/4, & \hat{\gamma}\eta\|\boldsymbol{s}(t)\| \leqslant \delta \end{cases} \tag{7-95}$$

由式(7-94)可知，$\boldsymbol{s}$，$\hat{\gamma}$ 和 $\tilde{\gamma}$ 均为最终一致有界。利用定理 1 可得

$$\|\boldsymbol{s}\|^{1+\rho}=2^{\bar{\rho}}\left(\frac{1}{2}\boldsymbol{s}^{\mathrm{T}}\boldsymbol{s}\right)^{\bar{\rho}}\geqslant\left(\frac{1}{2}\boldsymbol{s}^{\mathrm{T}}\boldsymbol{s}\right)^{\bar{\rho}}+\left(\frac{1}{2c_2\beta}\tilde{\gamma}^2\right)^{\bar{\rho}}-\left(\frac{1}{2c_2\beta}\tilde{\gamma}^2\right)^{\bar{\rho}}\geqslant V_1^{\bar{\rho}}-\left(\frac{1}{2c_2\beta}\tilde{\gamma}^2\right)^{\bar{\rho}} \tag{7-96}$$

其中，$\bar{\rho}=(1+\rho)/2$。因为 $\tilde{\gamma}$ 有界，所以总是存在一个正常数 $\bar{\gamma}>0$，使得 $(\tilde{\gamma}^2/2c_2\beta)^{\bar{\rho}}\leqslant\bar{\gamma}$。因此，式(7-94)的上界为

$$\dot{V}_1\leqslant-\vartheta V_1-\vartheta_0 V_1^{\bar{\rho}}+\varepsilon_0 \tag{7-97}$$

其中，$\vartheta_0=k_2\beta$；$\varepsilon_0=\varepsilon+k_2\beta\bar{\gamma}$。考虑条件 $\vartheta V\geqslant\varepsilon_0$，由式(7-97)可得 $\dot{V}_1\leqslant-\vartheta_0 V_1^{\bar{\rho}}$。如果存在正常数 $0<\zeta<1$，使得 $\vartheta_0(1-\zeta)V_1^{\bar{\rho}}\geqslant\varepsilon_0$，则不等式(7-97)表明 $\dot{V}_1\leqslant-\vartheta V_1-\vartheta_0 V_1^{\bar{\rho}}\leqslant 0$。因此，滑模面 $\boldsymbol{s}$ 可以在有限时间内稳定到区域 D，其中

$$D=\left\{\|\boldsymbol{s}\|\leqslant\min\left[\sqrt{2\varepsilon_0/\vartheta},\sqrt{2}\left(\frac{\varepsilon_0}{\vartheta_0(1-\zeta)}\right)^{1/(2\bar{\rho})}\right]\right\} \tag{7-98}$$

由于 $\boldsymbol{s}$，$\hat{\gamma}$ 和 $\tilde{\gamma}$ 均有界，因此，$\boldsymbol{z}_1$，$\boldsymbol{z}_2$ 和 $\dot{\boldsymbol{s}}$ 也是有界的。假设 $\dot{\boldsymbol{s}}$ 可以收敛到一个区域，并停留在 $\|\boldsymbol{s}\|\leqslant v_{\mathrm{s}}$ 的区域，其中，v_{s} 是一个正常数。接下来给出有限时间有界跟踪误差的证明。

由式(7-68)可知

$$\dot{\boldsymbol{z}}_2=-\boldsymbol{K}_{\mathrm{p}}\operatorname{sgn}^{\lambda_1}(\boldsymbol{z}_1(t))-\boldsymbol{K}_{\mathrm{d}}\operatorname{sgn}^{\lambda_2}(\boldsymbol{z}_2(t))+\dot{\boldsymbol{s}} \tag{7-99}$$

考虑李雅谱诺夫函数

$$V_2=\frac{1}{\lambda_1+1}\sum_{i=1}^{n}K_{\mathrm{p}i}\left|z_{1i}\right|^{\lambda_1+1}+\frac{1}{2}\sum_{i=1}^{n}z_{2i}^2 \tag{7-100}$$

对式(7-100)求导，可得

$$\begin{aligned}\dot{V}_2&=\sum_{i=1}^{n}K_{\mathrm{p}i}\operatorname{sgn}^{\lambda_1}(z_{1i})\dot{z}_{1i}+\sum_{i=1}^{n}z_{2i}\dot{z}_{2i}\\&=\sum_{i=1}^{n}K_{\mathrm{p}i}\operatorname{sgn}^{\lambda_1}(z_{1i})z_{2i}+\sum_{i=1}^{n}z_{2i}(-K_{\mathrm{p}i}\operatorname{sgn}^{\lambda_1}(z_{1i})-K_{\mathrm{d}i}\operatorname{sgn}^{\lambda_2}(z_{2i})+\dot{s}_i)\\&=-\sum_{i=1}^{n}z_{2i}(K_{\mathrm{d}i}\operatorname{sgn}^{\lambda_2}(z_{2i})+\dot{s}_i)\\&\leqslant-\sum_{i=1}^{n}\left|z_{2i}\right|(K_{\mathrm{d}i}\left|z_{2i}\right|^{\lambda_2}+v_{\mathrm{s}})\end{aligned} \tag{7-101}$$

由式(7-101)可以得出 z_{1i} 和 z_{2i} 是最终一致有界的。为了证明跟踪误差的有限时间收敛性，选择如下的李雅谱诺夫函数，即

$$V_3=\frac{1}{2}\boldsymbol{z}_2^{\mathrm{T}}\boldsymbol{z}_2 \tag{7-102}$$

利用式(7-101)，将式(7-102)对时间求导可得

$$\begin{aligned}\dot{V}_3 &= \boldsymbol{z}_2^{\mathrm{T}}\dot{\boldsymbol{z}}_2 \\ &= \boldsymbol{z}_2^{\mathrm{T}}[-\boldsymbol{K}_{\mathrm{p}}\mathrm{sgn}^{\lambda_1}(\boldsymbol{z}_1)-\boldsymbol{K}_{\mathrm{d}}\mathrm{sgn}^{\lambda_2}(\boldsymbol{z}_2)+\dot{\boldsymbol{s}}] \\ &= \sum_{i=1}^{n}K_{\mathrm{p}i}\mathrm{sgn}^{\lambda_1}(z_{1i})z_{2i}+\sum_{i=1}^{n}z_{2i}[-K_{\mathrm{d}i}\mathrm{sgn}^{\lambda_2}(z_{2i})+\dot{s}_i]\end{aligned} \tag{7-103}$$

因为 z_{1i} 有界，所以存在一个正常数 δ_1，使得 $z_{1i}\leqslant\delta_1$，则式(7-103)的上界为

$$\begin{aligned}\dot{V}_3 &\leqslant -\sum_{i=1}^{n}K_{\mathrm{d}i}|z_{2i}|^{1+\lambda_2}+\sum_{i=1}^{n}K_{\mathrm{p}i}|z_{2i}|(\delta_1^{\lambda_1}+\nu_s) \\ &\leqslant -\delta_{\mathrm{c}}\sum_{i=1}^{n}K_{\mathrm{d}i}|z_{2i}|^{1+\lambda_2}-(1-\delta_{\mathrm{c}})\sum_{i=1}^{n}K_{\mathrm{d}i}|z_{2i}|^{1+\lambda_2}+\sum_{i=1}^{n}K_{\mathrm{p}i}\delta_{\mathrm{s}}|z_{2i}|\end{aligned} \tag{7-104}$$

其中，$0<\delta_{\mathrm{c}}<1$，$\delta_{\mathrm{c}}=\delta_1^{\lambda_1}+v_{\mathrm{s}}$，$\delta_{\mathrm{s}}=\delta_1^{\lambda_1}+v_{\mathrm{s}}$ 利用引理 1，可得式(7-104)的上界为

$$\dot{V}_3 \leqslant -2^{(1+\lambda_2)/2}\lambda_{\min}(\boldsymbol{K}_{\mathrm{d}})\delta_{\mathrm{c}}V_3^{(1+\lambda_2)/2}-(1-\delta_{\mathrm{c}})\sum_{i=1}^{n}|z_{2i}|(K_{\mathrm{d}i}|z_{2i}|^{\lambda_2}-K_{\mathrm{p}i}\delta_s) \tag{7-105}$$

其中，$\lambda_{\min}(\boldsymbol{K}_{\mathrm{d}})$是 $\boldsymbol{K}_{\mathrm{d}}$ 的最小特征值。

由式(7-105)可知，$\boldsymbol{z}_2$ 为有限时间有界。由于 $\boldsymbol{s}$ 是有限时间有界的，因此，由式(7-68)可得 $\boldsymbol{z}_{\mathrm{I}}$ 也是有限时间有界的。又由于 $\boldsymbol{z}_{\mathrm{I}}$ 是关于时间的连续可微函数，因此，可以得出 $\dot{\boldsymbol{z}}_{\mathrm{I}}$ 为有限时间有界，这表示 $\boldsymbol{K}_{\mathrm{p}}\ \mathrm{sgn}^{\lambda_1}(\boldsymbol{z}_1)-\boldsymbol{K}_{\mathrm{d}}\ \mathrm{sgn}^{\lambda_2}(\boldsymbol{z}_2)$也是有限时间有界的。因此，$\boldsymbol{z}_1$ 是有限时间有界的。

7.2.3 仿真算例

在图 7-11 所示的三连杆空间机械臂系统上进行数值仿真，验证所提出控制器的有效性。所有数值仿真均在 Matlab R2017a 上运行。空间机械臂系统由卫星本体和具有 3 个刚性连杆的机械臂组成。航天器本体定义为 G_0，第 j 个连杆定义为 G_j，每个连杆都用 1 个转动关节与其内接体连接。航天器本体为 6 自由度的自由体。如图 7-11 所示，坐标系 O_j 固定在体 $G_j(j=0,1,2,3)$上。三连杆空间机械臂系统动力学可由参考文献[13]得到。选取三连杆空间机械臂系统的广义坐标 $\boldsymbol{q}$ 为

$$\boldsymbol{q}=[\boldsymbol{r}^{\mathrm{T}},\boldsymbol{\Theta}^{\mathrm{T}},\theta_1,\theta_2,\theta_3]^{\mathrm{T}} \tag{7-106}$$

其中，$\boldsymbol{r}$ 和 $\boldsymbol{\Theta}$ 分别为体 G_0 的位置矢量和欧拉角；$\theta_j(j=1,2,3)$为第 j 个连杆的相对转动角位移。

式(7-50)中的惯性矩阵 $\boldsymbol{M}(\boldsymbol{q})$和非线性力 $\boldsymbol{F}_{\mathrm{N}}(\boldsymbol{q},\dot{\boldsymbol{q}})$的表达式分别为

$$\boldsymbol{M}(\boldsymbol{q})=\sum_{j=0}^{3}\boldsymbol{M}_j,\quad \boldsymbol{F}_{\mathrm{N}}(\boldsymbol{q},\dot{\boldsymbol{q}})=\sum_{j=0}^{3}\boldsymbol{F}_{\mathrm{N}j} \tag{7-107}$$

其中，$\boldsymbol{M}_j$ 和 $\boldsymbol{F}_{\mathrm{N}j}$ 分别是体 G_j 对惯性矩阵 $\boldsymbol{M}(\boldsymbol{q})$ 和非线性力 $\boldsymbol{F}_{\mathrm{N}}(\boldsymbol{q},\dot{\boldsymbol{q}})$ 的贡献。它们的表达式分别为

$$\boldsymbol{M}_j={}^{\mathrm{P}}\boldsymbol{V}_j\cdot(m_j{}^{\mathrm{P}}\boldsymbol{V}_j-\boldsymbol{S}_j\times{}^{\mathrm{P}}\boldsymbol{\Omega}_j)+{}^{\mathrm{P}}\boldsymbol{\Omega}_j\cdot[\boldsymbol{S}_j\times{}^{\mathrm{P}}\boldsymbol{V}_j+\boldsymbol{J}_j{}^{\mathrm{P}}\boldsymbol{\Omega}_j] \tag{7-108}$$

$$\begin{aligned}\boldsymbol{F}_{\mathrm{N}j}=&{}^{\mathrm{P}}\boldsymbol{V}_j\cdot(m_j\dot{\boldsymbol{v}}_{j\mathrm{t}}-\boldsymbol{S}_j\times\dot{\boldsymbol{\omega}}_{j\mathrm{t}}+\boldsymbol{\omega}_j\times(\boldsymbol{\omega}_j\times\boldsymbol{S}_j))+\\&{}^{\mathrm{P}}\boldsymbol{\Omega}_j\cdot[\boldsymbol{S}_j\times\dot{\boldsymbol{v}}_{j\mathrm{t}}+\boldsymbol{J}_j\dot{\boldsymbol{\omega}}_{j\mathrm{t}}+\boldsymbol{\omega}_j\times(\boldsymbol{J}_j\times\boldsymbol{\omega}_j)]\end{aligned} \tag{7-109}$$

其中，· 和×分别为内积和叉乘运算符号；m_j，$\boldsymbol{S}_j$ 和 $\boldsymbol{J}_j$ 分别为体 G_j 的质量、静力矩和转动惯量；偏速度矩阵 ${}^{\mathrm{P}}\boldsymbol{V}_j$、偏角速度矩阵 ${}^{\mathrm{P}}\boldsymbol{\Omega}_j$、非线性速度 $\boldsymbol{v}_{j\mathrm{t}}$ 和非线性角速度 $\boldsymbol{\omega}_{j\mathrm{t}}$ 均由 O_j 的惯性速度 $\boldsymbol{v}_j$ 和惯性角速度 $\boldsymbol{\omega}_j$ 求得，即

$$\boldsymbol{v}_j={}^{\mathrm{P}}\boldsymbol{V}_j\dot{\boldsymbol{q}}+\boldsymbol{v}_{j\mathrm{t}},\boldsymbol{\omega}_j={}^{\mathrm{P}}\boldsymbol{\Omega}_j\dot{\boldsymbol{q}}+\boldsymbol{\omega}_{j\mathrm{t}} \tag{7-110}$$

其中，${}^{\mathrm{P}}\boldsymbol{V}_j\dot{\boldsymbol{q}}$ 为包含惯性速度 $\boldsymbol{v}_j$ 对应广义速度 $\dot{\boldsymbol{q}}$ 的线性部分；$\boldsymbol{v}_{j\mathrm{t}}$ 为包含惯性速度 $\boldsymbol{v}_j$ 对应广义速度 $\dot{\boldsymbol{q}}$ 的非线性部分；${}^{\mathrm{P}}\boldsymbol{\Omega}_j\dot{\boldsymbol{q}}$ 为包含惯性角速度 $\boldsymbol{\omega}_j$ 对应广义速度 $\dot{\boldsymbol{q}}$ 的线性部分；$\boldsymbol{\omega}_{j\mathrm{t}}$ 为包含惯性角速度 $\boldsymbol{\omega}_j$ 相对于广义速度 $\dot{\boldsymbol{q}}$ 的非线性部分。

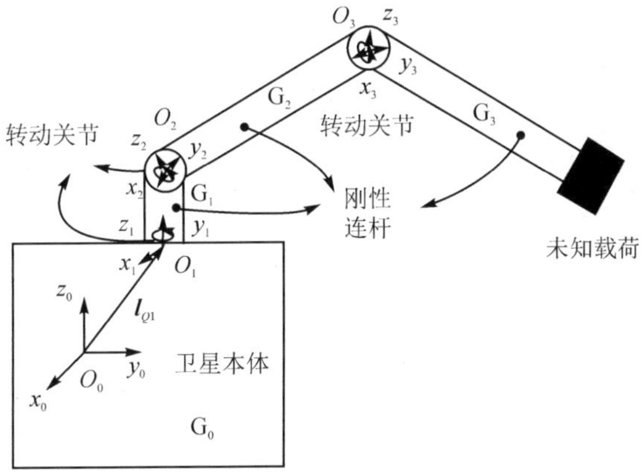

图 7-11　三连杆空间机械臂系统

控制目标是利用所提出的控制器跟踪卫星体姿态运动和机械臂关节运动的期望轨迹。空间机械臂系统的参数如表 7-4 所列。本节采用五次多项式规划姿态角和关节运动的期望轨迹，并且，在仿真中卫星本体的平动处于无控制状态。空间机械臂系统初始构型设置为 [−7°，−4°，3°，3°，−56°，−65°]。需要指出的是，未知载荷对于空间机械臂系统来说是一个未知的不确定性。给出载荷的详细参数是为了建立空间机械臂系统的动力学模型进行数值仿真，在控制器的设计中并没有关于负载的信息。

表 7-4 空间机械臂系统参数

体编号	质量/kg	一阶惯性矩/(kg·m)	转动惯量/(kg·m²)	每个体的位置
G_0	200	$[0,0,0]^T$	diag(500,200,500)	$[0,3,2]^T$
G_1	20	$[0,8,0]^T$	diag(6.2333,0.80,6.2333)	$[0,0.8,0]^T$
G_2,G_3	40	$[0,80,0]^T$	diag(233.3,0.30,233.3)	$[0,4,0]^T$
载荷	20	$[0,16,0]^T$	diag(40,0.4,40)	

考虑外部扰动为

$$\boldsymbol{d}(t)=\begin{bmatrix}\boldsymbol{0} & \boldsymbol{d}_{\omega 0}^{\mathrm{T}} & d_{\dot{\theta}1} & d_{\dot{\theta}2} & d_{\dot{\theta}3}\end{bmatrix}^{\mathrm{T}} \tag{7-111}$$

$$\boldsymbol{d}_{\omega 0}=(0.02\sin(0.1t)+0.005\sin(0.01\pi t))\begin{bmatrix}1\\1\\1\end{bmatrix} \tag{7-112}$$

$$d_{\dot{\theta}1}=0.02\sin(0.1t+\pi/4)+0.005\sin(0.01\pi t+\pi/4) \tag{7-113}$$

$$d_{\dot{\theta}2}=0.02\sin(0.1t+\pi/2)+0.005\sin(0.01\pi t+\pi/2) \tag{7-114}$$

$$d_{\dot{\theta}3}=0.02\sin(0.1t+\pi/3)+0.005\sin(0.01\pi t+\pi/3) \tag{7-115}$$

为了验证所提出的控制器在执行机构不确定性下的有效性,研究了以下 4 种案例。案例 1 研究了没有执行机构故障的执行机构饱和问题。案例 2 考虑执行机构饱和,且执行机构故障率很小的问题。案例 3 研究了包含执行机构饱和并有较大故障率的问题。案例 4 研究了时变执行机构故障下的执行机构饱和问题。在这些案例下,卫星本体的饱和约束为±50 N·m,体 G_1 的关节饱和约束为±30 N·m,体 G_2 和体 G_3 的关节饱和约束为±20 N·m。对于案例 1,有效性矩阵设为 $\boldsymbol{E}=\mathrm{diag}(1,1,1,1,1,1,1,1,1)$;对于案例 2,有效性矩阵设为 $\boldsymbol{E}=\mathrm{diag}(0.3,0.3,0.3,0.8,0.8,0.8,0.8,0.7,0.6)$;对于案例 3,有效性矩阵设为 $\boldsymbol{E}=\mathrm{diag}(0.3,0.3,0.3,0.5,0.5,0.5,0.5,0.5,0.3)$;对于案例 4,有效性矩阵设为 $\boldsymbol{E}=\mathrm{diag}(\mu_1(t),\cdots,\mu_9(t))$,其中,$\mu_i(t)(i=1,\cdots,9)$,其表达式为

$$\begin{cases}\mu_1(t)=0.3 & \mu_2(t)=0.3 & \mu_3(t)=0.3\\ \mu_4(t)=0.2\sin(0.5t)+0.6 & \mu_5(t)=0.2\sin(0.5t+\pi/2)+0.6 & \mu_6(t)=0.2\sin(0.5t+\pi)+0.6\\ \mu_7(t)=0.2\sin(0.5t)+0.4 & \mu_8(t)=0.2\sin(t)+0.5 & \mu_9(t)=0.2\sin(t)+0.4\end{cases} \tag{7-116}$$

将偏置力矩取为

$$\bar{\boldsymbol{u}}_{\mathrm{c}}=\begin{bmatrix}\boldsymbol{0} & \bar{\boldsymbol{u}}_{\mathrm{c}\omega 0}^{\mathrm{T}} & \bar{u}_{\mathrm{c}\dot{\theta}1} & \bar{u}_{\mathrm{c}\dot{\theta}2} & \bar{u}_{\mathrm{c}\dot{\theta}3}\end{bmatrix}^{\mathrm{T}} \tag{7-117}$$

其中

$$\bar{\boldsymbol{u}}_{c\omega 0}=(0.008+0.05\sin(0.2t))\begin{bmatrix}1\\1\\1\end{bmatrix} \tag{7-118}$$

$$\bar{\boldsymbol{u}}_{c\dot{\theta}1}=0.02+0.01\sin(0.1t+\pi/4) \tag{7-119}$$

$$\bar{\boldsymbol{u}}_{c\dot{\theta}2}=0.02+0.02\sin(0.1t+\pi/2) \tag{7-120}$$

$$\bar{\boldsymbol{u}}_{c\dot{\theta}3}=0.01+0.02\sin(0.1t+\pi/3) \tag{7-121}$$

控制器参数如表 7.5 所列。$\hat{\gamma}$ 的初始值设为 10。案例 1 中体 G_0～体 G_3 的姿态角跟踪误差和关节角跟踪误差如图 7-12 所示。由图 7-12 可以看出，在参数不确定和执行机构饱和的情况下，姿态角和关节角的稳态跟踪误差都可以在有限时间内控制在 $\pm4\times10^{-5}$ rad。图 7-13 给出了案例中体 G_0～体 G_3 的角速度跟踪误差。由图 7-13 可以看出，在有限时间内，体 G_0～体 G_3 的角速度跟踪误差都收敛到 $\pm3\times10^{-5}$ rad·s^{-1} 区域。图 7-14 所示为案例 1 中体 G_0～体 G_3 的控制力矩。由图 7-14 可看出，控制力矩都是连续的，表示该控制器不产生抖振和奇异性。图 7-15 所示为案例 1 中滑模面的响应，显示了控制器滑模面的快速收敛性能。

表 7-5　控制器参数

参　数	值
跟踪误差增益 $\boldsymbol{K}_p$	$4\boldsymbol{I}_9$
跟踪误差增益 $\boldsymbol{K}_d$	$4\boldsymbol{I}_9$
指数常数 λ_1	0.86
指数常数 ρ	0.6
滑模面增益 k_1	50
滑模面增益 k_2	200
滑模面增益 k_3	0.1
控制增益 $\boldsymbol{K}_s$	diag(1,1,1,6,2,4,2,2,0.5)
自适应常数 c_1	0.2
自适应常数 c_2	2
边界常数 δ	1×10^{-5}

在执行机构故障情况下，本节方法的结果如图 7-16～图 7-27 所示。由图 7-16 和图 7-20 可以看出，在较小或较大的常值执行机构错误下，稳态跟踪误差仍能以有限时间收敛到 $\pm4\times10^{-5}$rad 的边界内，角速度误差可以以较快的响应控制在 $\pm3\times10^{-5}$rad/s 范围内。从图 7-24 和图 7-25 可以看出，即使存在时变执行机构故障，角度跟踪误差和角速度跟踪误差都是有限时间有界的。

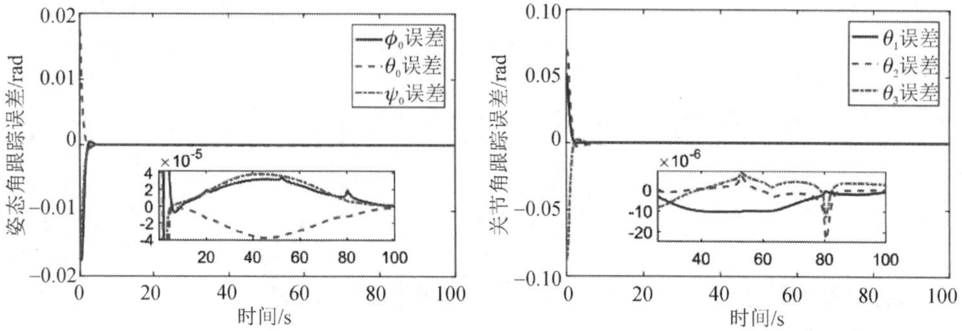

图 7-12　案例 1 中体 G_0～体 G_3 的姿态角跟踪误差和关节角跟踪误差

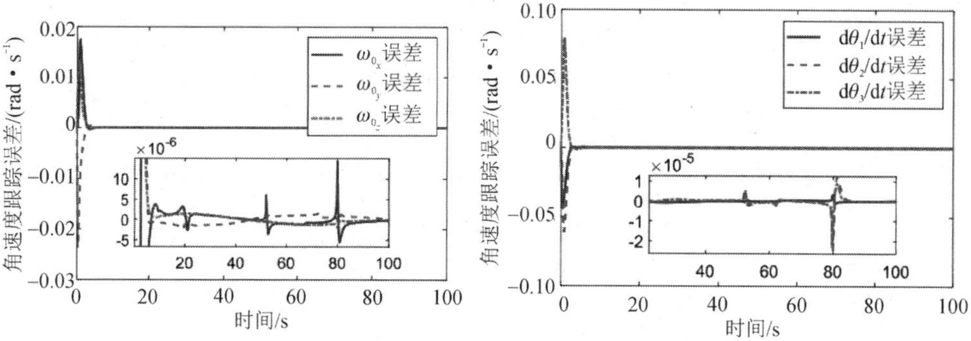

图 7-13　案例 1 中体 G_0～体 G_3 的角速度跟踪误差

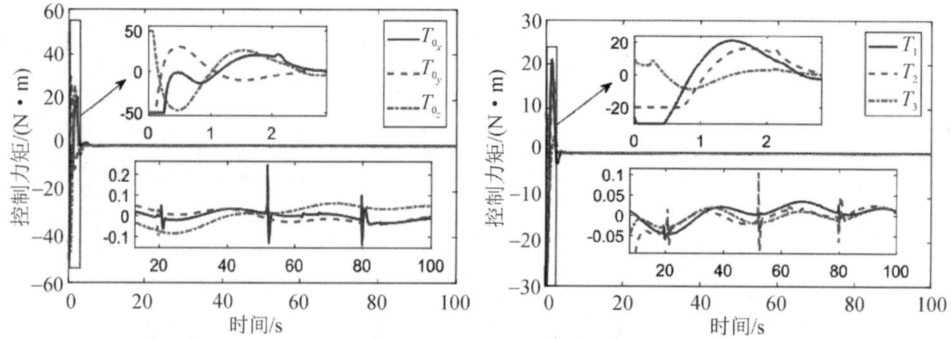

图 7-14 案例 1 中体 G_0～体 G_3 的控制力矩

图 7-15、图 7-19、图 7-23、图 7-27 显示了 4 种案例下的滑模面在有限时间内收敛到一个小边界。作用于空间机械臂系统的所有控制命令都是连续的，适合于实际应用。仿真结果表明，本文所提控制器对存在模型不确定性、外部干扰和执行机构不确定性的空间机械臂系统具有良好的轨迹跟踪效果。

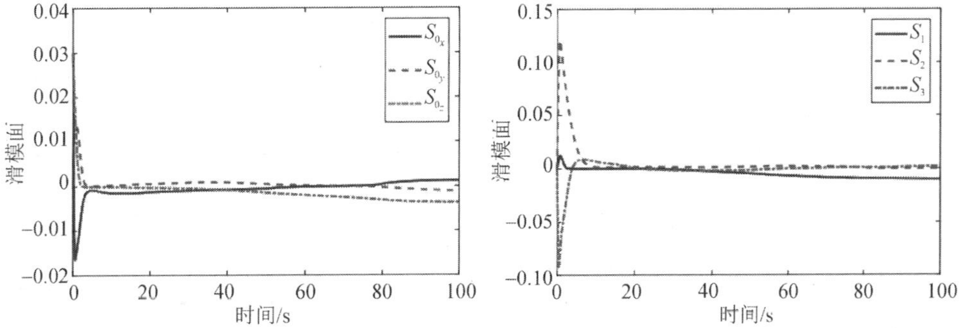

图 7-15 案例 1 中滑模面的响应

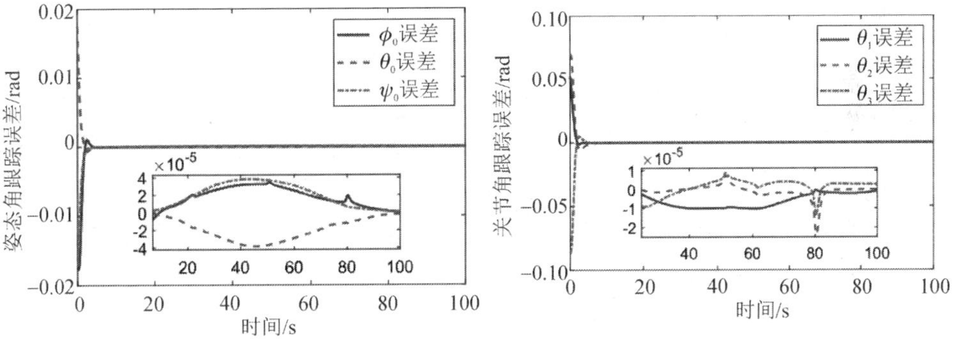

图 7-16 案例 2 中体 G_0～体 G_3 的姿态角跟踪误差和关节角跟踪误差

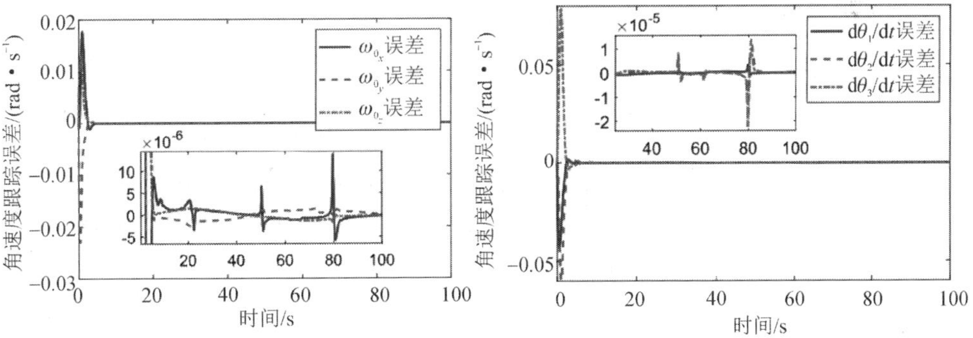

图 7-17 案例 2 中体 G_0～体 G_3 的角速度跟踪误差

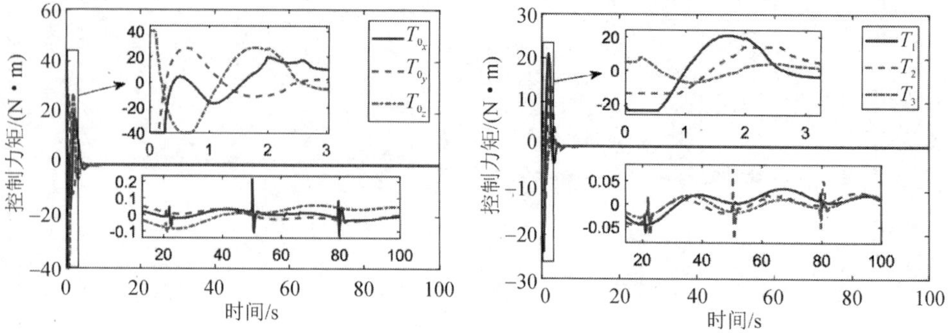

图 7-18 案例 2 中体 G_0～体 G_3 的控制力矩

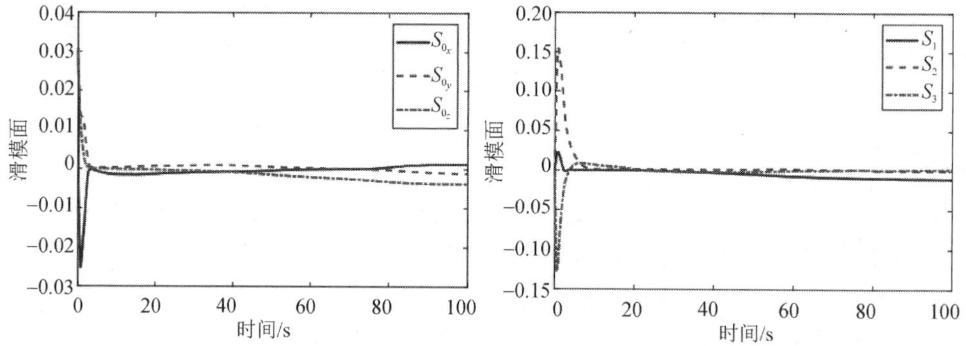

图 7-19 案例 2 中滑模面的响应

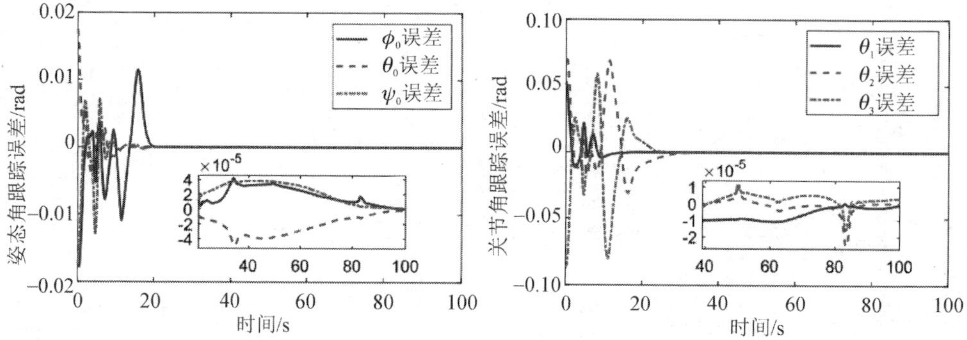

图 7-20 案例 3 中体 G_0～体 G_3 的姿态角跟踪误差和关节角跟踪误差

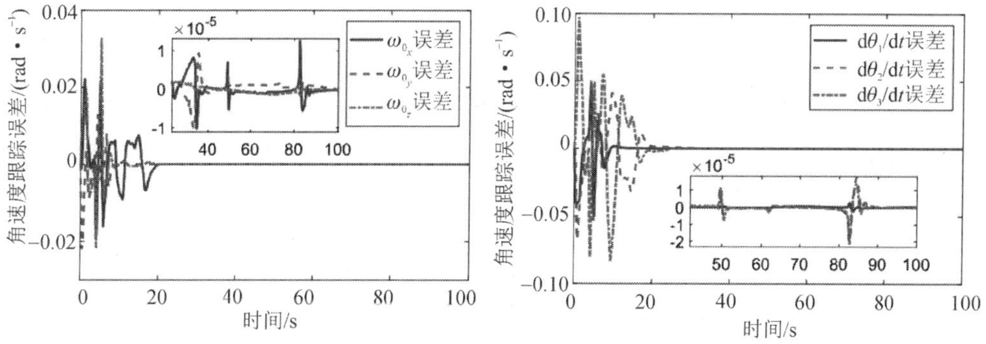

图 7-21　案例 3 中体 G_0～体 G_3 的角速度跟踪误差

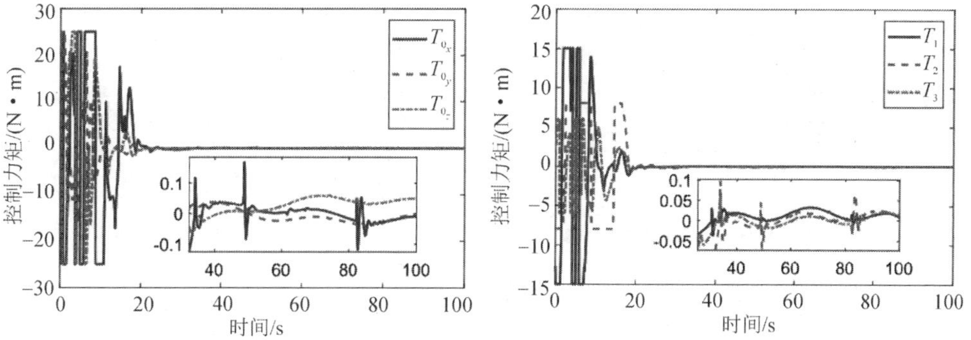

图 7-22　案例 3 中体 G_0～体 G_3 的控制力矩

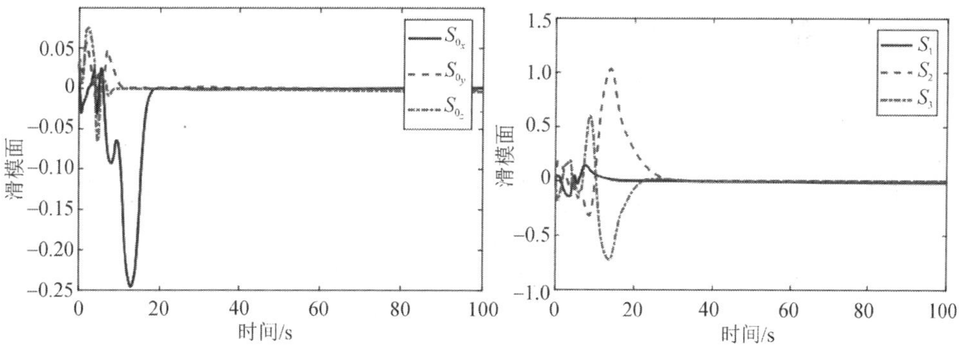

图 7-23 案例 3 中滑模面的响应

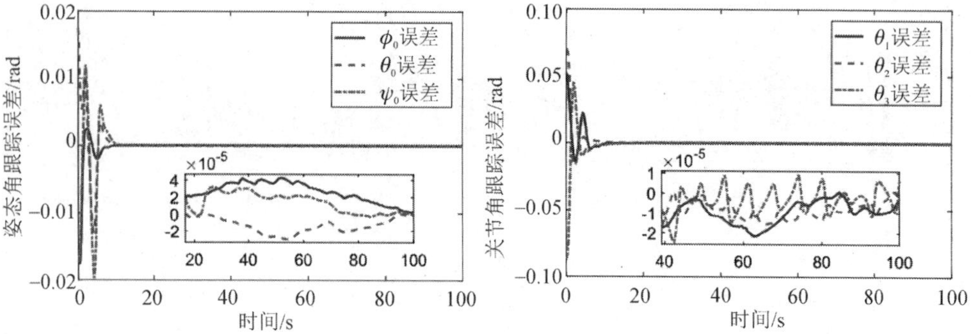

图 7-24 案例 4 中体 G_0～体 G_3 姿态角跟踪误差和关节角跟踪误差

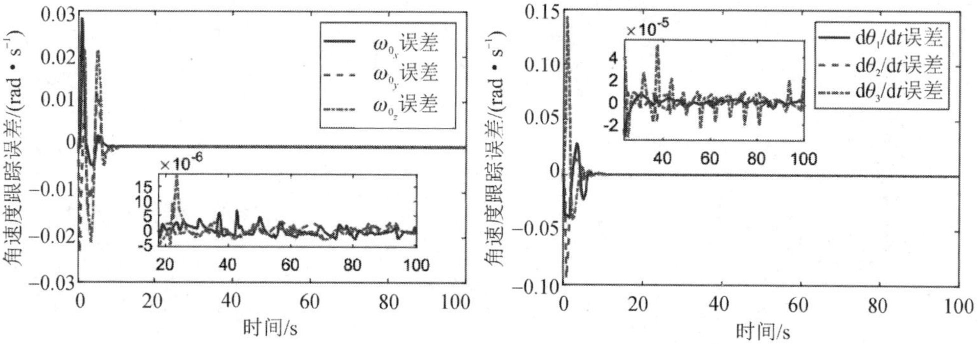

图 7-25 案例 4 中体 G_0～体 G_3 的角速度跟踪误差

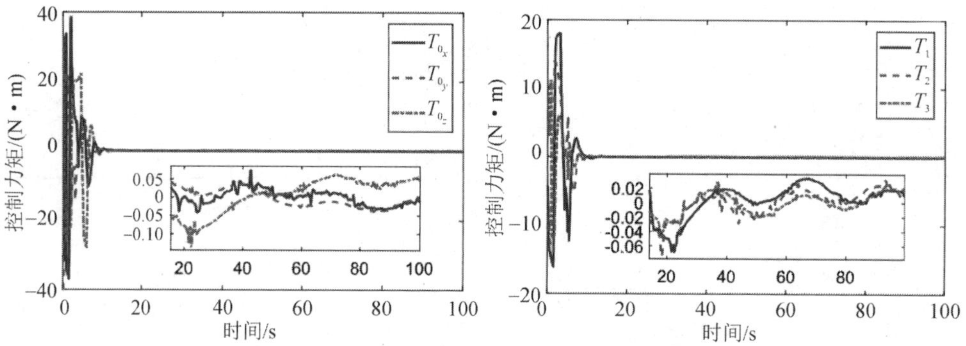

图 7-26 案例 4 中体 G_0～体 G_3 的控制力矩

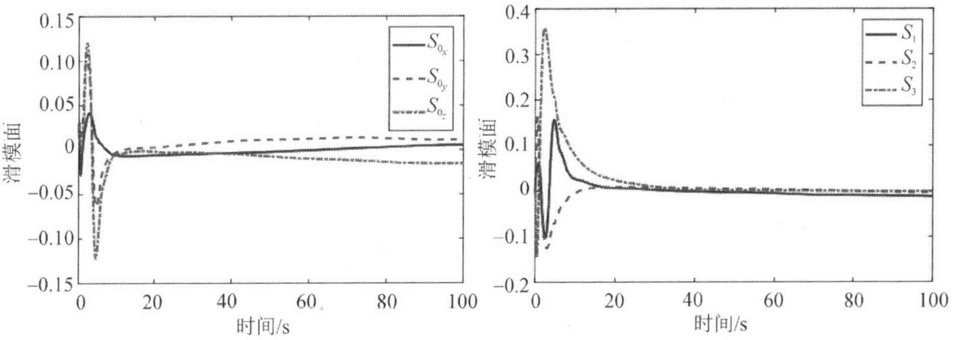

图 7－27　案例 4 中滑模面的响应

7.3　小　结

本章 7.1 节设计了一种有限时间辅助系统来补偿执行机构的饱和问题；考虑了模型不确定、外部干扰和机构饱和等因素，设计了一种基于神经网络的自适应终端滑模控制器，并利用李亚普诺夫理论证明了所提出的控制器的稳定性。该控制器实现了空间机械臂系统的有限时间轨迹跟踪，无须事先知道模型不确定性和外部干扰的精确上界。仿真结果表明，姿态角跟踪误差可以稳定在较小的误差范围内。所设计的控制器能够以有限控制力矩、无抖振的优点，实现有限时间内的关节运动轨迹跟踪控制。

针对存在模型不确定性、外部干扰和执行机构不确定性的空间机械臂系统，7.2 节设计了一种新的自适应积分滑模控制器。该控制器具有连续、无抖振和无奇异的特点。该控制器设计了自适应控制部分来补偿系统的不确定性和外部干扰。仿真结果表明，即使存在不同类型的不确定性和外部干扰，该方法也能在有限时间内将姿态角跟踪误差、关节角跟踪误差和角速度跟踪误差控制在零的小边界内。所有滑动函数都是有限时间的，因此，该方法适用于单臂多连杆空间机械臂系统或多臂多连杆空间机械臂系统的跟踪控制。该控制器还可以通过固定卫星本体的运动来实现地面机械臂的跟踪控制。

参考文献

[1] JIA S, SHAN J. Neural network-based adaptive sliding mode control for gyroelastic body

[J]. IEEE Transactions on Aerospace and Electronic Systems, 2018, 55(3): 1519-1527.

[2] ZHANG L, LI Z, YANG C. Adaptive neural network based variable stiffness control of uncertain robotic systems using disturbance observer[J]. IEEE Transactions on Industrial Electronics, 2016, 64(3): 2236-2245.

[3] CHEN B, ZHANG H, LIN C. Observer-based adaptive neural network control for nonlinear systems in nonstrict-feedback form[J]. IEEE Transactions on Neural Networks and Learning Systems, 2015, 27(1): 89-98.

[4] HU Q, JIANG B, ZHANG Y. Observer-based output feedback attitude stabilization for spacecraft with finite-time convergence[J]. IEEE Transactions on Control Systems Technology, 2017, 27(2): 781-789.

[5] ZHIHONG M, PALANISWAMI M. Robust tracking control for rigid robotic manipulators [J]. IEEE Transactions on Automatic Control, 1994, 39(1): 154-159.

[6] LIU H, ZHANG T. Adaptive neural network finite-time control for uncertain robotic manipulators[J]. Journal of Intelligent & Robotic Systems, 2014, 75: 363-377.

[7] GUI H, VUKOVICH G. Adaptive integral sliding mode control for spacecraft attitude tracking with actuator uncertainty[J]. Journal of the Franklin Institute, 2015, 352 (12): 5832-5852.

[8] JIA S, SHAN J. Observer-based robust control for uncertain Euler-Lagrange systems with input delay[J]. Journal of Guidance, Control and Dynamics, 2020, 43(8): 1556-1565.

[9] JIN X Z, ZHAO Y X, WANG H, et al. Adaptive fault-tolerant control of mobile robots with actuator faults and unknown parameters[J]. IET Control Theory & Applications, 2019, 13 (11): 1665-1672.

[10] CHEN T, SHAN J. Distributed tracking of a class of under-actuated Lagrangian systems with uncertain parameters and actuator faults[J]. IEEE Transactions. on Indnstrial Electronics, 2019, 67(5): 4244-4253.

[11] SMAEILZADEH S M, GOLESTANI M. Finite-time fault-tolerant adaptive robust control for a class of uncertain non-linear systems with saturation constraints using integral backstepping approach [J]. IET Control Theory & Applications, 2018, 12(5): 2109-2117.

[12] NEILA M B R, TARAK D. Adaptive terminal sliding mode control for rigid robotic manipulators[J]. International Journal of Automation and Computing, 2011, 8(2): 215-220.

[13] JIA S, SHAN J. Finite-time trajectory tracking control of space manipulator under actuator saturation[J]. IEEE Transactions on Industrial Electronics, 2019, 67(3): 2086-2096.

第 8 章

欧拉-拉格朗日系统模型的空间机械臂系统轨迹跟踪控制

8.1 基于观测器的输入时滞不确定欧拉-拉格朗日系统鲁棒控制

本节研究不确定欧拉-拉格朗日系统在模型不确定性、输入延迟、外部干扰和某些不可测系统状态下的轨迹跟踪问题，其主要工作是设计一个非线性扩展状态观测器(extended state observer，ESO)和一个基于观测器的刚体系统控制器，可实现无速度测量、存在时间延迟、系统不确定和外部干扰情况下的轨迹跟踪控制。此外，还构造了李雅普诺夫-克拉索夫斯基函数来证明闭环系统的稳定性。最后，通过数值仿真验证所提出观测器和控制器的有效性。

8.1.1 问题描述

本节考虑以下具有输入延迟的不确定欧拉-拉格朗日系统，即

$$\boldsymbol{M}(\boldsymbol{q})\ddot{\boldsymbol{q}}+\boldsymbol{N}(\boldsymbol{q},\dot{\boldsymbol{q}})+\boldsymbol{d}(t)=\boldsymbol{u}(t-\tau) \tag{8-1}$$

其中，$\boldsymbol{M}(\boldsymbol{q})\in\mathbf{R}^{n\times n}$ 为正定对称系统惯性矩阵；$\boldsymbol{N}(\boldsymbol{q},\dot{\boldsymbol{q}})\in\mathbf{R}^{n}$ 为广义惯性力的非线性项；$\boldsymbol{d}(t)$为外部扰动；$\boldsymbol{u}(t-\tau)\in\mathbf{R}^{n}$ 为广义延迟输入控制向量，$\tau\in\mathbf{R}^{+}$ 为已知的时间延迟；$\boldsymbol{q},\dot{\boldsymbol{q}},\ddot{\boldsymbol{q}}\in\mathbf{R}^{n}$ 为广义状态。后续的研究基于$\boldsymbol{q}$可测，而$\dot{\boldsymbol{q}}$，$\boldsymbol{M}(\boldsymbol{q})$，$\boldsymbol{N}(\boldsymbol{q},\dot{\boldsymbol{q}})$未知的假设。延迟函数记为

$$h_{\tau}=\begin{cases}h(t-\tau), & t-\tau>t_0\\ 0, & t-\tau\leqslant t_0\end{cases} \tag{8-2}$$

其中，t_0 为初始时间。

因为$\boldsymbol{M}(\boldsymbol{q})$是一个正定对称系统惯性矩阵，且$\boldsymbol{N}(\boldsymbol{q},\dot{\boldsymbol{q}})$表示惯性运动学，如科里奥利加速度和离心加速度，欧拉-拉格朗日系统式(8-1)满足下列性质和

假设[1-3]。

性质：矩阵 $\boldsymbol{M}(\boldsymbol{q})$ 对称且正定，并且满足

$$m_1 \leqslant \|\boldsymbol{M}(\boldsymbol{q})\| \leqslant m_2 \tag{8-3}$$

其中，m_1 和 $m_2 \in \mathbf{R}^+$ 为未知常数；$\|\cdot\|$ 代表欧几里得范数。

假设 1：对于非线性函数 $\boldsymbol{N}(\boldsymbol{q},\dot{\boldsymbol{q}})$，对所有 $\boldsymbol{q},\dot{\boldsymbol{q}} \in \mathbf{R}^n$，存在一个正常数 κ，使得 $\|\boldsymbol{N}(\boldsymbol{q},\dot{\boldsymbol{q}})\| \leqslant \kappa \|\dot{\boldsymbol{q}}\|^2$。

假设 2：未知的外部干扰项 $\boldsymbol{d}(t)$ 和第一阶导数 $\dot{\boldsymbol{d}}(t)$ 有界。

对式(8-1)乘以 $\boldsymbol{M}(\boldsymbol{q})$ 的逆矩阵，则式(8-1)中动力学方程可以表示为以下状态模型，即

$$\begin{cases} \dot{\boldsymbol{x}}_1 = \boldsymbol{x}_2 \\ \dot{\boldsymbol{x}}_2 = \boldsymbol{F}(\boldsymbol{x}) + \boldsymbol{B}(\boldsymbol{x}_1)\boldsymbol{u}(t-\tau) + \boldsymbol{d}_{\text{dis}} \end{cases} \tag{8-4}$$

其中，$\boldsymbol{x} = [\boldsymbol{x}_1^{\mathrm{T}}, \boldsymbol{x}_2^{\mathrm{T}}]^{\mathrm{T}}$，$\boldsymbol{x}_1 = \boldsymbol{q}$，$\boldsymbol{x}_2 = \dot{\boldsymbol{q}}$；$\boldsymbol{F}(\boldsymbol{x}) = -\boldsymbol{M}(\boldsymbol{x}_1)^{-1}\boldsymbol{N}$；$\boldsymbol{B}(\boldsymbol{x}_1) = \boldsymbol{M}(\boldsymbol{x}_1)^{-1}$；$\boldsymbol{d}_{\text{dis}} = -\boldsymbol{M}(\boldsymbol{x}_1)^{-1}\boldsymbol{d}(t)$。未知矩阵 $\boldsymbol{B}(\boldsymbol{x}_1)$ 和未知函数向量 $\boldsymbol{F}(\boldsymbol{x})$ 可分为已知部分和未知部分，分别为

$$\boldsymbol{B}(\boldsymbol{x}_1) = \boldsymbol{B}_0(\boldsymbol{x}_1) + \Delta\boldsymbol{B}(\boldsymbol{x}_1), \quad \boldsymbol{F}(\boldsymbol{x}) = \boldsymbol{F}_0(\boldsymbol{x}) + \Delta\boldsymbol{F}(\boldsymbol{x}) \tag{8-5}$$

其中，$\boldsymbol{B}_0(\boldsymbol{x}_1)$ 和 $\boldsymbol{F}_0(x)$ 分别为 $\boldsymbol{B}(\boldsymbol{x}_1)$ 和 $\boldsymbol{F}(\boldsymbol{x})$ 的已知部分；$\Delta\boldsymbol{B}(\boldsymbol{x}_1)$ 和 $\Delta\boldsymbol{F}(\boldsymbol{x})$ 分别为 $\boldsymbol{B}(\boldsymbol{x}_1)$ 和 $\boldsymbol{F}(\boldsymbol{x})$ 的未知部分。

根据式(8-5)，式(8-4)可写为

$$\begin{cases} \dot{\boldsymbol{x}}_1 = \boldsymbol{x}_2 \\ \dot{\boldsymbol{x}}_2 = \boldsymbol{F}_0(\boldsymbol{x}) + \boldsymbol{B}_0(\boldsymbol{x}_1)\boldsymbol{u}_\tau + \boldsymbol{D} \end{cases} \tag{8-6}$$

其中，$\boldsymbol{D} = \Delta\boldsymbol{F}(\boldsymbol{x}) + \Delta\boldsymbol{B}(\boldsymbol{x}_1) + \boldsymbol{d}_{\text{dis}}$；$\boldsymbol{u}_\tau = \boldsymbol{u}(t-\tau)$。

假设 3：已知惯性矩阵 $\boldsymbol{B}_0(\boldsymbol{x}_1)$ 对称且正定，并且满足

$$b_1 \leqslant \|\boldsymbol{B}_0(\boldsymbol{x}_1)\| \leqslant b_2 \tag{8-7}$$

其中，b_1 和 $b_2 \in \mathbf{R}^+$ 为已知常数。

假设 4：设计期望轨迹 $\boldsymbol{x}_{1\text{d}}(t)$ 使得 $\boldsymbol{x}_{1\text{d}}(t), \dot{\boldsymbol{x}}_{1\text{d}}(t), \ddot{\boldsymbol{x}}_{1\text{d}}(t) \in L_\infty$。

假设 5：如果 $\boldsymbol{x}_1, \boldsymbol{x}_2 \in L_\infty$，则 $\boldsymbol{F}(\boldsymbol{x})$ 和 $\boldsymbol{F}_0(\boldsymbol{x})$ 有界，且是在紧集中关于 $\boldsymbol{x}_1, \boldsymbol{x}_2$ 的李普希茨函数。

假设 6：输入延迟 τ 以常数 δ 为界，即 $\tau \leqslant \delta$。

假设 7：集成不确定性 $\boldsymbol{D}$ 的上界为 $\|\boldsymbol{D}\| \leqslant \gamma_1 + \gamma_2 \|\boldsymbol{x}_2\|^2 + \gamma_3 \|\boldsymbol{u}_\tau\|$，其中 γ_1, γ_2 和 $\gamma_3 \in \mathbf{R}^+$ 为未知常数。$\boldsymbol{D}$ 的时间导数的上界为 $\|\dot{\boldsymbol{D}}\| \leqslant \gamma_0$，其中 $\gamma_0 \in \mathbf{R}^+$ 为正常数。

评注 1：假设 7 中集成不确定性 $\boldsymbol{D}$ 的上界可以从性质 1 和假设 1 及假设 2 中推导出。集成不确定性 $\boldsymbol{D}$ 的时间导数 $\dot{\boldsymbol{D}}$ 是未知的，因为它依赖于变量 $\boldsymbol{u}_\tau$ 和 $\dot{\boldsymbol{u}}_\tau$。

从实际工程角度出发，由于空间和水下航行器等这一类欧拉-拉格朗日系统的物理限制或任务限制，变量 $\boldsymbol{x}$，$\boldsymbol{u}_\tau$ 和 $\dot{\boldsymbol{u}}_\tau$ 可看做是有界的[4-6]，因此，一般假定集成不确定的时间导数上界为正常数[7-8]。假设 7 表示本节研究的欧拉-拉格朗日系统具有慢时变集成不确定性。

8.1.2　非线性扩展状态观测器设计

ESO 是一种有效的状态和外部扰动估计方法，该方法首次由 Han[9]提出并且已扩展到航天器和水下机器人的自抗扰控制中[10-11]。在参考文献[5]的线性 ESO 设计基础上，本节提出了不确定欧拉-拉格朗日系统的非线性 ESO 设计。

将 $\boldsymbol{D}$ 定义为一个附加状态，即 $\boldsymbol{x}_3=\boldsymbol{D}$，且 $\boldsymbol{D}$ 的时间导数是 $\boldsymbol{h}(t)$，则式(8-6)中的动力学模型可描述为

$$\begin{cases}\dot{\boldsymbol{x}}_1=\boldsymbol{x}_2\\ \dot{\boldsymbol{x}}_2=\boldsymbol{F}_0(\boldsymbol{x})+\boldsymbol{B}_0(\boldsymbol{x})\boldsymbol{u}_\tau+\boldsymbol{x}_3\\ \dot{\boldsymbol{x}}_3=\boldsymbol{h}(t)\end{cases}\tag{8-8}$$

针对系统式(8-8)设计如下非线性 ESO，用于估计状系统态变量和集成不确定项

$$\begin{cases}\dot{\hat{\boldsymbol{x}}}_1=\hat{\boldsymbol{x}}_2-3\omega_0(\hat{\boldsymbol{x}}_1-\boldsymbol{x}_1)\\ \dot{\hat{\boldsymbol{x}}}_2=\boldsymbol{B}_0(\boldsymbol{x}_1)\boldsymbol{u}_\tau+\boldsymbol{F}_0(\boldsymbol{x}_1,\hat{\boldsymbol{x}}_2)+\hat{\boldsymbol{x}}_3-3\omega_0^2(\hat{\boldsymbol{x}}_1-\boldsymbol{x}_1)\\ \dot{\hat{\boldsymbol{x}}}_3=-\omega_0^3(\hat{\boldsymbol{x}}_1-\boldsymbol{x}_1)\end{cases}\tag{8-9}$$

其中，$\hat{\boldsymbol{x}}_1$，$\hat{\boldsymbol{x}}_2$ 和 $\hat{\boldsymbol{x}}_3$ 分别为 $\boldsymbol{x}_1$，$\boldsymbol{x}_2$ 和 $\boldsymbol{x}_3$ 的估计值。定义 $\tilde{\boldsymbol{x}}_1=\hat{\boldsymbol{x}}_1-\boldsymbol{x}_1$ 为角度估计误差，$\tilde{\boldsymbol{x}}_2=\hat{\boldsymbol{x}}_2-\boldsymbol{x}_2$ 为角速度估计误差，$\tilde{\boldsymbol{x}}_3=\hat{\boldsymbol{x}}_3-\boldsymbol{x}_3$ 为集成不确定性误差。$\omega_0>0$ 为 ESO 的带宽。根据式(8-8)和式(8-9)，可得估计误差为

$$\begin{cases}\dot{\tilde{\boldsymbol{x}}}_1=\tilde{\boldsymbol{x}}_2-3\omega_0\tilde{\boldsymbol{x}}_1\\ \dot{\tilde{\boldsymbol{x}}}_2=\tilde{\boldsymbol{F}}_0+\tilde{\boldsymbol{x}}_3-3\omega_0^2\tilde{\boldsymbol{x}}_1\\ \dot{\tilde{\boldsymbol{x}}}_3=-\omega_0^3\tilde{\boldsymbol{x}}_1-\boldsymbol{h}(t)\end{cases}\tag{8-10}$$

其中，$\tilde{\boldsymbol{F}}_0=\boldsymbol{F}_0(\boldsymbol{x}_1,\hat{\boldsymbol{x}}_2)-\boldsymbol{F}_0(\boldsymbol{x})$。

定义 $\boldsymbol{\eta}_i=\tilde{\boldsymbol{x}}_i/\omega_0^{i-1}(i=1,2,3)$，则式(8-10)可写为

$$\dot{\boldsymbol{\eta}}=\omega_0\boldsymbol{A\eta}+\tilde{\boldsymbol{f}}\tag{8-11}$$

其中

$$\boldsymbol{A}=\begin{bmatrix}-3\boldsymbol{I}_n & \boldsymbol{I}_n & 0\\ -3\boldsymbol{I}_n & 0 & \boldsymbol{I}_n\\ -\boldsymbol{I}_n & 0 & 0\end{bmatrix},\quad \tilde{\boldsymbol{f}}=\begin{bmatrix}0\\ \dfrac{\tilde{\boldsymbol{F}}_0}{\omega_0}\\ -\dfrac{\boldsymbol{h}(t)}{\omega_0^2}\end{bmatrix},\quad \boldsymbol{\eta}=\begin{bmatrix}\boldsymbol{\eta}_1\\ \boldsymbol{\eta}_2\\ \boldsymbol{\eta}_3\end{bmatrix} \tag{8-12}$$

式(8－11)等号右边由线性部分加上扰动项组成。如果合适的观测器增益在不确定有界条件下使得系统线性部分 $\dot{\boldsymbol{\eta}}=\omega_0\boldsymbol{A}\boldsymbol{\eta}$ 稳定，则估计误差 $\boldsymbol{\eta}$ 是有界的。根据劳恩-赫尔维茨判据，可以得到 $\boldsymbol{A}$ 是赫尔维茨矩阵。

为了证明非线性 ESO 的稳定性，选择如下李雅普诺夫函数，即

$$V=\boldsymbol{\eta}^{\mathrm{T}}\boldsymbol{S}\boldsymbol{\eta} \tag{8-13}$$

其中，$\boldsymbol{S}$ 为下述方程的解

$$\boldsymbol{S}\boldsymbol{A}+\boldsymbol{A}^{\mathrm{T}}\boldsymbol{S}=-\alpha\boldsymbol{I} \tag{8-14}$$

且 $\alpha\in\mathbf{R}^+$ 是任意正常数。

将 V 对时间求导，可得

$$\dot{V}=\dot{\boldsymbol{\eta}}^{\mathrm{T}}\boldsymbol{S}\boldsymbol{\eta}+\boldsymbol{\eta}^{\mathrm{T}}\boldsymbol{S}\dot{\boldsymbol{\eta}} \tag{8-15}$$

将式(8－11)和式(8－14)代入式(8－15)可得

$$\begin{aligned}\dot{V}&=(\omega_0\boldsymbol{A}\boldsymbol{\eta}+\tilde{\boldsymbol{f}})\boldsymbol{S}\boldsymbol{\eta}+\boldsymbol{\eta}^{\mathrm{T}}\boldsymbol{S}(\omega_0\boldsymbol{A}\boldsymbol{\eta}+\tilde{\boldsymbol{f}})\\ &=-\alpha\omega_0\boldsymbol{\eta}^{\mathrm{T}}\boldsymbol{\eta}+\tilde{\boldsymbol{f}}\boldsymbol{S}\boldsymbol{\eta}+\boldsymbol{\eta}^{\mathrm{T}}\boldsymbol{S}\tilde{\boldsymbol{f}}\\ &\leqslant-\alpha\omega_0\|\boldsymbol{\eta}\|^2+\|\tilde{\boldsymbol{f}}^{\mathrm{T}}\|\|\boldsymbol{S}\|\|\boldsymbol{\eta}\|+\|\boldsymbol{\eta}^{\mathrm{T}}\|\|\boldsymbol{S}\|\|\tilde{\boldsymbol{f}}\|\\ &\leqslant-\alpha\omega_0\|\boldsymbol{\eta}\|^2+2\left(\left\|\frac{\tilde{\boldsymbol{F}}_0}{\omega_0}\right\|+\left\|\frac{\boldsymbol{h}(t)}{\omega_0^2}\right\|\right)\lambda_{\max}(\boldsymbol{S})\|\boldsymbol{\eta}\|\end{aligned} \tag{8-16}$$

其中，$\lambda_{\max}(\boldsymbol{S})$是 $\boldsymbol{S}$ 的最大奇异值。

根据假设 5，存在一个已知常数 $\varepsilon_0\in\mathbf{R}^+$ 满足如下李普希茨条件，即

$$\|\tilde{\boldsymbol{F}}_0\|\leqslant\varepsilon_0\|\tilde{\boldsymbol{x}}_2\| \tag{8-17}$$

则式(8－16)可写为

$$\dot{V}\leqslant-\alpha\omega_0\|\boldsymbol{\eta}\|^2+2\left(\frac{\varepsilon_0}{\omega_0}\|\tilde{\boldsymbol{x}}_2\|+\frac{\gamma_0}{\omega_0^2}\right)\lambda_{\max}(\boldsymbol{S})\|\boldsymbol{\eta}\| \tag{8-18}$$

利用 $\boldsymbol{\eta}_i$ 的定义，可得式(8－16)的上界为

$$\begin{aligned}\dot{V}&\leqslant-\alpha\omega_0\|\boldsymbol{\eta}\|^2+2\left(\varepsilon_0\|\boldsymbol{\eta}\|+\frac{\gamma_0}{\omega_0^2}\right)\lambda_{\max}(\boldsymbol{S})\|\boldsymbol{\eta}\|\\ &\leqslant-\left[(\alpha\omega_0-2\varepsilon_0\lambda_{\max}(\boldsymbol{S})\|\boldsymbol{\eta}\|)-\frac{2\gamma_0}{\omega_0^2}\lambda_{\max}(\boldsymbol{S})\right]\|\boldsymbol{\eta}\|\end{aligned} \tag{8-19}$$

根据 $V\leqslant\lambda_{\max}(\boldsymbol{S})\|\boldsymbol{\eta}\|^2$，式(8－19)可写为

$$\dot{V} \leqslant -\left[\frac{(\alpha\omega_0 - 2\varepsilon_0\lambda_{\max}(\boldsymbol{S}))}{\sqrt{\lambda_{\max}(\boldsymbol{S})}}\sqrt{V} - \frac{2\gamma_0}{\omega_0^2}\lambda_{\max}(\boldsymbol{S})\right]\|\boldsymbol{\eta}\| \tag{8-20}$$

由式(8－20)可得，如果

$$V > \left(\frac{2\gamma_0\lambda_{\max}^{3/2}(\boldsymbol{S})}{\omega_0^2(\alpha\omega_0 - 2\varepsilon_0\lambda_{\max}(\boldsymbol{S}))}\right)\sqrt{\frac{\lambda_{\max}(\boldsymbol{S})}{\lambda_{\min}(\boldsymbol{S})}}$$

则 $\dot{V}<0$，这意味着 $\|\boldsymbol{\eta}\|$ 的解最终一致有界。使用不等式 $V \geqslant \lambda_{\max}(\boldsymbol{S})\|\boldsymbol{\eta}\|^2$，则 $\|\boldsymbol{\eta}\|$ 的上界为

$$\|\boldsymbol{\eta}\| \leqslant \frac{2\gamma_0\lambda_{\max}(\boldsymbol{S})}{\omega_0^2(\alpha\omega_0 - 2\varepsilon_0\lambda_{\max}(\boldsymbol{S}))}\sqrt{\frac{\lambda_{\max}(\boldsymbol{S})}{\lambda_{\min}(\boldsymbol{S})}} \tag{8-21}$$

由于稳定性分析只在假设 5 的紧集上有效，所以 $\|\boldsymbol{\eta}\|$ 的初始条件应限定为 $\|\boldsymbol{\eta}(0)\| \leqslant c$，其中 $0 \leqslant c < \infty$。从式(8－21)中可以得出结论，即通过增加 ω_0 的值，可以将估计误差收敛到更小的范围。因此，状态估计 $\hat{\boldsymbol{x}}$ 可用于控制器设计。

评注 2：在稳定性分析过程中引入了 $\dot{\boldsymbol{D}}$ 的上界。虽然 γ_0 是一个未知常数，但对于给定的 γ_0，总是可以增加 ω_0 以使估计误差尽可能小。然而，对于具有快速时变不确定性的系统，$\dot{\boldsymbol{D}}$ 的假设可能不成立。在这种情况下，可以采用高阶 ESO 来处理快速时变不确定性问题[11]。

8.1.3　基于观测器的控制器设计

在状态估计的基础上，考虑为时滞系统式(8－1) 设计控制器用于跟踪期望轨迹 $\boldsymbol{x}_{1\mathrm{d}}$。将跟踪误差定义为 $\boldsymbol{e}_1(t)=\boldsymbol{x}_{1\mathrm{d}}(t)-\boldsymbol{x}_1(t)$。跟踪误差的积分为

$$\boldsymbol{e}_0 = \int_0^t \boldsymbol{e}_1(s)\mathrm{d}s \tag{8-22}$$

将辅助跟踪信号定义为

$$\boldsymbol{e}_{\mathrm{s}} = \dot{\boldsymbol{e}}_0 + c_0\boldsymbol{e}_0 \tag{8-23}$$

其中，c_0 为正常数。

为了处理式(8－1)中的输入延迟，定义以下辅助变量，即

$$\boldsymbol{s} = \boldsymbol{e}_{\mathrm{H}} + c_1\boldsymbol{e}_{\mathrm{s}} - c_2\boldsymbol{e}_{\mathrm{I}} \tag{8-24}$$

其中，c_1，c_2 为正常数。$\boldsymbol{e}_{\mathrm{H}}$ 定义为

$$\boldsymbol{e}_{\mathrm{H}} = \hat{\boldsymbol{e}}_2 + c_0\dot{\boldsymbol{e}}_0 \tag{8-25}$$

其中，$\hat{\boldsymbol{e}}_2 = \boldsymbol{x}_{2\mathrm{d}}(t) - \hat{\boldsymbol{x}}_2(t)$，$\boldsymbol{x}_{2\mathrm{d}}(t)$是 $\boldsymbol{x}_{1\mathrm{d}}(t)$时间导数。

在式(8－24)中 $\boldsymbol{e}_{\mathrm{I}}$ 项用于将延迟输入转换为无延迟输入的 $\boldsymbol{u}(t)$，表示为

$$\boldsymbol{e}_{\mathrm{I}} = \int_{t-\tau}^t \boldsymbol{s}(\theta)\mathrm{d}\theta \tag{8-26}$$

将式(8－24)对时间求导，可得

$$\dot{\boldsymbol{s}}=\dot{\boldsymbol{x}}_{2\mathrm{d}}(t)-\dot{\hat{\boldsymbol{x}}}_2(t)+c_0\ddot{\boldsymbol{e}}_0+c_1\dot{\boldsymbol{e}}_{\mathrm{s}}-c_2(\boldsymbol{s}-\boldsymbol{s}_\tau) \tag{8-27}$$

其中，$\boldsymbol{s}_\tau=\boldsymbol{s}(t-\tau)$是一个延时函数。将式(8－9)代入式(8－27)，可得

$$\dot{\boldsymbol{s}}=\dot{\boldsymbol{x}}_{2\mathrm{d}}(t)-\boldsymbol{B}_0(\boldsymbol{x}_1)\boldsymbol{u}_\tau-\boldsymbol{F}_0(\boldsymbol{x}_1,\hat{\boldsymbol{x}}_2)-\hat{\boldsymbol{x}}_3+3\omega_0^2(\hat{\boldsymbol{x}}_1-\boldsymbol{x}_1)+ \\ c_0\ddot{\boldsymbol{e}}_0+c_1\dot{\boldsymbol{e}}_{\mathrm{s}}-c_2(\boldsymbol{s}-\boldsymbol{s}_\tau) \tag{8-28}$$

为了后续的稳定性分析，设计控制器 $\boldsymbol{u}$ 为

$$\boldsymbol{u}=k\boldsymbol{s} \tag{8-29}$$

其中，k 为一个正常数。将式(8－23)对时间求导，可得

$$\dot{\boldsymbol{e}}_s=\ddot{\boldsymbol{e}}_0+c_0\boldsymbol{e}_{\mathrm{s}}-c_0^2\boldsymbol{e}_0 \tag{8-30}$$

通过使用式(8－29)和式(8－30)，式(8－28)可改写为

$$\begin{aligned}\dot{\boldsymbol{s}}&=\dot{\boldsymbol{x}}_{2\mathrm{d}}(t)-\boldsymbol{B}_0k\boldsymbol{s}_\tau-\boldsymbol{F}_0(\boldsymbol{x}_1,\hat{\boldsymbol{x}}_2)-\hat{\boldsymbol{x}}_3+3\omega_0^2\tilde{\boldsymbol{x}}_1+c_0(\dot{\boldsymbol{e}}_x-c_0\boldsymbol{e}_x+c_0^2\boldsymbol{e}_0)+ \\ &\quad c_1\dot{\boldsymbol{e}}_x-c_2(\boldsymbol{s}-\boldsymbol{s}_\tau) \\ &=\dot{\boldsymbol{x}}_{2\mathrm{d}}(t)-(\boldsymbol{B}_0k-c_2\boldsymbol{I})\boldsymbol{s}_\tau-\boldsymbol{F}_0(\boldsymbol{x}_1,\hat{\boldsymbol{x}}_2)-(\hat{\boldsymbol{x}}_3-\boldsymbol{x}_3)-\boldsymbol{x}_3+3\omega_0^2\tilde{\boldsymbol{x}}_1+ \\ &\quad (c_0+c_1)\dot{\boldsymbol{e}}_x-c_0^2(\boldsymbol{e}_x-c_0\boldsymbol{e}_0)-c_2\boldsymbol{s}\end{aligned} \tag{8-31}$$

通过使用式(8－24)和式(8－25)，式(8.31)变为

$$\begin{aligned}\dot{\boldsymbol{s}}&=\dot{\boldsymbol{x}}_{2\mathrm{d}}(t)-(\boldsymbol{B}_0k-c_2\boldsymbol{I})\boldsymbol{s}_\tau-\boldsymbol{F}_0(\boldsymbol{x}_1,\hat{\boldsymbol{x}}_2)-\tilde{\boldsymbol{x}}_3+3\omega_0^2\tilde{\boldsymbol{x}}_1-\boldsymbol{x}_3+ \\ &\quad (c_0+c_1)(\boldsymbol{s}-c_1\boldsymbol{e}_s+c_2\boldsymbol{e}_I+\tilde{\boldsymbol{x}}_2)-c_0^2(\boldsymbol{e}_s-c_0\boldsymbol{e}_0)-c_2\boldsymbol{s} \\ &=-c_2\boldsymbol{s}-\boldsymbol{e}_s-(\boldsymbol{B}_0k-c_2\boldsymbol{I})\boldsymbol{s}_\tau-\boldsymbol{x}_3+\tilde{\boldsymbol{\Psi}}+\tilde{\boldsymbol{\Phi}}\end{aligned} \tag{8-32}$$

其中，$\tilde{\boldsymbol{\Psi}}=\boldsymbol{\Psi}-\boldsymbol{\Psi}_{\mathrm{d}}$；$\tilde{\boldsymbol{\Phi}}=\boldsymbol{\Psi}_{\mathrm{d}}+\tilde{\boldsymbol{\Phi}}_x$。

$$\boldsymbol{\Psi}=-\boldsymbol{F}_0(\boldsymbol{x}_1,\hat{\boldsymbol{x}}_2)+(c_0+c_1)(\boldsymbol{s}-c_1\boldsymbol{e}_{\mathrm{s}}+c_2\boldsymbol{e}_{\mathrm{I}})-c_0^2(\boldsymbol{e}_{\mathrm{s}}-c_0\boldsymbol{e}_0)+\boldsymbol{e}_{\mathrm{s}} \tag{8-33}$$

$$\boldsymbol{\Psi}_{\mathrm{d}}=-\boldsymbol{F}_0(\boldsymbol{x}_{1\mathrm{d}},\boldsymbol{x}_{2\mathrm{d}}) \tag{8-34}$$

$$\boldsymbol{\Phi}_x=\dot{\boldsymbol{x}}_{2\mathrm{d}}(t)-\tilde{\boldsymbol{x}}_3+3\omega_0^2\tilde{\boldsymbol{x}}_1+(c_0+c_1)\tilde{\boldsymbol{x}}_2 \tag{8-35}$$

根据式(8－19)，可观察到 $\boldsymbol{\eta}$ 有界，这意味着 $\boldsymbol{x}_1$，$\boldsymbol{x}_2$ 和 $\boldsymbol{x}_3$ 也是有界的。根据假设 4 和假设 5，$\boldsymbol{\Phi}$ 的上界为

$$\|\tilde{\boldsymbol{\Phi}}\|\leqslant\xi_1 \tag{8-36}$$

其中，ξ_1 为正常数。利用中值定理[12]，也可以得到 $\tilde{\boldsymbol{\Psi}}$ 的上界，即

$$\|\tilde{\boldsymbol{\Psi}}\|\leqslant g_1(\|\boldsymbol{p}\|)\|\boldsymbol{p}\| \tag{8-37}$$

其中，$g_1(\|\boldsymbol{p}\|)\in\mathbf{R}$ 为一个正的全局可逆非递减函数。$\boldsymbol{p}(\boldsymbol{e}_0,\boldsymbol{e}_{\mathrm{s}},\boldsymbol{s},\boldsymbol{e}_{\mathrm{I}})\in\mathbf{R}^{4n}$ 定义为

$$\boldsymbol{p}=[\boldsymbol{e}_0^{\mathrm{T}},\boldsymbol{e}_{\mathrm{s}}^{\mathrm{T}},\boldsymbol{s}^{\mathrm{T}},\boldsymbol{e}_{\mathrm{I}}^{\mathrm{T}}]^{\mathrm{T}} \tag{8-38}$$

根据随后的稳定性分析需要，定义李雅普诺夫-克拉索夫斯基函数 $\boldsymbol{P}_1$，$\boldsymbol{P}_2\in$

R 为

$$P_1 = 2\mu_1 \int_{t-\tau}^{t} \left(\int_{s}^{t} \| \boldsymbol{s}(\theta) \|^2 \mathrm{d}\theta \right) \mathrm{d}s \tag{8-39}$$

$$P_2 = Q \int_{t-\tau}^{t} \| \boldsymbol{s}(\theta) \|^2 \mathrm{d}\theta \tag{8-40}$$

其中，$Q=(k\rho\sigma_2+\gamma_3 k\rho)/2$，$\rho\in\mathbf{R}^+$ 为未知常数，$\sigma_2\in\mathbf{R}^+$ 为随后定义的常数。

定理 1： 设 $\boldsymbol{\zeta}\in\mathbf{R}^{3n+2}$，将其定义为

$$\boldsymbol{\zeta} = [\boldsymbol{e}_0^{\mathrm{T}}, \boldsymbol{e}_s^{\mathrm{T}}, \boldsymbol{s}^{\mathrm{T}}, \sqrt{\boldsymbol{P}_1}, \sqrt{\boldsymbol{P}_2}]^{\mathrm{T}} \tag{8-41}$$

控制器式(8－29)确保 $\boldsymbol{\zeta}$ 的半全局最终一致有界跟踪，使得

$$\| \boldsymbol{\zeta} \| \leqslant \beta_0 \exp(-\beta_1 t) + \beta_2, \forall \| \boldsymbol{\zeta}(\mathbf{0}) \| \in U \tag{8-42}$$

其中，将 U 定义为

$$U = \left\{ \boldsymbol{\zeta}(t) \in \mathbf{R}^{3n+2} \mid \| \boldsymbol{\zeta} \| < \chi, \chi = \sqrt{\frac{\min\left\{\frac{1}{2}, \frac{\rho}{2}\right\}}{\max\left\{1, \frac{\rho}{2}\right\}}} \inf\{ g^{-1} [\sqrt{\vartheta/\Theta}, \infty] \} \right\} \tag{8-43}$$

其中，β_0，β_1 和 β_2 为正常数；ϑ 和 Θ 在随后的稳定性分析中定义。根据以下充分条件，在式(8－23)、式(8－24)和式(8－29)中设可调控制增益 c_0，c_1，c_2 和 k，即

$$c_0 > \frac{1}{2\rho},\ c_1 > \frac{\rho+2}{2\rho},\ k > \rho^{-1}(\sigma_1-\sigma_2-\gamma_3)^{-1}\Pi,$$

$$\sigma_1 > \sigma_2+\gamma_3,\ \mu_1 > \frac{\rho^2 c_2^2 \tau}{2} + \gamma \tag{8-44}$$

其中，已知常数 γ_3，μ_1 和 ρ 在假设 7、式(8－39)和式(8－40)中分别定义；σ_1，σ_2，Π 和 $\gamma\in\mathbf{R}^+$ 分别为随后定义的常量。

为了证明在控制器式(8－29)下闭环系统的稳定性，定义一个正定李雅普诺夫函数

$$V = \frac{1}{2}\boldsymbol{e}_0^{\mathrm{T}}\boldsymbol{e}_0 + \frac{\rho}{2}\boldsymbol{e}_s^{\mathrm{T}}\boldsymbol{e}_s + \frac{\rho}{2}\boldsymbol{s}^{\mathrm{T}}\boldsymbol{s} + P_1 + P_2 \tag{8-45}$$

且其满足不等式

$$\varphi_1 \| \boldsymbol{\zeta} \|^2 \leqslant V \leqslant \varphi_2 \| \boldsymbol{\zeta} \|^2 \tag{8-46}$$

其中，φ_1 和 φ_2 为已知的正常数，定义为

$$\varphi_1 = \min\left\{\frac{1}{2}, \frac{\rho}{2}\right\},\ \varphi_2 = \max\left\{1, \frac{\rho}{2}\right\} \tag{8-47}$$

将式(8－45)对时间求导，可得

$$\dot{V} = \boldsymbol{e}_0^{\mathrm{T}}\dot{\boldsymbol{e}}_0 + \rho\boldsymbol{e}_s^{\mathrm{T}}\dot{\boldsymbol{e}}_s + \rho\boldsymbol{s}^{\mathrm{T}}\dot{\boldsymbol{s}} + \sum_{i=1}^{2}\dot{P}_i \tag{8-48}$$

使用式(8-23)~式(8-25)和式(8-31),式(8-48)可写为

$$\begin{aligned}\dot{V}=&\boldsymbol{e}_0^{\mathrm{T}}(\boldsymbol{e}_{\mathrm{s}}-c_0\boldsymbol{e}_0)+\rho\boldsymbol{e}_{\mathrm{s}}^{\mathrm{T}}(\boldsymbol{s}-c_1\boldsymbol{e}_{\mathrm{s}}+c_2\boldsymbol{e}_1+\tilde{\boldsymbol{x}}_2)+\\&\rho\boldsymbol{s}^{\mathrm{T}}[-c_2\boldsymbol{s}-\boldsymbol{e}_{\mathrm{s}}-(\boldsymbol{B}_0k-c_2\boldsymbol{I})\boldsymbol{s}_\tau-\boldsymbol{x}_3+\tilde{\boldsymbol{\Psi}}+\tilde{\boldsymbol{\Phi}}]+\sum_{i=1}^{2}\dot{P}_i\\=&-c_0\|\boldsymbol{e}_0\|^2-c_1\rho\|\boldsymbol{e}_x\|^2-c_2\rho\boldsymbol{s}^{\mathrm{T}}\boldsymbol{s}+\boldsymbol{e}_0^{\mathrm{T}}\boldsymbol{e}_{\mathrm{s}}+c_2\rho\boldsymbol{e}_{\mathrm{s}}^{\mathrm{T}}\boldsymbol{e}_1+\\&\rho\boldsymbol{e}_{\mathrm{s}}^{\mathrm{T}}\tilde{\boldsymbol{x}}_2+\rho\boldsymbol{s}^{\mathrm{T}}\tilde{\boldsymbol{\Psi}}+\rho\boldsymbol{s}^{\mathrm{T}}\tilde{\boldsymbol{\Phi}}+\rho\boldsymbol{s}^{\mathrm{T}}(c_2\boldsymbol{I}-\boldsymbol{B}_0k)\boldsymbol{s}_\tau+\rho\boldsymbol{s}^{\mathrm{T}}\boldsymbol{x}_3+\sum_{i=1}^{2}\dot{P}_i\end{aligned}\tag{8-49}$$

选择 $c_2=k\sigma_1$,定义 $\sigma_1=(b_1+b_2)/2$ 和 $\sigma_2=(b_2-b_1)/2$ 可得

$$\begin{aligned}\dot{V}\leqslant&-c_0\|\boldsymbol{e}_0\|^2-c_1\rho\|\boldsymbol{e}_{\mathrm{s}}\|^2-k\rho\sigma_1\|\boldsymbol{s}\|^2+\boldsymbol{e}_0^{\mathrm{T}}\boldsymbol{e}_{\mathrm{s}}+k\rho\sigma_1\boldsymbol{e}_{\mathrm{s}}^{\mathrm{T}}\boldsymbol{e}_1+\\&\rho\boldsymbol{e}_{\mathrm{s}}^{\mathrm{T}}\tilde{\boldsymbol{x}}_2+\rho\boldsymbol{s}^{\mathrm{T}}\tilde{\boldsymbol{\Psi}}+\rho\boldsymbol{s}^{\mathrm{T}}\tilde{\boldsymbol{\Phi}}+k\rho\sigma_2\boldsymbol{s}^{\mathrm{T}}\boldsymbol{s}_\tau+\rho\boldsymbol{s}^{\mathrm{T}}\boldsymbol{x}_3+\sum_{i=1}^{2}\dot{P}_i\end{aligned}\tag{8-50}$$

使用杨氏不等式、柯西不等式和 $\boldsymbol{e}_I$ 的定义,由式(8-50)可得

$$\boldsymbol{e}_0^{\mathrm{T}}\boldsymbol{e}_{\mathrm{s}}\leqslant\frac{1}{2\rho}\|\boldsymbol{e}_0\|^2+\frac{\rho}{2}\|\boldsymbol{e}_{\mathrm{s}}\|^2\tag{8-51}$$

$$\rho\boldsymbol{e}_{\mathrm{s}}^{\mathrm{T}}\tilde{\boldsymbol{x}}_2\leqslant\frac{1}{2}\|\boldsymbol{e}_{\mathrm{s}}\|^2+\frac{\rho^2}{2}\|\tilde{\boldsymbol{x}}_2\|^2\tag{8-52}$$

$$k\rho\sigma_2\boldsymbol{s}^{\mathrm{T}}\boldsymbol{s}_\tau\leqslant\frac{k\rho\sigma_2}{2}(\|\boldsymbol{s}\|^2+\|\boldsymbol{s}_\tau\|^2)\tag{8-53}$$

$$k\rho\sigma_2\boldsymbol{e}_{\mathrm{s}}^{\mathrm{T}}\boldsymbol{e}_1\leqslant\frac{(k\rho\sigma_2)^2\tau}{2}\int_{t-\tau}^{t}\|\boldsymbol{s}(\theta)\|^2\mathrm{d}\theta+\frac{1}{2}\|\boldsymbol{e}_{\mathrm{s}}\|^2\tag{8-54}$$

$$\rho\boldsymbol{s}^{\mathrm{T}}\boldsymbol{x}_3\leqslant\rho\|\boldsymbol{s}\|\|\boldsymbol{x}_3\|\tag{8-55}$$

根据假设 7 并利用中值定理,式(8-55)可改写为

$$\begin{aligned}\boldsymbol{s}^{\mathrm{T}}\boldsymbol{x}_3\leqslant&\gamma_1\|\boldsymbol{s}\|+\gamma_2\|\boldsymbol{s}\|\|\boldsymbol{x}_2-\hat{\boldsymbol{x}}_2+\hat{\boldsymbol{x}}_2-\boldsymbol{x}_{2\mathrm{d}}+\boldsymbol{x}_{2\mathrm{d}}\|^2+\gamma_3\|\boldsymbol{s}\|\|\boldsymbol{u}_\tau\|\\\leqslant&\gamma_1\|\boldsymbol{s}\|+2\gamma_2\|\boldsymbol{s}\|\|\tilde{\boldsymbol{x}}_2\|^2+4\gamma_2\|\boldsymbol{s}\|g_2(\|\boldsymbol{p}\|)\|\boldsymbol{p}\|+\\&4\gamma_2\|\boldsymbol{s}\|\|\boldsymbol{x}_{2\mathrm{d}}\|^2+\gamma_3k\|\boldsymbol{s}\|\|\boldsymbol{s}_\tau\|\end{aligned}\tag{8-56}$$

其中,$g_2(\|\boldsymbol{p}\|)\|\boldsymbol{p}\|$ 为 $\|\hat{\boldsymbol{x}}_2-\boldsymbol{x}_{2\mathrm{d}}\|^2$ 的上界;且 $g_2(\|\boldsymbol{p}\|)$ 为一个正的全局可逆非递减函数。

使用杨氏不等式可得

$$\begin{aligned}\boldsymbol{s}^{\mathrm{T}}\boldsymbol{x}_3\leqslant&\frac{\gamma_1^2}{2}+\left(\frac{1}{2}+5\gamma_2+\frac{\gamma_3k}{2}\right)\|\boldsymbol{s}\|^2+\gamma_2\|\tilde{\boldsymbol{x}}_2\|^4+\\&2\gamma_2g_2^2(\|\boldsymbol{p}\|)\|\boldsymbol{p}\|^2+2\gamma_2\|\boldsymbol{x}_{2\mathrm{d}}\|^4+\frac{\gamma_3k}{2}\|\boldsymbol{s}_\tau\|^2\end{aligned}\tag{8-57}$$

使用式(8-36)、式(8-37)、式(8-51)~式(8-55)和式(8-57),可得

式(8－50)的上界为

$$\begin{aligned}\dot V\leqslant&-\left(c_0-\frac{1}{2\rho}\right)\|\boldsymbol e_0\|^2-(c_1\rho-\frac{\rho}{2}-1)\|\boldsymbol e_s\|^2-\\&\rho\left(k\sigma_1-\frac{k\sigma_2}{2}-\frac{1+\gamma_3k}{2}-5\gamma_2\right)\|\boldsymbol s\|^2+\\&\frac{(k\rho\sigma_1)^2\tau}{2}\int_{t-\tau}^{t}\|\boldsymbol s(\theta)\|^2\mathrm d\theta+\frac{\rho}{2}g_1^2(\|\boldsymbol p\|)\|\boldsymbol p\|^2+\\&2\rho\gamma_2g_2^2(\|\boldsymbol p\|)\|\boldsymbol p\|^2+Q\|\boldsymbol s_\tau\|^2+\Gamma+\sum_{i=1}^{2}\dot P_i\end{aligned}\tag{8－58}$$

其中

$$\Gamma=\frac{\rho^2}{2}\|\tilde{\boldsymbol x}_2\|^2+\rho\gamma_2\|\tilde{\boldsymbol x}_2\|^4+2\rho\gamma_2\|\boldsymbol x_{2\mathrm d}\|^4+\frac{\rho\gamma_1^2+\rho\xi_1^2}{2}\tag{8－59}$$

对 P_i 求导并消去式(8－58)中的公共项，得到

$$\begin{aligned}\dot V\leqslant&-\left(c_0-\frac{1}{2\rho}\right)\|\boldsymbol e_0\|^2-\left(c_1\rho-\frac{\rho}{2}-1\right)\|\boldsymbol e_s\|^2-\\&[k\rho(\sigma_1-\sigma_2-\gamma_3)-\Pi]\|\boldsymbol s\|^2+\frac{(k\rho\sigma_1)^2\tau}{2}\int_{t-\tau}^{t}\|\boldsymbol s(\theta)\|\mathrm d\theta+\\&\frac{\rho}{2}g_1^2(\|\boldsymbol p\|)\|\boldsymbol p\|^2+2\rho\gamma_2g_2^2(\|\boldsymbol p\|)\|\boldsymbol p\|^2+\Gamma-2\mu_1\int_{t-\tau}^{t}\|\boldsymbol s(\theta)\|^2\mathrm d\theta\end{aligned}\tag{8－60}$$

其中

$$\Pi=\frac{\rho}{2}+5\gamma_2\rho+2\mu_1\tau\tag{8－61}$$

在式(8－60)中加减 $(1/\gamma)\int_{t-\tau}^{t}\|\boldsymbol s(\theta)\|^2\mathrm d\theta$，使用式(8－26)中 $\boldsymbol e_\mathrm I$ 的定义，可得

$$\begin{aligned}\dot V\leqslant&-\left(c_0-\frac{1}{2\rho}\right)\|\boldsymbol e_0\|^2-(c_1\rho-\frac{\rho}{2}-1)\|\boldsymbol e_s\|^2-\\&[k\rho(\sigma_1-\sigma_2-\gamma_3)-\Pi]\|\boldsymbol s\|^2-\left(\frac{u_1}{\tau}-\frac{(k\rho\sigma_1)^2}{2}-\frac{\gamma}{\tau}\right)\|\boldsymbol e_I\|^2+\\&\Theta\bar g^2(\|\boldsymbol p\|)\|\boldsymbol p\|^2+\Gamma-\gamma\int_{t-\tau}^{t}\|\boldsymbol s(\theta)\|^2\mathrm d\theta-\mu_1\int_{t-\tau}^{t}\|\boldsymbol s(\theta)\|^2\mathrm d\theta\end{aligned}\tag{8－62}$$

其中，γ 为已知正常数。

由于在 $a<b$ 的条件下，对于任意信号 $z\in\mathbf R$，存在如下不等式成立

$$\int_a^b\left(\int_s^b\|z(\theta)\|^2\mathrm d\theta\right)\mathrm ds\leqslant(b-a)\int_a^b\|z(\theta)\|^2\mathrm d\theta\tag{8－63}$$

则不等式(8-63)可用于将式(8-62)中的积分项转换为李雅普诺夫-克拉索夫斯基函数。因此,式(8-62)的上界为

$$\dot{V} \leqslant -[\vartheta - \Theta \tilde{g}^2(\|\boldsymbol{p}\|)]\|\boldsymbol{p}\|^2 - \frac{1}{2\tau}P_1 - \frac{\gamma}{Q}P_2 + \Gamma \tag{8-64}$$

其中

$$\Theta = \min\left[\frac{\rho}{2}, 2\rho\gamma_2\right], \bar{g}^2(\|\boldsymbol{p}\|) = g_1^2(\|\boldsymbol{p}\|) + g_2^2(\|\boldsymbol{p}\|) \tag{8-65}$$

$$\begin{aligned}\vartheta = \min\Big[&\left(c_0 - \frac{1}{2\rho}\right), \left(c_1\rho - \frac{\rho}{2} - 1\right), \\ &[k\rho(\sigma_1 - \sigma_2 - \gamma_3) - \Pi], \left(\frac{\mu_1}{\tau} - \frac{\rho^2 c_2^2}{2} - \frac{\gamma}{\tau}\right)\Big]\end{aligned} \tag{8-66}$$

根据式(8-41)中 $\boldsymbol{\zeta}$ 的定义,式(8-64)可写为

$$\dot{V} \leqslant -\bar{\vartheta}\|\boldsymbol{\zeta}\|^2 - [\vartheta - \Theta\bar{g}^2(\|\boldsymbol{p}\|)]\|\boldsymbol{e}_{\mathrm{I}}\|^2 + \Gamma \tag{8-67}$$

其中

$$\bar{\vartheta} = \min\{[\vartheta - \Theta\bar{g}^2(\|\boldsymbol{p}\|)]\ \|\boldsymbol{e}_{\mathrm{I}}\|^2\} + \Gamma \tag{8-68}$$

为了进一步约束式(8-67),可定义 $\vartheta - \Theta\bar{g}^2(\|\boldsymbol{p}\|)$ 为正。如果选择 $\|\boldsymbol{p}\|^2 < \bar{g}^{-2}(\sqrt{\vartheta/\Theta})$,则可以保证 $\vartheta - \Theta\bar{g}^2(\|\boldsymbol{p}\|) > 0$。添加对时间延迟的约束使得 $\tau \leqslant Q$,可得 $\|\boldsymbol{p}\| \leqslant \|\boldsymbol{\zeta}\|$。因此,在 U 中可以保证 $\|\boldsymbol{p}\|^2 < \bar{g}^{-2}(\sqrt{\vartheta/\Theta})$。$\bar{\vartheta}(\|\boldsymbol{p}\|)$ 的下界可以是一个正常数 υ,使得 $\upsilon \leqslant \bar{\vartheta}(\|\boldsymbol{p}\|)$。在式(8-43)的条件下,根据式(8-46),式(8-67)中的不等式可改写为

$$\dot{V} \leqslant -\frac{\upsilon}{\varphi_2}V + \Gamma \tag{8-69}$$

线性微分方程式(8-69)可解为

$$V \leqslant V(0)\mathrm{e}^{-(\upsilon/\varphi_2)t} + \frac{\varphi_2\Gamma}{\upsilon}\left(1 - \mathrm{e}^{-(\upsilon/\varphi_2)t}\right) \tag{8-70}$$

基于式(8-46)和式(8-70),ζ 的边界可写为

$$\|\boldsymbol{\zeta}\| \leqslant \sqrt{\frac{\varphi_2}{\varphi_1}\left(\|\boldsymbol{\zeta}(0)\|^2 - \frac{\Gamma}{\upsilon}\right)\mathrm{e}^{-(\upsilon/\varphi_2)t}} + \sqrt{\frac{\varphi_2\Gamma}{\varphi_1\upsilon}} \tag{8-71}$$

假如 $\|\boldsymbol{\zeta}(0)\| \in U$,可得

$$V(0) < \min\left\{\frac{1}{2}, \frac{\rho}{2}\right\}\inf\{\bar{g}^{-2}[\sqrt{\vartheta/\Theta}, \infty]\}$$

从式(8.70)和式(8.71)可得 V 和 $\boldsymbol{\zeta}$ 最终一致有界,因此,对于任意 $t>0$,有 $V(t)<V(0)$。因为 $\varphi_1\|\boldsymbol{\zeta}(t)\|^2 \leqslant V(t)$,且对于任意 $t>0$,有 $\|\boldsymbol{\zeta}(t)\|^2 < \inf\{\bar{g}^2[\sqrt{\vartheta/\Theta}, \infty]\}$,因此,在初始条件 $\|\boldsymbol{\zeta}(0)\| \in U$ 下,对于任意 $t \geqslant 0$,可以保证

$\|\boldsymbol{p}(t)\|^2 < \bar{g}^{-2}(\sqrt{\vartheta/\Theta})$。同时，由于 V 和 $\boldsymbol{\zeta}$ 最终一致有界，因此，在 $\|\boldsymbol{\zeta}(0)\| \in U$ 条件下，$\boldsymbol{e}_0$，$\boldsymbol{e}_s$ 和 $\boldsymbol{s}$ 都是有界的，且根据式(8－62)，在 $\|\boldsymbol{\zeta}(0)\| \in U$ 条件下，$\boldsymbol{e}_I$ 也是有界的。而又因为 $\boldsymbol{e}_0$，$\boldsymbol{e}_s$，$\boldsymbol{s}$ 和 $\boldsymbol{e}_I$ 有界，式(8－23)和式(8－24)表明，在 $\|\boldsymbol{\zeta}(0)\| \in U$ 条件下，$\boldsymbol{e}_1(t)$ 和 $\boldsymbol{e}_H$ 都是有界的，因为 $\boldsymbol{e}_H$ 可以表示为 $\boldsymbol{e}_H = \dot{\boldsymbol{e}}_1(t) + \tilde{\boldsymbol{x}}_2$ 且 $\tilde{\boldsymbol{x}}_2$ 是有界的，所以可以得到在 $\|\boldsymbol{\zeta}(0)\| \in U$ 条件下，$\dot{\boldsymbol{e}}_1(t)$ 有界。

评注 3：本节所提出的控制器结构简单，适合工程应用。当该控制器用于执行计算机控制器系统任务时，由于其计算成本主要来自观测器的逆动力学和时滞项，因此该控制器对于具有低频时滞的欧拉-拉格朗日系统计算效率也很高。

8.1.4　数值仿真与分析

本节对一个三连杆空间机械臂系统进行数值仿真，验证所提观测器和控制器的有效性。如图 8－1 所示，空间机械臂系统由卫星本体和具有 3 个刚性连杆的机械臂组成。每个连杆都用一个转动关节连接到其内接体上。卫星本体用 B_0 表示，第 j 个连杆用 B_j 表示，体固定坐标系 F_j 在体 B_j 上。该空间机械臂系统是一个自由飞行的机器人。

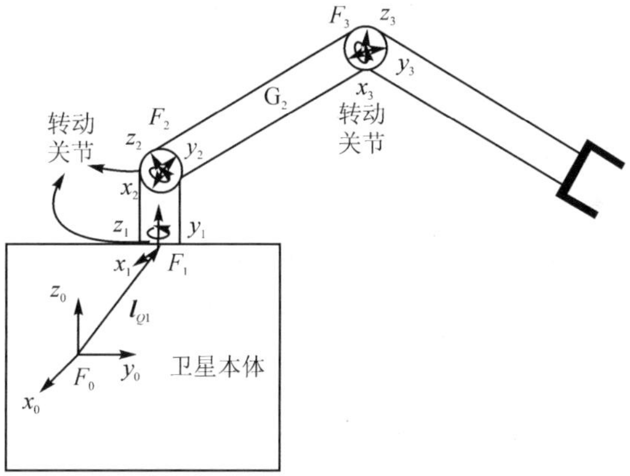

图 8－1　三连杆空间机械臂系统

空间机械臂系统的动力学可写为方程(8－1)的形式，其惯性矩阵 $\boldsymbol{M}(\boldsymbol{q})$ 和非线性项 $\boldsymbol{N}(\boldsymbol{q},\dot{\boldsymbol{q}})$ 由参考文献[13]给出，即

$$\boldsymbol{M}(\boldsymbol{q}) = \sum_{j=0}^{3} \boldsymbol{M}_j(\boldsymbol{q}), \quad \boldsymbol{N}(\boldsymbol{q},\dot{\boldsymbol{q}}) = \sum_{j=0}^{3} \boldsymbol{N}_j(\boldsymbol{q},\dot{\boldsymbol{q}}) \tag{8-72}$$

其中，$\boldsymbol{M}_j(\boldsymbol{q})$ 和 $\boldsymbol{N}_j(\boldsymbol{q},\dot{\boldsymbol{q}})$ 分别为体 B_j 对惯性矩阵 $\boldsymbol{M}(\boldsymbol{q})$ 和非线性广义惯性力 $\boldsymbol{N}(\boldsymbol{q},\dot{\boldsymbol{q}})$ 的贡献，且可以通过如下公式计算[13]，即

$$\boldsymbol{M}_j = {}^{\mathrm{P}}\boldsymbol{v}_j \cdot (m_j {}^{\mathrm{P}}\boldsymbol{v}_j - \boldsymbol{S}_j \times {}^{\mathrm{P}}\boldsymbol{\omega}_j) + {}^{\mathrm{P}}\boldsymbol{\omega}_j \cdot [\boldsymbol{S}_j \times {}^{\mathrm{P}}\boldsymbol{v}_j + \boldsymbol{J}_j {}^{\mathrm{P}}\boldsymbol{\omega}_j] \tag{8-73}$$

$$\boldsymbol{N}_j = {}^{\mathrm{p}}\boldsymbol{v}_j \cdot [m_j\dot{\boldsymbol{v}}_{\mathrm{jt}} - \boldsymbol{S}_j \times \dot{\boldsymbol{\omega}}_{\mathrm{jt}} + \boldsymbol{\omega}_j \times (\boldsymbol{\omega}_j \times \boldsymbol{S}_j)] + {}^{\mathrm{p}}\boldsymbol{\omega}_j \cdot [\boldsymbol{S}_j \times \dot{\boldsymbol{v}}_{\mathrm{jt}} + \boldsymbol{J}_j\dot{\boldsymbol{\omega}}_{\mathrm{jt}} + \boldsymbol{\omega}_j \times (\boldsymbol{J}_j \cdot \boldsymbol{\omega}_j)] \tag{8-74}$$

其中，符号 · 和 × 分别表示内积运算和叉乘运算；m_j，$\boldsymbol{S}_j$ 和 $\boldsymbol{J}_j$ 分别为体 B_j 的质量、静力矩和转动惯量；$\boldsymbol{v}_j$ 和 $\boldsymbol{\omega}_j$ 为 F_j 的惯性速度和惯性角速度；$\boldsymbol{v}_{\mathrm{jt}}$ 和 $\boldsymbol{\omega}_{\mathrm{jt}}$ 分别为 $\boldsymbol{v}_j$ 和 $\boldsymbol{\omega}_j$ 的非线性部分；偏速度矩阵 ${}^{p}\boldsymbol{v}_j$ 以及偏角速度矩阵 ${}^{p}\boldsymbol{\omega}_j$ 可以从如下公式中获得

$$\boldsymbol{v}_j = {}^{\mathrm{p}}\boldsymbol{v}_j\boldsymbol{\xi} + \boldsymbol{v}_{\mathrm{jt}}, \quad \boldsymbol{\omega}_j = {}^{\mathrm{p}}\boldsymbol{\omega}_j\boldsymbol{\xi} + \boldsymbol{\omega}_{\mathrm{jt}} \tag{8-75}$$

空间机械臂系统的广义坐标 $\boldsymbol{q}$ 为

$$\boldsymbol{q} = [\boldsymbol{r}^{\mathrm{T}}, \boldsymbol{\Theta}^{\mathrm{T}}, \theta_1, \theta_2, \theta_3]^{\mathrm{T}} \tag{8-76}$$

其中，r 为体 B_0 的位置向量；$\boldsymbol{\Theta} = [\varphi_0, \theta_0, \psi_0]^{\mathrm{T}}$ 代表体 B_0 的欧拉角；$\theta_j\,(j=1,2,3)$ 为连杆 j 的相对旋转角。选取外部扰动为

$$\boldsymbol{d}(t) = [\boldsymbol{0} \quad \boldsymbol{d}_{\boldsymbol{\Theta}}^{\mathrm{T}} \quad d_{\theta1} \quad d_{\theta2} \quad d_{\theta3}]^{\mathrm{T}} \tag{8-77}$$

$$\boldsymbol{d}_{\boldsymbol{\Theta}} = (0.02\sin(0.2t) + 0.01\sin(0.01\pi t)) \begin{bmatrix} 1 \\ 1 \\ 1 \end{bmatrix} \tag{8-78}$$

$$d_{\theta1} = 0.02\sin(0.2t + \pi/4) + 0.01\sin(0.01\pi t + \pi/4) \tag{8-79}$$

$$d_{\theta2} = 0.02\sin(0.2t + \pi/2) + 0.01\sin(0.01\pi t + \pi/2) \tag{8-80}$$

$$d_{\theta3} = 0.02\sin(0.2t + \pi/3) + 0.01\sin(0.01\pi t + \pi/3) \tag{8-81}$$

空间机械臂系统参数如表 8-1 所示。所有初始位置向量 $\boldsymbol{r}$ 和速度向量 $\dot{\boldsymbol{r}}$ 都为 $\boldsymbol{0}$。空间机械臂系统初始角度为[−6°，−5°，4°，0°，−60°，−60°]，初始角速度为 0。$\hat{\boldsymbol{x}}_1$ 的初始观测器值为[0，0，0，−4°，−2°，2°，3°，−65°，−64°]，$\hat{\boldsymbol{x}}_2$ 的初始值为 $\boldsymbol{0}$。控制目标是利用所提出的控制器跟踪空间机械臂系统的期望轨迹，其中期望轨迹由五阶多项式规划。空间机械臂系统的最终构型为[0°，0°，0°，8°，−75°，−45°]。

表 8-1 空间机械臂系统参数

体编号	质量/kg	第一惯性矩/(kg · m)	转动惯量/(kg · m²)	每个体的位置
B_0	500	$[0,\ 0,\ 0]^{\mathrm{T}}$	diag(1000，800，1000)	$[0,\ 3,\ 2]^{\mathrm{T}}$
B_1	20	$[0,\ 20,\ 0]^{\mathrm{T}}$	diag(6.233，0.80，6.233)	$[0,\ 0.8,\ 0]^{\mathrm{T}}$
B_2	50	$[0,\ 100,\ 0]^{\mathrm{T}}$	diag(400，0.3，400)	$[0,\ 4,\ 0]^{\mathrm{T}}$
B_3	50	$[0,\ 100,\ 0]^{\mathrm{T}}$	diag(400，0.3，400)	$[0,\ 4,\ 0]^{\mathrm{T}}$
载荷	20	$[0,\ 16,\ 0]^{\mathrm{T}}$	diag(40，0.4，40)	—

如表 8-2 所列，本节考虑了几种不同类型输入延迟的仿真案例，用于验证基于观测器的控制器性能。案例 1～案例 5 有不同的时变延迟，案例 6～案例 9 有不

同的恒定延迟。在这些案例中，观测器和控制器的增益值为 $\omega_0=4$，$c_0=0.01$，$c_1=1$，$c_2=0.1$，$k=200$。案例 1 的轨迹跟踪误差、估计误差和控制力矩如图 8-2～图 8-6 所示：航天器姿态角跟踪误差和机械臂关节角跟踪误差如图 8-2 所示；体 B_0～体 B_3 的角速度跟踪误差如图 8-3 所示；观测器估计误差分别如图 8-4 和图 8-5 所示；控制力矩如图 8-6 所示。案例 9 的跟踪误差如图 8-7 和图 8-8 所示。案例 2～8 的跟踪误差与案例 1 和案例 9 相似，不再详细列出。

表 8-2　仿真案例

时变延迟	τ_i/ms	常数延迟	τ_i/ms
案例 1	$30+30\sin(t)$	案例 6	30
案例 2	$50+50\sin(t)$	案例 7	50
案例 3	$80+80\sin(t)$	案例 8	80
案例 4	$80+80\sin(0.2t)$	案例 9	100
案例 5	$80+80\sin(20t)$	—	—

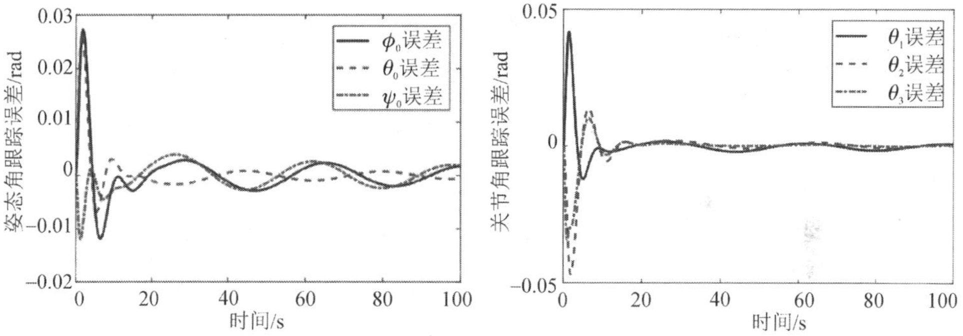

图 8-2　案例 1 中体 B_0～体 B_3 的角度跟踪误差

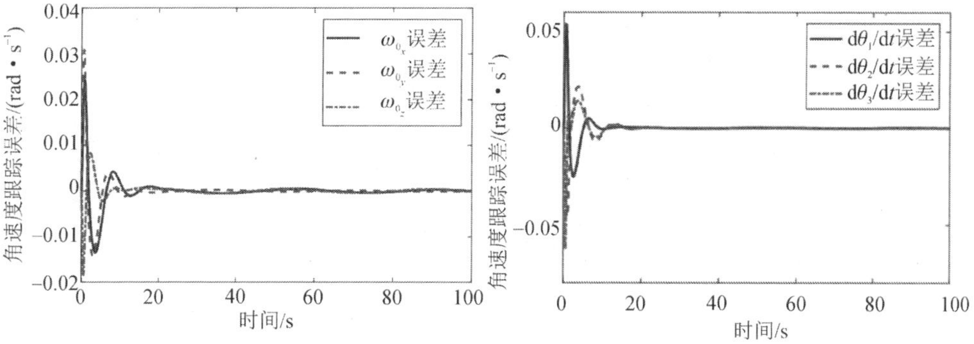

图 8-3　案例 1 中体 B_0～体 B_3 的角速度跟踪误差

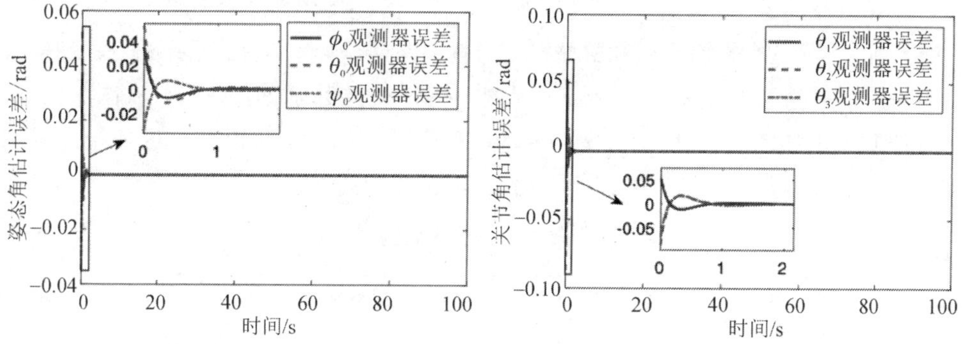

图 8-4 案例 1 中体 B_1～B_3 的角度观测器估计误差

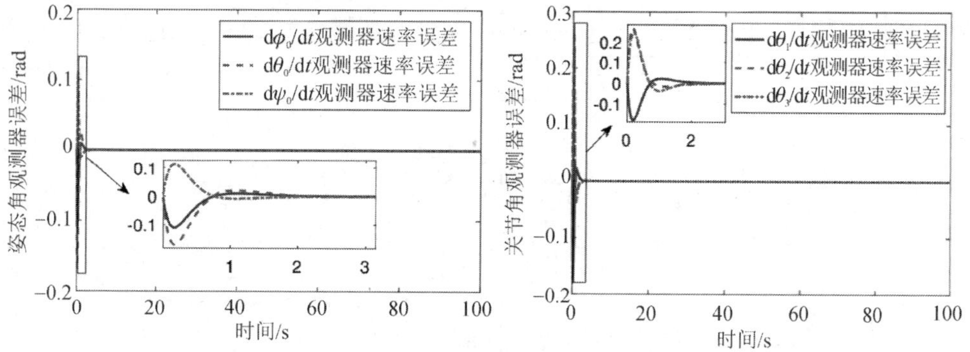

图 8-5 案例 1 中体 B_0～体 B_3 角速度观测器估计误差

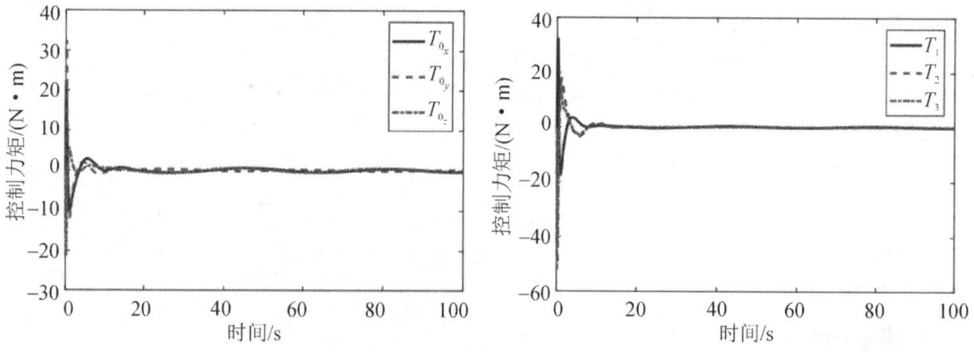

图 8-6 案例 1 中体 B_0～体 B_3 的控制力矩

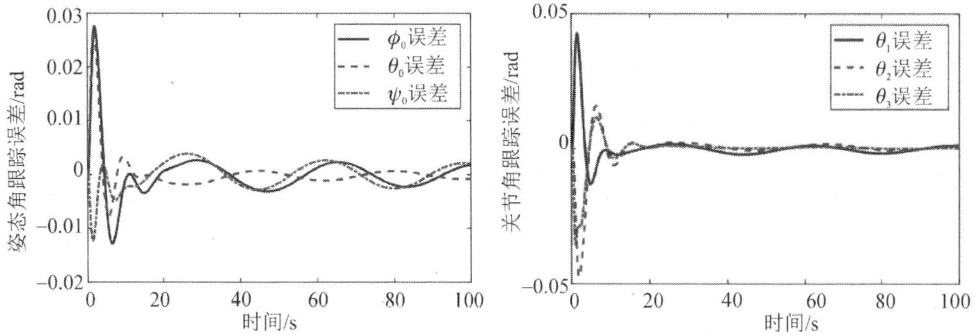

图 8-7　案例 9 中体 B_0～体 B_3 的角度跟踪误差

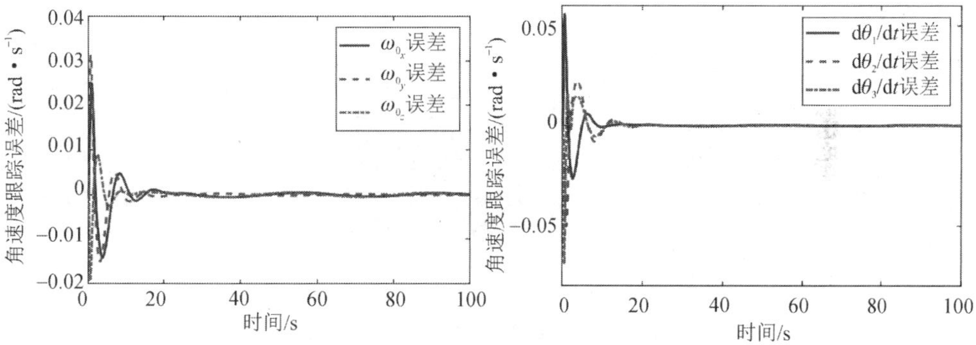

图 8-8　案例 9 中体 B_0～体 B_3 的角速度跟踪误差

为了进一步分析这些案例跟踪误差之间的差异，图 8-9～图 8-12 给出了每种案例的均方根误差。从图 8-2 和图 8-3 可以看出，所有的跟踪误差都是有界的。从图 8-4 和图 8-5 可以看出，观测器估计误差可以稳定在很小的区域内。对比图 8-9～图 8-12 中案例 1～案例 3 和案例 6～案例 9 的 RMS 误差可以看出，RMS 误差随着时延幅度的增大而增大。从案例 3～案例 5 可以观察到时间延迟频率越高，均方根误差越大。仿真结果验证了该观测器和控制器在空间机械臂系统轨迹跟踪中的有效性。

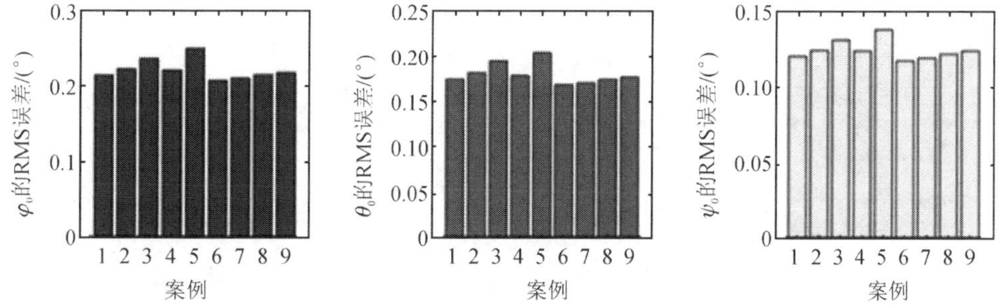

图 8-9　体 B_0 角度跟踪的 RMS 误差

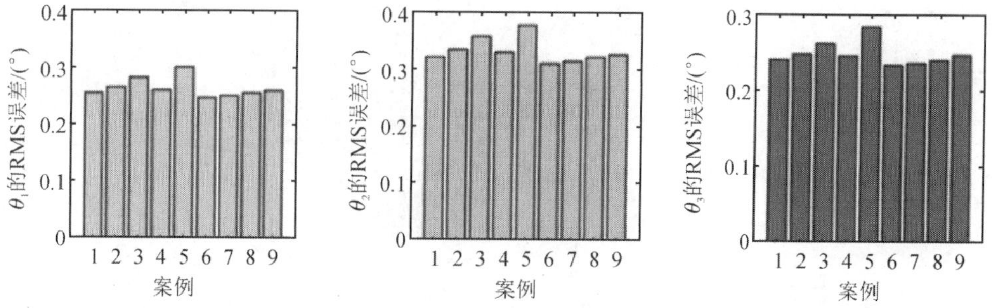

图 8-10　体 B_1～体 B_3 角度跟踪的 RMS 误差

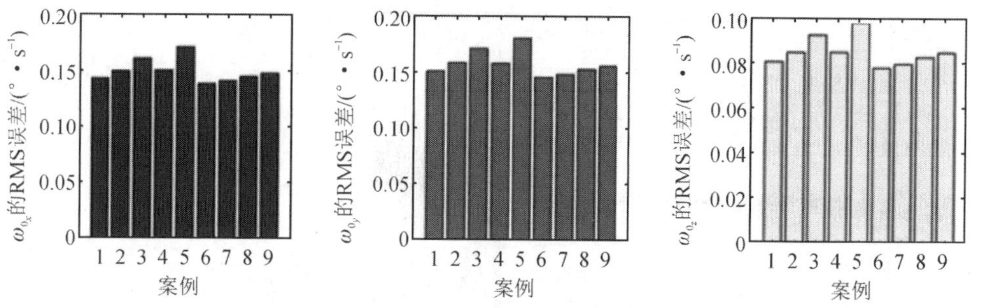

图 8-11　体 B_0 角速度跟踪的 RMS 误差

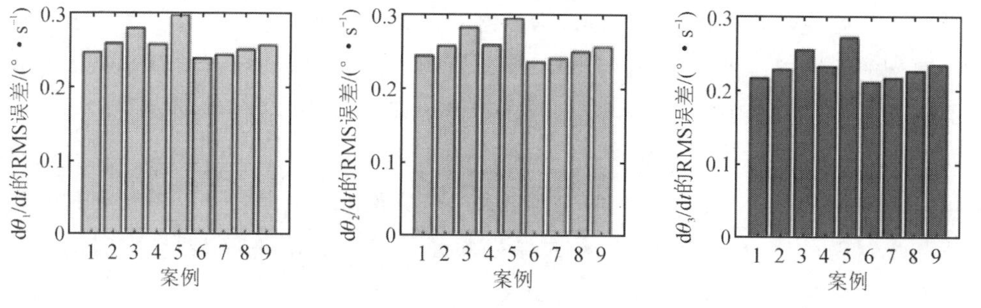

图 8-12　体 B_1～体 B_3 角速度跟踪的 RMS 误差

8.2　基于神经网络的自由漂浮空间机械臂系统控制

漂浮空间机械臂系统跟踪控制受到模型不确定性和外部扰动的影响，这对提高空间机械臂系统的关节跟踪控制性能有很大的挑战性。改进系统模型进而减少跟踪误差是非常好的方法，同时可以使控制系统具有低增益，但往往很难获得准确的模型参数。因此,本节采用了双向长短期记忆(bi-directional long short-term memory,Bi-LSTM)神经网络,通过离线学习,对空间机械臂系统模型不确定性进行估计,并结合自适应滑模控制以满足高性能的跟踪控制问题。本节所提出的控制方法,通过李雅普诺夫方法证明了系统的稳定性,并利用数值仿真验证了控制策略的有效性。

8.2.1 问题描述

考虑 n 自由度空间机械臂系统,其动力学模型方程为

$$\begin{bmatrix} \boldsymbol{H}_{\mathrm{bb}} & \boldsymbol{H}_{\mathrm{bm}} \\ \boldsymbol{H}_{\mathrm{bm}}^{\mathrm{T}} & \boldsymbol{H}_{\mathrm{mm}} \end{bmatrix} \begin{bmatrix} \ddot{\boldsymbol{x}}_{\mathrm{b}} \\ \ddot{\boldsymbol{q}}_{\mathrm{m}} \end{bmatrix} + \begin{bmatrix} \boldsymbol{C}_{\mathrm{bb}} & \boldsymbol{C}_{\mathrm{bm}} \\ \boldsymbol{C}_{\mathrm{bm}}^{\mathrm{T}} & \boldsymbol{C}_{\mathrm{mm}} \end{bmatrix} \begin{bmatrix} \dot{\boldsymbol{x}}_{\mathrm{b}} \\ \dot{\boldsymbol{q}}_{\mathrm{m}} \end{bmatrix} = \begin{bmatrix} \boldsymbol{F}_{\mathrm{b}} \\ \boldsymbol{\tau}_{\mathrm{m}} \end{bmatrix} + \begin{bmatrix} \boldsymbol{J}_{\mathrm{be}}^{\mathrm{T}} \\ \boldsymbol{J}_{\mathrm{me}}^{\mathrm{T}} \end{bmatrix} \boldsymbol{F}_{\mathrm{e}} \tag{8-82}$$

其中,$\boldsymbol{H}_{\mathrm{bb}} \in \mathbf{R}^{3\times 3}$,$\boldsymbol{C}_{\mathrm{bb}} \in \mathbf{R}^{3\times 3}$ 分别为基座广义惯性矩阵、离心力和科氏力矩阵,$\boldsymbol{H}_{\mathrm{bm}} \in \mathbf{R}^{3\times n}$,$\boldsymbol{C}_{\mathrm{bm}} \in \mathbf{R}^{3\times n}$ 分别为基座-连杆耦合广义惯性矩阵、离心力和科氏力矩阵;$\boldsymbol{H}_{\mathrm{mm}} \in \mathbf{R}^{n\times n}$,$\boldsymbol{C}_{\mathrm{mm}} \in \mathbf{R}^{n\times n}$ 分别为机械臂广义惯性矩阵、离心力和科氏力矩阵;$\boldsymbol{x}_{\mathrm{b}} = [\boldsymbol{r}_{\mathrm{b}}^{\mathrm{T}} \quad \boldsymbol{q}_{\mathrm{b}}]^{\mathrm{T}} \in \mathbf{R}^3$,其中 $\boldsymbol{r}_{\mathrm{b}} \in \mathbf{R}^2$ 为基座位置矢量;$\boldsymbol{q}_{\mathrm{b}} \in \mathbf{R}$ 为基座姿态角矢量;$\dot{\boldsymbol{x}}_{\mathrm{b}} \in \mathbf{R}^3$ 为基座线速度和角速度构成的矢量;$\ddot{\boldsymbol{x}}_{\mathrm{b}} \in \mathbf{R}^3$ 为基座线加速度和角加速度构成的矢量;$\boldsymbol{q}_{\mathrm{m}} \in \mathbf{R}^n$ 为机械臂关节角矢量;$\dot{\boldsymbol{q}}_{\mathrm{m}} \in \mathbf{R}^n$,$\ddot{\boldsymbol{q}}_m \in \mathbf{R}^n$ 分别为机械臂关节角速度矢量和角加速度矢量;$\boldsymbol{F}_{\mathrm{b}} \in \mathbf{R}^3$ 为施加在基座质心的控制力和力矩;$\boldsymbol{\tau}_{\mathrm{m}} \in \mathbf{R}^n$ 为机械臂关节控制力矩;$\boldsymbol{J}_{\mathrm{be}} \in \mathbf{R}^{3\times 3}$,$\boldsymbol{J}_{\mathrm{me}} \in \mathbf{R}^{3\times n}$ 分别为基座和连杆的雅可比矩阵;$\boldsymbol{F}_{\mathrm{e}} \in \mathbf{R}$ 为施加在末端执行器的外力和外力矩。

本节研究自由漂浮空间机械臂系统,且末端执行器不存在外力和外力矩,即 $\boldsymbol{F}_{\mathrm{b}} = \boldsymbol{F}_{\mathrm{e}} = 0$。此外,根据式(8-82)可得

$$\begin{cases} \boldsymbol{H}_{\mathrm{bb}}\ddot{\boldsymbol{x}}_{\mathrm{b}} + \boldsymbol{H}_{\mathrm{bm}}\ddot{\boldsymbol{q}}_{\mathrm{m}} + \boldsymbol{C}_{\mathrm{bb}}\dot{\boldsymbol{x}}_{\mathrm{b}} + \boldsymbol{C}_{\mathrm{bm}}\dot{\boldsymbol{q}}_{\mathrm{m}} = 0 \\ \boldsymbol{H}_{\mathrm{bm}}^{\mathrm{T}}\ddot{\boldsymbol{x}}_{\mathrm{b}} + \boldsymbol{H}_{\mathrm{mm}}\ddot{\boldsymbol{q}}_{\mathrm{m}} + \boldsymbol{C}_{\mathrm{mb}}\dot{\boldsymbol{x}}_{\mathrm{b}} + \boldsymbol{C}_{\mathrm{mm}}\dot{\boldsymbol{q}}_{\mathrm{m}} = \boldsymbol{\tau}_{\mathrm{m}} \end{cases} \tag{8-83}$$

根据式(8-83)消去 $\ddot{\boldsymbol{x}}_{\mathrm{b}}$ 得

$$\boldsymbol{H}_{\mathrm{qm}}\ddot{\boldsymbol{q}}_{\mathrm{m}} + \boldsymbol{C}_{\mathrm{qm}} = \boldsymbol{\tau}_{\mathrm{m}} \tag{8-84}$$

其中,$\boldsymbol{H}_{\mathrm{qm}} = [\boldsymbol{H}_{\mathrm{mm}} - \boldsymbol{H}_{\mathrm{bm}}^{\mathrm{T}}\boldsymbol{H}_{\mathrm{bb}}^{-1}\boldsymbol{H}_{\mathrm{bm}}]$,$\boldsymbol{C}_{\mathrm{qm}} = [(\boldsymbol{C}_{\mathrm{mm}} - \boldsymbol{H}_{\mathrm{bm}}^{\mathrm{T}}\boldsymbol{H}_{\mathrm{bb}}^{-1}\boldsymbol{C}_{\mathrm{bm}})\dot{\boldsymbol{q}}_{\mathrm{m}} + (\boldsymbol{C}_{\mathrm{mb}} - \boldsymbol{H}_{\mathrm{bm}}^{\mathrm{T}}\boldsymbol{H}_{\mathrm{bb}}^{-1}\boldsymbol{C}_{\mathrm{bb}})\dot{\boldsymbol{x}}_{\mathrm{b}}] = \boldsymbol{C}_1 + \boldsymbol{C}_2$。

在实际情况中,很难获得精确的空间机械臂系统数学模型,如机械臂质量、惯量和有效载荷质量[15],测量误差或长时间使用出现的部件磨损,均会导致模型不确定性的产生。因此,在设计控制器时将空间机械臂系统模型拆分为名义模型和不确定模型,其中名义模型为已知部分,不确定模型为未知部分。广义惯性矩阵、离心力和科氏力矩阵可拆分为

$$\begin{cases}\boldsymbol{H}_{\mathrm{qm}}=\boldsymbol{H}_{\mathrm{qm0}}+\Delta\boldsymbol{H}_{\mathrm{qm}}\\ \boldsymbol{C}_{\mathrm{qm}}=\boldsymbol{C}_{\mathrm{qm0}}+\Delta\boldsymbol{C}_{\mathrm{qm}}\end{cases}\tag{8-85}$$

其中，$\Delta\boldsymbol{C}_{\mathrm{qm}}=\Delta\boldsymbol{C}_1+\Delta\boldsymbol{C}_2$。此外，还应考虑外部扰动因素。因此，结合模型不确定性和外部扰动，自由漂浮空间机械臂系统动力学模型可表示为

$$\boldsymbol{H}_{\mathrm{qm0}}\ddot{\boldsymbol{q}}_{\mathrm{m}}+\boldsymbol{C}_{\mathrm{qm0}}+\boldsymbol{F}+\boldsymbol{d}=\boldsymbol{\tau}_{\mathrm{m}}\tag{8-86}$$

其中，$\boldsymbol{F}=\Delta\boldsymbol{H}_{\mathrm{qm}}\ddot{\boldsymbol{q}}_{\mathrm{m}}+\Delta\boldsymbol{C}_{\mathrm{qm}}$ 为模型不确定性；$\boldsymbol{d}$ 为外部扰动。

模型式(8-86)有如下性质和假设[16]。

性质 1：存在正常数 $\underline{h}$，$\bar{h}$ 和 $\bar{c}$，使得 $\boldsymbol{H}_{\mathrm{qm0}}$ 和 $\boldsymbol{C}_{\mathrm{qm0}}$ 有界，即 $\underline{h}\leqslant\|\boldsymbol{H}_{\mathrm{qm0}}\|\leqslant\bar{h}$，$\|\boldsymbol{C}_{\mathrm{qm0}}\|\leqslant\bar{c}$。

假设 1：存在正常数 $\bar{d}$，使得外部扰动 $\boldsymbol{d}$ 有界，即 $\|\boldsymbol{d}\|\leqslant\bar{d}$。

本节采用神经网络对模型不确定性进行估计，在此过程中，假设角度、角速度、角加速度均为可测量。由于空间机械臂系统模型不确定性较大且具有高度非线性，因此，为了能够提高神经网络模型估计的有效性和精度，将 $\boldsymbol{F}$ 中所有加法部分拆开，分块进行神经网络训练拟合，即

$$\begin{cases}\boldsymbol{F}_1=\Delta\boldsymbol{H}_{\mathrm{qm}}\ddot{\boldsymbol{q}}_{\mathrm{m}}\\ \boldsymbol{F}_2=\Delta\boldsymbol{C}_1\\ \boldsymbol{F}_3=\Delta\boldsymbol{C}_2\end{cases}\tag{8-87}$$

则有 $\boldsymbol{F}=\boldsymbol{F}_1+\boldsymbol{F}_2+\boldsymbol{F}_3$。

8.2.2 双向长短期记忆神经网络模型结构设计

本节基于 Bi-LSTM 神经网络对非线性函数 $\boldsymbol{F}$ 进行估计。Bi-LSTM 神经网络在 LSTM 神经网络的基础上结合了输入序列在前向和后向两个方向上的信息。如图 8-13 所示，其中 $\{X_1,X_2,\cdots,X_n\}$ 和 $\{H_1,H_2,\cdots,H_n\}$ 分别为输入、输出量，$\{\vec{C}_0,\vec{C}_1,\cdots,\vec{C}_n\}$ 和 $\{\overleftarrow{C}_0,\overleftarrow{C}_1,\cdots,\overleftarrow{C}_n\}$ 综合了当前时刻输入和前一时刻的状态信

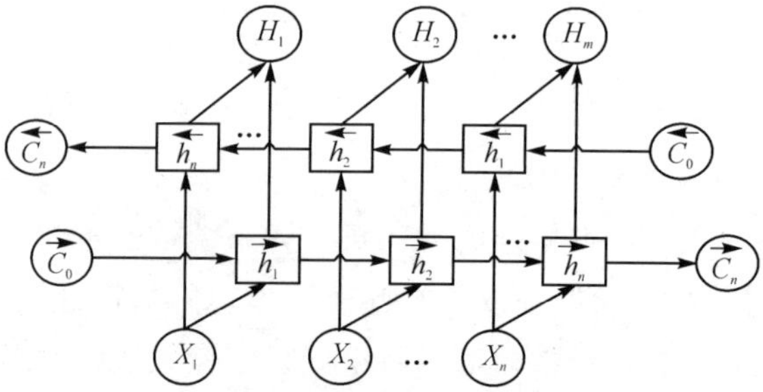

图 8-13 Bi-LSTM 神经网络神经元连接

息，$\{\vec{h}_1,\vec{h}_2,\cdots,\vec{h}_n\}$为前向 LSTM 层在 t 时刻的输出结果，$\{\overleftarrow{h}_1,\overleftarrow{h}_2,\cdots,\overleftarrow{h}_n\}$为后向 LSTM 层在 t 时刻的输出结果，两个 LSTM 层输出的向量可以使用相加、平均值或连接等方式进行处理。

在使用 Bi-LSTM 神经网络估计模型不确定性时，将 $\boldsymbol{F}$ 分为输入均不相同的 3 部分。Bi-LSTM 神经网络结构如图 8-14 所示。

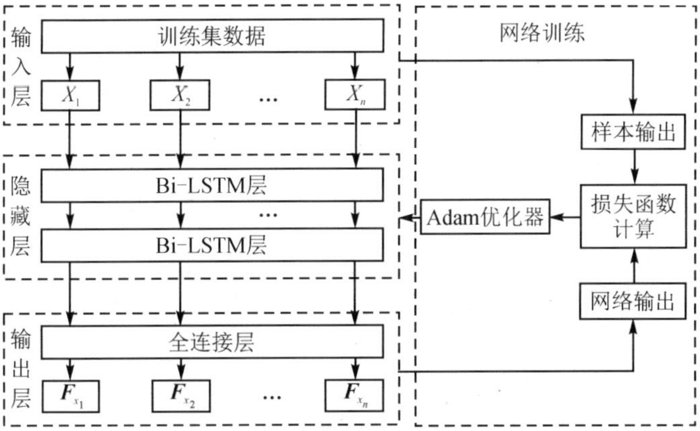

图 8-14 Bi-LSTM 神经网络结构

输入层：为了能够得到精确模型估计，$\boldsymbol{F}_1,\boldsymbol{F}_2,\boldsymbol{F}_3$ 分别设置输入为 $\boldsymbol{X}_1=[q_1,q_2,\cdots,q_n,\ddot{q}_1,\ddot{q}_2,\cdots,\ddot{q}_n]$，$\boldsymbol{X}_2=[q_1,q_2,\cdots,q_n,\dot{q}_1,\dot{q}_2,\cdots,\dot{q}_n]$，$\boldsymbol{X}_3=[q_1,q_2,\cdots,q_n,\dot{q}_1,\dot{q}_2,\cdots,\dot{q}_n]$，其中，$q_i,\dot{q}_i,\ddot{q}_i(i=1,2,\cdots,n)$ 分别为第 i 根连杆的角度、角速度、角加速度。

隐藏层：两层 Bi-LSTM 层，每层神经元个数为 512。

输出层：一层全连接层。

网络设置：优化器采用 Adam，学习律为 0.001，梯度阈值为 1，每次迭代使用数据量为 128，数据打乱策略为每轮打乱 1 次，最大训练回合数为 5 轮，其他为默认设置。

8.2.3 基于神经网络的控制器设计

本节主要研究空间机械臂系统关节轨迹跟踪问题，控制器设计原理，如图 8-15 所示。

定义滑模面为

$$\boldsymbol{s}=\dot{\boldsymbol{e}}+c\boldsymbol{e}+k\int_0^t \boldsymbol{e}(\tau)\mathrm{d}\tau \tag{8-88}$$

其中，$\boldsymbol{e}=\boldsymbol{q}_{\mathrm{d}}-\boldsymbol{q}_{\mathrm{m}}$ 为角度误差；$\dot{\boldsymbol{e}}=\dot{\boldsymbol{q}}_{\mathrm{d}}-\dot{\boldsymbol{q}}_{\mathrm{m}}$ 为角速度误差。$\boldsymbol{q}_{\mathrm{d}},\dot{\boldsymbol{q}}_{\mathrm{d}}$ 分别为期望角度

和角速度；$\boldsymbol{q}_{\mathrm{m}}$，$\dot{\boldsymbol{q}}_{\mathrm{m}}$ 分别为实际角度和角速度。

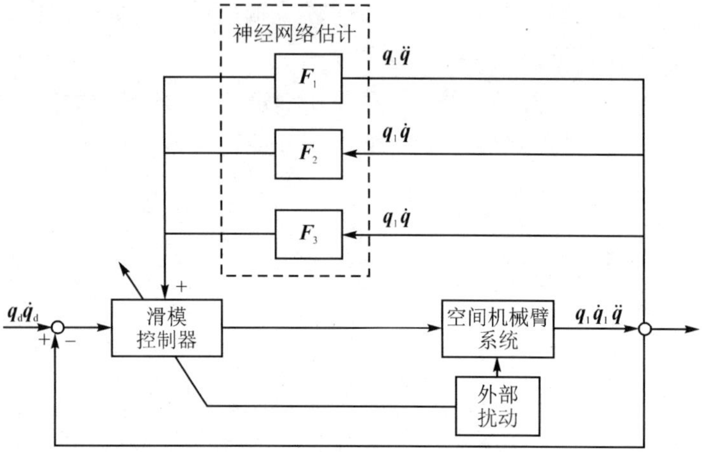

图 8-15 控制器设计原理

对式(8-88)求导可得

$$\dot{\boldsymbol{s}} = \ddot{\boldsymbol{e}} + c\dot{\boldsymbol{e}} + k\boldsymbol{e} \tag{8-89}$$

将式(8-86)代入式(8-89)可得

$$\dot{\boldsymbol{s}} = \ddot{\boldsymbol{q}}_{\mathrm{d}} - \boldsymbol{H}_{\mathrm{qm0}}^{-1}(\boldsymbol{\tau}_{\mathrm{m}} - \boldsymbol{C}_{\mathrm{qm0}} - \boldsymbol{F} - \boldsymbol{d}) + c\dot{\boldsymbol{e}} + k\boldsymbol{e} \tag{8-90}$$

在忽略模型不确定性和外部扰动的情况下，令 $\dot{\boldsymbol{s}}=0$，可以得到名义系统的等价控制律，即

$$\boldsymbol{\tau}_{\mathrm{eq}} = \boldsymbol{H}_{\mathrm{qm0}}(c\dot{\boldsymbol{e}} + k\boldsymbol{e} + \ddot{\boldsymbol{q}}_{\mathrm{d}}) + \boldsymbol{C}_{\mathrm{qm0}} \tag{8-91}$$

选用指数趋近律

$$\dot{\boldsymbol{s}} = -\boldsymbol{\varepsilon}\operatorname{sgn}(\boldsymbol{s}) - \lambda\boldsymbol{s} \quad (\varepsilon > 0, \lambda > 0) \tag{8-92}$$

根据指数趋近律设计切换控制律，即有

$$\boldsymbol{\tau}_{\mathrm{s}} = \boldsymbol{H}_{\mathrm{qm0}}(\varepsilon\operatorname{sgn}(\boldsymbol{s}) + \lambda\boldsymbol{s}) \tag{8-93}$$

考虑未知外部扰动 $\boldsymbol{d}$ 来设计自适应切换增益，可利用自适应切换增益来消除外部扰动项，则切换控制律可写为

$$\boldsymbol{\tau}_{\mathrm{s}} = \boldsymbol{H}_{\mathrm{qm0}}(\hat{\varepsilon}\operatorname{sgn}(\boldsymbol{s}) + \lambda\boldsymbol{s}) \tag{8-94}$$

其中，$\hat{\varepsilon}$ 为 ε 的估计值。

设计自适应律为

$$\dot{\hat{\varepsilon}} = \beta\parallel\boldsymbol{s}\parallel \tag{8-95}$$

其中，$\beta>0$。

考虑到模型不确定性，通过神经网络对式(8-86)中的 $\boldsymbol{F}$ 进行估计，得到 $\hat{\boldsymbol{F}}$，结合自适应滑模控制器，可设计复合控制律为

$$\begin{aligned}\boldsymbol{\tau} &= \boldsymbol{\tau}_{\mathrm{eq}} + \boldsymbol{\tau}_{\mathrm{s}} + \hat{\boldsymbol{F}} \\ &= \boldsymbol{H}_{\mathrm{qm0}}(c\dot{\boldsymbol{e}} + k\boldsymbol{e} + \ddot{\boldsymbol{q}}_{\mathrm{d}}) + \boldsymbol{C}_{\mathrm{qm0}} + \boldsymbol{H}_{\mathrm{qm0}}(\hat{\varepsilon}\operatorname{sgn}(\boldsymbol{s}) + \lambda\boldsymbol{s}) + \hat{\boldsymbol{F}}\end{aligned} \tag{8-96}$$

构造李雅普诺夫函数

$$V = \frac{1}{2}\boldsymbol{s}^{\mathrm{T}}\boldsymbol{s} + \frac{1}{2\beta}(\hat{\varepsilon} - \varepsilon)^2 \tag{8-97}$$

根据式(8-90)将 V 对时间求导，可得

$$\dot{V} = \boldsymbol{s}^{\mathrm{T}}[\ddot{\boldsymbol{q}}_{\mathrm{d}} - \boldsymbol{H}_{\mathrm{qm0}}^{-1}(\boldsymbol{\tau} - \boldsymbol{C}_{\mathrm{qm0}} - \boldsymbol{F} - \boldsymbol{d}) + c\dot{\boldsymbol{e}} + k\boldsymbol{e}] + \frac{1}{\beta}(\hat{\varepsilon} - \varepsilon)\dot{\hat{\varepsilon}} \tag{8-98}$$

将式(8-95)和式(8-96)代入式(8-98)，可得

$$\begin{aligned}\dot{V} &= \boldsymbol{s}^{\mathrm{T}}[-\hat{\varepsilon}\operatorname{sgn}(\boldsymbol{s}) - \lambda\boldsymbol{s} - \boldsymbol{H}_{\mathrm{qm0}}^{-1}(\hat{\boldsymbol{F}} - \boldsymbol{F}) + \boldsymbol{H}_{\mathrm{qm0}}^{-1}\boldsymbol{d}] + (\hat{\varepsilon} - \varepsilon)\|\boldsymbol{s}\| \\ &= -\boldsymbol{s}^{\mathrm{T}}\hat{\varepsilon}\operatorname{sgn}(\boldsymbol{s}) - \boldsymbol{s}^{\mathrm{T}}\lambda\boldsymbol{s} - \boldsymbol{s}^{\mathrm{T}}\boldsymbol{H}_{\mathrm{qm0}}^{-1}(\hat{\boldsymbol{F}} - \boldsymbol{F}) + \\ &\quad \boldsymbol{s}^{\mathrm{T}}\boldsymbol{H}_{\mathrm{qm0}}^{-1}\boldsymbol{d} + \hat{\varepsilon}\|\boldsymbol{s}\| - \varepsilon\|\boldsymbol{s}\|\end{aligned} \tag{8-99}$$

根据不等式

$$-\boldsymbol{s}^{\mathrm{T}}\operatorname{sgn}(\boldsymbol{s}) \leqslant -\|\boldsymbol{s}\|$$

$$-\boldsymbol{s}^{\mathrm{T}}\boldsymbol{H}_{\mathrm{qm0}}^{-1}(\eta\hat{\boldsymbol{F}} - \boldsymbol{F}) \leqslant \|\boldsymbol{s}\|\ \|\boldsymbol{H}_{\mathrm{qm0}}^{-1}\|\ \|\hat{\boldsymbol{F}} - \boldsymbol{F}\|$$

$$\boldsymbol{s}^{\mathrm{T}}\boldsymbol{H}_{\mathrm{qm0}}^{-1}\boldsymbol{d} \leqslant \|\boldsymbol{s}\|\ \|\boldsymbol{H}_{\mathrm{qm0}}^{-1}\|\ \|\boldsymbol{d}\|$$

可得

$$\begin{aligned}\dot{V} &\leqslant -\hat{\varepsilon}\|\boldsymbol{s}\| + \hat{\varepsilon}\|\boldsymbol{s}\| - \lambda\|\boldsymbol{s}\| - \varepsilon\|\boldsymbol{s}\| + \|\boldsymbol{s}\|\ \|\boldsymbol{H}_{\mathrm{qm0}}^{-1}\|\ \|\hat{\boldsymbol{F}} - \boldsymbol{F}\| + \\ &\quad \|\boldsymbol{s}\|\ \|\boldsymbol{H}_{\mathrm{qm0}}^{-1}\|\ \|\boldsymbol{d}\| \\ &\leqslant -\lambda\|\boldsymbol{s}\| + \|\boldsymbol{s}\|\ \|\boldsymbol{H}_{\mathrm{qm0}}^{-1}\|(\|\hat{\boldsymbol{F}} - \boldsymbol{F}\| + \|\boldsymbol{d}\|) \\ &\leqslant \|\boldsymbol{s}\|[-\lambda + \|\boldsymbol{H}_{\mathrm{qm0}}^{-1}\|(\|\hat{\boldsymbol{F}} - \boldsymbol{F}\| + \|\boldsymbol{d}\|)]\end{aligned} \tag{8-100}$$

由空间机械臂系统性质 1 和假设 1 可知，$\boldsymbol{H}_{\mathrm{qm0}}$ 与 $\boldsymbol{d}$ 均有界，且神经网络为离线学习，因此，可以设计神经网络满足 $\|\hat{\boldsymbol{F}} - \boldsymbol{F}\| \leqslant \delta$，使得

$$\|\boldsymbol{H}_{\mathrm{qm0}}^{-1}\|(\|\hat{\boldsymbol{F}} - \boldsymbol{F}\| + \boldsymbol{d}) \leqslant \upsilon \tag{8-101}$$

则有

$$\dot{V} \leqslant \|\boldsymbol{s}\|(-\lambda + \upsilon) \tag{8-102}$$

设计 $\lambda > \upsilon$，则可以保证 $\dot{V} \leqslant 0$。由以上分析可得，该控制器满足李雅普诺夫稳定性原理，闭环控制系统是渐近稳定的。

8.2.4　数值仿真与分析

本节神经网络均使用 30 万组训练集进行训练拟合。考虑到训练集获取的复

杂性和繁琐性，本节采用通过动力学方程和期望轨迹，自己生成训练集的方法，其中，时间采用定步长形式。训练集中动力学模型不确定性使用均匀分布随机数生成，由于负载质量范围较大，均匀分布随机数影响训练效果较为明显，因此负载也选用定步长形式生成。

为验证两种神经网络结合滑模控制器的有效性，本节以二连杆自由漂浮空间机械臂系统为例进行仿真验证，如图 8－16 所示。

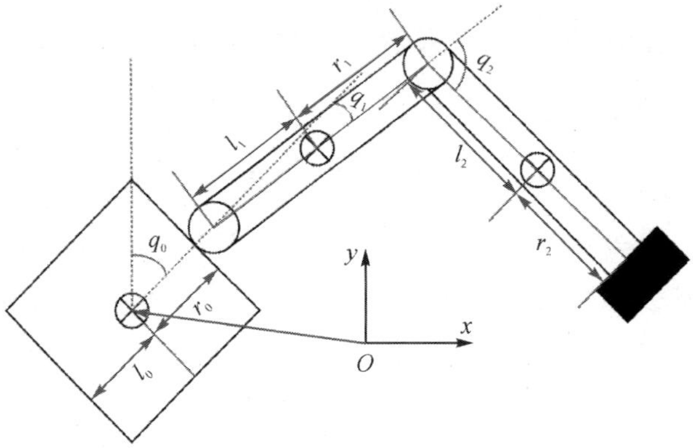

图 8－16　二连杆自由漂浮空间机械臂系统

滑模控制器参数选为 $c=3$，$k=15$，$\lambda=15$，$\beta=45$。空间机械臂系统参数如表 8－3 所列。

表 8－3　空间机械臂系统参数

体编号	m_i/kg	I_i/(kg·m^2)	l_i/m	r_i/m
B_0	40.0	6.667	0.5	0.5
B_1	3.0	0.333	0.5	0.5
B_2	4.0	0.250	0.5	0.5

其中，$m_i(i=0,1,2)$为各刚体的质量；I_i 为各刚体的惯量；l_i 和 r_i 共同表示各刚体的长度。

本节仅考虑关节控制，则设期望轨迹为

$$\boldsymbol{q}_{\mathrm{d}}=\begin{bmatrix}q_{\mathrm{d1}}\\ q_{\mathrm{d2}}\end{bmatrix}=\begin{bmatrix}0.5\sin\left(\dfrac{\pi}{5}t\right)\\ 0.5\cos\left(\dfrac{\pi}{5}t\right)\end{bmatrix} \tag{8-103}$$

设空间机械臂系统初始位置与角度为

$$\boldsymbol{q}_0^{\mathrm{T}}=[0\ \mathrm{m}\quad 0\ \mathrm{m}\quad 0\ \mathrm{rad}\quad 0.2\ \mathrm{rad}\quad 0.3\ \mathrm{rad}]^{\mathrm{T}} \tag{8-104}$$

即关节初始角度误差为±0.2 rad。

模型不确定性产生的原因之一为末端执行器加入有效载荷，可以将有效载荷与末端执行器看作一个整体。本节在使用神经网络训练时，设计有效载荷范围为

$$0 < m' \leqslant 15\ \text{kg} \tag{8-105}$$

通常情况下，空间机械臂系统惯量和质量测量值与实际值会有误差，本节考虑误差大小为

$$\begin{aligned} |\Delta I_i| &\leqslant 10\% I_i \\ |\Delta m_i| &\leqslant 10\% m_i \end{aligned} \tag{8-106}$$

外部扰动项

$$\boldsymbol{d}(t) = \begin{bmatrix} 0.1\sin(0.4t) \\ 0.1\cos(0.4t) \\ 0.1\sin(0.8t) \\ 0.1\sin(0.8t) \\ 0.1\cos(0.8t) \end{bmatrix} \tag{8-107}$$

为验证 Bi-LSTM 神经网络对模型不确定性的补偿效果，本节还加入了对比项深度神经网络（deep neural netvork，DNN）。DNN 在各领域使用非常广泛[17]，且学习能力强，可以很好地筛选并拟合大批量数据[18-19]。DNN 神经元连接和结构如图 8-17 和图 8-18 所示，其输入与 Bi-LSTM 神经网络相同。

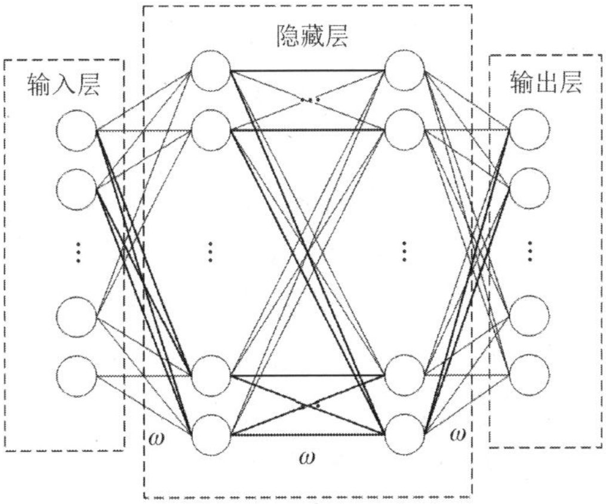

图 8-17　DNN 神经元连接

网络设置：优化器采用 Adam，学习律为 0.0001，梯度阈值为 1，每次迭代使用数据量为 128，数据打乱策略为每轮打乱 1 次，最大训练回合数为 10 轮，其他为默认设置。

本节分别在仅含自适应滑模情况和加入两种神经网络情况下，对两关节的控制性能进行分析，主要研究对比加入 Bi - LSTM 神经网络对控制性能的提升情况。仿真中有效载荷质量选用 10.5 kg。

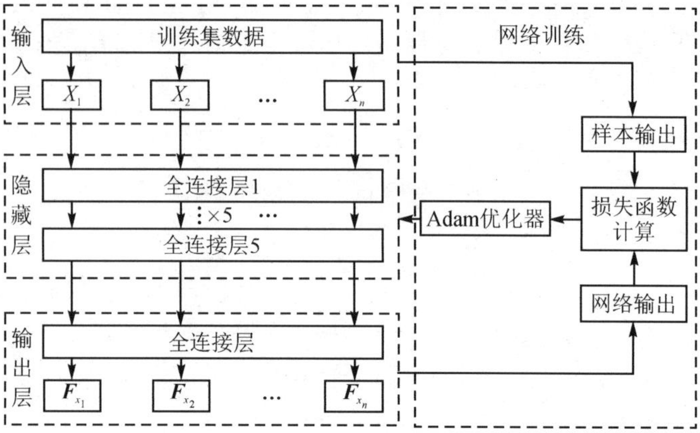

图 8 - 18 DNN 结构

图 8 - 19 所示为自适应滑模控制下的关节角度跟踪误差，图 8 - 20 所示为基于 Bi - LSTM 神经网络的自适应滑模控制下的关节角度跟踪误差，图 8 - 21 所示为基于 DNN 的自适应滑模控制下的关节角跟踪误差。由图 8 - 19 和图 8 - 21 可以看出，在轨迹跟踪精确性方面，未加入神经网络的最大误差量级为 10^{-3}，而加入神经网络的最大误差量级为 10^{-4}，相比之下加入神经网络后轨迹跟踪控制的精度提升了一个数量级；从稳定性角度看，进入稳态后加入神经网络的波形比未加入神经网络的波形更平缓，更趋近于一条直线。由图 8 - 19～图 8 - 21 可以看出，基于 DNN 和 Bi - LSTM 神经网络的自适应滑模控制下的控制精度较没有神经网络的均有提升，但 Bi - LSTM 神经网络对控制精度的提升要高于 DNN，尤其在是第二根连杆加入有效载荷后，模型不确定性加大，如果连杆数量增加，则 Bi - LSTM 神经网络体现的优势会更为明显。由此可见，Bi - LSTM 神经网络对于模型不确定性补偿效果更为显著，对控制性能有关键提升。

图 8 - 22 所示为自适应滑模控制下的两关节角速度跟踪误差，图 8 - 23 所示为基于 Bi - LSTM 神经网络的自适应滑模控制的两关节角速度跟踪误差，图 8 - 24 所示为基于 DNN 的自适应滑模控制下的两关节角速度跟踪误差。可以明显地看出，在角速度方面，DNN 对控制精度没有提升，而 Bi - LSTM 神经网络将最大误差从量级 10^{-3} 提升至量级 10^{-4}，且对于速度控制性能也有提升。

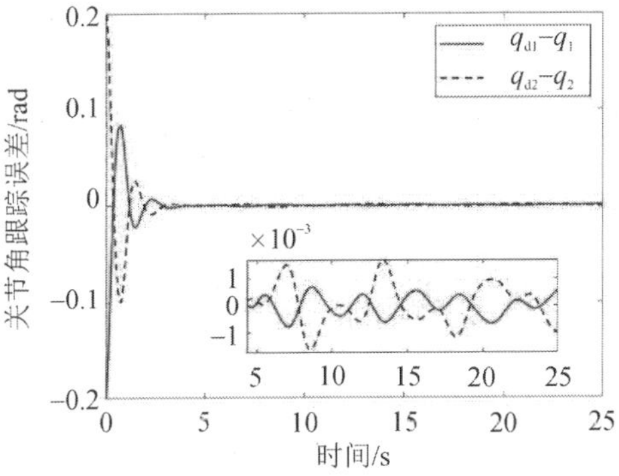

图 8-19　自适应滑模控制下的关节角跟踪误差

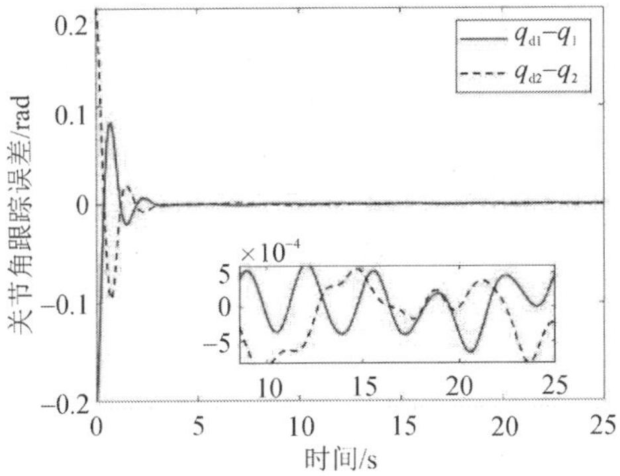

图 8-20　基于 Bi-LSTM 神经网络自适应滑模控制下关节角跟踪误差

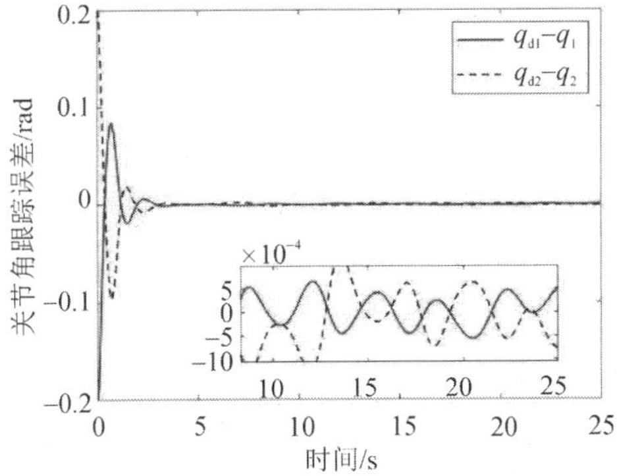

图 8-21　基于 DNN 的自适应滑模控制下的关节角跟踪误差

为进一步验证算法的有效性，本节在仿真中将有效载荷选为 15 kg，并对关节角跟踪误差进行对比，如图 8-25 和图 8-26 所示。可看出，加入 Bi-LSTM 神经网络后可以对控制性能实现有效提升。

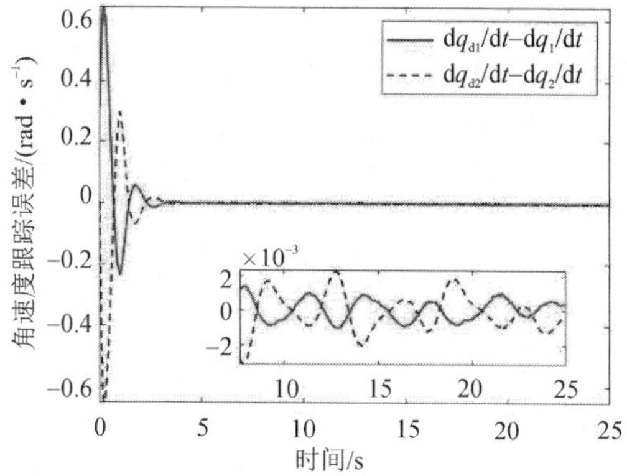

图 8-22 自适应滑模控制下的两关节角速度跟踪误差

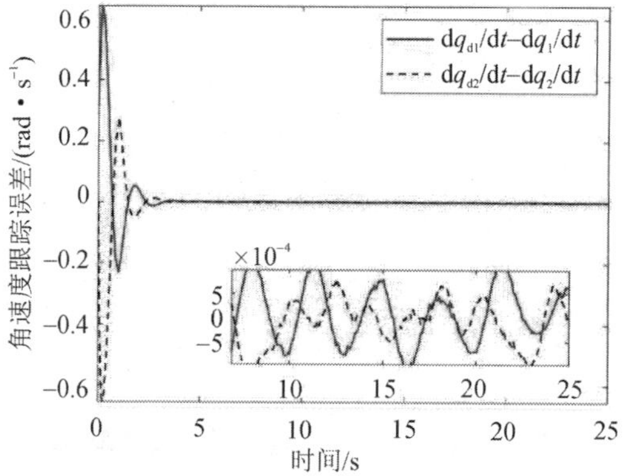

图 8-23 基于 Bi-LSTM 神经网络的自适应滑模控制下的两关节角速度跟踪误差

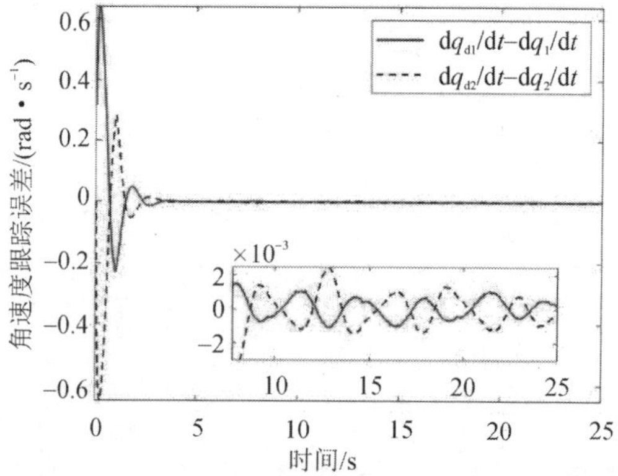

图 8-24 基于 DNN 的自适应滑模控制下的两关节角速度跟踪误差

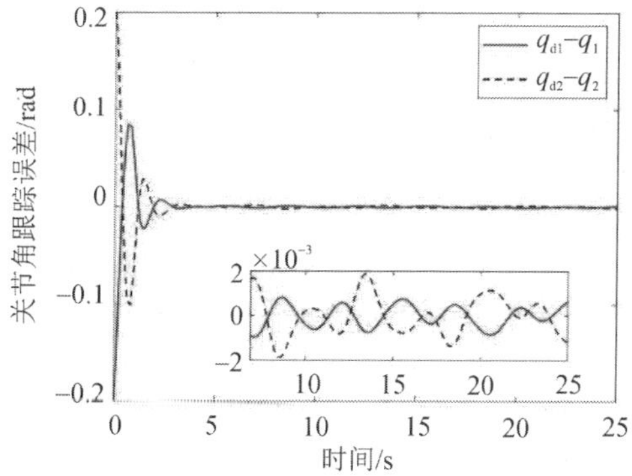

图 8－25　自适应滑模控制在有效载荷为 15 kg 下的关节角跟踪误差

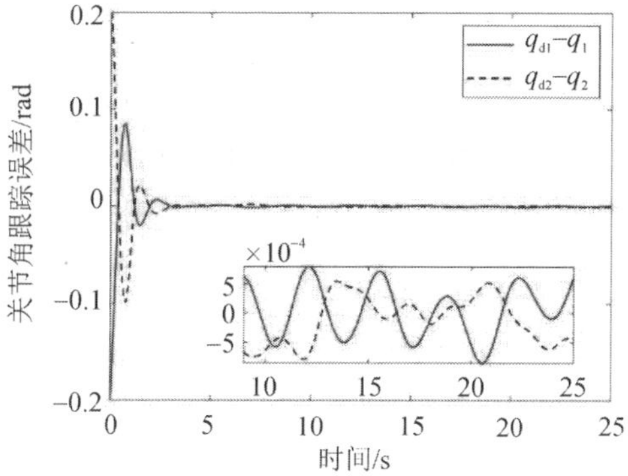

图 8－26　基于 Bi－LSTM 神经网络的自适应滑模控制在有效载荷为 15 kg 下的关节角跟踪误差

图 8－27 给出了加入 Bi－LSTM 神经网络后两关节的控制力矩。可以看出，控制力矩初值控制在 6 N·m 以内，进入稳态后波动平稳且力矩值不大，保证了控制力矩的合理性。

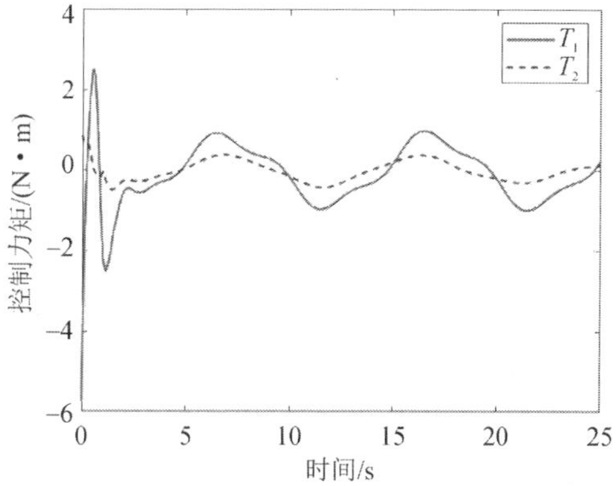

图 8－27　基于 Bi－LSTM 神经网络的自适应滑模控制下两关节的控制力矩

图 8 – 28 给出了加入 Bi – LSTM 神经网络后基座姿态角的变化曲线。对于自由漂浮空间机械臂系统，本节在控制关节运动时，基座的初始位置为 0 rad，此后在 ±0.5 rad，即 ±30°内摆动，表明机械臂在运动中未造成卫星本体出现翻滚或失稳，保证了基座运动的合理性。

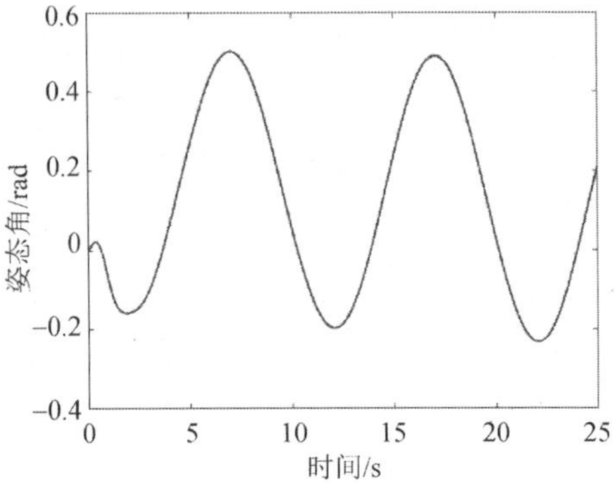

图 8 – 28　基于 Bi – LSTM 神经网络的自适应滑模结合控制下的基座姿态角变化曲线

8.3　小　结

本章考虑一种具有输入延迟、外部干扰和状态不可测的不确定欧拉-拉格朗日系统，提出了一种基于观测器的鲁棒控制器。基于李雅普诺夫理论，采用李雅普诺夫-克拉索夫斯基函数，证明了该控制器能够确保闭环系统的半全局最终一致有界跟踪。基于观测器的控制器可以应用于系统动力学存在不确定性、外部扰动、时变延迟或恒定延迟，以及速度变量不可测的情况。数值仿真结果表明，所提出的基于非线性 ESO 的控制器对欧拉-拉格朗日系统的轨迹跟踪具有良好的跟踪特性。

针对自由漂浮空间机械臂系统的关节跟踪控制精度问题，本章进一步提出了通过离线学习的 Bi – LSTM 神经网络补偿模型不确定性的方式，使控制器在低增益的情况下，实现高精度控制，并与 DNN 进行对比。对比结果表明，神经网络对于模型不确定性的补偿，对控制性能提升有着显著影响，且 Bi – LSTM 神经网络的拟合性能要高于普通 DNN，具有更好的提升效果。这使得空间机械臂系统不仅满足良好的控制性能，同时也提升了泛化能力，有效提升了空间机械臂系统参数的准确性，并解决了仅使用高增益来补偿不确定性的问题。综上所述，Bi – LSTM 神经网络对模型不确定性的补偿有利于智能控制的发展。

参考文献

[1] ORTEGA R, LORIA A, NICKLASSON P J, et al. Passivity-based control of euler-lagrange systems: mechanical, electrical and electromechanical applications[M]. London: Springer Science & Business Media, 1988.

[2] SUN T R, CHENG L, WANG W Q, et al. Semiglobal exponential control of Euler-Lagrange systems using a sliding-mode disturbance observer[J]. Automatica, 2020, 112: 5.

[3] ZHU Y K, QIAO J Z, GUO L. Adaptive sliding mode disturbance observer-based composite control with prescribed performance of space manipulators for target capturing[J]. IEEE Transactions on Industria Electronics, 2019, 66(3): 1973-1983.

[4] NIKOOBIN A, HAGHIGHI R. Lyapunov-based nonlinear disturbance observer for serial n-link robot manipulators[J]. Journa of Intelligent and Robotic Systems, 2009, 55(2-3): 135-153.

[5] BOUAKRIF F. Trajectory tracking control using velocity observer an disturbances observer for uncertain robot manipulators without tachometers[J]. Meccanica, 2017, 52(4-5): 861-875.

[6] YAO J Y, JIAO Z X, MA D W. adaptive robust control of DC motor with extended state observer[J]. IEEE Transactions on Industrial Electronics, 2014, 61(7): 3630-3637.

[7] SUN L, LIU Y J. extended state observer augmented finite-time trajectory tracking control of uncertain mechanical systems[J]. Mechanical Systems and Signal Processing, 2020, 139(12): 106374.

[8] HAN J Q. From PID to active disturbance rejection control[J]. IEEE Transactions on Industrial Electronics, 2009, 56(3): 900-906.

[9] GUI H C, DE RUITER A H J. Control of asteroid-hovering spacecraf with disturbance rejection using position-only measurements[J]. Journal of Guidance, Control, and Dynamics, 2017, 40(10): 2401-2416.

[10] Cui R X, Chen L P, Yang C G, et al. Corrections to: Extended state observer-based integral sliding mode control for an underwater robot with unknown disturbances and uncertain nonlinearities[J]. IEEE Transactions on Industrial Electronics, 2019, 66(10):8279-8280.

[11] TALOLE S E, KOLHE J P, PHADKE S B. Extended-state-observer-based control of flexible-joint system with experimental validation[J]. IEEE Transactions on Industrial Electronics, 2010, 57(4): 1411-1419.

[12] KAMALAPURKAR R, ROSENFELD J A, KLOTZ J, et al. Supporting lemmas for rise-based control methods[OL]. https://dol.org/10.48550/arxiv.1306.3432.

[13] JIA S Y, SHAN J J. Finite-time trajectory tracking control of space manipulator under ac-

tuator saturation [J]. IEEE Transactions on Industrial Electronics, 2020, 67 (3): 2086-2096.

[14] PAZELLI T F, TERRA M H, SIQUEIR A A. Experimental investigation on adaptive robust controller designs applied to a free-floating space manipulator[J]. Control Engineering Practice, 2011, 19(4): 395-408.

[15] ZHANG W H, YE X P, JIANG L H, et al. Output feedback control for free-floating space robotic manipulators base on adaptive fuzzy neural network[J]. Aerospace Science and Technology, 2013, 29(1): 135-143.

[16] YAO Q J. Adaptive trajectory tracking control of a free-flying space manipulator with guaranteed prescribed performance and actuator saturation[J]. Acta Astronautica, 2021, 185: 283-298.

[17] MITTAL S. A survey on modeling and improving reliability of DNN algorithms and accelerators[J]. Journal of Systems Architecture, 2020, 104: 1-26.

[18] MOHAN J, PHANISHAYEE A, RANIWALA A, et al. Analyzing and mitigating data stalls in DNN training[J]. Proceedings of the VLDB Endowment,2021,14(5):771-784.

[19] DING Y F, JIA M P, MIAO Q H, et al. Remaining useful life estimation using deep metric transfer learning for kernel regression[J]. Reliability Engineering & System Safety, 2021, 212: 1-11.

第 9 章 变速控制力矩陀螺柔性空间机械臂系统机动控制与振动抑制

角动量交换装置不仅可以用于陀螺柔性体的振动抑制，还可以作为空间机械臂系统等空间多体系统的执行机构，并实现多体系统的机动控制和振动抑制。本章重点研究 VSCMG 驱动的空间机械臂系统这类陀螺柔性多体系统的机动控制和振动抑制问题。

VSCMG 驱动的空间机械臂系统上可能会安装多组角动量交换装置，由于 VSCMG 相较于常规 CMG 具有更少的奇异问题，因此，空间机械臂系统的所有连杆上都安装有 VSCMG，空间机械臂系统的卫星本体上同样采用了 VSCMG 作为执行机构。空间机械臂系统在抓捕未知目标后，系统的模型变为不确定模型，陀螺柔性多体系统也可能会受到外部干扰。因此，本章对 VSCMG 驱动空间机械臂系统在存在模型不确定性或外部干扰的情况下，采用奇异摄动法将系统分解为慢变子系统和快变子系统，并分别对两个系统设计自适应滑模控制器和自适应控制器。此外，针对每个机械臂上的 VSCMG 还设计了执行机构的操纵律，以得到 VSCMG 的操纵指令。最后，本章采用数值仿真验证所设计控制器的有效性。

9.1 系统描述与建模

本节将深入探索陀螺柔性空间机械臂系统的描述与建模，并提供对于系统的全面视角和深入解析；同时，还将详细讨论系统的结构、工作原理，以及在空间环境中的动作方式，特别是在陀螺柔性方面的特性。本节以动力学建模作为核心，将展示精确建立模型的步骤，以捕捉系统的复杂动态。这一工作对于理解系统的基本行为和为后续控制策略的设计提供了坚实的基础。通过这些模型，可以更好地预测系统在实际操作中的反应，为实现高精度控制和性能优化提供关键信息。

9.1.1 系统描述

图 9－1 所示为 VSCMG 驱动空间机械臂系统构型。空间机械臂系统安装在卫星本体上，包含两个柔性臂杆和两个刚性臂杆，其中第一节和第四节臂杆为刚性臂杆，第二节和第三节臂杆为柔性臂杆。第四节臂杆也称末端执行器，末端执行器与其相邻内接体是通过球铰关节连接的，其余各节臂杆与其相邻内接体则是通过单自由度转动关节连接的。用符号 B_0 表示航天器本体，用符号 B_1，B_2，B_3 和 B_4 分别表示第一、第二、第三和第四节臂杆。在体 B_j 上定义体固定坐标系 O_j，惯性坐标系用 O_e 表示。

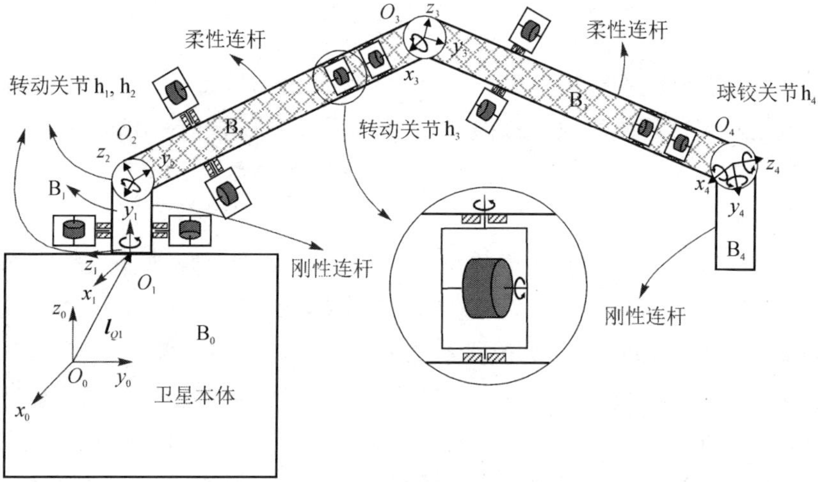

图 9－1 VSCMG 驱动空间机械臂系统构型

第一节臂杆上安装有 2 个 VSCMG 来实现机械臂的关节驱动，VSCMG 的安装方式类似于剪刀对构型；其余每个体上安装有 4 个 VSCMG。在卫星本体和末端执行器上的 VSCMG 采用典型的四陀螺金字塔构型安装方式，柔性臂杆上的 VSCMG 采用双平行构型安装方式。VSCMG 在刚性连杆上的安装位置可以是任意的，而在柔性臂杆上的安装位置如图 9－2 所示。其中 2 个 VSCMG 安装在节点 3 的位置上，另外 2 个 VSCMG 分别安装在节点 19 和节点 20 的位置上。靠近体坐标系原点的角动量交换装置主要用于关节的驱动运动，执行此驱动的 VSCMG 在运动中激起的柔性振动越小越好，因而执行机构应尽量安装在靠近体坐标系固定端处。靠近臂杆端部的角动量交换装置主要用于柔性体的振动抑制，该执行机构的配置方法来自参考文献[1]中的配置结论，当执行机构位于悬臂梁的自由端时，系统在振动抑制中具有较好的效果。本节提出的 VSCMG 驱动空间机械臂系统构型中的执行机构不但能驱动单自由度的关节，还能实现对多自由度关节的驱动。

另外，该构型的机械臂在各个关节处不存在反作用力矩，可降低各个体之间的相互作用。

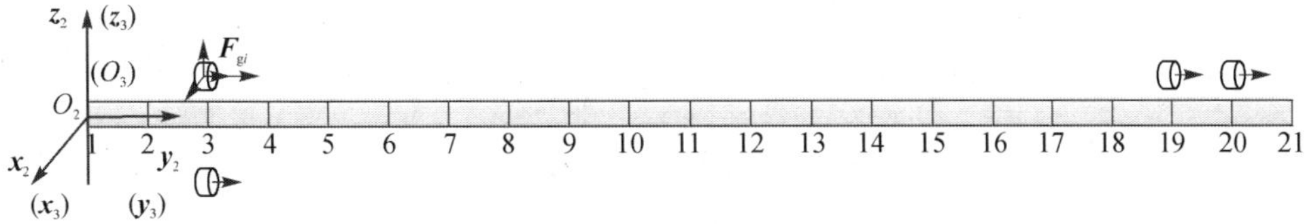

图 9-2　VSCMG 在柔性臂杆上的安装位置

9.1.2　陀螺柔性空间机械臂系统动力学建模

空间柔性机械臂系统的动力学模型可写为

$$\boldsymbol{M}\dot{\boldsymbol{u}} = -\boldsymbol{f}_{\mathrm{I}}^{\mathrm{a}} + \boldsymbol{f}_{\mathrm{A}}^{*} + \boldsymbol{f}_{\mathrm{N}}^{*} \tag{9-1}$$

其中，$\boldsymbol{u}$ 为多体系统的广义速率，在陀螺驱动空间机械臂系统中选取广义速率为

$$\boldsymbol{u} = \left[\boldsymbol{V}_0^{\mathrm{T}},\quad \boldsymbol{\Omega}_0^{\mathrm{T}},\quad \dot{\theta}_1,\quad \dot{\theta}_2,\quad \dot{\theta}_3,\quad \boldsymbol{\Omega}_4^{\mathrm{T}},\quad \dot{\boldsymbol{\xi}}_2^{\mathrm{T}},\quad \dot{\boldsymbol{\xi}}_3^{\mathrm{T}}\right]^{\mathrm{T}} \tag{9-2}$$

其中，$\boldsymbol{V}_0$ 和 $\boldsymbol{\Omega}_0$ 为卫星本体的惯性速度和角速度；$\dot{\theta}_1$，$\dot{\theta}_2$，$\dot{\theta}_3$ 和 $\boldsymbol{\Omega}_4$ 为空间机械臂系统第一、第二、第三、第四节臂杆之间的相对转动速度；$\dot{\xi}_2$ 和 $\dot{\xi}_3$ 为第二节和第三节柔性臂杆上的模态速率；$\boldsymbol{M}$ 为陀螺多体系统的惯性矩阵；$\boldsymbol{f}_{\mathrm{I}}^{\mathrm{a}}$ 为广义惯性力的非线性部分；$\boldsymbol{f}_{\mathrm{A}}^{*}$ 为广义主动力部分；$\boldsymbol{f}_{\mathrm{N}}^{*}$ 为广义弹性力；惯性矩阵 $\boldsymbol{M}$ 和广义惯性力的非线性项 $\boldsymbol{f}_{\mathrm{I}}^{\mathrm{a}}$ 的表达式分别为

$$\boldsymbol{M} = \sum_{j=1}^{N} \boldsymbol{M}_j,\ \boldsymbol{f}_{\mathrm{I}}^{\mathrm{a}} = \sum_{j=1}^{N} \boldsymbol{f}_{\mathrm{I}}^{j\mathrm{a}} \tag{9-3}$$

其中，$\boldsymbol{M}_j$ 和 $\boldsymbol{f}_{\mathrm{I}}^{j\mathrm{a}}$ 为体 B_j 对系统惯性矩阵 $\boldsymbol{M}$ 和系统非线性力 $\boldsymbol{f}_{\mathrm{I}}^{\mathrm{a}}$ 的贡献。每个体的贡献具有类似的形式，可表示为

$$\begin{aligned}\boldsymbol{M}_j = {}& {}^{\mathrm{p}}\boldsymbol{V}_j \cdot (m_j {}^{\mathrm{p}}\boldsymbol{V}_j - \boldsymbol{S}_j \times {}^{\mathrm{p}}\boldsymbol{\Omega}_j + \boldsymbol{P}_j\boldsymbol{\Pi}_j) + \\ & {}^{\mathrm{p}}\boldsymbol{\Omega}_j \cdot [\boldsymbol{S}_j \times {}^{\mathrm{p}}\boldsymbol{V}_j + \boldsymbol{J}_j {}^{\mathrm{p}}\boldsymbol{\Omega}_j + \boldsymbol{H}_j\boldsymbol{\Pi}_j] + \\ & \boldsymbol{\Pi}_j^{\mathrm{T}}[\boldsymbol{P}_j \cdot {}^{\mathrm{p}}\boldsymbol{V}_j + \boldsymbol{H}_j \cdot {}^{\mathrm{p}}\boldsymbol{\Omega}_j + \boldsymbol{E}_j\boldsymbol{\Pi}_j]\end{aligned} \tag{9-4}$$

其中，算子・和×分别表示两个向量的内积和叉乘运算；符号 $\boldsymbol{\Pi}_j$ 表示模态选择矩阵，它可从广义速率 $\boldsymbol{u}$ 中提取模态速率，即 $\dot{\boldsymbol{\xi}}_j = \boldsymbol{\Pi}_j\boldsymbol{u}$；${}^{\mathrm{p}}\boldsymbol{V}_j$ 和 ${}^{\mathrm{p}}\boldsymbol{\Omega}_j$ 分别为体 B_j 的偏速度矩阵和偏角速度矩阵，${}^{\mathrm{p}}\boldsymbol{V}_j$ 和 ${}^{\mathrm{p}}\boldsymbol{\Omega}_j$ 可以通过体 B_j 的惯性速度和惯性角速度提取，即

$$\boldsymbol{V}_j = {}^{\mathrm{p}}\boldsymbol{V}_j\boldsymbol{u} + \boldsymbol{V}_j^{\mathrm{a}},\ \boldsymbol{\Omega}_j = {}^{\mathrm{p}}\boldsymbol{\Omega}_j\boldsymbol{u} + \boldsymbol{\Omega}_j^{\mathrm{a}} \tag{9-5}$$

其中，$\boldsymbol{V}_j^{\mathrm{a}}$ 和 $\boldsymbol{\Omega}_j^{\mathrm{a}}$ 为惯性速度和惯性角速度的非线性部分。体 B_j 在包含 VSCMG 影

响下的质量 m_j、静矩 $\boldsymbol{S}_j$、惯性矩 $\boldsymbol{I}_j$、模态动量系数 $\boldsymbol{P}_j$、模态角动量系数 $\boldsymbol{H}_j$ 和模态质量阵 $\boldsymbol{E}_j$ 的表达式分别为

$$m_j = m_{j0} + \sum_{i=1}^{n_{gj}} m_{gi}^j,\ \boldsymbol{S}_j = \int_{B_j} \boldsymbol{\rho}_m^j \mathrm{d}m^j + \sum_{i=1}^{n_{gj}} m_{gi}^j \boldsymbol{\rho}_{gi}^j,\ \boldsymbol{P}_j = \int_{B_j} \boldsymbol{\Phi}_m^j \mathrm{d}m^j + \sum_{i=1}^{n_{gj}} m_{gi}^j \boldsymbol{\Phi}_{gi}^j$$

$$\boldsymbol{I}_j = \int_{B_j} [(\boldsymbol{\rho}_m^j \cdot \boldsymbol{\rho}_m^j)\boldsymbol{I} - \boldsymbol{\rho}_m^j \boldsymbol{\rho}_m^j] \mathrm{d}m^j + \sum_{i=1}^{n_{gj}} (m_{gi}^j \boldsymbol{\rho}_{gi}^j \boldsymbol{\rho}_{gi}^j + \boldsymbol{I}_{gi}^j)$$

$$\boldsymbol{H}_j = \int_{B_j} \boldsymbol{\rho}_m^j \times \boldsymbol{\Phi}_m^j \mathrm{d}m^j - \sum_{i=1}^{n_{gj}} (m_{gi}^j \boldsymbol{\rho}_{gi}^j \times \boldsymbol{\Phi}_{gi}^j - \boldsymbol{I}_{gi}^j \boldsymbol{\Psi}_{gi}^j)$$

$$\boldsymbol{E}_j = \int_{B_j} \boldsymbol{\Phi}_m^j \cdot \boldsymbol{\Phi}_m^j \mathrm{d}m^j + \sum_{i=1}^{n_{gj}} (m_{gi}^j \boldsymbol{\Phi}_{gi}^j \cdot \boldsymbol{\Phi}_{gi}^j + \boldsymbol{\Psi}_{gi}^j \cdot \boldsymbol{I}_{gi}^j \cdot \boldsymbol{\Psi}_{gi}^j)$$

其中，m_{j0}，m_{gi}^j 分别为体 B_j 的质量及体 B_j 上第 i 个 VSCMG 的质量；n_{gj} 为体 B_j 上 VSCMG 的安装数目；变量 $\boldsymbol{\rho}_m^j$ 为体 B_j 的质量微元 $\mathrm{d}m^j$ 在体坐标系 O_j 上的位置向量；$\boldsymbol{\rho}_{gi}^j$ 为第 i 个 VSCMG 安装点 Q_{gi} 在体坐标系 O_j 中的位置向量；$\boldsymbol{\Phi}_{gi}^j$ 和 $\boldsymbol{\Psi}_{gi}^j$ 分别为安装点 Q_{gi} 处的平动模态矩阵和转动模态矩阵。

柔性多体系统的广义主动力是由陀螺力矩产生的，因此，体 B_j 上第 i 个 VSCMG 产生的力矩可以表示为

$$\boldsymbol{T}_{gi}^j = \boldsymbol{p}_{yi}^j \boldsymbol{I}_{ri}^{jy} \dot{\boldsymbol{\omega}}_i^j + \boldsymbol{p}_{zi}^j \boldsymbol{h}_i^j \dot{\boldsymbol{\varepsilon}}_i^j \tag{9-6}$$

其中，$\boldsymbol{I}_{ri}^{jy}$ 为陀螺转子在自转轴 $\boldsymbol{p}_{yi}^j$ 方向上的转动惯量；$\boldsymbol{\omega}_i^j$ 为陀螺转子相对于框架的自转角速度；$\boldsymbol{h}_i^j = \boldsymbol{I}_{ri}^{jy} \boldsymbol{\omega}_i^j$ 为转子的角动量；$\dot{\boldsymbol{\varepsilon}}_i^j$ 为框架角速度；$\boldsymbol{p}_{yi}^j$ 和 $\boldsymbol{p}_{zi}^j$ 通过 VSCMG 框架坐标系 O_{gi} 与体坐标系 O_j 之间的坐标转换矩阵 $\boldsymbol{R}_{j,gi}$ 得到，$\boldsymbol{R}_{j,gi} = [\boldsymbol{p}_{xi}^j, \boldsymbol{p}_{yi}^j, \boldsymbol{p}_{zi}^j]$。图 9-3 所示为第 i 个 VSCMG 的框架坐标系，框架坐标系 O_{gi} 的原点在 VSCMG 的质心 Q_{gi} 上，此处假设 VSCMG 的质心与其安装点重合。

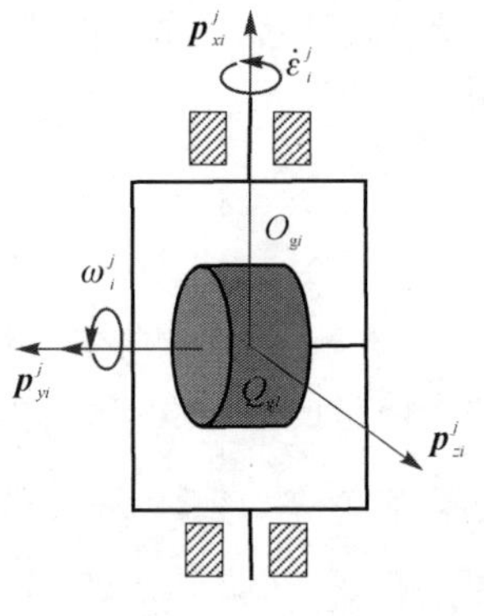

图 9-3 第 i 个 VSCMG 的框架坐标系

陀螺力矩 $\boldsymbol{T}_{gi}^j$ 的广义主动力为

$$\boldsymbol{f}_{\mathrm{A},gi}^{\mathrm{t},j} = {}^{\mathrm{p}}\boldsymbol{\Omega}_{gi}^{j} \cdot \boldsymbol{T}_{gi}^{j} \tag{9-7}$$

其中，${}^{\mathrm{p}}\boldsymbol{\Omega}_{gi}^{j}$ 为第 i 个 VSCMG 安装点 Q_{gi} 处的偏角速度矩阵，可以通过安装点处的角速度 $\boldsymbol{\Omega}_{gi}^{j}$ 获得。所有 VSCMG 产生的广义主动力可以通过式(9－8)求解，即

$$\boldsymbol{f}_{\mathrm{gyros}}^{\mathrm{A}} = \sum_{j=1}^{N} \sum_{i=1}^{n_{gj}} \boldsymbol{f}_{\mathrm{A},gi}^{\mathrm{t},j} \tag{9-8}$$

由于系统中只考虑 VSCMG 作为执行机构，因此，整个空间机械臂系统上的广义主动力即为陀螺产生的广义主动力，即 $\boldsymbol{f}_{\mathrm{A}}^{*} = \boldsymbol{f}_{\mathrm{gyros}}^{\mathrm{A}}$。

系统的广义弹性力可表示为

$$\boldsymbol{f}_{\mathrm{N}}^{*} = \begin{bmatrix} \boldsymbol{0} \\ -\boldsymbol{K}_2 \boldsymbol{\xi}_2 \\ -\boldsymbol{K}_3 \boldsymbol{\xi}_3 \end{bmatrix} \tag{9-9}$$

其中，$\boldsymbol{K}_2$ 和 $\boldsymbol{K}_3$ 分别为柔性体 B_2 和 B_3 圆频率平方的对角阵。

9.2 系统轨迹跟踪与振动控制

本节专注于陀螺柔性空间机械臂系统的轨迹跟踪和振动控制问题，将详细探讨如何有效地进行动力学模型分解、设计复合控制器，并制定适当的变速控制力矩陀螺操纵律。本节目标是优化系统的轨迹跟踪能力，有效抑制由于机械臂运动和外部干扰引起的振动；通过设计有效的控制策略使空间机械臂系统能够在执行复杂任务时保持高精度和高稳定度，特别是在涉及精细操作和快速响应的应用场景中。此外，本节还将探讨这些控制策略在实际应用中的潜在挑战和实施要点，为未来的研究和应用提供重要参考。

9.2.1 动力学模型分解

陀螺柔性空间机械臂系统模型中刚性运动和柔性运动是相互耦合的。奇异摄动模型可以用于机械臂的机动控制与振动抑制。本节利用奇异摄动法将系统的动力学模型解耦为快变和慢变两个子系统，并分别对两个子系统设计控制器，将子系统控制器组合成整个系统的复合控制器。根据式(9－10)，陀螺柔性空间机械臂系统动力学模型在存在参数不确定性或外部干扰情况时可成为

$$\begin{bmatrix} \boldsymbol{M}_{11} & \boldsymbol{M}_{12} \\ \boldsymbol{M}_{21} & \boldsymbol{M}_{22} \end{bmatrix} \begin{bmatrix} \ddot{\boldsymbol{q}} \\ \ddot{\boldsymbol{\xi}} \end{bmatrix} + \begin{bmatrix} \boldsymbol{f}_{\mathrm{I}1}^{\mathrm{a}} \\ \boldsymbol{f}_{\mathrm{I}2}^{\mathrm{a}} \end{bmatrix} + \begin{bmatrix} \boldsymbol{0} & \boldsymbol{0} \\ \boldsymbol{0} & \boldsymbol{K} \end{bmatrix} \begin{bmatrix} \boldsymbol{q} \\ \boldsymbol{\xi} \end{bmatrix} + \begin{bmatrix} \boldsymbol{d}_1 \\ \boldsymbol{d}_2 \end{bmatrix} = \begin{bmatrix} \boldsymbol{\tau}_1 \\ \boldsymbol{\tau}_2 \end{bmatrix} \tag{9-10}$$

其中，$\boldsymbol{M}_{11}$，$\boldsymbol{M}_{12}$，$\boldsymbol{M}_{21}$ 和 $\boldsymbol{M}_{22}$ 为 $\boldsymbol{M}$ 矩阵的分块矩阵；$\boldsymbol{q}$ 包含卫星本体的位置、欧拉

角和关节角；$\boldsymbol{\xi}=[\xi_2^{\mathrm{T}},\quad \xi_3^{\mathrm{T}}]^{\mathrm{T}}$ 为柔性连杆 B_2 和 B_3 的模态坐标组成的列向量；$\boldsymbol{K}=\mathrm{diag}([\boldsymbol{K}_2,\boldsymbol{K}_3])=\mathrm{diag}(k_{21},\cdots,k_{2m'_2},k_{31},\cdots,k_{3m'_3})$ 为刚度矩阵；$\boldsymbol{f}_{\mathrm{I1}}^{\mathrm{a}}$ 和 $\boldsymbol{f}_{\mathrm{I2}}^{\mathrm{a}}$ 分别为相对于刚性运动和柔性运动的非线性项，可以通过式 $\boldsymbol{f}_{\mathrm{I}}^{\mathrm{a}}=[\boldsymbol{f}_{\mathrm{I1}}^{\mathrm{aT}}\quad \boldsymbol{f}_{\mathrm{I2}}^{\mathrm{aT}}]^{\mathrm{T}}$ 得到；$\boldsymbol{d}=[\boldsymbol{d}_1^{\mathrm{T}}\quad \boldsymbol{d}_2^{\mathrm{T}}]^{\mathrm{T}}$ 为外部干扰向量；$\boldsymbol{\tau}=[\boldsymbol{\tau}_1^{\mathrm{T}}\quad \boldsymbol{\tau}_2^{\mathrm{T}}]^{\mathrm{T}}$ 为广义力的控制向量。

系统的惯性矩阵 $\boldsymbol{M}$ 是正定的，$\boldsymbol{M}$ 的逆矩阵用 $\boldsymbol{W}$ 表示，可将其写为分块矩阵的形式，即

$$\boldsymbol{M}^{-1}=\boldsymbol{W}=\begin{bmatrix}\boldsymbol{W}_{11} & \boldsymbol{W}_{12}\\ \boldsymbol{W}_{21} & \boldsymbol{W}_{22}\end{bmatrix} \tag{9-11}$$

其中，$\boldsymbol{W}_{11}$ 和 $\boldsymbol{M}_{11}$ 具有相同的行和列。因此，式(9-10)可以变换为

$$\begin{aligned}\ddot{\boldsymbol{q}}&=-\boldsymbol{W}_{11}\boldsymbol{f}_{\mathrm{I1}}^{\mathrm{a}}-\boldsymbol{W}_{12}\boldsymbol{f}_{\mathrm{I2}}^{\mathrm{a}}-\boldsymbol{W}_{12}\boldsymbol{K}\boldsymbol{\xi}-\boldsymbol{W}_{11}\boldsymbol{d}_1-\boldsymbol{W}_{12}\boldsymbol{d}_2+\boldsymbol{W}_{11}\boldsymbol{\tau}_1+\boldsymbol{W}_{12}\boldsymbol{\tau}_2\\ \ddot{\boldsymbol{\xi}}&=-\boldsymbol{W}_{21}\boldsymbol{f}_{\mathrm{I1}}^{\mathrm{a}}-\boldsymbol{W}_{22}\boldsymbol{f}_{\mathrm{I2}}^{\mathrm{a}}-\boldsymbol{W}_{22}\boldsymbol{K}\boldsymbol{\xi}-\boldsymbol{W}_{21}\boldsymbol{d}_1-\boldsymbol{W}_{22}\boldsymbol{d}_2+\boldsymbol{W}_{21}\boldsymbol{\tau}_1+\boldsymbol{W}_{22}\boldsymbol{\tau}_2\end{aligned} \tag{9-12}$$

下面，将式(9-12)化成奇异摄动模型的形式。首先，假设式(9-12)中刚度矩阵 $\boldsymbol{K}$ 同其他系数相比具有较大的数量级，因此，可以在刚度矩阵中提出一个常数因子 k，使得

$$k_i=k\tilde{k}_i\quad (i=1,\cdots,m') \tag{9-13}$$

其中，$m'=m'_2+m'_3$，m'_2和 m'_3分别为柔性臂杆 B_2 和 B_3 上所选模态的阶数。引入新参数，即

$$\boldsymbol{\chi}=k\tilde{\boldsymbol{K}}\boldsymbol{\xi},\ \tilde{\boldsymbol{K}}=\mathrm{diag}(\tilde{k}_1\quad \cdots\quad \tilde{k}_{m'}) \tag{9-14}$$

定义奇异摄动因子 $\upsilon^2=1/k$，可得

$$\begin{aligned}\ddot{\boldsymbol{q}}=&-\boldsymbol{W}_{11}(\boldsymbol{q},\upsilon^2\tilde{\boldsymbol{K}}^{-1}\boldsymbol{\chi})\boldsymbol{f}_{\mathrm{I1}}^{\mathrm{a}}(\boldsymbol{q},\dot{\boldsymbol{q}},\upsilon^2\tilde{\boldsymbol{K}}^{-1}\boldsymbol{\chi},\upsilon^2\tilde{\boldsymbol{K}}^{-1}\dot{\boldsymbol{\chi}})-\\ &\boldsymbol{W}_{12}(\boldsymbol{q},\upsilon^2\tilde{\boldsymbol{K}}^{-1}\boldsymbol{\chi})\boldsymbol{f}_{\mathrm{I2}}^{\mathrm{a}}(\boldsymbol{q},\dot{\boldsymbol{q}},\upsilon^2\tilde{\boldsymbol{K}}^{-1}\boldsymbol{\chi},\upsilon^2\tilde{\boldsymbol{K}}^{-1}\dot{\boldsymbol{\chi}})-\\ &\boldsymbol{W}_{12}(\boldsymbol{q},\upsilon^2\tilde{\boldsymbol{K}}^{-1}\boldsymbol{\chi})\boldsymbol{\chi}-\boldsymbol{W}_{11}(\boldsymbol{q},\upsilon^2\tilde{\boldsymbol{K}}^{-1}\boldsymbol{\chi})\boldsymbol{d}_1-\boldsymbol{W}_{12}(\boldsymbol{q},\upsilon^2\tilde{\boldsymbol{K}}^{-1}\boldsymbol{\chi})\boldsymbol{d}_2+\\ &\boldsymbol{W}_{11}(\boldsymbol{q},\upsilon^2\tilde{\boldsymbol{K}}^{-1}\boldsymbol{\chi})\boldsymbol{\tau}_1+\boldsymbol{W}_{12}(\boldsymbol{q},\upsilon^2\tilde{\boldsymbol{K}}^{-1}\boldsymbol{\chi})\boldsymbol{\tau}_2\end{aligned} \tag{9-15}$$

$$\begin{aligned}\upsilon^2\ddot{\boldsymbol{\chi}}=&\tilde{\boldsymbol{K}}[-\boldsymbol{W}_{21}(\boldsymbol{q},\upsilon^2\tilde{\boldsymbol{K}}^{-1}\boldsymbol{\chi})\boldsymbol{f}_{\mathrm{I1}}^{\mathrm{a}}(\boldsymbol{q},\dot{\boldsymbol{q}},\upsilon^2\tilde{\boldsymbol{K}}^{-1}\boldsymbol{\chi},\upsilon^2\tilde{\boldsymbol{K}}^{-1}\dot{\boldsymbol{\chi}})-\\ &\boldsymbol{W}_{22}(\boldsymbol{q},\upsilon^2\tilde{\boldsymbol{K}}^{-1}\boldsymbol{\chi})\boldsymbol{f}_{\mathrm{I2}}^{\mathrm{a}}(\boldsymbol{q},\dot{\boldsymbol{q}},\upsilon^2\tilde{\boldsymbol{K}}^{-1}\boldsymbol{\chi},\upsilon^2\tilde{\boldsymbol{K}}^{-1}\dot{\boldsymbol{\chi}})-\\ &\boldsymbol{W}_{22}(\boldsymbol{q},\upsilon^2\tilde{\boldsymbol{K}}^{-1}\boldsymbol{\chi})\boldsymbol{\chi}-\boldsymbol{W}_{21}(\boldsymbol{q},\upsilon^2\tilde{\boldsymbol{K}}^{-1}\boldsymbol{\chi})\boldsymbol{d}_1-\boldsymbol{W}_{22}(\boldsymbol{q},\upsilon^2\tilde{\boldsymbol{K}}^{-1}\boldsymbol{\chi})\boldsymbol{d}_2+\\ &\boldsymbol{W}_{21}(\boldsymbol{q},\upsilon^2\tilde{\boldsymbol{K}}^{-1}\boldsymbol{\chi})\boldsymbol{\tau}_1+\boldsymbol{W}_{22}(\boldsymbol{q},\upsilon^2\tilde{\boldsymbol{K}}^{-1}\boldsymbol{\chi})\boldsymbol{\tau}_2]\end{aligned} \tag{9-16}$$

式(9-15)和式(9-16)组成了陀螺柔性空间机械臂系统的奇异摄动模型。假设$\upsilon=0$，可以从式(9-16)中求得 $\bar{\boldsymbol{\chi}}$ 的表达式为

$$\bar{\boldsymbol{\chi}}=\boldsymbol{W}_{22}^{-1}(\bar{\boldsymbol{q}},\boldsymbol{0})[-\boldsymbol{W}_{21}(\bar{\boldsymbol{q}},\boldsymbol{0})\boldsymbol{f}_{\mathrm{I1}}^{\mathrm{a}}(\bar{\boldsymbol{q}},\dot{\bar{\boldsymbol{q}}},\boldsymbol{0},\boldsymbol{0})-\boldsymbol{W}_{21}(\bar{\boldsymbol{q}},\boldsymbol{0})\boldsymbol{d}_1+\boldsymbol{W}_{21}(\bar{\boldsymbol{q}},\boldsymbol{0})\bar{\boldsymbol{\tau}}_1]-\boldsymbol{f}_{\mathrm{I2}}^{\mathrm{a}}(\bar{\boldsymbol{q}},\dot{\bar{\boldsymbol{q}}},\boldsymbol{0},\boldsymbol{0})-\boldsymbol{d}_2+\bar{\boldsymbol{\tau}}_2 \tag{9-17}$$

其中,上划线表示假设 $\upsilon=0$ 时的系统。将式(9－17)代入到式(9－15)中,并设 $\upsilon=0$,可得

$$\ddot{\bar{\boldsymbol{q}}}=[\boldsymbol{W}_{11}(\bar{\boldsymbol{q}})-\boldsymbol{W}_{12}(\bar{\boldsymbol{q}})\boldsymbol{W}_{22}^{-1}(\bar{\boldsymbol{q}})\boldsymbol{W}_{21}(\bar{\boldsymbol{q}})][-\boldsymbol{f}_{\mathrm{I1}}^{\mathrm{a}}(\bar{\boldsymbol{q}},\dot{\bar{\boldsymbol{q}}})+\bar{\boldsymbol{\tau}}_1]+\boldsymbol{W}_{12}(\bar{\boldsymbol{q}})\boldsymbol{W}_{22}^{-1}(\bar{\boldsymbol{q}})\boldsymbol{W}_{21}\boldsymbol{d}_1+\boldsymbol{W}_{12}(\bar{\boldsymbol{q}})\boldsymbol{d}_2 \tag{9-18}$$

可以证明

$$\boldsymbol{M}_{11}^{-1}(\bar{\boldsymbol{q}})=\boldsymbol{W}_{11}(\bar{\boldsymbol{q}})-\boldsymbol{W}_{12}(\bar{\boldsymbol{q}})\boldsymbol{W}_{22}^{-1}(\bar{\boldsymbol{q}})\boldsymbol{W}_{21}(\bar{\boldsymbol{q}}) \tag{9-19}$$

其中,$\boldsymbol{M}_{11}(\bar{\boldsymbol{q}})$为刚性变量的正定对称阵;$\boldsymbol{f}_{\mathrm{I1}}^{\mathrm{a}}(\bar{\boldsymbol{q}},\dot{\bar{\boldsymbol{q}}})$为变量 $\boldsymbol{q}$ 和 $\dot{\boldsymbol{q}}$ 在刚性模型下的非线性项。

设 $\boldsymbol{x}_1=\boldsymbol{q}$,$\boldsymbol{x}_2=\dot{\boldsymbol{q}}$,$\boldsymbol{z}_1=\boldsymbol{\chi}$,$\boldsymbol{z}_2=\upsilon\boldsymbol{\chi}$,可得到系统式(9－15)和式(9－16)的状态空间模型,即

$$\begin{cases}\dot{\boldsymbol{x}}_1=\boldsymbol{x}_2\\ \dot{\boldsymbol{x}}_2=-\boldsymbol{W}_{11}(\boldsymbol{x}_1,\upsilon^2\tilde{\boldsymbol{K}}^{-1}\boldsymbol{z}_1)\boldsymbol{f}_{\mathrm{I1}}^{\mathrm{a}}(\boldsymbol{x}_1,\boldsymbol{x}_2,\upsilon^2\tilde{\boldsymbol{K}}^{-1}\boldsymbol{z}_1,\upsilon\tilde{\boldsymbol{K}}^{-1}\boldsymbol{z}_2)-\\ \quad\boldsymbol{W}_{12}(\boldsymbol{x}_1,\upsilon^2\tilde{\boldsymbol{K}}^{-1}\boldsymbol{z}_1)\boldsymbol{f}_{\mathrm{I2}}^{\mathrm{a}}(\boldsymbol{x}_1,\boldsymbol{x}_2,\upsilon^2\tilde{\boldsymbol{K}}^{-1}\boldsymbol{z}_1,\upsilon\tilde{\boldsymbol{K}}^{-1}\boldsymbol{z}_2)-\\ \quad\boldsymbol{W}_{12}(\boldsymbol{x}_1,\upsilon^2\tilde{\boldsymbol{K}}^{-1}\boldsymbol{z}_1)\boldsymbol{z}_1-\boldsymbol{W}_{11}(\boldsymbol{x}_1,\upsilon^2\tilde{\boldsymbol{K}}^{-1}\boldsymbol{z}_1)\boldsymbol{d}_1-\boldsymbol{W}_{12}(\boldsymbol{x}_1,\upsilon^2\tilde{\boldsymbol{K}}^{-1}\boldsymbol{z}_1)\boldsymbol{d}_2+\\ \quad\boldsymbol{W}_{11}(\boldsymbol{x}_1,\upsilon^2\tilde{\boldsymbol{K}}^{-1}\boldsymbol{z}_1)\boldsymbol{\tau}_1+\boldsymbol{W}_{12}(\boldsymbol{x}_1,\upsilon^2\tilde{\boldsymbol{K}}^{-1}\boldsymbol{z}_1)\boldsymbol{\tau}_2\end{cases} \tag{9-20}$$

$$\begin{cases}\upsilon\dot{\boldsymbol{z}}_1=\boldsymbol{z}_2\\ \upsilon\dot{\boldsymbol{z}}_2=\tilde{\boldsymbol{K}}[-\boldsymbol{W}_{21}(\boldsymbol{x}_1,\upsilon^2\tilde{\boldsymbol{K}}^{-1}\boldsymbol{z}_1)\boldsymbol{f}_{\mathrm{I1}}^{\mathrm{a}}(\boldsymbol{x}_1,\boldsymbol{x}_2,\upsilon^2\tilde{\boldsymbol{K}}^{-1}\boldsymbol{z}_1,\upsilon\tilde{\boldsymbol{K}}^{-1}\boldsymbol{z}_2)-\\ \quad\boldsymbol{W}_{22}(\boldsymbol{x}_1,\upsilon^2\tilde{\boldsymbol{K}}^{-1}\boldsymbol{z}_1)\boldsymbol{f}_{\mathrm{I1}}^{\mathrm{a}}(\boldsymbol{x}_1,\boldsymbol{x}_2,\upsilon^2\tilde{\boldsymbol{K}}^{-1}\boldsymbol{z}_1,\upsilon\tilde{\boldsymbol{K}}^{-1}\boldsymbol{z}_2)-\\ \quad\boldsymbol{W}_{22}(\boldsymbol{x}_1,\upsilon^2\tilde{\boldsymbol{K}}^{-1}\boldsymbol{z}_1)\boldsymbol{z}_1-\boldsymbol{W}_{21}(\boldsymbol{x}_1,\upsilon^2\tilde{\boldsymbol{K}}^{-1}\boldsymbol{z}_1)\boldsymbol{d}_1-\boldsymbol{W}_{22}(\boldsymbol{x}_1,\upsilon^2\tilde{\boldsymbol{K}}^{-1}\boldsymbol{z}_1)\boldsymbol{d}_2+\\ \quad\boldsymbol{W}_{21}(\boldsymbol{x}_1,\upsilon^2\tilde{\boldsymbol{K}}^{-1}\boldsymbol{z}_1)\boldsymbol{\tau}_1+\boldsymbol{W}_{22}(\boldsymbol{x}_1,\upsilon^2\tilde{\boldsymbol{K}}^{-1}\boldsymbol{z}_1)\boldsymbol{\tau}_2]\end{cases} \tag{9-21}$$

引入快速时间因子 $\delta=t/\upsilon$,定义新变量 $\boldsymbol{\eta}_1=\boldsymbol{z}_1-\bar{\boldsymbol{\chi}}_1$ 和 $\boldsymbol{\eta}_2=\boldsymbol{z}_2$,设 $\upsilon=0$,则可得到快变子系统的动力学方程

$$\begin{cases}\dfrac{\mathrm{d}\boldsymbol{\eta}_1}{\mathrm{d}\delta}=\boldsymbol{\eta}_2\\ \dfrac{\mathrm{d}\boldsymbol{\eta}_2}{\mathrm{d}\delta}=\tilde{\boldsymbol{K}}[-\boldsymbol{W}_{22}(\bar{\boldsymbol{x}}_1,\boldsymbol{0})\boldsymbol{\eta}_1-\boldsymbol{W}_{21}(\bar{\boldsymbol{x}}_1,\boldsymbol{0})\boldsymbol{d}_1-\boldsymbol{W}_{22}(\bar{\boldsymbol{x}}_1,\boldsymbol{0})\boldsymbol{d}_2+\\ \quad\boldsymbol{W}_{21}(\bar{\boldsymbol{x}}_1,\boldsymbol{0})(\boldsymbol{\tau}_1-\bar{\boldsymbol{\tau}}_1)+\boldsymbol{W}_{22}(\bar{\boldsymbol{x}}_1,\boldsymbol{0})(\boldsymbol{\tau}_2-\bar{\boldsymbol{\tau}}_2)]\end{cases} \tag{9-22}$$

其中

$$\bar{\boldsymbol{\chi}}_1=\boldsymbol{W}_{22}^{-1}(\bar{\boldsymbol{q}},\boldsymbol{0})[-\boldsymbol{W}_{21}(\bar{\boldsymbol{q}},\boldsymbol{0})\boldsymbol{f}_{\mathrm{I1}}^{\mathrm{a}}(\bar{\boldsymbol{q}},\dot{\bar{\boldsymbol{q}}},\boldsymbol{0},\boldsymbol{0})+\boldsymbol{W}_{21}(\bar{\boldsymbol{q}},\boldsymbol{0})\bar{\boldsymbol{\tau}}_1]-\boldsymbol{f}_{\mathrm{I2}}^{\mathrm{a}}(\bar{\boldsymbol{q}},\dot{\bar{\boldsymbol{q}}},\boldsymbol{0},\boldsymbol{0})+\bar{\boldsymbol{\tau}}_2 \tag{9-23}$$

9.2.2 复合控制器的设计

基于 9.2.1 节推导内容，全系统的状态向量存在如下关系，即

$$\begin{aligned}\boldsymbol{x}_1&=\bar{\boldsymbol{x}}_1+\boldsymbol{O}(\upsilon),\ \boldsymbol{x}_2=\bar{\boldsymbol{x}}_2+\boldsymbol{O}(\upsilon)\\ \boldsymbol{z}_1&=\bar{\boldsymbol{\chi}}_1+\boldsymbol{\eta}_1+\boldsymbol{O}(\upsilon),\ \boldsymbol{z}_2=\boldsymbol{\eta}_2+\boldsymbol{O}(\upsilon)\end{aligned} \tag{9-24}$$

通过设计慢变控制器，期望 $\boldsymbol{x}_1$ 和 $\boldsymbol{x}_2$ 分别趋向于 $\bar{\boldsymbol{x}}_1$ 和 $\bar{\boldsymbol{x}}_2$，快变控制则会驱动 $\boldsymbol{\eta}_1$ 和 $\boldsymbol{\eta}_2$ 到零。控制目标是实现刚性变量跟踪到参考模型，并使柔性变量以 $\boldsymbol{O}(\upsilon)$ 近似稳定在平衡轨迹 $\bar{\boldsymbol{\chi}}_1$ 上，因此，应用在降阶系统上的控制策略可实现整个系统的稳定。对全系统控制器的设计可以拆分成两个分别针对慢变和快变子系统的反馈控制器 $\bar{\boldsymbol{\tau}}$ 和 $\boldsymbol{\tau}'$ 的设计，即

$$\boldsymbol{\tau}=\bar{\boldsymbol{\tau}}(\bar{\boldsymbol{x}}_1,\bar{\boldsymbol{x}}_2)+\boldsymbol{\tau}'(\boldsymbol{x}_1,\boldsymbol{\eta}_1,\boldsymbol{\eta}_2) \tag{9-25}$$

式(9-25)满足约束 $\boldsymbol{\tau}'(\boldsymbol{x}_1,\boldsymbol{0},\boldsymbol{0})=\boldsymbol{0}$，因此，控制向量 $\bar{\boldsymbol{\tau}}$ 和 $\boldsymbol{\tau}'$ 可表示为

$$\bar{\boldsymbol{\tau}}=\begin{bmatrix}\bar{\boldsymbol{\tau}}_1\\ \bar{\boldsymbol{\tau}}_2\end{bmatrix},\ \boldsymbol{\tau}'=\begin{bmatrix}\boldsymbol{\tau}'_1\\ \boldsymbol{\tau}'_2\end{bmatrix} \tag{9-26}$$

其中，$\bar{\boldsymbol{\tau}}_1$ 和 $\boldsymbol{\tau}_1'$ 组成了全系统的控制变量 $\boldsymbol{\tau}_1$，而 $\boldsymbol{\tau}_2=\bar{\boldsymbol{\tau}}_2+\boldsymbol{\tau}_2'$。对于慢变子系统，自适应滑模控制器用于实现模型不确定性和外部干扰的鲁棒性，慢变子系统式(9-18)可写为

$$\ddot{\bar{\boldsymbol{q}}}=\bar{\boldsymbol{B}}(-\boldsymbol{f}_{\mathrm{I1}}^{\mathrm{a}}+\bar{\boldsymbol{\tau}}_1)+\boldsymbol{W}_{12}\boldsymbol{W}_{22}^{-1}\boldsymbol{W}_{21}\boldsymbol{d}_1+\boldsymbol{W}_{12}\boldsymbol{d}_2 \tag{9-27}$$

其中，$\bar{\boldsymbol{B}}=\boldsymbol{M}_{11}^{-1}(\bar{\boldsymbol{q}})$。慢变子系统中存在模型不确定性，将 $\bar{\boldsymbol{B}}$ 和 $\boldsymbol{f}_{\mathrm{I1}}^{\mathrm{a}}$ 表示为确定项和不确定项的形式，即

$$\bar{\boldsymbol{B}}=\bar{\boldsymbol{B}}_0+\Delta\bar{\boldsymbol{B}},\quad \boldsymbol{f}_{\mathrm{I1}}^{\mathrm{a}}=\boldsymbol{f}_{I1}^{a0}+\Delta\boldsymbol{f}_{\mathrm{I1}}^{\mathrm{a}} \tag{9-28}$$

其中，$\bar{\boldsymbol{B}}_0$ 和 $\boldsymbol{f}_{\mathrm{I1}}^{\mathrm{a0}}$ 为确定项；$\Delta\bar{\boldsymbol{B}}$ 和 $\Delta\boldsymbol{f}_{\mathrm{I1}}^{\mathrm{a}}$ 为不确定项。因此，式(9-27)可写为

$$\ddot{\bar{\boldsymbol{q}}}=\bar{\boldsymbol{B}}_0(\bar{\boldsymbol{\tau}}_1-\boldsymbol{f}_{\mathrm{I1}}^{\mathrm{a0}})+\boldsymbol{f}_1 \tag{9-29}$$

其中

$$\boldsymbol{f}_1=-\bar{\boldsymbol{B}}_0\Delta\boldsymbol{f}_{\mathrm{I1}}^{\mathrm{a}}+\Delta\bar{\boldsymbol{B}}(-\boldsymbol{f}_{\mathrm{I1}}^{\mathrm{a0}}-\Delta\boldsymbol{f}_{\mathrm{I1}}^{\mathrm{a}}+\bar{\boldsymbol{\tau}}_1)+\boldsymbol{W}_{12}\boldsymbol{W}_{22}^{-1}\boldsymbol{W}_{21}\boldsymbol{d}_1+\boldsymbol{W}_{12}\boldsymbol{d}_2 \tag{9-30}$$

不确定项 $\boldsymbol{f}_1$ 中包含了所有元素的不确定性，且不确定项 $\boldsymbol{f}_1$ 有界，即 $\|\boldsymbol{f}_1\|<\bar{r}$。假设不确定项 $\boldsymbol{f}_1$ 满足匹配条件，则要确保其在输入矩阵 $\bar{\boldsymbol{B}}_0$ 的范围空间中。

慢变控制目标是实现轨迹的跟踪，可以将系统的轨迹保持在滑模面 $\boldsymbol{s}=\boldsymbol{0}$ 上。因此，设计滑模面

$$\boldsymbol{s}=\dot{\boldsymbol{e}}+\boldsymbol{\Lambda}\boldsymbol{e} \tag{9-31}$$

其中，$\dot{\boldsymbol{e}}=\dot{\boldsymbol{q}}_{\mathrm{d}}-\dot{\bar{\boldsymbol{q}}}$，$\boldsymbol{e}=\boldsymbol{q}_{\mathrm{d}}-\bar{\boldsymbol{q}}$ 分别为误差速率向量和跟踪误差向量，$\boldsymbol{q}_{\mathrm{d}}$ 为期望的轨迹；$\boldsymbol{\Lambda}$ 为正定对角阵。对式(9-31)求导，可得

$$\dot{\boldsymbol{s}}=\ddot{\boldsymbol{e}}+\boldsymbol{\Lambda}\dot{\boldsymbol{e}}=\ddot{\boldsymbol{q}}_{\mathrm{d}}-\bar{\boldsymbol{B}}_0(\bar{\boldsymbol{\tau}}_1-\boldsymbol{f}_{\mathrm{I1}}^{\mathrm{a0}})-\boldsymbol{f}_1+\boldsymbol{\Lambda}(\dot{\boldsymbol{q}}_{\mathrm{d}}-\dot{\bar{\boldsymbol{q}}}) \tag{9-32}$$

基于菲利波夫的动力学[2]描述 $\dot{\boldsymbol{s}}=\boldsymbol{0}$，并考虑名义系统的等价控制项 $\bar{\boldsymbol{\tau}}_{\mathrm{eq}}$，可设计等价控制器为

$$\bar{\boldsymbol{\tau}}_{\mathrm{eq}}=\bar{\boldsymbol{B}}_0^{-1}[\ddot{\boldsymbol{q}}_{\mathrm{d}}+\boldsymbol{\Lambda}(\dot{\boldsymbol{q}}_{\mathrm{d}}-\dot{\bar{\boldsymbol{q}}})_1]+\boldsymbol{f}_{\mathrm{I1}}^{\mathrm{a0}} \tag{9-33}$$

反馈项 $\bar{\boldsymbol{\tau}}_{\mathrm{pd}}$ 用于提高系统的瞬态特性，将其定义为

$$\bar{\boldsymbol{\tau}}_{\mathrm{pd}}=\bar{\boldsymbol{B}}_0^{-1}\boldsymbol{C}\boldsymbol{s}=\bar{\boldsymbol{B}}_0^{-1}\boldsymbol{C}(\dot{\boldsymbol{e}}+\boldsymbol{\Lambda}\boldsymbol{e}) \tag{9-34}$$

其中，$\boldsymbol{C}$ 为正定对角阵。

自适应转换项 $\bar{\boldsymbol{\tau}}_{\mathrm{ad}}$ 用于确保滑模面的稳定，以及抵抗外部干扰以实现系统的鲁棒性，将其定义为

$$\bar{\boldsymbol{\tau}}_{\mathrm{ad}}=\bar{\boldsymbol{B}}_0^{-1}[\hat{r}\cdot\mathrm{sgn}(\boldsymbol{s})] \tag{9-35}$$

其中，$\hat{r}$ 为 $\bar{r}$ 的估计值，而 $\bar{r}$ 为不确定项 $\boldsymbol{f}_1$ 的上界。自适应估计律可写为

$$\dot{\hat{r}}=\nu\|\boldsymbol{s}\| \tag{9-36}$$

其中，ν 为正常数。因此，慢变子系统的控制律为

$$\bar{\boldsymbol{\tau}}_1=\bar{\boldsymbol{\tau}}_{\mathrm{eq}}+\bar{\boldsymbol{\tau}}_{\mathrm{pd}}+\bar{\boldsymbol{\tau}}_{\mathrm{ad}}=\bar{\boldsymbol{B}}_0^{-1}[\ddot{\boldsymbol{q}}_{\mathrm{d}}+\boldsymbol{\Lambda}(\dot{\boldsymbol{q}}_{\mathrm{d}}-\dot{\bar{\boldsymbol{q}}})+\boldsymbol{C}\boldsymbol{s}+\hat{r}\cdot\mathrm{sgn}(\boldsymbol{s})]+\boldsymbol{f}_{\mathrm{I1}}^{\mathrm{a0}} \tag{9-37}$$

定义自适应的估计误差为 $\overset{\frown}{\bar{r}}=\hat{r}-\bar{r}$，选择如下李雅普诺夫函数，即

$$V=\frac{1}{2}\boldsymbol{s}^{\mathrm{T}}\boldsymbol{s}+\frac{1}{2}\alpha\overset{\frown}{\bar{r}}{}^2 \tag{9-38}$$

对式(9-38)求导，可得

$$\dot{V}=\boldsymbol{s}^{\mathrm{T}}\dot{\boldsymbol{s}}+\alpha\overset{\frown}{\bar{r}}\dot{\hat{r}} \tag{9-39}$$

将式(9-32)代入式(9-39)，可得

$$\dot{V}=\boldsymbol{s}^{\mathrm{T}}[-\boldsymbol{C}\boldsymbol{s}-\hat{r}\cdot\mathrm{sgn}(\boldsymbol{s})-\boldsymbol{f}_1]+\alpha(\hat{r}-\bar{r})\dot{\hat{r}} \tag{9-40}$$

将式(9-36)代入到式(9-40)中，可得

$$\dot{V}=-\boldsymbol{s}^{\mathrm{T}}\boldsymbol{C}\boldsymbol{s}-\boldsymbol{s}^{\mathrm{T}}\hat{r}\cdot\mathrm{sgn}(\boldsymbol{s})-\boldsymbol{s}^{\mathrm{T}}\boldsymbol{f}_1+\alpha(\hat{r}-\bar{r})\nu\|\boldsymbol{s}\| \tag{9-41}$$

由于 $\boldsymbol{C}$ 为正定对角阵，因此有

$$\begin{aligned}\dot{V} &\leqslant \|\boldsymbol{f}_1\| \|\boldsymbol{s}\| - \bar{r}\|\boldsymbol{s}\| - \hat{r}\|\boldsymbol{s}\| + \bar{r}\|\boldsymbol{s}\| + \alpha\nu(\hat{r}-\bar{r})\|\boldsymbol{s}\| \\ &\leqslant -(\bar{r} - \|\boldsymbol{f}_1\|)\|\boldsymbol{s}\| - (\hat{r}-\bar{r})\|\boldsymbol{s}\| + \alpha\nu(\hat{r}-\bar{r})\|\boldsymbol{s}\| \\ &\leqslant -(\bar{r} - \|\boldsymbol{f}_1\|)\|\boldsymbol{s}\| - (\|\boldsymbol{s}\| - \alpha\nu\|\boldsymbol{s}\|)(\hat{r}-\bar{r}) \\ &\leqslant -\sqrt{2}\rho_{\mathrm{s}}\|\boldsymbol{s}/\sqrt{2}\| - \sqrt{2/\alpha}\rho_{\nu}(\hat{r}-\bar{r})\sqrt{\alpha/2} \\ &\leqslant -\rho[\|\boldsymbol{s}/\sqrt{2}\| + (\hat{r}-\bar{r})\sqrt{\alpha/2}] \leqslant -\rho \boldsymbol{V}^{1/2} \end{aligned} \tag{9-42}$$

其中，$\rho_{\mathrm{s}} = (\bar{r} - \|\boldsymbol{f}_1\|)$；$\rho_{\nu} = (\|\boldsymbol{s}\| - \alpha\nu\|\boldsymbol{s}\|)$；$\rho = \min\{\sqrt{2}\rho_{\mathrm{s}}, \sqrt{2/\alpha}\rho_{\nu}\}$。式(9-42)在 $\dot{\hat{r}} = \nu\|\boldsymbol{s}\|$，$\rho_{\mathrm{s}} > 0$，$\rho_{\nu} > 0$，$\|\boldsymbol{f}_1\| < \bar{r}$ 及 $\alpha < 1/\nu$ 的条件下成立，因此，系统是有限时间收敛的。

非连续控制律式(9-41)可能会导致系统的颤振，因此，可采用非连续符号函数替代连续饱和函数，则自适应滑模控制器可修正为

$$\bar{\boldsymbol{\tau}}_1 = \bar{\boldsymbol{B}}_0^{-1}[\ddot{\boldsymbol{q}}_{\mathrm{d}} + \boldsymbol{\Lambda}(\dot{\boldsymbol{q}}_{\mathrm{d}} - \dot{\boldsymbol{q}}) + \boldsymbol{C}\boldsymbol{s} + \hat{r} \cdot \mathrm{sat}(\boldsymbol{s}/\kappa)] + \boldsymbol{f}_{11}^{\mathrm{a}0} \tag{9-43}$$

其中，κ 为小的正常数。以上控制律实现了鲁棒性和跟踪精度之间的权衡。另外，$\|\boldsymbol{s}\|$ 在有限时间内并不能精确到零，因此，自适应参数可能会增大到无穷大。将自适应估计律修正为

$$\dot{\hat{r}} = \begin{cases} \nu\|\boldsymbol{s}\|, & \|\boldsymbol{s}\| \geqslant \gamma \\ 0, & \|\boldsymbol{s}\| < \gamma \end{cases} \tag{9-44}$$

其中，γ 为小的正常数。

可以看出 $\bar{\boldsymbol{\tau}}_2$ 对慢变子系统没有影响，因此，将 $\bar{\boldsymbol{\tau}}_2$ 设为零。从式(9-22)中可以看出，快变子系统中同样存在不确定性。将 $\boldsymbol{W}_{21}$ 和 $\boldsymbol{W}_{22}$ 表示为

$$\boldsymbol{W}_{21} = \boldsymbol{W}_{21}^0 + \Delta\boldsymbol{W}_{21},\ \boldsymbol{W}_{22} = \boldsymbol{W}_{22}^0 + \Delta\boldsymbol{W}_{22} \tag{9-45}$$

其中，$\boldsymbol{W}_{21}^0$ 和 $\boldsymbol{W}_{22}^0$ 为已知部分；$\Delta\boldsymbol{W}_{21}$ 和 $\Delta\boldsymbol{W}_{22}$ 为未知部分。因此，快变子系统可写为

$$\begin{cases} \dfrac{\mathrm{d}\boldsymbol{\eta}_1}{\mathrm{d}\delta} = \boldsymbol{\eta}_2 \\ \dfrac{\mathrm{d}\boldsymbol{\eta}_2}{\mathrm{d}\delta} = -\tilde{\boldsymbol{K}}\boldsymbol{W}_{22}^0(\bar{\boldsymbol{x}}_1, \boldsymbol{0})\boldsymbol{\eta}_1 + \tilde{\boldsymbol{K}}\boldsymbol{W}_{21}^0(\bar{\boldsymbol{x}}_1, \boldsymbol{0})\boldsymbol{\tau}'_1 + \tilde{\boldsymbol{K}}\boldsymbol{W}_{22}^0(\bar{\boldsymbol{x}}_1, \boldsymbol{0})\boldsymbol{\tau}'_2 + \boldsymbol{f}_2 \end{cases} \tag{9-46}$$

其中，所有快变子系统中的不确定性元素都聚集在 $\boldsymbol{f}_2$ 中，即

$$\boldsymbol{f}_2 = \tilde{\boldsymbol{K}}\Delta\boldsymbol{W}_{22}(\bar{\boldsymbol{x}}_1, \boldsymbol{0})\boldsymbol{\eta}_1 + \tilde{\boldsymbol{K}}\Delta\boldsymbol{W}_{21}(\bar{\boldsymbol{x}}_1, \boldsymbol{0})\boldsymbol{\tau}'_1 + \tilde{\boldsymbol{K}}\Delta\boldsymbol{W}_{22}(\bar{\boldsymbol{x}}_1, \boldsymbol{0})\boldsymbol{\tau}'_2 - \tilde{\boldsymbol{K}}\boldsymbol{W}_{21}\boldsymbol{d}_1 - \tilde{\boldsymbol{K}}\boldsymbol{W}_{22}\boldsymbol{d}_2 \tag{9-47}$$

假设不确定项 $\boldsymbol{f}_2$ 满足

$$\boldsymbol{f}_2 = \left[\tilde{\boldsymbol{K}}\boldsymbol{W}_{21}^0(\bar{\boldsymbol{x}}_1, \boldsymbol{0}) \quad \tilde{\boldsymbol{K}}\boldsymbol{W}_{22}^0(\bar{\boldsymbol{x}}_1, \boldsymbol{0})\right]\boldsymbol{f}'_2 \tag{9-48}$$

因此，快变子系统的状态方程可写为

$$\frac{\mathrm{d}\boldsymbol{\eta}}{\mathrm{d}\delta}=\boldsymbol{A}\boldsymbol{\eta}+\boldsymbol{B}(\boldsymbol{\tau}'+\boldsymbol{f}'_2) \tag{9-49}$$

其中

$$\boldsymbol{A}=\begin{bmatrix}\boldsymbol{0} & \boldsymbol{I}\\ -\widetilde{\boldsymbol{K}}\boldsymbol{W}_{22}^{0}(\bar{\boldsymbol{x}}_1,\boldsymbol{0}) & \boldsymbol{0}\end{bmatrix},\ \boldsymbol{B}=\begin{bmatrix}\boldsymbol{0}\\ \widetilde{\boldsymbol{K}}\boldsymbol{W}_{\mathrm{f}}(\bar{\boldsymbol{x}}_1,\boldsymbol{0})\end{bmatrix}$$

$$\boldsymbol{W}_{\mathrm{f}}=\begin{bmatrix}\boldsymbol{W}_{21}^{0} & \boldsymbol{W}_{22}^{0}\end{bmatrix}$$

$$\boldsymbol{\eta}=\begin{bmatrix}\boldsymbol{\eta}_1^{\mathrm{T}} & \boldsymbol{\eta}_2^{\mathrm{T}}\end{bmatrix}^{\mathrm{T}}$$

奇异摄动理论要求快变子系统渐近稳定在平衡轨迹式(9－23)上，因此，设计快变子系统的自适应控制器为

$$\boldsymbol{\tau}'=-\hat{\boldsymbol{f}}'_2-\boldsymbol{R}^{-1}\boldsymbol{B}^{\mathrm{T}}\boldsymbol{P}\boldsymbol{\eta} \tag{9-50}$$

其中，$\boldsymbol{P}$ 为黎卡提方程 $\boldsymbol{A}^{\mathrm{T}}\boldsymbol{P}+\boldsymbol{P}\boldsymbol{A}-\boldsymbol{P}\boldsymbol{B}\boldsymbol{R}^{-1}\boldsymbol{B}^{\mathrm{T}}\boldsymbol{P}+\boldsymbol{Q}=\boldsymbol{0}$ 的解，$\boldsymbol{Q}$ 和 $\boldsymbol{R}$ 为正定对称阵；$\hat{\boldsymbol{f}}'_2$为不确定项 $\hat{\boldsymbol{f}}'_2$的估计，估计律为

$$\frac{\mathrm{d}\hat{\boldsymbol{f}}'_2}{\mathrm{d}\delta}=\boldsymbol{B}^{\mathrm{T}}\boldsymbol{P}\boldsymbol{\eta} \tag{9-51}$$

为了证明快变子系统的稳定性，定义快变子系统的李雅普诺夫函数为

$$L=\boldsymbol{\eta}^{\mathrm{T}}\boldsymbol{P}\boldsymbol{\eta}+\hat{\boldsymbol{f}}'^{\mathrm{T}}_2\hat{\boldsymbol{f}}'_2 \tag{9-52}$$

将式(9－52)对 δ 求导，可得

$$\frac{\mathrm{d}L}{\mathrm{d}\delta}=\frac{\mathrm{d}\boldsymbol{\eta}^{\mathrm{T}}}{\mathrm{d}\delta}\boldsymbol{P}\boldsymbol{\eta}+\boldsymbol{\eta}^{\mathrm{T}}\boldsymbol{P}\frac{\mathrm{d}\boldsymbol{\eta}}{\mathrm{d}\delta}+2\frac{\mathrm{d}\hat{\boldsymbol{f}}'^{\mathrm{T}}_2}{\mathrm{d}\delta}\hat{\boldsymbol{f}}'_2 \tag{9-53}$$

将式(9－49)和式(9－51)代入式(9－53)中，可得

$$\frac{\mathrm{d}L}{\mathrm{d}\delta}=\boldsymbol{\eta}^{\mathrm{T}}(\boldsymbol{A}^{\mathrm{T}}\boldsymbol{P}+\boldsymbol{P}\boldsymbol{A})\boldsymbol{\eta}+\boldsymbol{\tau}'^{\mathrm{T}}\boldsymbol{B}^{\mathrm{T}}\boldsymbol{P}\boldsymbol{\eta}+\boldsymbol{\eta}^{\mathrm{T}}\boldsymbol{P}\boldsymbol{B}\boldsymbol{\tau}'+(\boldsymbol{B}^{\mathrm{T}}\boldsymbol{P}\boldsymbol{\eta})^{\mathrm{T}}\hat{\boldsymbol{f}}'_2+\hat{\boldsymbol{f}}'^{\mathrm{T}}_2(\boldsymbol{B}^{\mathrm{T}}\boldsymbol{P}\boldsymbol{\eta}) \tag{9-54}$$

将式(9－50)代入到式(9－54)中，可得

$$\begin{aligned}\frac{\mathrm{d}L}{\mathrm{d}\delta}&=\boldsymbol{\eta}^{\mathrm{T}}(\boldsymbol{A}^{\mathrm{T}}\boldsymbol{P}+\boldsymbol{P}\boldsymbol{A}-2\boldsymbol{P}\boldsymbol{B}\boldsymbol{R}^{-1}\boldsymbol{B}^{\mathrm{T}}\boldsymbol{P})\boldsymbol{\eta}\\&=-\boldsymbol{\eta}^{\mathrm{T}}(\boldsymbol{Q}+\boldsymbol{P}\boldsymbol{B}\boldsymbol{R}^{-1}\boldsymbol{B}^{\mathrm{T}}\boldsymbol{P})\boldsymbol{\eta}\\&\leqslant-\boldsymbol{\eta}^{\mathrm{T}}\boldsymbol{Q}\boldsymbol{\eta}\leqslant 0\end{aligned} \tag{9-55}$$

因此，快变子系统具有李雅普诺夫稳定性。由式(9－52)可知，$L\geqslant 0$，由式(9－55)可知，$\mathrm{d}L/\mathrm{d}\delta\leqslant 0$，定义$\lim\limits_{\delta\to\infty}L(\delta)=L(\infty)$，则存在

$$\int_0^{\infty}\boldsymbol{\eta}^{\mathrm{T}}\boldsymbol{Q}\boldsymbol{\eta}\,\mathrm{d}\delta\leqslant L(0)-L(\infty) \tag{9-56}$$

由式(9-56)可知,当 $\delta\to\infty$ 时,$\int_0^\infty \boldsymbol{\eta}^{\mathrm{T}}\boldsymbol{Q}\boldsymbol{\eta}\,\mathrm{d}\delta$ 有界。使用芭芭拉引理[2]可得,当 $\delta\to\infty$ 时,$\boldsymbol{\eta}^{\mathrm{T}}\boldsymbol{Q}\boldsymbol{\eta}\to 0$。由于 $\boldsymbol{Q}$ 为正定对称阵,因此,当 $\delta\to\infty$ 时,$\boldsymbol{\eta}\to\boldsymbol{0}$。继而,当 $t\to\infty$ 时,$\boldsymbol{\eta}\to\boldsymbol{0}$。因此,快变子系统是渐近稳定的。

9.2.3 变速控制力矩陀螺操纵律设计

全系统的控制量为广义主动力,该广义主动力是由 VSCMG 的陀螺力矩产生的,可表示为

$$\boldsymbol{\tau}_1=\begin{bmatrix}\boldsymbol{0}\\ \boldsymbol{f}_0^{\mathrm{A}}\\ \boldsymbol{f}_1^{\mathrm{A}}\\ \boldsymbol{f}_2^{\mathrm{A}}\\ \boldsymbol{f}_3^{\mathrm{A}}\\ \boldsymbol{f}_4^{\mathrm{A}}\end{bmatrix},\ \boldsymbol{\tau}_2=\begin{bmatrix}\boldsymbol{f}_{\dot{\xi}2}^{\mathrm{A}}\\ \boldsymbol{f}_{\dot{\xi}3}^{\mathrm{A}}\end{bmatrix} \tag{9-57}$$

其中,$\boldsymbol{f}_0^{\mathrm{A}}$ 为星本体的控制力矩,实现星本体 B_0 的机动控制;$\boldsymbol{f}_0^{\mathrm{A}}\sim\boldsymbol{f}_4^{\mathrm{A}}$ 分别为第一到第四节臂杆上的控制力矩;$\boldsymbol{f}_{\dot{\xi}2}^{A}$ 和 $\boldsymbol{f}_{\dot{\xi}3}^{A}$ 为模态力,用于柔性臂杆 B_2 和 B_3 的振动抑制。对星本体的平动不做控制,星本体的平动跟踪是实时跟踪当前位置,以达到无控的效果。

每个广义速率的广义主动力与执行机构的指令之间具有直接关系,可表示为

$$\begin{cases}\boldsymbol{f}_0^{\mathrm{A}}=\boldsymbol{D}_{\varepsilon0}\boldsymbol{Y}_0+\boldsymbol{R}_{0,1}\boldsymbol{D}_{\varepsilon1}\boldsymbol{Y}_1+\boldsymbol{R}_{0,2}\boldsymbol{D}_{\varepsilon2}\boldsymbol{Y}_2+\boldsymbol{R}_{0,3}\boldsymbol{D}_{\varepsilon3}\boldsymbol{Y}_3+\boldsymbol{R}_{0,4}\boldsymbol{D}_{\varepsilon4}\boldsymbol{Y}_4\\ \boldsymbol{f}_1^{\mathrm{A}}=\boldsymbol{U}_1^{\mathrm{T}}\boldsymbol{D}_{\varepsilon1}\boldsymbol{Y}_1+\boldsymbol{U}_1^{\mathrm{T}}\boldsymbol{R}_{1,2}\boldsymbol{D}_{\varepsilon2}\boldsymbol{Y}_2+\boldsymbol{U}_1^{\mathrm{T}}\boldsymbol{R}_{1,3}\boldsymbol{D}_{\varepsilon3}\boldsymbol{Y}_3+\boldsymbol{U}_1^{\mathrm{T}}\boldsymbol{R}_{1,4}\boldsymbol{D}_{\varepsilon4}\boldsymbol{Y}_4\\ \boldsymbol{f}_2^{\mathrm{A}}=\boldsymbol{U}_2^{\mathrm{T}}\boldsymbol{D}_{\varepsilon2}\boldsymbol{Y}_2+\boldsymbol{U}_2^{\mathrm{T}}\boldsymbol{R}_{2,3}\boldsymbol{D}_{\varepsilon3}\boldsymbol{Y}_3+\boldsymbol{U}_2^{\mathrm{T}}\boldsymbol{R}_{2,4}\boldsymbol{D}_{\varepsilon4}\boldsymbol{Y}_4\\ \boldsymbol{f}_3^{\mathrm{A}}=\boldsymbol{U}_3^{\mathrm{T}}\boldsymbol{D}_{\varepsilon3}\boldsymbol{Y}_3+\boldsymbol{U}_3^{\mathrm{T}}\boldsymbol{R}_{3,4}\boldsymbol{D}_{\varepsilon4}\boldsymbol{Y}_4\\ \boldsymbol{f}_4^{A}=\boldsymbol{D}_{\varepsilon4}\boldsymbol{Y}_4\\ \boldsymbol{f}_{\dot{\xi}2}^{A}=\boldsymbol{D}_{\dot{\xi}2}\boldsymbol{Y}_2+\boldsymbol{D}_{\dot{\xi}2,3}\boldsymbol{Y}_3+\boldsymbol{D}_{\dot{\xi}2,4}\boldsymbol{Y}_4\\ \boldsymbol{f}_{\dot{\xi}3}^{A}=\boldsymbol{D}_{\dot{\xi}3}\boldsymbol{Y}_3+\boldsymbol{D}_{\dot{\xi}3,4}\boldsymbol{Y}_4\end{cases} \tag{9-58}$$

其中,$\boldsymbol{R}_{i,j}$ 为坐标系 O_j 到 O_i 的坐标转换矩阵;$\boldsymbol{U}_j$ 为关节转轴的方向向量在坐标 O_j 中的表示;$\boldsymbol{Y}_j=\begin{bmatrix}\dot{\boldsymbol{\varepsilon}}_j^{\mathrm{T}} & \dot{\boldsymbol{\Gamma}}_j^{\mathrm{T}}\end{bmatrix}^{\mathrm{T}}$ 为体 B_j 上 VSCMG 的输入命令。变量 $\boldsymbol{D}_{\varepsilon0}$,$\boldsymbol{D}_{\varepsilon1}$,$\boldsymbol{D}_{\varepsilon2}$,$\boldsymbol{D}_{\varepsilon3}$,$\boldsymbol{D}_{\varepsilon4}$,$\boldsymbol{D}_{\dot{\xi}2}$,$\boldsymbol{D}_{\dot{\xi}3}$,$\boldsymbol{D}_{\dot{\xi}2,3}$,$\boldsymbol{D}_{\dot{\xi}2,4}$ 和 $\boldsymbol{D}_{\dot{\xi}3,4}$ 随着框架角的变化而变化,可通过式(9-7)和式(9-8)计算得到,即

$$\boldsymbol{D}_{\varepsilon j}=\begin{bmatrix}\boldsymbol{p}_{z1}^{j}h_1^j & \cdots & \boldsymbol{p}_{zi}^{j}h_i^j\cdots & \boldsymbol{p}_{zn_{gj}}^{j}h_{n_{gj}}^j & \boldsymbol{p}_{y1}^{j}I_{r1}^{jy}\cdots & \boldsymbol{p}_{yi}^{j}I_{ri}^{jy} & \cdots & \boldsymbol{p}_{yn_{gj}}^{j}I_{rn_{gj}}^{jy}\end{bmatrix}$$

$$\boldsymbol{D}_{\dot{\xi}j}=[\boldsymbol{\Psi}_{g1}^{j\mathrm{T}}\boldsymbol{p}_{z1}^{j}h_1^j\cdots\boldsymbol{\Psi}_{gi}^{j\mathrm{T}}\boldsymbol{p}_{zi}^{j}h_i^j\cdots\boldsymbol{\Psi}_{gn_{gj}}^{j\mathrm{T}}\boldsymbol{p}_{zn_{gj}}^{j}h_{n_{gj}}^j\ \boldsymbol{\Psi}_{g1}^{j\mathrm{T}}\boldsymbol{p}_{y1}^{j}I_{r1}^{jy}\cdots\boldsymbol{\Psi}_{gi}^{j\mathrm{T}}\boldsymbol{p}_{yi}^{j}I_{ri}^{jy}\cdots\boldsymbol{\Psi}_{gn_{gj}}^{j\mathrm{T}}\boldsymbol{p}_{yn_{gj}}^{j}I_{rn_{gj}}^{jy}]$$

$$\boldsymbol{D}_{\dot{\xi}2,3}=\boldsymbol{\Psi}_{2,3}^{\mathrm{T}}\boldsymbol{R}_{2,3}\boldsymbol{D}_{\varepsilon3},\boldsymbol{D}_{\dot{\xi}2,4}=\boldsymbol{\Psi}_{2,3}^{\mathrm{T}}\boldsymbol{R}_{2,4}\boldsymbol{D}_{\varepsilon4}$$

$$\boldsymbol{D}_{\dot{\xi}3,4}=\boldsymbol{\Psi}_{3,4}^{\mathrm{T}}\boldsymbol{R}_{3,4}\boldsymbol{D}_{\varepsilon4}$$

其中，$\boldsymbol{\Psi}_{2,3}$ 和 $\boldsymbol{\Psi}_{3,4}$ 是柔性臂杆 B_2 和 B_3 端点处的转角模态矩阵。

从式(9－58)中可以看出，安装在连杆 B_2，B_3 和 B_4 上的 VSCMG 对刚性运动和柔性运动都有影响。假设安装在柔性臂杆 B_2 和 B_3 上的 VSCMG，在靠近各自体坐标系原点的执行机构驱动中，只用于刚性运动的控制，则式(9－58)可转换为

$$\boldsymbol{f}_0^{\mathrm{A}}=\boldsymbol{D}_{\varepsilon0}\boldsymbol{Y}_0+\boldsymbol{R}_{0,1}\boldsymbol{D}_{\varepsilon1}\boldsymbol{Y}_1+\boldsymbol{R}_{0,2}\boldsymbol{D}_{\varepsilon2}\boldsymbol{Y}_2+\boldsymbol{R}_{0,3}\boldsymbol{D}_{\varepsilon3}\boldsymbol{Y}_3+\boldsymbol{R}_{0,4}\boldsymbol{D}_{\varepsilon4}\boldsymbol{Y}_4 \tag{9-59}$$

$$\boldsymbol{f}_1^{\mathrm{A}}=\boldsymbol{U}_1^{\mathrm{T}}\boldsymbol{D}_{\varepsilon1}\boldsymbol{Y}_1+\boldsymbol{U}_1^{\mathrm{T}}\boldsymbol{R}_{1,2}\boldsymbol{D}_{\varepsilon2}\boldsymbol{Y}_2+\boldsymbol{U}_1^{\mathrm{T}}\boldsymbol{R}_{1,3}\boldsymbol{D}_{\varepsilon3}\boldsymbol{Y}_3+\boldsymbol{U}_1^{\mathrm{T}}\boldsymbol{R}_{1,4}\boldsymbol{D}_{\varepsilon4}\boldsymbol{Y}_4 \tag{9-60}$$

$$\boldsymbol{f}_2^{\mathrm{A}}=\boldsymbol{U}_2^{\mathrm{T}}\boldsymbol{D}_{\varepsilon2,\mathrm{m}}\boldsymbol{Y}_{2,\mathrm{m}}+\boldsymbol{U}_2^{\mathrm{T}}\boldsymbol{D}_{\varepsilon2,v}\boldsymbol{Y}_{2,v}+\boldsymbol{U}_2^{\mathrm{T}}\boldsymbol{R}_{2,3}\boldsymbol{D}_{\varepsilon3}\boldsymbol{Y}_3+\boldsymbol{U}_2^{\mathrm{T}}\boldsymbol{R}_{2,4}\boldsymbol{D}_{\varepsilon4}\boldsymbol{Y}_4 \tag{9-61}$$

$$\boldsymbol{f}_3^{\mathrm{A}}=\boldsymbol{U}_3^{\mathrm{T}}\boldsymbol{D}_{\varepsilon3,\mathrm{m}}\boldsymbol{Y}_{3,\mathrm{m}}+\boldsymbol{U}_3^{\mathrm{T}}\boldsymbol{D}_{\varepsilon3,v}\boldsymbol{Y}_{3,v}+\boldsymbol{U}_3^{\mathrm{T}}\boldsymbol{R}_{3,4}\boldsymbol{D}_{\varepsilon4}\boldsymbol{Y}_4 \tag{9-62}$$

$$\boldsymbol{f}_4^{\mathrm{A}}=\boldsymbol{D}_{\varepsilon4}\boldsymbol{Y}_4 \tag{9-63}$$

$$\boldsymbol{f}_{\dot{\xi}2}^{\mathrm{A}}=\boldsymbol{D}_{\dot{\xi}2,\mathrm{v}}\boldsymbol{Y}_{2,\mathrm{v}}+\boldsymbol{D}_{\dot{\xi}2,3}\boldsymbol{Y}_3+\boldsymbol{D}_{\dot{\xi}2,4}\boldsymbol{Y}_4 \tag{9-64}$$

$$\boldsymbol{f}_{\dot{\xi}3}^{\mathrm{A}}=\boldsymbol{D}_{\dot{\xi}3,\mathrm{v}}\boldsymbol{Y}_{3,\mathrm{v}}+\boldsymbol{D}_{\dot{\xi}3,4}\boldsymbol{Y}_4 \tag{9-65}$$

其中，$\boldsymbol{Y}_{j,\mathrm{v}}=\begin{bmatrix}\dot{\boldsymbol{\varepsilon}}_{j,\mathrm{v}}^{\mathrm{T}} & \dot{\boldsymbol{\Gamma}}_{j,\mathrm{v}}^{\mathrm{T}}\end{bmatrix}^{\mathrm{T}}$ 为柔性臂杆 B_j 上靠近其外接体的 VSCMG 的输入指令，其中，$\dot{\boldsymbol{\varepsilon}}_{j,\mathrm{v}}=\begin{bmatrix}\dot{\varepsilon}_1^j & \dot{\varepsilon}_2^j\end{bmatrix}^{\mathrm{T}}$，$\dot{\boldsymbol{\Gamma}}_{j,\mathrm{v}}=\begin{bmatrix}\dot{\boldsymbol{\Gamma}}_1^j & \dot{\boldsymbol{\Gamma}}_2^j\end{bmatrix}^{\mathrm{T}}$；变量 $\boldsymbol{Y}_{j,\mathrm{m}}=\begin{bmatrix}\dot{\boldsymbol{\varepsilon}}_{j,\mathrm{m}}^{\mathrm{T}} & \dot{\boldsymbol{\Gamma}}_{j,\mathrm{m}}^{\mathrm{T}}\end{bmatrix}^{\mathrm{T}}$ 为柔性臂杆上靠近体坐标系的 VSCMG 的输入指令，其中，$\dot{\boldsymbol{\varepsilon}}_{j,\mathrm{m}}=\begin{bmatrix}\dot{\varepsilon}_3^j & \dot{\varepsilon}_4^j\end{bmatrix}^{\mathrm{T}}$，$\dot{\boldsymbol{\Gamma}}_{j,\mathrm{m}}=\begin{bmatrix}\dot{\Gamma}_3^j & \dot{\Gamma}_4^j\end{bmatrix}^{\mathrm{T}}$；$\boldsymbol{D}_{\varepsilon j,\mathrm{m}}$ 和 $\boldsymbol{D}_{\varepsilon j,\mathrm{v}}$ 可以从 $\boldsymbol{D}_{\varepsilon j}$ 中提取。根据对应 VSCMG 的输入指令，可从 $\boldsymbol{D}_{\dot{\xi}j}$ 中提取 $\boldsymbol{D}_{\dot{\xi}j,\mathrm{v}}$。控制输入 $\boldsymbol{Y}_4$，$\boldsymbol{Y}_{3,\mathrm{v}}$，$\boldsymbol{Y}_{3,\mathrm{m}}$，$\boldsymbol{Y}_{2,\mathrm{v}}$，$\boldsymbol{Y}_{2,\mathrm{m}}$，$\boldsymbol{Y}_1$，$\boldsymbol{Y}_0$ 可以依次求取。首先，根据式(9－63)可以求得末端执行器 B_4 上 VSCMG 的加权鲁棒伪逆操纵律为

$$\boldsymbol{Y}_4=\boldsymbol{W}_4\boldsymbol{D}_{\varepsilon4}^{\mathrm{T}}(\boldsymbol{D}_{\varepsilon4}\boldsymbol{W}_4\boldsymbol{D}_{\varepsilon4}^{\mathrm{T}}+\lambda(\boldsymbol{I}_3+\boldsymbol{E}_3))^{-1}\boldsymbol{f}_4^{A} \tag{9-66}$$

其中，$\boldsymbol{W}_4=\mathrm{diag}(W_{\varepsilon_1^4},W_{\varepsilon_2^4},W_{\varepsilon_3^4},W_{\varepsilon_4^4},W_{\Gamma_1^4},W_{\Gamma_2^4},W_{\Gamma_3^4},W_{\Gamma_4^4})$ 为正定加权矩阵，$W_{\Gamma_i^4}=W_{\Gamma_i^4}^0e^{-\beta\sigma_{\varepsilon4}}$，$W_{\varepsilon_i^4}$，$W_{\Gamma_i^4}^0$ 和 β 为正常数，$\sigma_{\varepsilon4}$ 为奇异度量，可以通过计算 $\boldsymbol{D}_{\varepsilon4}$ 的最小奇异值实现；λ 为正常数；$\boldsymbol{E}_3$ 在非对角上具有近似零值摄动的干扰项。使用与 $\boldsymbol{Y}_4$ 相同的方法，可以根据式(9－65)，式(9－62)，式(9－64)，式(9－61)，式(9－60)和式(9－59)依次设计 $\boldsymbol{Y}_{3,\mathrm{v}}$，$\boldsymbol{Y}_{3,\mathrm{m}}$，$\boldsymbol{Y}_{2,\mathrm{v}}$，$\boldsymbol{Y}_{2,\mathrm{m}}$，$\boldsymbol{Y}_1$ 和 $\boldsymbol{Y}_0$ 的加权鲁棒伪逆操纵律。

9.3 数值仿真

为了研究 VSCMG 驱动空间柔性机械臂系统的机动控制和振动抑制，对图 9－1 中的空间机械臂系统做数值仿真。其中，机械臂、VSCMG 及负载相关的

参数在表 9－1～表 9－3 中给出[3]。

表 9－1 空间机械臂系统参数

体编号	质量/kg	静矩/(kg·m)	转动惯量/(kg·m²)
B_0	2 000.000	$[0, 0, 0]^T$	diag(1.33e4, 5.33e3, 1.33e4)
B_1	40.000	$[0, 20, 0]^T$	diag(14.23, 1.8, 14.23)
B_2, B_3	116.640	$[0, 524.880, 0]^T$	diag(315.322, 0.3, 315.322)
B_4	10	$[0, 4, 0]^T$	diag(10, 0.2, 10)
Load	20	$[0, 20, 0]^T$	diag(40, 0.4, 40)

表 9－2 VSCMG 参数

名称	B_4 及 B_2,B_3 末端陀螺	其余陀螺
框架质量/kg	2	5
转子质量/kg	3	10
框架惯量/(kg·m²)	diag(0.02, 0.02,0.03)	diag(0.05, 0.05,0.06)
转子惯量/(kg·m²)	diag(0.03, 0.06, 0.03)	diag(0.06, 0.15, 0.06)

表 9－3 臂杆安装参数

名称	$\boldsymbol{l}_j$
臂杆 1	$[0, 1, 0]^T$
臂杆 2	$[0, 9, 0]^T$
臂杆 3	$[0, 9, 0]^T$
臂杆 4	$[0, 1, 0]^T$

机械臂运动的期望轨迹通过系统的初始和终止条件设计，因此，考虑如下边界条件

$$\begin{aligned}\boldsymbol{q}_d(0)=\boldsymbol{q}_0,\ \dot{\boldsymbol{q}}_d(0)=\ddot{\boldsymbol{q}}_d(0)=\boldsymbol{0}\\ \boldsymbol{q}_d(t_f)=\boldsymbol{q}_f,\ \dot{\boldsymbol{q}}_d(t_f)=\ddot{\boldsymbol{q}}_d(t_f)=\boldsymbol{0}\end{aligned} \tag{9-67}$$

其中，$\boldsymbol{q}_0$ 和 $\boldsymbol{q}_f$ 分别为刚性变量的初始和终止角位移；t_f 为机械臂到达终止位置时的期望时间。期望轨迹在满足边界条件式(9－67)下，通过五次多项式进行规划。此处，选择初始条件 $\boldsymbol{q}_0=[-6°,-5°,4°,0°,-60°,-60°,-30°,0°,0°]$，终止条件 $\boldsymbol{q}_f=[0°,0°,0°,8°,-75°,-45°,-40°,10°,15°]$，其中，前三个变量值为星本体的欧拉角，后六个变量值为第一节到第四节臂杆的关节角。控制目标是使机械臂从初

始状态在 120 s 内机动到终止状态，并使机械臂的柔性振动得到有效抑制。系统的外部干扰向量 $\boldsymbol{d}(t)=[\boldsymbol{d}_1^{\mathrm{T}}(t)\quad \boldsymbol{d}_2^{\mathrm{T}}(t)]^{\mathrm{T}}$ 对应于系统各阶广义速率的形式表示为

$$\boldsymbol{d}_1(t)=\begin{bmatrix}\boldsymbol{d}_{1,v0}^{\mathrm{T}} & \boldsymbol{d}_{1,\omega 0}^{\mathrm{T}} & d_{1,\dot{\theta}1} & d_{1,\dot{\theta}2} & d_{1,\dot{\theta}3} & \boldsymbol{d}_{1,\omega 4}^{\mathrm{T}}\end{bmatrix}^{\mathrm{T}} \tag{9-68}$$

其中，各项外部干扰设置为

$$\boldsymbol{d}_{1,v0}=\boldsymbol{0}_{3\times 1}$$

$$\boldsymbol{d}_{1,\omega 0}=\begin{bmatrix}0.01\\0.01\\0.01\end{bmatrix}+\begin{bmatrix}1\\1\\1\end{bmatrix}(0.02\sin(0.1t)+0.005\sin(0.01\pi t))$$

$$d_{1,\dot{\theta}1}=0.02\dot{\theta}_1+0.001$$

$$d_{1,\dot{\theta}2}=0.02\dot{\theta}_2+0.001$$

$$d_{1,\dot{\theta}3}=0.02\dot{\theta}_3+0.001$$

$$d_{1,\omega 4}=0.02\boldsymbol{\omega}_4+0.001$$

$$\boldsymbol{d}_2(t)=\boldsymbol{0}_{8\times 1}$$

慢变子系统和快变子系统控制器的参数选取为 $\boldsymbol{\Lambda}=0.6\boldsymbol{I}_{12}$，$\boldsymbol{C}=0.6\boldsymbol{I}_{12}$，$\kappa=1\times 10^{-6}$，$\bar{r}_0=1\times 10^{-6}$，$\gamma=1\times 10^{-5}$，$\nu=1\times 10^{-6}$，$\boldsymbol{R}=\boldsymbol{I}_{20}$，$\boldsymbol{Q}=\boldsymbol{I}_{16}$。VSCMG 操纵律中的相关参数选取为 $\lambda=5\times 10^{-5}$，$W_{\varepsilon_i^j}=1$，$W_{\Gamma_i^j}^0=10$，$\beta=0.1$。根据惯性完备准则，选择"固定-自由"梁模型下的前四阶模态作为臂杆柔性振动的描述振型。对于名义模型，即系统中无模型不确定性和外部干扰时的响应由图 9-4～图 9-14 给出。从图 9-4～图 9-6 和图 9-8 中可以看出，卫星本体和机械臂臂杆能够以较小的误差实现对期望轨迹的跟踪。图 9-7 和图 9-9 表明，通过 VSCMG 的控制实现了系统机动过程中机械臂柔性臂杆的有效振动抑制。从图 9-10～图 9-14 给出的 VSCMG 的输入可以看出，体 B_0，B_1 和 B_4 上的 VSCMG 以 CMG 的模式工作。柔性连杆 B_2 和 B_3 上靠近各自体坐标系原点的 VSCMG 同样以 CMG 的模式工作。

当机械臂和星本体在机动过程中不做振动抑制时，柔性臂杆的模态坐标及模态速率响应如图 9-15 和图 9-16 所示。从图 9-15 和图 9-16 中可以看出，机械臂在机动过程中，柔性连杆的模态坐标和模态速率逐渐发散，系统为不可控状态。这主要是由于末端执行器上的 VSCMG 在驱动时，激起了柔性臂杆的振动。该仿真说明了通过 VSCMG 驱动的空间机械臂系统中，末端执行器在机动过程中，需要对柔性连杆的振动做相应的控制。

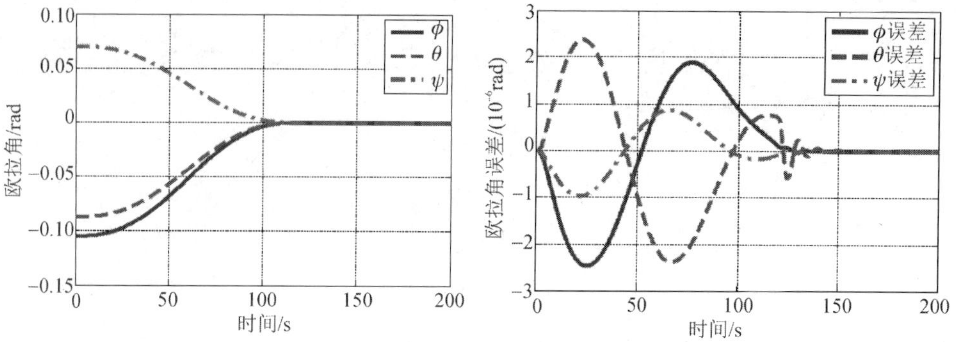

图 9－4　卫星本体欧拉角及其跟踪误差

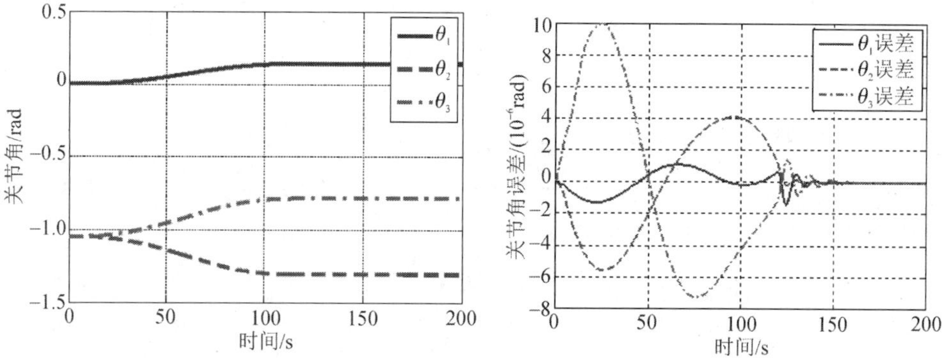

图 9－5　臂杆 B_1，B_2 和 B_3 关节角及其误差

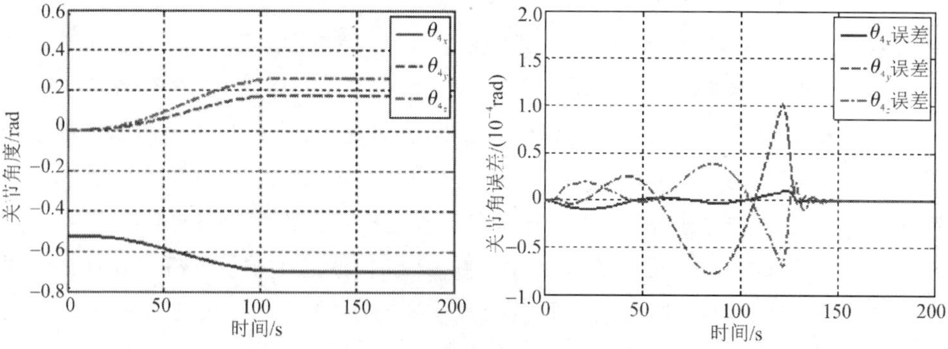

图 9－6　星本体 B_0 和臂杆 B_1，B_2，B_3 和 B_4 的角速度

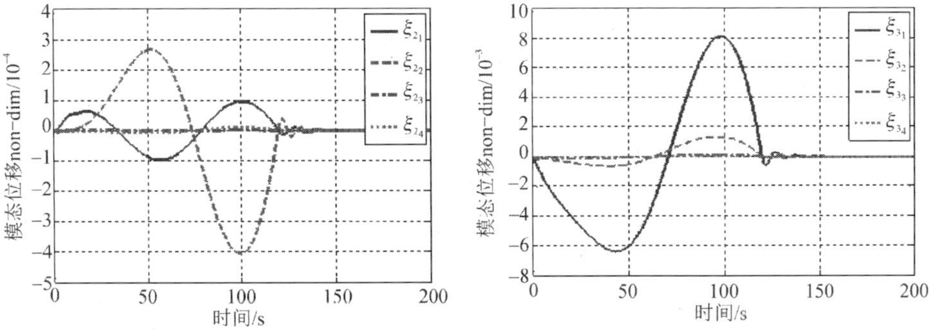

图 9－7　柔性臂杆 B_2 和 B_3 的模态坐标

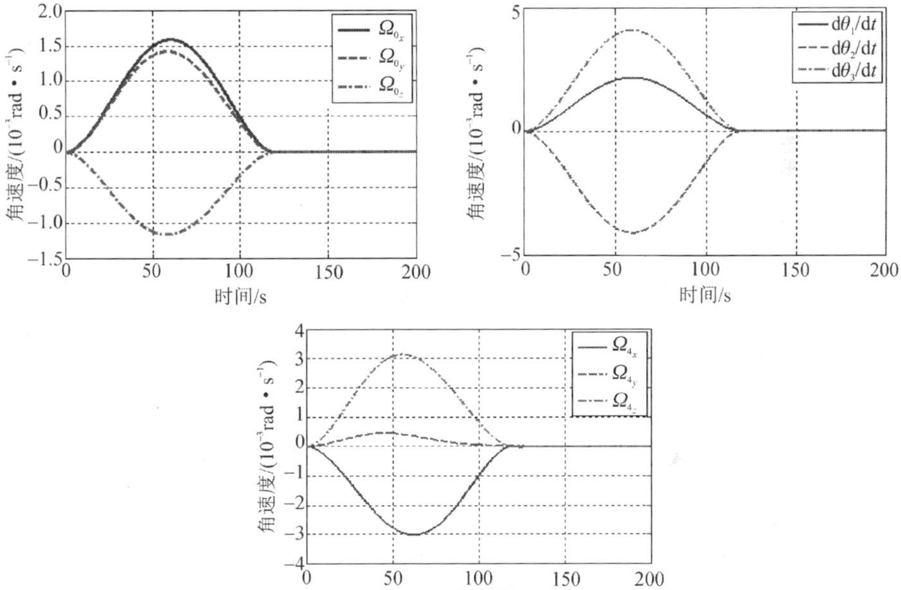

图 9－8　臂杆 B_0，B_1，B_2，B_3 和 B_4 的角速度

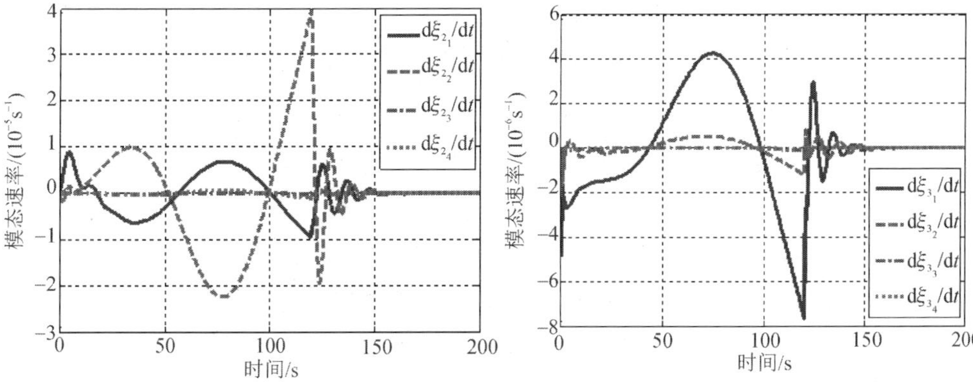

图 9－9　柔性臂杆 B_2，B_3 模态速率

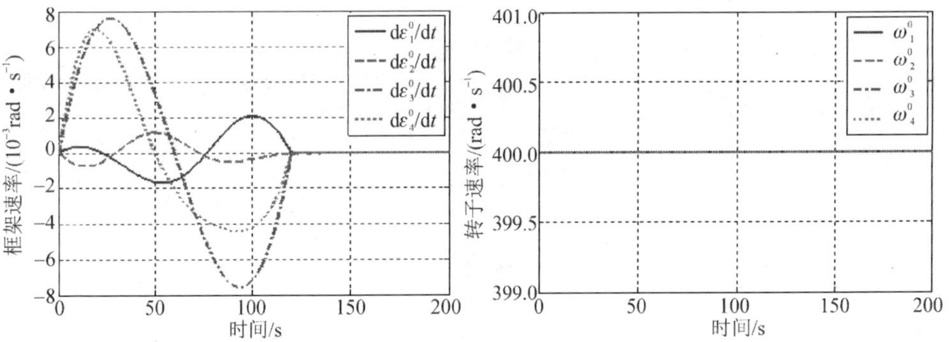

图 9-10 卫星本体 B_0 上 VSCMG 的框架速率和转子速率

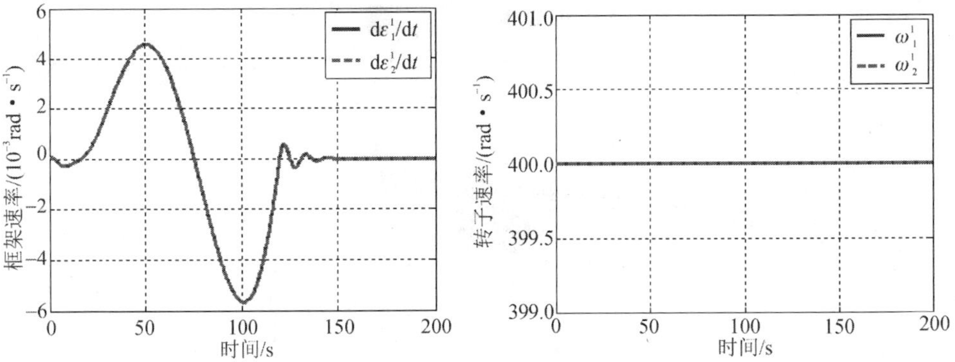

图 9-11 臂杆 B_1 上 VSCMG 的框架速率和转子速率

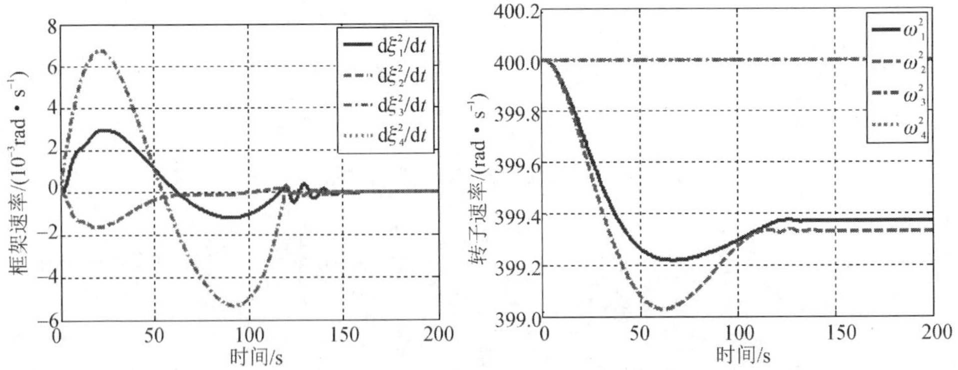

图 9-12 臂杆 B_2 上 VSCMG 的框架速率和转子速率

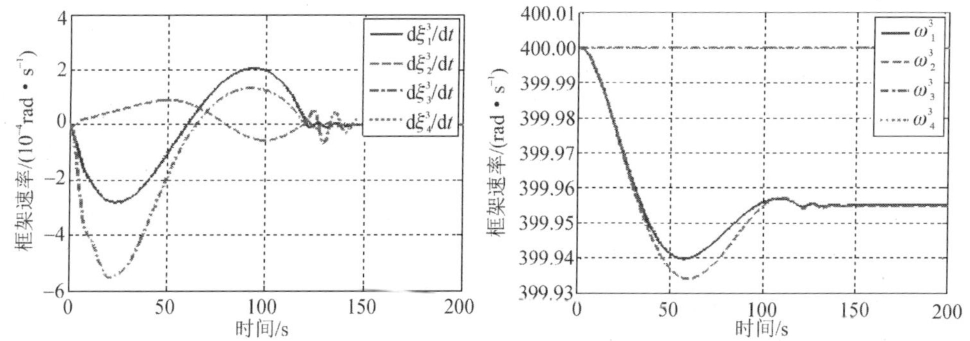

图 9－13　臂杆 B_3 上 VSCMG 的框架速率和转子速率

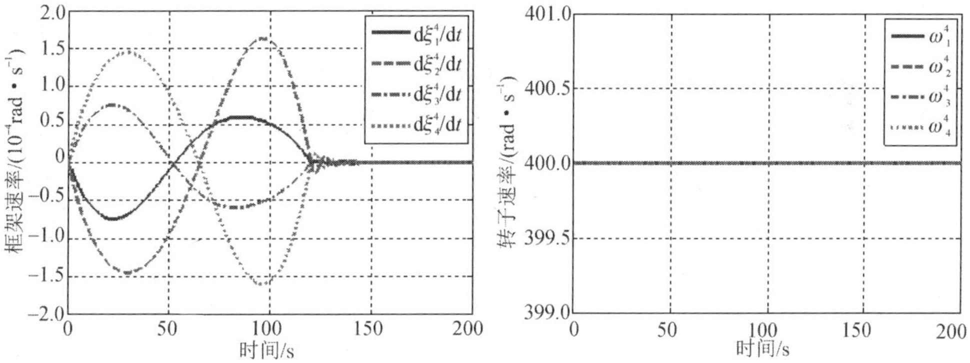

图 9－14　臂杆 B_4 上 VSCMG 的框架速率和转子速率

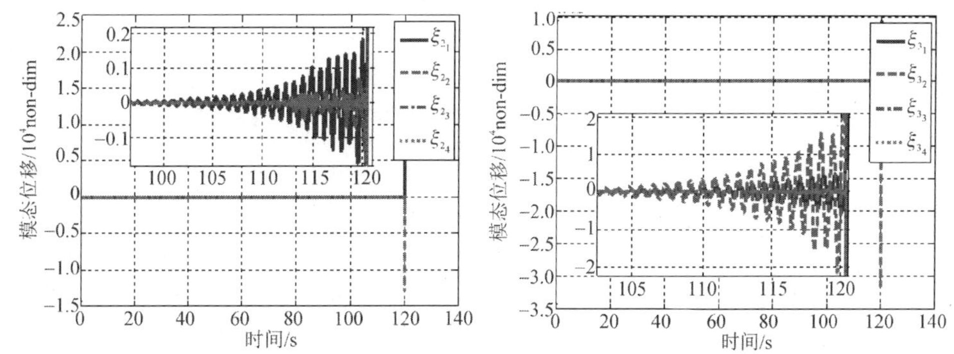

图 9－15　无振动抑制时柔性连杆 B_2 和 B_3 的模态坐标响应

当存在模型不确定性和外部干扰时，系统机动控制和振动抑制响应如图 9－17～图 9－27 所示。从图 9－17～图 9－22 中可以看出，当系统存在模型不确定性和外部干扰时，星本体和柔性臂杆同样能够跟踪期望轨迹，并实现柔性臂杆的有效振动抑制。星本体欧拉角的跟踪误差在 $\pm 1.5\times 10^{-5}$ rad 以内，臂杆 B_1，B_2 和 B_3 的关

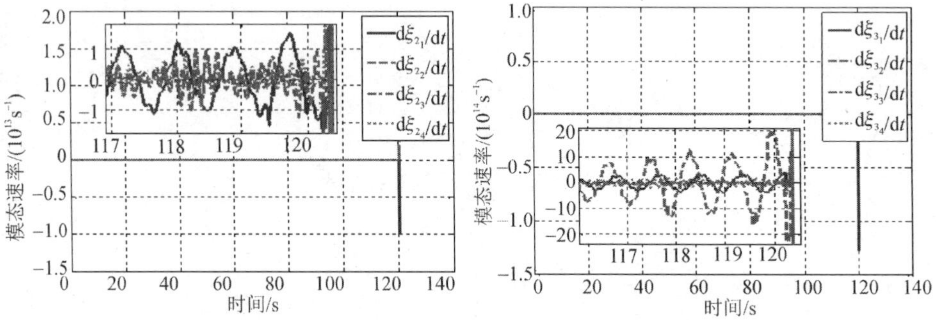

图 9-16 无振动抑制时柔性连杆 B_2 和 B_3 的模态速率响应

节角跟踪误差在$\pm 1.0\times 10^{-5}$ rad 以内，末端执行器转角跟踪误差在$\pm 2\times 10^{-3}$ rad 以内。图 9-23～图 9-27 给出了 VSCMG 执行机构的输入指令。数值仿真验证了复合控制器具有抵抗模型不确定性和外部干扰的能力，使系统具有一定的鲁棒性。

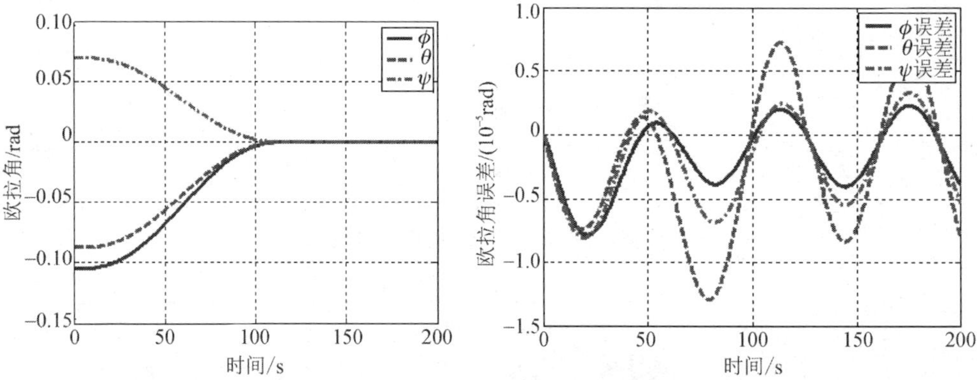

图 9-17 存在模型不确定性和外部干扰时星本体的欧拉角及其跟踪误差

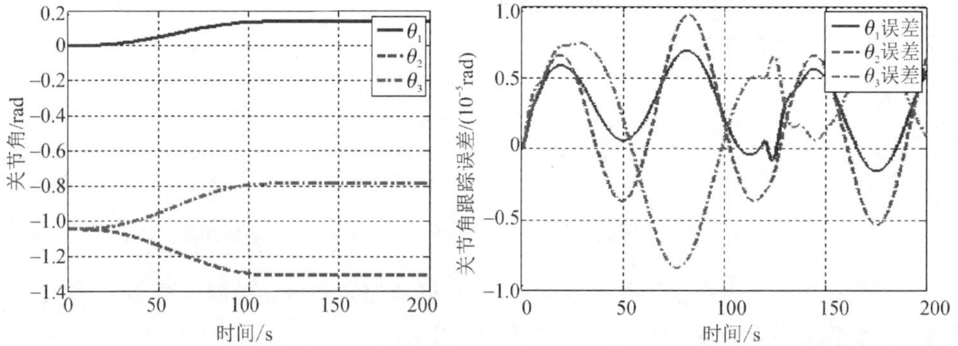

图 9-18 存在模型不确定性和外部干扰时臂杆 B_1，B_2 和 B_3 的关节角及其跟踪误差

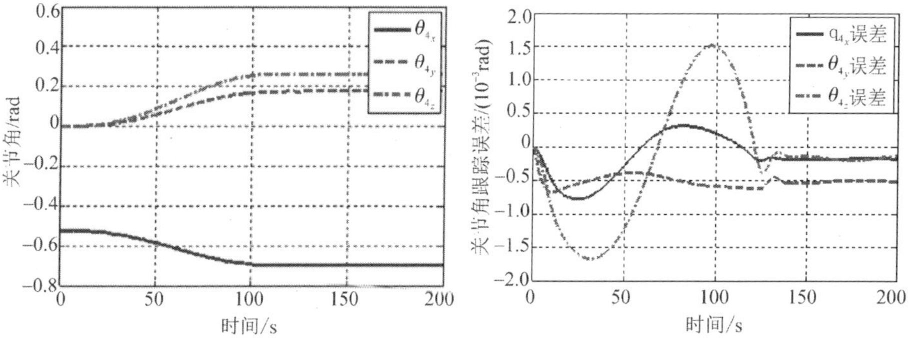

图 9-19　存在模型不确定性和外部干扰时臂杆 B_4 的关节角及其跟踪误差

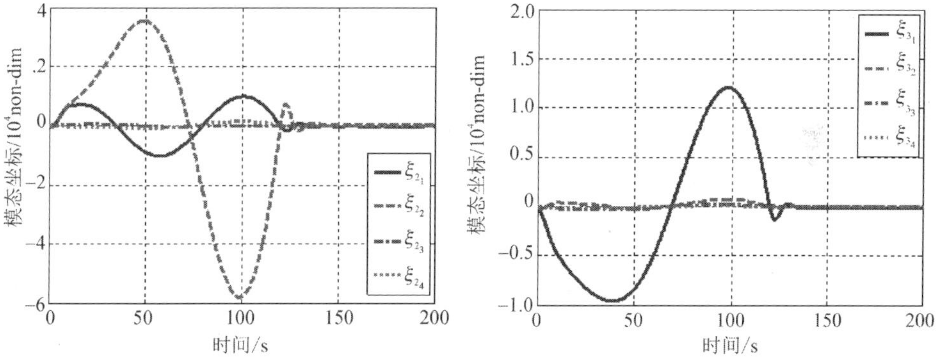

图 9-20　存在模型不确定性和外部干扰时柔性臂杆 B_2 和 B_3 的模态坐标

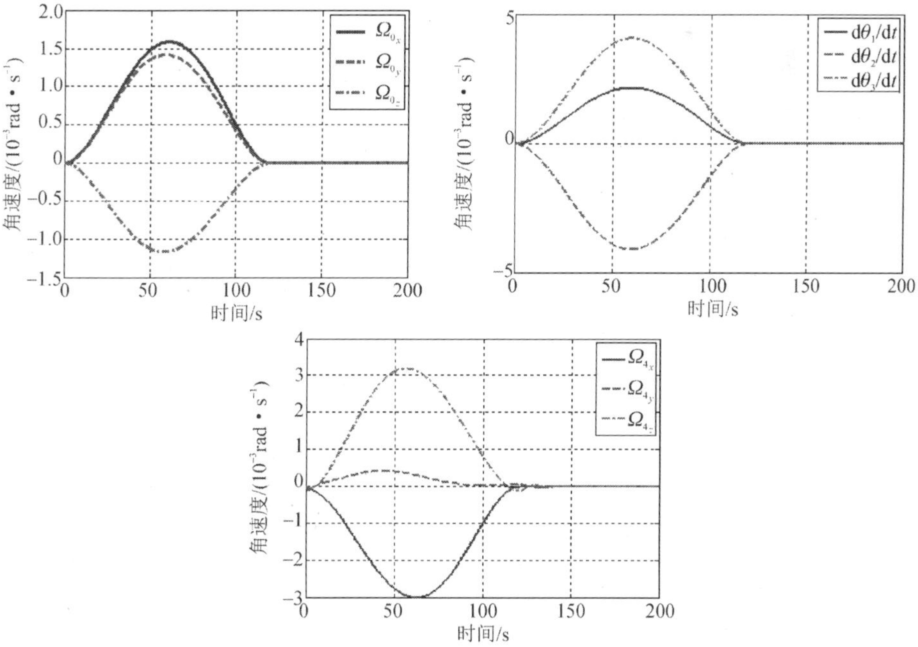

图 9-21　存在模型不确定性和外部干扰时体 B_0、体 B_1、体 B_2、体 B_3 和体 B_4 的角速度

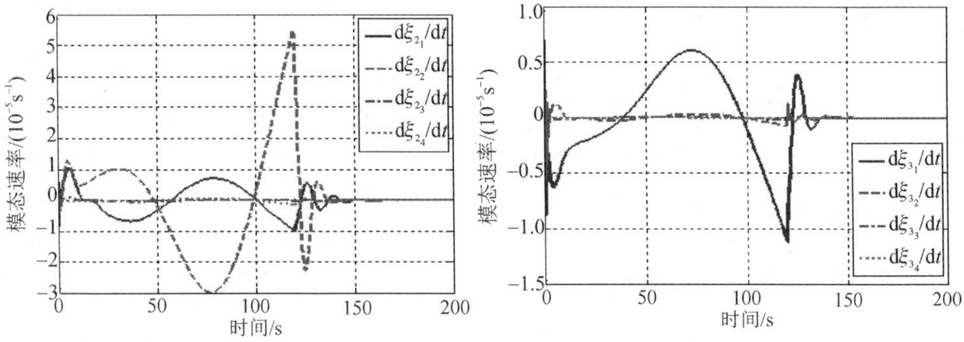

图 9-22 存在模型不确定性和外部干扰时柔性臂杆 B_2，B_3 的模态速率

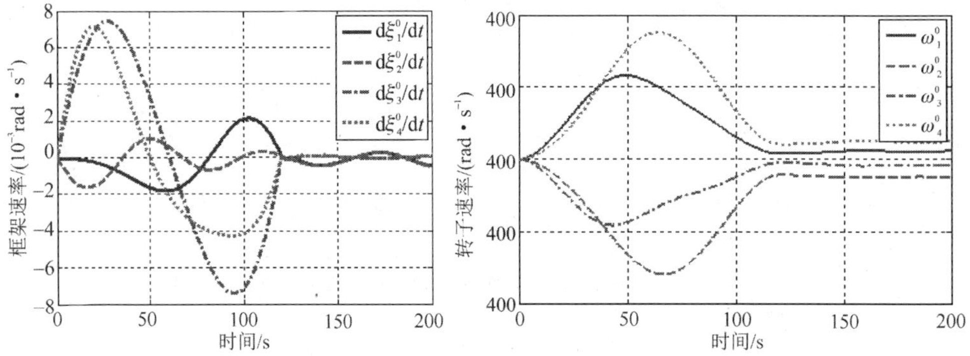

图 9-23 存在模型不确定性和外部干扰时星体 B_0 上 VSCMG 的框架速率和转子速率

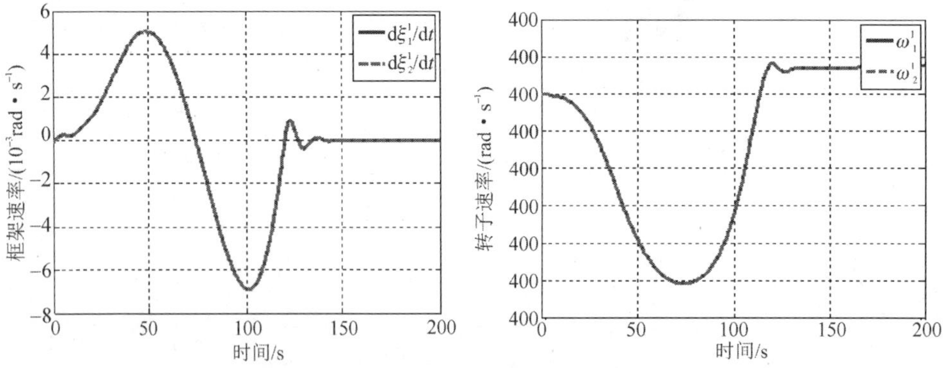

图 9-24 存在模型不确定性和外部干扰时臂杆 B_1 上 VSCMG 的框架速率和转子速率

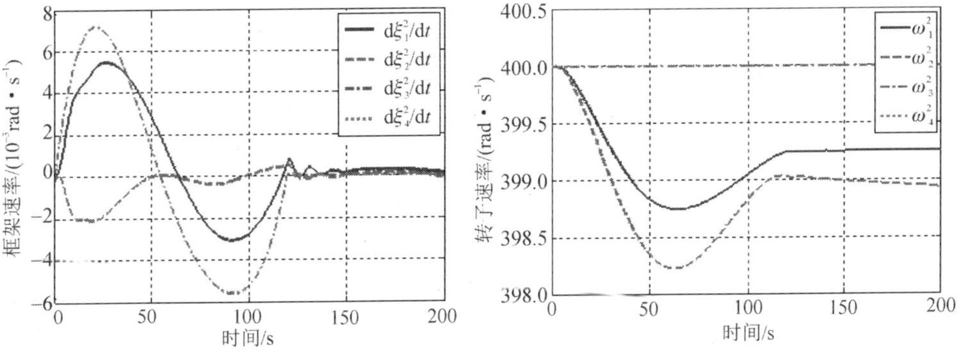

图 9-25　存在模型不确定性和外部干扰时臂杆 B_2 上 VSCMG 的框架速率和转子速率

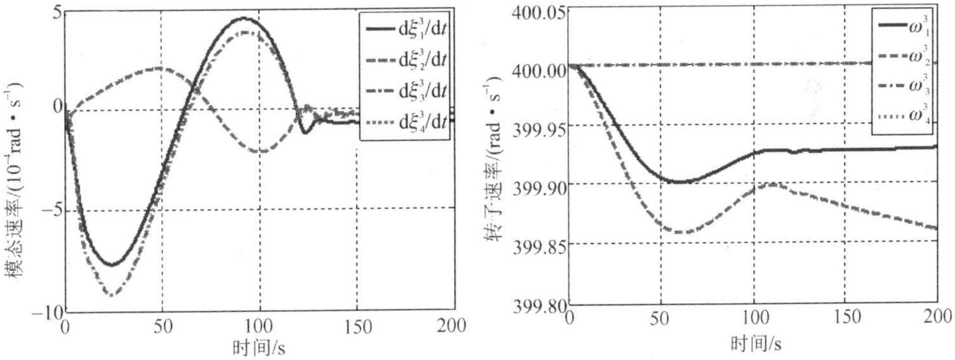

图 9-26　存在模型不确定性和外部干扰时臂杆 B_3 上 VSCMG 的框架速率和转子速率

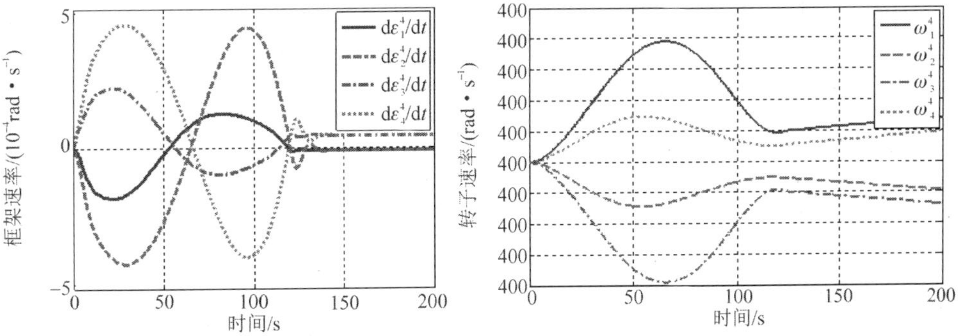

图 9-27　存在模型不确定性和外部干扰时臂杆 B_4 上 VSCMG 的框架速率和转子速率

9.4 小 结

本章以变速控制力矩陀螺驱动的空间柔性机械臂系统为例,建立了包含执行机构动力学特性影响的 VSCMG 驱动空间机械臂系统动力学方程。基于奇异摄动理论将所建立的陀螺柔性多体系统的动力学方程转换为刚性运动的慢变子系统和柔性运动的快变子系统,并对慢变子系统设计了自适应滑模控制器,对快变子系统设计了自适应控制器,通过李雅普诺夫函数证明了慢变量跟踪误差和快变量跟踪误差都能渐近收敛到零。本章对每个体上的 VSCMG 都设计了鲁棒伪逆操纵律,并通过对不同情况下的数值仿真,验证了所设计的复合控制器有抵抗模型不确定性和外部干扰的能力,且由复合控制器组成的闭环系统具有一定的鲁棒性。

参 考 文 献

[1] HU Q, ZHANG J R. Placement optimization of actuators and sensors for gyroelastic body [J]. Advances in Mechanical Engineering, 2015, 7(3):1-15.

[2] SLOTINE J J, LI W P. Applied nonlinear control[M]. Englewood Cliffs: Prentice-Hall, 1990.

[3] JIA S Y. JIA Y D. XU S J, et al. Maneuver and active vibration suppression of free-flying space robot[J]. IEEE Transactions on Aerospace and Electronic Systems, 2018, 54 (3): 1115-1134.

第 10 章 柔性空间机械臂系统无速度轨迹跟踪与主动振动控制

10.1 混合执行机构柔性空间机械臂系统动力学

本节主要对混合执行机构柔性空间机械臂系统的动力学进行全面分析,重点关注 VSCMG 的引入对动力学模型的影响。此外,本节还探讨动力学模型的分解方法,以便更好地理解和处理复杂的动态问题。通过这些分析,可在面对混合执行机构时,提高对更加复杂空间机械臂系统动力学行为的理解。这些知识对于设计高效的控制系统和提高空间任务的成功率至关重要。

10.1.1 系统描述

如图 10－1 所示,空间机械臂系统安装在卫星本体上,其包含两个刚性连杆

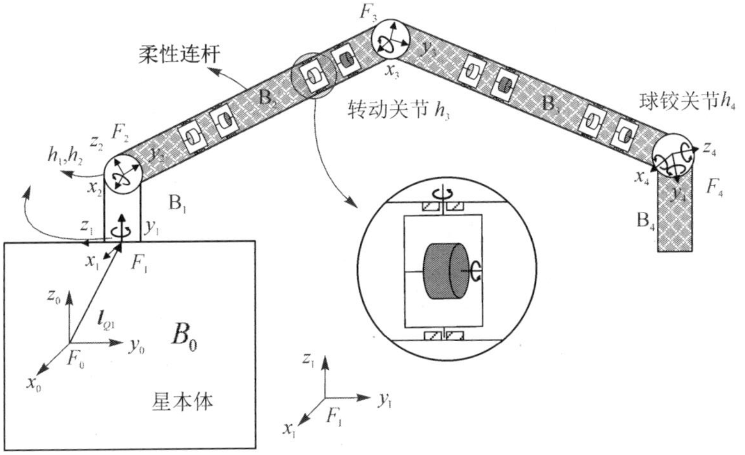

图 10－1　带 VSCMG 的柔性空间机械臂系统

(第一节和第四节)和两个柔性连杆(第二节和第三节)。末端执行器,即第四个连杆,通过球铰关节与其内接体连接。其他连杆通过转动关节连接到它们的内接体。卫星本体或基体用 B_0 表示,四个连杆分别用 B_1,B_2,B_3,B_4 表示。每个体 B_j 上都附有一个体固定坐标系 F_j。惯性坐标系用 F_I 表示。

每个柔性连杆包含 4 个 VSCMG。由于 VSCMG 转子模式产生的转矩远小于 CMG 模式,因此,VSCMG 的配置是基于参考文献[1]中的优化配置结果进行配置的,即 VSCMG 配置在柔性连杆的节点上,该节点上受控模态具有较大的转动陀螺柔性模态值,非受控模态具有较小的转动陀螺柔性模态值。4 个 VSCMG 分别配置在节点 7, 8, 15, 16 上,如图 10-2 所示。

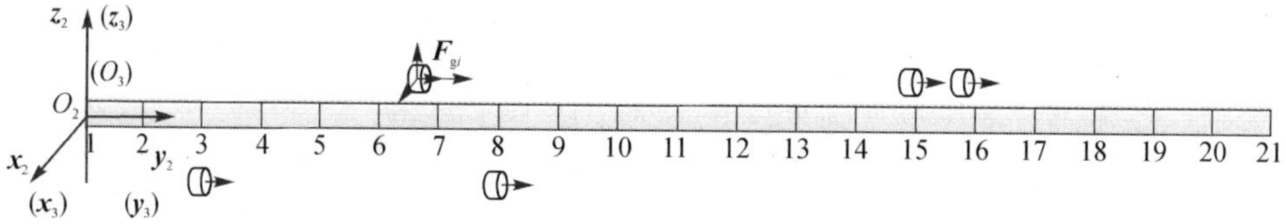

图 10-2 VSCMG 在柔性连杆上的安装位置

10.1.2 基于 VSCMG 的柔性空间机械臂系统动力学

柔性空间机械臂系统可以看作是一个柔性多体系统,其动力学可以描述为[2]

$$\boldsymbol{M}_a\ddot{\boldsymbol{q}}_a+\boldsymbol{F}_{non}+\boldsymbol{K}_a\boldsymbol{q}_a+\boldsymbol{d}=\boldsymbol{u} \tag{10-1}$$

其中,$\boldsymbol{M}_a$ 为柔性系统的惯性矩阵;$\boldsymbol{q}_a$ 为系统广义坐标;$\boldsymbol{F}_{non}$ 为广义惯性力的非线性部分;$\boldsymbol{K}_a$ 为柔性系统的刚度矩阵;$\boldsymbol{d}$ 为外部扰动的矢量;$\boldsymbol{u}$ 为控制力矩的矢量。由各个体的贡献得到惯性矩阵 $\boldsymbol{M}_a$ 和力 $\boldsymbol{F}_{non}$ 为

$$\boldsymbol{M}_a=\sum_{j=0}^{N}\boldsymbol{M}_j\,,\ \boldsymbol{F}_{non}=\sum_{j=0}^{N}\boldsymbol{F}_j \tag{10-2}$$

其中,$\boldsymbol{M}_j$ 和 $\boldsymbol{F}_j$ 是体 B_j $(j=0,\cdots,N)$ 对惯性矩阵 $\boldsymbol{M}_a$ 和非线性力 $\boldsymbol{F}_{non}$ 的贡献。$\boldsymbol{M}_j$ 和 $\boldsymbol{F}_j$ 的详细情况见附录 C。

10.1.3 动力学模型的分解

柔性多体系统是一种刚柔耦合系统。对柔性多体系统进行控制的一种方法是对刚性运动和柔性运动分别进行控制。为此,首先考虑奇异摄动法,将柔性多体系统的动力学解耦为慢变子系统和快变子系统,这样就可以准确地逼近刚柔系统[3]。然后,为每个降阶子系统设计控制器,并将其组合成混合控制器。

将动力方程式(10-1)改写为

$$(\boldsymbol{M}+\Delta\boldsymbol{M})\begin{bmatrix}\ddot{\boldsymbol{q}}\\ \ddot{\boldsymbol{\tau}}\end{bmatrix}+\begin{bmatrix}\boldsymbol{F}_1\\ \boldsymbol{F}_2\end{bmatrix}+\begin{bmatrix}\Delta\boldsymbol{F}_1\\ \Delta\boldsymbol{F}_2\end{bmatrix}+\begin{bmatrix}\boldsymbol{0} & \boldsymbol{0}\\ \boldsymbol{0} & \boldsymbol{K}\end{bmatrix}\begin{bmatrix}\boldsymbol{q}\\ \boldsymbol{\tau}\end{bmatrix}+\begin{bmatrix}\boldsymbol{d}_1\\ \boldsymbol{d}_2\end{bmatrix}=\begin{bmatrix}\boldsymbol{u}_1\\ \boldsymbol{u}_2\end{bmatrix} \tag{10-3}$$

其中，$\boldsymbol{M}$ 和 $\boldsymbol{F}=[\boldsymbol{F}_1^{\mathrm{T}},\boldsymbol{F}_2^{\mathrm{T}}]^{\mathrm{T}}$ 分别为惯性矩阵 $\boldsymbol{M}_{\mathrm{a}}$ 和非线性力 $\boldsymbol{F}_{\mathrm{non}}$ 的已知部分；$\Delta\boldsymbol{M}$ 和 $\Delta\boldsymbol{F}=[\Delta\boldsymbol{F}_1^{\mathrm{T}},\Delta\boldsymbol{F}_2^{\mathrm{T}}]^{\mathrm{T}}$ 分别为惯性矩阵 $\boldsymbol{M}_{\mathrm{a}}$ 和非线性力 $\boldsymbol{F}_{\mathrm{non}}$ 的未知部分；$\boldsymbol{M}$ 为一个正定对称矩阵；$\boldsymbol{q}$ 为包含位置变量、卫星体欧拉角和柔性空间机械臂系统关节变量的矢量；$\boldsymbol{\tau}=[\boldsymbol{\tau}_2^{\mathrm{T}},\boldsymbol{\tau}_3^{\mathrm{T}}]^{\mathrm{T}}$ 为模态坐标向量；$\boldsymbol{K}=\mathrm{diag}(k_{21},\cdots,k_{2m_2'},k_{31},\cdots,k_{3m_3'})$ 为常挠性系数的对角矩阵，其中 m_2' 和 m_3' 分别为连杆 2 和连杆 3 的弹性模态数，将摄动 $\boldsymbol{d}$ 拆分为 $\boldsymbol{d}_1$ 和 $\boldsymbol{d}_2$，其中 $\boldsymbol{d}_1$ 和 $\boldsymbol{d}_2$ 分别为刚性变量和柔性变量所对应的扰动；由 $\boldsymbol{u}=[\boldsymbol{u}_1^{\mathrm{T}},\boldsymbol{u}_2^{\mathrm{T}}]^{\mathrm{T}}$ 得到的 $\boldsymbol{u}_1$ 和 $\boldsymbol{u}_2$ 分别为刚性变量和柔性变量所对应的控制输入。$\boldsymbol{M}$，$\Delta\boldsymbol{M}$ 和 $\boldsymbol{M}$ 的逆矩阵可分块为

$$\begin{gathered}\boldsymbol{M}=\begin{bmatrix}\boldsymbol{M}_{11}\boldsymbol{M}_{12}\\ \boldsymbol{M}_{21}\boldsymbol{M}_{22}\end{bmatrix},\ \Delta\boldsymbol{M}=\begin{bmatrix}\Delta\boldsymbol{M}_{11}\,\Delta\boldsymbol{M}_{12}\\ \Delta\boldsymbol{M}_{21}\,\Delta\boldsymbol{M}_{22}\end{bmatrix}\\ \boldsymbol{H}=\boldsymbol{M}^{-1}=\begin{bmatrix}\boldsymbol{H}_{11}\boldsymbol{H}_{12}\\ \boldsymbol{H}_{21}\boldsymbol{H}_{22}\end{bmatrix}\end{gathered} \tag{10-4}$$

从而可得

$$\begin{aligned}\ddot{\boldsymbol{q}}=&-\boldsymbol{H}_{11}\boldsymbol{F}_1-\boldsymbol{H}_{12}\boldsymbol{F}_2-\boldsymbol{H}_{12}\boldsymbol{K}\boldsymbol{\tau}-\boldsymbol{H}_{11}\boldsymbol{f}_1-\\ &\boldsymbol{H}_{12}\boldsymbol{f}_2+\boldsymbol{H}_{11}\boldsymbol{u}_1+\boldsymbol{H}_{12}\boldsymbol{u}_2\\ \ddot{\boldsymbol{\tau}}=&-\boldsymbol{H}_{21}\boldsymbol{F}_1-\boldsymbol{H}_{22}\boldsymbol{F}_2-\boldsymbol{H}_{22}\boldsymbol{K}\boldsymbol{\tau}-\boldsymbol{H}_{21}\boldsymbol{f}_1-\\ &\boldsymbol{H}_{22}\boldsymbol{f}_2+\boldsymbol{H}_{21}\boldsymbol{u}_1+\boldsymbol{H}_{22}\boldsymbol{u}_2\end{aligned} \tag{10-5}$$

其中，$\boldsymbol{f}=[\boldsymbol{f}_1^{\mathrm{T}},\boldsymbol{f}_2^{\mathrm{T}}]^{\mathrm{T}}$ 为集成不确定向量，并且有

$$\boldsymbol{f}_1=\Delta\boldsymbol{M}_{11}\ddot{\boldsymbol{q}}+\Delta\boldsymbol{M}_{12}\ddot{\boldsymbol{\tau}}+\Delta\boldsymbol{F}_1+\boldsymbol{d}_1 \tag{10-6}$$

$$\boldsymbol{f}_2=\Delta\boldsymbol{M}_{21}\ddot{\boldsymbol{q}}+\Delta\boldsymbol{M}_{22}\ddot{\boldsymbol{\tau}}+\Delta\boldsymbol{F}_2+\boldsymbol{d}_2 \tag{10-7}$$

定义新变量 $\boldsymbol{\zeta}=\boldsymbol{K}\boldsymbol{\tau}=k\widetilde{\boldsymbol{K}}\boldsymbol{\tau}$，并引入摄动参数 $v=1/k$，可由式(10-5)得到奇异摄动模型，即

$$\begin{aligned}\ddot{\boldsymbol{q}}=&-\boldsymbol{H}_{11}(\boldsymbol{q},\nu\widetilde{\boldsymbol{K}}^{-1}\boldsymbol{\zeta})\boldsymbol{F}_1(\boldsymbol{q},\dot{\boldsymbol{q}},\nu\widetilde{\boldsymbol{K}}^{-1}\boldsymbol{\zeta},\nu\widetilde{\boldsymbol{K}}^{-1}\dot{\boldsymbol{\zeta}})-\\ &\boldsymbol{H}_{12}(\boldsymbol{q},\nu\widetilde{\boldsymbol{K}}^{-1}\boldsymbol{\zeta})\boldsymbol{F}_2(\boldsymbol{q},\dot{\boldsymbol{q}},\nu\widetilde{\boldsymbol{K}}^{-1}\boldsymbol{\zeta},\nu\widetilde{\boldsymbol{K}}^{-1}\dot{\boldsymbol{\zeta}})-\\ &\boldsymbol{H}_{12}(\boldsymbol{q},\nu\widetilde{\boldsymbol{K}}^{-1}\boldsymbol{\zeta})\boldsymbol{\zeta}-\\ &\boldsymbol{H}_{11}\boldsymbol{f}_1-\boldsymbol{H}_{12}\boldsymbol{f}_2+\boldsymbol{H}_{11}(\boldsymbol{q},\nu\widetilde{\boldsymbol{K}}^{-1}\boldsymbol{\zeta})\boldsymbol{u}_1+\\ &\boldsymbol{H}_{12}(\boldsymbol{q},\nu\widetilde{\boldsymbol{K}}^{-1}\boldsymbol{\zeta})\boldsymbol{u}_2\\ \nu\ddot{\boldsymbol{\zeta}}=&\widetilde{\boldsymbol{K}}[-\boldsymbol{H}_{21}(\boldsymbol{q},\nu\widetilde{\boldsymbol{K}}^{-1}\boldsymbol{\zeta})\boldsymbol{F}_1(\boldsymbol{q},\dot{\boldsymbol{q}},\nu\widetilde{\boldsymbol{K}}^{-1}\boldsymbol{\zeta},\nu\widetilde{\boldsymbol{K}}^{-1}\dot{\boldsymbol{\zeta}})-\\ &\boldsymbol{H}_{22}(\boldsymbol{q},\nu\widetilde{\boldsymbol{K}}^{-1}\boldsymbol{\zeta})\boldsymbol{F}_2(\boldsymbol{q},\dot{\boldsymbol{q}},\nu\widetilde{\boldsymbol{K}}^{-1}\boldsymbol{\zeta},\nu\widetilde{\boldsymbol{K}}^{-1}\dot{\boldsymbol{\zeta}})-\end{aligned}$$

$$
\boldsymbol{H}_{22}(\boldsymbol{q},\nu\widetilde{\boldsymbol{K}}^{-1}\boldsymbol{\zeta})\boldsymbol{\zeta}-
\boldsymbol{H}_{21}\boldsymbol{f}_1-\boldsymbol{H}_{22}\boldsymbol{f}_2+\boldsymbol{H}_{21}(\boldsymbol{q},\nu\widetilde{\boldsymbol{K}}^{-1}\boldsymbol{\zeta})\boldsymbol{u}_1+
\boldsymbol{H}_{22}(\boldsymbol{q},\nu\widetilde{\boldsymbol{K}}^{-1}\boldsymbol{\zeta})\boldsymbol{u}_2] \tag{10-8}
$$

摄动参数中的正标量 k 是 $\boldsymbol{K}$ 奇异值的最小值，设 $v=0$，可以得到慢变子系统的动力学方程为

$$
\ddot{\bar{\boldsymbol{q}}}=\boldsymbol{M}_{11}^{-1}(\bar{\boldsymbol{q}},\boldsymbol{0})[-\boldsymbol{F}_1(\dot{\bar{\boldsymbol{q}}},\bar{\boldsymbol{q}},\boldsymbol{0},\boldsymbol{0})+\bar{\boldsymbol{u}}_1+\boldsymbol{h}_1] \tag{10-9}
$$

$$
\bar{\boldsymbol{\zeta}}=\boldsymbol{H}_{22}^{-1}(\bar{\boldsymbol{q}},\boldsymbol{0})[-\boldsymbol{H}_{21}(\bar{\boldsymbol{q}},\boldsymbol{0})\boldsymbol{F}_1(\bar{\boldsymbol{q}},\dot{\bar{\boldsymbol{q}}},\boldsymbol{0},\boldsymbol{0})-\boldsymbol{H}_{21}\boldsymbol{f}_1+
\boldsymbol{H}_{21}(\bar{\boldsymbol{q}},\boldsymbol{0})\bar{\boldsymbol{u}}_1]-\boldsymbol{F}_2(\bar{\boldsymbol{q}},\dot{\bar{\boldsymbol{q}}},\boldsymbol{0},\boldsymbol{0})-\boldsymbol{f}_2+\bar{\boldsymbol{u}}_2 \tag{10-10}
$$

其中，上划线表示假设 $v=0$ 时的系统式(10－8)，上划线变量表示 $v=0$ 时的系统变量或控制输入；$\boldsymbol{h}_1$ 为慢变子系统的不确定性，其表达式为

$$
\boldsymbol{h}_1=\boldsymbol{M}_{11}(\bar{\boldsymbol{q}},\boldsymbol{0})[\boldsymbol{H}_{12}(\bar{\boldsymbol{q}},\boldsymbol{0})\boldsymbol{H}_{22}^{-1}(\bar{\boldsymbol{q}},\boldsymbol{0})\boldsymbol{H}_{21}\boldsymbol{f}_1+\boldsymbol{H}_{12}(\bar{\boldsymbol{q}},\boldsymbol{0})\boldsymbol{f}_2] \tag{10-11}
$$

定义快变时间尺度 $\sigma=t/\varepsilon$，$\varepsilon=\sqrt{v}$，新的快变量 $\boldsymbol{\xi}_1=\boldsymbol{\zeta}-\bar{\boldsymbol{\zeta}}_1$，$\boldsymbol{\xi}_2=\boldsymbol{\varepsilon}\dot{\boldsymbol{\zeta}}$，设系统式(10－8)中 $\boldsymbol{x}_1=\boldsymbol{q}$，$\boldsymbol{x}_2=\dot{\boldsymbol{q}}$，$v=0$，可得到快变子系统的运动方程

$$
\begin{aligned}
\frac{\mathrm{d}\boldsymbol{\xi}_1}{\mathrm{d}\sigma}&=\boldsymbol{\xi}_2\\
\frac{\mathrm{d}\boldsymbol{\xi}_2}{\mathrm{d}\sigma}&=\boldsymbol{E}\boldsymbol{\xi}_1+\boldsymbol{S}\boldsymbol{u}'+\boldsymbol{\rho}
\end{aligned} \tag{10-12}
$$

其中

$$
\boldsymbol{E}=-\widetilde{\boldsymbol{K}}\boldsymbol{H}_{22}(\bar{\boldsymbol{x}}_1,\boldsymbol{0}),\boldsymbol{S}
=\left[\widetilde{\boldsymbol{K}}\boldsymbol{H}_{21}(\bar{\boldsymbol{x}}_1,\boldsymbol{0})\widetilde{\boldsymbol{K}}\boldsymbol{H}_{22}(\bar{\boldsymbol{x}}_1,\boldsymbol{0})\right]
$$

$$
\boldsymbol{\rho}=-\widetilde{\boldsymbol{K}}\boldsymbol{H}_{21}(\bar{\boldsymbol{x}}_1,\boldsymbol{0})\boldsymbol{f}_1-\widetilde{\boldsymbol{K}}\boldsymbol{H}_{22}(\bar{\boldsymbol{x}}_1,\boldsymbol{0})\boldsymbol{f}_2
$$

$$
\boldsymbol{u}'=\boldsymbol{u}-\bar{\boldsymbol{u}},\bar{\boldsymbol{u}}=[\bar{\boldsymbol{u}}_1^{\mathrm{T}},\ \bar{\boldsymbol{u}}_2^{\mathrm{T}}]^{\mathrm{T}}
$$

快变量中的 $\bar{\boldsymbol{\xi}}_1$，由式(10－10)得到，若不考虑不确定性，则有

$$
\bar{\boldsymbol{\zeta}}_1=\boldsymbol{H}_{22}^{-1}(\bar{\boldsymbol{q}},\boldsymbol{0})\boldsymbol{H}_{21}(\bar{\boldsymbol{q}},\boldsymbol{0})[-\boldsymbol{F}_1(\bar{\boldsymbol{q}},\dot{\bar{\boldsymbol{q}}},\boldsymbol{0},\boldsymbol{0})+\bar{\boldsymbol{u}}_1]-
\boldsymbol{F}_2(\bar{\boldsymbol{q}},\dot{\bar{\boldsymbol{q}}},\boldsymbol{0},\boldsymbol{0})+\bar{\boldsymbol{u}}_2 \tag{10-13}
$$

由于柔性空间机械臂系统中包含了不确定性和外部干扰，从解耦模型中可以看出集成不确定是对降阶子系统存在影响的。

10.2　慢变子系统的控制器设计

本节将深入探讨慢变子系统的控制器设计，聚焦于通过速度观测器和基于观测器的控制方法来优化慢变动态下的控制效果。这些设计旨在提高系统在不同条件和挑战下的稳定性和响应性，特别是在处理复杂的动态环境和未知因素时，这些控制策略的精度和鲁棒性显得尤为重要。本节还将详细探讨各种控制方法的理论基础、设计过程和应用效果，以确保在实际操作中能够有效适应和管理慢变子系统的行为。

10.2.1　慢变子系统速度观测器

式(10－9)中的动力学模型可改写为

$$\begin{cases}\dot{\bar{\boldsymbol{x}}}_1=\bar{\boldsymbol{x}}_2\\ \dot{\bar{\boldsymbol{x}}}_2=\boldsymbol{F}(\bar{\boldsymbol{x}})+\boldsymbol{B}_0(\bar{\boldsymbol{x}})\bar{\boldsymbol{u}}_1+\boldsymbol{f}_{\mathrm{t}}\end{cases}\tag{10-14}$$

其中，$\bar{\boldsymbol{x}}=[\bar{\boldsymbol{x}}_1^{\mathrm{T}},\quad \bar{\boldsymbol{x}}_2^{\mathrm{T}}]^{\mathrm{T}}$，$\bar{\boldsymbol{x}}_1=\bar{\boldsymbol{q}}$，$\bar{\boldsymbol{x}}_2=\dot{\bar{\boldsymbol{q}}}$；$\boldsymbol{F}(\bar{\boldsymbol{x}})=-\boldsymbol{M}_{11}(\bar{\boldsymbol{x}}_1)^{-1}[\boldsymbol{F}_1(\bar{\boldsymbol{x}})-\boldsymbol{h}_{1\mathrm{a}}(\bar{\boldsymbol{x}})]$；$\boldsymbol{B}_0(\bar{\boldsymbol{x}}_1)=\boldsymbol{M}_{11}(\bar{\boldsymbol{x}}_1)^{-1}$；$\boldsymbol{f}_{\mathrm{t}}=\boldsymbol{M}_{11}(\bar{\boldsymbol{x}}_1)^{-1}\boldsymbol{h}_{1\mathrm{b}}(\bar{\boldsymbol{x}}_1)$；$\boldsymbol{h}_{1\mathrm{a}}(\bar{\boldsymbol{x}})+\boldsymbol{h}_{1\mathrm{b}}(\bar{\boldsymbol{x}}_1)=\boldsymbol{h}_1$。

径向基函数神经网络结构简单、收敛速度快，广泛用于逼近任意给定的连续非线性函数[4-5]。对于一个从 $\boldsymbol{R}^m\to\boldsymbol{R}^n$ 的连续函数 $\boldsymbol{g}(x)$ 在一个 $U\subset\boldsymbol{R}^m$ 的紧集中，且有任意 $\varepsilon>0$，则存在 RBF 神经网络 $\boldsymbol{W}^{\mathrm{T}}\boldsymbol{\sigma}(\boldsymbol{x})$，使得 $\sup_{x\in U}|\boldsymbol{g}(\boldsymbol{x})-\boldsymbol{W}^{\mathrm{T}}\boldsymbol{\sigma}(\boldsymbol{x})|\leqslant\varepsilon$，其中 $\boldsymbol{W}\in\mathbf{R}^{k\times q}$ 为权重矩阵，$k>1$ 为神经元数，$\boldsymbol{x}\in\mathbf{R}^m$ 为输入向量，$\boldsymbol{\sigma}(\boldsymbol{x})=[\boldsymbol{\sigma}_1(\boldsymbol{x}),\boldsymbol{\sigma}_2(\boldsymbol{x}),\cdots,\boldsymbol{\sigma}_k(\boldsymbol{x})]^{\mathrm{T}}$ 为高斯基函数向量。高斯基函数表示为

$$\sigma_i(\boldsymbol{x})=\exp\left(-\frac{\|\boldsymbol{x}-\pi_i\|^2}{2\mu_i^2}\right)\quad(i=1,2,\cdots,k)\tag{10-15}$$

其中，$\boldsymbol{\pi}_i$ 为第 i 个神经元的中心；μ_i 为高斯函数 $\boldsymbol{\sigma}_i(\boldsymbol{x})$的宽度。

基于神经网络近似，连续函数 $\boldsymbol{g}(\boldsymbol{x})$可近似为[6]

$$\boldsymbol{g}(\boldsymbol{x})=\boldsymbol{W}^{*\mathrm{T}}\boldsymbol{\sigma}(\boldsymbol{x})+\boldsymbol{\varepsilon}^*(\boldsymbol{x})\tag{10-16}$$

其中，$\boldsymbol{W}^*$ 为理想权重矩阵；$\boldsymbol{\varepsilon}^*(\boldsymbol{x})$为 RBF 神经网络的近似误差。

由式(10－16)可知，$\boldsymbol{F}(\bar{\boldsymbol{x}})$的 RBF 近似可表示为

$$\boldsymbol{F}(\bar{\boldsymbol{x}})=\boldsymbol{W}_{\mathrm{o}}^{*\mathrm{T}}\boldsymbol{\sigma}(\bar{\boldsymbol{x}})+\boldsymbol{\varepsilon}_{\mathrm{o}}^*(\bar{\boldsymbol{x}}),\ \|\boldsymbol{\varepsilon}_{\mathrm{o}}^*(\bar{\boldsymbol{x}})\|\leqslant\boldsymbol{\varepsilon}_{\mathrm{N}}\tag{10-17}$$

其中，$\boldsymbol{W}_{\mathrm{o}}^*$ 和 $\boldsymbol{\varepsilon}_{\mathrm{o}}^*(\bar{\boldsymbol{x}})$分别为 NN 近似的权值和模型误差；$\varepsilon_{\mathrm{N}}$ 是 $\boldsymbol{\varepsilon}_{\mathrm{o}}^*(\bar{\boldsymbol{x}})$的上界。应该注意的是，$\boldsymbol{W}_{\mathrm{o}}^*$ 只是一个用于分析目的的变量，不能用于控制器设计。基于 RBF 近似，$\boldsymbol{F}(\bar{\boldsymbol{x}})$估计值的表达式为

$$\hat{\boldsymbol{F}}(\bar{\boldsymbol{x}})=\hat{\boldsymbol{W}}^{\mathrm{T}}\boldsymbol{\sigma}(\bar{\boldsymbol{x}}) \tag{10-18}$$

其中，$\hat{\boldsymbol{W}}$ 为 $\boldsymbol{W}_{\mathrm{o}}^{*}$ 的估计值。

将式(10-17)代入式(10-14)，得到

$$\begin{cases}\dot{\bar{\boldsymbol{x}}}_1=\bar{\boldsymbol{x}}_2\\ \dot{\bar{\boldsymbol{x}}}_2=\boldsymbol{W}_{\mathrm{o}}^{*\mathrm{T}}\boldsymbol{\sigma}(\bar{\boldsymbol{x}})+\boldsymbol{B}_0(\bar{\boldsymbol{x}}_1)\boldsymbol{u}+\boldsymbol{f}_{\mathrm{a}}\end{cases} \tag{10-19}$$

其中，$\boldsymbol{f}_{\mathrm{a}}=\boldsymbol{\varepsilon}_{\mathrm{o}}^{*}(\bar{\boldsymbol{x}})+\boldsymbol{f}_{\mathrm{t}}$ 为集成不确定性，包含系统不确定性和外部干扰。$\boldsymbol{f}_{\mathrm{a}}$ 的上界为 $\|\boldsymbol{f}_{\mathrm{a}}\|<a_0$，其中 a_0 为正常数。

考虑到只能测量航天器姿态和关节角的情况，设计如下速度观测器

$$\begin{cases}\dot{\hat{\boldsymbol{x}}}_1=\hat{\boldsymbol{x}}_2-2\boldsymbol{C}_1\tilde{\boldsymbol{x}}_1-\boldsymbol{C}_1^2\int_0^t\tilde{\boldsymbol{x}}_1\mathrm{d}t\\ \dot{\hat{\boldsymbol{x}}}_2=\hat{\boldsymbol{W}}^{\mathrm{T}}\boldsymbol{\sigma}(\hat{\boldsymbol{x}})+\boldsymbol{B}_0\boldsymbol{u}-\rho\operatorname{sgn}(\tilde{\boldsymbol{x}}_2)-\boldsymbol{C}_2\dot{\tilde{\boldsymbol{x}}}_1-\boldsymbol{C}_3\tilde{\boldsymbol{x}}_1-\boldsymbol{C}_4\int_0^t\tilde{\boldsymbol{x}}_1\mathrm{d}t\end{cases} \tag{10-20}$$

其中，$\hat{\boldsymbol{x}}_1$ 和 $\hat{\boldsymbol{x}}_2$ 分别为 $\bar{\boldsymbol{x}}_1$ 和 $\bar{\boldsymbol{x}}_2$ 的估计值；$\boldsymbol{C}_1$，$\boldsymbol{C}_2$，$\boldsymbol{C}_3$，$\boldsymbol{C}_4$ 为对角正定矩阵；$\tilde{\boldsymbol{x}}_1=\hat{\boldsymbol{x}}_1-\bar{\boldsymbol{x}}_1$ 和 $\tilde{\boldsymbol{x}}_2=\hat{\boldsymbol{x}}_2-\bar{\boldsymbol{x}}_2$ 为状态估计误差；ρ 为自适应变量。

根据式(10-19)和式(10-20)，速度观测器误差可表示为

$$\begin{cases}\dot{\tilde{\boldsymbol{x}}}_1=\tilde{\boldsymbol{x}}_2-2\boldsymbol{C}_1\tilde{\boldsymbol{x}}_1-\boldsymbol{C}_1^2\int_0^t\tilde{\boldsymbol{x}}_1\mathrm{d}t\\ \dot{\tilde{\boldsymbol{x}}}_2=\boldsymbol{W}_{\mathrm{o}}^{*\mathrm{T}}\tilde{\boldsymbol{\sigma}}+\tilde{\boldsymbol{W}}^{\mathrm{T}}\hat{\boldsymbol{\sigma}}-\boldsymbol{f}_{\mathrm{a}}-\rho\operatorname{sgn}(\tilde{\boldsymbol{x}}_2)-\boldsymbol{C}_2\dot{\tilde{\boldsymbol{x}}}_1-\\ \qquad\boldsymbol{C}_3\tilde{\boldsymbol{x}}_1-\boldsymbol{C}_4\int_0^t\tilde{\boldsymbol{x}}_1\mathrm{d}t\end{cases} \tag{10-21}$$

其中，$\tilde{\boldsymbol{\sigma}}=\boldsymbol{\sigma}(\hat{\boldsymbol{x}})-\boldsymbol{\sigma}(\bar{\boldsymbol{x}})$；$\hat{\boldsymbol{\sigma}}=\boldsymbol{\sigma}(\hat{\boldsymbol{x}})$；$\tilde{\boldsymbol{W}}=\hat{\boldsymbol{W}}-\boldsymbol{W}_o^{*}$。权重更新律设计为

$$\dot{\hat{\boldsymbol{W}}}=\dot{\tilde{\boldsymbol{W}}}=-\boldsymbol{Q}\hat{\boldsymbol{\sigma}}\tilde{\boldsymbol{x}}_2^{\mathrm{T}} \tag{10-22}$$

其中，$\boldsymbol{Q}$ 为一个正定对称矩阵。ρ 的自适应律设计为

$$\dot{\rho}=\vartheta_0\|\tilde{\boldsymbol{x}}_2\|^2 \tag{10-23}$$

其中，ϑ_0 为一个正常数。

选取 $\boldsymbol{C}_3=2\boldsymbol{C}_1\boldsymbol{C}_2$，$\boldsymbol{C}_4=\boldsymbol{C}_2\boldsymbol{C}_1{}^2$，则式(10-21)可简化为

$$\begin{cases}\dot{\tilde{\boldsymbol{x}}}_1=\tilde{\boldsymbol{x}}_2-2\boldsymbol{C}_1\tilde{\boldsymbol{x}}_1-\boldsymbol{C}_1^2\int_0^t\tilde{\boldsymbol{x}}_1\mathrm{d}t\\ \dot{\tilde{\boldsymbol{x}}}_2=\boldsymbol{W}_{\mathrm{o}}^{*\mathrm{T}}\tilde{\boldsymbol{\sigma}}+\tilde{\boldsymbol{W}}^{\mathrm{T}}\hat{\boldsymbol{\sigma}}-\boldsymbol{f}_{\mathrm{a}}-\rho\operatorname{sgn}(\tilde{\boldsymbol{x}}_2)-\boldsymbol{C}_2\tilde{\boldsymbol{x}}_2\end{cases} \tag{10-24}$$

因为高斯函数 σ_i 在区间 [0,1] 上有界，所以 $\tilde{\sigma}_i$ 在区间 [−1,1] 上有界，因此，$\tilde{\sigma}$ 有界。由于理想权 $\boldsymbol{W}_{\mathrm{o}}^{*}$ 和 $\boldsymbol{f}_{\mathrm{a}}$ 都有界，因此，可以得到 $\boldsymbol{W}_{\mathrm{o}}^{*}\tilde{\boldsymbol{\sigma}}-\boldsymbol{f}_{\mathrm{a}}$ 有界。

考虑李雅普诺夫函数

$$L=\left(\int_0^t\tilde{\boldsymbol{x}}_1\mathrm{d}t\right)^{\mathrm{T}}\boldsymbol{C}_1\left(\int_0^t\tilde{\boldsymbol{x}}_1\mathrm{d}t\right)+\tilde{\boldsymbol{x}}_1^{\mathrm{T}}\boldsymbol{C}_1^{-1}\tilde{\boldsymbol{x}}_1+\tilde{\boldsymbol{x}}_2^{\mathrm{T}}\tilde{\boldsymbol{x}}_2+\mathrm{tr}(\tilde{\boldsymbol{W}}^{\mathrm{T}}\boldsymbol{Q}^{-1}\tilde{\boldsymbol{W}})+\frac{1}{\vartheta_0}(\rho-\rho_0)^2 \tag{10-25}$$

其中，ρ_0 是 $\boldsymbol{W}_{\mathrm{o}}^{*}\tilde{\boldsymbol{\sigma}}-\boldsymbol{f}_{\mathrm{a}}$ 的上界。

对式(10 - 25)求时间导数，则有

$$\dot{L}=2\left(\int_0^t\tilde{\boldsymbol{x}}_1\mathrm{d}t\right)^{\mathrm{T}}\boldsymbol{C}_1\tilde{\boldsymbol{x}}_1+2\tilde{\boldsymbol{x}}_1^{\mathrm{T}}\boldsymbol{C}_1^{-1}\dot{\tilde{\boldsymbol{x}}}_1+2\tilde{\boldsymbol{x}}_2^{\mathrm{T}}\dot{\tilde{\boldsymbol{x}}}_2+2\mathrm{tr}(\tilde{\boldsymbol{W}}^{\mathrm{T}}\boldsymbol{Q}^{-1}\dot{\tilde{\boldsymbol{W}}})+\frac{2}{\vartheta_0}(\rho-\rho_0)\dot{\rho} \tag{10-26}$$

将观测器估计误差式(10 - 24)代入式(10 - 26)得到

$$\begin{aligned}\dot{L}=&2\left(\int_0^t\tilde{\boldsymbol{x}}_1\mathrm{d}t\right)^{\mathrm{T}}\boldsymbol{C}_1\tilde{\boldsymbol{x}}_1+2\tilde{\boldsymbol{x}}_1^{\mathrm{T}}\boldsymbol{C}_1^{-1}\left(\tilde{\boldsymbol{x}}_2-2\boldsymbol{C}_1\tilde{\boldsymbol{x}}_1-\boldsymbol{C}_1^2\int_0^t\tilde{\boldsymbol{x}}_1\mathrm{d}t\right)+\\&2\tilde{\boldsymbol{x}}_2^{\mathrm{T}}[\boldsymbol{W}_{\mathrm{o}}^{*\mathrm{T}}\tilde{\sigma}+\tilde{\boldsymbol{W}}^{\mathrm{T}}\hat{\sigma}-\boldsymbol{f}_{\mathrm{a}}-\rho\mathrm{sgn}(\tilde{\boldsymbol{x}}_2)-\boldsymbol{C}_2\tilde{\boldsymbol{x}}_2]+2\mathrm{tr}(\tilde{\boldsymbol{W}}^{\mathrm{T}}\boldsymbol{Q}^{-1}\dot{\tilde{\boldsymbol{W}}})+\frac{2}{\vartheta_0}(\rho-\rho_0)\dot{\rho}\\=&2\tilde{\boldsymbol{x}}_1^{\mathrm{T}}\boldsymbol{C}_1^{-1}\tilde{\boldsymbol{x}}_2-4\tilde{\boldsymbol{x}}_1^{\mathrm{T}}\tilde{\boldsymbol{x}}_1+2\tilde{\boldsymbol{x}}_2^{\mathrm{T}}\tilde{\boldsymbol{W}}^{I}\hat{\sigma}+2\tilde{\boldsymbol{x}}_2^{\mathrm{T}}[\boldsymbol{W}_{\mathrm{o}}^{*\mathrm{T}}\tilde{\sigma}-\boldsymbol{f}_{\mathrm{a}}]-\\&2\tilde{\boldsymbol{x}}_2^{\mathrm{T}}\rho\mathrm{sgn}(\tilde{\boldsymbol{x}}_2)-2\tilde{\boldsymbol{x}}_2^{\mathrm{T}}\boldsymbol{C}_2\tilde{\boldsymbol{x}}_2+2\mathrm{tr}(\tilde{\boldsymbol{W}}^{\mathrm{T}}\boldsymbol{Q}^{-1}\dot{\tilde{\boldsymbol{W}}})+\frac{2}{\vartheta_0}(\rho-\rho_0)\dot{\rho}\end{aligned} \tag{10-27}$$

根据自适应律式(10 - 22)和式(10 - 23)，可得

$$\begin{aligned}\dot{L}=&2\tilde{\boldsymbol{x}}_1^{\mathrm{T}}\boldsymbol{C}_1^{-1}\tilde{\boldsymbol{x}}_2-4\tilde{\boldsymbol{x}}_1^{\mathrm{T}}\tilde{\boldsymbol{x}}_1-2\tilde{\boldsymbol{x}}_2^{\mathrm{T}}\boldsymbol{C}_2\tilde{\boldsymbol{x}}_2+2\tilde{\boldsymbol{x}}_2^{\mathrm{T}}[\boldsymbol{W}_{\mathrm{o}}^{*\mathrm{T}}\tilde{\boldsymbol{\sigma}}-\boldsymbol{f}_{\mathrm{a}}]-\\&2\tilde{\boldsymbol{x}}_2^{\mathrm{T}}\rho\mathrm{sgn}(\tilde{\boldsymbol{x}}_2)+2\mathrm{tr}[\tilde{\boldsymbol{W}}^{\mathrm{T}}(\boldsymbol{Q}^{-1}(-\boldsymbol{Q}\hat{\boldsymbol{\sigma}}\tilde{\boldsymbol{x}}_2^{\mathrm{T}})+\hat{\boldsymbol{\sigma}}\tilde{\boldsymbol{x}}_2^{\mathrm{T}})]+\\&\frac{2}{\vartheta_0}(\rho-\rho_0)(\vartheta_0\|\tilde{\boldsymbol{x}}_2\|)\\\leqslant&2\tilde{\boldsymbol{x}}_1^{\mathrm{T}}\boldsymbol{C}_1^{-1}\tilde{\boldsymbol{x}}_2-4\tilde{\boldsymbol{x}}_1^{\mathrm{T}}\tilde{\boldsymbol{x}}_1-2\tilde{\boldsymbol{x}}_2^{\mathrm{T}}C\tilde{\boldsymbol{x}}_2+2\tilde{\boldsymbol{x}}_2^{\mathrm{T}}[\boldsymbol{W}_{\mathrm{o}}^{*\mathrm{T}}\tilde{\sigma}-\boldsymbol{f}_{\mathrm{a}}]-2\rho_0\|\tilde{\boldsymbol{x}}_2\|\end{aligned} \tag{10-28}$$

利用柯西-施瓦茨不等式，且 $\|\boldsymbol{W}_{\mathrm{o}}^{*}\tilde{\boldsymbol{\sigma}}-\boldsymbol{f}_{\mathrm{a}}\|\leqslant\rho_0$，则式(10 - 28)的上界为

$$\begin{aligned}\dot{L}&\leqslant2\tilde{\boldsymbol{x}}_1^{\mathrm{T}}\boldsymbol{C}_1^{-1}\tilde{\boldsymbol{x}}_2-4\tilde{\boldsymbol{x}}_1^{\mathrm{T}}\tilde{\boldsymbol{x}}_1-2\tilde{\boldsymbol{x}}_2^{\mathrm{T}}\boldsymbol{C}_2\tilde{\boldsymbol{x}}_2+2\rho_0\|\tilde{\boldsymbol{x}}_2\|-2\rho_0\|\tilde{\boldsymbol{x}}_2\|\\&\leqslant-\tilde{\boldsymbol{x}}_1^{\mathrm{T}}(4I-\boldsymbol{C}_1^{-1})\tilde{\boldsymbol{x}}_1-\tilde{\boldsymbol{x}}_2^{\mathrm{T}}(2\boldsymbol{C}_2-\boldsymbol{C}_1^{-1})\tilde{\boldsymbol{x}}_2\end{aligned} \tag{10-29}$$

为了保证 $\dot{L}\leqslant0$，选择增益矩阵 $\boldsymbol{C}_1$ 和 $\boldsymbol{C}_2$ 满足 $\lambda_{\min}(4\boldsymbol{I}-\boldsymbol{C}_1^{-1})>0$ 和 $\lambda_{\min}(2\boldsymbol{C}_2-\boldsymbol{C}_1^{-1})>0$。由于可以保证 $-\tilde{\boldsymbol{x}}_1^{\mathrm{T}}(4\boldsymbol{I}-\boldsymbol{C}_1^{-1})\tilde{\boldsymbol{x}}_1-\tilde{\boldsymbol{x}}_2^{\mathrm{T}}(2\boldsymbol{C}_2-\boldsymbol{C}_1^{-1})\tilde{\boldsymbol{x}}_2\leqslant0$，因此，所提出的速度观测器是李雅普诺夫稳定的。由式(10 - 25)和式(10 - 29)可知 $L\geqslant0$ 和 $\dot{L}\leqslant0$，则有 $\int_0^{\infty}(\tilde{\boldsymbol{x}}_1^{\mathrm{T}}(4\boldsymbol{I}-\boldsymbol{C}_1^{-1})\tilde{\boldsymbol{x}}_1-\tilde{\boldsymbol{x}}_2^{\mathrm{T}}(2\boldsymbol{C}_2-\boldsymbol{C}_1^{-1})\tilde{\boldsymbol{x}}_2)\,\mathrm{d}t\leqslant L(0)-L(\infty)$，其中

$L(\infty)=\lim\limits_{t\to\infty}L(t)$，利用芭芭拉引理[7]，可得当 $t\to\infty$ 时，$\tilde{\boldsymbol{x}}_1\to\boldsymbol{0}$ 和 $\tilde{\boldsymbol{x}}_2\to\boldsymbol{0}$。由式(10-24)可得，当 $t\to\infty$ 时，$\int_0^t\tilde{\boldsymbol{x}}_1\mathrm{d}t\to 0$。因此，提出的速度观测器是渐近稳定的。

在式(10-20)、式(10-22)和式(10-23)中，$\tilde{\boldsymbol{x}}_2$ 可由 $\dot{\tilde{\boldsymbol{x}}}_1+2\boldsymbol{C}_1\tilde{\boldsymbol{x}}_1+\boldsymbol{C}_1^2\int_0^t\tilde{\boldsymbol{x}}_1\mathrm{d}t$ 得到，其中 $\tilde{\boldsymbol{x}}_1$ 可由估计值 $\hat{\boldsymbol{x}}_1$ 和测量变量 $\boldsymbol{x}_1$ 计算得到，而 $\dot{\tilde{\boldsymbol{x}}}_1$ 可由估计误差 $\tilde{\boldsymbol{x}}_1$ 的导数得到。

10.2.2 慢变子系统基于观测器的控制器

本节在速度观测器的基础上，设计慢变子系统的控制方案。由式(10-9)可知，$\bar{\boldsymbol{u}}_2$ 对慢变子系统没有影响，因此，可考虑 $\bar{\boldsymbol{u}}_2=0$，并设计 $\bar{\boldsymbol{u}}_1$ 来跟踪慢变运动的期望轨迹。定义中间变量为

$$\hat{\boldsymbol{\eta}}=\left(\frac{\mathrm{d}}{\mathrm{d}t}+\boldsymbol{C}_1\right)^2\int_0^t\hat{\boldsymbol{e}}\,\mathrm{d}t \tag{10-30}$$

其中，$\hat{\boldsymbol{e}}=\hat{\boldsymbol{x}}_1-\boldsymbol{x}_{1\mathrm{d}}$ 为速度观测器与期望轨迹 $\boldsymbol{x}_{1\mathrm{d}}$ 的误差。

使用式(10-20)，可得

$$\begin{aligned}\hat{\boldsymbol{\eta}}&=\dot{\hat{\boldsymbol{x}}}_1-\dot{\boldsymbol{x}}_{1\mathrm{d}}+2\boldsymbol{C}_1\hat{\boldsymbol{e}}+\boldsymbol{C}_1^2\int_0^t\hat{\boldsymbol{e}}\,\mathrm{d}t\\&=\hat{\boldsymbol{x}}_2+2\boldsymbol{C}_1\boldsymbol{e}-\boldsymbol{x}_{2\mathrm{d}}+\boldsymbol{C}_1^2\int_0^t\boldsymbol{e}\,\mathrm{d}t\end{aligned} \tag{10-31}$$

其中，$\boldsymbol{x}_{2\mathrm{d}}=\dot{\boldsymbol{x}}_{1\mathrm{d}}$ 是期望的角速度矢量；$\boldsymbol{e}=\bar{\boldsymbol{x}}_1-\boldsymbol{x}_{1\mathrm{d}}$ 是跟踪误差矢量。

定义滑模面为

$$\boldsymbol{s}=\left(\frac{\mathrm{d}}{\mathrm{d}t}+\boldsymbol{C}_1\right)2\int_0^t\boldsymbol{e}\,\mathrm{d}t \tag{10-32}$$

其中，用跟踪误差的积分 $\int_0^t\boldsymbol{e}\,\mathrm{d}t$ 来抵消稳态误差[8]。

利用式(10-19)，滑模曲面 $\boldsymbol{s}$ 可表示为

$$\begin{aligned}\boldsymbol{s}&=\dot{\boldsymbol{e}}+2\boldsymbol{C}_1\boldsymbol{e}+\boldsymbol{C}_1^2\int_0^t\boldsymbol{e}\,\mathrm{d}t\\&=\bar{\boldsymbol{x}}_2-\boldsymbol{x}_{2\mathrm{d}}+2\boldsymbol{C}_1\boldsymbol{e}+\boldsymbol{C}_1^2\int_0^t\boldsymbol{e}\,\mathrm{d}t=\hat{\boldsymbol{\eta}}-\tilde{\boldsymbol{x}}_2\end{aligned} \tag{10-33}$$

将式(10-33)对时间求导，再代入式(10-14)，可得

$$\begin{aligned}\dot{\boldsymbol{s}}&=\dot{\bar{\boldsymbol{x}}}_2-\dot{\boldsymbol{x}}_{2\mathrm{d}}+2\boldsymbol{C}_1(\bar{\boldsymbol{x}}_2-\boldsymbol{x}_{2\mathrm{d}})+\boldsymbol{C}_1^2\boldsymbol{e}\\&=\boldsymbol{F}_{\mathrm{s}}+\boldsymbol{B}_0(\bar{\boldsymbol{x}}_1)\bar{\boldsymbol{u}}_1-\dot{\boldsymbol{x}}_{2\mathrm{d}}+\boldsymbol{f}_{\mathrm{t}}+\boldsymbol{C}_1^2\boldsymbol{e}\end{aligned} \tag{10-34}$$

其中，$\boldsymbol{F}_{\mathrm{s}}=\boldsymbol{F}(\bar{\boldsymbol{x}})+2\boldsymbol{C}_1(\bar{\boldsymbol{x}}_2-\boldsymbol{x}_{2\mathrm{d}})$。

基于式(10-16)的 RBF 近似，$\boldsymbol{F}_{\mathrm{s}}(\boldsymbol{X})$ 可以近似为

$$\boldsymbol{F}_{\mathrm{s}}(\boldsymbol{X})=\boldsymbol{W}_1^{*\mathrm{T}}\boldsymbol{\sigma}(\boldsymbol{X})+\boldsymbol{\varepsilon}_1^*(\boldsymbol{X}),\ \|\boldsymbol{\varepsilon}_1^*(\boldsymbol{X})\|\leqslant\varepsilon_{\mathrm{N1}} \tag{10-35}$$

其中，$\boldsymbol{X}=[\bar{\boldsymbol{x}}_1^{\mathrm{T}},\bar{\boldsymbol{x}}_2^{\mathrm{T}},\boldsymbol{x}_{1\mathrm{d}}^{\mathrm{T}},\boldsymbol{x}_{2\mathrm{d}}^{\mathrm{T}}]^{\mathrm{T}}$，$\boldsymbol{W}_1^*$ 为理想权值，$\boldsymbol{\varepsilon}_1^*(\boldsymbol{X})$为神经网络近似误差；$\boldsymbol{W}_1^*$ 和 $\boldsymbol{\varepsilon}_1^*(\boldsymbol{X})$分别以 W_{M1} 和 $\varepsilon_{\mathrm{N1}}$ 为界。

根据对 $\boldsymbol{X}$ 的估计，$\boldsymbol{F}_{\mathrm{s}}$ 的估计值为

$$\hat{\boldsymbol{F}}_{\mathrm{s}}(\hat{\boldsymbol{X}})=\hat{\boldsymbol{W}}_1^{\mathrm{T}}\hat{\boldsymbol{\sigma}}_1 \tag{10-36}$$

其中，$\hat{\boldsymbol{X}}=[\hat{\boldsymbol{x}}_1^{\mathrm{T}},\hat{\boldsymbol{x}}_2^{\mathrm{T}},\hat{\boldsymbol{x}}_{1\mathrm{d}}^{\mathrm{T}},\hat{\boldsymbol{x}}_{2\mathrm{d}}^{\mathrm{T}}]^{\mathrm{T}}$；$\hat{\boldsymbol{\sigma}}_1=\boldsymbol{\sigma}(\hat{\boldsymbol{X}})$；$\hat{\boldsymbol{W}}_1$ 是 $\boldsymbol{W}_1^*$ 的估计值，其更新规律为

$$\dot{\hat{\boldsymbol{W}}}_1=\dot{\tilde{\boldsymbol{W}}}_1=\boldsymbol{Q}_1\hat{\boldsymbol{\sigma}}_1\hat{\boldsymbol{\eta}}^{\mathrm{T}} \tag{10-37}$$

其中，$\tilde{\boldsymbol{W}}_1=\hat{\boldsymbol{W}}_1-\boldsymbol{W}_1$ 为权重估计误差；$\boldsymbol{Q}_1$ 为对角正定矩阵。

基于观测器的控制器设计为

$$\bar{\boldsymbol{u}}_1=\boldsymbol{B}_0^{-1}[\dot{\boldsymbol{x}}_{2\mathrm{d}}-\boldsymbol{C}_1^2\boldsymbol{e}-\hat{\boldsymbol{W}}_1^{\mathrm{T}}\hat{\boldsymbol{\sigma}}_1-\boldsymbol{K}_0\hat{\boldsymbol{\eta}}-(\boldsymbol{K}+\kappa\boldsymbol{I})\,\mathrm{sgn}(\hat{\boldsymbol{\eta}})] \tag{10-38}$$

其中，$\boldsymbol{K}_0$，$\boldsymbol{K}$ 为对角正定矩阵；κ 为自适应变量，其自适应律如下

$$\dot{\kappa}=\vartheta_1\|\hat{\boldsymbol{\eta}}\| \tag{10-39}$$

其中，ϑ_1 为正常数。

将式(10－35)～式(10－38)代入式(10－34)可得

$$\dot{\boldsymbol{s}}=-\boldsymbol{K}_0\hat{\boldsymbol{\eta}}-(\boldsymbol{K}+\kappa\boldsymbol{I})\mathrm{sgn}(\hat{\boldsymbol{\eta}})-\boldsymbol{W}_1^{*\mathrm{T}}\tilde{\boldsymbol{\sigma}}_1-\tilde{\boldsymbol{W}}_1^{\mathrm{T}}\hat{\boldsymbol{\sigma}}_1+\boldsymbol{\varepsilon}_1^*(\boldsymbol{X})+\boldsymbol{f}_{\mathrm{t}} \tag{10-40}$$

其中，$\tilde{\boldsymbol{\sigma}}_1=\boldsymbol{\sigma}(\hat{\boldsymbol{X}})-\boldsymbol{\sigma}(\boldsymbol{X})$。

由于所提出的观测器是渐近稳定的，因此，可以由式(10－24)得到 $\dot{\tilde{\boldsymbol{x}}}_2$ 有界。又因为 $\boldsymbol{W}_1^*$，$\tilde{\boldsymbol{\sigma}}_1$，$\boldsymbol{\varepsilon}_1^*(\boldsymbol{X})$，和 $\boldsymbol{f}_{\mathrm{t}}$ 都是有界的，所以 $-\boldsymbol{W}_1^{*\mathrm{T}}\tilde{\boldsymbol{\sigma}}_1-\tilde{\boldsymbol{W}}_1^{\mathrm{T}}\hat{\boldsymbol{\sigma}}_1+\boldsymbol{\varepsilon}_1^*(\boldsymbol{X})+\boldsymbol{f}_{\mathrm{t}}$ 也是有界的。

选择如下李雅普诺夫函数，即

$$L_1=\hat{\boldsymbol{\eta}}^{\mathrm{T}}\hat{\boldsymbol{\eta}}+\mathrm{tr}(\tilde{\boldsymbol{W}}_1^{\mathrm{T}}\boldsymbol{Q}_1^{-1}\tilde{\boldsymbol{W}}_1)+\frac{1}{\vartheta_{\mathrm{c}}}(\kappa-\kappa_0)^2 \tag{10-41}$$

其中，κ_0 是 $\|-\boldsymbol{W}_1^{*\mathrm{T}}\tilde{\boldsymbol{\sigma}}_1-\tilde{\boldsymbol{W}}_1^{\mathrm{T}}\hat{\boldsymbol{\sigma}}_1+\boldsymbol{\varepsilon}_1^*(\boldsymbol{X})+\boldsymbol{f}_{\mathrm{t}}\|$ 的上界。

对式(10－41)求导，利用式(10－33)和式(10－40)，可得

$$\begin{aligned}\dot{L}_1&=2\hat{\boldsymbol{\eta}}^{\mathrm{T}}(\dot{\boldsymbol{s}}+\dot{\tilde{\boldsymbol{x}}}_2)+2\mathrm{tr}(\tilde{\boldsymbol{W}}_1^{\mathrm{T}}\boldsymbol{Q}_1^{-1}\dot{\tilde{\boldsymbol{W}}}_1)+\frac{2}{\vartheta_c}(\kappa-\kappa_0)\dot{\boldsymbol{\kappa}}\\&=2\hat{\boldsymbol{\eta}}^{\mathrm{T}}[-\boldsymbol{K}_0\hat{\boldsymbol{\eta}}-(\boldsymbol{K}+\kappa\boldsymbol{I})\mathrm{sgn}(\hat{\boldsymbol{\eta}})-\boldsymbol{W}_1^{*\mathrm{T}}\tilde{\boldsymbol{\sigma}}_1-\tilde{\boldsymbol{W}}_1^{\mathrm{T}}\hat{\boldsymbol{\sigma}}_1+\boldsymbol{\varepsilon}_1^*(\boldsymbol{X})+\boldsymbol{f}_{\mathrm{t}}+\dot{\tilde{\boldsymbol{x}}}_2]+\\&\quad 2\mathrm{tr}(\tilde{\boldsymbol{W}}_1^{\mathrm{T}}\boldsymbol{Q}_1^{-1}\dot{\tilde{\boldsymbol{W}}}_1)+\frac{2}{\vartheta_c}(\kappa-\kappa_0)\dot{\kappa}\end{aligned} \tag{10-42}$$

将式(10－37)和式(10－39)中的更新律代入式(10－42)，用 $\hat{\boldsymbol{\eta}}\widetilde{\boldsymbol{W}}_1^{\mathrm{T}}\hat{\boldsymbol{\sigma}}_1 = \mathrm{tr}\,[\widetilde{\boldsymbol{W}}_1^{\mathrm{T}}\hat{\boldsymbol{\sigma}}_1\hat{\boldsymbol{\eta}}^{\mathrm{T}}]$ 可得

$$
\begin{aligned}
\dot{L}_1 = & -2\hat{\boldsymbol{\eta}}^{\mathrm{T}}\boldsymbol{K}_0\hat{\boldsymbol{\eta}} - 2\hat{\boldsymbol{\eta}}^{\mathrm{T}}\boldsymbol{K}\mathrm{sgn}(\hat{\boldsymbol{\eta}}) - 2\hat{\boldsymbol{\eta}}^{\mathrm{T}}\kappa\mathrm{sgn}(\hat{\boldsymbol{\eta}}) + \\
& 2\hat{\boldsymbol{\eta}}^{\mathrm{T}}[-\boldsymbol{W}_1^{*\mathrm{T}}\widetilde{\boldsymbol{\sigma}}_1 + \boldsymbol{\varepsilon}_1^*(\boldsymbol{X}) + \dot{\boldsymbol{x}}_2 + \boldsymbol{f}_{\mathrm{t}}] + \\
& 2\mathrm{tr}\,[\widetilde{\boldsymbol{W}}_1^{\mathrm{T}}\boldsymbol{Q}_1^{-1}(\boldsymbol{Q}_1\hat{\boldsymbol{\sigma}}_1\hat{\boldsymbol{\eta}}^{\mathrm{T}}) - \widetilde{\boldsymbol{W}}_1^{\mathrm{T}}\hat{\boldsymbol{\sigma}}_1\hat{\boldsymbol{\eta}}^{\mathrm{T}}] + \frac{2}{\vartheta_{\mathrm{c}}}(\kappa - \kappa_0)\vartheta_{\mathrm{c}}\,\|\hat{\boldsymbol{\eta}}\| \\
\leqslant & -2\hat{\boldsymbol{\eta}}^{\mathrm{T}}\boldsymbol{K}_0\hat{\boldsymbol{\eta}} - 2\hat{\boldsymbol{\eta}}^{\mathrm{T}}\boldsymbol{K}\mathrm{sgn}(\hat{\boldsymbol{\eta}}) + \\
& 2\hat{\boldsymbol{\eta}}^{\mathrm{T}}[-\boldsymbol{W}_1^{*\mathrm{T}}\widetilde{\boldsymbol{\sigma}}_1 + \boldsymbol{\varepsilon}_1^*(X) + \dot{\boldsymbol{x}}_2 + \boldsymbol{f}_{\mathrm{t}}] - 2\kappa_0\,\|\hat{\boldsymbol{\eta}}\|
\end{aligned}
\tag{10-43}
$$

由于 $\|-\boldsymbol{W}_1^{*\mathrm{T}}\widetilde{\boldsymbol{\sigma}}_1 + \boldsymbol{\varepsilon}_1^*(\boldsymbol{X}) + \dot{\boldsymbol{x}}_2 + \boldsymbol{f}_{\mathrm{t}}\| \leqslant \kappa_0$，则可得

$$
\begin{aligned}
\dot{L}_1 \leqslant & -2\hat{\boldsymbol{\eta}}^{\mathrm{T}}K_0\hat{\boldsymbol{\eta}} - 2\hat{\boldsymbol{\eta}}^{\mathrm{T}}\boldsymbol{K}\mathrm{sgn}(\hat{\boldsymbol{\eta}}) + 2\kappa_0\,\|\hat{\boldsymbol{\eta}}\| - 2\kappa_0\,\|\hat{\boldsymbol{\eta}}\| \\
\leqslant & -\hat{\boldsymbol{\eta}}^{\mathrm{T}}\boldsymbol{K}_0\hat{\boldsymbol{\eta}} \leqslant 0
\end{aligned}
\tag{10-44}
$$

由式(10－44)可知，基于观测器的控制器是李雅普诺夫稳定的。利用芭芭拉引理[7]，可得到当 $t\rightarrow\infty$ 时，$\hat{\boldsymbol{\eta}}\rightarrow\boldsymbol{0}$。由式(10－29)可得，当 $t\rightarrow\infty$ 时，$\widetilde{\boldsymbol{x}}_1\rightarrow\boldsymbol{0}$，$\widetilde{\boldsymbol{x}}_2\rightarrow\boldsymbol{0}$，由式(10－33)可得，当 $t\rightarrow\infty$ 时，$\boldsymbol{s}\rightarrow\boldsymbol{0}$。因此，当 $t\rightarrow\infty$ 时，$\boldsymbol{e}\rightarrow\boldsymbol{0}$，$\dot{\boldsymbol{e}}\rightarrow\boldsymbol{0}$，这表明基于速度观测器的控制器是渐近稳定的。

为了消除可能出现的颤振问题，将用饱和函数替代符号函数。通过该种替换，控制策略在控制精度和鲁棒性之间做了一定的权衡[6]。

10.3 快变子系统的控制策略

本节将专注于快变子系统的控制策略，探讨基于扩展状态观测器的快变子系统控制器的设计，实现系统快变运动的稳定控制。这些控制策略的设计和实施对于提高系统的整体性能和适应性至关重要，通过设计无模态测量的控制技术，空间机械臂系统将能够以较少的测量信息有效地应对快变量的稳定控制，保持操作的有效性和精准性。

10.3.1 快变子系统扩展状态观测器

利用所测得的柔性连杆弹性位移，可以得到

$$
\boldsymbol{d}_{\mathrm{node}} = \boldsymbol{T}\boldsymbol{\tau}
\tag{10-45}
$$

其中，$\boldsymbol{d}_{\mathrm{node}}$ 为柔性连杆 B_2 和 B_3 被测节点的位移向量；$\boldsymbol{T} = \mathrm{diag}\,[\boldsymbol{T}_{\mathrm{B}_2}, \boldsymbol{T}_{\mathrm{B}_3}]$；$\boldsymbol{T}_{\mathrm{B}_j} =$

$[\boldsymbol{\Phi}^{\mathrm{T}}_{\mathrm{node},1j},\ \cdots,\ \boldsymbol{\Phi}^{\mathrm{T}}_{\mathrm{node},ij},\ \cdots,\ \boldsymbol{\Phi}^{\mathrm{T}}_{\mathrm{node},nj}]^{\mathrm{T}}$，$\boldsymbol{\Phi}^{\mathrm{T}}_{\mathrm{node},nj}$ 为柔性连杆 B_j 第 i 个被测节点的平动模态矩阵；$\boldsymbol{T}_{\mathrm{B}_2}\boldsymbol{\tau}_2$ 和 $\boldsymbol{T}_{\mathrm{B}_3}\boldsymbol{\tau}_3$ 分别为柔性连杆 B_2 和 B_3 被测节点的弹性位移向量。

设 $\boldsymbol{T}^{\mathrm{T}}\boldsymbol{T}$ 为正定矩阵，由式(10－45)可得柔性连杆的模态坐标为

$$\boldsymbol{\tau}=(\boldsymbol{T}^{\mathrm{T}}\boldsymbol{T})^{-1}\boldsymbol{T}^{\mathrm{T}}\boldsymbol{d}_{\mathrm{node}} \tag{10-46}$$

其中，正定矩阵 $\boldsymbol{T}^{\mathrm{T}}\boldsymbol{T}$ 表示柔性连杆 B_2 和 B_3 的测量节点数分别大于模式选择数 m_2' 和 m_3'。

由于模态坐标可由柔性连杆的实测弹性位移求出，故快变量 $\boldsymbol{\xi}_1$ 可视为已知变量。将 $\boldsymbol{\rho}$ 作为一个附加的状态变量，即 $\boldsymbol{\xi}_3=\boldsymbol{\rho}$，其中 $\boldsymbol{\xi}_3$ 为一个扩展的系统状态，令 $\boldsymbol{p}(t)$ 表示 ρ 对 σ 的导数，则快变子系统可重写为

$$\begin{aligned}\frac{\mathrm{d}\boldsymbol{\xi}_1}{\mathrm{d}\sigma}&=\boldsymbol{\xi}_2\\ \frac{\mathrm{d}\boldsymbol{\xi}_2}{\mathrm{d}\sigma}&=\boldsymbol{E}\boldsymbol{\xi}_1+\boldsymbol{S}\boldsymbol{u}'+\boldsymbol{\rho}\\ \frac{\mathrm{d}\boldsymbol{\xi}_3}{\mathrm{d}\sigma}&=\boldsymbol{p}(t)\end{aligned} \tag{10-47}$$

基于扩展的快变子系统，设计线性 ESO 为

$$\begin{aligned}\frac{\mathrm{d}\hat{\boldsymbol{\xi}}_1}{\mathrm{d}\sigma}&=\hat{\boldsymbol{\xi}}_2-3\varepsilon\omega_0(\hat{\boldsymbol{\xi}}_1-\boldsymbol{\xi}_1)\\ \frac{\mathrm{d}\hat{\boldsymbol{\xi}}_2}{\mathrm{d}\sigma}&=\boldsymbol{E}\boldsymbol{\xi}_1+\boldsymbol{S}\boldsymbol{u}'+\hat{\boldsymbol{\xi}}_3-3\varepsilon^2\omega_0^2(\hat{\boldsymbol{\xi}}_1-\boldsymbol{\xi}_1)\\ \frac{\mathrm{d}\hat{\boldsymbol{\xi}}_3}{\mathrm{d}\sigma}&=-\varepsilon^3\omega_0^3(\hat{\boldsymbol{\xi}}_1-\boldsymbol{\xi}_1)\end{aligned} \tag{10-48}$$

其中，$\hat{\boldsymbol{\xi}}=\left[\hat{\boldsymbol{\xi}}_1^{\mathrm{T}},\hat{\boldsymbol{\xi}}_2^{\mathrm{T}},\hat{\boldsymbol{\xi}}_3^{\mathrm{T}}\right]^{\mathrm{T}}$ 为状态估计；$\omega_0>0$ 为线性 ESO 的设计带宽。

定义估计误差 $\tilde{\boldsymbol{\xi}}=\boldsymbol{\xi}-\hat{\boldsymbol{\xi}}$，则根据式(10－47)和式(10－48)，有

$$\begin{aligned}\frac{\mathrm{d}\tilde{\boldsymbol{\xi}}_1}{\mathrm{d}\sigma}&=\tilde{\boldsymbol{\xi}}_2-3\varepsilon\omega_0\tilde{\boldsymbol{\xi}}_1\\ \frac{\mathrm{d}\tilde{\boldsymbol{\xi}}_2}{\mathrm{d}\sigma}&=\tilde{\boldsymbol{\xi}}_3-3\varepsilon^2\omega_0^2\tilde{\boldsymbol{\xi}}_1\\ \frac{\mathrm{d}\tilde{\boldsymbol{\xi}}_3}{\mathrm{d}\sigma}&=\boldsymbol{p}(t)-\varepsilon^3\omega_0^3\tilde{\boldsymbol{\xi}}_1\end{aligned} \tag{10-49}$$

定义 $\boldsymbol{\chi}_i=\tilde{\boldsymbol{\xi}}_i/(\varepsilon\omega_0)^{i-1}(i=1,2,3)$，则式(10－49)可重写为

$$\frac{\mathrm{d}\boldsymbol{\chi}}{\mathrm{d}\sigma}=\varepsilon\omega_0\boldsymbol{A}\boldsymbol{\chi}+\boldsymbol{B}\ \frac{\boldsymbol{p}(t)}{(\varepsilon\omega_0)^2} \tag{10-50}$$

其中

$$\boldsymbol{A}=\begin{bmatrix}-3\boldsymbol{I}_{m'} & \boldsymbol{I}_{m'} & \boldsymbol{0}\\ -3\boldsymbol{I}_{m'} & \boldsymbol{0} & \boldsymbol{I}_{m'}\\ -\boldsymbol{I}_{m'} & \boldsymbol{0} & \boldsymbol{0}\end{bmatrix},\ \boldsymbol{B}=\begin{bmatrix}\boldsymbol{0}\\ \boldsymbol{0}\\ -\boldsymbol{I}_{m'}\end{bmatrix} \tag{10-51}$$

$m'=m'_2+m'_3$ 为柔性连杆 B_2 和 B_3 的选择模式数。

为了证明线性 ESO 的稳定性，选择如下李雅普诺夫函数，即

$$V=\boldsymbol{\chi}^{\mathrm{T}}\boldsymbol{N}\boldsymbol{\chi} \tag{10-52}$$

其中，$\boldsymbol{N}$ 为下式的解

$$\boldsymbol{N}\boldsymbol{A}+\boldsymbol{A}^{\mathrm{T}}\boldsymbol{N}=-\boldsymbol{I} \tag{10-53}$$

V 对 σ 的导数为

$$\frac{\mathrm{d}V}{\mathrm{d}\sigma}=\frac{\mathrm{d}\boldsymbol{\chi}^{\mathrm{T}}}{\mathrm{d}\sigma}\boldsymbol{N}\boldsymbol{\chi}+\boldsymbol{\chi}^{\mathrm{T}}\boldsymbol{N}\ \frac{\mathrm{d}\boldsymbol{\chi}}{\mathrm{d}\sigma} \tag{10-54}$$

将式(10－50)代入式(10－54)，可得

$$\frac{\mathrm{d}V}{\mathrm{d}\sigma}=(\varepsilon\omega_0\boldsymbol{A}\boldsymbol{\chi}+\boldsymbol{B}\ \frac{\boldsymbol{p}(t)}{\varepsilon^2\omega_0^2})^{\mathrm{T}}\boldsymbol{N}\boldsymbol{\chi}+\boldsymbol{\chi}\boldsymbol{N}\left(\varepsilon\omega_0\boldsymbol{A}\boldsymbol{\chi}+\boldsymbol{B}\ \frac{\boldsymbol{p}(t)}{\varepsilon^2\omega_0^2}\right) \tag{10-55}$$

定义 $\boldsymbol{p}_b(t)=\boldsymbol{B}\boldsymbol{p}(t)$，并假设 $\boldsymbol{p}_b(t)\leqslant c_1$ 有界，则式(10－55)可化简为

$$\begin{aligned}\frac{\mathrm{d}V}{\mathrm{d}\sigma}&=-\varepsilon\omega_0\boldsymbol{\chi}^{\mathrm{T}}\boldsymbol{\chi}+\frac{1}{\varepsilon^2\omega_0^2}\boldsymbol{p}_b^{\mathrm{T}}(t)\boldsymbol{N}\boldsymbol{\chi}+\boldsymbol{\chi}^{\mathrm{T}}\boldsymbol{N}\boldsymbol{p}_{\boldsymbol{B}}(t)\ \frac{1}{\varepsilon^2\omega_0^2}\\ &\leqslant-\varepsilon\omega_0\|\boldsymbol{\chi}\|^2+\frac{1}{\varepsilon^2\omega_0^2}\|\boldsymbol{p}_b^{\mathrm{T}}(t)\|\ \|\boldsymbol{N}\|\ \|\boldsymbol{\chi}\|+\\ &\quad\frac{1}{\varepsilon^2\omega_0^2}\|\boldsymbol{\chi}^{\mathrm{T}}\|\ \|\boldsymbol{N}\|\ \|\boldsymbol{p}_b^{\mathrm{T}}(t)\|\\ &\leqslant-\varepsilon\omega_0\|\boldsymbol{\chi}\|^2+\frac{2}{\varepsilon^2\omega_0^2}c_1\lambda_{\max}(\boldsymbol{N})\|\boldsymbol{\chi}\|\\ &\leqslant-(\varepsilon\omega_0\|\boldsymbol{\chi}\|-\frac{2}{\varepsilon^2\omega_0^2}c_1\lambda_{\max}(\boldsymbol{N}))\|\boldsymbol{\chi}\|\end{aligned} \tag{10-56}$$

其中，$\lambda_{\max}(\boldsymbol{N})$为 $\boldsymbol{N}$ 的最大奇异值。若 $\|\boldsymbol{\chi}\|\geqslant\dfrac{2c_1}{\varepsilon^2\omega_0^2}\lambda_{\max}(\boldsymbol{N})$，则 $\mathrm{d}V/\mathrm{d}\sigma\leqslant0$，即线性 ESO 有界。增大 ω_0 的值可以使估计误差收敛到任意小范围内。状态估计的 $\boldsymbol{\xi}_3$ 可用来补偿控制器中的不确定性。

10.3.2 快变子系统控制器设计

式(10－12)中的快变子系统可重写为

$$\frac{\mathrm{d}\boldsymbol{\xi}_{\mathrm{f}}}{\mathrm{d}\sigma}=\boldsymbol{A}_{\mathrm{f}}\boldsymbol{\xi}_{\mathrm{f}}+\boldsymbol{B}_{\mathrm{f}}\boldsymbol{u}'+\boldsymbol{C}_{\mathrm{f}}\boldsymbol{\rho} \tag{10-57}$$

其中，$\boldsymbol{\xi}_{\mathrm{f}}=[\boldsymbol{\xi}_1^{\mathrm{T}},\boldsymbol{\xi}_2^{\mathrm{T}}]^{\mathrm{T}}$ 为快变量的向量，且

$$\boldsymbol{A}_{\mathrm{f}}=\begin{bmatrix}\boldsymbol{0} & \boldsymbol{I}\\ \boldsymbol{E} & \boldsymbol{0}\end{bmatrix},\quad \boldsymbol{B}_{\mathrm{f}}=\begin{bmatrix}\boldsymbol{0}\\ \boldsymbol{S}\end{bmatrix},\quad \boldsymbol{C}_{\mathrm{f}}=\begin{bmatrix}\boldsymbol{0}\\ \boldsymbol{I}\end{bmatrix} \tag{10-58}$$

基于状态估计，设计快变反馈控制器，即

$$\boldsymbol{u}'=-\boldsymbol{K}_{\mathrm{f}}\hat{\boldsymbol{\xi}}_{\mathrm{f}}-\boldsymbol{S}^{\mathrm{T}}(\boldsymbol{S}\boldsymbol{S}^{\mathrm{T}})^{-1}\hat{\boldsymbol{\xi}}_3 \tag{10-59}$$

基中，$\hat{\boldsymbol{\xi}}_{\mathrm{f}}=[\hat{\boldsymbol{\xi}}_1^{\mathrm{T}},\hat{\boldsymbol{\xi}}_2^{\mathrm{T}}]^{\mathrm{T}}$ 为 $\boldsymbol{\xi}_{\mathrm{f}}$ 的估计值；控制增益 $\boldsymbol{K}_{\mathrm{f}}$ 为

$$\boldsymbol{K}_{\mathrm{f}}=\boldsymbol{R}_{\mathrm{f}}^{-1}\boldsymbol{B}_{\mathrm{f}}^{\mathrm{T}}\boldsymbol{G} \tag{10-60}$$

其中，$\boldsymbol{G}$ 为黎卡提方程 $\boldsymbol{A}_{\mathrm{f}}^{\mathrm{T}}\boldsymbol{G}+\boldsymbol{G}\boldsymbol{A}_{\mathrm{f}}-\boldsymbol{G}\boldsymbol{B}_{\mathrm{f}}\boldsymbol{R}_{\mathrm{f}}^{-1}\boldsymbol{B}_{\mathrm{f}}{}^{\mathrm{T}}\boldsymbol{G}+\boldsymbol{Q}_{\mathrm{f}}=\boldsymbol{0}$ 的解，$\boldsymbol{Q}_{\mathrm{f}}$ 和 $\boldsymbol{R}_{\mathrm{f}}$ 为正定对称矩阵。

为了证明快变控制器的稳定性，选择如下李雅普诺夫函数，即

$$V_{\mathrm{f}}=V_1+\frac{1}{(\varepsilon\omega_0)^4}V_2 \tag{10-61}$$

其中

$$V_1=V=\boldsymbol{\chi}^{\mathrm{T}}\boldsymbol{N}\boldsymbol{\chi} \tag{10-62}$$

$$V_2=\boldsymbol{\xi}_{\mathrm{f}}^{\mathrm{T}}\boldsymbol{G}\boldsymbol{\xi}_{\mathrm{f}} \tag{10-63}$$

将 V_2 对 σ 求导，可得

$$\frac{\mathrm{d}V_2}{\mathrm{d}\sigma}=\frac{\mathrm{d}\boldsymbol{\xi}_{\mathrm{f}}^{\mathrm{T}}}{\mathrm{d}\sigma}\boldsymbol{G}\boldsymbol{\xi}_{\mathrm{f}}+\boldsymbol{\xi}_{\mathrm{f}}^{\mathrm{T}}\boldsymbol{G}\frac{\mathrm{d}\boldsymbol{\xi}_{\mathrm{f}}}{\mathrm{d}\sigma} \tag{10-64}$$

将式(10－57)代入式(10－64)得到

$$\frac{\mathrm{d}V_2}{\mathrm{d}\sigma}=(\boldsymbol{A}_{\mathrm{f}}\boldsymbol{\xi}_{\mathrm{f}}+\boldsymbol{B}_{\mathrm{f}}\boldsymbol{u}'+\boldsymbol{C}_{\mathrm{f}}\rho)^{\mathrm{T}}\boldsymbol{G}\boldsymbol{\xi}_{\mathrm{f}}+\boldsymbol{\xi}_{\mathrm{f}}^{\mathrm{T}}\boldsymbol{G}(\boldsymbol{A}_{\mathrm{f}}\boldsymbol{\xi}_{\mathrm{f}}+\boldsymbol{B}_{\mathrm{f}}u'+\boldsymbol{C}_{\mathrm{f}}\boldsymbol{\rho}) \tag{10-65}$$

由式(10－59)可知

$$\begin{aligned}\frac{\mathrm{d}V_2}{\mathrm{d}\sigma}=&\boldsymbol{\xi}_{\mathrm{f}}^{\mathrm{T}}\boldsymbol{A}_{\mathrm{f}}^{\mathrm{T}}\boldsymbol{G}\boldsymbol{\xi}_{\mathrm{f}}-\hat{\boldsymbol{\xi}}_{\mathrm{f}}^{\mathrm{T}}\boldsymbol{K}_{\mathrm{f}}^{\mathrm{T}}\boldsymbol{B}_{\mathrm{f}}^{\mathrm{T}}\boldsymbol{G}\boldsymbol{\xi}_{\mathrm{f}}+\boldsymbol{\xi}_{\mathrm{f}}^{\mathrm{T}}\boldsymbol{G}\boldsymbol{A}_{\mathrm{f}}\boldsymbol{\xi}_{\mathrm{f}}-\boldsymbol{\xi}_{\mathrm{f}}^{\mathrm{T}}\boldsymbol{G}\boldsymbol{B}_{\mathrm{f}}\boldsymbol{K}_{\mathrm{f}}\hat{\boldsymbol{\xi}}_{\mathrm{f}}-\\&\hat{\boldsymbol{\xi}}_3^{\mathrm{T}}(\boldsymbol{S}\boldsymbol{S}^{\mathrm{T}})^{-1}\boldsymbol{S}\boldsymbol{B}_{\mathrm{f}}^{\mathrm{T}}\boldsymbol{G}\boldsymbol{\xi}_{\mathrm{f}}+\boldsymbol{\rho}^{\mathrm{T}}\boldsymbol{C}_{\mathrm{f}}^{\mathrm{T}}\boldsymbol{G}\boldsymbol{\xi}_{\mathrm{f}}-\\&\boldsymbol{\xi}_{\mathrm{f}}^{\mathrm{T}}\boldsymbol{G}\boldsymbol{B}_{\mathrm{f}}\boldsymbol{S}^{\mathrm{T}}(\boldsymbol{S}\boldsymbol{S}^{\mathrm{T}})^{-1}\hat{\boldsymbol{\xi}}_3+\boldsymbol{\xi}_{\mathrm{f}}^{\mathrm{T}}\boldsymbol{G}\boldsymbol{C}_{\mathrm{f}}\boldsymbol{\rho}\end{aligned} \tag{10-66}$$

利用黎卡提方程 $\boldsymbol{A}_{\mathrm{f}}^{\mathrm{T}}\boldsymbol{G}+\boldsymbol{G}\boldsymbol{A}_{\mathrm{f}}-\boldsymbol{G}\boldsymbol{B}_{\mathrm{f}}\boldsymbol{R}_{\mathrm{f}}^{-1}\boldsymbol{B}_{\mathrm{f}}{}^{\mathrm{T}}\boldsymbol{G}+\boldsymbol{Q}_{\mathrm{f}}=\boldsymbol{0}$，$(\boldsymbol{S}\boldsymbol{S}^{\mathrm{T}})^{-1}\boldsymbol{S}\boldsymbol{B}_{\mathrm{f}}^{\mathrm{T}}=\boldsymbol{C}_{\mathrm{f}}$ 和控制增益式(10－60)，式(10－66)可改写为

$$\begin{aligned}\frac{\mathrm{d}V_2}{\mathrm{d}\sigma}=&\boldsymbol{\xi}_{\mathrm{f}}^{\mathrm{T}}(\boldsymbol{A}_{\mathrm{f}}^{\mathrm{T}}\boldsymbol{G}-2\boldsymbol{K}_{\mathrm{f}}^{\mathrm{T}}\boldsymbol{B}_{\mathrm{f}}^{\mathrm{T}}\boldsymbol{G}+\boldsymbol{G}\boldsymbol{A}_{\mathrm{f}})\boldsymbol{\xi}_{\mathrm{f}}+2\boldsymbol{\xi}_{\mathrm{f}}^{\mathrm{T}}\boldsymbol{K}_{\mathrm{f}}^{\mathrm{T}}\boldsymbol{B}_{\mathrm{f}}^{\mathrm{T}}\boldsymbol{G}\boldsymbol{\xi}_{\mathrm{f}}-\hat{\boldsymbol{\xi}}_{\mathrm{f}}^{\mathrm{T}}\boldsymbol{K}_{\mathrm{f}}^{\mathrm{T}}\boldsymbol{B}_{\mathrm{f}}^{\mathrm{T}}\boldsymbol{G}\boldsymbol{\xi}_{\mathrm{f}}-\\&\boldsymbol{\xi}_{\mathrm{f}}^{\mathrm{T}}\boldsymbol{G}\boldsymbol{B}_{\mathrm{f}}\boldsymbol{K}_{\mathrm{f}}\hat{\boldsymbol{\xi}}_{\mathrm{f}}-\hat{\boldsymbol{\xi}}_3^{\mathrm{T}}\boldsymbol{C}_{\mathrm{f}}\boldsymbol{G}\boldsymbol{\xi}_{\mathrm{f}}+\boldsymbol{\rho}^{\mathrm{T}}\boldsymbol{C}_{\mathrm{f}}^{\mathrm{T}}\boldsymbol{G}\boldsymbol{\xi}_{\mathrm{f}}-\boldsymbol{\xi}_{\mathrm{f}}^{\mathrm{T}}\boldsymbol{G}\boldsymbol{C}_{\mathrm{f}}\hat{\boldsymbol{\xi}}_3+\boldsymbol{\xi}_{\mathrm{f}}^{\mathrm{T}}\boldsymbol{G}\boldsymbol{C}_{\mathrm{f}}\boldsymbol{\rho}\end{aligned} \tag{10-67}$$

简化式(10-67),可得

$$
\begin{aligned}
\frac{\mathrm{d}V_2}{\mathrm{d}\sigma} &= -\boldsymbol{\xi}_f^T(\boldsymbol{Q}_f + \boldsymbol{G}\boldsymbol{B}_f\boldsymbol{R}_f^{-1}\boldsymbol{B}_f^T\boldsymbol{G})\boldsymbol{\xi}_f + 2\boldsymbol{\xi}_f^T\boldsymbol{G}\boldsymbol{B}_f\boldsymbol{R}_f^{-1}\boldsymbol{B}_f^T\boldsymbol{G}\tilde{\boldsymbol{\xi}}_f - \\
&\quad \hat{\boldsymbol{\xi}}_3^T\boldsymbol{C}_f^T\boldsymbol{G}\boldsymbol{\xi}_f + \boldsymbol{\rho}^T\boldsymbol{C}_f^T\boldsymbol{G}\boldsymbol{\xi}_f - \boldsymbol{\xi}_f^T\boldsymbol{G}\boldsymbol{C}_f\hat{\boldsymbol{\xi}}_3 + \boldsymbol{\xi}_f^T\boldsymbol{G}\boldsymbol{C}_f\boldsymbol{\rho} \\
&\leqslant -\boldsymbol{\xi}_f^T\boldsymbol{Q}_f\boldsymbol{\xi}_f + \tilde{\boldsymbol{\xi}}_f^T\boldsymbol{G}\boldsymbol{B}_f\boldsymbol{R}_f^{-1}\boldsymbol{B}_f^T\boldsymbol{G}\boldsymbol{\xi}_f + 2\boldsymbol{\xi}_f^T\boldsymbol{G}\boldsymbol{C}_f\tilde{\boldsymbol{\xi}}_3 \\
&\leqslant -\boldsymbol{\xi}_f^T(\boldsymbol{Q}_f - \boldsymbol{G})\boldsymbol{\xi}_f + \tilde{\boldsymbol{\xi}}_f^T\boldsymbol{G}\boldsymbol{B}_f\boldsymbol{R}_f^{-1}\boldsymbol{B}_f^T\boldsymbol{G}\tilde{\boldsymbol{\xi}}_f + \tilde{\boldsymbol{\xi}}_3^T\boldsymbol{C}_f^T\boldsymbol{G}\boldsymbol{C}_f\tilde{\boldsymbol{\xi}}_3 \\
&\leqslant -\boldsymbol{\xi}_f^T(\boldsymbol{Q}_f - \boldsymbol{G})\boldsymbol{\xi}_f + \tilde{\boldsymbol{\xi}}^T\boldsymbol{G}_a\tilde{\boldsymbol{\xi}}
\end{aligned}
\tag{10-68}
$$

其中

$$
\boldsymbol{G}_a = \begin{bmatrix} \boldsymbol{G}\boldsymbol{B}_f\boldsymbol{R}_f^{-1}\boldsymbol{B}_f^T\boldsymbol{G} & \boldsymbol{0} \\ \boldsymbol{0} & \boldsymbol{C}_f^T\boldsymbol{G}\boldsymbol{C}_f \end{bmatrix} \tag{10-69}
$$

由式(10-56)和式(10-67)可得不等式

$$
\begin{aligned}
\frac{\mathrm{d}V_f}{\mathrm{d}\sigma} &\leqslant -\left(\varepsilon\omega_0 \|\boldsymbol{\chi}\| - \frac{2}{\varepsilon^2\omega_0^2}c_1\lambda_{\max}(\boldsymbol{N})\right)\|\boldsymbol{\chi}\| - \\
&\quad \frac{1}{(\varepsilon\omega_0)^4}\boldsymbol{\xi}_f^T(\boldsymbol{Q}_f - \boldsymbol{G})\boldsymbol{\xi}_f + \frac{1}{(\varepsilon\omega_0)^4}\tilde{\boldsymbol{\xi}}^T\boldsymbol{G}_a\tilde{\boldsymbol{\xi}} \\
&\leqslant -\left(\varepsilon\omega_0 \|\chi\| - \frac{2}{\varepsilon^2\omega_0^2}c_1\lambda_{\max}(\boldsymbol{N})\right)\|\boldsymbol{\chi}\| - \\
&\quad \frac{1}{(\varepsilon\omega_0)^4}\boldsymbol{\xi}_f^T(\boldsymbol{Q}_f - \boldsymbol{G})\boldsymbol{\xi}_f + \boldsymbol{\chi}^T\boldsymbol{\Gamma}\boldsymbol{G}_a\boldsymbol{\Gamma}\boldsymbol{\chi} \\
&\leqslant -\left[(\varepsilon\omega_0 - \lambda_{\max}(\boldsymbol{\Gamma}_a))\|\boldsymbol{\chi}\| - \frac{2}{\varepsilon^2\omega_0^2}c_1\lambda_{\max}(\boldsymbol{N})\right]\|\boldsymbol{\chi}\| - \\
&\quad \frac{1}{(\varepsilon\omega_0)^4}\boldsymbol{\xi}_f^T(\boldsymbol{Q}_f - \boldsymbol{G})\boldsymbol{\xi}_f
\end{aligned}
\tag{10-70}
$$

其中,$\lambda_{\max}(\boldsymbol{\Gamma}_a)$为 $\boldsymbol{\Gamma}_a$ 的最大奇异值

$$
\boldsymbol{\Gamma}_a = \boldsymbol{\Gamma}\boldsymbol{G}_a\boldsymbol{\Gamma}, \quad \boldsymbol{\Gamma} = \mathrm{diag}\left[\boldsymbol{I}\varepsilon\omega_0\boldsymbol{I}(\varepsilon\omega_0)^2\boldsymbol{I}\right] \tag{10-71}
$$

由式(10-70)可以看出,选择较大的 $\boldsymbol{Q}$ 和 ω_0,快变量可以全局有界。

在上述条件下,奇异摄动法保证了整个系统的状态向量可以近似为[8]。

$$
\begin{aligned}
&\boldsymbol{x}_1 = \bar{\boldsymbol{x}}_1 + O(\varepsilon),\ \boldsymbol{x}_2 = \bar{\boldsymbol{x}}_2 + O(\varepsilon) \\
&\boldsymbol{z}_1 = \bar{\boldsymbol{\zeta}}_1 + \boldsymbol{\xi}_1 + O(\varepsilon),\ \boldsymbol{z}_2 = \boldsymbol{\xi}_2 + O(\varepsilon)
\end{aligned}
\tag{10-72}
$$

其中,$\boldsymbol{z}_1 = \boldsymbol{\zeta}$ 和 $\boldsymbol{z}_2 = \varepsilon\boldsymbol{\zeta}$ 为奇异摄动模型式(10-8)的状态变量。

在慢变控制器 $\bar{\boldsymbol{u}}$ 下,变量 $\boldsymbol{x}_1$ 和 $\boldsymbol{x}_2$ 以 $O(\varepsilon)$ 近似跟踪期望轨迹 $\boldsymbol{x}_{1d}$ 和 $\boldsymbol{x}_{2d}$。式(10-59)中的快变控制器将驱动 $\boldsymbol{\xi}_1$ 和 $\boldsymbol{\xi}_2$ 到零。因此,多体系统的柔性运动将

被稳定到平衡轨迹 $\bar{\xi}_1$。由于混合控制器是在基于假设模态法建立的柔性空间机械臂系统动力学模型基础上设计的，因此，该控制器适用于满足柔性连杆小变形假设的空间机械臂的跟踪控制和振动抑制。

10.4　变速控制力矩陀螺操纵律设计

本节聚焦于变速控制力矩陀螺操纵律的设计，将详细介绍如何设计高效的操纵律，以提高陀螺驱动系统的性能。操纵律的设计关乎系统的控制精度，对于提高空间机械臂系统的性能具有重要意义。

期望的控制力 $\boldsymbol{u}$ 应分配给关节电机和 VSCMG。为了设计 VSCMG 和关节电机的操纵律，将控制力 $\boldsymbol{u}$ 分为

$$\boldsymbol{u} = [\boldsymbol{0}^{\mathrm{T}}, \boldsymbol{T}_{a0}^{\mathrm{T}}, \boldsymbol{T}_{a1}^{\mathrm{T}}, \boldsymbol{T}_{a2}^{\mathrm{T}}, \boldsymbol{T}_{a3}^{\mathrm{T}}, \boldsymbol{T}_{a4}^{\mathrm{T}}, \boldsymbol{T}_{\dot{\tau}2}^{\mathrm{T}}, \boldsymbol{T}_{\dot{\tau}3}^{\mathrm{T}}]^{\mathrm{T}} \tag{10-73}$$

其中，$\boldsymbol{T}_{a0}$ 为卫星本体的广义姿态控制力矩；$\boldsymbol{T}_{ai}$ $(i=1,2,3,4)$ 为第 i 个连杆的广义关节控制力矩；$\boldsymbol{T}_{\dot{\tau}2}$ 和 $\boldsymbol{T}_{\dot{\tau}3}$ 为柔性连杆 B_2 和 B_3 上抑制振动的力矩；第一部分为 $\boldsymbol{0}$，表示卫星本体的平动不受控制。

控制力矩可表示为[2]

$$\boldsymbol{T}_{a0} = \boldsymbol{T}_0 + \boldsymbol{A}_{0,2}\boldsymbol{C}_{a2}\boldsymbol{y}_{12} + \boldsymbol{A}_{0,3}\boldsymbol{C}_{a3}\boldsymbol{y}_3 \tag{10-74}$$

$$\boldsymbol{T}_{a1} = \boldsymbol{T}_1 + \boldsymbol{\Gamma}_1^{\mathrm{T}}\boldsymbol{A}_{1,2}\boldsymbol{C}_{a2}\boldsymbol{y}_2 + \boldsymbol{\Gamma}_1^{\mathrm{T}}\boldsymbol{A}_{1,3}\boldsymbol{C}_{a3}\boldsymbol{y}_3 \tag{10-75}$$

$$\boldsymbol{T}_{a2} = \boldsymbol{T}_2 + \boldsymbol{\Gamma}_2^{\mathrm{T}}\boldsymbol{C}_{a2}\boldsymbol{y}_2 + \boldsymbol{\Gamma}_2^{\mathrm{T}}\boldsymbol{A}_{2,3}\boldsymbol{C}_{a3}\boldsymbol{y}_3 \tag{10-76}$$

$$\boldsymbol{T}_{a3} = \boldsymbol{T}_3 + \boldsymbol{\Gamma}_3^{\mathrm{T}}\boldsymbol{C}_{a3}\boldsymbol{y}_3 \tag{10-77}$$

$$\boldsymbol{T}_{a4} = \boldsymbol{T}_4 \tag{10-78}$$

$$\boldsymbol{T}_{\dot{\tau}2} = \boldsymbol{C}_{\dot{\tau}2}\boldsymbol{y}_2 + \boldsymbol{C}_{\dot{\tau}2,3}\boldsymbol{y}_3 \tag{10-79}$$

$$\boldsymbol{T}_{\dot{\tau}3} = \boldsymbol{C}_{\dot{\tau}3}\boldsymbol{y}_3 \tag{10-80}$$

其中，$\boldsymbol{T}_0$ 为对卫星本体进行姿态控制的控制力矩；$\boldsymbol{T}_i$ $(i=1,\cdots,4)$ 为第 i 个关节处施加的主动力矩；$\boldsymbol{A}_{i,j}$ 为 F_j 到 F_i 的坐标变换矩阵；$\boldsymbol{\Gamma}_j$ 为第 i 个关节轴的列向量；$\boldsymbol{y}_j=[\dot{\boldsymbol{\alpha}}_j^{\mathrm{T}}, \boldsymbol{\Omega}_j^{\mathrm{T}}]^{\mathrm{T}}$ 为 VSCMG 对柔性连杆 B_j 的指令，$\dot{\alpha}_j=[\dot{\alpha}_{j,g1},\cdots,\dot{\alpha}_{j,gn_j}]^{\mathrm{T}}$ 为 VSCMG 在柔性连杆 B_j 上的陀螺速度矢量；$\boldsymbol{\Omega}_j=[\dot{\boldsymbol{\Omega}}_{j,r1},\cdots,\dot{\boldsymbol{\Omega}}_{j,gn_j}]^{\mathrm{T}}$ 为柔性连杆 B_j 上 VSCMG 转子转速矢量；$\boldsymbol{C}_{a2}, \boldsymbol{C}_{a3}, \boldsymbol{C}_{\dot{\tau}2}, \boldsymbol{C}_{\dot{\tau}3}, \boldsymbol{C}_{\dot{\tau}2,3}$ 为时变变量，表示为

$$\boldsymbol{C}_{a2}=[\boldsymbol{c}_{2,z1}h_{2,1},\cdots,\boldsymbol{c}_{2,zi}h_{2,i},\cdots,\boldsymbol{c}_{2,zn_2}h_{2,n_2},\boldsymbol{c}_{2,y1}J_{2,r1}^{y},\cdots,\boldsymbol{c}_{2,yi}J_{2,ri}^{y},\cdots,\boldsymbol{c}_{2,yn_2}J_{3,rn_2}^{y}]$$

$$\boldsymbol{C}_{a3}=[\boldsymbol{c}_{3,z1}h_{3,1},\cdots,\boldsymbol{c}_{3,zi}h_{3,i},\cdots,\boldsymbol{c}_{3,zn_3}h_{3,n_3},\boldsymbol{c}_{3,y1}J_{3,r1}^{y},\cdots,\boldsymbol{c}_{3,yi}J_{3,ri}^{y},\cdots,\boldsymbol{c}_{3,yn_2}J_{3,rn_3}^{y}]$$

$$\begin{aligned}\boldsymbol{C}_{\dot{\tau}2}=[&\boldsymbol{\Psi}_{2,g1}^{\mathrm{T}}\boldsymbol{c}_{2,z1}h_{2,1},\cdots,\boldsymbol{\Psi}_{2,gi}^{\mathrm{T}}\boldsymbol{c}_{2,zi}h_{2,i},\cdots,\boldsymbol{\Psi}_{2,gn_2}^{\mathrm{T}}\boldsymbol{c}_{2,zn_2}h_{2,n_2},\\&\boldsymbol{\Psi}_{2,g1}^{\mathrm{T}}\boldsymbol{c}_{2,y1}J_{2,r1}^{y},\cdots,\boldsymbol{\Psi}_{2,gi}^{\mathrm{T}}\boldsymbol{c}_{2,yi}J_{2,ri}^{y},\cdots,\boldsymbol{\Psi}_{2,gn_2}^{\mathrm{T}}\boldsymbol{c}_{2,yn_2}J_{2,rn_2}^{y}]\end{aligned}$$

$$C_{\dot{\tau}3}=[\boldsymbol{\Psi}^{\mathrm{T}}_{3,\mathrm{g}1}\boldsymbol{c}_{3,z1}h_{3,1},\cdots,\boldsymbol{\Psi}^{\mathrm{T}}_{3,\mathrm{g}i}\boldsymbol{c}_{3,zi}h_{3,i},\cdots,\boldsymbol{\Psi}^{\mathrm{T}}_{3,\mathrm{g}n_3}\boldsymbol{c}_{3,zn_3}h_{3,n_3},$$
$$\boldsymbol{\Psi}^{\mathrm{T}}_{3,\mathrm{g}1}\boldsymbol{c}_{3,y1}J^{y}_{3,\mathrm{r}1},\cdots,\boldsymbol{\Psi}^{\mathrm{T}}_{3,\mathrm{g}i}\boldsymbol{c}_{3,yi}J^{y}_{3,\mathrm{r}i},\cdots,\boldsymbol{\Psi}^{\mathrm{T}}_{3,\mathrm{g}n_3}\boldsymbol{c}_{3,yn_3}J^{y}_{3,\mathrm{r}n_3}]$$
$$\boldsymbol{C}_{\dot{\tau}2,3}=\boldsymbol{\Psi}^{\mathrm{T}}_{2,3}\boldsymbol{A}_{2,3}\boldsymbol{C}_{\mathrm{a}3}$$

其中，$h_{j,i}$ 为第 i 个 VSCMG 在柔性连杆 B_j 上的角动量大小；$J^{y}_{j,\mathrm{r}i}$ 为第 i 个转子在柔性连杆 B_j 上沿其自转轴的惯量；$\boldsymbol{c}_{j,yi}$ 和 $\boldsymbol{c}_{j,zi}$ 由 $F_{j,\mathrm{g}i}$ 和 F_j 之间的变换矩阵 $\boldsymbol{A}_{j,j\mathrm{g}i}$ 得到，即 $\boldsymbol{A}_{j,j\mathrm{g}i}=[\boldsymbol{c}_{j,xi},\boldsymbol{c}_{j,yi},\boldsymbol{c}_{j,zi}]$；$F_{j,\mathrm{g}i}$ 为图 10-3 所示的框架固定坐标系；$\boldsymbol{\Psi}_{2,3}$ 为柔性连杆 B_2 尖端节点的转动模态矩阵。

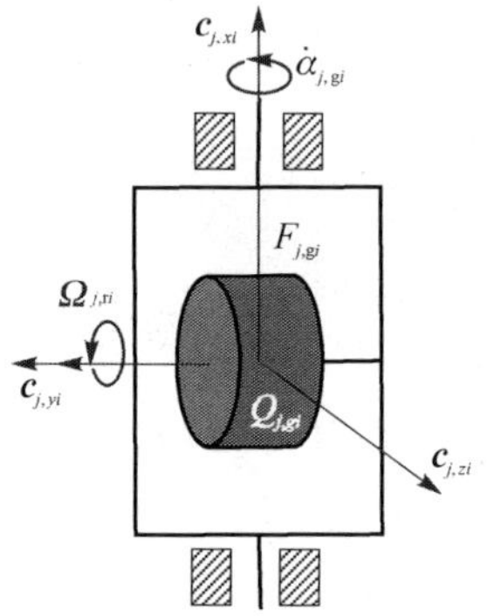

图 10-3 在柔性连杆 B_j 上的第 i 个 VSCMG 的框架固定坐标系

根据式(10-80)，可以设计加权鲁棒伪逆操纵律为

$$\boldsymbol{y}_3=\boldsymbol{W}_3\boldsymbol{C}^{\mathrm{T}}_{\dot{\tau}3}[\boldsymbol{C}_{\dot{\tau}3}\boldsymbol{W}_3\boldsymbol{C}^{\mathrm{T}}_{\dot{\tau}3}+\lambda(\boldsymbol{I}_{m'_3}+\boldsymbol{E}_{m'_3})]^{-1}\boldsymbol{T}_{\dot{\tau}3} \tag{10-81}$$

其中，$\boldsymbol{W}_3=\mathrm{diag}(W_{\mathrm{a}_{31}},W_{\mathrm{a}_{32}},W_{\mathrm{a}_{33}},W_{\mathrm{a}_{34}},W_{\Omega_{31}},W_{\Omega_{32}},W_{\Omega_{33}},W_{\Omega_{34}})$ 为正定加权矩阵；$W_{\Omega_{3i}}=W^0_{\Omega_{3i}}e^{-\gamma\sigma_{\mathrm{a}3}}$，$W_{\mathrm{a}_{3i}}$，$W^0_{\Omega_{3i}}$，$\gamma$ 和 λ 为正常数，$\sigma_{\mathrm{a}3}$ 为由 $\boldsymbol{C}_{\dot{\tau}3}$ 最小奇异值定义的奇异度量；$\boldsymbol{E}_{m'_3}$ 为小量非对角摄动的近零矩阵[2]。

利用 $\boldsymbol{y}_3$，可以得到柔性连杆 B_3 上的关节控制力矩为 $T_3=T_{\mathrm{a}3}-\boldsymbol{\Gamma}^{\mathrm{T}}_3\boldsymbol{C}_{\mathrm{a}3}\boldsymbol{y}_3$。将 $\boldsymbol{y}_3$ 代入式(10-79)，则 $\boldsymbol{y}_2$ 也可得到类似的操纵律。最后得到星本体和各关节的控制力矩为

$$\boldsymbol{T}_0=\boldsymbol{T}_{\mathrm{a}0}-\boldsymbol{A}_{0,2}\boldsymbol{C}_{\mathrm{a}2}\boldsymbol{y}_{12}-\boldsymbol{A}_{0,3}\boldsymbol{C}_{\mathrm{a}3}\boldsymbol{y}_3 \tag{10-82}$$
$$T_1=T_{\mathrm{a}1}-\boldsymbol{\Gamma}^{\mathrm{T}}_1\boldsymbol{A}_{1,2}\boldsymbol{C}_{\mathrm{a}2}\boldsymbol{y}_2-\boldsymbol{\Gamma}^{\mathrm{T}}_1\boldsymbol{A}_{1,3}\boldsymbol{C}_{\mathrm{a}3}\boldsymbol{y}_3 \tag{10-83}$$
$$T_2=T_{\mathrm{a}2}-\boldsymbol{\Gamma}^{\mathrm{T}}_2\boldsymbol{C}_{\mathrm{a}2}\boldsymbol{y}_2-\boldsymbol{\Gamma}^{\mathrm{T}}_2\boldsymbol{A}_{2,3}\boldsymbol{C}_{\mathrm{a}3}\boldsymbol{y}_3 \tag{10-84}$$

10.5 数值仿真

对图 10-1 所示的柔性空间机械臂系统进行数值仿真，验证所提出的基于观

测器的混合控制器的有效性。柔性空间机械臂系统参数如表 10－1 所列，VSCMG 安装参数如表 10－2 所列。连杆几何参数如表 10－3 所列。空间机械臂系统依据参考文献[2]对柔性连杆的参数进行了修改。将前 10 阶“固定-自由”弹性模态包含在动力学模型中，并将前 4 个模态作为控制模态。为了验证所提出的混合控制器不会发生溢出现象，引入无控制模态，并假定更高阶的模态在控制带宽之外，因此，高频控制溢出可以忽略不计。最后，考虑柔性连杆的小阻尼比为 0.01。

表 10－1　柔性空间机械臂系统的参数

体名称	质量/kg	一阶惯性矩/(kg·m)	转动惯量/(kg·m^2)
B_0	2 000.000	$[0,0,0]^T$	diag$(1.33\times10^4,5.33\times10^3,1.33\times10^4)$
B_1	40.000	$[0,20,0]^T$	diag(14.23,1.8,14.23)
B_2,B_3	116.640	$[0,524.88,0]^T$	diag(3153.22,0.3,3153.22)
B_4	10.000	$[0,4,0]^T$	diag(10,0.2,10)
有效载荷	20.000	$[0,20,0]^T$	diag(40,0.4,40)
VSCMG 的框架	1.000	$[0,0,0]^T$	diag(0.01,0.01,0.015)
VSCMG 的转子	1.500	$[0,0,0]^T$	diag(0.02,0.04,0.02)

表 10－2　VSCMG 安装参数

安装参数/m	值
连杆 B_j 上的第一个 VSCMG$\rho_{j,g1}$	$[0,2.7,0]^T$
连杆 B_j 上的第二个 VSCMG$\rho_{j,g2}$	$[0,3.15,0]^T$
连杆 B_j 上的第三个 VSCMG$\rho_{j,g3}$	$[0,6.3,0]^T$
连杆 B_j 上的第四个 VSCMG$\rho_{j,g4}$	$[0,6.75,0]^T$

表 10－3　连杆几何参数

体编号	ρ_j
B_1	$[0,1,0]^T$
B_2	$[0,9,0]^T$
B_3	$[0,9,0]^T$
B_4	$[0,1,0]^T$

卫星初始姿态角选择为[－6°，－5°，4°]，机械臂的初始关节角为[0°，－60°，－60°，－30°，0°，0°]。控制目标是在 40 s 内稳定姿态，驱动机械臂达到最终构型[8°，－75°，－45°，－40°，10°，－10°]，同时抑制弹性振动。利用五次多项式设计卫

星姿态和关节角的期望轨迹。不同的初始条件会基于五次多项式产生不同的期望轨迹。外部扰动选择为刚性运动速度的函数，即

$$\boldsymbol{d}_1(t)=\begin{bmatrix}\boldsymbol{0} & \boldsymbol{d}_{1,\omega0}^{\mathrm{T}} & \boldsymbol{d}_{1,\dot{\theta}}^{\mathrm{T}} & \boldsymbol{d}_{1,\omega4}^{\mathrm{T}}\end{bmatrix}^{\mathrm{T}},\boldsymbol{d}_2(t)=\boldsymbol{0} \tag{10-85}$$

其中，$\boldsymbol{d}_{1,\omega0}=0.01\boldsymbol{\omega}_0$；$\boldsymbol{d}_{1,\dot{\theta}}=0.02\dot{\boldsymbol{\theta}}$；$\boldsymbol{d}_{1,\omega4}=0.01\boldsymbol{\omega}_4$。

控制器和观测器参数如表 10－4 所列。所提出的操纵律参数如表 10－5 所列。体 B_0～体 B_4 的姿态角和关节角跟踪误差如图 10－4 所列。连杆 B_2 和 B_3 的模态坐标如图 10－5 和图 10－6 所示。体 B_0～体 B_4 的角速度跟踪误差如图 10－7 所示。连杆 B_2 和 B_3 的模态速率如图 10－8 所示。连杆 B_2 和 B_3 上 VSCMG 的框架速率和转子速率如图 10－9 和图 10－10 所示。体 B_0、体 B_1、体 B_3 和体 B_4 上的控制力矩如图 10－11 所示。观测器误差如图 10－12 和图 10－13 所示。

表 10－4 控制器和观测器参数

参　数	值
观测器矩阵增益 $\boldsymbol{C}_1$	$0.5\boldsymbol{I}_{12}$
观测器矩阵增益 $\boldsymbol{C}_2$	$1.2\boldsymbol{I}_{12}$
适应性常数 ϑ_0	0.01
加权适应性法则增益 $\boldsymbol{Q}$	$\boldsymbol{I}_n$
神经元数量 n	60
加权适应性法则增益 $\boldsymbol{Q}_1$	$100\boldsymbol{I}_n$
慢速控制增益 $\boldsymbol{K}_0$	diag([0.6ones(1.6),1.2ones(1.3),3,150,6])
慢速控制增益 $\boldsymbol{K}$	diag([5×10^{-6}ones(1.10),2.5×10^{-5}ones(1.3),5×10^{-6}])
适应性常数，ϑ_1	2×10^{-5}
饱和边界层 μ_0，μ_1	2×10^{-5}
快速控制常数 $\boldsymbol{Q}_{\mathrm{f}}$	$0.02\boldsymbol{I}_{16}$
快速控制常数，$\boldsymbol{R}_{\mathrm{f}}$	$10\boldsymbol{I}_{20}$
观测器带宽 ω_0	9.425

表 10－5 操纵律的参数

参　数	值
加权常数 $W_{\alpha3i}$ $(i=1,2,3,4)$	1
加权常数 $W_{\Omega31}^0$，$W_{\Omega32}^0$	50
加权常数 $W_{\Omega33}^0$，$W_{\Omega34}^0$	100
加权常数 $W_{\alpha2i}$ $(i=1,2,3,4)$	1

续表 10－5

参　数	值
加权常数 $W^0_{\Omega 21}, W^0_{\Omega 22}$	20
加权常数 $W^0_{\Omega 23}, W^0_{\Omega 24}$	100
常数 λ	5×10^{-3}
常数 γ	1

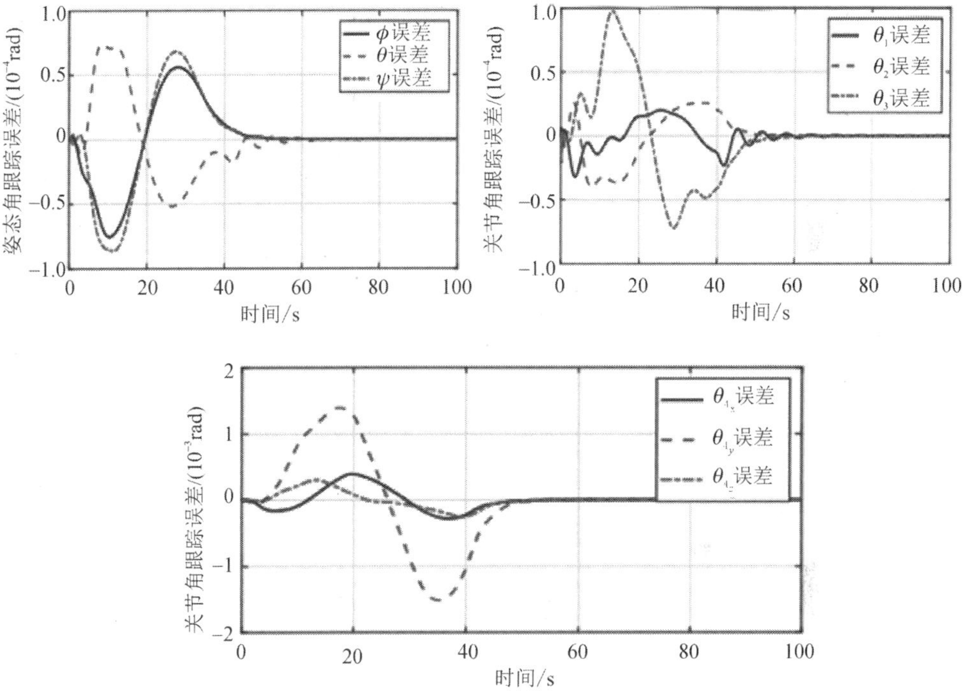

图 10－4　体 B_0～体 B_4 姿态角和关节角跟踪误差

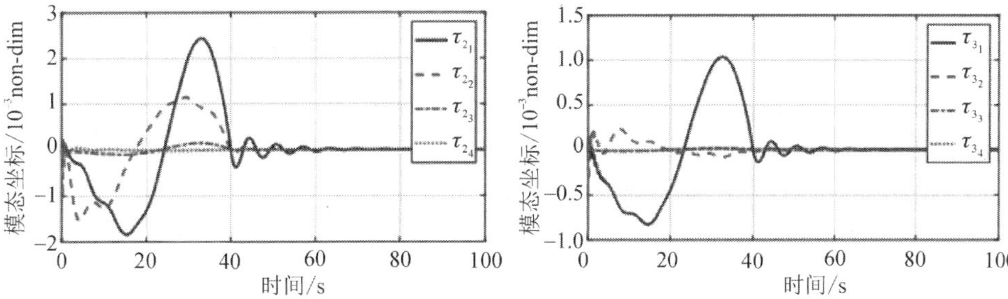

图 10－5　连杆 B_2 和 B_3 的模态坐标

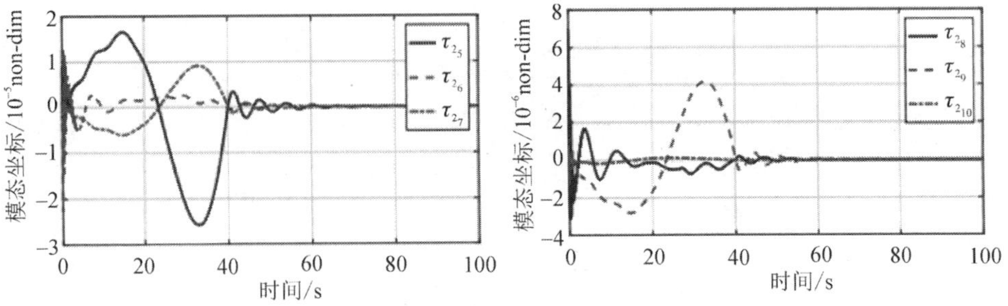

图 10-6 连杆 B_2 剩余模态坐标

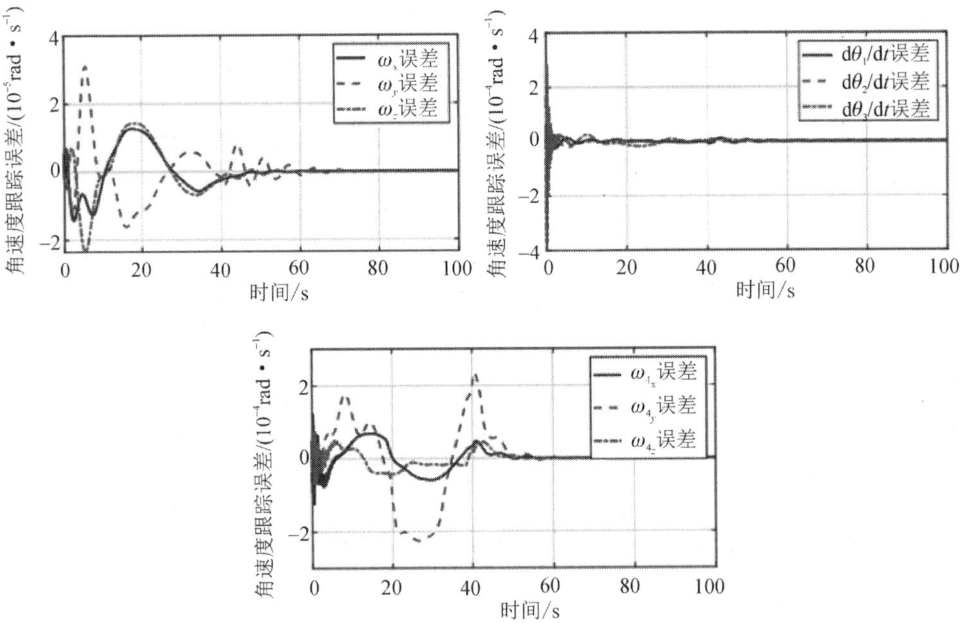

图 10-7 体 B_0～体 B_4 的角速度跟踪误差

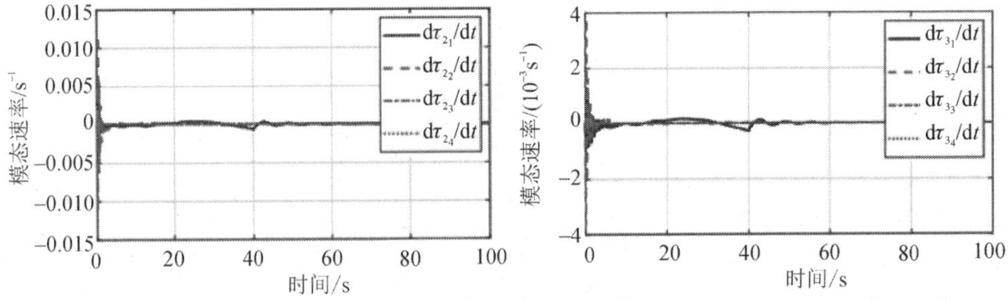

图 10-8 连杆 B_2 和 B_3 的模态速率

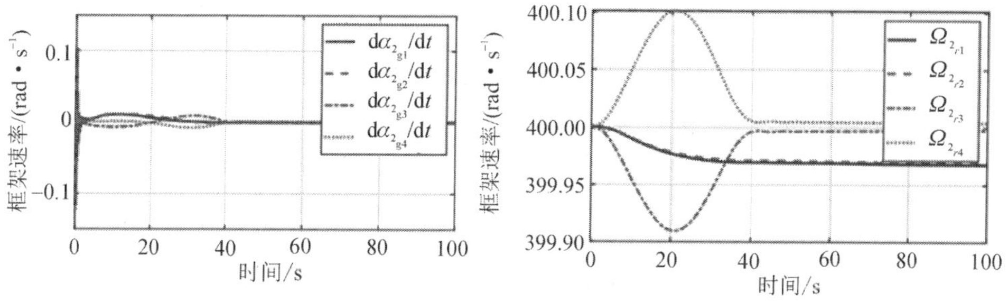

图 10－9　连杆 B_2 上 VSCMG 的框架速率和转子速率

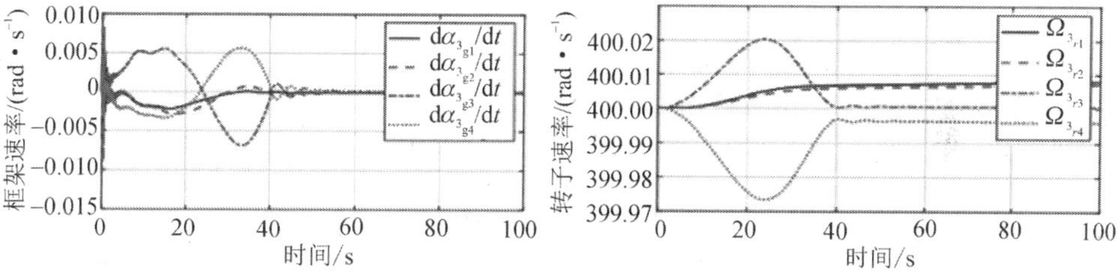

图 10－10　连杆 B_3 上 VSCMG 的框架速率和转子速率

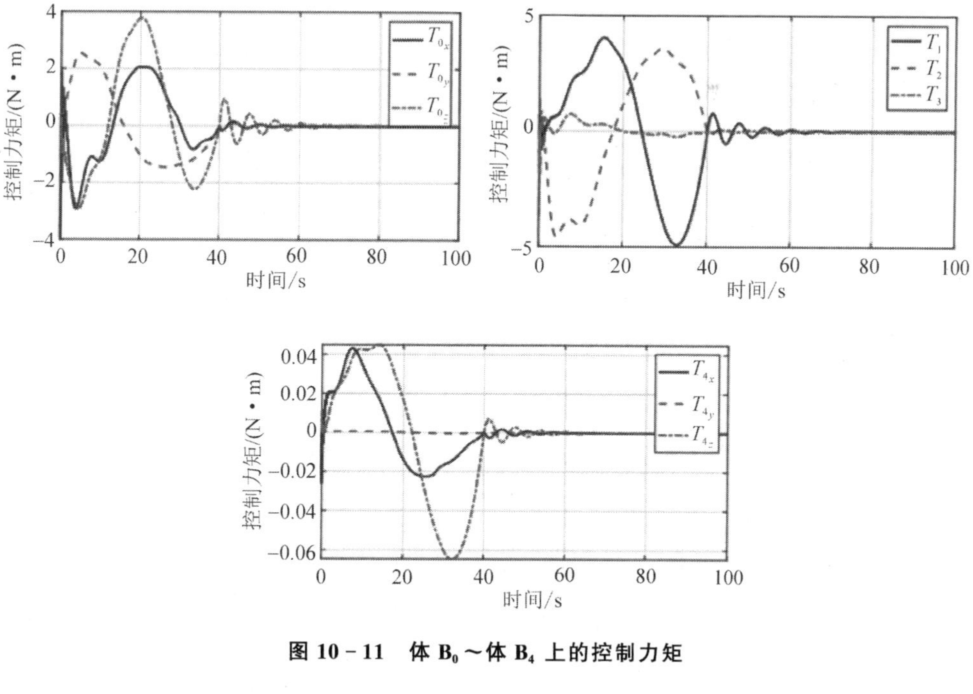

图 10－11　体 B_0～体 B_4 上的控制力矩

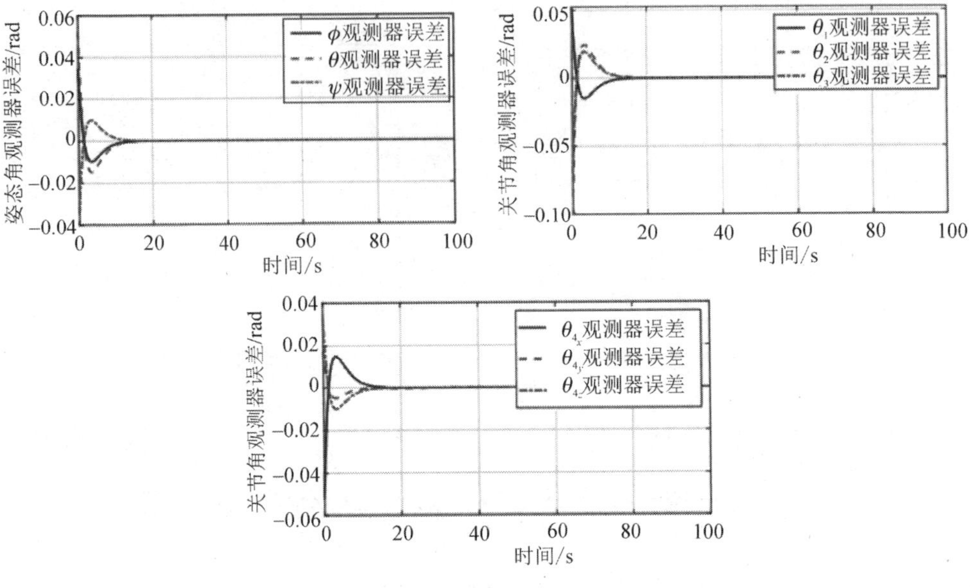

图 10－12　体 B_0～体 B_4 的角度观测器误差

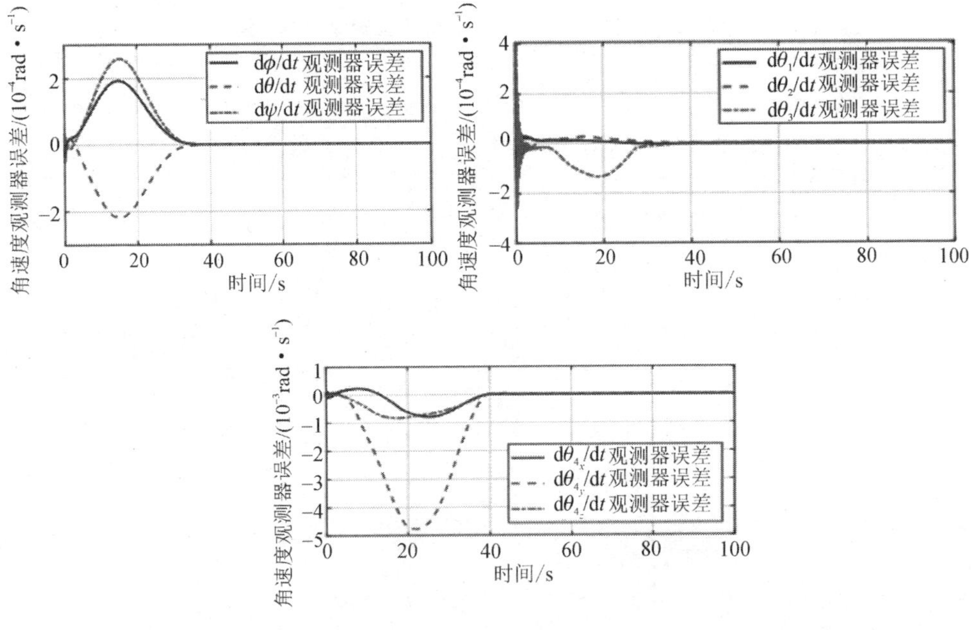

图 10－13　体 B_0～体 B_4 的角速度观测器误差

从图 10－4 中可以看出，姿态角和关节角能够以较小的误差跟踪期望轨迹。卫星本体和机械臂角速度的跟踪效果类似，如图 10－7 所示。从图 10－5、图 10－6 和图 10－8 可以看出，使用 VSCMG 可以成功抑制柔性连杆的振动，且所选无控模态未发生溢出现象。从图 10－12 和图 10－13 可以看出，观测器可以对慢变量进行估计，且具有高精度的估计性能。

为了进一步验证该控制器在柔性空间机械臂系统的刚性运动跟踪和振动控制中的有效性，将所设计的控制器与刚性计算力矩法进行比较，其中刚性计算力矩法结合了基于关节的比例-微分反馈方法，即

$$\boldsymbol{u}_1=\boldsymbol{M}_{11}(\bar{\boldsymbol{q}},\boldsymbol{0})\ddot{\bar{q}}^*+\boldsymbol{F}_1(\bar{\boldsymbol{q}},\dot{\bar{q}},\boldsymbol{0},\boldsymbol{0}),\quad \boldsymbol{u}_2=\boldsymbol{0} \tag{10-86}$$

其中

$$\ddot{\bar{q}}^*=\dot{\boldsymbol{x}}_{2\mathrm{d}}-\boldsymbol{K}_{\mathrm{p}}(\bar{\boldsymbol{q}}-\boldsymbol{x}_{1\mathrm{d}})-\boldsymbol{K}_{\mathrm{d}}(\dot{\bar{\boldsymbol{q}}}-\boldsymbol{x}_{2\mathrm{d}}) \tag{10-87}$$

$\boldsymbol{K}_{\mathrm{p}}$ 为比例增益矩阵；$\boldsymbol{K}_{\mathrm{d}}$ 为导数增益矩阵。$\boldsymbol{K}_{\mathrm{p}}$ 和 $\boldsymbol{K}_{\mathrm{d}}$ 的选择原则是基于控制输入尽可能小，且对平衡点的响应尽可能快。控制增益选择为 $\boldsymbol{K}_{\mathrm{p}}=\mathrm{diag}([0.04\mathrm{ones}(1,9),0.08,0.16,0.08])$ 和 $\boldsymbol{K}_{\mathrm{d}}=\mathrm{diag}([0.04\mathrm{ones}(1,9),0.08,0.8,0.08])$。姿态角和关节角跟踪误差在控制器式(10－86)下的响应如图 10－14 所示。柔性连杆的模态坐标在控制器式(10－86)下的响应如图 10－15 所示。图 10－16 显示了卫星本体和关节控制力矩随时间变化的曲线。

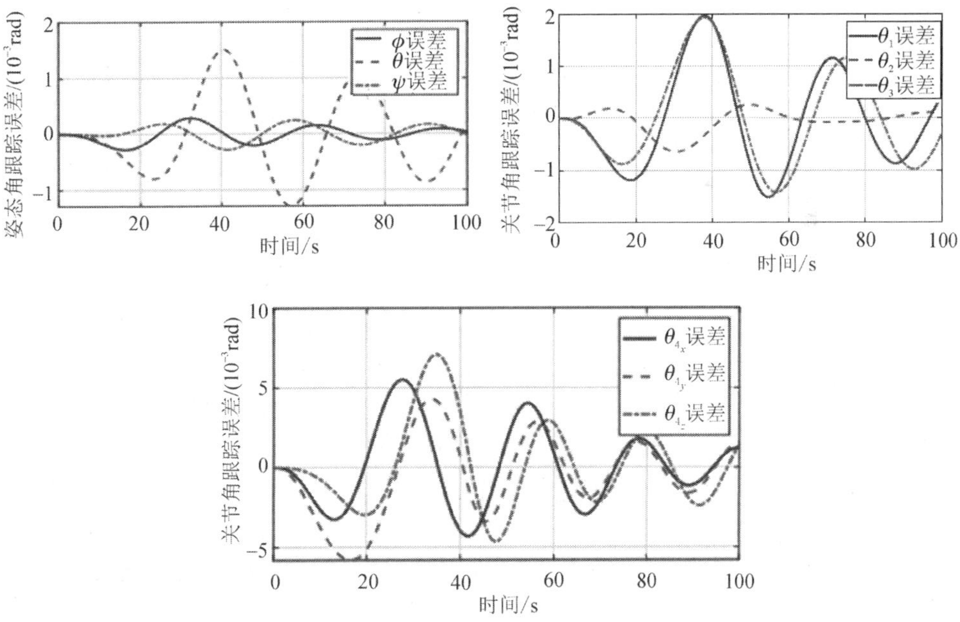

图 10－14　体 B_0～体 B_4 的姿态角和关节角跟踪误差在控制器式(10－86)下的响应

由图 10－4 和图 10－14 可以看出，所提控制器下卫星本体的跟踪误差和关节角收敛速度比式(10－86)中的控制器更快；并且所提控制器的稳态误差精度高于

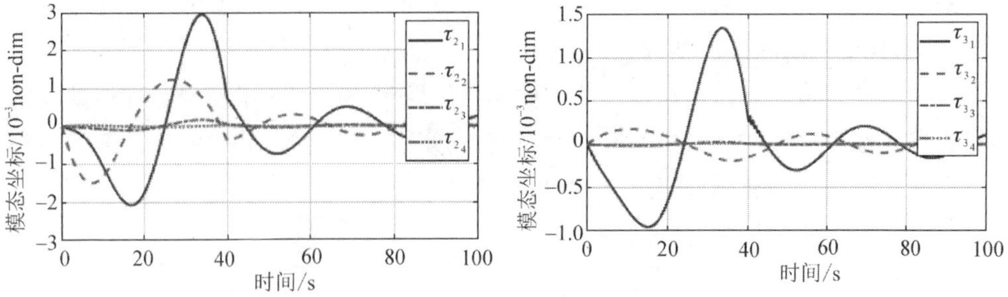

图 10-15 柔性连杆 B_2 和 B_3 的模态坐标在控制器式(10-86)下的响应

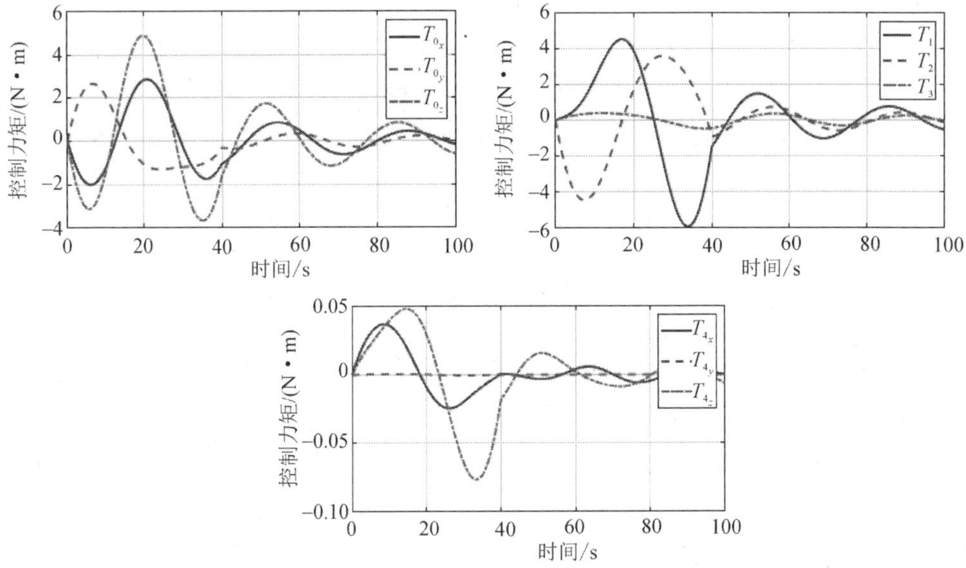

图 10-16 体 B_0～体 B_4 上的控制力矩在控制器式(10-86)下的响应

式(10-86)中的控制器。从图 10-5 和图 10-15 可以看出,与式(10-86)中的控制器相比,所提控制器具有更好的振动抑制效果。从图 10-11 和图 10-16 可以看出,所提控制器的最大控制力矩小于式(10-86)中的控制器。仿真结果验证了所提控制器结合额外的 VSCMG 执行机构,即使在存在不确定和仅有位置测量的情况下,也能够有效地抑制柔性空间机械臂的振动,并提高系统控制的精度。

10.6 小结

本章在考虑模型不确定性和外部干扰的情况下,研究了柔性空间机械臂系统的无速度轨迹跟踪和主动振动抑制问题。本章采用 VSCMG 作为执行机构进行振动抑制，并利用奇异摄动法将柔性空间机械臂系统的不确定模型解耦为慢变子系统和快变子系统，其中慢变子系统与刚性运动相关，快变子系统与柔性振动相关。解耦动力学模型表明，不确定性和外部干扰不仅影响空间机械臂系统的刚性运动，而且影响其柔性振动。本章中，对于慢变子系统，采用基于神经网络的自适应积分滑动观测器估计未知的速度变量；对于快变子系统，设计了一种改进的扩展状态观测器，用于快变量和不确定性的估计。针对柔性空间机械臂系统的控制问题，本章设计了一种基于观测器的混合控制器，将慢变子系统控制器与快变子系统控制器相结合，使慢变子系统控制器渐近稳定，快变子系统控制器最终一致有界，因此，混合控制器是最终一致有界的。仿真结果表明，该混合控制器在存在不确定性和外部干扰的情况下，能够实现对刚性运动的轨迹跟踪控制和对柔性运动的振动抑制，而无须进行速度测量。

参 考 文 献

[1] JIA S Y, SHAN J J. Optimal actuator placement for constrained gyroelastic beam considering control spillover[J]. Joural of Guidance, Control and Dynamics 2018,41(9): 2069-2077.

[2] HU Q, ZHANG J R. Maneuver and vibration control of flexible manipulators using variable-speed control moment gyros[J]. Acta Astronautica, 2015, 113(8): 105-119.

[3] SICILIANO B, BOOK W J. A singular perturbation approach to control of lightweight flexible manipulators[J]. The International Journal of Robotics Research, 1988,7(4): 79-90.

[4] JIA S Y, SHAN J J. Neural network-based adaptive sliding mode control for gyroelastic body[J]. IEEE Transcations on Aerospace ard Electronic systems, 2019,55(3):1519-1527.

[5] HUANG G B, SARATCHANDRAN P, SUNDARARAJAN N. A generalized growing and pruning RBF (GGAP - RBF) neural network for function approximation[J]. IEEE Transactions on Neural Networks 2005, 16(1): 57-67.

[6] LIU Y J, LI J, TONG S C, et al. Neural network control-based adaptive learning design for nonlinear systems with full-state constraints[J]. IEEE Transactions on Neural Networks and Learning Systems, 2016,27(7): 1562-1571.

[7] SLOTINE J J E, LI W P. Applied nonlinear control[M]. Englewood Cliffs: Prentice-Hall, 1991.

[8] XU H J, MIRMIRANI M D, IOANNOU P A. Adaptive sliding mode control design for a hypersonic flight vehicle[J]. Journal of Guidance, Control and Dynamics, 2004, 27(5): 829-838.

[9] YAO J Y, JIAO Z X, MA D W. Adaptive robust control of dc motors with extended state observer[J]. IEEE Transcationson Industrial Electronics, 2014, 61(7): 3630-3637.

附　录

附录 A　第 3 章运动方程中 $\boldsymbol{M}$ 和 $\boldsymbol{C}$ 的矩阵

为了详细表示 $\boldsymbol{M}\in\mathbf{R}^{9\times 9}$，式(3－12)中的质量矩阵定义的一些基本参数和变量如下所示：

m_0 和 $m_i^j(i=1,2,3,j=1,2)$分别表示体 B_0 和体 B_i^j 的质量。

$\boldsymbol{S}_0=\int_{\mathrm{B}_0}\boldsymbol{r}_0\mathrm{d}m$ 和 $\boldsymbol{S}_i^j=\int_{\mathrm{B}_i^j}\boldsymbol{r}_i^j\mathrm{d}m(i=1,2,3,j=1,2)$ 分别表示体 B_0 和体 B_i^j 的静矩。

$I_0=\int_{\mathrm{B}_0}\tilde{\boldsymbol{r}}_0^{\mathrm{T}}\tilde{\boldsymbol{r}}_0\mathrm{d}m$ 和 $I_i^j=\int_{\mathrm{B}_i^j}(\tilde{\boldsymbol{r}}_i^j)^{\mathrm{T}}\tilde{\boldsymbol{r}}_i^j\mathrm{d}m(i=1,2,3,j=1,2)$ 分别表示体 B_0 和体 B_i^j 的惯性矩。

$\boldsymbol{S}_{0i}^j=m_i^j\boldsymbol{r}_{0,i}^j+\boldsymbol{A}_{0i}^j\boldsymbol{S}_i^j\quad(i=1,2,3,j=1,2)$。

$\boldsymbol{S}_{1i}^j=m_i^j\boldsymbol{r}_{1,i}^j+\boldsymbol{A}_{1i}^j\boldsymbol{S}_i^j\quad(i=2,3,j=1,2)$。

$\boldsymbol{S}_{23}^j=m_3^j\boldsymbol{r}_{2,3}^j+\boldsymbol{A}_{23}^j\boldsymbol{S}_3^j\quad(j=1,2)$。

$I_{0i}^j=m_i^j(\tilde{\boldsymbol{r}}_{0,i}^j)^{\mathrm{T}}\tilde{\boldsymbol{r}}_{0,i}^j+(\tilde{\boldsymbol{r}}_{0,i}^j)^{\mathrm{T}}\boldsymbol{A}_{0i}^j\tilde{\boldsymbol{S}}_i^j+(\tilde{\boldsymbol{S}}_i^j)^{\mathrm{T}}\boldsymbol{A}_{i0}^j\tilde{\boldsymbol{r}}_{0,i}^j+I_i^j\quad(i=1,2,3,j=1,2)$。

$I_{1i}^j=m_i^j(\tilde{\boldsymbol{r}}_{1,i}^j)^{\mathrm{T}}\tilde{\boldsymbol{r}}_{1,i}^j+(\tilde{\boldsymbol{r}}_{1,i}^j)^{\mathrm{T}}\boldsymbol{A}_{1i}^j\tilde{\boldsymbol{S}}_i^j+(\tilde{\boldsymbol{S}}_i^j)^{\mathrm{T}}\boldsymbol{A}_{i1}^j\tilde{\boldsymbol{r}}_{1,i}^j+I_i^j\quad(i=2,3,j=1,2)$。

$I_{23}^j=m_3^j(\tilde{\boldsymbol{r}}_{2,3}^j)^{\mathrm{T}}\tilde{\boldsymbol{r}}_{2,3}^j+(\tilde{\boldsymbol{r}}_{2,3}^j)^{\mathrm{T}}\boldsymbol{A}_{23}^j\tilde{\boldsymbol{S}}_3^j+(\tilde{\boldsymbol{S}}_3^j)^{\mathrm{T}}\boldsymbol{A}_{32}^j\tilde{\boldsymbol{r}}_{2,3}^j+I_3^j\quad(j=1,2)$。

质量矩阵 $\boldsymbol{M}$ 可写为分块矩阵形式，即

$$\boldsymbol{M}=\begin{bmatrix}\boldsymbol{M}_{11} & \boldsymbol{M}_{12}\\ \boldsymbol{M}_{21} & \boldsymbol{M}_{22}\end{bmatrix}\tag{A－1}$$

式中，各分块矩阵为

$$\boldsymbol{M}_{11}=\begin{bmatrix}m\boldsymbol{E}_2 & -\boldsymbol{A}_{I0}\tilde{\boldsymbol{S}}_{0\mathrm{t}} & -\boldsymbol{A}_{I1}^1\tilde{\boldsymbol{S}}_{1\mathrm{t}}^1 & -\boldsymbol{A}_{I2}^1\tilde{\boldsymbol{S}}_{2\mathrm{t}}^1 & -\boldsymbol{A}_{I3}^1\tilde{\boldsymbol{S}}_{3\mathrm{t}}^1\\ -\tilde{\boldsymbol{S}}_{0\mathrm{t}}^{\mathrm{T}}\boldsymbol{A}_{0\mathrm{I}} & I_{0\mathrm{t}} & I_{1,0}^1 & I_{2,0}^1 & I_{3,0}^1\\ -\tilde{\boldsymbol{S}}_{1\mathrm{t}}^{\mathrm{T}}\boldsymbol{A}_{1\mathrm{I}} & I_{1,0}^1 & I_{1\mathrm{t}}^1 & I_{2,1}^1 & I_{3,1}^1\\ -\tilde{\boldsymbol{S}}_{2\mathrm{t}}^{\mathrm{T}}\boldsymbol{A}_{2\mathrm{I}} & I_{2,0}^1 & I_{2,1}^1 & I_{2t}^1 & I_{3,2}^1\\ -\tilde{\boldsymbol{S}}_{3\mathrm{t}}^{\mathrm{T}}\boldsymbol{A}_{3\mathrm{I}} & I_{3,0}^1 & I_{3,1}^1 & I_{3,2}^1 & I_{3\mathrm{t}}^1\end{bmatrix}\tag{A－2}$$

$$\boldsymbol{M}_{12}=\begin{bmatrix}-\boldsymbol{A}_{I1}^{2}\widetilde{\boldsymbol{S}}_{1t}^{2} & -\boldsymbol{A}_{I2}^{2}\widetilde{\boldsymbol{S}}_{2t}^{2} & -\boldsymbol{A}_{I3}^{2}\widetilde{\boldsymbol{S}}_{3t}^{2}\\ I_{1,0}^{2} & I_{2,0}^{2} & I_{3,0}^{2}\\ 0 & 0 & 0\\ 0 & 0 & 0\\ 0 & 0 & 0\end{bmatrix} \tag{A-3}$$

$$\boldsymbol{M}_{22}=\begin{bmatrix}I_{1t}^{2} & I_{2,1}^{2} & I_{3,1}^{2}\\ I_{2,1}^{2} & I_{2t}^{2} & I_{3,2}^{2}\\ I_{3,1}^{2} & I_{3,2}^{2} & I_{3t}^{2}\end{bmatrix} \tag{A-4}$$

$$\boldsymbol{M}_{21}=\boldsymbol{M}_{12}^{\mathrm{T}} \tag{A-5}$$

其中

$$m=m_0+\sum_{j=1}^{2}\sum_{i=1}^{3}m_i^j$$

$$\boldsymbol{S}_{0t}=\boldsymbol{S}_0+\sum_{j=1}^{2}\sum_{i=1}^{3}\boldsymbol{S}_{0i}^j$$

$$I_{0t}=I_0+\sum_{j=1}^{2}\sum_{i=1}^{3}I_{0i}^j$$

$$\boldsymbol{S}_{1t}^j=\boldsymbol{S}_1^j+\boldsymbol{S}_{12}^j+\boldsymbol{S}_{13}^j \quad (j=1,2)$$

$$\boldsymbol{S}_{2t}^j=\boldsymbol{S}_2^j+\boldsymbol{S}_{23}^j \quad (j=1,2)$$

$$\boldsymbol{S}_{3t}^j=\boldsymbol{S}_3^j \quad (j=1,2)$$

$$I_{1t}^j=I_1^j+I_{12}^j+I_{13}^j \quad (j=1,2)$$

$$I_{2t}^j=I_2^j+I_{23}^j \quad (j=1,2)$$

$$I_{3t}^j=I_3^j \quad (j=1,2)$$

$$I_{i,0}^j=(\widetilde{\boldsymbol{r}}_{0,i}^j)^{\mathrm{T}}\boldsymbol{A}_{0i}^j\widetilde{\boldsymbol{S}}_{it}^j+I_{it}^j \quad (i=1,2,3,j=1,2)$$

$$I_{i,1}^j=(\widetilde{\boldsymbol{r}}_{1,i}^j)^{\mathrm{T}}\boldsymbol{A}_{1i}^j\widetilde{\boldsymbol{S}}_{it}^j+I_{it}^j \quad (i=2,3,j=1,2)$$

$$I_{3,2}^j=(\widetilde{\boldsymbol{r}}_{2,3}^j)^{\mathrm{T}}\boldsymbol{A}_{2,3}^j\widetilde{\boldsymbol{S}}_{3t}^j+I_{3t}^j \quad (j=1,2)$$

为了详细描述式(3-12)中的 $\boldsymbol{C}\in\mathbf{R}^{9\times 9}$ 的矩阵,定义如下基本参数和变量:

$$\boldsymbol{S}_0^*=\boldsymbol{S}_0+\sum_{j=1}^{2}\sum_{i=1}^{3}m_i^j\boldsymbol{r}_{0,1}^j$$

$$(\boldsymbol{S}_1^j)^*=\boldsymbol{S}_1^j+(m_2^j+m_3^j)\boldsymbol{r}_{1,2}^j \quad (j=1,2)$$

$$(\boldsymbol{S}_2^j)^*=\boldsymbol{S}_2^j+m_3^j\widetilde{\boldsymbol{r}}_{2,3}^j \quad (j=1,2)$$

$$(\boldsymbol{S}_3^j)^*=\boldsymbol{S}_3^j \quad (j=1,2)$$

$$(\boldsymbol{\Omega}_i^j)^{\times}=\begin{bmatrix}0 & -\boldsymbol{\Omega}_i^j\\ \boldsymbol{\Omega}_i^j & 0\end{bmatrix} \quad (i=1,2,3,j=1,2)$$

质量矩阵 $\boldsymbol{C}$ 可写为分块矩阵形式，即

$$\boldsymbol{C}=\begin{bmatrix}\boldsymbol{C}_{11} & \boldsymbol{C}_{12}\\ \boldsymbol{C}_{21} & \boldsymbol{C}_{22}\end{bmatrix} \tag{A-6}$$

式中，各分块矩阵为

$$\boldsymbol{C}_{11}=\begin{bmatrix}\boldsymbol{c}_{11} & \boldsymbol{c}_{12} & \boldsymbol{c}_{13} & \boldsymbol{c}_{14} & \boldsymbol{c}_{15}\\ \boldsymbol{c}_{21} & \boldsymbol{c}_{22} & \boldsymbol{c}_{23} & \boldsymbol{c}_{24} & \boldsymbol{c}_{25}\\ \boldsymbol{c}_{31} & \boldsymbol{c}_{32} & \boldsymbol{c}_{33} & \boldsymbol{c}_{34} & \boldsymbol{c}_{35}\\ \boldsymbol{c}_{41} & \boldsymbol{c}_{42} & \boldsymbol{c}_{43} & \boldsymbol{c}_{44} & \boldsymbol{c}_{45}\\ \boldsymbol{c}_{51} & \boldsymbol{c}_{52} & \boldsymbol{c}_{53} & \boldsymbol{c}_{54} & \boldsymbol{c}_{55}\end{bmatrix} \tag{A-7}$$

$$\boldsymbol{C}_{12}=\begin{bmatrix}\boldsymbol{c}_{16} & \boldsymbol{c}_{17} & \boldsymbol{c}_{18}\\ \boldsymbol{c}_{26} & \boldsymbol{c}_{27} & \boldsymbol{c}_{28}\\ \boldsymbol{c}_{36} & \boldsymbol{c}_{37} & \boldsymbol{c}_{38}\\ \boldsymbol{c}_{46} & \boldsymbol{c}_{47} & \boldsymbol{c}_{48}\\ \boldsymbol{c}_{56} & \boldsymbol{c}_{57} & \boldsymbol{c}_{58}\end{bmatrix} \tag{A-8}$$

$$\boldsymbol{C}_{21}=\begin{bmatrix}\boldsymbol{c}_{61} & \boldsymbol{c}_{62} & \boldsymbol{c}_{63} & \boldsymbol{c}_{64} & \boldsymbol{c}_{65}\\ \boldsymbol{c}_{71} & \boldsymbol{c}_{72} & \boldsymbol{c}_{73} & \boldsymbol{c}_{74} & \boldsymbol{c}_{75}\\ \boldsymbol{c}_{81} & \boldsymbol{c}_{82} & \boldsymbol{c}_{83} & \boldsymbol{c}_{84} & \boldsymbol{c}_{85}\end{bmatrix} \tag{A-9}$$

$$\boldsymbol{C}_{22}=\begin{bmatrix}\boldsymbol{c}_{66} & \boldsymbol{c}_{67} & \boldsymbol{c}_{68}\\ \boldsymbol{c}_{76} & \boldsymbol{c}_{77} & \boldsymbol{c}_{78}\\ \boldsymbol{c}_{86} & \boldsymbol{c}_{87} & \boldsymbol{c}_{88}\end{bmatrix} \tag{A-10}$$

其中

$$\boldsymbol{c}_{11}=\boldsymbol{0}_{2\times 2}$$

$$\boldsymbol{c}_{12}=-\boldsymbol{A}_{\mathrm{I}0}\boldsymbol{\Omega}_0^{\times}\widetilde{\boldsymbol{S}}_0^{*}-\sum_{j=1}^{2}\sum_{i=1}^{3}\boldsymbol{A}_{\mathrm{I}i}^{j}(\boldsymbol{\Omega}_i^{j})^{\times}(\widetilde{\boldsymbol{S}}_i^{j})^{*}$$

$$\boldsymbol{c}_{13}=-\boldsymbol{A}_{\mathrm{I}1}^{1}(\boldsymbol{\Omega}_1^{1})^{\times}(\widetilde{\boldsymbol{S}}_1^{1})^{*}-\boldsymbol{A}_{\mathrm{I}2}^{1}(\boldsymbol{\Omega}_2^{1})^{\times}(\widetilde{\boldsymbol{S}}_2^{1})^{*}-\boldsymbol{A}_{\mathrm{I}3}^{1}(\boldsymbol{\Omega}_3^{1})^{\times}(\widetilde{\boldsymbol{S}}_3^{1})^{*}$$

$$\boldsymbol{c}_{14}=-\boldsymbol{A}_{\mathrm{I}2}^{1}(\boldsymbol{\Omega}_2^{1})^{\times}(\widetilde{\boldsymbol{S}}_2^{1})^{*}-\boldsymbol{A}_{\mathrm{I}3}^{1}(\boldsymbol{\Omega}_3^{1})^{\times}(\widetilde{\boldsymbol{S}}_3^{1})^{*}$$

$$\boldsymbol{c}_{15}=-\boldsymbol{A}_{\mathrm{I}3}^{1}(\boldsymbol{\Omega}_3^{1})^{\times}(\widetilde{\boldsymbol{S}}_3^{1})^{*}$$

$$\boldsymbol{c}_{16}=-\boldsymbol{A}_{\mathrm{I}1}^{2}(\boldsymbol{\Omega}_1^{2})^{\times}(\widetilde{\boldsymbol{S}}_1^{2})^{*}-\boldsymbol{A}_{\mathrm{I}2}^{2}(\boldsymbol{\Omega}_2^{2})^{\times}(\widetilde{\boldsymbol{S}}_2^{2})^{*}-\boldsymbol{A}_{\mathrm{I}3}^{2}(\boldsymbol{\Omega}_3^{2})^{\times}(\widetilde{\boldsymbol{S}}_3^{2})^{*}$$

$$\boldsymbol{c}_{17}=-\boldsymbol{A}_{\mathrm{I}2}^{2}(\boldsymbol{\Omega}_2^{2})^{\times}(\widetilde{\boldsymbol{S}}_2^{2})^{*}-\boldsymbol{A}_{\mathrm{I}3}^{2}(\boldsymbol{\Omega}_3^{2})^{\times}(\widetilde{\boldsymbol{S}}_3^{2})^{*}$$

$$\boldsymbol{c}_{18}=-\boldsymbol{A}_{\mathrm{I}3}^{2}(\boldsymbol{\Omega}_3^{2})^{\times}(\widetilde{\boldsymbol{S}}_3^{2})^{*}$$

$$\boldsymbol{c}_{21}=\boldsymbol{0}_{1\times 2}$$

$$\boldsymbol{c}_{22}=-(\widetilde{\boldsymbol{r}}_{0,1}^{1})^{\mathrm{T}}\boldsymbol{\Omega}_0^{\times}\widetilde{\boldsymbol{S}}_{01}^{1}-\left[(\widetilde{\boldsymbol{r}}_{0,1}^{1})^{\mathrm{T}}\boldsymbol{\Omega}_0^{\times}+(\widetilde{\boldsymbol{r}}_{1,2}^{1})^{\mathrm{T}}(\boldsymbol{\Omega}_1^{1})^{\times}\boldsymbol{A}_{10}^{1}\right]\widetilde{\boldsymbol{S}}_{02}^{1}-$$

$$\left[(\widetilde{\boldsymbol{r}}_{0,1}^{1})^{\mathrm{T}}\boldsymbol{\Omega}_0^{\times}+(\widetilde{\boldsymbol{r}}_{1,2}^{1})^{\mathrm{T}}(\boldsymbol{\Omega}_1^{1})^{\times}\boldsymbol{A}_{10}^{1}+(\widetilde{\boldsymbol{r}}_{2,3}^{1})^{\mathrm{T}}(\boldsymbol{\Omega}_2^{1})^{\times}\boldsymbol{A}_{20}^{1}\right]\widetilde{\boldsymbol{S}}_{03}^{1}+$$

$$(\tilde{\boldsymbol{r}}_{0,1}^{1})^{\mathrm{T}}\boldsymbol{A}_{01}^{1}(\boldsymbol{\Omega}_{1}^{1})^{\times}\tilde{\boldsymbol{S}}_{1}^{1}+(\tilde{\boldsymbol{r}}_{0,2}^{1})^{\mathrm{T}}\boldsymbol{A}_{02}^{1}(\boldsymbol{\Omega}_{2}^{1})^{\times}\tilde{\boldsymbol{S}}_{2}^{1}+$$
$$(\tilde{\boldsymbol{r}}_{0,3}^{1})^{\mathrm{T}}\boldsymbol{A}_{03}^{1}(\boldsymbol{\Omega}_{3}^{1})^{\times}\tilde{\boldsymbol{S}}_{3}^{1}-(\tilde{\boldsymbol{r}}_{0,1}^{2})^{\mathrm{T}}\boldsymbol{\Omega}_{0}^{\times}\tilde{\boldsymbol{S}}_{01}^{2}-$$
$$[(\tilde{\boldsymbol{r}}_{0,1}^{2})^{\mathrm{T}}\boldsymbol{\Omega}_{0}^{\times}+(\tilde{\boldsymbol{r}}_{1,2}^{2})^{\mathrm{T}}(\boldsymbol{\Omega}_{1}^{2})^{\times}\boldsymbol{A}_{10}^{2}]\tilde{\boldsymbol{S}}_{02}^{2}-$$
$$[(\tilde{\boldsymbol{r}}_{0,1}^{2})^{\mathrm{T}}\boldsymbol{\Omega}_{0}^{\times}+(\tilde{\boldsymbol{r}}_{1,2}^{2})^{\mathrm{T}}(\boldsymbol{\Omega}_{1}^{2})^{\times}\boldsymbol{A}_{10}^{2}+(\tilde{\boldsymbol{r}}_{2,3}^{2})^{\mathrm{T}}(\boldsymbol{\Omega}_{2}^{2})^{\times}\boldsymbol{A}_{20}^{2}]\tilde{\boldsymbol{S}}_{03}^{2}+$$
$$(\tilde{\boldsymbol{r}}_{0,1}^{2})^{\mathrm{T}}\boldsymbol{A}_{01}^{2}(\boldsymbol{\Omega}_{1}^{2})^{\times}\tilde{\boldsymbol{S}}_{1}^{2}+(\tilde{\boldsymbol{r}}_{0,2}^{2})^{\mathrm{T}}\boldsymbol{A}_{02}^{2}(\boldsymbol{\Omega}_{2}^{2})^{\times}\tilde{\boldsymbol{S}}_{2}^{2}+(\tilde{\boldsymbol{r}}_{0,3}^{2})^{\mathrm{T}}\boldsymbol{A}_{03}^{2}(\boldsymbol{\Omega}_{3}^{2})^{\times}\tilde{\boldsymbol{S}}_{3}^{2}$$

$$\boldsymbol{c}_{23}=-(\tilde{\boldsymbol{r}}_{1,2}^{1})^{\mathrm{T}}(\boldsymbol{\Omega}_{1}^{1})^{\times}\boldsymbol{A}_{10}^{1}\tilde{\boldsymbol{S}}_{02}^{1}-$$
$$[(\tilde{\boldsymbol{r}}_{1,2}^{1})^{\mathrm{T}}(\boldsymbol{\Omega}_{1}^{1})^{\times}\boldsymbol{A}_{10}^{1}+(\tilde{\boldsymbol{r}}_{2,3}^{1})^{\mathrm{T}}(\boldsymbol{\Omega}_{2}^{1})^{\times}\boldsymbol{A}_{20}^{1}]\tilde{\boldsymbol{S}}_{03}^{1}+$$
$$(\tilde{\boldsymbol{r}}_{0,1}^{1})^{\mathrm{T}}\boldsymbol{A}_{01}^{1}(\boldsymbol{\Omega}_{1}^{1})^{\times}\tilde{\boldsymbol{S}}_{1}^{1}+(\tilde{\boldsymbol{r}}_{0,2}^{1})^{\mathrm{T}}\boldsymbol{A}_{02}^{1}(\boldsymbol{\Omega}_{2}^{1})^{\times}\tilde{\boldsymbol{S}}_{2}^{1}+$$
$$(\tilde{\boldsymbol{r}}_{0,3}^{1})^{\mathrm{T}}\boldsymbol{A}_{03}^{1}(\boldsymbol{\Omega}_{3}^{1})^{\times}\tilde{\boldsymbol{S}}_{3}^{1}$$

$$\boldsymbol{c}_{24}=-(\tilde{\boldsymbol{r}}_{2,3}^{1})^{\mathrm{T}}(\boldsymbol{\Omega}_{2}^{1})^{\times}\boldsymbol{A}_{20}^{1}\tilde{\boldsymbol{S}}_{03}^{1}+(\tilde{\boldsymbol{r}}_{0,2}^{1})^{\mathrm{T}}\boldsymbol{A}_{02}^{1}(\boldsymbol{\Omega}_{2}^{1})^{\times}\tilde{\boldsymbol{S}}_{2}^{1}+(\tilde{\boldsymbol{r}}_{0,3}^{1})^{\mathrm{T}}\boldsymbol{A}_{03}^{1}(\boldsymbol{\Omega}_{3}^{1})^{\times}\tilde{\boldsymbol{S}}_{3}^{1}$$

$$\boldsymbol{c}_{25}=(\tilde{\boldsymbol{r}}_{0,3}^{1})^{\mathrm{T}}\boldsymbol{A}_{03}^{1}(\boldsymbol{\Omega}_{3}^{1})^{\times}\tilde{\boldsymbol{S}}_{3}^{1}$$

$$\boldsymbol{c}_{26}=-(\tilde{\boldsymbol{r}}_{1,2}^{2})^{\mathrm{T}}(\boldsymbol{\Omega}_{1}^{2})^{\times}\boldsymbol{A}_{10}^{2}\tilde{\boldsymbol{S}}_{02}^{2}-$$
$$[(\tilde{\boldsymbol{r}}_{1,2}^{2})^{\mathrm{T}}(\boldsymbol{\Omega}_{1}^{2})^{\times}\boldsymbol{A}_{10}^{2}+(\tilde{\boldsymbol{r}}_{2,3}^{2})^{\mathrm{T}}(\boldsymbol{\Omega}_{2}^{2})^{\times}\boldsymbol{A}_{20}^{2}]\tilde{\boldsymbol{S}}_{03}^{2}+$$
$$(\tilde{\boldsymbol{r}}_{0,1}^{2})^{\mathrm{T}}\boldsymbol{A}_{01}^{2}(\boldsymbol{\Omega}_{1}^{2})^{\times}\tilde{\boldsymbol{S}}_{1}^{2}+(\tilde{\boldsymbol{r}}_{0,2}^{2})^{\mathrm{T}}\boldsymbol{A}_{02}^{2}(\boldsymbol{\Omega}_{2}^{2})^{\times}\tilde{\boldsymbol{S}}_{2}^{2}+(\tilde{\boldsymbol{r}}_{0,3}^{2})^{\mathrm{T}}\boldsymbol{A}_{03}^{2}(\boldsymbol{\Omega}_{3}^{2})^{\times}\tilde{\boldsymbol{S}}_{3}^{2}$$

$$\boldsymbol{c}_{27}=-(\tilde{\boldsymbol{r}}_{2,3}^{2})^{\mathrm{T}}(\boldsymbol{\Omega}_{2}^{2})^{\times}\boldsymbol{A}_{20}^{2}\tilde{\boldsymbol{S}}_{03}^{2}+(\tilde{\boldsymbol{r}}_{0,2}^{2})^{\mathrm{T}}\boldsymbol{A}_{02}^{2}(\boldsymbol{\Omega}_{2}^{2})^{\times}\tilde{\boldsymbol{S}}_{2}^{2}+(\tilde{\boldsymbol{r}}_{0,3}^{2})^{\mathrm{T}}\boldsymbol{A}_{03}^{2}(\boldsymbol{\Omega}_{3}^{2})^{\times}\tilde{\boldsymbol{S}}_{3}^{2}$$

$$\boldsymbol{c}_{28}=(\tilde{\boldsymbol{r}}_{0,3}^{2})^{\mathrm{T}}\boldsymbol{A}_{03}^{2}(\boldsymbol{\Omega}_{3}^{2})^{\times}\tilde{\boldsymbol{S}}_{3}^{2}$$

$$\boldsymbol{c}_{31}=\boldsymbol{0}_{1\times2}$$

$$\boldsymbol{c}_{32}=-(\tilde{\boldsymbol{r}}_{0,1}^{1})^{\mathrm{T}}\boldsymbol{\omega}_{0}^{\times}\boldsymbol{A}_{01}^{1}\tilde{\boldsymbol{S}}_{1}^{1}-[(\tilde{\boldsymbol{r}}_{0,1}^{1})^{\mathrm{T}}\boldsymbol{\omega}_{0}^{\times}+(\tilde{\boldsymbol{r}}_{1,2}^{1})^{\mathrm{T}}(\boldsymbol{\Omega}_{1}^{1})^{\times}\boldsymbol{A}_{10}^{1}]\boldsymbol{A}_{01}^{1}\tilde{\boldsymbol{S}}_{12}^{1}-$$
$$[(\tilde{\boldsymbol{r}}_{0,1}^{1})^{\mathrm{T}}\boldsymbol{\Omega}_{0}^{\times}+(\tilde{\boldsymbol{r}}_{1,2}^{1})^{\mathrm{T}}(\boldsymbol{\Omega}_{1}^{1})^{\times}\boldsymbol{A}_{10}^{1}+(\tilde{\boldsymbol{r}}_{2,3}^{1})^{\mathrm{T}}(\boldsymbol{\Omega}_{2}^{1})^{\times}\boldsymbol{A}_{20}^{1}]\boldsymbol{A}_{01}^{1}\tilde{\boldsymbol{S}}_{13}^{1}+$$
$$(\tilde{\boldsymbol{r}}_{1,2}^{1})^{\mathrm{T}}\boldsymbol{A}_{12}^{1}(\boldsymbol{\Omega}_{2}^{1})^{\times}\tilde{\boldsymbol{S}}_{2}^{1}+(\tilde{\boldsymbol{r}}_{1,3}^{1})^{\mathrm{T}}\boldsymbol{A}_{13}^{1}(\boldsymbol{\Omega}_{3}^{1})^{\times}\tilde{\boldsymbol{S}}_{3}^{1}$$

$$\boldsymbol{c}_{33}=-(\tilde{\boldsymbol{r}}_{1,2}^{1})^{\mathrm{T}}(\boldsymbol{\Omega}_{1}^{1})^{\times}\tilde{\boldsymbol{S}}_{12}^{1}-[(\tilde{\boldsymbol{r}}_{1,2}^{1})^{\mathrm{T}}(\boldsymbol{\Omega}_{1}^{1})^{\times}\boldsymbol{A}_{10}^{1}+(\tilde{\boldsymbol{r}}_{2,3}^{1})^{\mathrm{T}}(\boldsymbol{\Omega}_{2}^{1})^{\times}\boldsymbol{A}_{20}^{1}]\boldsymbol{A}_{01}^{1}\tilde{\boldsymbol{S}}_{13}^{1}+$$
$$(\tilde{\boldsymbol{r}}_{1,2}^{1})^{\mathrm{T}}\boldsymbol{A}_{12}^{1}(\boldsymbol{\Omega}_{2}^{1})^{\times}\tilde{\boldsymbol{S}}_{2}^{1}+(\tilde{\boldsymbol{r}}_{1,3}^{1})^{\mathrm{T}}\boldsymbol{A}_{13}^{1}(\boldsymbol{\Omega}_{3}^{1})^{\times}\tilde{\boldsymbol{S}}_{3}^{1}$$

$$\boldsymbol{c}_{34}=-(\tilde{\boldsymbol{r}}_{2,3}^{1})^{\mathrm{T}}(\boldsymbol{\Omega}_{2}^{1})^{\times}\boldsymbol{A}_{21}^{1}\tilde{\boldsymbol{S}}_{13}^{1}+(\tilde{\boldsymbol{r}}_{1,2}^{1})^{\mathrm{T}}\boldsymbol{A}_{12}^{1}(\boldsymbol{\Omega}_{2}^{1})^{\times}\tilde{\boldsymbol{S}}_{2}^{1}+(\tilde{\boldsymbol{r}}_{1,3}^{1})^{\mathrm{T}}\boldsymbol{A}_{13}^{1}(\boldsymbol{\Omega}_{3}^{1})^{\times}\tilde{\boldsymbol{S}}_{3}^{1}$$

$$\boldsymbol{c}_{35}=(\tilde{\boldsymbol{r}}_{1,3}^{1})^{\mathrm{T}}\boldsymbol{A}_{13}^{1}(\boldsymbol{\Omega}_{3}^{1})^{\times}\tilde{\boldsymbol{S}}_{3}^{1}$$

$$\boldsymbol{c}_{36}=\boldsymbol{c}_{37}=\boldsymbol{c}_{38}=0$$

$$\boldsymbol{c}_{41}=\boldsymbol{0}_{1\times2}$$

$$\boldsymbol{c}_{42}=-[(\tilde{\boldsymbol{r}}_{0,1}^{1})^{\mathrm{T}}\boldsymbol{\Omega}_{0}^{\times}+(\tilde{\boldsymbol{r}}_{1,2}^{1})^{\mathrm{T}}(\boldsymbol{\Omega}_{1}^{1})^{\times}\boldsymbol{A}_{10}^{1}]\boldsymbol{A}_{02}^{1}\tilde{\boldsymbol{S}}_{2}^{1}-$$
$$[(\tilde{\boldsymbol{r}}_{0,1}^{1})^{\mathrm{T}}\boldsymbol{\Omega}_{0}^{\times}+(\tilde{\boldsymbol{r}}_{1,2}^{1})^{\mathrm{T}}(\boldsymbol{\Omega}_{1}^{1})^{\times}\boldsymbol{A}_{10}^{1}+(\tilde{\boldsymbol{r}}_{2,3}^{1})^{\mathrm{T}}(\boldsymbol{\Omega}_{2}^{1})^{\times}\boldsymbol{A}_{20}^{1}]\boldsymbol{A}_{02}^{1}\tilde{\boldsymbol{S}}_{23}^{1}+$$

$$(\tilde{\boldsymbol{r}}^1_{2,3})^{\mathrm{T}}\boldsymbol{A}^1_{23}(\boldsymbol{\Omega}^1_3)^{\times}\tilde{\boldsymbol{S}}^1_3$$

$$\boldsymbol{c}_{43}=-(\tilde{\boldsymbol{r}}^1_{1,2})^{\mathrm{T}}(\boldsymbol{\Omega}^1_1)^{\times}\boldsymbol{A}^1_{12}\tilde{\boldsymbol{S}}^1_2-$$

$$[(\tilde{\boldsymbol{r}}^1_{1,2})^{\mathrm{T}}(\boldsymbol{\Omega}^1_1)^{\times}\boldsymbol{A}^1_{10}+(\tilde{\boldsymbol{r}}^1_{2,3})^{\mathrm{T}}(\boldsymbol{\Omega}^1_2)^{\times}\boldsymbol{A}^1_{20}]\boldsymbol{A}^1_{02}\tilde{\boldsymbol{S}}^1_{23}+(\tilde{\boldsymbol{r}}^1_{2,3})^{\mathrm{T}}\boldsymbol{A}^1_{23}(\boldsymbol{\Omega}^1_3)^{\times}\tilde{\boldsymbol{S}}^1_3$$

$$\boldsymbol{c}_{44}=-(\tilde{\boldsymbol{r}}^1_{2,3})^{\mathrm{T}}(\boldsymbol{\Omega}^1_2)^{\times}\tilde{\boldsymbol{S}}^1_{23}+(\tilde{\boldsymbol{r}}^1_{2,3})^{\mathrm{T}}\boldsymbol{A}^1_{23}(\boldsymbol{\Omega}^1_3)^{\times}\tilde{\boldsymbol{S}}^1_3$$

$$\boldsymbol{c}_{45}=(\tilde{\boldsymbol{r}}^1_{2,3})^{\mathrm{T}}\boldsymbol{A}^1_{23}(\boldsymbol{\Omega}^1_3)^{\times}\tilde{\boldsymbol{S}}^1_3$$

$$\boldsymbol{c}_{46}=\boldsymbol{c}_{47}=\boldsymbol{c}_{48}=0$$

$$\boldsymbol{c}_{51}=\boldsymbol{0}_{1\times 2}$$

$$\boldsymbol{c}_{52}=-[(\tilde{\boldsymbol{r}}^1_{0,1})^{\mathrm{T}}\boldsymbol{\Omega}^{\times}_0+(\tilde{\boldsymbol{r}}^1_{1,2})^{\mathrm{T}}(\boldsymbol{\Omega}^1_1)^{\times}\boldsymbol{A}^1_{1,0}+$$

$$(\tilde{\boldsymbol{r}}^1_{2,3})^{\mathrm{T}}(\boldsymbol{\Omega}^1_2)^{\times}\boldsymbol{A}^1_{20}]\boldsymbol{A}^1_{03}\tilde{\boldsymbol{S}}^1_3$$

$$\boldsymbol{c}_{53}=-[(\tilde{\boldsymbol{r}}^1_{1,2})^{\mathrm{T}}(\boldsymbol{\Omega}^1_1)^{\times}\boldsymbol{A}^1_{10}+(\tilde{\boldsymbol{r}}^1_{2,3})^{\mathrm{T}}(\boldsymbol{\Omega}^1_2)^{\times}\boldsymbol{A}^1_{20}]\boldsymbol{A}^1_{03}\tilde{\boldsymbol{S}}^1_3$$

$$\boldsymbol{c}_{54}=-(\tilde{\boldsymbol{r}}^1_{2,3})^{\mathrm{T}}(\boldsymbol{\Omega}^1_2)^{\times}\boldsymbol{A}^1_{23}\tilde{\boldsymbol{S}}^1_3$$

$$\boldsymbol{c}_{55}=\boldsymbol{c}_{56}=\boldsymbol{c}_{57}=\boldsymbol{c}_{58}=0$$

$$\boldsymbol{c}_{61}=\boldsymbol{0}_{1\times 2}$$

$$\boldsymbol{c}_{62}=-(\tilde{\boldsymbol{r}}^2_{0,1})^{\mathrm{T}}\boldsymbol{\Omega}^{\times}_0\boldsymbol{A}^2_{01}\tilde{\boldsymbol{S}}^2_1-[(\tilde{\boldsymbol{r}}^2_{0,1})^{\mathrm{T}}\boldsymbol{\Omega}^{\times}_0+(\tilde{\boldsymbol{r}}^2_{1,2})^{\mathrm{T}}(\boldsymbol{\Omega}^2_1)^{\times}\boldsymbol{A}^2_{10}]\boldsymbol{A}^2_{01}\tilde{\boldsymbol{S}}^2_{12}-$$

$$[(\tilde{\boldsymbol{r}}^2_{0,1})^{\mathrm{T}}\boldsymbol{\Omega}^{\times}_0+(\tilde{\boldsymbol{r}}^2_{1,2})^{\mathrm{T}}(\boldsymbol{\Omega}^2_1)^{\times}\boldsymbol{A}^2_{10}+(\tilde{\boldsymbol{r}}^2_{2,3})^{\mathrm{T}}(\boldsymbol{\Omega}^2_2)^{\times}\boldsymbol{A}^2_{20}]\boldsymbol{A}^2_{01}\tilde{\boldsymbol{S}}^2_{13}+$$

$$(\tilde{\boldsymbol{r}}^2_{1,2})^{\mathrm{T}}\boldsymbol{A}^2_{12}(\boldsymbol{\Omega}^2_2)^{\times}\tilde{\boldsymbol{S}}^2_2+(\tilde{\boldsymbol{r}}^2_{1,3})^{\mathrm{T}}\boldsymbol{A}^2_{13}(\boldsymbol{\Omega}^2_3)^{\times}\tilde{\boldsymbol{S}}^2_3$$

$$\boldsymbol{c}_{63}=\boldsymbol{c}_{64}=\boldsymbol{c}_{65}=0$$

$$\boldsymbol{c}_{66}=-(\tilde{\boldsymbol{r}}^2_{1,2})^{\mathrm{T}}(\boldsymbol{\Omega}^2_1)^{\times}\tilde{\boldsymbol{S}}^2_{12}-[(\tilde{\boldsymbol{r}}^2_{1,2})^{\mathrm{T}}(\boldsymbol{\Omega}^2_1)^{\times}\boldsymbol{A}^2_{10}+(\tilde{\boldsymbol{r}}^2_{2,3})^{\mathrm{T}}(\boldsymbol{\Omega}^2_2)^{\times}\boldsymbol{A}^2_{20}]\boldsymbol{A}^2_{01}\tilde{\boldsymbol{S}}^2_{13}+$$

$$(\tilde{\boldsymbol{r}}^2_{1,2})^{\mathrm{T}}\boldsymbol{A}^2_{12}(\boldsymbol{\Omega}^2_2)^{\times}\tilde{\boldsymbol{S}}^2_2+(\tilde{\boldsymbol{r}}^2_{1,3})^{\mathrm{T}}\boldsymbol{A}^2_{13}(\boldsymbol{\Omega}^2_3)^{\times}\tilde{\boldsymbol{S}}^2_3$$

$$\boldsymbol{c}_{67}=-(\tilde{\boldsymbol{r}}^2_{2,3})^{\mathrm{T}}(\boldsymbol{\Omega}^2_2)^{\times}\boldsymbol{A}^2_{21}\tilde{\boldsymbol{S}}^2_{13}+(\tilde{\boldsymbol{r}}^2_{1,2})^{\mathrm{T}}\boldsymbol{A}^2_{12}(\boldsymbol{\Omega}^2_2)^{\times}\tilde{\boldsymbol{S}}^2_2+(\tilde{\boldsymbol{r}}^2_{1,3})^{\mathrm{T}}\boldsymbol{A}^2_{13}(\boldsymbol{\Omega}^2_3)^{\times}\tilde{\boldsymbol{S}}^2_3$$

$$\boldsymbol{c}_{68}=(\tilde{\boldsymbol{r}}^2_{1,3})^{\mathrm{T}}\boldsymbol{A}^2_{13}(\boldsymbol{\Omega}^2_3)^{\times}\tilde{\boldsymbol{S}}^2_3$$

$$\boldsymbol{c}_{71}=\boldsymbol{0}_{1\times 2}$$

$$\boldsymbol{c}_{72}=-[(\tilde{\boldsymbol{r}}^2_{0,1})^{\mathrm{T}}\boldsymbol{\Omega}^{\times}_0+(\tilde{\boldsymbol{r}}^2_{1,2})^{\mathrm{T}}(\boldsymbol{\Omega}^2_1)^{\times}\boldsymbol{A}^2_{10}]\boldsymbol{A}^2_{02}\tilde{\boldsymbol{S}}^2_2-$$

$$[(\tilde{\boldsymbol{r}}^2_{0,1})^{\mathrm{T}}\boldsymbol{\Omega}^{\times}_0+(\tilde{\boldsymbol{r}}^2_{1,2})^{\mathrm{T}}(\boldsymbol{\Omega}^2_1)^{\times}\boldsymbol{A}^2_{10}+(\tilde{\boldsymbol{r}}^2_{2,3})^{\mathrm{T}}(\boldsymbol{\Omega}^2_2)^{\times}\boldsymbol{A}^2_{20}]\boldsymbol{A}^2_{02}\tilde{\boldsymbol{S}}^2_{23}+$$

$$(\tilde{\boldsymbol{r}}^2_{2,3})^{\mathrm{T}}\boldsymbol{A}^2_{23}(\boldsymbol{\Omega}^2_3)^{\times}\tilde{\boldsymbol{S}}^2_3$$

$$\boldsymbol{c}_{73}=\boldsymbol{c}_{74}=\boldsymbol{c}_{75}=0$$

$$\boldsymbol{c}_{76}=-(\tilde{\boldsymbol{r}}^2_{1,2})^{\mathrm{T}}(\boldsymbol{\Omega}^2_1)^{\times}\boldsymbol{A}^2_{12}\tilde{\boldsymbol{S}}^2_2-$$

$$[(\tilde{\boldsymbol{r}}^2_{1,2})^{\mathrm{T}}(\boldsymbol{\Omega}^2_1)^{\times}\boldsymbol{A}^2_{10}+(\tilde{\boldsymbol{r}}^2_{2,3})^{\mathrm{T}}(\boldsymbol{\Omega}^2_2)^{\times}\boldsymbol{A}^2_{20}]\boldsymbol{A}^2_{02}\tilde{\boldsymbol{S}}^2_{23}+(\tilde{\boldsymbol{r}}^2_{2,3})^{\mathrm{T}}\boldsymbol{A}^2_{23}(\boldsymbol{\Omega}^2_3)^{\times}\tilde{\boldsymbol{S}}^2_3$$

$$\boldsymbol{c}_{77}=-(\tilde{\boldsymbol{r}}^2_{2,3})^{\mathrm{T}}(\boldsymbol{\Omega}^2_2)^{\times}\tilde{\boldsymbol{S}}^2_{23}+(\tilde{\boldsymbol{r}}^2_{2,3})^{\mathrm{T}}\boldsymbol{A}^2_{23}(\boldsymbol{\Omega}^2_3)^{\times}\tilde{\boldsymbol{S}}^2_3$$

$$\boldsymbol{c}_{78}=(\tilde{\boldsymbol{r}}^{1}_{2,3})^{\mathrm{T}}\boldsymbol{A}^{1}_{23}(\boldsymbol{\Omega}^{1}_{3})^{\times}\tilde{\boldsymbol{S}}^{1}_{3}$$

$$\boldsymbol{c}_{81}=\boldsymbol{0}_{1\times 2}$$

$$\boldsymbol{c}_{82}=-\left[(\tilde{\boldsymbol{r}}^{2}_{0,1})^{\mathrm{T}}\boldsymbol{\Omega}^{\times}_{0}+(\tilde{\boldsymbol{r}}^{2}_{1,2})^{\mathrm{T}}(\boldsymbol{\Omega}^{2}_{1})^{\times}\boldsymbol{A}^{2}_{10}+\right.$$

$$\left.(\tilde{\boldsymbol{r}}^{2}_{2,3})^{\mathrm{T}}(\boldsymbol{\Omega}^{2}_{2})^{\times}\boldsymbol{A}^{2}_{20}\right]\boldsymbol{A}^{2}_{03}\tilde{\boldsymbol{S}}^{2}_{3}$$

$$\boldsymbol{c}_{83}=\boldsymbol{c}_{84}=\boldsymbol{c}_{85}=0$$

$$\boldsymbol{c}_{86}=-\left[(\tilde{\boldsymbol{r}}^{2}_{1,2})^{\mathrm{T}}(\boldsymbol{\Omega}^{2}_{1})^{\times}\boldsymbol{A}^{2}_{10}+(\tilde{\boldsymbol{r}}^{2}_{2,3})^{\mathrm{T}}(\boldsymbol{\Omega}^{2}_{2})^{\times}\boldsymbol{A}^{2}_{20}\right]\boldsymbol{A}^{2}_{03}\tilde{\boldsymbol{S}}^{2}_{3}$$

$$\boldsymbol{c}_{87}=-(\tilde{\boldsymbol{r}}^{2}_{2,3})^{\mathrm{T}}(\boldsymbol{\Omega}^{2}_{2})^{\times}\boldsymbol{A}^{2}_{23}\tilde{\boldsymbol{S}}^{2}_{3}$$

$$\boldsymbol{c}_{88}=0$$

附录B　第5章系统稳定性证明

定义李雅普诺夫函数为

$$V=\frac{1}{2}\boldsymbol{S}^{\mathrm{T}}\boldsymbol{S}+\frac{1}{2}q_0^{-1}\tilde{c}_0^2+\frac{1}{2}q_1^{-1}\tilde{c}_1^2+\cdots+\frac{1}{2}q_N^{-1}\tilde{c}_N^2$$

其中

$$\tilde{c}_0=\bar{c}_0-c_0,\ \tilde{c}_1=\bar{c}_1-c_1,\cdots,\tilde{c}_N=\bar{c}_N-c_N$$

将V对时间求导，可得

$$\dot{V}=\boldsymbol{S}^{\mathrm{T}}\dot{\boldsymbol{S}}+\sum_{k=0}^{N}q_k^{-1}\tilde{c}_k\dot{\tilde{c}}_k$$

如果 $\bar{\rho}\|\boldsymbol{B}^{\mathrm{T}}\boldsymbol{C}^{\mathrm{T}}\boldsymbol{S}\|^2>\varepsilon P(\|\boldsymbol{B}^{\mathrm{T}}\boldsymbol{C}^{\mathrm{T}}\boldsymbol{S}\|)$，则上式可写为

$$\begin{aligned}
\dot{V}&=\boldsymbol{S}^{\mathrm{T}}(-\boldsymbol{K}_{\mathrm{D}}\boldsymbol{S}+\boldsymbol{CBu}_{\mathrm{N}}+\boldsymbol{CBd})+\sum_{k=0}^{N}q_k^{-1}\tilde{c}_k\dot{\tilde{c}}_k\\
&=-\boldsymbol{S}^{\mathrm{T}}K_{\mathrm{D}}\boldsymbol{S}-P(\|\boldsymbol{B}^{\mathrm{T}}\boldsymbol{C}^{\mathrm{T}}\boldsymbol{S}\|)(\bar{c}_0+\bar{c}_1\|\boldsymbol{x}\|+\cdots+\bar{c}_n\|\boldsymbol{x}\|^N)+\\
&\quad\boldsymbol{S}^{\mathrm{T}}\boldsymbol{CBd}+\sum_{k=0}^{N}q_k^{-1}\tilde{c}_k\dot{\tilde{c}}_k\\
&\leqslant-\boldsymbol{S}^{\mathrm{T}}\boldsymbol{K}_{\mathrm{D}}\boldsymbol{S}-\\
&\quad P(\|\boldsymbol{B}^{\mathrm{T}}\boldsymbol{C}^{\mathrm{T}}\boldsymbol{S}\|)(\bar{c}_0+\bar{c}_1\|\boldsymbol{x}\|+\cdots+\bar{c}_N\|\boldsymbol{x}\|^N)+\\
&\quad P(\|\boldsymbol{B}^{\mathrm{T}}\boldsymbol{C}^{\mathrm{T}}\boldsymbol{S}\|)(c_0+c_1\|\boldsymbol{x}\|+\cdots+c_N\|\boldsymbol{x}\|^N)+\sum_{k=0}^{N}q_k^{-1}\tilde{c}_k\dot{\tilde{c}}_k\\
&=-\boldsymbol{S}^{\mathrm{T}}\boldsymbol{K}_{\mathrm{D}}\boldsymbol{S}-\tilde{c}_0P(\|\boldsymbol{B}^{\mathrm{T}}\boldsymbol{C}^{\mathrm{T}}\boldsymbol{S}\|)-\\
&\quad\tilde{c}_1P(\|\boldsymbol{B}^{\mathrm{T}}\boldsymbol{C}^{\mathrm{T}}\boldsymbol{S}\|)\|\boldsymbol{x}\|-\cdots-\tilde{c}_NP(\|\boldsymbol{B}^{\mathrm{T}}\boldsymbol{C}^{\mathrm{T}}\boldsymbol{S}\|)\|\boldsymbol{x}\|^N+\sum_{k=0}^{N}q_k^{-1}\tilde{c}_k\dot{\tilde{c}}_k\\
&=-\boldsymbol{S}^{\mathrm{T}}\boldsymbol{K}_{\mathrm{D}}\boldsymbol{S}-\tilde{c}_0P(\|\boldsymbol{B}^{\mathrm{T}}\boldsymbol{C}^{\mathrm{T}}\boldsymbol{S}\|)-\\
&\quad\tilde{c}_1P(\|\boldsymbol{B}^{\mathrm{T}}\boldsymbol{C}^{\mathrm{T}}\boldsymbol{S}\|)\|\boldsymbol{x}\|-\cdots-\tilde{c}_NP(\|\boldsymbol{B}^{\mathrm{T}}\boldsymbol{C}^{\mathrm{T}}\boldsymbol{S}\|)\|\boldsymbol{x}\|^N+\\
&\quad\tilde{c}_0[-\psi_0\bar{c}_0+P(\|\boldsymbol{B}^{\mathrm{T}}\boldsymbol{C}^{\mathrm{T}}\boldsymbol{S}\|)]+\tilde{c}_1[-\psi_1\bar{c}_1+P(\|\boldsymbol{B}^{\mathrm{T}}\boldsymbol{C}^{\mathrm{T}}\boldsymbol{S}\|)\|\boldsymbol{x}\|]+\cdots+\\
&\quad\tilde{c}_N[-\psi_N\bar{c}_N+P(\|\boldsymbol{B}^{\mathrm{T}}\boldsymbol{C}^{\mathrm{T}}\boldsymbol{S}\|)\|\boldsymbol{x}\|^N]\\
&=-\boldsymbol{S}^{\mathrm{T}}\boldsymbol{K}_{\mathrm{D}}\boldsymbol{S}-\psi_0\tilde{c}_0\bar{c}_0-\psi_1\tilde{c}_1\bar{c}_1-\cdots-\psi_N\tilde{c}_N\bar{c}_N\\
&=-\boldsymbol{S}^{\mathrm{T}}\boldsymbol{K}_{\mathrm{D}}\boldsymbol{S}-\psi_0\left(\frac{1}{2}c_0-\bar{c}_0\right)^2-\psi_1\left(\frac{1}{2}c_1-\bar{c}_1\right)^2-\cdots-\psi_N\left(\frac{1}{2}c_N-\bar{c}_N\right)^2+\\
&\quad\frac{1}{4}\psi_0c_0^2+\frac{1}{4}\psi_1c_1^2+\cdots+\frac{1}{4}\psi_Nc_N^2\\
&=-\boldsymbol{S}^{\mathrm{T}}\boldsymbol{K}_{\mathrm{D}}\boldsymbol{S}-\psi_0\left(\frac{1}{2}c_0-\bar{c}_0\right)^2-\psi_1\left(\frac{1}{2}c_1-\bar{c}_1\right)^2-\cdots-\psi_N\left(\frac{1}{2}c_N-\bar{c}_N\right)^2+\boldsymbol{\kappa}_1
\end{aligned}$$

其中，$\kappa_1=\sum_{k=0}^{N}\frac{1}{4}\psi_i c_i^2$ 是一个常量。

如果 $\bar{\rho}\,\|\boldsymbol{B}^{\mathrm{T}}\boldsymbol{C}^{\mathrm{T}}\boldsymbol{S}\|^2\leqslant\varepsilon P(\|\boldsymbol{B}^{\mathrm{T}}\boldsymbol{C}^{\mathrm{T}}\boldsymbol{S}\|)$，则上式可写为

$$
\begin{aligned}
\dot{V}&=\boldsymbol{S}^{\mathrm{T}}(-\boldsymbol{K}_{\mathrm{D}}\boldsymbol{S}+\boldsymbol{CBu}_{\mathrm{N}}+\boldsymbol{CBd})+\sum_{k=0}^{N}q_k^{-1}\tilde{c}_k\dot{\tilde{c}}_k\\
&=-\boldsymbol{S}^{\mathrm{T}}\boldsymbol{K}_{\mathrm{D}}\boldsymbol{S}-\frac{\|\boldsymbol{B}^{\mathrm{T}}\boldsymbol{C}^{\mathrm{T}}\boldsymbol{S}\|^2}{\varepsilon}\bar{\rho}^2+\boldsymbol{S}^{\mathrm{T}}\boldsymbol{CBd}+\sum_{k=0}^{N}q_k^{-1}\tilde{c}_k\dot{\tilde{c}}_k\\
&\leqslant-\boldsymbol{S}^{\mathrm{T}}\boldsymbol{K}_{\mathrm{D}}\boldsymbol{S}-\frac{\|\boldsymbol{B}^{\mathrm{T}}\boldsymbol{C}^{\mathrm{T}}\boldsymbol{S}\|^2}{\varepsilon}\bar{\rho}^2+P(\|\boldsymbol{B}^{\mathrm{T}}\boldsymbol{C}^{\mathrm{T}}\boldsymbol{S}\|)\rho+\sum_{k=0}^{N}q_k^{-1}\tilde{c}_k\dot{\tilde{c}}_k\\
&=-\boldsymbol{S}^{\mathrm{T}}\boldsymbol{K}_{\mathrm{D}}\boldsymbol{S}-\frac{\|\boldsymbol{B}^{\mathrm{T}}\boldsymbol{C}^{\mathrm{T}}\boldsymbol{S}\|^2}{\varepsilon}\bar{\rho}^2+P(\|\boldsymbol{B}^{\mathrm{T}}\boldsymbol{C}^{\mathrm{T}}\boldsymbol{S}\|)\rho+\\
&\quad\tilde{c}_0[-\psi_0\bar{c}_0+P(\|\boldsymbol{B}^{\mathrm{T}}\boldsymbol{C}^{\mathrm{T}}\boldsymbol{S}\|)]+\\
&\quad\tilde{c}_1[-\psi_1\bar{c}_1+P(\|\boldsymbol{B}^{\mathrm{T}}\boldsymbol{C}^{\mathrm{T}}\boldsymbol{S}\|)\|\boldsymbol{x}\|]+\cdots+\\
&\quad\tilde{c}_N[-\psi_N\bar{c}_N+P(\|\boldsymbol{B}^{\mathrm{T}}\boldsymbol{C}^{\mathrm{T}}\boldsymbol{S}\|)\|\boldsymbol{x}\|^N]\\
&=-\boldsymbol{S}^{\mathrm{T}}\boldsymbol{K}_{\mathrm{D}}\boldsymbol{S}-\frac{\|\boldsymbol{B}^{\mathrm{T}}\boldsymbol{C}^{\mathrm{T}}\boldsymbol{S}\|^2}{\varepsilon}\bar{\rho}^2+\\
&\quad P(\|\boldsymbol{B}^{\mathrm{T}}\boldsymbol{C}^{\mathrm{T}}\boldsymbol{S}\|)\bar{\rho}-\psi_0\tilde{c}_0\bar{c}_0-\psi_1\tilde{c}_1\bar{c}_1-\cdots-\psi_N\tilde{c}_N\bar{c}_N
\end{aligned}
$$

上式中的 $-\frac{\|\boldsymbol{B}^{\mathrm{T}}\boldsymbol{C}^{\mathrm{T}}\boldsymbol{S}\|^2}{\varepsilon}\bar{\rho}^2+P(\|\boldsymbol{B}^{\mathrm{T}}\boldsymbol{C}^{\mathrm{T}}\boldsymbol{S}\|)\bar{\rho}$ 项是 $\bar{\rho}$ 的二次函数，当 $\bar{\rho}=\frac{P(\|\boldsymbol{B}^{\mathrm{T}}\boldsymbol{C}^{\mathrm{T}}\boldsymbol{S}\|)\varepsilon}{2\|\boldsymbol{B}^{\mathrm{T}}\boldsymbol{C}^{\mathrm{T}}\boldsymbol{S}\|^2}$ 时，该二次函数项达到的最大值 $\frac{\varepsilon\kappa^2}{4}$，其中，$\kappa=\max\left(\frac{g(x)}{x}\right)$ 在满足条件 1 中进行定义的。因此，上述不等式可以写为

$$
\begin{aligned}
\dot{V}&\leqslant-\boldsymbol{S}^{\mathrm{T}}\boldsymbol{K}_{\mathrm{D}}\boldsymbol{S}+\frac{\varepsilon\kappa^2}{4}-\psi_0\tilde{c}_0\bar{c}_0-\psi_1\tilde{c}_1\bar{c}_1-\cdots-\psi_N\tilde{c}_N\bar{c}_N\\
&=-\boldsymbol{S}^{\mathrm{T}}\boldsymbol{K}_{\mathrm{D}}\boldsymbol{S}+\frac{\varepsilon\kappa^2}{4}-\psi_0\left(\frac{1}{2}c_0-\bar{c}_0\right)^2-\\
&\quad\psi_1\left(\frac{1}{2}c_1-\bar{c}_1\right)^2-\cdots-\psi_N\left(\frac{1}{2}c_N-\bar{c}_N\right)^2+\kappa_1\\
&=-\boldsymbol{S}^{\mathrm{T}}K_{\mathrm{D}}S-\psi_0\left(\frac{1}{2}c_0-\bar{c}_0\right)^2-\\
&\quad\psi_1\left(\frac{1}{2}c_1-\bar{c}_1\right)^2-\cdots-\psi_N\left(\frac{1}{2}c_N-\bar{c}_N\right)^2+\kappa_2
\end{aligned}
$$

其中，$\kappa_2=\kappa_1+\frac{\varepsilon\kappa^2}{4}$ 是一个常量。

根据上式，使用参考文献[14]中的结果可以得出结论，即闭环系统是最终一致有界的。

附录 C 广义质量矩阵 M_j 与广义惯性力 F_j

$\boldsymbol{M}_j$ 和 $\boldsymbol{F}_j$ 可以表示为[2]

$$\begin{aligned}\boldsymbol{M}_j = &{}^{\mathrm{p}}\boldsymbol{v}_j \cdot (m_j {}^{\mathrm{p}}\boldsymbol{v}_j - \boldsymbol{S}_j \times {}^{\mathrm{p}}\boldsymbol{\omega}_j + \boldsymbol{P}_j\boldsymbol{\Lambda}_j) + \\ &{}^{\mathrm{p}}\boldsymbol{\omega}_j \cdot (\boldsymbol{S}_j \times {}^{\mathrm{p}}\boldsymbol{v}_j + \boldsymbol{J}_j^{\mathrm{p}}\boldsymbol{\omega}_j + \boldsymbol{H}_j\boldsymbol{\Lambda}_j) + \\ &\boldsymbol{\Lambda}_j^{\mathrm{T}}(\boldsymbol{P}_j \cdot {}^{\mathrm{p}}\boldsymbol{v}_j + \boldsymbol{H}_j \cdot {}^{\mathrm{p}}\boldsymbol{\omega}_j + \boldsymbol{E}_j\boldsymbol{\Lambda}_j)\end{aligned} \tag{C-1}$$

$$\begin{aligned}\boldsymbol{F}_j = &{}^{\mathrm{p}}\boldsymbol{v}_j \cdot [m_j\dot{\boldsymbol{v}}_{j\mathrm{t}} - \boldsymbol{S}_j \times \dot{\boldsymbol{\omega}}_{j\mathrm{t}} + 2\boldsymbol{\omega}_j \times \boldsymbol{P}_j\dot{\boldsymbol{\tau}}_j + \boldsymbol{\omega}_j \times (\boldsymbol{\omega}_j \times \boldsymbol{S}_j)] + \\ &{}^{\mathrm{p}}\boldsymbol{\omega}_j \cdot [\boldsymbol{S}_j \times \dot{\boldsymbol{v}}_{j\mathrm{t}} + \boldsymbol{J}_j\dot{\boldsymbol{\omega}}_{j\mathrm{t}} + 2\boldsymbol{H}_{\omega j}\dot{\boldsymbol{\tau}}_j + \boldsymbol{\omega}_j \times (\boldsymbol{J}_j \cdot \boldsymbol{\omega}_j)] + \\ &\boldsymbol{\Lambda}_j^{\mathrm{T}}(\boldsymbol{P}_j \cdot \dot{\boldsymbol{v}}_{j\mathrm{t}} + \boldsymbol{H}_j \cdot \dot{\boldsymbol{\omega}}_{j\mathrm{t}} + 2\boldsymbol{F}_{\omega j}\dot{\boldsymbol{\tau}}_j + \boldsymbol{F}_{\omega\omega j})\end{aligned} \tag{C-2}$$

其中,算子 · 和×分别为两个向量的内积运算和叉乘运算符号;m_j,S_j,J_j 分别为体 B_j 的第 0 阶、第 1 阶、第 2 阶惯性矩;$\boldsymbol{P}_j$,$\boldsymbol{H}_j$,$\boldsymbol{E}_j$ 分别为柔体 B_j 的模态动量系数、模态角动量系数、模态质量;将 $\boldsymbol{\Lambda}_j$ 定义为多体系统中柔体 B_j 的模态选择矩阵,通过 $\dot{\boldsymbol{\tau}}_j=\boldsymbol{\Lambda}_j\boldsymbol{\eta}$ 从广义速度 $\boldsymbol{\eta}$ 中提取其模态速率 $\dot{\boldsymbol{\tau}}_j$。由惯性速度 $\boldsymbol{v}_j$ 和惯性角速度 $\boldsymbol{\omega}_j$ 可以得到 B_j 的偏速度矩阵 ${}^{\mathrm{p}}\boldsymbol{v}_j$ 和偏角速度矩阵 ${}^{\mathrm{p}}\boldsymbol{\omega}_j$,有

$$\boldsymbol{v}_j = {}^{\mathrm{p}}\boldsymbol{v}_j\boldsymbol{\eta} + \boldsymbol{v}_{j\mathrm{t}},\ \boldsymbol{\omega}_j = {}^{\mathrm{p}}\boldsymbol{\omega}_j\boldsymbol{\eta} + \boldsymbol{\omega}_{j\mathrm{t}} \tag{C-3}$$

其中,$\boldsymbol{v}_{j\mathrm{t}}$ 和 $\boldsymbol{\omega}_{j\mathrm{t}}$ 为惯性速度和惯性角速度的非线性部分。选取柔性多体系统的广义速度 η 为

$$\boldsymbol{\eta} = [\boldsymbol{v}_0^{\mathrm{T}}, \boldsymbol{\omega}_0^{\mathrm{T}}, \dot{\theta}_1, \dot{\theta}_2, \dot{\theta}_3, \boldsymbol{\omega}_4^{\mathrm{T}}, \dot{\boldsymbol{\tau}}_2^{\mathrm{T}}, \dot{\boldsymbol{\tau}}_3^{\mathrm{T}}]^{\mathrm{T}} \tag{C-4}$$

其中,$\boldsymbol{v}_0$ 和 $\boldsymbol{\omega}_0$ 分别为卫星体的惯性速度和角速度;$\dot{\theta}_1$,$\dot{\theta}_2$,$\dot{\theta}_3$ 和 $\boldsymbol{\omega}_4$ 为柔性空间机械臂系统中各连杆的相对关节速度;$\boldsymbol{\tau}_2$ 和 $\boldsymbol{\tau}_3$ 分别为连杆二和三的模态速率。

变量 $\boldsymbol{H}_{\omega j}$,$\boldsymbol{F}_{\omega j}$ 和 $\boldsymbol{F}_{\omega\omega j}$ 在式(C-1)中是非线性项。这些变量的详细信息可以在参考文献[2]中找到。当 VSCMG 安装在柔体 B_j 上时,可能会改变系统的一些参数,从而对柔性多体系统施加额外的主动力。假设在柔性体 B_j 上安装 n_j 个 VSCMG,则将 m_j,$\boldsymbol{S}_j$,$\boldsymbol{J}_j$,$\boldsymbol{P}_j$,$\boldsymbol{H}_j$,E_j 参数修改为

$$m_j \leftarrow m_i + \sum_{i=1}^{n_j} m_{\mathrm{g}i}^j$$

$$\boldsymbol{S}_j \leftarrow \boldsymbol{S}_j + \sum_{i=1}^{n_j} m_{\mathrm{g}i}^j \boldsymbol{\rho}_{j,\mathrm{g}i}$$

$$\boldsymbol{J}_j \leftarrow \boldsymbol{J}_j + \sum_{i=1}^{n_j} (m_{\mathrm{g}i}^j \boldsymbol{\rho}_{j,\mathrm{g}i}\boldsymbol{\rho}_{j,\mathrm{g}i} + \boldsymbol{J}_{j,\mathrm{g}i})$$

$$\boldsymbol{P}_j \leftarrow \boldsymbol{P}_j + \sum_{i=1}^{n_j} m_{\mathrm{g}i}^j \boldsymbol{\Phi}_{j,\mathrm{g}i}$$

$$\boldsymbol{H}_j \leftarrow \boldsymbol{H}_j - \sum_{i=1}^{n_j} (m_{gi}^j \boldsymbol{\rho}_{j,gi} \times \boldsymbol{\Phi}_{j,gi} - \boldsymbol{J}_{j,gi} \boldsymbol{\Psi}_{j,gi})$$

$$\boldsymbol{E}_j \leftarrow \boldsymbol{E}_j + \sum_{i=1}^{n_j} (m_{gi}^j \boldsymbol{\Phi}_{j,gi} \cdot \boldsymbol{\Phi}_{j,gi} + \boldsymbol{\Psi}_{j,gi} \cdot \boldsymbol{J}_{j,gi} \cdot \boldsymbol{\Psi}_{j,gi})$$

其中，m_{gi}^j 为第 i 个 VSCMG 在体 B_j 上的质量；Q_{gi} 为第 i 个 VSCMG 的节点；$\boldsymbol{\rho}_{j,gi}$ 为节点 Q_{gi} 在 F_j 坐标系中的位置向量；$\boldsymbol{\Phi}_{j,gi}$ 和 $\boldsymbol{\Psi}_{j,gi}$ 分别为节点 Q_{gi} 的平动模态矩阵和转动模态矩阵。